21世纪本科院校土木建筑类创新型应用人才培养规划教材

建筑工程施工组织与概预算

主　编　钟吉湘
副主编　张新胜

内 容 简 介

本书是高等院校建筑工程专业、工程管理专业及相关专业教学辅导和参考书。本书共分三篇：第一篇是建筑工程施工组织，第二篇是建筑工程概预算，第三篇是施工组织设计实例与概预算实例。建筑工程施工组织部分主要介绍了施工组织的基本知识、流水施工原理、网络计划技术、单位工程施工组织设计与施工组织总设计程序和注意事项等内容；建设工程概预算部分主要介绍了建筑工程概(预)算基础、建筑安装工程费构成内容及确定方法、概预算文件编制、工程量清单及报价、工程竣工决(结)算等内容；施工组织设计实例与概预算实例部分给出了较为完整的施工组织设计实例和建筑工程概预算实例。

通过对本书的学习，读者能够完成建筑工程施工组织设计的编制，并具备一定的进行工程概预算的能力。

本书可作为高等院校土木工程专业、工程管理专业及相关专业的教材或参考书，也可作为从事施工组织管理和概预算工作的相关人员的自学和培训资料。

图书在版编目(CIP)数据

建筑工程施工组织与概预算/钟吉湘主编. —北京：北京大学出版社，2013.3
(21世纪本科院校土木建筑类创新型应用人才培养规划教材)
ISBN 978-7-301-16640-6

Ⅰ.①建… Ⅱ.①钟… Ⅲ.①建筑工程—施工组织—高等学校—教材②建筑概算定额—高等学校—教材③建筑预算定额—高等学校—教材 Ⅳ.①TU721②TU723.3

中国版本图书馆CIP数据核字(2013)第045852号

书　　　名：建筑工程施工组织与概预算
著作责任者：钟吉湘　主编
策 划 编 辑：吴　迪
责 任 编 辑：伍大维
标 准 书 号：ISBN 978-7-301-16640-6/TU·0315
出 版 发 行：北京大学出版社
地　　　址：北京市海淀区成府路205号　100871
网　　　址：http://www.pup.cn　新浪官方微博：@北京大学出版社
编辑部邮箱：pup6@pup.cn
总编室邮箱：zpup@pup.cn
电　　　话：邮购部010-62752015　发行部010-62750672　编辑部010-62750667
印　刷　者：天津和萱印刷有限公司
经　销　者：新华书店
787毫米×1092毫米　16开本　27.75印张　插页1　651千字
2013年3月第1版　2023年8月第6次印刷
定　　　价：52.00元

前　　言

本书是高等院校建筑工程专业、工程管理专业及相关专业的教学辅导与参考书。全书系统介绍了建筑工程施工组织的原理、方法，建筑工程概预算的基本理论知识、编制方法、编制内容及完整的施工组织与概预算的参考实例。

本书要求学生了解与掌握“建筑工程施工”、“建筑工程施工组织与管理”和“建筑工程概预算”等相关理论知识，并能有机地将理论知识与工程设计任务紧密联系起来，利用书中有关的设计方法、设计内容、基本要求及设计实例，发挥主观能动性，为今后从事相关工作服务。另外，本书也可以为工程咨询、设计、科研、监理和管理工作者在进行相关设计、管理及科研工作中提供参考。

本书内容按照我国2008年颁布的国家清单计价规范编写而成，可以为高等院校的师生及相关技术与管理人员在使用时提供便利。

本书第4章、第7章、第9章由中南林业科技大学张新胜编写；其余章节由中南林业科技大学钟吉湘编写。本书由钟吉湘担任主编并负责统稿。

由于编写时间仓促，加之编者水平有限，疏漏之处在所难免，敬请读者批评指正。

编者

2012年12月

目　　录

第一篇

建筑工程施工组织

第1章 建筑工程施工组织概论

教学目标

本章主要介绍建筑工程施工组织的概念、基本原则、研究对象、任务与作用；同时也介绍施工准备的种类及施工组织设计的任务、作用、依据、内容等。通过本章的教学，让学习者理解建筑工程施工组织的概念；了解基本建设程序和建筑施工程序以及基本建设项目的分解内容；理解建筑施工的特点；懂得建筑工程施工组织设计的种类、作用、依据、内容等。

教学要求

知识要点	能力要求	相关知识
施工组织	了解建筑工程施工组织的概念、基本原则、研究对象、任务与作用	建筑工程施工组织
基本建设	了解基本建设程序和建筑施工程序以及基本建设项目的组成	基本建设，单项工程，单位工程，分部工程，分项工程
施工组织设计	懂得建筑工程施工组织设计的种类与作用	施工组织总设计，单位工程施工组织设计，分部分项工程施工组织设计

基本概念

建筑工程施工组织，基本建设，建设项目，单项工程，单位工程，分部工程，分项工程。

引例

建筑工程施工组织是研究和制订组织建筑及安装工程施工全过程既合理又经济的方法和途径。它是针对不同工程施工的复杂程度来研究工程建设的统筹安排与系统管理的客观规律的一门学科。建筑工程是国家经济建设中提到的基本建设的一个组成部分，通过本章学习要理解基本建设的概念、程序及建设项目的分解构成。

例如新建一所学校，属于基本建设，国家需要投入大量资金，所建学校是否可行？学校需要建教学楼、图书馆、实验楼、食堂、学生公寓和办公楼等，同时还需要绿化，修路，甚至建桥。修建教学楼时先要平整地场，放线挖土方，建基础、主体、门窗、屋地面、外装饰等。建基础时要先挖槽，再铺垫层，然后浇筑混凝土，最后回填土。它们之间到底是什么层次关系？要回答这些问题，本章需要掌握以下两个方面的内容。

(1) 了解基本建设程序，认清基本建设必须进行可行性研究。

(2) 了解建设项目分解构成和施工程序，理清各项目分解成分间的关系，弄清施工准备的重要性。

1.1 基本知识

1.1.1 基本建设程序及施工程序

1. 基本建设及其程序

基本建设就是形成新的固定资产的经济过程，在国民经济中占有重要地位，它由一个个的建设项目组成，包括新建、扩建、改建、恢复工程及与之有关的工作。任何一个工程项目建设都必须遵守基本建设程序，即依次完成项目建议书、可行性研究、设计、建设准备、施工(一般土建和设备安装)、竣工验收 6 个阶段的有序工作才能建成，如图 1-1 所示。施工是把人们主观设想变为客观现实的过程，是基本建设程序中一个重要的阶段，通常在民用建设项目中该阶段的工作量占基建总投资的 90%以上，在工业建设项目中占 60%以上。

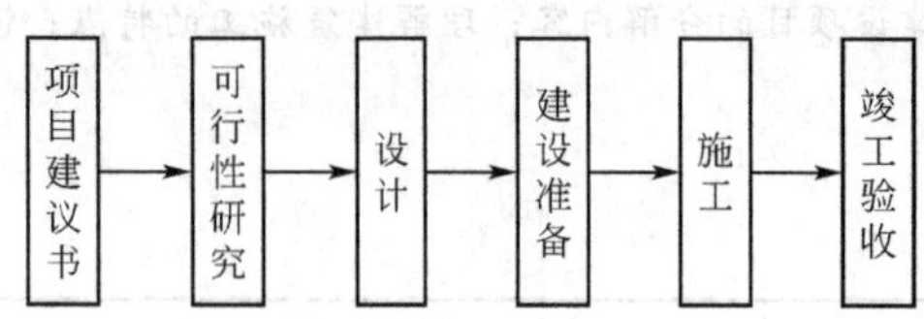

图 1-1　基本建设程序

建筑工程是基本建设项目之一。建筑工程是新建、改建或扩建房屋建筑物和附属构筑物设施所进行的规划、勘察、设计和施工、竣工等各项技术工作和与之完成的工程实体所配套的线路、管道、设备的安装工作。其中“房屋建筑物”的建造工程包括厂房、剧院、旅馆、商店、学校、医院和住宅等；“附属构筑物设施”指与房屋建筑配套的水塔、自行车棚、水池等；“线路、管道、设备的安装”指与房屋建筑及其附属设施相配套的电气、给排水、暖通、通信、智能化、电梯等线路、管道、设备的安装活动。

2. 施工程序

施工阶段的工作内容很多，很复杂，按先后顺序依次有以下 5 个环节(或阶段)，如图 1-2 所示。

(1) 投标与签订合同阶段。建筑业企业见到投标公告或邀请函后，从做出投标决策至中标签约，实际上就是竞争承揽工程任务。本阶段的最终目标就是签订工程承包合同，合同明确了工程的范围、双方的权利与义务，之后的施工就是一个履行合同的过程。

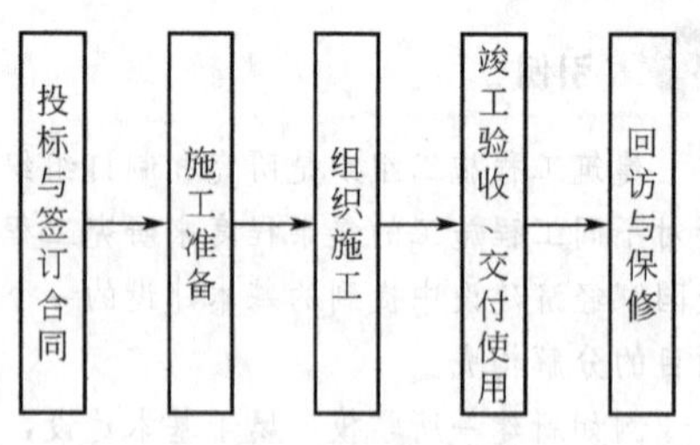

图 1-2　施工程序

(2) 施工准备。施工准备是保证按计划完成施工任务的关键和前提，其基本任务是为工程施工建立必要的组织、技术和物质条件，使工程能够按时开工，并且在开工之后能连续施工。

(3) 组织施工。这是一个开工至竣工的实施过程，要完成约定的全部施工任务。这是一个综合和合理使用技术、人力、材料、机械、资金等生产要素的过程，应有计划、有组织、有节奏地进行施工，以期达到工期短、质量高、成本低的最佳效果。

(4) 竣工验收、交付使用阶段。竣工验收是一项法律制度，是全面考察工程质量，保证项目符合生产和使用要求的重要一环。正式验收前，施工项目部应先进行自验收，通过自验收对技术资料和工程实体质量进行全面彻底的清查和评定，对不符合要求的和遗漏的子项及时进行处理。在通过监理预验后，申请发包人组织正式验收。工程验收合格方可交付使用。

(5) 回访与保修。工程交付使用后，应在保修期内及时做好质量回访、保修等工作。

施工程序受制于基建程序，必须服从基建程序的安排，但也影响着基建程序，它们之间是局部与全局的关系。它们在工作内容、实施的过程、涉及的单位与部门、各阶段的目标与任务等方面均不相同。

建设工作的客观规律，新中国成立以来几十年正反两方面的经验与教训都要求人们在工程建设中必须遵守基本建设程序和施工程序。

1.1.2 土木工程产品及其生产特点

就投入产出而言，土木工程产品与一般工业产品的生产过程基本一致，但建筑业之所以能够单独成为一个行业，显然，它的产品及其生产具有与一般工业产品及其生产不同的方面。要组织好施工必须清楚土木工程产品及其生产特点，如图1-3所示。

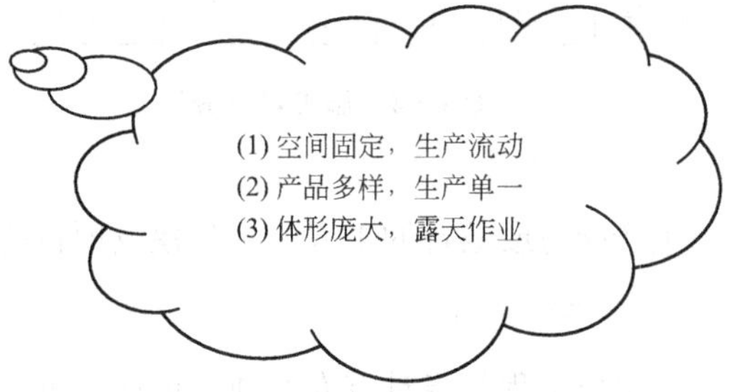

图1-3 土木工程产品及其生产特点

1. 土木工程产品在空间上的固定性及其生产的流动性

土木工程产品根据业主的要求，在指定地点建造，建成后在固定地点使用，不可移动。由于土木工程产品的固定性，施工人员、材料和机械设备等会随产品所在地点的不同而进行流动。随着施工部位的变化，受操作的空间要求限制，施工人员与机具也需要进行流动。

2. 土木工程产品的多样性及其生产的单件性

由于不同类型的土木工程产品、不同用户(业主)使用功能要求存在差异，形成了产品的多样性，也就是说土木工程产品基本上是单个“定做”而非“批量”生产的。产品的不同表现在建筑、结构、设备、规模等方面，而对于施工单位来讲，其准备工作、施工工艺、施工方法、施工机具的选用也不尽相同。即使设计很相近的工程，由于建设地点(自然条件、环境条件)、建设时间、承建人不同，也不能采取相同的建筑工程施工组织。任何土木工程产品的建造以前没有，以后也不会有重复。因而，组织标准化生产难度大，形成了生产的单件性，也称为一次性。

3. 土木工程产品体形大，露天作业

土木工程产品相对于一般工业产品体积庞大，建造时耗用的人工、材料、机械等资源品种多、数量大，形成了生产周期长、生产复杂的普遍特点。也由于其体积庞大，施工允许在不同的空间展开，形成了多道工序、多专业工种，同时生产是综合性活动，这就需要有组织地进行协调施工。土木工程产品露天作业，会受到季节、气候以及劳动条件等的影响。

1.1.3 施工对象分解

为了科学地进行建筑工程施工组织设计和便于进行工程实施的控制、监督与协调，将施工对象进行科学的分解和分析是十分必要的，如图1-4所示。

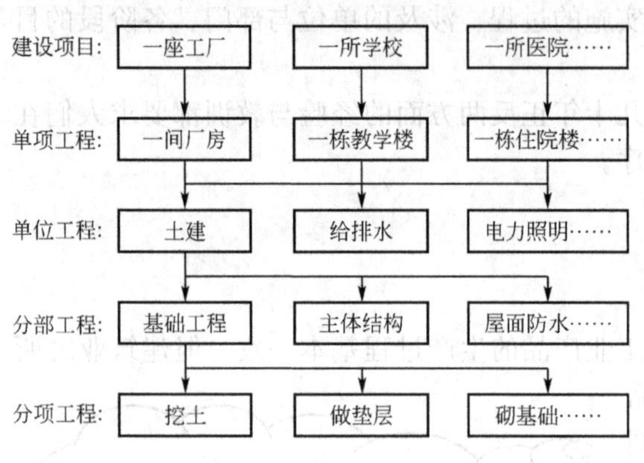

图1-4 施工对象分解

1. 建设项目

建设项目是指按一个总体设计进行施工的若干个单项工程的总和，建成后具有设计所规定的生产能力或效益，在行政上有独立组织，在经济上进行独立核算。例如一座工厂、一所学校等。对于每一个建设项目都编有可行性研究报告和设计任务书。

2. 单项工程(又称工程项目)

单项工程指在一个建设项目中具有独立而完整的设计文件，建成后可以独立发挥生产能力或效益的工程，它是建设项目的组成部分，如一幢公寓楼。

3. 单位工程

单位工程是指具有专业独立设计、可以独立施工，但是完工后，一般不能独立发挥能力或效益的工程，它是单项工程的组成部分。如公寓楼的一般土建、给排水、电气照明等工程。

4. 分部工程

分部工程一般是按单位工程的部位或及其作用、专业工种、设备种类和型号以及使用材料的不同而划分的，它是单位工程的组成部分。如一幢房屋的土建单位工程，按其部位划分为地基与基础工程、主体结构、屋面防水、装饰等部分工程；按其工种可划分为土石方、桩基、砖石、钢筋混凝土、木作、防水、装饰等分部工程。

5. 分项工程

分项工程是简单的施工活动，一般是按分部工程的不同施工方法、不同材料品种及规格等划分的，它是分部工程的组成部分。如地基基础分部工程可划分为挖土、做垫层、砌基础、回填土等分项工程。

1.1.4 组织施工的基本原则

建筑工程施工组织就是针对工程施工的复杂性，讨论与研究施工过程，为了达到最优效果，寻求最合理的统筹安排与系统管理客观规律的一门科学。

组织施工就是根据建筑施工的技术经济特点，国家的建设方针政策和法规，业主的计划与要求，对耗用的大量人力、材料、机具、资金和施工方法等进行合理安排，协调各种关系，从而在一定的时间和空间内，实现有组织、有计划、有秩序的施工，以期在整个工程施工上达到最优效果，即进度上耗工少，工期短；质量上精度高，功能好；经济上资金省，成本低。所以组织施工是一项非常重要的工作，根据以往的实践经验，结合生产的特点，在组织施工时，应遵循以下基本原则。

1. 搞好项目排队，保证重点，统筹安排

建筑业企业及其项目经理部一切生产经营活动的根本目的在于把建设项目迅速建成，以便尽早投产或使用。因此，应根据拟建项目的轻重缓急和施工条件落实情况，对工程项目进行排队，把有限的资源优先用于国家或业主的重点工程上，使其早日投产；同时照顾一般工程项目，把两者有机结合起来，避免过多的资源被集中投入，以免造成人力、物力的浪费。总之应保证重点，统筹安排，建设应在时间上分期、在项目上分批。还需要注意辅助项目与主要项目的有机联系，注意主体工程与附属工程的相互关系，重视准备项目、施工项目、收尾项目、竣工投产项目之间的关系，做到协调一致，配套建设。

2. 科学合理安排施工顺序

土木工程活动的展开由其特点所决定，在同一场地上不同工种交叉作业，其施工的先后顺序反映了客观要求，而平行交叉作业则反映了人们争取时间的主观努力。

施工顺序科学合理，能够使施工过程在时间上、空间上得到合理安排，尽管施工顺序随工程性质、施工条件不同而变化，但经过合理安排还是可以找到其可供遵循的共同规律。

1) 先准备、后施工

施工准备工作应满足一定的施工条件工程方可开工，并且开工后能够连续施工，以免造成混乱和浪费。整个建设项目开工前，应完成全场性的准备工作，如平整场地、路通、水通、电通等；同样各单位工程(或单项工程)和各分部分项工程，开工前必须完成相应的准备工作。施工准备工作实际上贯穿整个施工全过程。

2) 先下后上、先外后内

在处理地下工程与地上工程关系时，应遵循先地下后地上和先深后浅的原则。

在修筑铁路及公路，架(敷)设电水管线时，应先场外后场内；场外由远而近，先主干后分支；排(引)水工程要先下游后上游。

3) 先土建、后安装

工程建设一般要求土建先行，土建要为设备安装和试运行创造条件，并且应考虑投料试车要求。

4) 工种与空间的平行交叉

在考虑施工工艺要求的各专业工种的施工顺序时，要考虑建筑工程施工组织要求的空间顺序，既解决工种时间上搭接的问题，又要解决施工流向的问题，以保证各专业工作队能够有次序地在不同施工段(区)上不间断地完成其工作任务，目的是充分利用时间和空间，这样的施工方式具有工程质量好、劳动效率高、资源利用均衡、工期短等特点。

3. 注重工程质量，确保安全施工

工程的质量优劣直接影响其寿命和使用效果，也关系到建筑企业的信誉，应严格按设计要求组织施工，严格按施工规范(规程)进行操作，确保工程质量。安全是顺利开展工程建设的保障，只有不造成劳动者的伤亡和不危害劳动者的身体健康，才有施工质量的保证，才有进度的保证，才不会造成财产损失。“质量第一”、“安全为先”是综合控制的重要观念。

4. 尽量采用先进技术，提高建筑工业化程度

技术是第一生产力，正确使用技术是保证质量、提高效率的前提条件，应积极采用新材料、新工艺、新设备。技术运用与技术革新要结合工程特点和施工条件，将技术的先进性、适用性和经济性相结合。

建筑技术进步的重要标志之一是建筑工业化，而建筑工业化主要体现在认真执行工厂预制和现场预制相结合的方针，努力提高施工机械化程度等。

5. 恰当地安排冬雨期施工项目

由于建筑产品是露天作业的，施工必然受气候和季节的影响。冬季的严寒和夏季的多雨都不利于建筑施工的进行，应恰当安排冬雨季施工项目。对于那些进入冬雨期施工的工程，应落实季节性施工措施，这样可以增加全年的施工日数，提高施工的连续性和均衡性。

6. 尽量减少暂设工程，合理布置施工现场，努力提高文明施工水平

尽量利用正式工程、原有或就近已有的设施，以减少各种暂设工程；尽量利用当地资源，合理安排运输、装卸及储存作业，减少物资运输量，避免二次搬运，在保证正常供应的前提下，尽可能减少储备物资数额，以减少仓库与堆场的面积；精心规划布置场地，节约施工用地，做到文明施工。

7. 采用科学规范的管理方法

先进施工技术水平的发挥离不开先进的管理方法，施工项目管理要求将企业管理层和项目管理层分离，实行项目经理责任制；要求实行目标管理，施工的最终目的就是实现“项目管理目标责任书”中约定的工期、质量、成本、安全等目标；要求实行全过程、全面的、动态的管理。

1.2 施工准备工作

常言道“不打无准备之仗”，“有备无患”，搞工程也是同样的道理。由于建筑施工是在各种各样的条件下进行的，投入的资源多，影响因素也较多，在施工过程中必然遇到各种各样的技术问题、协作配合问题等。对于这样一项复杂而庞大的系统工程，如果事先缺乏全面充分的安排，必然使施工活动陷入被动状态，使工程施工无法正常进行，欲速则不达。进行施工准备是为了能够使工程在开工以后按计划顺利进行，进行得更好更快。

施工准备工作是有计划、有步骤、分阶段进行的，其内容很多，就性质而言，可归纳为以下几个方面。

1.2.1 技术准备

1. 原始资料的调查分析

通过对原始资料进行调查分析，可以获取建设地点的第一手资料。

(1) 建设地区自然条件的调查分析。建设地区自然条件调查的内容和目的见表1-1。

表1-1 建设地区自然条件调查内容

序号	项目		调查内容	调查目的
1	气象	气温	1. 年平均最高、最低、最冷、最热月的逐月平均温度，结冰期，解冻期 2. 冬、夏季室外计算温度 3. ≤-3℃、0℃、5℃的天数，起止时间	1. 防暑降温 2. 冬期施工 3. 估计混凝土、砂浆强度的增长情况
		雨	1. 雨期起止时间 2. 全年降水量、一日最大降水量 3. 年雷暴日数	1. 雨期施工 2. 工地排水、防涝 3. 防雷
		风	1. 主导风向及频率 2. ≤8级风全年天数、时间	1. 布置临时设施 2. 高空作业及吊装措施
2	工程地质及地形	地形	1. 区域地形图 2. 工程位置地形图 3. 该区域的城市规划 4. 控制桩、水准点的位置	1. 选择施工用地 2. 布置施工总平面图 3. 计算现场平整土方量 4. 掌握障碍物及数量
		地质	1. 通过地质勘察报告，搞清地质剖面图、各层土类别及厚度、地基土强度等 2. 地下各种障碍物及问题坑井等	1. 选择土方施工方法 2. 确定地基处理方法 3. 基础施工 4. 障碍物拆除和问题土处理
		地震	地震级别及历史记载情况	施工方案
3	工程水文地质	地下水	1. 最高最低水位及时间 2. 流向、流速及流量 3. 水质分析	1. 基础施工方案的选择 2. 确定是否降低地下水位及降水办法 3. 水侵蚀性及施工注意事项
		地面水	1. 附近江河湖泊及距离 2. 洪水、枯水时期 3. 水质分析	1. 临时给水 2. 施工防洪措施

(2) 建设地区技术经济条件的调查分析。

① 地方建筑业状况，如地方建筑队及劳动力水平与数量、各种构配件加工条件等。

② 地方材料状况，如砖、石、砂、石灰等供应情况。

③ 三大主材(钢材、木材、水泥)、特殊材料、装饰材料的供应状况。

④ 地方资源和交通运输条件。

⑤ 当地生活供应、教育和医疗卫生状况。

⑥ 环境保护与防治公害的标准。

⑦ 本单位及参加施工的各单位的能力调查，如可能参与施工的人员数量、素质，机械装备等。

(3) 施工现场情况。如施工用地范围、可利用的建筑物及设施、附近建筑物情况等。

2. 熟悉、审查施工图纸及有关技术资料

只有在充分了解设计意图，掌握建筑、结构特点及技术要求的基础上，才能顺利制作出"符合"设计要求的产品；通过审图，发现施工图中存在的问题和错误并及时进行纠正，为今后施工提供准确完整的施工图纸。

3. 编制中标后的建筑工程施工组织设计

中标后的建筑工程施工组织设计是指导施工现场全部生产活动的技术经济文件，它是施工准备工作的重要组成部分。建筑施工生产活动的全过程是非常复杂的物质财富再创造过程，在工程开工之前，根据拟建工程的规模、结构特点，在调查分析原始资料的基础上由项目经理部负责编制完成。

标后建筑工程施工组织设计核心内容是如何具体组织工程的实施，即项目经理向企业法人代表说明在实施中采用什么方法与措施来确保企业法人代表与发包方签订的合同能履约，并实现企业对项目经理部的责任目标。需要注意，标前建筑工程施工组织设计并不能代替标后建筑工程施工组织设计，而是作为投标依据和满足投标文件及签订合同要求的标前建筑工程施工组织设计，编制人是企业，核心内容是投标人向发包人说明如何组织项目实施，实现标书规定的工期、质量、造价目标，是企业对外的承诺，是组织施工的一个宏观的控制性计划文件。标后建筑工程施工组织设计的作用是指导性的，它的编制受标前建筑工程施工组织设计的约束。

标后建筑工程施工组织设计一经企业主管部门批准，该文件的性质就成为企业法人代表对项目经理的指令，当主客观条件发生变化需要对标后建筑工程施工组织设计进行修改、变更时，应报请原审批人同意后方可实施。

4. 施工预算

在单位工程开工前，项目经理部应组织编制施工预算，确定项目的计划目标成本。施工预算是根据中标后的合同价、施工图纸、建筑工程施工组织设计或施工方案、施工定额等文件进行编制的，它直接受中标后的合同价的控制。根据责任目标成本，结合技术节约措施确定计划目标成本，它是控制施工成本费用开支、考核用工、签发施工任务书以及限额领料和成本核算的依据。

1.2.2 物资准备

施工必需的劳动对象(材料、构配件等)和劳动手段(施工机械、工具等)等的准备是保证施工顺利进行的物质基础。物资准备是指在开工之前，要根据各种物资的需要量计划，分别落实货源，组织运输和安排储备，使其能满足连续施工的需要。

1. 建筑材料准备

(1) 按工程进度合理确定分期分批进场的时间和数量。

(2) 合理确定现场材料的堆放。

(3) 做好现场的抽检与保管工作。

2. 各种预制构件和配件准备

包括各种预制混凝土和钢筋混凝土构件、门窗、金属构件、水泥制品、卫生洁具及灯具等，均应在图纸会审之后立即提出预制加工清单，并确定加工方案和供应渠道以及进场后的储存地点和方式。大型构件在现场预制时，应做好场地规划与底座施工，并提前加工预制。

3. 施工机具准备

包括施工中确定的各种土方机械，地基处理与桩基机械，混凝土、砂浆搅拌机械，垂直及水平运输机械，吊装机械，钢筋加工机械，木工机械，抽水设备等。根据采用的施工方案，安排的进度，确定各种机械的型号、数量、进场时间及进场后的存放地点和方式。其中大型机械应提前订出计划以便平衡落实。

4. 模板及脚手架准备

模板和脚手架是施工现场使用量大、堆放占地面积大的周转材料。目前，模板多采用组合钢模板和竹胶板，脚手架多采用扣件式和碗扣式钢管脚手架。

5. 安装设备的准备

根据拟建工程生产工艺流程及工艺设备的布置图，统计出工艺设备的名称、型号、数量，按照设备安装计划，确定分期分批进场时间和保管方式。

1.2.3 劳动组织准备

施工的一切结果都是人创造的，人有主观能动性，选好人、用好人是整个工程的关键。

1. 建立项目经理部

遴选项目经理，建立一个精干、高效、高素质的项目管理组织机构——项目经理部，是搞好施工的前提和首要任务。项目经理部的建立遵循以下原则：根据工程的规模、专业特点和复杂程度，确定机构名额和人选；坚持合理分工与密切协作相结合；将富有经验、有创新意识的、有工作效率的人选入管理班子；因事设职，因职选人。

项目经理部管理制度是实施施工项目所必需的工作规定和条例的总称，是项目经理部进行项目管理工作的标准和依据。它是在企业管理制度的前提下，针对施工项目的具体要求而制订的，是规范项目管理行为、约束项目实施活动、保证项目目标实现的前提和保证。内容包括岗位责任制度，技术管理制度，质量管理制度，安全管理制度，计划、统计与进度管理制度，成本核算制度，材料与设备管理制度，现场管理制度等。

2. 建立精干的施工队伍

施工队(组)的组成应根据工程的特点和劳动力需要量计划确定，并应认真考虑专业工种合理的配合，技工和普工的比例等。施工队建立应坚持合理精干的原则，并且应考虑建筑工程施工组织方式的要求，确定建立专业施工队，还是混合施工队。

3. 施工队伍的教育和技术交底

施工前，项目经理部应对施工队伍进行劳动纪律、施工质量和安全教育，职工和施工人员必须遵守劳动时间、坚守工作岗位、遵守操作规程、保证产品质量、保证施工工期、保证安全生产、服从调动、爱护公物。

技术交底是管理者就某项工程的构造、材料要求、使用的机具、操作工艺、质量标准、检验方法及安全、劳保、环保要求等，在施工前对操作者所做的系统说明。整个工程施工，各分部分项工程施工，均要做好技术交底，特殊和隐蔽工程更应认真做好技术交底。在交底时应着重强调易发生质量事故与工伤事故的工程部位，防止各种事故的发生。通过技术交底使职工对技术要求做到心中有数，科学地进行生产活动。

4. 做好施工人员的生活后勤保障工作

做好衣、食、住、行、医、文化生活等后勤工作，保障生活供应是稳定施工队伍、调动广大职工工作积极性的根本前提。

1.2.4 施工现场准备

施工现场准备应按建筑工程施工组织设计的要求和安排进行，主要包括以下工作。

1. 场地控制网的测量

按建筑总平面测出占地范围，并在场地内建立坐标控制网和高程控制点。

2. 现场“三通一平”

按设计要求进行场地平整工作，清理地上及地下的障碍物。修建施工临时道路及施工用水电管线。做好排水防洪设施，以及蒸汽、压缩空气等能源供应。

3. 搭建临时设施

组织修建各种生产、生活需要的临时设施，包括各种仓库、混凝土搅拌站、预制构件场、各种生产场(站)、办公用房、宿舍、食堂、文化生活设施等。

为了保证施工方便和安全，应当用围挡封闭现场，并在出入口设置标志牌，标明工程名称、施工单位、工地负责人等。

1.3 建筑工程施工组织设计

1.3.1 建筑工程施工组织设计的任务和作用

1. 建筑工程施工组织设计的任务

建筑工程施工组织设计是在施工前编制的、用来指导拟建工程施工准备和组织施工的全面性技术经济文件，是对整个施工活动实行科学管理的有力手段。

建筑工程施工组织设计的基本任务是根据业主对建设项目的各项要求，选择经济、合理、有效的施工方案；确定紧凑、均衡、可行的施工进度；拟订有效的技术组织措施；优化配置和节约使用劳动力、材料、机械设备、资金和技术等生产要素(资源)；合理利用施工现场的空间等。据此，施工就可以有条不紊地进行，将达到多、快、好、省的目的。

2. 建筑工程施工组织设计的作用

(1) 建筑工程施工组织设计是整个施工准备工作的核心。

(2) 是工程设计和施工之间的桥梁。

(3) 具有战略部署和战术安排的双重作用。

(4) 是建筑业企业和施工项目管理的基础。

1.3.2 建筑工程施工组织设计的分类

1. 按编制对象范围的不同分类

建筑工程施工组织设计按编制对象范围的不同可分为建筑工程施工组织总设计、单位工程建筑工程施工组织设计、分部分项建筑工程施工组织设计 3 种。

建筑工程施工组织总设计是以一个建设项目或一个建筑群为对象编制的，是对整个建设工程施工全过程的各项施工活动进行全面规划、统筹安排和战略部署，是全局性施工的技术经济文件。

单位工程建筑工程施工组织设计是以一个单位工程为对象编制的、用于直接指导其施工过程中各项施工活动的技术经济条件。

分部分项建筑工程施工组织设计或作业计划是针对某些较重要、技术复杂、施工难度大，或采用新工艺、新材料施工的分部分项工程，如深基础、无粘结预应力混凝土、大型安装、高级装修工程等为对象编制的，其内容具体详细，可操作性强，是直接指导分部(分项)工程施工的技术计划。

建筑工程施工组织总设计是整个建设项目的全局性战略部署，其范围大、内容多而且概括，属于规划和控制型；单位工程建筑工程施工组织设计是在建筑工程施工组织总设计的控制下，考虑企业施工计划编制的，针对单位工程，把建筑工程施工组织总设计的内容具体化，属于实施指导型；分部分项工程建筑工程施工组织设计是以单位工程建筑工程施工组织设计和项目部施工计划为依据编制的，针对特殊的分部分项工程，把单位工程建筑工程施工组织设计进一步细化，属于实施操作型。因此，它们之间是同一建设项目不同广度、深度以及控制与被控制的关系。他们的目标是一致的，编制原则是一致的，主要内容是相通的。不同的是：编制的对象和范围不同，编制的依据不同，参与编制的人员不同，编制的时间不同，所起的作用不同。

2. 按中标前后分类

建筑工程施工组织设计按中标前后的不同可分为投标前建筑工程施工组织设计(简称标前设计)和中标后建筑工程施工组织设计(简称标后设计)两种。

投标建筑工程施工组织设计是在投标前编制的建筑工程施工组织设计，是对项目各目标实现的组织与技术保证。标前设计主要是给发包方看的，目的是竞争承揽工程任务。签订工程承包合同后，应依据标前设计、施工合同、企业施工计划，在开工前由中标后成立的项目经理部负责编制详细的实施指导性标后设计，它是给企业看的，目的是保证要约和承诺的实现。因此，两者之间有先后次序关系、单向制约关系，具体不同之处见表1-2。

表1-2 两类建筑工程施工组织设计的特点

种 类	服务范围	编制时间	编制者	主要特征	追求的目标
标前设计	投标与签约	投标书编制前	经营管理层	规划性	中标与经济效益
标后设计	施工准备至工程验收	签约后开工前	项目管理层	指导性	施工效率和效益

另外，对于大型项目、总承包的“交钥匙”工程项目，建筑工程施工组织设计的编制往往是随着项目设计的深入而编制不同广度、深度和作用的建筑工程施工组织设计。例如，当项目按三阶段设计时，在初步设计完成后，可编制建筑工程施工组织设计大纲(建筑工程施工组织条件设计)；技术设计完成后，可编制建筑工程施工组织总设计；在施工图设计完成后，可编制单位工程建筑工程施工组织设计。当项目按两阶段设计时，对应于初步设计和施工图设计，分别编制建筑工程施工组织总设计和单位工程建筑工程施工组织设计。

建筑工程施工组织设计按编制内容的繁简程度不同，可划分为完整的建筑工程施工组织设计和简明的建筑工程施工组织设计。对于小型项目及熟悉的工程项目，建筑工程施工组织设计的编制内容可以简化。

1.3.3 建筑工程施工组织设计的编制依据

(1) 设计资料：包括已批准的设计任务书、设计图纸和设计说明书等。

(2) 自然条件资料：包括地形、地质、水文和气象资料。

(3) 技术经济条件资料：包括建设地区的资源、供水、供电、交通运输、生产和生活基础设施情况等。

(4) 施工合同规定的有关指标：包括建设项目分期分批及配套建设的要求、交工日期、施工中要求采用的新技术和有关先进技术指标要求等。

(5) 施工条件：施工企业及相关协作单位可配备的人力、机械设备和技术状况，以及类似工程施工经验资料等。

(6) 工具性参考资料：国家和地方有关的现行规范、规程、标准、定额等。

1.3.4 建筑工程施工组织设计的基本内容

建筑工程施工组织设计的内容是由其应回答和解决的问题组成的，无论是单位工程还是群体工程，其基本内容(图1-5)都可以概括为以下几方面。

1. 工程概况及特点分析

建筑工程施工组织设计应首先对拟建工程的概况及特点进行分析并加以简述，目的在于搞清工程任务的基本情况，这样做可使编制者对症下药，使用者心中有数，也可使审批者对工程有概略认识。

工程概况包括拟建工程的性质、规模，建筑、结构特点，建设条件，施工条件，建设单位及上级的要求等。

2. 施工部署和施工方案

施工部署是对整个建设项目施工(土建和安装)的总体规划和安排，包括施工任务的组织与分工、工期规划、分期分批完成的内容、施工用地的划分、全场性的技术组织措施等。

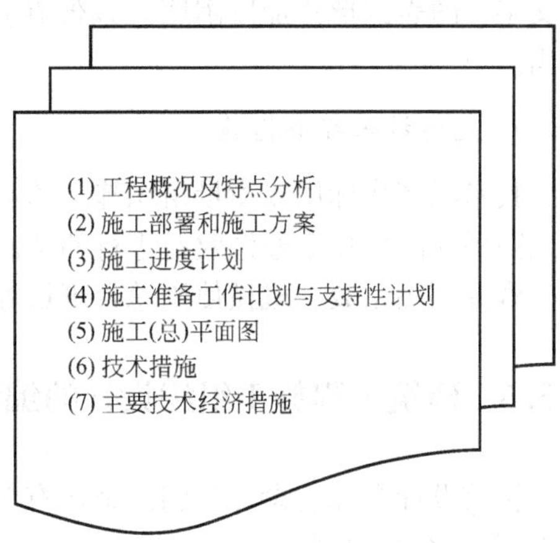

图 1-5 施工组织设计的内容

施工方案的选择是在工程概况及特点分析的基础上，结合人力、材料、机械、资金和可采用的施工方法等生产因素与时空优化组合，具体布置施工任务，安排施工流向和施工顺序，确定施工方法和施工机械，制定保证质量、安全的技术组织措施，对拟建工程可能采用的几个方案进行技术经济的对比分析，选择最佳方案。

3. 施工进度计划

施工进度计划反映了最佳施工方案在时间上的安排，是组织与控制整个工程进度的依据。因此，施工进度计划的编制应采用先进的组织方法(如流水施工)、计划理论(如网络计划、横道计划)和计算方法(如时间参数、资源量等)，合理规定施工的步骤和时间，综合平衡进度计划，在时空上科学、合理地利用各项资源，达到既定工期目标。

施工进度计划的编制包括划分施工过程，计算工程量，计算劳动量或机械量，确定工作天数及相应的作业人数或机械台数，编制进度计划表及进行检查与调整等。

4. 施工准备工作计划与支持性计划

施工准备工作计划主要是明确施工前应完成的施工准备工作的内容、起止期限、质量要求等。整个建设项目、一个单位工程或一个分部分项工程在计划开工前都需要按时完成相应的准备工作。

劳动力、主要材料、预制件、半成品及机械设备需要量计划、资金收支预测计划统称为施工进度计划的支持性计划，即以资源支持施工。各项资源需要量计划是提供资源保证的依据和前提，是保证施工计划实现的支持性计划，其应根据施工进度计划编制。

5. 施工(总)平面图

施工现场(总)平面图是施工方案(施工部署)和施工进度计划在空间上的全面安排。它是以合理利用施工现场空间为原则，本着方便生产、有利生活、文明施工的目的，根据投入的各项资源和工人的生产、生活活动场地，做出的合理现场施工(总)平面布置。

6. 技术措施

完成一项工程除了要求施工方案选择合理，进度计划安排科学外，还应充分地注意采取各项措施，确保质量、工期、文明安全以及节约开支。应加强各项措施的制订，并且可以文字、图表的形式加以阐明，以便在贯彻建筑工程施工组织设计时，目标明确，措施得当。

7. 主要技术经济措施

技术经济指标用以衡量组织施工的水平，它是对确定的施工方案、施工进度计划及施工(总)平面图的技术经济效益进行的全面评价。主要指标通常指施工工期、全员劳动生产率、资源利用系数、机械使用总台班量等。

1.3.5 建筑工程施工组织设计的编制

标前设计和标后设计分别由企业有关职能部门(如总工办)和项目经理(或项目技术负责人)负责牵头编制。

建筑工程施工组织设计编制要吸收相关职能部门施工经验丰富的技术人员参加，根据建设单位的要求和有关规定进行编制，要广泛征求各协作施工单位的意见。对于结构复杂、施工难度大的以及采用新工艺、新技术的工程，要进行专业研究，集思广益。当初稿完成后，要组织参编人员及单位讨论，由其逐项逐条研究修改后，最终形成正式文件，送主管部门审批。

建筑工程施工组织设计要能正确指导施工，体现施工过程的规律性、组织管理的科学性、技术的先进性。为此，在编制时需要注意处理好以下问题。

(1) 时间与空间的充分利用问题。

(2) 满足工艺、工期要求的设备选择及其配套优化问题。

(3) 节约问题。

(4) 专业化生产与紧密协作相结合的问题。

(5) 资源供应与消耗的协调问题。

本章小结

建筑工程施工组织是研究和制订组织建筑及安装工程施工全过程既合理又经济的方法和途径的学科体系。它以建筑工程施工阶段为核心，以工程项目施工组织与管理理论、方法和手段为研究对象。其研究内容包括工程项目的建筑工程施工组织方式、流水施工技术、网络计划技术、施工准备、建筑工程施工组织总设计、单位工程施工组织设计的编制原理和基本要求等。

基本建设就是形成新的固定资产的经济过程，在国民经济中占有重要地位，它由一个个的建设项目组成，包括新建、扩建、改建、恢复工程及与之有关的工作。任何一个工程项目建设都必须遵守基本建设程序，即依次完成项目建议书、可行性研究、设计、建设准备、施工(一般土建和设备安装)、竣工验收 6 个阶段的工作才能建成。

建筑施工程序包括投标与签订合同、施工准备、组织施工、竣工验收、交付使用阶段、回访与保修几个阶段。

施工对象可以分解为建设项目、单项工程、单位工程、分部工程、分项工程等。

建筑施工的特点：空间固定，生产流动；产品多样，生产单一；体形庞大，露天作业。

建筑工程施工组织设计的种类按编制对象范围的不同可分为建筑工程施工组织总设计、单位工程建筑工程施工组织设计、分部分项建筑工程施工组织设计3种。

习　题

单项选择题

1. 在工业建设中，拟建一个化肥厂，则该项目是一个(　　)。

A. 单项工程　　B. 单位工程　　C. 建设项目　　D. 分部分项工程

2. 凡是具有单独设计，可独立施工，竣工后可单独发挥生产能力或效益的工程，称为一个(　　)。

A. 单项工程　　B. 单位工程　　C. 分部工程　　D. 分项工程

3. 进行建设项目可行性研究是建设程序的(　　)。

A. 实施阶段　　B. 准备阶段　　C. 决策阶段　　D. 后期结算阶段

4. 签订合同后，进行场地勘察是建筑施工程序(　　)的工作。

A. 承接任务阶段　　B. 全面统筹安排阶段

C. 落实施工准备阶段　　D. 精心组织施工阶段

5. (　　)是按建设性质进行划分的。

A. 恢复建设项目　　B. 非生产建设项目

C. 中型建设项目　　D. 地方政府建设项目

6. 征地拆迁是基本建设项目建设程序的(　　)。

A. 实施阶段　　B. 准备阶段　　C. 决策阶段　　D. 实施规划阶段

7. 图纸会审，编制单位工程施工组织设计是建筑施工程序的(　　)阶段。

A. 承接施工任务，签订施工合同　　B. 进行工程验收并交付使用

C. 精心组织施工，加强各项管理　　D. 落实施工准备，提出开工报告

8. 即使是同一类型的建筑物，在不同的地区、季节及现场条件下，施工准备工作、施工工艺和施工方法也不尽相同，这体现了建筑施工的(　　)特点。

A. 工期长　　B. 流动性　　C. 个别性　　D. 复杂性

9. 施工组织设计是规划和指导拟建工程从施工准备到竣工验收过程的(　　)的技术经济条件。

A. 综合性　　B. 经济性　　C. 指挥性　　D. 强制性

10. 施工组织总设计、单位工程施工组织设计、分部分项工程施工设计，编制时共有的内容是(　　)。

A. 施工部署　　B. 技术经济指标

C. 工程概况　　D. 各项资源的需要量计划

第2章 流水施工基本原理

教学目标

本章主要介绍流水施工的方式、实质与分类，介绍了流水施工的参数及组织方法。通过本章教学，让学习者理解流水施工的实质与流水施工的参数确定原则；掌握各种流水施工的组织方法；正确区分三种施工组织方式的使用条件。

教学要求

知识要点	能力要求	相关知识
施工组织方式	比较三种组织方式的优缺点	依次施工，平行施工，流水施工
流水施工参数	掌握流水施工参数确定方法	工艺参数，空间参数，时间参数
流水施工组织方法	掌握流水施工的各种组织方法与组织步骤	等节奏流水，异节奏流水，无节奏流水

基本概念

依次施工，平行施工，流水施工，施工过程，施工段，流水节拍，流水步距，等节奏流水，异节奏流水，无节奏流水。

引例

什么样的条件决定什么样的施工方式，什么样的施工方式需要什么样的组织措施。例如在农村，农民修建自己的住房，因为没有专业施工队，都是请人帮忙，施工人员少。施工工具也是租借，难保证。但多长时间建完，并不是很在乎；后来这家两个儿子都长大了，要求同时结婚，都需要婚房，要同时建造而且时间很紧；这个农民靠养猪发了财，扩大再生产，要兴建一个大型冷冻库，要请专业建筑公司施工。面对这三种情况，该如何组织施工呢？这也是本章要学习和解决的问题。

2.1 流水施工概述

流水施工是一种诞生较早，在建筑工业中广泛使用且行之有效的科学组织施工的计划方法。它建立在分工协作和大批量生产的基础上，其实质就是连续作业，组织均衡施工。但是，由于建筑产品及其生产的特点，使得流水施工的概念、特点和效果与其他产品的流水作业有所不同。

2.1.1 流水施工的方式

为了说明建筑工程中采用流水施工的特点，可以比较例 2-1 中建造四幢相同房屋时，施工中一般采用的依次施工、平行施工和流水施工三种不同施工组织方法。

【例 2-1】 四幢相同的建筑物基础工程由挖土、做垫层、砌基础、回填土四个施工过程组成，每个施工过程的施工天数均为 4 天，各作业班组人数分别由 8 人、6 人、14 人、5 人组成，试分别按依次施工、平行施工和流水施工三种不同方式组织施工。

解：(1) 依次施工是各工程或施工过程依次开工，依次完成的一种施工组织方式。施工时通常有两种组织方式，分别如图 2-1、图 2-2 所示，这两种形式工期相同但每天所需的资源消耗不相同。它是一种最基本最原始的建筑工程施工组织方式，这种方法同时投入的劳动力和物资等资源数量比较少，但各专业工作队在该工程中的工作是有间歇的，施工中对某一物资的消耗也是间断的，工期拖得很长。

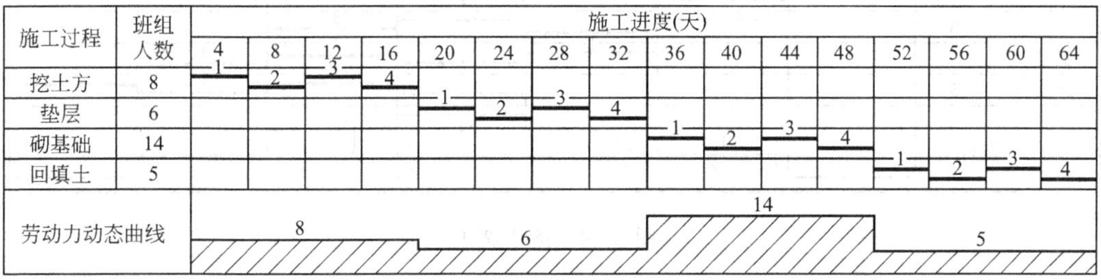

施工过程	班组人数	施工进度(天)															
		4	8	12	16	20	24	28	32	36	40	44	48	52	56	60	64
挖土方	8	1	2	3	4												
垫层	6					1	2	3	4								
砌基础	14									1	2	3	4				
回填土	5													1	2	3	4
劳动力动态曲线			8				6					14			5		

图 2-1 按施工过程依次施工

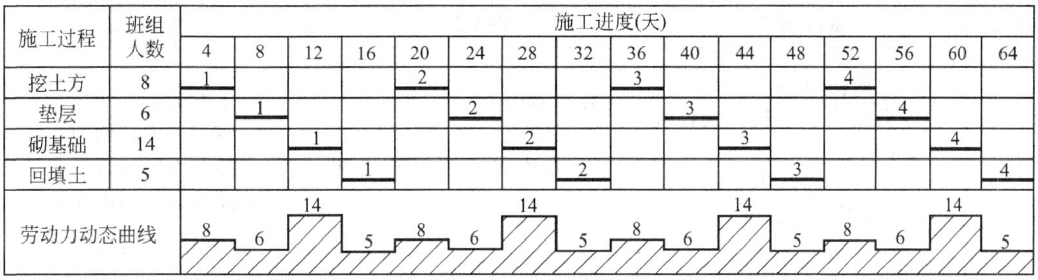

施工过程	班组人数	施工进度(天)															
		4	8	12	16	20	24	28	32	36	40	44	48	52	56	60	64
挖土方	8	1				2				3				4			
垫层	6		1				2				3				4		
砌基础	14			1				2				3				4	
回填土	5				1				2				3				4
劳动力动态曲线		8	6	14	5	8	6	14	5	8	6	14	5	8	6	14	5

图 2-2 按工程对象依次施工

(2) 平行施工是全部工程任务的各施工过程组织几个相同的作业班组，在不同的空间对象上同时开工、同时完成的一种建筑工程施工组织方式。如图 2-3 所示，完成四幢房屋基础工程施工所需的时间等于完成一幢施工的时间。它是一种在拟建工程任务十分紧迫等特殊情况才会采取的建筑工程施工组织形式，这种方法显然可以大大缩短工期，但是各专业工种同时投入工作的班组数量却大大增加，相应的劳动力及物资的消耗量集中且不连续，给施工带来不良的经济效果。

(3) 流水施工是将所有施工过程按一定的时间间隔依次投入施工，各个施工过程陆续开工，陆续完工。如图 2-4 所示，即把各施工过程搭接起来，其中有若干幢房屋处在同时施工状态，使各专业工作队的工作具有连续性，而资源的消耗具有均衡性(与平行施工比较)，施工工期较短(与依次施工比较)。

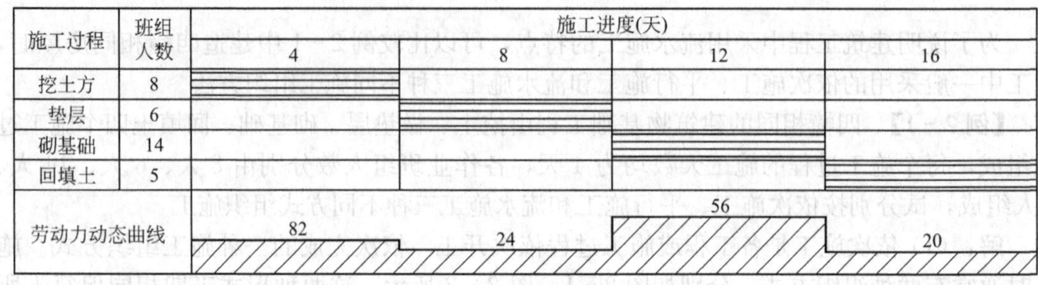

图 2－3　平行施工

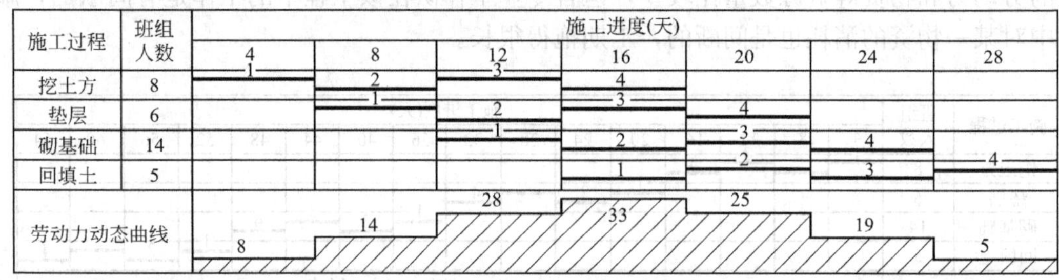

图 2－4　流水施工

依次施工、平行施工和流水施工三种不同施工组织方法各自的特点如表 2－1 所示。

表 2－1　依次施工、平行施工和流水施工比较

项目	依次施工	平行施工	流水施工
特点	1. 工期长($T=64$天) 2. 劳动力、材料、机具投入量小 3. 专业工作队不能连续施工(宜采用混合队组)	1. 工期短 2. 资源投入集中 3. 仓库等临时设施增加，费用高	1. 工期较短 2. 资源投入较均匀 3. 各工作队连续作业 4. 能连续、均衡地生产
适用于	场地小、资源供应不足、工期不紧时，组织大包队施工	工期极紧时的人海战术	专业化作业

如果只有一幢房屋建造，也可以组织流水施工，这需要将拟建工程项目在平面上划分成若干个劳动量大致相等的施工段。假如划分为两个施工段，其基础工程流水施工如图 2－5所示。为了更好地比较三种组织的方式和特点，本图也反映了依次施工、平行施工的情况。

当房屋在竖向施工中存在专业工种对操作高度的要求时，就需要在竖向上划分成若干个施工层。这样一来，各施工过程的不同专业工作班组在各施工层各施工段上就可以组织流水施工了。

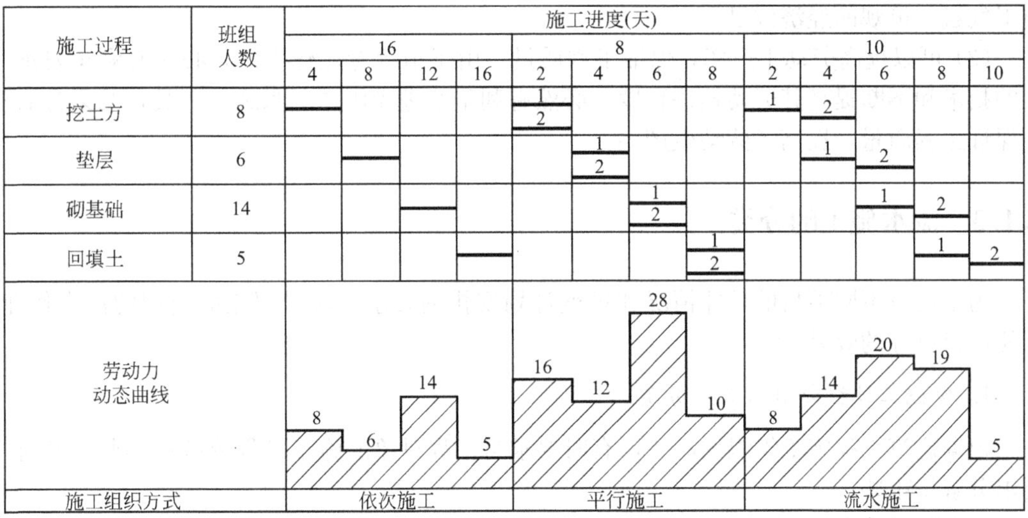

施工过程	班组人数	施工进度(天)												
		16				8				10				
		4	8	12	16	2	4	6	8	2	4	6	8	10
挖土方	8					1 2				1	2			
垫层	6						1 2				1	2		
砌基础	14							1 2				1	2	
回填土	5								1 2				1	2
劳动力动态曲线		8	6	14	5	16	12	28	10	8	14	20	19	5
施工组织方式		依次施工				平行施工				流水施工				

图 2－5 不同建筑工程施工组织方式的比较

2.1.2 流水施工的实质

1. 组织流水作业的条件

(1) 把建筑物的整个建造过程分解为若干施工过程，每个施工过程分别由固定的专业施工队负责实施完成。

划分施工过程是为了对施工对象的建造过程进行分解，这样才能逐一实现局部对象的施工，进而使施工对象整体得以实现。也只有这种合理的解剖，才能组织专业化施工和有效的协作。

(2) 把建筑物尽可能地划分为劳动量大致相等的若干个施工段(区)。通常是单体建筑物施工分段，群体建筑施工分区。划分施工段(区)是为了把庞大的建筑物(建筑群)划分成“批量”的假定“产品”，从而形成流水作业的前提。没有批量就不可能组织流水施工，每一个段(区)就是一个假定的“产品”。

(3) 各专业队按一定的施工工艺，配备必要的机具，依次地、连续地由一个施工段转移到另一个施工段，重复地完成各段上的同类工作。也就是说，专业化工作队要连续地对假定产品进行逐个的专业“加工”。由于建筑产品的固定性，只能是专业队(组)在不同段上“流水”，而一般工业生产流水作业的区别是产品“流水”，而设备、人员固定不动。

2. 组织流水作业的效果

(1) 可以缩短工期。相对于依次作业可以“节省”工作时间，实现“节省”的手段是“搭接”，“搭接”的前提是分段，合理利用工作面，保证投入施工的专业队工作不间断。

(2) 可以实现均衡、有节奏的施工。班组人员按一定的时间要求投入作业，在每段的工作时间尽量安排得有规律。综合各班组的工作，便可以形成均衡、有节奏的特征。“均衡”是指不同时间段的资源数量变化较小，这对组织施工十分有利，可达到节约使用资源的目的；有“节奏”是指工人作业时间有一定规律性，可以带来良好的施工秩序、和谐的施工气氛、可观的经济效果。

(3) 可以提高劳动生产率，保证工程质量。由于组织专业化生产，必然有利于发挥工人的技术和不断提高其劳动熟练程度，必然有利于改进操作方法和施工工具，结果是有利于保证工程质量，提高了劳动生产率。

2.1.3 流水施工的分类

为了适应不同项目的具体情况和进度计划安排的要求，应采用相应类型的流水作业，以便取得更好的效果。

1. 按施工过程分解的深度分类

根据建筑工程施工组织的需要，有时要求将工程对象的施工过程分解得细些，有时则要求分解得粗些。

1) 彻底分解流水

经过分解后的所有施工过程都是属于单一工种就可以完成的。为完成该施工过程，所组织的工作队就应该是由单一工种的工人(或机械)组成，属专业班组。

2) 局部分解流水

在进行施工过程的分解时将一部分施工工作适当合并在一起形成多工种协作的综合性施工过程，这是不彻底分解的施工过程。这种包含多工种协作的施工过程的流水就是局部分解流水。如果钢筋混凝土圈梁作为一个施工过程，实际包含了支模、扎筋和混凝土浇筑这几项工作。该施工过程是由有木工、钢筋工、混凝土工组成的混合班组负责施工。

2. 按流水施工对象的范围分类

1) 细部流水

指一个专业班组使用同一生产工具，依次连续不断地在各施工(区)段中完成同一施工过程的工作流水。细部流水也称为分项工程流水。

2) 专业流水

把若干个工艺上密切联系的细部流水组合起来，就形成了专业流水。它是各相关专业队共同围绕完成一个分部工程的流水，也称分部工程流水。如某现浇钢筋混凝土工程是由安装模板、绑扎钢筋和浇筑混凝土三个细部流水组成。

3) 工程项目流水

即为完成一单位工程而组织起来的全部专业流水的总和，也称单位工程流水。例如，多层框架结构房屋，它是由基础分部工程流水、主体分部工程流水、装饰分部工程流水等组成。

4) 综合流水

是为完成工业建筑或民用建筑群而组织起来的全部工程项目流水的总和，也称建筑群流水。

3. 按流水的节奏特征分类

1) 有节奏流水

指流水组中，每一个施工过程本身在各施工段上的作业时间(流水节拍)都相同，也就是一个施工过程有一个统一的流水节拍。如果各个施工过程相互之间流水节拍也相等，则称之为等节奏流水；如果不同施工过程之间流水节拍不一定相等，则称之为异节奏流水。

2) 无节奏流水

指流水组中，各施工过程本身在各流水段上的作业时间(流水节拍)不完全相等，相互之间也无规律可循。

2.2 流水施工参数

在组织流水施工时，用以表达流水施工在工艺流程、空间布置、时间安排等方面的特征和各种数量关系的参数，称为流水施工参数。只有对这些参数进行认真的、有预见的研究和计算，才可能成功地组织流水施工。

2.2.1 工艺参数

工艺参数是指在组织流水施工时，用来表达施工工艺开展的顺序及其特征的参数，包括施工过程数和流水强度两种参数。

1. 施工过程数(N)

在组织流水施工时，用以表达流水施工在工艺上开展层次的有关过程，统称为施工过程。施工过程数是指一组流水中施工过程的个数，以 N 表示。施工过程数目要适当，以便于组织施工。若施工过程数过小，则达不到好的流水效果；若施工过程数过大，则需要的专业工作队(组)就多，相应地需要划分的流水段也多，也达不到好的流水效果。至于专业队(组)数以 N'表示。施工中，有时由几个专业队负责完成一个施工过程或一个专业队完成几个施工过程，于是施工过程数(N)与专业队数(N')便不相等。组入流水的施工过程如果各由一个工作队施工，则 N 与 N'相等。

在划分施工过程时，只有那些对工程施工具有直接影响的施工内容才予以考虑并组织在流水中。对于预先加工和制造建筑半成品、构配件的制备类施工过程(如砂浆和混凝土的配制、钢筋的制作等)，对于运输类施工过程(如将建筑材料、构配件及半成品运至工地等)，当其不占用施工对象的空间、不影响总工期时，不列入施工进度计划表中，否则要列入施工进度计划表中。对于在施工对象上直接进行加工而形成建筑产品的建造类施工过程(如墙体砌筑、构件安装等)，由于占用施工对象的空间而且影响总工期，所以划分施工过程主要按建造类划分。

施工过程可以根据计划的需要确定其粗细程度，既可以是分项、分部工程，也可以是单位、单项工程。施工过程数与工程项目的规模大小、房屋的复杂程度、结构的类型乃至施工方法等有关。对复杂的施工内容应分得细些，简单的施工内容分得不要过细。

对工期影响较大的，或对整个流水施工起决定性作用的施工过程(如工程量大，工作时间长，须配备大型机械等)，称之为主导施工过程。在划分施工过程以后，首先应找出主导施工过程，以便抓住流水作业的关键环节。

2. 流水强度(*V*)

流水强度指某一施工过程在单位时间内能够完成的工程量。它取决于该施工过程投入的工人数和机械台数及劳动生产率(定额)。

2.2.2 空间参数

空间参数是用来表达流水施工在空间布置上所处状态的参数，包括工作面、施工段和施工层。

1. 工作面(*A*)

在组织施工时，某专业工种所必须具备的活动空间，称之为该工种的工作面。它的大小是根据相应工种单位时间内的产量定额、建筑安装工程操作规范和安全规程等的要求确定的。确定工人班组人数必须考虑施工段的大小，否则会影响到专业工种工人的劳动生产效率。有关工种的工作面可参考表2-2。

表2-2 主要工种工作面参考数据表

工作项目	每个技工的工作面	说明
砖基础	7.6m/人	以1½砖计(2砖乘0.8、3砖乘0.55)
砌砖墙	8.5m/人	以1砖计(1½砖乘0.71、2砖乘0.57)
混凝土柱、墙基础	$8m^3$/人	机拌、机捣
混凝土设备基础	$7m^3$/人	机拌、机捣
现浇钢筋混凝土柱	$2.45m^3$/人	机拌、机捣
现浇钢筋混凝土梁	$3.20m^3$/人	机拌、机捣
现浇钢筋混凝土墙	$5m^3$/人	机拌、机捣
现浇钢筋混凝土楼板	$5.3m^3$/人	机拌、机捣
混凝土地坪及面层	$40m^2$/人	机拌、机捣
外墙抹灰	$16m^2$/人	
内墙抹灰	$18.5m^2$/人	
卷材屋面	$18.5m^2$/人	
防水水泥浆屋面	$16m^2$/人	
门窗安装	$11m^2$/人	

2. 施工段数(*M*)

为了有效地组织流水施工，将施工对象在平面空间上划分为若干个劳动量大致相等，可供工作队(组)转移施工的段落，这些施工段落称为施工段，其数目以*M*表示。划分施工段的目的在于能使不同工种的专业工作队同时在工程对象的不同段落工作面上进行作业，以充分利用空间。通常一个施工段上在同一时间内只有一个专业工作队施工，必要的话也可以两个工作队在同一施工段上穿插或搭接施工。划分施工段应遵循以下原则。

(1) 尽量使各段的工程量大致相等，以便组织节奏流水，使施工连续、均衡、有节奏。

(2) 有利于保证结构整体性，尽量利用结构缝(沉降缝、抗震缝等)及在平面上有变化处。住宅可按单元、楼层划分；厂房可按生产线、按跨划分；线性工程可依主导施工过程的工程量为平衡条件，按长度分段；建筑群可按栋、按区分段。

(3) 段数的多少应与主导施工过程相协调，以主导施工过程为主形成工艺组合。工艺组合数应等于或小于施工段数。因此分段不宜过少，不然流水效果不显著甚至可能无法流水，使劳动力或机械设备窝工；分段过多，则可能使施工面狭窄，投入施工的资源量减少，反而延长了工期。

(4) 分段大小应与劳动组织相适应，有足够的工作面。以机械为主的施工对象还应考虑机械的台班能力的发挥。混合结构、大模板现浇混凝土结构、全装配结构等工程的分段大小，都应考虑吊装机械能力的充分利用。

3. *施工层数*(J)

施工层数是指在施工对象的竖直空间上划分的作业层数。这是为了满足操作高度和施工工艺的要求。如砌筑工程可按一步架高 1.2m 为一个施工层，再如装修工程多以一个楼层为一个施工层。

多层建筑施工既要在平面上划分施工段，又要在竖向上划分施工层，以组织有节奏、均衡、连续地流水施工。为了保证各专业工作队连续作业，则要求施工段数与施工过程数(或施工班组数)保持一定的比例协调关系。若组织等节奏流水施工，施工段数与施工过程数的关系如下。

(1) 当 $M>N$ 时，各专业队能连续施工，但施工段有空闲。

(2) 当 $M=N$ 时，各专业队能连续施工，且施工段也没有闲置，这种情况是最理想的。

(3) 当 $M<N$ 时，对单栋建筑物流水施工时，专业队就不能连续施工而产生窝工现象。但两栋以上的建筑群中，与别的建筑物可以组织流水，实现工作队连续作业。

【例 2-2】 某三层砖混楼房，在平面上划分为三个施工段，按砌墙、安装楼板两个施工过程组织施工，各施工过程在各段上的作业时间均为 3 天，其流水进度如图 2-6 所示。

施工过程	施工进度(天)									
	3	6	9	12	15	18	21	24	27	30
砌墙	1-1	1-2	1-3	2-1	2-2	2-3	3-1	3-2	3-3	
安装楼板		1-1	1-2	1-3	2-1	2-2	2-3	3-1	3-2	3-3

图 2-6 流水施工进度图

可以看出，两个工作队均能连续施工，但每一层安装完楼板后不能马上投入其上一层的砌砖施工。施工段有空闲，一般会影响工期，但在空闲的工作面上如能安排一些准备(如验收、放线)或辅助工作(如材料运输)，则会使后续工作进展顺利，也不一定有害。

【例 2－3】 某三层框架主体工程分两段进行施工，施工过程为支模、扎筋和浇混凝土，各施工过程在各段上的作业天数都为 3 天，其流水进度如图 2－7 所示。

施工过程	施工进度(天)									
	3	6	9	12	15	18	21	24	27	30
支模	1−1	1−2		2−1	2−2		3−1	3−2		
扎筋		1−1	1−2		2−1	2−2		3−1	3−2	
浇混凝土			1−1	1−3		2−1	2−2		3−1	3−2

图 2－7 流水施工进度图

可以看出，第一个施工过程(支模)在下一层最后一个施工段上完工后，因为最后一个施工过程(浇混凝土)在该层第一段上还未完工，所以不能及时转移到上一层第一段。而工作队作业不连续，在一个施工项目中是不可取的。除了能将窝工的工作队转移到其他建筑物或工地进行大流水。

2.2.3 时间参数

时间参数是指用来表达组织流水施工时，各施工过程在时间排列上所处状态的参数。主要包括：流水节拍、流水步距、平行搭接时间、间歇时间、施工过程流水持续时间和流水施工工期。

1. 流水节拍(t)

流水节拍是指某个专业队在某一施工段上的施工作业时间。其大小反映施工速度的快慢，确定方法主要有定额计算法、经验估计法和按工期倒排法。定额计算法的公式是：

$$t=\frac{Q}{RS}=\frac{P}{R} \tag{2-1}$$

式中 t——流水节拍；

Q——某施工段上的工程量；

R——专业队的人数或机械台数；

S——产量定额，即某施工过程单位时间(工日或台班)完成的工程量；

P——某施工过程在某施工段需要的劳动量或机械台班量。

确定流水节拍应注意以下几点。

(1) 流水节拍的取值要以满足工期要求为基本原则。通常取 0.5 天的整倍数。如果工期短，t 就小一些；反之若工期长，则 t 可以取大一些。

(2) 流水节拍的取值必须考虑到专业队在组织方面的限制和要求。尽可能不过多地改变原来的劳动组织状况，以便于对专业队进行管理。专业队的人数应有起码的要求，以使他们具备集体协作的能力。

(3) 流水节拍的确定，应考虑到工作面的限制，专业队必须有足够的施工操作空间，才能保证操作安全和充分发挥劳动效率。

(4) 流水节拍的确定，应考虑到机械设备的实际负载水平和可能提供的机械设备数量，同时也要考虑机械设备操作场所安全和质量的要求。

(5) 有特殊技术限制的工程，如有防水要求的钢筋混凝土工程，受交通条件影响的道路改造工程、铺管工程等，都受技术操作或安全质量等方面的限制，对作业时间长度和连续性都有限制或要求，在安排其流水节拍时应当予以满足。

(6) 要考虑各种资源的供应情况。

(7) 首先应确定主导施工过程的流水节拍，并以它为依据确定其他施工过程的流水节拍。主导施工过程的流水节拍往往是各施工流水节拍的最大值，尽可能是有节奏的，以便组织节奏流水。

2. *流水步距*(k)

流水步距指两个相邻的工作队相继投入流水作业的最小时间间隔。流水步距的大小对工期的长短有直接的影响。流水步距的大小取决于流水节拍。

(1) 当施工段不变时，假设工作面条件允许专业队人数变化，使流水节拍改变，流水步距越大工期越长；反之工期越短。如图 2-8所示，(a)与(b)比较可以看出：流水步距随流水节拍的增大而增大，随流水节拍的缩小而缩小。

(2) 如果人数不变，增加施工段数，使每段工作面达到饱和，而施工过程流水持续时间不变，因各工作队步距缩小，使工期变短。如图 2-8 所示，(a)与(c)比较可以看出，当施工段数大于施工过程数($M>N$)时，工期变短了 1 天；(a)和(b)比较可以看出，当施工段数最终没有超过施工过程数($M \leqslant N$)时，无空间闲置，流水节拍和流水步距都相应缩小，工期是变短了 3 天。需要注意，若过度增加施工段，势必使得投入施工的作业人数减少，反而会使工期拖长。

流水步距的长度要根据需要及流水方式的类型，通过分析计算确定。确定时应考虑的因素有以下几点。

(1) 每个专业队连续施工的需要。必须使专业队进场后不发生停工、窝工现象。

(2) 技术间歇的需要。有些施工过程完成后，后续施工过程不能立即投入施工，必须有一定的时间“间歇”，这个间歇时间应尽量安排在专业队进场之前，不然便不能保证专业队工作的连续。

(3) 流水步距的长度应保证各个施工段的施工作业程序不乱，即不发生前一施工过程尚未全部完成，而后一施工过程便开始施工的现象。有时为了缩短时间，某些次要的专业

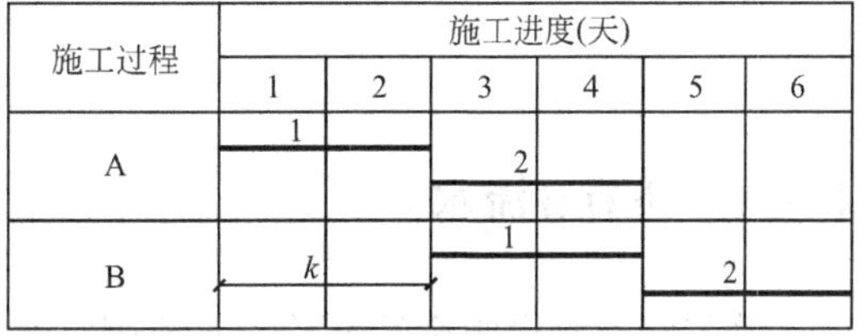

(a) 某施工进度计划

施工过程	施工进度(天)		
	1	2	3
A	1	2	
B	k	1	2

(b) 施工段不变，人数增倍

施工过程	施工进度(天)				
	1	2	2	4	5
A	1	2	3	4	
B	k	1	2	3	4

(c) 人数不变，增加施工段($M>N$)

图 2-8 流水步距、流水节拍、施工段的关系

队可以提前穿插进去，但必须在技术上可行，而且不影响前一专业队的正常工作。提前插入的现象越少越好，多了会打乱节奏，影响均衡施工。

3. 流水施工工期(T/t)

流水施工工期是指从第一个专业队投入流水作业开始，到最后一个专业队完成最后一个施工过程的最后一段工作退出流水作业为止的整个持续时间。由于一项工程往往由许多流水组组成，流水施工工期说的是一个流水组的工期，它小于工程对象的总工期(T)；对分组采用流水施工的工程对象来说，流水施工工期就等于工程对象的施工总工期。

在安排流水施工之前，应有一个基本的流水施工工期目标，以在总体上约束具体的流水作业组织。在进行流水作业安排以后，可以通过计算确定工期，并与目标工期比较，应小于或等于目标工期。如果绘制了流水图(表)，在图上若可观察到工期长度，可以用计算工期检验图表绘制的正确与否。

2.3 流水施工的组织方法

2.3.1 等节奏流水

等节奏流水也叫全等节拍流水或固定节拍流水。它指流水速度相等，是最理想的组织流水方式，在可能情况下，应尽量采用这种流水方式。他的基本特征是：第一，施工过程本身在各施工段上的流水节拍相等；第二，施工过程的流水节拍彼此都相等；第三，当没有平行搭接和间歇时，流水步距等于流水节拍。

(1) 在没有技术间歇和插入时间的情况下，工期的计算公式是：

$$T_t=(M+N'-1)t \tag{2-2}$$

这种情况下的组织形式如图 2-9 所示，横道图有水平指示图表和斜线(垂直)指示图表两种。在水平指示图表中，呈梯形分布的水平线段表示流水施工活动的开展情况；在垂直指示图表中，N 条斜线段表示各专业队(或施工过程)开展流水施工的情况。

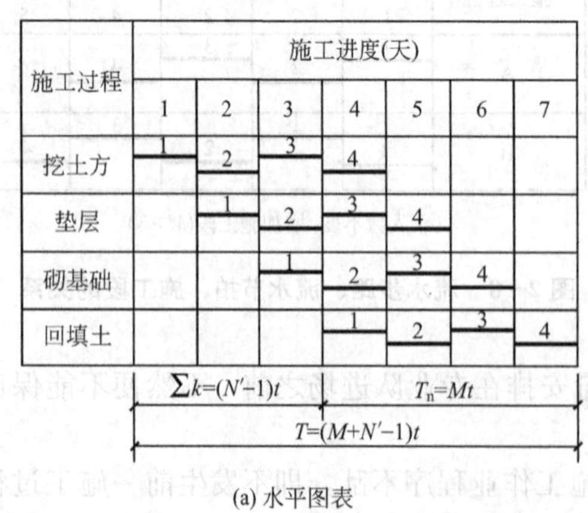

(a) 水平图表

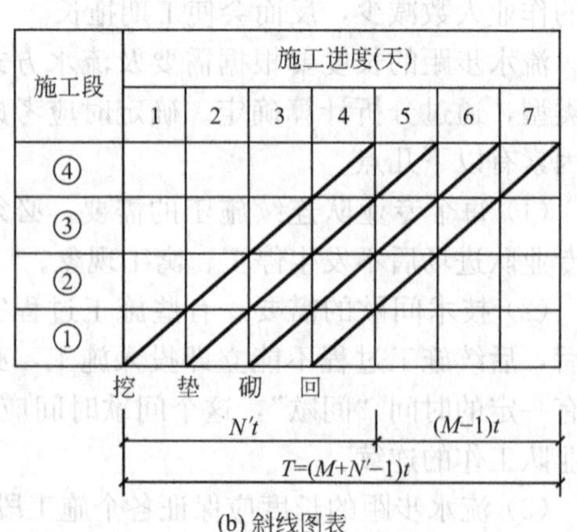

(b) 斜线图表

图 2-9 无搭接无间歇情况下的等节奏流水进度图表

式(2－2)适用于无施工层的流水工期计算，如果存在施工层($M \geqslant N$)，工期计算公式如下：

$$T_t=(JM+N'-1)t \tag{2-3}$$

(2) 在有技术间歇和插入时间的情况下，工期的计算公式是：

$$T_t=(M+N'-1)t-\sum C+\sum Z \tag{2-4}$$

式中 $\sum Z$——间歇时间之和；

$\sum C$——插入时间之和。

图 2－10 是一个等节奏流水的作业图。其中 $M=4$，$N=N'=5$，$t=4$ 天，$\sum Z=4$ 天，$\sum C=4$ 天，故其工期计算如下：

$$T_t=(M+N'-1)t+\sum Z-\sum C=(4+5-1)\times 4+4-4=32\text{ 天}$$

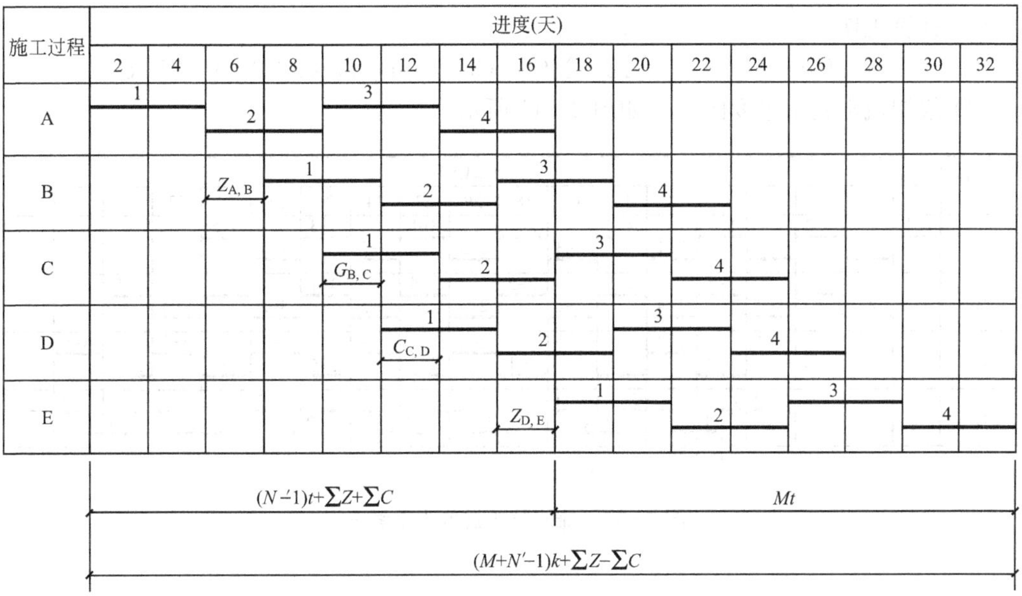

施工过程	进度(天)															
	2	4	6	8	10	12	14	16	18	20	22	24	26	28	30	32
A	1		2		3		4									
B			$Z_{A,B}$	1		2		3		4						
C					$G_{B,C}$ 1		2		3		4					
D						$C_{C,D}$ 1		2		3		4				
E								$Z_{D,E}$	1		2		3		4	

$(N-1)t+\sum Z+\sum C$　　Mt

$(M+N'-1)k+\sum Z-\sum C$

图 2－10　有搭接和间歇情况下的流水进度水平图表

在有层间关系或施工层时，为保证各专业队能连续施工，应按式(2－5)确定施工段数。

$$M=N+\frac{\sum Z_1-\sum C_1}{k}+\frac{Z_{1,2}}{k} \tag{2-5}$$

式中 $\sum C_1$——第一个楼层内各施工过程平行搭接时间之和为$\sum C_1$，若各层的$\sum C_i$ 均相等。

$\sum Z_1$——第一个楼层内各施工过程间的间歇时间之和为$\sum Z_1$，若各层的$\sum Z_i$ 均相等。

$\sum Z_{1,2}$——一、二楼层间歇时间为$\sum Z_{1,2}$，若各楼层间间歇$\sum Z_{i,i+1}$均相等。

在有层间关系或施工层时，工期计算公式如下：

$$T_t=(JM+N'-1)t+\sum Z_1-\sum C_1 \tag{2-6}$$

式中没有二层及二层以上的$\sum Z_1$、$\sum C_1$ 和 $Z_{1,2}$，是因为他们均已包括在式中的 M、J、t 项内。

【例 2-4】 某三层建筑物的主体工程由 4 个施工过程组成，第二个施工过程需待第一个施工过程完工后 2 天才能开始进行，第四个施工过程与第三个施工过程需搭接 1 天，且层间还需有 1 天间歇时间，流水节拍为 2 天。试确定施工段数，计算工期，绘制流水施工进度图表。

解：(1) 确定流水步距。

∵$t_i=t=2$ 天

∴$k=t=2$ 天

(2) 确定施工段数。

因项目施工分层，按式(2-5)确定施工段数

$$M=N+\frac{\sum Z_1-\sum C_1}{k}+\frac{Z_{1,2}}{k}=5$$

(3) 计算工期。

$$T_t=(JM+N'-1)t+\sum Z-\sum C=(3\times5+4-1)\times2+2-1=37\text{ 天}$$

(4) 绘制流水施工进度图表，如图 2-11 所示。

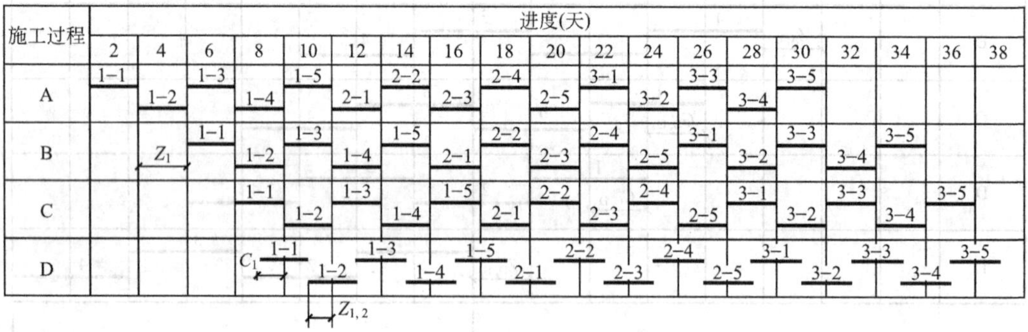

施工过程	进度(天)																		
	2	4	6	8	10	12	14	16	18	20	22	24	26	28	30	32	34	36	38
A	1-1	1-2	1-3	1-4	1-5	2-1	2-2	2-3	2-4	2-5	3-1	3-2	3-3	3-4	3-5				
B		Z_1	1-1	1-2	1-3	1-4	1-5	2-1	2-2	2-3	2-4	2-5	3-1	3-2	3-3	3-4	3-5		
C				1-1	1-2	1-3	1-4	1-5	2-1	2-2	2-3	2-4	2-5	3-1	3-2	3-3	3-4	3-5	
D				C_1 1-1	1-2	1-3	1-4	1-5	2-1	2-2	2-3	2-4	2-5	3-1	3-2	3-3	3-4	3-5	

$Z_{1,2}$

图 2-11 流水施工进度水平图表

2.3.2 异节奏流水

组织流水施工时，如果某施工过程的工程量过小，或某施工过程要求尽快完成，这种情况下，这一施工过程的流水节拍就小；如果某施工过程因其工艺特性或复杂程度而又受制于工作面约束，不能投入较多的人力或机械，这一施工过程的流水节拍就大。这就出现了施工过程的流水节拍不能相等的情况，这就要组织异节奏流水。

1. 异节奏流水的一般情况

异节奏流水的基本特征首先是同一施工过程在各施工段上的流水节拍都相等；其次是不同施工过程之间彼此的流水节拍部分或全部不相等。

组织异节奏流水，关键是确定流水步距。为了保证各施工过程连续作业，通过图 2-12 分析，显然可以得出如下结论。

当 $t_i\leqslant t_{i+1}$ 时　　$k_{i,i+1}=t_i$　　(2-7)

当 $t_i>t_{i+1}$ 时　　$k_{i,i+1}=Mt_i-(M-1)t_{i+1}$　　(2-8)

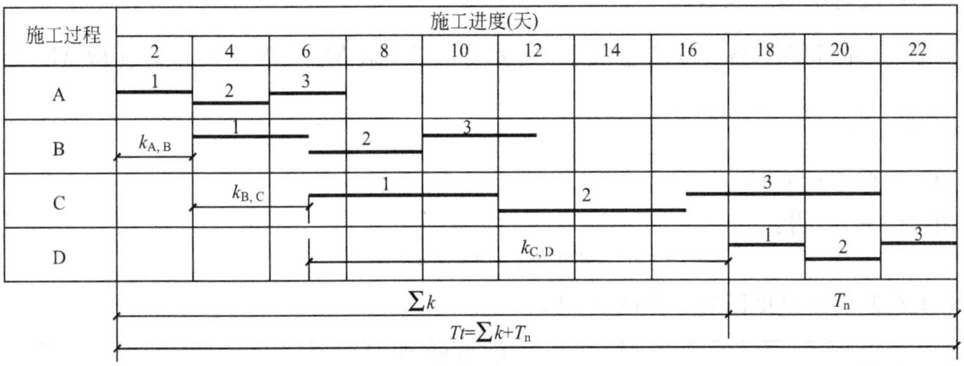

施工过程	施工进度(天)										
	2	4	6	8	10	12	14	16	18	20	22
A	1	2	3								
B	$k_{A,B}$	1		2	3						
C		$k_{B,C}$		1			2		3		
D						$k_{C,D}$			1	2	3

$\sum k$ T_n

$Tt=\sum k+T_n$

图 2-12 异节奏流水示意图

异节奏流水的工期可按式(2-9)计算。

$$T_t=\sum k+T_n=\sum k+Mt_n \tag{2-9}$$

式中 $\sum k$——流水步距之和；

T_n——最后一个施工过程的流水持续时间；

t_n——最后一个施工过程的流水节拍。

2. 成倍节拍流水

成倍节拍流水是异节奏流水的一种特殊情况。当同一施工过程在各施工段上的流水节拍都相等，不同施工过程之间的流水节拍全部或部分不相等，但互为倍数时，可组织成倍节拍流水。它的组织方式是在资源供应能够满足的前提下，对流水节拍长的施工过程组织几个专业队去完成不同施工段上的任务，各专业队以各流水节拍的最大公约数(k)为步距依次投入施工，以加速流水施工速度，缩短工期。

成倍节拍流水的工期可按下式计算：

$$T_t=(M+N'-1)k \tag{2-10}$$

【例 2-5】 某两层现浇钢筋混凝土框架主体工程，划分为模板支设、钢筋绑扎、混凝土浇筑三个施工过程，流水节拍分别为 4 天、4 天、2 天。第一层混凝土浇筑后养护一天，才能开展第二层的工作。试确定流水工期，并绘制流水进度图表。

解：已知 $t_{模}=4$ 天、$t_{筋}=4$ 天、$t_{混凝土}=2$ 天，所以本工程宜采用成倍节拍流水作业方式。

(1) 确定流水步距。

$$k=\text{最大公约数}\{t_{模},\ t_{筋},\ t_{混凝土}\}=2\text{ 天}$$

(2) 确定专业队数。

$$b_{模}=\frac{t_{模}}{k}=\frac{4}{2}=2$$

$$b_{筋}=\frac{t_{筋}}{k}=\frac{4}{2}=2$$

$$b_{混凝土}=\frac{t_{混凝土}}{k}=\frac{2}{2}=1$$

施工作业队总数 $N'=b_{模}+b_{筋}+b_{混凝土}=2+2+1=5$ 个

(3) 确定每层施工段数。

为满足层间间歇和各专业队连续施工的要求，必须取 $M \geqslant \sum b + \frac{\sum Z_{1,2}}{K}$，实取 $M = \sum b + \frac{\sum Z_{1,2}}{K} = 6$。

(4) 计算流水工期。

由式(2-10)得：

$$T_t = (JM + N' - 1)k = (2 \times 6 + 5 - 1) \times 2 = 32\text{天}$$

(5) 绘制流水进度图表，如图 2-13 所示。

施工过程(班组)		施工进度(天)															
		2	4	6	8	10	12	14	16	18	20	22	24	26	28	30	32
模板	Ⅰ	1	①	1	③	1	⑤	2	①	2	③	2	⑤				
	Ⅱ		1	②	1	④	1	⑥	2	②	2	④	2	⑥			
钢筋	Ⅰ			1	①	1	③	1	⑤	2	①	2	②	2	⑤		
	Ⅱ				1	②	1	④	1	⑥	2	②	2	④	2	⑥	
混凝土						1①	1②	1③	1④	1⑤	1⑥	2①	2②	2③	2④	2⑤	2⑥

图 2-13　成倍节拍流水施工进度水平图表

2.3.3　无节奏流水

在实际工程中，每个施工过程在各施工段上的工程量往往并不相等，而且各专业队的劳动效率相差悬殊，这就造成了同一施工过程在各施工段的流水节拍部分或全部不相等，各施工过程彼此的流水步距也不尽相等，不能组织等节奏或异节奏流水。大多数流水节拍不能相等这是流水施工的普遍情况。

在这种情况下，可根据流水施工的基本概念，采用一定的计算方法，确定相邻施工过程之间的流水步距，使各施工过程在时间上最大限度地搭接起来，并使每个专业队都能连续作业。这种组织方式叫无节奏流水，也称分别流水。

组织无节奏流水施工，确定流水步距是关键，最简便的方法是潘特考夫斯基法，也称"累加数列错位相减取最大差"法。

【例 2-6】　某分部工程有四个施工过程，划分为四个施工段，各施工过程在各施工段上的流水节拍如表 2-3 所示。试组织流水施工。

解：据题可知，该工程只能组织无节奏流水。

(1) 求各施工过程流水节拍的累加数列。

A：4　7　11　14

B：3　6　9　13

C：4　8　10　12

D：3　6　8　9

(2) 确定流水步距。

① 求 $k_{A,B}$。

$$\begin{array}{rrrrrr} & 4 & 7 & 11 & 14 & \\ - & & 3 & 6 & 9 & 13 \\ \hline & 4 & 4 & 5 & 5 & -13 \end{array}$$

$$k_{A,B}=\max\{4, 4, 5, 5, -13\}=5\text{天}$$

② 求 $k_{B,C}$。

$$\begin{array}{rrrrrr} & 3 & 6 & 9 & 13 & \\ - & & 4 & 8 & 10 & 12 \\ \hline & 3 & 2 & 1 & 3 & -12 \end{array}$$

$$k_{B,C}=\max\{3, 2, 1, 3, -12\}=3\text{天}$$

③ 求 $k_{C,D}$。

$$\begin{array}{rrrrrr} & 4 & 8 & 10 & 12 & \\ - & & 3 & 6 & 8 & 9 \\ \hline & 4 & 5 & 4 & 4 & -9 \end{array}$$

$$k_{C,D}=\max\{4, 5, 4, 4, -9\}=5\text{天}$$

(3) 确定流水施工工期。

$$T_t=\sum k_{i,i+1}+T_n=(5+3+5)+(3+3+2+1)=22\text{天}$$

表 2-3 各施工过程的流水节拍

施工过程 \ 施工段	①	②	③	④
A	4	3	4	3
B	3	3	3	4
C	4	4	2	2
D	3	3	2	1

(4) 绘制流水施工进度图表，如图 2-14 所示。

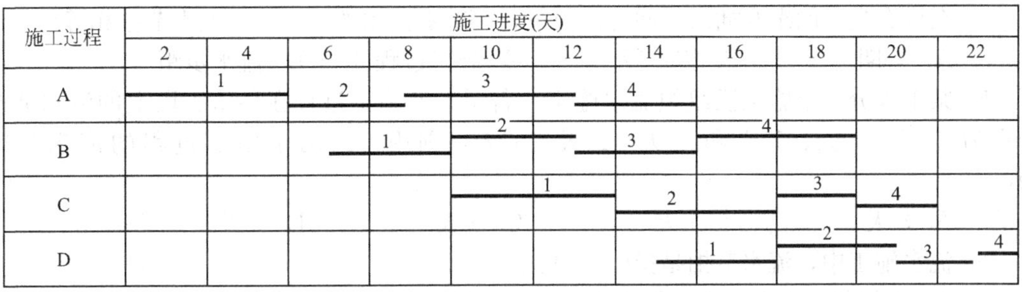

施工过程	施工进度(天)										
	2	4	6	8	10	12	14	16	18	20	22
A		1	2		3		4				
B				1	2		3	4			
C						1	2		3	4	
D								1	2	3	4

图 2-14 无节奏流水施工进度水平图表

本章小结

三种施工组织方式是依次施工、平行施工、流水施工。各自优缺点及使用条件见表2-1。

组织流水施工的优点是施工质量及劳动生产率高；降低工程成本；缩短工期；施工机械和劳动力得到合理、充分地利用；综合效益好。

组织流水施工的步骤是将建筑物划分为若干个劳动量大致相等的流水段；将整个工程按施工阶段划分成若干个施工过程，并组织相应的施工队组；确定各施工队组在各段上的工作延续时间；组织每个队组按一定的施工顺序，依次连续地在各段上完成自己的工作；组织各工作队组同时在不同的空间进行平行作业。

流水施工的主要参数包括工艺参数(施工过程数 N、流水强度 V)；空间参数(施工段 M、工作面 A、施工层 J)；时间参数(流水节拍 t、流水步距 k、平行搭接时间 C、间歇时间 Z、流水施工工期 T)。

流水施工的组织方法按组织流水的范围分施工过程流水(细部流水)，分部工程流水(专业流水)，单位工程流水(工程项目流水)，群体工程流水(综合流水)；按流水节拍的特征分节奏流水(固定节拍流水/等节奏、成倍节拍流水/异节奏)，非节奏流水(分别流水法/无节奏)。

习　题

一、单项选择题

1. 当组织楼层结构流水施工时，每层施工段数为 M，其与施工班组数 N 的关系为(　　)。

A. $M>N$　　B. $M\geqslant N$　　C. $M=N$　　D. $M<N$

2. 工程流水施工的实质内容是(　　)。

A. 分工协作　　B. 大批量生产　　C. 连续作业　　D. 搭接适当

3. 某个专业队在一个施工段上的作业时间成为(　　)。

A. 流水步距　　B. 施工段　　C. 流水节拍　　D. 工期

4. 在设有技术间歇和插入时间的情况下，等节奏流水的(　　)与流水节拍相等。

A. 工期　　B. 施工段　　C. 施工过程数　　D. 流水步距

5. 某工程分三个施工段组织流水施工，若甲、乙施工过程在各施工段上的流水节拍分别为5天、4天、1天和3天、2天、3天，则甲、乙两个施工过程的流水步距为(　　)。

A. 3天　　B. 4天　　C. 5天　　D. 6天

6. 流水施工中，流水节拍是指(　　)。

A. 两相邻工作进入流水作业的最小时间间隔

B. 某个专业队在一个施工段上的施工作业时间

C. 某个工作队在施工段上作业时间的总和

D. 某个工作队在施工段上的技术间歇时间的总和

7. 某施工段的工程量为 $200m^3$，施工队的人数为 25 人，日产量为 $0.8m^3$/人，则该队在该施工段的流水节拍为(　　)。

A. 8 天　　B. 10 天　　C. 12 天　　D. 15 天

8. 组织等节奏流水，首要的前提是(　　)。

A. 使各施工段的工程量基本相等　　B. 确定主导施工过程的流水节拍

C. 使各施工过程的流水节拍相等　　D. 调节各施工队的人数

9. 某工程划分 4 个流水段，由两个施工班组进行等节奏流水施工，流水节拍为 4 天，则工期为(　　)。

A. 16 天　　B. 18 天　　C. 20 天　　D. 24 天

10. 有甲乙两个施工队，在三个施工段上施工，流水节拍如表 2-4 所示，则其流水步距为(　　)。

表 2-4　流水节拍

班组	一段	二段	三段
甲队	3 天	4 天	3 天
乙队	2 天	3 天	2 天

A. 2 天　　B. 3 天　　C. 4 天　　D. 5 天

11. 如果施工流水作业中的流水步距相等，则该流水作业(　　)。

A. 必定是等节奏流水　　B. 必定是异节奏流水

C. 必定是无节奏流水　　D. 以上都不对

二、多项选择题

1. 下列施工方式中，属于组织施工的基本方式的是(　　)。

A. 分别施工　　B. 依次施工　　C. 流水施工　　D. 间断施工

E. 平行施工

2. 建设工程组织依次施工时，其特点包括(　　)。

A. 没有充分地利用工作面进行施工，工期长

B. 如果按专业成立工作队，则各专业队不能连续作业

C. 施工现场的组织管理工作比较复杂

D. 单位时间内投入的资源量较少，有利于资源供应的组织

E. 相邻两个专业工作队能够最大限度地搭接作业

3. 组织流水的基本条件是(　　)。

A. 划分施工段　　B. 划分施工过程

C. 施工过程数大于施工段数　　D. 组织独立的施工班组施工

4. 组织流水施工时，划分施工段的原则是(　　)。

A. 每个施工段内要有足够的工作面，以保证相应数量的工人、主导施工机械的生产效率，满足合理劳动组织的要求

B. 根据各专业队的人数随时确定施工段的段界

C. 施工段的界限应设在对建筑结构整体性影响小的部位，以保证建筑结构的整体性

D. 划分施工段只适用于道路工程

E. 各施工段的劳动量要大致相等，以保证各施工班组连续、均衡、有节奏的施工

5. 流水施工作业中的主要参数有(　　)。

A. 工艺参数参数 B. 时间参数 C. 流水参数 D. 空间参数

E. 技术参数

6. 下列参数中，属于空间参数的是(　　)。

A. 施工过程数 B. 施工段数 C. 工作面 D. 施工层数

E. 流水步距

7. 下列描述中，属于全等节拍流水的基本特点的是(　　)。

A. 各施工过程的流水节拍均相等

B. 各施工作业队都能够实现连续均衡施工，施工段有空闲

C. 施工过程数与专业队数相等

D. 流水步距均相等

E. 专业施工队数多于施工过程数

8. 下列描述中，属于成倍节拍流水的基本特点的是(　　)。

A. 不同施工过程之间流水节拍存在最大公约数的关系

B. 专业施工队数多于施工过程数

C. 专业施工队能连续施工，施工段也没有空闲

D. 不同施工过程之间的流水步距均相等

E. 数目与施工过程数相等

9. 下列描述中，属于异步距异节拍流水的基本特点的是(　　)。

A. 专业施工队数目与施工过程数相等

B. 每个专业施工人都能连续作业，施工段有空闲

C. 各施工过程之间的流水步距均相等

D. 同一施工过程的流水节拍都是相同的

E. 同一个施工过程的流水节拍不相等

10. 建设工程组织流水施工时，相邻专业工作队之间的流水步距不尽相等，但专业工作队数等于施工过程数的流水施工方式有(　　)。

A. 固定节拍流水施工 B. 成倍节拍流水施工

C. 异步距异节拍流水施工 D. 非节奏流水施工

E. 加快的成倍节拍流水施工

三、计算题

试组织下列工程的流水施工，划分施工段、计算工期，并绘制水平指示图表。已知各施工过程的流水节拍为：

(1) $t_A=t_B=t_C=t_D=4$ 天。

(2) $t_A=t_B=t_C=6$ 天，第三个施工过程需待第二个施工过程完工后两天才能进行作业。

(3) $t_A=5$ 天；$t_B=4$ 天；$t_C=6$ 天；$t_D=3$ 天。

(4) $t_A=t_B=4$ 天；$t_C=2$ 天。共有两个施工层，层间间隙 2 天。

第3章
网络计划技术

教学目标

本章主要介绍网络计划的概念、分类、绘制、计算与优化。通过本章教学，让学习者理解网络计划的基本原理；掌握单代号网络计划、双代号网络计划、双代号时标网络计划的绘制与计算；掌握网络计划的优化方法。

教学要求

知识要点	能力要求	相关知识
网络计划概念	了解网络计划、单代号网络计划的概念，双号网络计划的概念	网络图，网络计划，箭线，节点、工作，单代号网络计划，双代号网络计划，时标网络计划
网络计划绘制与计算	掌握单代号网络计划、双代号网络计划、时标网络计划的绘制与计算	逻辑关系，虚箭线，紧前工作，紧后工作，起点节点，终点节点，最早开始(结束)时间，最迟开始(结束)时间，自由时迟，总时差，关键线路，关键工作
网络计划优化	了解网络计划的优化方法与步骤	工期优化，费用优化，资源优化

基本概念

网络图，网络计划，箭线，节点、工作，单代号网络计划，双代号网络计划，时标网络计划，关键线路。

引例

做某件事是通过许多称为工序的若干连续动作过程完成的，科学安排这些工序的次序，优化关键工序资源消耗，能大大提高事件完成的效率。例如，沏一杯茶包含洗壶、打水、烧水、洗茶杯、放茶叶、倒开水6个工序，显然烧水是关键工序之一，无论洗茶杯、放茶叶、倒开水做得多快，如果烧水烧得慢，沏茶还是沏得慢。如何科学安排这6个工序的次序，优化关键工序的工期，使得沏茶的时间最短，是本章要解决的问题。

3.1 网络图的基本概念

3.1.1 网络计划的应用与特点

建立在网络图基础上的网络计划技术，是在20世纪50年代，为了适应工业生产发展和复杂的科学研究工作开展的需要，而产生并逐步发展起来的，它是目前最先进的计划管理方法。由于这种方法主要用于进度计划编制和实施控制，因此，在缩短建设工期、提高工效、降低造价以及提高管理水平等方面取得了显著的效果。

这种方法逻辑严密，主要矛盾突出，有利于计划的优化调整和电子计算机的应用。我国20世纪60年代开始引进和应用这种方法，目前网络计划技术已经被广泛应用于投标、签订合同及进度和造价控制。

网络图是指由箭线和节点组成的，用来表示工作流程的有向、有序网状图形。利用网络图的形式表达各项工作之间的相互制约和相互依赖关系，并分析其内在规律，从而寻求最优方案的方法称为网络计划技术。它的基本原理首先是应用网络图的形式表达一项计划中各项工作开展的先后顺序和相互之间的逻辑关系；然后是通过时间参数的计算，找出计划中决定工期的关键工作和关键线路；再按一定的目标，不断优化计划安排，并在计划的实施过程中，通过检查、调整，控制计划按期完工。

与横道图比较，网络图具有许多优点。首先是把整个计划中的各项工作组成一个有机整体，全面地、明确地反映各工作之间相互制约和相互依赖的关系；其次，能够通过计算，确定各项工作的开始时间和结束时间等，找出影响工程进度的关键，以便管理人员抓住主要矛盾，更好地支配人、财、物等资源；最后在计划执行时，可以通过检查，发现工期是否提前或拖后，便于调整。需要注意的是，网络图的绘制、计算、优化、调整可以借助计算机进行，对于复杂工程的建设这一点是非常重要的，但是不带时标的网络计划没有横道图形象直观。

网络图形式多样，所以网络计划技术也有许多种类。根据绘图符号表示的不同含义，可以将网络计划分为双代号和单代号网络计划；按工作持续时间是否受时间标尺的制约，可以将网络计划分为时标网络计划和非时标网络计划；按是否在网络图中表示不同工作(工程活动)之间的各种搭接关系，可以将网络计划分为搭接网络计划和非搭接网络计划。目前在我国的工程项目管理中习惯使用的是双代号网络图及双代号时标网络图。

3.1.2 双代号网络计划的基本形式

双代号网络图是由若干表示工作的箭线和节点所组成的，其中每一项工作都用一根箭线和两个节点表示，为每个节点都编号，箭线前后两个节点的号码代表该箭线所表示的工作，“双代号”名称由此而来。图3-1表示的就是双代号网络图。双代号网络图由工作、节点、线路3个基本要素组成。

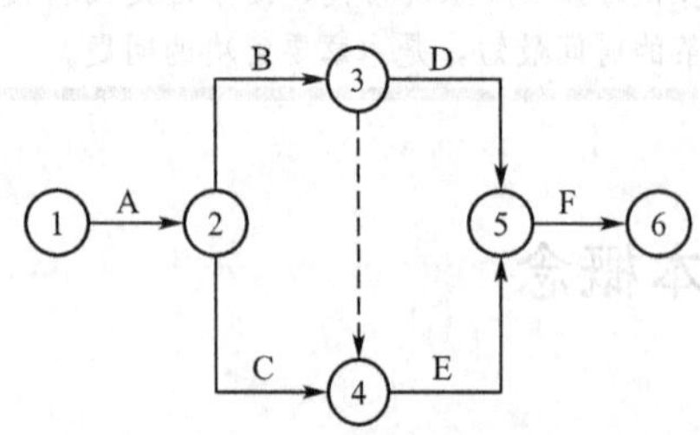

图3-1 双代号网络图

1. 工作

一条箭线与其两端的节点表示一项工作(又称为工序、作业、活动等)，工作的名称写在箭线的上面，工作的持续时间(又称为作业时间)写在箭线的下面，箭线所指的方向表示工作进行的方向，箭尾表示工作的开始，箭头表示工作的结束，箭线可以是水平直线，也可以是折线或斜线，但不得中断。

在工作中可根据一项计划(工程)的规模大小、复杂程度不同等，结合需要进行灵活的项目分解，可以分成多个检验批(分项工程)，也可以分成多个分部工程，甚至一个单位工程或单项工程。就某工作而言，紧靠其前面的工作称为紧前工作，紧靠其后面的工作称为紧后工作，与之同时开始和结束的工作称为平行工作，该工作本身则称为“本工作”。如图 3-1 所示，E 的紧前工作是 C，紧后工作是 F。

一项工作要占用一定的时间，一般都要消耗一定的资源，因此，凡是占用一定时间的施工过程都应作为一项工作看待。在双代号网络图中，除有表示工作的实箭线外，还有一种一端带箭头的虚线，称为虚箭线，它表示一项虚工作。如图 3-1 中的 3-4 工作，虚工作是虚拟的，工程中实际并不存在，因此它没有工作名称，不占用时间，不消耗资源，其作用是在网络图中解决工作之间的连接关系问题，是双代号网络图所特有的。

2. 节点

网络图中用圆圈表示的箭线之间的连接点称为节点。节点只是标志工作开始和结束的一个“瞬间”，具有承上启下的作用。各项工作都有一个开始节点(箭尾节点)，一个结束节点(箭头节点)。对一个节点来讲，通向该节点的箭线称为“内向箭线”，从此节点发出的箭线称为“外向箭线”。网络图中的第一个节点称为起点节点，它意味着一项工程或任务的开始，它只有外向箭线而无内向箭线；最后一个节点称为终点节点，它意味着一项工程或任务的完成，它只有内向箭线而无外向箭线；网络图中的其他节点称为中间节点，它既有内向箭线，又有外向箭线。

为了使网络图便于检查和计算，所有节点均应统一编号。编号应从起点节点沿箭线方向，从小到大，直到终点节点，不能重号，并且箭尾节点的编号应小于箭头节点的编号。考虑到以后会增添或改动某些工作，可以预留备用节点，即利用不连续编号的方法。

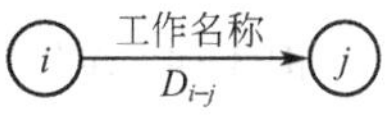

i —工作名称→ j
D_{i-j}

图 3-2 工作的完整表示方法

一项工作的完整表示方法如图 3-2 所示，D_{i-j} 为工作的持续时间。

3. 线路

网络图中从起点节点出发，沿箭头方向经由一系列箭线和节点，直至终点节点的“通道”称为线路。每一条线路上各项工作持续时间的总和称为该线路长度，反映了完成该条线路上所有工作的计划工期。工期最长的线路称为关键线路，关键线路上的工作称为关键工作，其他工作称为非关键工作。在网络图中可能同时存在若干条关键线路。

关键线路与非关键线路在一定条件下可以相互转化。关键线路在网络图上应当用粗线，或双线，或彩色线标注。

3.1.3 单代号网络图

单代号网络图是由若干表示工作的节点以及联系箭线所组成的，其中一个节点(圆圈或方框)代表一项工作，节点编号、工作名称、持续时间一般都标注在圆圈或方框内，箭线仅表示工作之间的逻辑关系。由于用一个号码代表一项工作，“单代号”名称由此而来。图 3-3 表示的就是单代号网络图。

单代号网络图与双代号网络图比较，虽然也是由许多节点和箭线组成的，但其节点、箭线、编号等基本符号及其含义不完全相同，一项工作的完整表示方法如图 3-4 所示。单代号网络图具有绘图简单，便于检查、修改等优点。

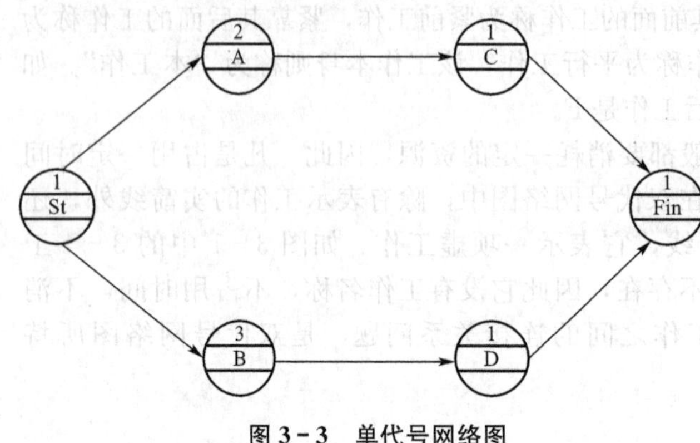

图 3-3 单代号网络图

使用单代号网络图时，当有多项开始工作或多项结束工作时，应在网络图的两端设置一项虚工作(虚拟节点)，并在其内标注“起点”、“终点”，作为网络图的起点节点和终点节点，如图 3-3 所示。

单代号网络图时间参数的标注形式之一如图 3-5 所示，其中，$LAG_{i,j}$ 表示前面一项工作 i 的最早可能完成时间至其紧后工作 j 的最早可能开始时间的时间间隔。

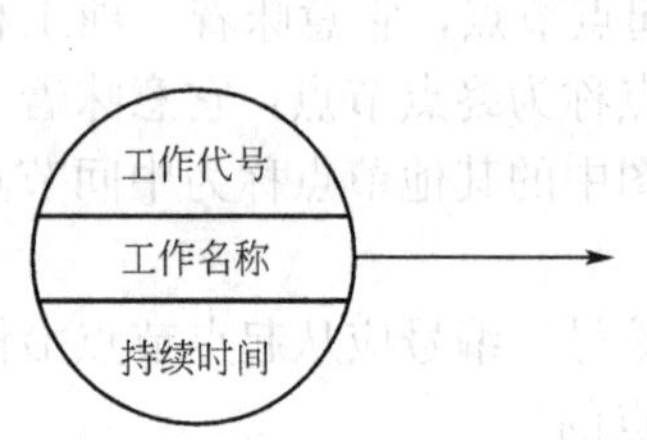

图 3-4 单代号网络图

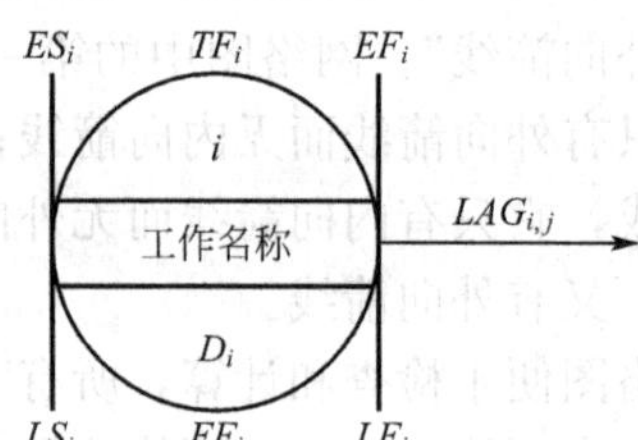

图 3-5 单代号网络图时间参数标注形式之一

3.1.4 时标网络计划

时标网络计划是以时间坐标为尺度编制的网络计划。这里所述的是双代号时标网络计划，简称时标网络计划，图 3-6 表示的就是一个时标网络计划。

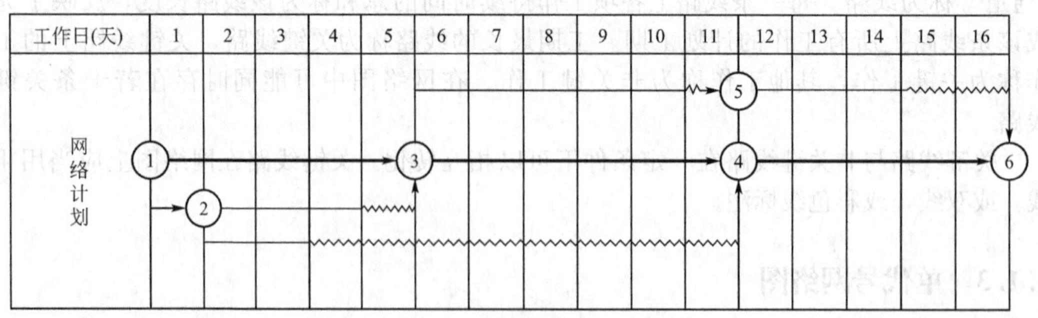

图 3-6 双代号时标网络计划

时标网络计划绘制在时标计划表上。时标的时间单位应根据需要在编制时标网络计划之前确定，可以是小时、天、周、月或季等。时标的长度单位必须注明时间，时间可以标注在时标计划表顶部(图 3－6)，也可以标注在底部，必要时还可以在顶部或底部同时标注。表 3－1 为有日历时标计划表的表达形式。时标计划表中的刻度线宜为细线，为使图面清晰，该刻度线可以少画或不画。

表 3－1 有日历时标计划表

日　历									
时间单位	1	2	3	4	5	6	7	8	…
网络计划									
时间单位	1	2	3	4	5	6	7	8	…

时标网络计划基本符号的含义简单，工作以实箭线表示，自由时差(FF_{i-j})以波形线表示，虚工作以虚箭线表示。当实箭线之后有波形线且其末端有垂直部分时，其垂直部分用实线绘制；当虚箭线有时差且其末端有垂直部分时，其垂直部分用虚线绘制。

时标网络计划与无时标网络比较，有显著的特点。各项工作的开工与完工时间一目了然，便于管理人员在把握工期限制条件的同时，通过观察工作时差，实施各种控制活动，适时进行调整，优化计划。还便于在整体计划的工期范围内，逐日统计各种资源的计划需要量，在此基础上可直接编制资源需要量计划及工程项目的成本计划。由于存在上述优点，加之过去人们习惯使用横道图计划，故时标网络计划容易被接受，在我国应用面最广。但由于箭线的长短受时标制约，故绘图麻烦，修改网络计划的工作持续时间时必须重新绘制。

3.2 网络图的绘制与计算

3.2.1 双代号网络图的绘制

1. 双代号网络图各种逻辑关系的表示方法

1) 逻辑关系

逻辑关系是指工作进行时客观存在的一种相互制约或依赖的关系，也就是先后顺序关系。在网络图中，根据施工工艺和建筑工程施工组织的要求，正确反映各项工作之间的相互依赖和相互制约关系，这是网络图与横道图的最大不同之处。各工作间的逻辑关系是否表示正确，是网络图能否反映工程实际情况的关键。

要画出一个正确反映工程逻辑关系的网络图，首先就要搞清楚各项工作之间的逻辑关系，也就是要具体解决各项工作的 3 个问题：第一，该工作必须在哪些工作之前进行；第二，该工作必须在哪些工作之后进行；第三，该工作可以与哪些工作平行进行。

按施工工艺确定的先后顺序关系称为工艺逻辑关系，一般是不得随意改变的，如先基础工程，再结构工程，最后装修工程；如先挖土，再做垫层，后砌基础，最后回填土。在不违反工艺关系的前提下，人为安排的工作的先后顺序关系称为组织逻辑关系，如流水施工中各段的先后顺序，建筑群中各个建筑物的开工的先后顺序。

2）各种逻辑关系的正确表示方法

在网络图中，各工作之间在逻辑上的关系多种多样，表 3－2 所列的是网络图中常见的一些逻辑关系及其表示方法。

表 3－2　网络图中常见的各工作逻辑关系表示法

序号	工作之间的逻辑关系	网络图中的表示方法
1	A 完成后进行 B	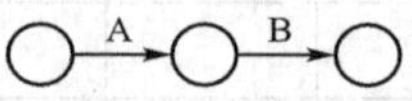
2	A、B、C 同时开始施工	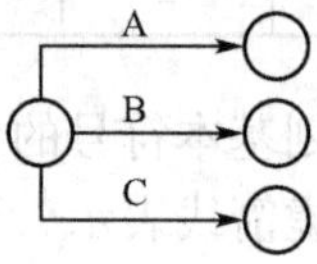
3	A、B、C 同时结束施工	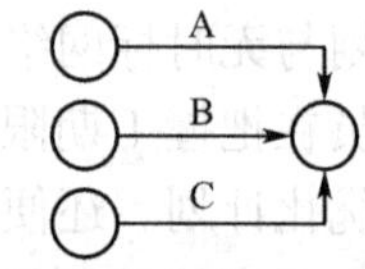
4	A 完成后进行 B 和 C	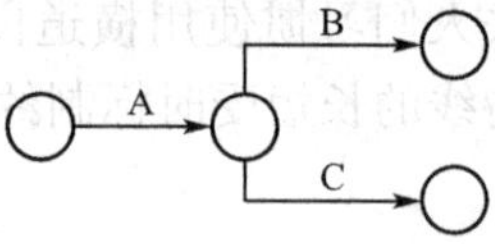
5	A、B 均完成以后进行 C	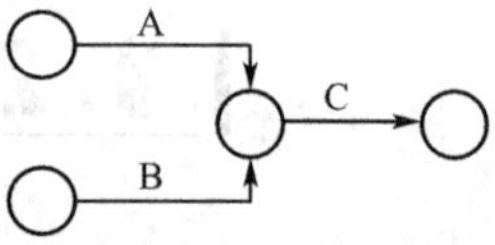
6	A、B 均完成以后同时进行 C 和 D	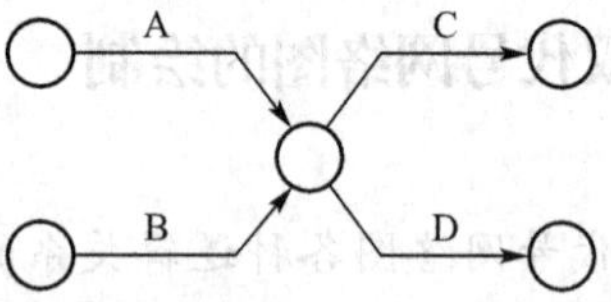
7	A 完成后进行 C；A、B 均完成后进行 D	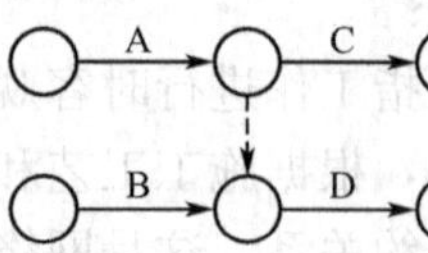
8	A 完成后进行 C；A、B 均完成后进行 D；B 完成后进行 E	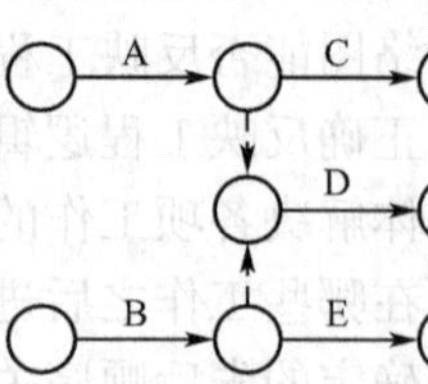

（续）

序号	工作之间的逻辑关系	网络图中的表示方法
9	A、B 均完成以后进行 D；B、C 均完成后进行 E	
10	A、B 均完成以后进行 D；A、B、C 均完成以后进行 E	
11	A、B 两项工作分成三个施工段，分段流水施工：A_1 完成以后进行 A_2、B_1；A_2 完成以后进行 A_3、B_2；A_2、B_1 完成以后进行 B_2；A_3、B_2 完成后进行 B_3	有两种表示方法：

2. 虚箭线的应用

虚箭线用于正确表达各工作间的先后关系，避免逻辑错误。

1）虚箭线在工作的逻辑连续方面的应用

绘制网络图时，经常会遇到如图 3-7 所示的情况，A 工作结束后可同时进行 B、D 两项工作；C 工作结束后进行 D 工作。这 4 项工作的逻辑关系是：A 的紧后工作为 B，C 的紧后工作为 D，但 D 又是 A 的紧后工作，为了把 A、D 两项工作紧前紧后的关系表达出来，就需要引入虚箭线。虽然 A、D 间隔有一条虚箭线，又有两个节点，但两者的关系仍是在 A 工作完成后，D 工作才可以开始。

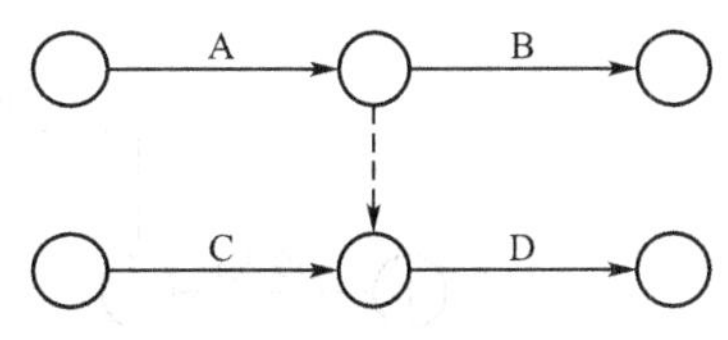

图 3-7 虚箭线的应用之一

2）虚箭线在工作的逻辑“断路”方面的应用

绘制双代号网络图时，最容易产生的错误是把本来没有逻辑关系的工作联系起来了，使网络图发生错误。产生错误的地方总是在同时有多条内向和外向箭线的节点处。遇到这种情况，就必须使用虚箭线加以处理，以隔断不应有的工作联系。

例如，绘制某建筑物混凝土地面工程的网络图，该基础共有回填土、垫层、浇筑混凝土3个施工过程，分别由3个作业队在3个施工段上进行流水施工，如果绘制成图3-8所示的形式那就错了，正确的网络图应如图3-9所示。此流水施工网络图也可绘制成如图3-10所示的形式，或如图3-11所示的形式。这种“断路”的方法在组织分段流水作业的网络图中使用很多，十分重要。

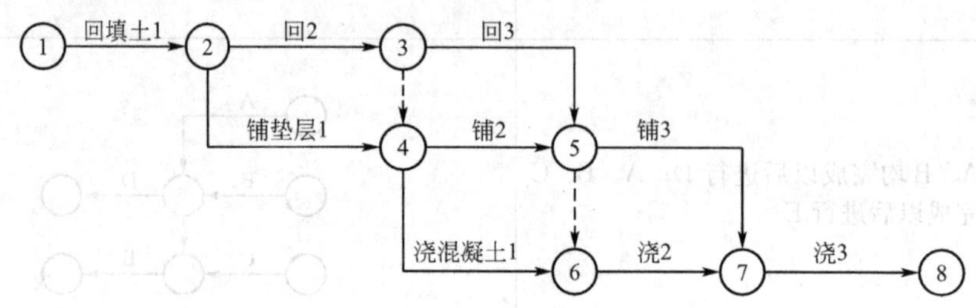

图3-8　逻辑关系错误

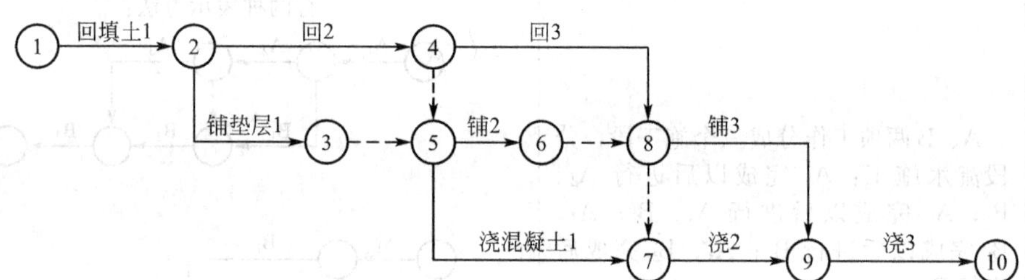

图3-9　虚箭线的应用之二：正确表达逻辑关系

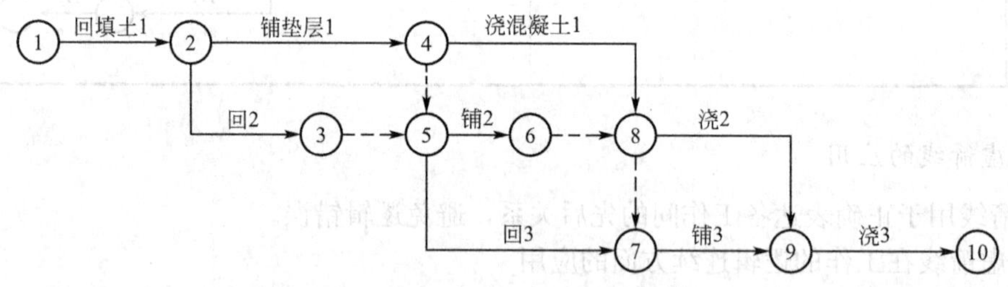

图3-10　正确的逻辑关系

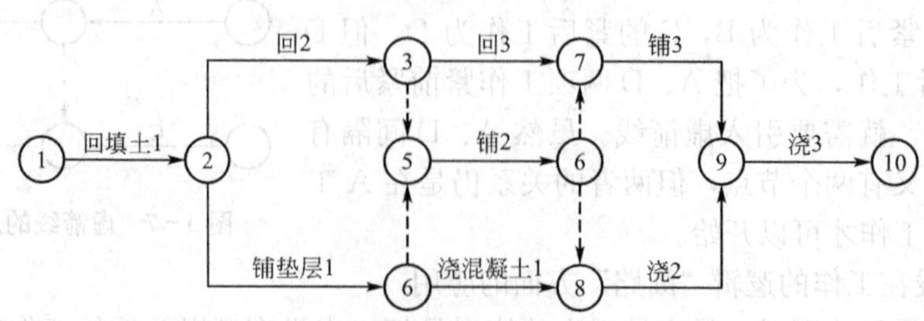

图3-11　正确的逻辑关系

3）虚箭线在两项或两项以上工作同时开始和同时完成时的应用

两项或两项以上的工作同时开始和同时完成时，需要避免这些工作共用一个双代号的现象，这时必须引进虚箭线，以免造成混乱，如图 3-12 所示。

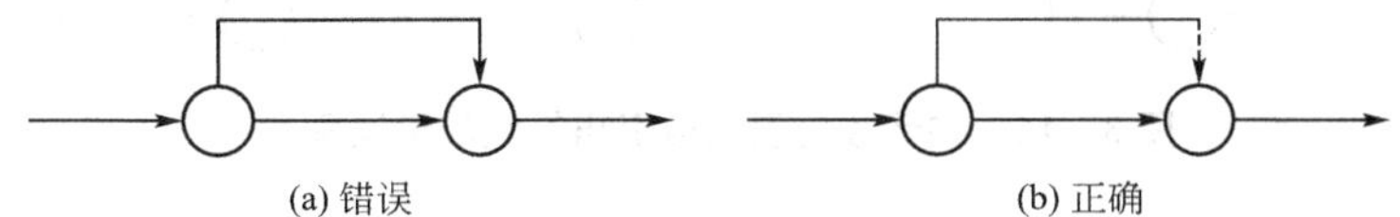

图 3-12 虚箭线的应用之三

3. 绘制双代号网络图的基本规则

(1) 双代号网络图必须正确表达已定的逻辑关系。绘制网络图之前，要正确确定工作顺序，明确各项工作之间的衔接关系，根据工作的先后顺序从左到右逐步把代表各项工作的箭线连接起来，绘制出网络图。

(2) 在双代号网络图中严禁出现循环回路，如图 3-13 所示。循环回路所表示的逻辑关系是错误的，在工艺顺序上是相互矛盾的。

(3) 在节点之间严禁出现带双向箭头或无箭头的箭线。工程网络图是一种有序有向图，工作沿着箭头指引的方向进行，如图 3-14 中的 2—3 和 2—4 都是错误的。

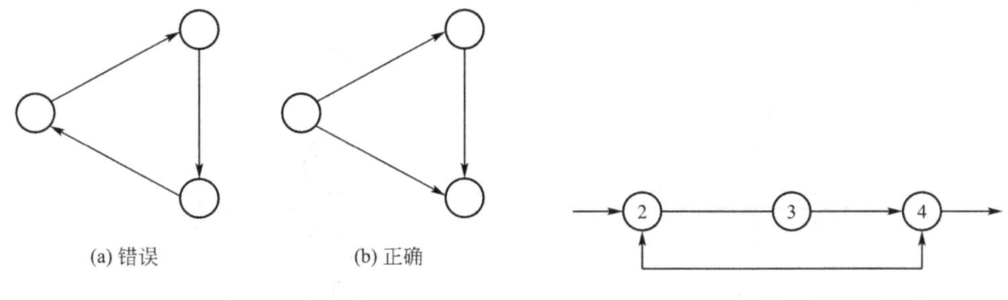

图 3-13 循环回路示意图

图 3-14 错误的箭线画法

(4) 在双代号网络图中严禁出现箭尾或箭头没有节点，如图 3-15 所示。

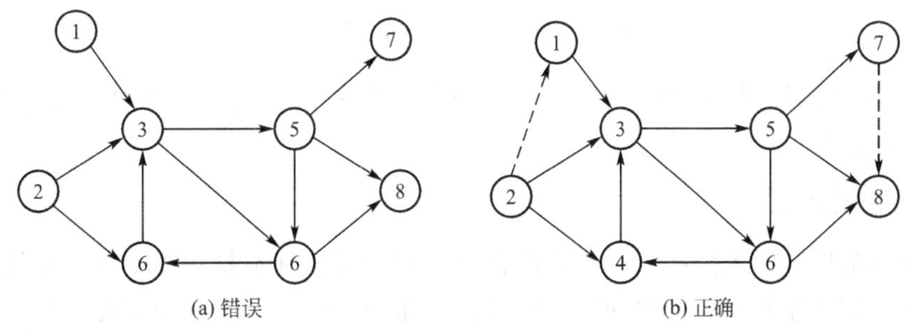

图 3-15 只允许有一个起点节点和一个终点节点

(5) 严禁在箭线中间引入或引出箭线，如图 3-16 所示。这样的箭线不能表示它所代表的工作在何处开始，或不能表示他所代表的工作在何处完成。

当网络图的起点节点有多条外向箭线，或终点节点有多条内向箭线时，可用母线法绘制，如图 3－17 所示。

图 3－16　在箭线上引入或引出箭线的错误画法

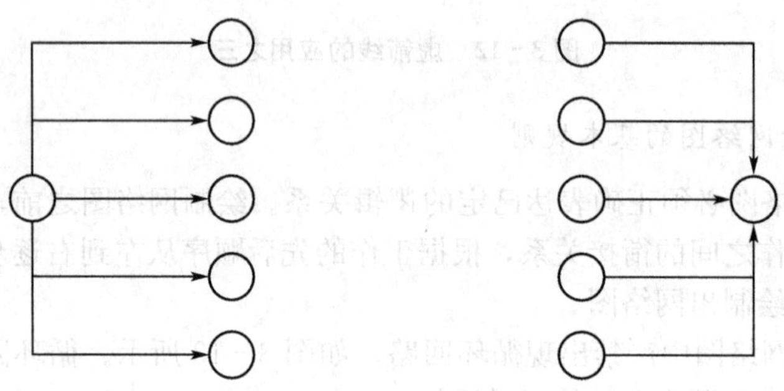

图 3－17　母线法绘图

（6）绘制网络图时，箭线不宜交叉，当交叉不可避免时，可用过桥法或指向法，如图 3－18所示。

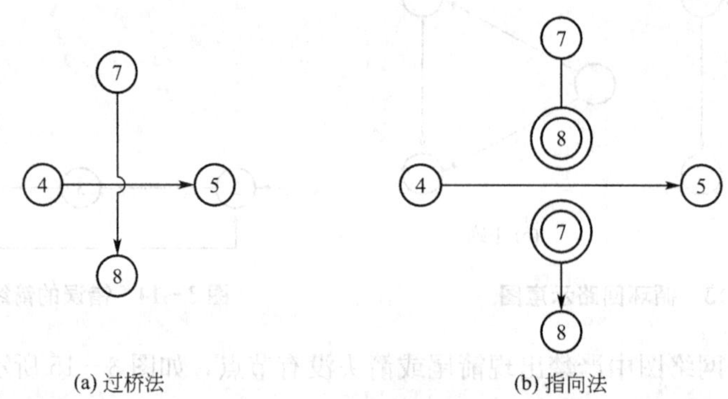

图 3－18　箭线交叉的表示方法

（7）在双代号网络图中应只有一个起点节点；在不分期完成任务的单目标网络图中，应只有一个终点节点。

4. 网络图的绘制

绘图时可根据紧前工作和紧后工作的任何一种关系进行绘制。按紧前工作绘制时，从没有紧前工作的工作开始，依次向后，将紧前工作一一绘出，注意用好虚箭线，不要把没有关系的连上，并将最后工作结束于一点，以形成一个终点节点；按紧后工作进行绘制时，也应从没有紧前工作的工作开始，依次向后，将紧后工作一一绘出，直到没有紧后工作的工作绘完为止，形成一个终点节点。通常是使用一种关系绘完图后，利用另一种关系进行检查，无误后再自左向右编号。

根据表 3－3 给出的关系绘制出的双代号网络图，如图 3－19 所示。

表 3-3 各工作逻辑关系表

工作名称	A	B	C	D	E	F	G	H	I	J	K
紧前工作	—	A	A	B	B	E	A	D，C	E	F，G，H	I，J
紧后工作	B，C，G	D，E	H	H	F，I	J	J	J	K	K	—

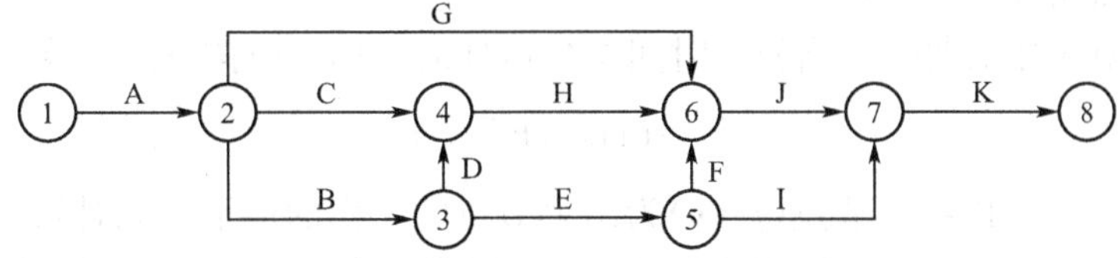

图 3-19 按表 3-3 绘出的网络图

在绘制网络图时，要始终遵守绘图的基本规则，只有多多练习，才能熟练绘图。

网络图是用来指导实际工作的，所以除了符合逻辑外，还要求网络图按一定的次序排列布置，做到条理清楚、层次分明、形象直观。通常是先绘出草图(比较零乱)，然后再加以整理(清晰，逻辑关系不变)。

3.2.2 双代号网络图时间参数计算

1. 工作计算法

1) 工作持续时间

工作持续时间的计算方法如第 2 章所述，通常用劳动定额(产量定额或时间定额)计算。当工作持续时间不能用定额计算时，可采用“三时估算”的方法，其计算公式是：

$$D_{i-j}=\frac{a+4b+c}{6} \tag{3-1}$$

式中 D_{i-j}——$i-j$ 工作持续时间；

a——工作的乐观(最短)持续时间估计值；

b——工作的最可能持续时间估计值；

c——工作的悲观(最长)持续时间估计值。

虚工作必须视同工作进行时间参数计算，其持续时间为零。

2) 工作最早时间及工期的计算

(1) 工作最早开始时间(Early Start ，ES)的计算：工作最早开始时间指各紧前工作全部完成后，本工作有可能开始的最早时刻。工作最早时间应从网络计划的起点节点开始，顺着箭线方向依次逐项计算。工作 $i—j$ 的最早开始时间 ES_{i-j}的计算步骤如下。

① 以起点节点($i=1$)为开始节点的工作的最早开始时间如无规定，其值为零，即

$$ES_{1-j}=0 \tag{3-2}$$

② 当工作 $i-j$ 只有一项紧前工作 $h-i$ 时，其最早开时间 ES_{i-j}应为

$$ES_{i-j}= ES_{h-i}+D_{h-i} \tag{3-3}$$

③ 当工作 $i-j$ 有多个紧前工作时，其最早开始时间 ES_{i-j}应为

$$ES_{i-j}=\max\{ES_{h-i}+D_{h-i}\} \quad (3-4)$$

(2) 工作最早完成时间(Early Finish，EF)的计算：工作最早完成时间指各紧前工作完成后，本工作可能完成的最早时刻。工作 $i-j$ 的最早完成时间 EF_{i-j} 应按下式进行计算：

$$EF_{i-j}=ES_{i-j}+D_{i-j} \quad (3-5)$$

(3) 网络计划的计算工期与计划工期。

① 网络计划计算工期(T_c)指根据时间参数得到的工期，应按下式计算：

$$T_c=\max\ \{EF_{i-n}\} \quad (3-6)$$

式中 EF_{i-n}——以终点节点($j=n$)为结束节点的工作的最早完成时间。

② 网络计划的计划工期(T_p)指按要求工期(如项目责任工期、合同工期)和计算工期确定的作为实施目标的工期。

当已规定了要求工期 T_r 时

$$T_p \leqslant T_r \quad (3-7)$$

当未规定要求工期时

$$T_p=T_c \quad (3-8)$$

计划工期标注在终点节点右侧，并用方框框起来。

现以图 3-20 为例进行计算，结果直接标注在此图上。

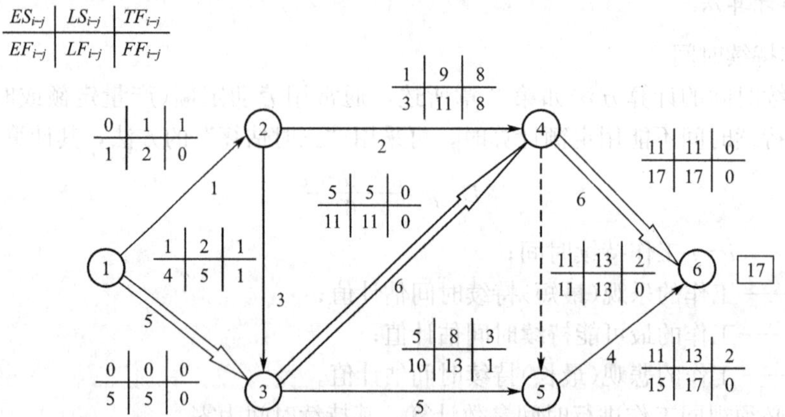

图 3-20 时间参数工作计算法示意图

图 3-20 所示各项工作的最早时间计算过程如下：

$ES_{1-2}=0$ $\quad$ $EF_{1-2}=ES_{1-2}+D_{1-2}=0+1=1$

$ES_{1-3}=0$ $\quad$ $EF_{1-3}=ES_{1-3}+D_{1-3}=0+5=5$

$ES_{2-3}=EF_{1-2}=1$ $\quad$ $EF_{2-3}=ES_{2-3}+D_{2-3}=1+3=4$

$ES_{2-4}=EF_{1-2}=1$ $\quad$ $EF_{2-4}=ES_{2-4}+D_{2-4}=1+2=3$

$ES_{3-4}=\max\{EF_{1-3},\ EF_{2-3}\}=\max\{5,\ 4\}=5$ $\quad$ $EF_{3-4}=ES_{3-4}+D_{3-4}=5+6=11$

$ES_{3-5}=ES_{3-4}=5$ $\quad$ $EF_{3-5}=ES_{3-5}+D_{3-5}=5+5=10$

$ES_{4-5}=\max\{EF_{2-4}, EF_{3-4}\}=\max\{3, 11\}=11$　　$EF_{4-5}=ES_{4-5}+D_{4-5}=11+0=11$

$ES_{4-6}=ES_{4-5}=11$　　$EF_{4-6}=ES_{4-6}+D_{4-6}=11+6=17$

$ES_{5-6}=\max\{EF_{3-5}, EF_{4-5}\}=\max\{10, 11\}=11$　　$EF_{5-6}=ES_{5-6}+D_{5-6}=11+4=15$

因没有规定工期，所以

$$T_p=T_c=\max\{EF_{4-6}, EF_{5-6}\}=\max\{17, 15\}=17$$

3）工作最迟时间的计算

（1）工作最迟完成时间的计算：工作最迟完成时间指在不影响整个任务按期完成的前提下，工作必须完成的最迟时刻。工作最迟完成时间应从网络计划的终点节点开始，逆着箭线方向依次逐项计算。工作 $i-j$ 的最迟完成时间 LF_{i-j} 的计算步骤如下。

① 以终点节点($j=n$)为结束节点的工作的最迟完成时间 LF_{i-n} 应按网络计划的计划工期 T_p 确定，即

$$LF_{i-n}=T_p \tag{3-9}$$

② 其他工作 $i-j$ 的最迟完成时间 LF_{i-j} 应按下式计算：

$$LF_{i-j}=\min\{LF_{j-k}-D_{j-k}\} \tag{3-10}$$

式中，LF_{j-k}——工作 $i-j$ 的各项紧后工作 $j-k$ 的最迟完成时间。

（2）工作最迟开始时间的计算：工作最迟开始时间指在不影响整个任务按期完成的前提下，工作必须开始的最迟时刻。工作 $i-j$ 的最迟开始时间 LS_{i-j} 应按下式计算：

$$LS_{i-j}=LF_{i-j}-D_{i-j} \tag{3-11}$$

图 3-20 所示网络计划的各项工作的最迟时间计算如下：

$LF_{5-6}=T_p=17$　　$LS_{5-6}=LF_{5-6}-D_{5-6}=17-4=13$

$LF_{4-6}=T_p=17$　　$LS_{4-6}=LF_{4-6}-D_{4-6}=17-6=11$

$LF_{4-5}=LS_{5-6}=13$　　$LS_{4-5}=LF_{4-5}-D_{4-5}=13-0=13$

$LF_{3-5}=LF_{4-5}=13$　　$LS_{3-5}=LF_{3-5}-D_{3-5}=13-5=8$

$LF_{3-4}=\min\{(LF_{4-5}-D_{4-5}), (LF_{4-6}-D_{4-6})\}=\min\{(13-0), (17-6)\}=\min\{13, 11\}=11$

$LS_{3-4}=LF_{3-4}-D_{3-4}=11-6=5$

$LF_{2-4}=LF_{3-4}=11$　　$LS_{2-4}=LF_{2-4}-D_{2-4}=11-9=2$

$LF_{2-3}=\min\{(LF_{3-4}-D_{3-4}), (LF_{3-5}-D_{3-5})\}=\min\{(11-6), (13-5)\}=\min\{5, 8\}=5$

$LS_{2-3}=LF_{2-3}-D_{2-3}=5-3=2$

$LF_{1-3}=LF_{2-3}=5$　　$LS_{1-3}=LF_{1-3}-D_{1-3}=5-5=0$

$LF_{1-2}=\min\{(LF_{2-4}-D_{2-4}), (LF_{2-3}-D_{2-3})\}=\min\{(11-2), (5-3)\}=\min\{9, 2\}=2$

$LS_{1-2}=LF_{1-2}-D_{1-2}=2-1=1$

4）工作时差的计算与关键线路的判定

（1）工作总时差的计算：工作总时差指在不影响总工期的前提下，本工作可以利用的机动时间。工作 $i-j$ 的总时差 TF_{i-j} 应按下式计算：

$$TF_{i-j}=LS_{i-j}-ES_{i-j} \tag{3-12}$$

$$TF_{i-j}=LF_{i-j}-EF_{i-j} \tag{3-13}$$

（2）关键线路的判定：总时差为零的工作在计划执行过程中不具备机动时间，这样的

工作称为关键工作。由关键工作组成的线路称为关键线路。

判定关键工作的充分条件是ES_{i-j}等于LS_{i-j}或EF_{i-j}等于LF_{i-j}。必须指出，当工期有规定时，总时差最小的工作为关键工作。

(3) 工作自由时差的计算：工作自由时差指在不影响其紧后工作最早开始时间的前提下，本工作可以利用的机动时间。工作 $i-j$ 的自由时差FF_{i-j}的计算应符合下列规定。

① 当工作 $i-j$ 有紧后工作 $j-k$ 时，其自由时差应为：

$$FF_{i-j}=ES_{j-k}-EF_{i-j} \tag{3-14}$$

② 以终点节点($j=n$)为结束节点的工作，其自由时差为：

$$FF_{i-n}=T_p-ES_{i-n} \tag{3-15}$$

图 3-20 所示各项工作的时差计算如下：

$TF_{1-2}=LS_{1-2}-ES_{1-2}=1-0=1$　　$FF_{1-2}=ES_{2-3}-EF_{1-2}=1-1=0$

$TF_{1-3}=LS_{1-3}-ES_{1-3}=0-0=0$　　$FF_{1-3}=ES_{3-4}-EF_{1-3}=5-5=0$

$TF_{2-3}=LS_{2-3}-ES_{2-3}=2-1=1$　　$FF_{2-3}=ES_{3-4}-EF_{2-3}=5-4=1$

$TF_{2-4}=LS_{2-4}-ES_{2-4}=9-1=8$　　$FF_{2-4}=ES_{4-6}-EF_{2-4}=11-3=8$

$TF_{3-4}=LS_{3-4}-ES_{3-4}=5-5=0$　　$FF_{3-4}=ES_{4-6}-EF_{3-4}=11-11=0$

$TF_{3-5}=LS_{3-5}-ES_{3-5}=8-5=3$　　$FF_{3-5}=ES_{5-6}-EF_{3-5}=11-10=1$

$TF_{4-5}=LS_{4-5}-ES_{4-5}=13-11=2$　　$FF_{4-5}=ES_{5-6}-EF_{4-5}=11-11=0$

$TF_{4-6}=LS_{4-6}-ES_{4-6}=11-11=0$　　$FF_{4-6}=T_p-EF_{4-6}=17-17=0$

$TF_{5-6}=LS_{5-6}-ES_{5-6}=13-11=2$　　$FF_{5-6}=T_p-EF_{5-6}=17-15=2$

为了进一步说明总时差和自由时差之间的关系，如图 3-21 所示，总时差与自由时差是相互关联的。动用本工作自由时差不会影响紧后工作的最早开始时间，而在本工作总时差范围内动用机动时间(时差)超过本工作自由时差范围，则会相应减少紧后工作拥有的时差，并且会引起该工作所在线路上所有其他非关键工作时差的重新分配。

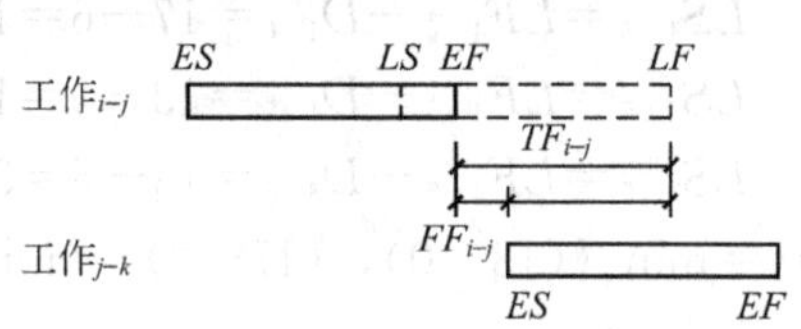

图 3-21　自由时差与总时差

2. 节点计算法

1) 节点最早时间的计算

节点最早时间指以该节点为开始节点的各项工作的最早开始时间。节点最早时间是从网络计划的起点节点开始，顺着箭线方向依次逐个计算。当然，终点节点的最早时间ET_n就是网络计划的计算工期。节点 i 的最早时间ET_i 的计算规定如下。

(1) 起点节点的最早时间如无规定，其值为零，即

$$ET_1=0 \tag{3-16}$$

(2) 当节点 j 只有一条内向箭线时，其最早时间

$$ET_j=ET_i+D_{i-j} \tag{3-17}$$

式中　ET_i——工作 $i-j$ 的开始(箭尾)节点 i 的最早时间。

(3) 当节点 j 有多条内向箭线时，其最早时间

$$ET_j=\max\{ET_i+D_{i-j}\} \tag{3-18}$$

现以图 3 - 20 所示网络图为例进行计算，各节点最早时间的计算结果直接标注在图 3 - 22 上。

$ET_1=0$

$ET_2=ET_1+D_{1-2}=0+1=1$

$ET_3=\max\{(ET_1+D_{1-3}),\ (ET_2+D_{2-3})\}=\max\{(0+5),\ (1+3)\}=\max\{5,\ 4\}=5$

$ET_4=\max\{(ET_2+D_{2-4}),\ (ET_3+D_{3-4})\}=\max\{(1+2),\ (5+6)\}=\max\{3,\ 11\}=11$

$ET_5=\max\{(ET_3+D_{3-5}),\ (ET_4+D_{4-5})\}=\max\{(5+5),\ (11+0)\}=\max\{10,\ 11\}=11$

$ET_6=\max\{(ET_4+D_{4-6}),\ (ET_5+D_{5-6})\}=\max\{(11+6),\ (11+4)\}=\max\{17,\ 15\}=17$

$T_p=T_c=ET_n=17$

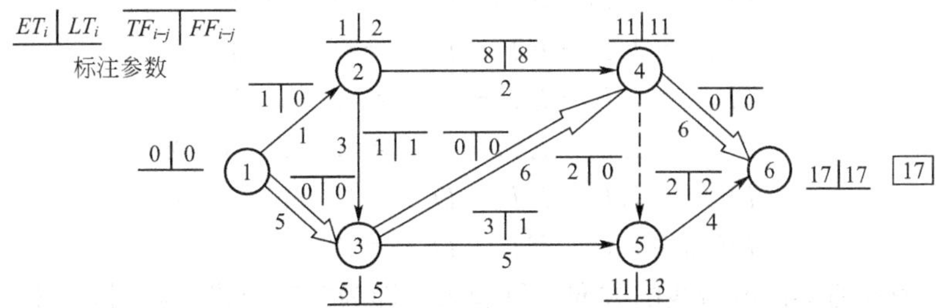

图 3 - 22 时间参数节点计算法示意图

2) 节点最迟时间的计算

节点最迟时间指以该节点为完成节点的各项工作的最迟完成时间。节点 i 的最迟时间 LT_i 应从网络计划的终点节点开始，逆着箭线方向逐个计算，并且应符合下列规定。

(1) 终点节点 n 的最迟时间 LT_n 应按网络计划的计划工期 T_p 确定，即

$$LT_n=T_p \tag{3-19}$$

分期完成节点的最迟时间应等于该节点的分期完成时间。

(2) 其他节点的最迟时间 LT_i 应为

$$LT_i=\min\{LT_j-D_{i-j}\} \tag{3-20}$$

式中 LT_j——工作 $i-j$ 的箭头(结束)节点 j 的最迟时间。

图 3 - 22 所示各节点最迟时间的计算过程如下：

$LT_6=T_p=T_c=17$

$LT_5=LT_6-D_{5-6}=17-4=13$

$LT_4=\min\{(LT_6-D_{4-6}),\ (LT_5-D_{4-5})\}=\min\{(17-6),\ (13-0)\}=\min\{11,\ 13\}=11$

$LT_3=\min\{(LT_4-D_{3-4}),\ (LT_5-D_{3-5})\}=\min\{(11-6),\ (13-5)\}=\min\{5,\ 8\}=5$

$LT_2=\min\{(LT_3-D_{2-3}),\ (LT_4-D_{2-4})\}=\min\{(5-3),\ (11-2)\}=\min\{2,\ 9\}=2$

$LT_1=\min\{(LT_2-D_{1-2}),\ (LT_3-D_{1-3})\}=\min\{(2-1),\ (5-5)\}=\min\{1,\ 0\}=0$

3) 各项工作最早、最迟时间的计算

按节点计算法的要求，不需要在网络图上标出工作时间参数，但工作时间参数依据节

点时间的概念可按如下规定计算：

$$ES_{i-j}=ET_i \tag{3-21}$$

$$EF_{i-j}=ET_i+D_{i-j} \tag{3-22}$$

$$LF_{i-j}=LT_j \tag{3-23}$$

$$LS_{i-j}=LT_j-D_{i-j} \tag{3-24}$$

4）工作时差的计算

（1）工作总时差的计算：工作 $i-j$ 的总时差 TF_{i-j} 应按下式计算：

$$TF_{i-j}=LT_j-ET_i-D_{i-j} \tag{3-25}$$

按式(3-21)计算图 3-22 所示各项工作的总时差为：

$$TF_{1-2}=LT_2-ET_1-D_{1-2}=2-0-1=1$$
$$TF_{1-3}=LT_3-ET_1-D_{1-2}=5-0-5=0$$
$$TF_{2-3}=LT_3-ET_2-D_{2-3}=5-1-3=1$$
$$TF_{2-4}=LT_4-ET_2-D_{2-4}=11-1-2=8$$
$$TF_{3-4}=LT_4-ET_3-D_{3-4}=11-5-6=0$$
$$TF_{3-5}=LT_5-ET_3-D_{3-5}=13-5-5=3$$
$$TF_{4-5}=LT_5-ET_4-D_{4-5}=13-11-0=2$$
$$TF_{4-6}=LT_6-ET_4-D_{4-6}=17-11-6=0$$
$$TF_{5-6}=LT_6-ET_5-D_{5-6}=17-11-4=2$$

将总时差为零的工作沿箭线的方向连续起来，即为关键线路，如图 3-22 所示。

（2）工作自由时差的计算：工作 $i-j$ 的自由时差 FF_{i-j} 按下式计算：

$$FF_{i-j}=ET_j-ET_i-D_{i-j} \tag{3-26}$$

图 3-22 所示各项工作的自由时差计算如下：

$$FF_{1-2}=ET_2-ET_1-D_{1-2}=1-0-1=0$$
$$FF_{1-3}=ET_3-ET_1-D_{1-3}=5-0-5=0$$
$$FF_{2-3}=ET_3-ET_2-D_{2-3}=5-1-3=1$$
$$FF_{2-4}=ET_4-ET_2-D_{2-4}=11-1-2=8$$
$$FF_{3-4}=ET_4-ET_3-D_{3-4}=11-5-6=0$$
$$FF_{3-5}=ET_5-ET_3-D_{3-5}=11-5-5=1$$
$$FF_{4-5}=ET_5-ET_4-D_{4-5}=11-11-0=0$$
$$FF_{4-6}=ET_6-ET_4-D_{4-6}=17-11-6=0$$
$$FF_{5-6}=ET_6-ET_5-D_{5-6}=17-11-4=2$$

3.2.3 双代号时标网络计划的绘制与计算

1. 绘图的基本要求

（1）时间长度是以所有符号在时标表上的水平位置及其水平投影长度表示的，与其所代表的时间值对应。

（2）节点的中心必须对准时标的刻度线。

（3）虚工作必须以垂直箭线表示，有时差时加波形线表示。

（4）时标网络计划宜按最早时间编制，不宜按最迟时间编制。

（5）时标网络计划编制前，必须先绘制无时标网络计划。

2. 时标网络计划的绘制

时标网络计划的绘制方法有间接绘制法和直接绘制法两种。

1）间接绘制法

所谓间接绘制法是先计算无时标网络图计划的时间参数，再按该计划在时标表上进行绘制。以图 3 - 23 为例，绘制完成的时标网络计划如图 3 - 24 所示。具体绘制步骤如下。

（1）绘制时标计划表。

（2）计算各项工作的最早开始时间和最早完成时间，如图 3 - 23 所示。

（3）将每项工作的箭尾节点按最早开始时间定位在时标计划表上，布局应与不带时标的网络计划基本相当，然后编号。

（4）用实线绘制出工作持续时间，用虚线绘制无时差的虚工作(垂直方向)，用波形线绘制工作和虚工作的自由时差。

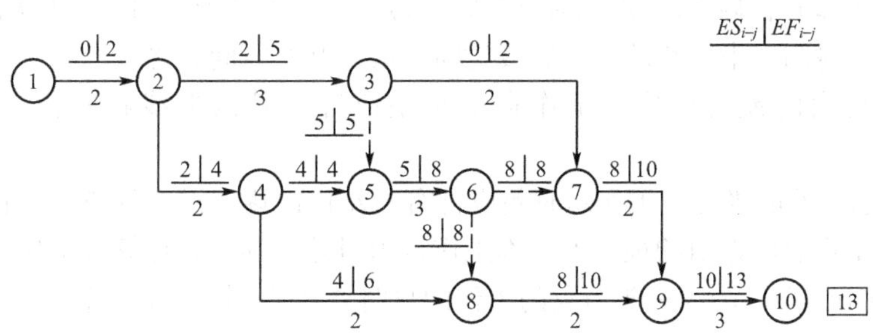

图 3 - 23　无时标网络计划

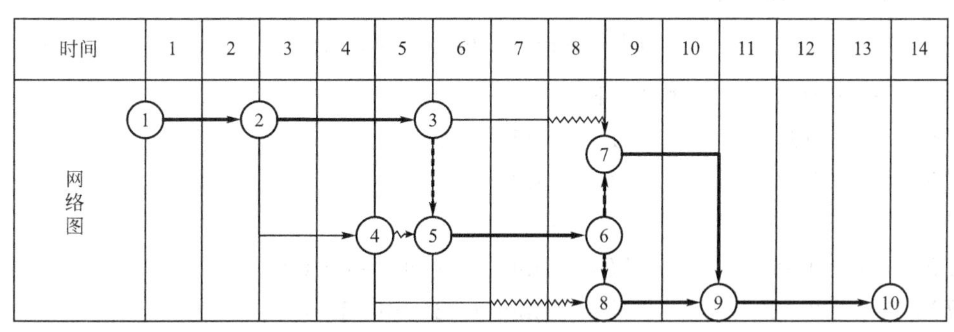

图 3 - 24　图 3 - 23 的时标网络计划

2）直接绘制法

不计算时间参数，直接根据无时标网络计划在时标表上进行绘制。仍以图 3 - 23 为例，绘制步骤如下。

（1）绘制时标计划表。

（2）将起点节点定位在时标计划表的起始刻度线上，见图 3 - 24 上的节点 1。

(3) 按工作持续时间在时标表上绘制起点节点的外向箭线，见图3-24上的1—2。

(4) 工作的箭头节点必须在其所有内向箭线绘出以后，定位在这些内向箭线中最晚完成的实箭线箭头处，见图3-24上的节点5、7、8、9。

(5) 某些内向实箭线长度不足以达到该箭头节点时，用波形线补足，见图3-24中的3—7、4—8。如果虚箭线的开始节点和结束节点之间有水平距离时，以波形线补足，如箭线4—5；如果无水平距离，绘制垂直虚箭线，如3—5、6—7、6—8。

(6) 用上述方法，自左向右依次确定其他节点的位置，直至终点节点定位完成，然后编号。在确定节点的位置时，尽量保持无时标网络图的布局不变。

3. 时标网络计划关键线路和时间参数的确定

1) 关键线路的确定

自终点节点逆箭线方向朝起点节点依次观察，自终点节点至起点节点都不出现波形线的线路称为关键线路。如图3-6、图3-22中用粗线或双线表示的线路。

2) 时间参数的确定

(1) 工作最早时间的确定：每条箭线尾节点所对应的时标值，代表工作的最早开始时间。实箭线实线部分右端(有波形线时)或箭头节点中心(无波形线时)所对应的时标值代表工作的最早完成时间。虚箭线的最早完成时间与最早开始时间相等。

(2) 工作自由时差的确定：工作自由时差值等于其波形线在时标上水平投影的长度。

(3) 工作总时差的确定：工作总时差应自右向左依次逐项进行计算。工作总时差值等于其各个紧后工作总时差值的最小值与本工作自由时差之和。其计算规定如下。

① 以终点节点($j=n$)为箭头节点的工作的总时差 TF_{i-j} 按下式计算：

$$TF_{i-n}=T_{\mathrm{p}}-EF_{i-n} \tag{3-27}$$

② 其他工作的总时差为

$$TF_{i-j}=\min\{TF_{j-k}\}+FF_{i-j} \tag{3-28}$$

以图3-24为例，计算过程如下：

$TF_{9-10}=2-13=0$　　$TF_{5-6}=\min\{0, 0\}+0=0+0=0$

$TF_{8-9}=0+0=0$　　$TF_{4-5}=0+1=1$

$TF_{7-9}=0+0=0$　　$TF_{3-5}=0+0=0$

$TF_{6-8}=0+0=0$　　$TF_{2-3}=\min\{0, 1\}+0=0+0=0$

$TF_{4-8}=0+2=2$　　$TF_{2-4}=\min\{1, 2\}+0=1+0=1$

$TF_{6-7}=0+0=0$　　$TF_{1-2}=\min\{0, 1\}+0=0+0=0$

$TF_{3-7}=0+1=1$

如有必要，可将工作总时差值标注在相应的实箭线或波形线之上。

(4) 工作最迟时间的计算：由于知道最早开始和最早结束时间，当计算出总时差后，工作最迟时间可用以下公式计算：

$$LS_{i-j}=ES_{i-j}+TF_{i-j} \tag{3-29}$$

$$LF_{i-j}=EF_{i-j}+TF_{i-j} \tag{3-30}$$

3.2.4 网络图在工程中的应用实例

1. 网络图进度计划实例

一现浇多层框-剪结构房屋，由柱、梁、楼板、抗震剪力墙组合成整体结构，并设有电梯井(井壁为混凝土墙)和楼梯(楼梯间墙为非混凝土墙)等。该工程一个结构层的施工顺序大致如下：柱和抗震墙先绑扎钢筋，后支模板；电梯井壁先支内壁模板，后绑扎钢筋，再支外壁模板；梁的模板必须待柱子模板都支好后才能开始，梁模板支好后再支楼板的模板；先浇捣柱子、抗震墙及电梯井壁的混凝土，然后开始梁和楼板的钢筋绑扎，同时在楼板上预埋暗管，之后再浇捣梁和楼板的混凝土。由各施工过程的工程量和企业的劳动生产力水平计算结果可以知道各施工过程的工作持续时间。试绘制一标准层双代号网络图施工进度计划。

按上述施工顺序，可绘制出如图 3-25 所示的双代号施工网络图。

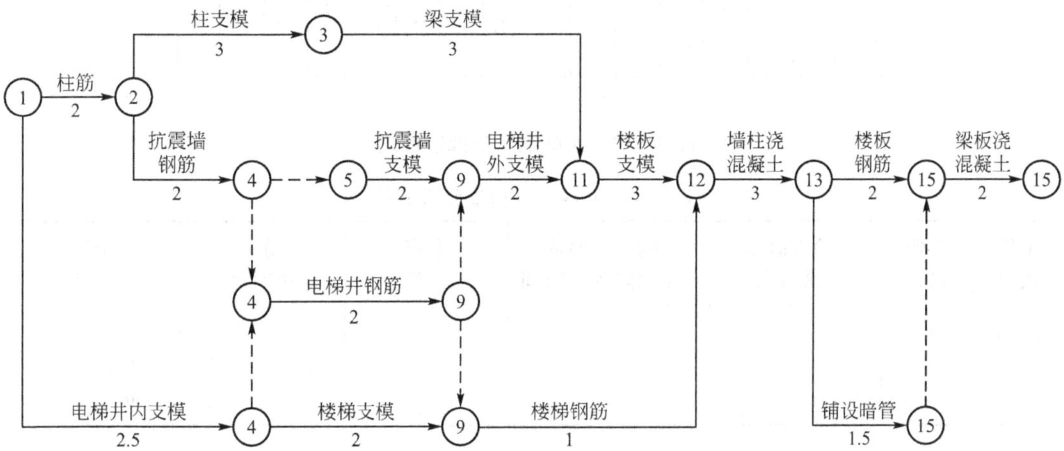

图 3-25 标准层双代号网络图施工进度计划

2. 网络图进度控制实例

某工程项目的施工进度计划如图 3-26 所示，该图是按各工作的正常工作持续时间和最早时间绘制的双代号时标网络计划。图中箭线下方括号内外数字分别为该工作的最短工

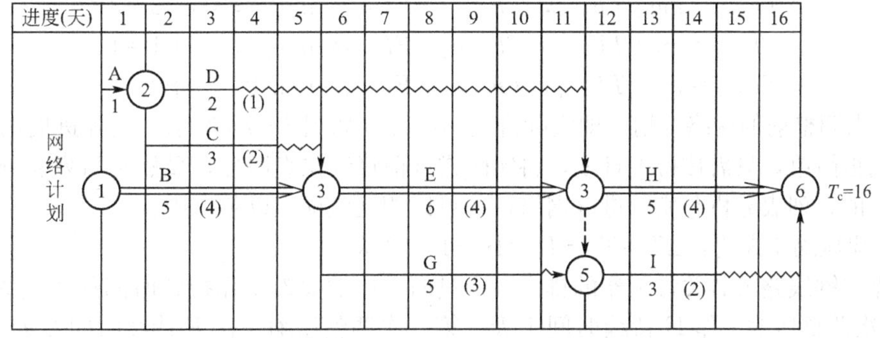

图 3-26 原时标网络施工进度计划

作持续时间和正常工作持续时间。第5天收工后检查施工进度完成情况发现：A工作已完成，D工作尚未开始，C工作进行1天，B工作进行2天。

已知：调整工期时，综合考虑对质量、安全、资源等影响后，压缩工作持续时间的先后次序为D、I、H、C、E、B、G。

分析此工程进度是否正常？若工期延误，试按原工期目标进行进度计划调整。

(1) 绘制实际进度前锋线，了解进度计划执行情况，如图3-27所示。

(2) 进度检查结果的分析见表3-4。

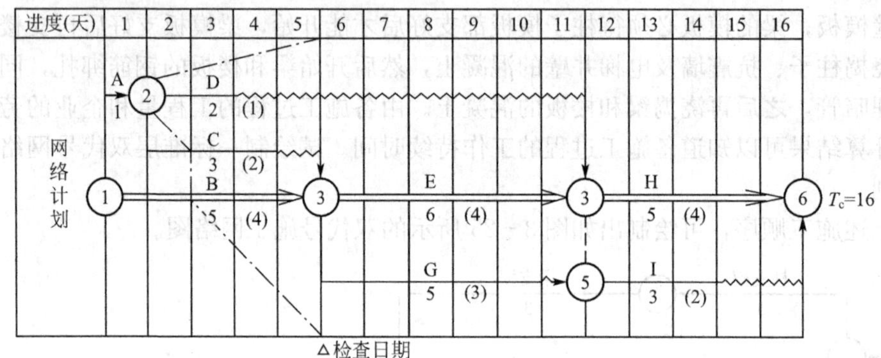

图3-27　实际进度前锋线检查

表3-4　网络计划检查结果分析

工作代号	工作名称	检查时尚需时间	到计划最迟完成前尚有时间	原有总时差	尚有总时差	情况判断
2—4	D	2−0=2	11−5=6	8	6−2=4	正常
2—3	C	3−1=2	5−5=0	1	0−2=−2	拖期2天
1—3	B	5−2=3	5−5=0	0	0−3=−3	拖期3天

其中，工作D、C、B的最迟必须完成时间的计算过程如下：

$$LF_{2-4}=EF_{2-4}+TF_{2-4}=3+8=11$$
$$LF_{2-3}=EF_{2-3}+TF_{2-3}=4+1=5$$
$$LF_{1-3}=EF_{1-3}+TF_{1-3}=5+0=5$$

其中，工作D、C、B的总时差计算过程如下(其他工作总时差的计算过程此处省略)：

$$TF_{2-4}=\min[TF_{4-5},\ TF_{4-6}]+FF_{2-4}=\min[2,\ 0]+8=8$$
$$TF_{2-3}=\min[TF_{3-4},\ TF_{3-5}]+FF_{2-3}=\min[0,\ 3]+1=1$$
$$TF_{1-3}=\min[TF_{3-4},\ TF_{3-5}]+FF_{1-3}=\min[0,\ 3]+0=0$$

(3) 未调整前的网络计划，即实际进度网络计划如图3-28所示。实际进度的网络计划的绘制很简单，只需按检查日期，将实际进度前锋线拉直即可，显然它与列表分析的结论是一致的，列表分析与实际进度网络计划可以相互验证，以免出错。

(4) 应压缩工期为：$\Delta T=T_c-T_r=19-16=3$天。

根据关键线路及其关键工作的排序，通过两次压缩关键工作持续时间使工期缩短了3天(第一次调整压缩工作H持续时间1天，第二次调整压缩工作E持续时间2天)，满足了需求，计划调整完毕。如图3-29所示，调整后的网络计划就是修正计划。

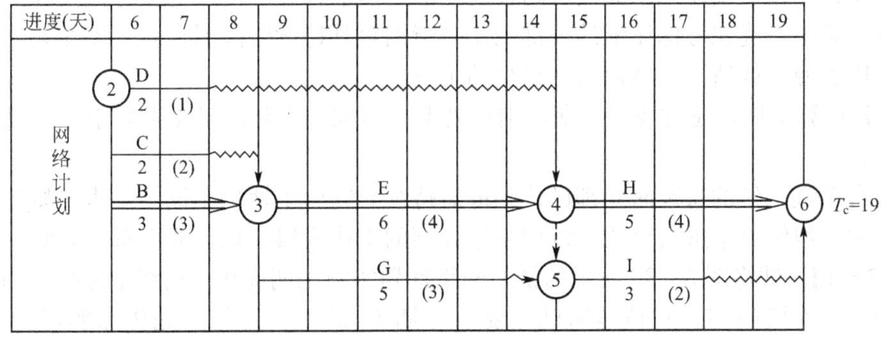

图 3－28　未调整前的时标网络计划

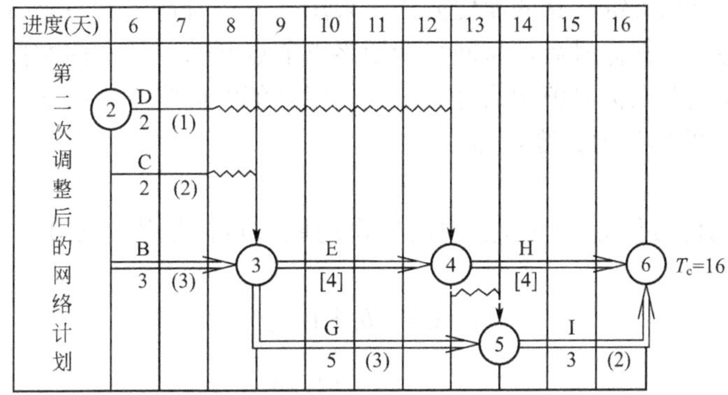

图 3－29　第二次调整后的时标网络计划

3.3 网络计划的优化

按既定施工工艺及组织关系的要求编制的初始网络计划，通常应满足工程项目的工期、资源配置、成本等责任目标的要求，为此就有可能通过改变相应工作的开始与结束时间，或压缩工作的持续时间，从而形成新的计划安排。按某明确目标，在一定约束条件下对初始网络计划进行改进，寻求最优计划方案的过程就是网络计划的优化。

3.3.1　工期优化

当计算工期大于要求工期(即 $T_c > T_r$)时，可通过压缩关键工作的持续时间，来满足要求工期的目标。在优化过程中，不能一次性把关键工作压缩成非关键工作；有多条关键线路时，必须同步压缩。工期优化步骤如下。

(1) 计算网络计划的计算工期并找出关键线路。

(2) 确定应压缩的工期 ΔT：

$$\Delta T = T_c - T_r \qquad (3-31)$$

(3) 将应优化缩短的关键工作压至最短持续时间，并找出关键线路，若被压缩的工作变成了非关键工作，则比照新关键线路长度，减小压缩幅度，使之仍保持为关键工作。

在本步骤中，优先考虑压缩的关键工作是指缩短其持续时间对质量、安全影响小，或有充足备用资源，或造成的费用增加最少的工作。

(4) 若计算工期仍超过要求工期，则重复上一步骤，直到满足工期要求或工期已不能再缩短为止。

若所有关键工作的持续时间都已达到最短持续时间而工期仍不满足要求，则应对计划的技术方案、组织方案进行修改，以调整原计划的工作逻辑关系，或重新审定要求工期。

【例 3-1】 试将图 3-30 所示的初始网络计划实施工期优化。箭线下方括号内外的数据分别表示工作极限与正常持续时间，要求工期为 48 天。工作优先压缩顺序为 D、H、F、C、E、A、G、B。

解：(1) 用标号法确定正常工期及关键线路。

标号法是直接寻求关键线路的简便方法。采用该方法时首先对每个节点用源节点和标号值进行标号，将节点都标号后，从网络计划终点节点开始，从右向左按源节点找出关键线路。网络计划终点节点标号值即为计算工期。标号值的确定方法如下。

① 设起点节点的标号值为零，即

$$b_1=0 \tag{3-32}$$

② 其他节点的标号值等于该节点内向工作的尾节点标号值加该工作的持续时间之和的最大值，即

$$b_j=\max\{b_i+D_{i-j}\} \tag{3-33}$$

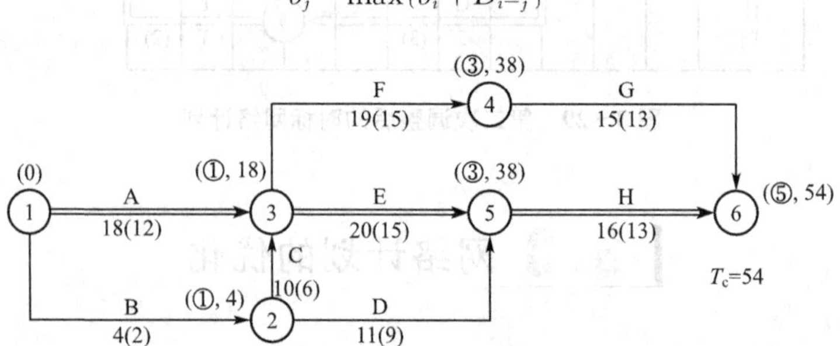

图 3-30 初始网络计划

图 3-30 所示的网络计划的标号值计算如下：

$b_1=0$

$b_2=b_1+D_{1-2}=0+4=4$

$b_3=\max\{(b_1+D_{1-3}),(b_2+D_{2-3})\}=\max\{(0+18),(4+10)\}=\max\{18,14\}=18$

$b_4=b_3+D_{3-4}=18+19=37$

$b_5=\max\{(b_2+D_{2-5}),(b_3+D_{3-5})\}=\max\{(4+11),(18+20)\}=\max\{15,38\}=38$

$b_6=\max\{(b_4+D_{4-6}),(b_5+D_{5-6})\}=\max\{(37+15),(38+16)\}=\max\{52,54\}=54$

以上计算的标号值及源节点标在图 3-30 所示的位置上，计算工期为 54 天。从终点节点逆向溯源，即将相关源节点连接起来，找出关键线路为①—③—⑤—⑥，关键工作为 A、E、H。

(2) 应缩短工期为：$\Delta T=T_c-T_r=54-48=6$ 天。

(3) 依题意先将 H 工作持续时间压缩 3 天至最短持续时间，再用标号法找出关键工作

为 A、F、G，如图 3－31 所示。

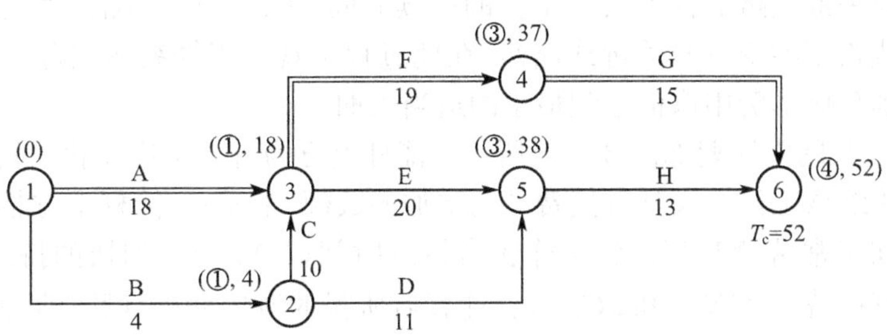

图 3－31　将 H 工作压缩至 13 天后的网络计划

为此，减少 H 工作的压缩幅度(此谓“松弛”)，最终压缩 2 天，使之仍成为关键工作，如图 3－32 所示。

(4) 同步压缩 A、E、H 和 A、F、G 两条关键线路。依题目所给工作压缩次序，按工作允许压缩限度，H、E、F 分别压缩 1 天、3 天、4 天，如图 3－33 所示，工期满足要求。

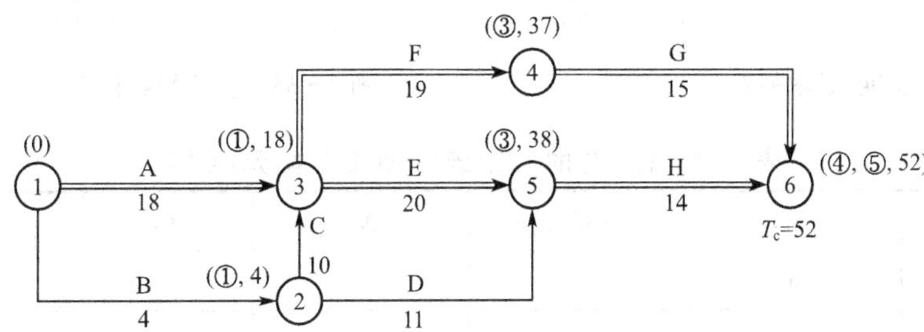

图 3－32　将 H 工作压缩至 14 天(“松弛” 1 天)后的网络计划

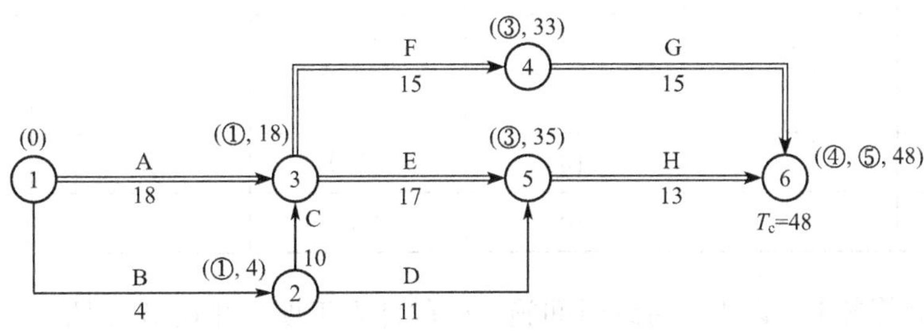

图 3－33　优化后的网络计划

3.3.2　费用优化

费用优化又称为工期-成本优化，是寻求最低成本对应的工期安排。工程总成本费用由直接费用和间接费用组成。随工期延长工程直接费用(C_1)支出减少而间接费用(C_2)支出增加；反之则直接费用增加而间接费用减少，如图 3－34 所示，总成本(C)存在最小值。

按照直接费用增加代价小则优先压缩的原则，通过依次选择并压缩初始网络计划关键线路及后来出现的新关键线路上各项关键工作的持续时间(关键工作压缩幅度同样要求保证本工作所在关键线路不能变成非关键线路)，在此过程中观察工期缩短引起的费用总体变化情况，最终找到总成本费用取值达到最小的适当工期。

【例 3-2】 某网络计划如图 3-35 所示。箭杆上方为直接费用变化的斜率，也称为直接费率，即每压缩该工作一天其直接费平均增加的数额(千元)。箭杆下方括号内外分别为最短持续时间和正常持续时间。各工作正常持续时间(DN_{i-j})、加快的持续时间(DC_{i-j})及与其相应的直接费用(CN_{i-j}和CC_{i-j})、计算后所得的费用率($\triangle C_{i-j}^{D}$)见表 3-5。假定间接费率为 0.13(千元/天)，试进行费用优化。

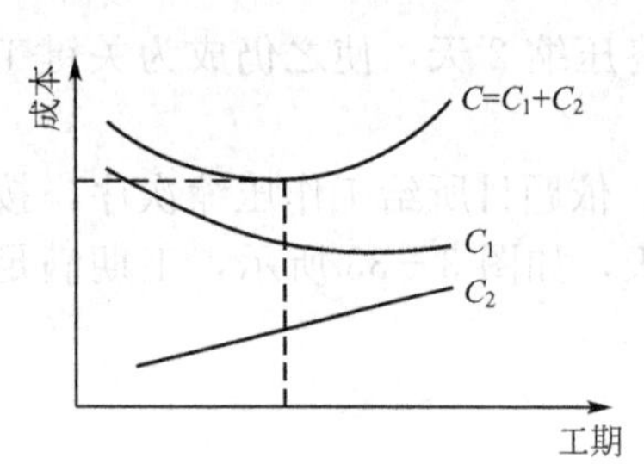

图 3-34　工期-成本关系

图 3-35　初始网络计划

表 3-5　各工作的工期(天)、直接成本(元)数据

工作($i-j$)	DN_{i-j}	DC_{i-j}	CN_{i-j}	CC_{i-j}	$\triangle C_{i-j}^{D}$
1—2	6	4	1500	2000	0.250
1—3	30	20	9000	10000	0.100
2—3	18	10	5000	6000	0.125
2—4	12	8	4000	4500	0.125
3—4	36	22	12000	14000	0.143
3—5	30	18	8500	9200	0.058
4—6	30	16	9500	10300	0.057
5—6	18	10	4500	5000	0.063

解：首先计算各工作以正常持续时间施工时的计算工期，并找出关键线路，如图 3-35 所示。已知工程总直接费、总成本为

$$总直接费(\sum C^{D})=1.5+9+5+4+12+8.5+9.5+4.5=54\ 千元$$

$$总成本(\sum C)=直接成本+间接成本=54+0.13\times 96=68.480\ 千元$$

第一次工期压缩：先压缩关键线路①—③—④—⑥上直接费率最小的工作 4—6，至最短持续时间(16 天)，再用标号法找出关键线路。由于原关键工作 4—6 变成了非关键工作，必须将其“松弛”至 18 天，使其仍为关键工作，如图 3-36 所示。

第二次工期压缩：比较工作 1—3、工作 3—4、组合工作 4—6 和 5—6 的直接费率(或组合直接费率)分别为 0.1 千元/天、0.143 千元/天、0.12 千元/天，故决定缩短工作 1—

3，并使之仍为关键工作，则其持续时间只能缩短至 24 天，如图 3-37 所示。

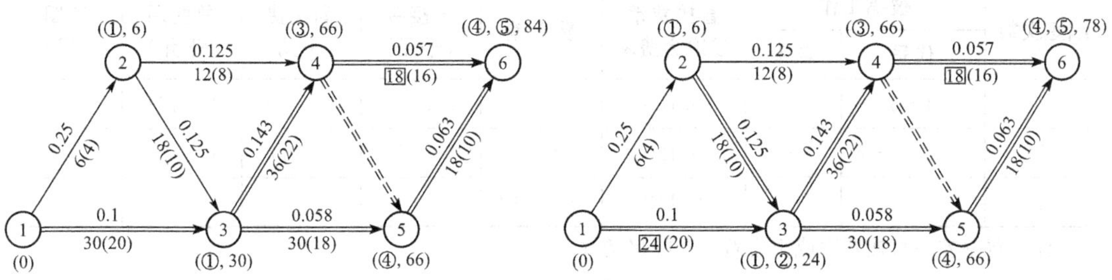

图 3-36 第一次压缩后的网络计划　　图 3-37 第二次压缩后的网络计划

第三次工期压缩：有 4 个方案，具体方案和相应的直接费率见表 3-6。

表 3-6 关键线路工作组合

序号	工作组合($i—j$)	直接费率(千元/天)
Ⅰ	1—2 和 1—3	0.350
Ⅱ	2—3 和 1—3	0.225
Ⅲ	3—4	0.143
Ⅳ	4—6 和 5—6	0.120

决定采用直接费率最低的方案Ⅳ，结合工作 4—6 的最短工作持续时间为 16 天，现将 4—6 和 5—6 均压缩 2 天，如图 3-38 所示。由于 4—6 已不能再缩短，故令其直接费率为无穷大。

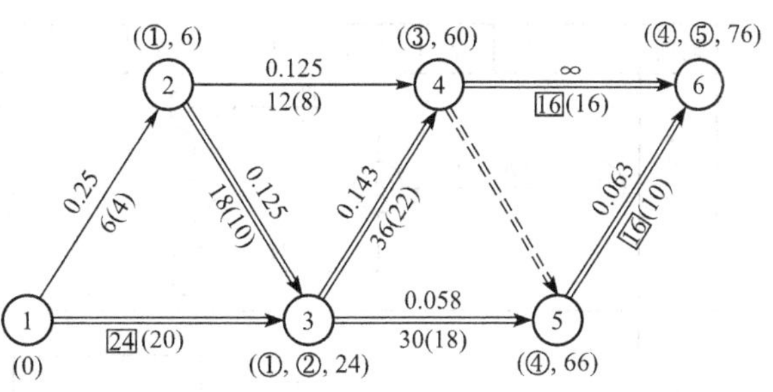

图 3-38 优化后的网络计划

此后，如果还需要压缩工期，应采用方案Ⅲ，就此例而言，工作 3—4 的直接费率为 0.143 千元/天，大于间接费率 0.13 千元/天，费率差成为正值，再压缩，总费用反而会呈上升趋势，故第三次压缩后就是本例的最优工期了。

优化过程中的工期、费用变化情况见表 3-7。经过优化调整，工期缩短了 20 天，而成本降低了 3.076 千元。

表 3-7 优化过程的工期-成本情况

缩短次数	被缩工作		直接费率或组合费率	费率差	直接费(千元)	间接费(千元)	总费用(千元)	工期(天)
	代号	名称						
0	—	—	—	—	54.000	12.480	68.480	96
1	4-6	—	0.057	—0.073	54.684	10.920	65.604	84

(续)

缩短次数	被缩工作		直接费率或组合费率	费率差	直接费(千元)	间接费(千元)	总费用(千元)	工期(天)
	代号	名称						
2	1-3	—	0.100	−0.030	55.284	10.140	65.424	78
3	4-6、5-6	—	0.120	−0.010	55.524	9.880	65.404	76
4	3-4	—	0.143	+0.013	—	—	—	—

注：费率差=直接费率或组合费率−间接费率。

3.3.3 资源优化

施工过程就是消耗人力、材料、机械和资金等各种资源的过程，编制网络计划时必须解决资源供求矛盾，实现资源的均衡利用，以保证工程项目的顺利完成，并取得良好的经济效果。资源优化有两种不同的目标：资源有限，工期最短；工期一定，资源均衡。

1.“资源有限-工期最短”的优化

实例如图3-39所示，尽管网络计划的各工作工艺逻辑和组织逻辑都是正确的，但如果每天能够提供的劳动力只有30人，原计划也无法得到执行，而必须进行调整，使得每天劳动力的总需要量不超过限制，这种调整称为“资源有限-工期最短”优化，其实质就是利用各工作所具有的时差，以资源限制为约束条件、以工期延长幅度最小甚至不延长为目标，改变网络计划的进度安排。

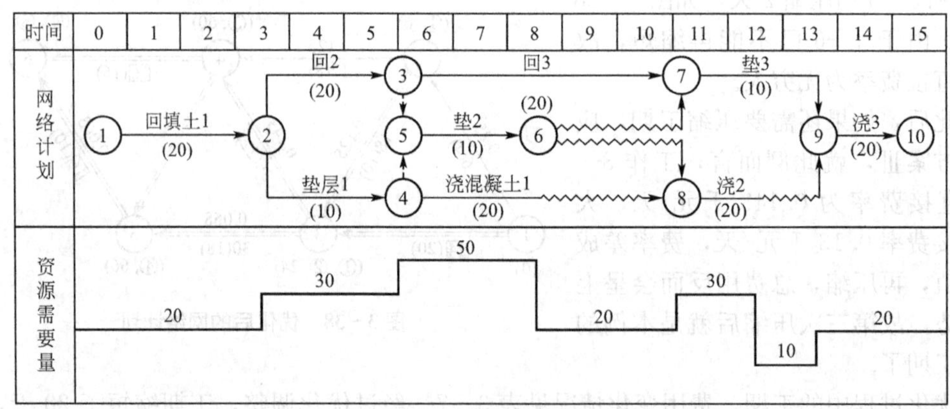

图3-39 时标网络图及资源需要量动态曲线

1) 优化步骤

(1) 将初始网络计划绘成时标网络图，计算并绘出资源需要量曲线。

(2) 从左到右检查资源动态曲线的各个时段(日资源需要量不变且连续的一段时间)，如果某时段所需资源超过限制数量，就对与该时段有关的工作排队编号，并按排队编号的顺序依次给各工作分配所需的资源数。对于编号排队靠后、分不到资源的工作，就顺推到该时段后面开始。

2）排队规则

对工作进行排队，是以资源调整对工期影响最小为出发点的，体现了资源优化分配的原则。

(1) 对于在本时段之前已经开始作业的工作应保证其资源供应，使之能够连续作业。

(2) 对于在本时段内开始的关键工作应优先满足其资源需要，因为关键工作的推迟意味着工期的延长。当关键工作有多项时，每天所需资源数量大的向前排，小的向后排。

(3) 对于本时段内开始的非关键工作，当有多项时，总时差小的向前排，大的向后排。若工作总时差相等，则每天所需资源量大的向前排，小的向后排。

2."工期固定-资源均衡"的优化

均衡施工是指在整个施工过程中，对资源的需要量不出现短时期的高峰和低谷。资源消耗均衡可以减小现场各种加工场(站)、生活和办公用房等临时设施的规模，有利于节约施工费用。"工期固定-资源均衡"优化就是在工期不变的情况下，利用时差对网络计划做一些调整，使每天的资源需要量尽可能地接近于平均。

1）优化原理

评价均衡性的指标有多个，最常用指标是方差(σ^2)，方差愈小，施工愈均衡。方差计算如下。

$$\begin{aligned}\sigma^2 &= \frac{1}{T}\sum_{t=1}^{T}(R_t - R_m)^2\\ &= \frac{1}{T}[(R_1-R_m)^2+(R_2-R_m)^2+\cdots+(R_T-R_m)^2]\\ &= \frac{1}{T}\left[\sum_{t=1}^{T}R_t^2 - 2R_m\sum_{t=1}^{T}R_t + TR_m^2\right]\end{aligned}$$

$$\because R_m = \frac{R_1+R_2+\cdots+R_T}{T} = \frac{1}{T}\sum_{t=1}^{T}R_t$$

$$\begin{aligned}\therefore \sigma^2 &= \frac{1}{T}\left(\sum_{t=1}^{T}R_t^2 - 2R_mTR_m + TR_m^2\right)\\ &= \frac{1}{T}\sum_{t=1}^{T}R_t^2 - R_m^2\end{aligned} \tag{3-34}$$

式中 σ^2——资源消耗的方差；

T——计划工期；

R_t——资源在第 t 天的消耗量；

R_m——资源的平均消耗量。

由式(3-34)可以看出：T 和 R_m 为常量，欲使 σ^2 最小，必须使 $\sum_{t=1}^{T}R_t^2$ 最小。

如图3-40所示，假如有一个非关键工作 i—j，开始与结束时间分别为 t_{ES}、t_{EF}，每天资源消耗量为 r_{i-j}。如果将该工作向右移动一天，则第 t_{ES+1} 天的资源消耗量 R_{ES+1} 将减少 r_{i-j}，而第 t_{EF+1} 天的资源消耗量 R_{EF+1} 将增加 r_{i-j}，其他天的消耗量不变。

工作 i—j 推后一天时，$\sum_{t=1}^{T}R_t^2$ 的增加量Δ 为：

$$\begin{aligned}\Delta &= (R_{ES+1}-r_{i-j})^2+(R_{EF+1}+r_{i-j})^2-(R_{ES+1}^2+R_{EF+1}^2)\\ &= 2r_{i-j}(R_{EF+1}-R_{ES+1}+r_{i-j})\end{aligned} \tag{3-35}$$

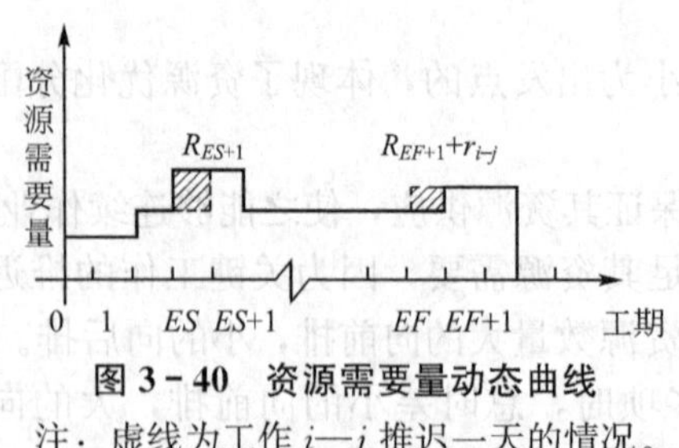

图 3-40　资源需要量动态曲线

注：虚线为工作 i—j 推迟一天的情况。

如果 Δ 为负值，则工作 i—j 右移一天，能使 $\sum_{t=1}^{T} R_t^2$ 值减小，即方差减小。也就是说，当工作 i—j 开始工作第一天的资源消耗量 R_{ES+1} 大于其完成那天的后一天的资源消耗量 R_{EF+1} 与该工作的资源强度 r_{i-j} 之和时，该工作右移一天能使方差减小，这时即可将工作 i—j 右移一天。

如此判断右移，直至不能右移或该工作的总时差用完为止。如在右移的过程中某次调整出现 $R_{ES+1} \leqslant R_{EF+1} + r_{i-j}$ 时，仍然可试着右移，如在此后出现该次至以后各次调整的 Δ 值累计为负的情况，也可将其右移至相应位置。

2）优化步骤

调整应自网络计划终点节点开始，从右向左逐项进行。按工作的结束节点的编号值从大到小的顺序进行调整。对于同一个结束节点的工作则先调整开始时间较迟的工作。在将所有工作都按上述方法自右向左进行了一次调整之后，为使方差值进一步减小，需要自右向左进行再次，甚至多次调整，直到所有工作的位置都不能再移动为止。

3.4 网络计划的电算方法简介

网络计划的时间参数、方案的各种优化及实施期间的进度控制都要进行大量的，甚至复杂的计算。而电子计算机的出现为解决这一问题创造了有利条件，尤其是 PC 的普及，使得网络电算在建筑企业及其项目中的应用成为现实。

网络计划电算程序相对于其他的电算程序，有数据变量多、计算过程简单等特点，它介于计算程序和数据处理程序之间。本节主要介绍在微机上实现网络电算的基本方法，仅供参考。

3.4.1 建立数据文件

一个网络计划是由许多工作组成的，每一项工作又有若干相关的数据，所以网络计划的时间参数计算过程在很大程度上就是数据处理。为了方便计算，也为了便于进行数据的检查与调整，有必要建立用来存放原始数据的数据文件。

为了使用方便，编制数据文件的程序时，不但要考虑到学过计算机语言的人，更要考虑到没学过计算机语言的人，可以利用人机对话的优点，进行一问一答的信息交换。其程序原理如图 3-41 所示。

3.4.2 计算程序

网络计划的时间参数计算程序的关键是确定其计算公式，用迭代公式进行计算。由前面几节知识可以知道，尽管网络计划时间参数很多，但节点最早时间(ET)、节点最迟时间(LT)确定后，其余参数均可据此算出，所以其计算方法中的关键就是 ET、LT 两个参数的计算。

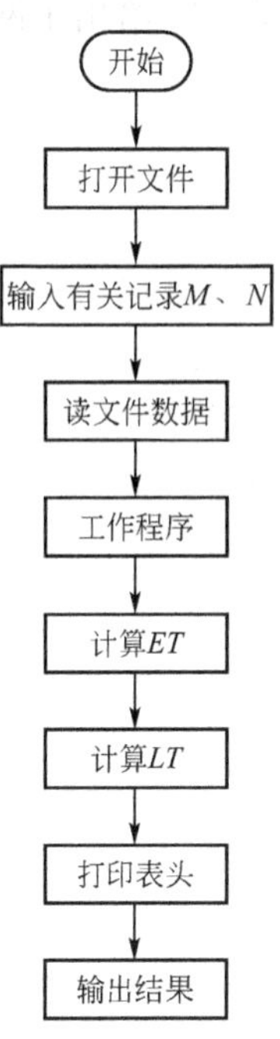

图 3-41 程序原理

1. 参数 ET 的计算

参数 ET 的理论计算式为：

$$\left.\begin{aligned} & ET_j = \max(ET_i + D_{i-j}) \\ \text{上式可以表达为：}\quad & ET_i + D_{i-j} \leqslant ET_j \\ \text{如果}\quad & ET_i + D_{i-j} > ET_j \\ \text{则令}\quad & ET_j = ET_i + D_{i-j} \end{aligned}\right\} \qquad (3-36)$$

式(3-36)即为利用计算机进行 ET 计算的叠加公式。当然计算机不能直观地进行比较，必须依节点顺序依次进行计算和比较，所以在进行参数计算之前，程序先要对所有工作按其箭头节点、箭尾节点的顺序进行自然排序。所谓工作的自然排序就是按工作箭头节点的编号从小到大，当箭头节点相同时按箭尾节点的编号从小到大的次序排列的过程。

计算 ET 的计算框图如图 3-42 所示。

2. 参数 LT 的计算

参数 LT 的理论计算公式为：

$$\left.\begin{aligned} & LT_i = \min(LT_j - D_{i-j}) \\ \text{上式可以表达为：}\quad & LT_j - D_{i-j} \geqslant LT_i \\ \text{如果}\quad & ET_j - D_{i-j} < LT_i \\ \text{则令}\quad & LT_i = LT_j - D_{i-j} \end{aligned}\right\} \qquad (3-37)$$

LT 计算框图如图 3-43 所示。

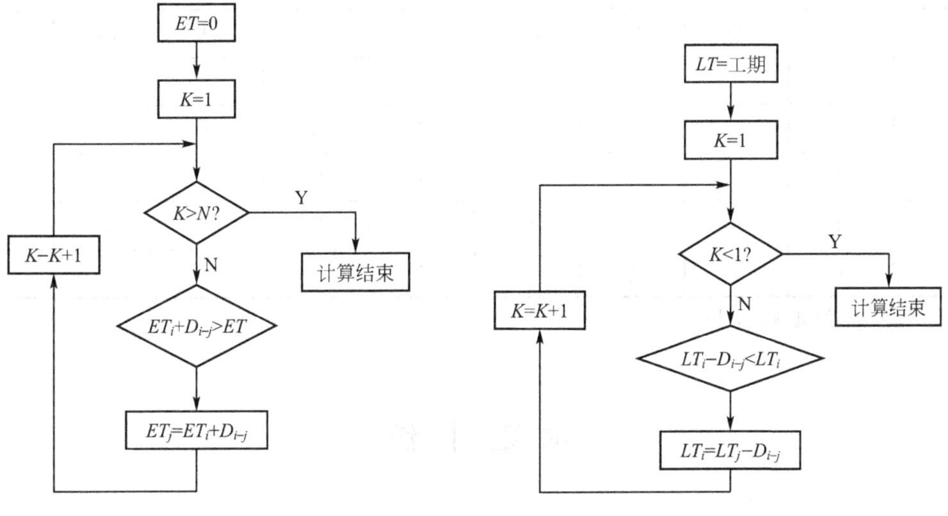

图 3-42 *ET* 计算框图　　　**图 3-43 *LT* 计算框图**

图 3-44 给出了网络计划时间参数整个计算过程的框图。

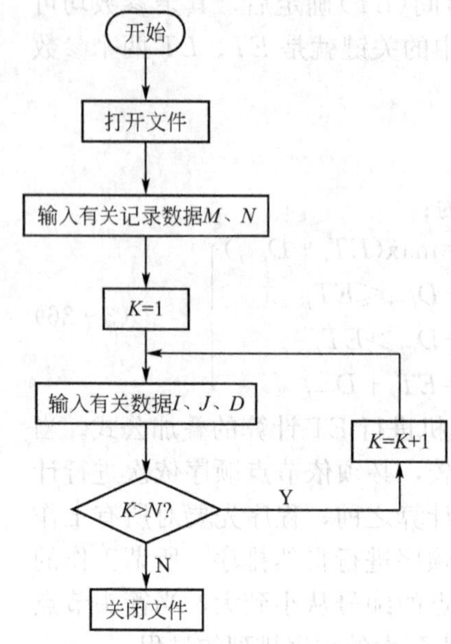

图 3-44 网络计划时间参数计算

3.4.3 输出部分

计算结果的输出也是程序设计的主要部分。首先要确定输出的表格采用什么形式，目前有两种，一种是采用横道图形式；另一种是直接用表格形式输出相应的各时间数值(表 3-8)。无论什么形式总是先要设计好格式，用 TAB 或 PRINT USING 语句等严格控制好打印位置、换行的位置。

表 3-8 NETWORKLAN

I	*J*	*D*	*ES*	*EF*	*LS*	*LF*	*FF*	*TF*	*CP*
1	2	3	0	3	1	4	0	1	
1	3	4	0	4	0	4	0	0	!!!
2	4	3	3	6	7	10	4	4	
3	4	6	4	10	4	10	0	0	!!!
⋮	⋮	⋮	⋮	⋮	⋮	⋮	⋮	⋮	

注：*CP*——关键线路；!!! ——关键工作。

本章小结

网络计划技术是利用网络图的形式表达各项工作之间的相互制约和相互依赖关系，并分析其内在规律，从而寻求最优方案的方法。它的基本原理首先是应用网络图的形式表达一项计划中各项工作开展的先后顺序和相互之间的逻辑关系；然后是通过时间参数的计算，找出计划中决定工期的关键工作和关键线路；再按一定的目标，不断优化计划安排、并在计划的实施过程中，通过检查、调整，控制计划按期完工。

最常见的网络计划有单代号网络计划、双代号网络计划和时标网络计划。单代号网络图是由若干表示工作的节点以及联系箭线所组成的，其中一个节点(圆圈或方框)代表一项工作，节点编号、工作名称、持续时间一般都标注在圆圈或方框内，箭线仅表示工作之间的逻辑关系；双代号网络图是由若干表示工作的箭线和节点所组成的，其中每一项工作都用一根箭线和两个节点表示，每个节点都编有号码，箭线前后两个节点的号码即代表该箭线所表示的工作；时标网络计划是以时间坐标为尺度编制的网络计划。

在一定约束条件下对初始网络计划进行改进，寻求最优计划方案的过程就是网络计划的优化，包括工期优化、费用优化和资源优化等。

习　　题

一、单项选择题

1. 网络计划的主要优点是(　　)。

A. 编制简单些　B. 直观易懂　C. 计算方便　D. 工作逻辑关系明确

2. 网络计划的表达形式是(　　)。

A. 横道图　B. 工艺流程图　C. 网络图　D. 施工平面布置图

3. 关于网络计划说法正确的是(　　)。

A. 用网络图表达任务构成、工作顺序并加注工作时间参数的进度计划

B. 网络计划不能结合计算机进行施工计划管理

C. 网络计划很难反映工作间的相互关系

D. 网络计划很难反映关键工作

4. 双代号网络图与单代号网络图最主要的区别是(　　)。

A. 节点和箭线代表的含义不同　B. 节点的编号不同

C. 使用的范围不同　D. 时间参数的计算方法不同

5. 单代号网络中的箭线表示(　　)。

A. 工作间的逻辑关系　B. 工作的虚与实

C. 工作名称　D. 工作持续时间

6. 网络图组成的三要素是(　　)。

A. 节点、箭线、线路　B. 工作、节点、线路

C. 工作、箭线、线路　D. 工作、节点、箭线

7. 在双代号网络计划中，只表示前后相邻工作的逻辑关系，既不占用时间，也不耗用资源的虚拟工作称为(　　)。

A. 紧前工作　B. 紧后工作　C. 虚工作　D. 关键工作

8. 双代号网络图中的虚工作是(　　)。

A. 既消耗时间，又消耗资源　　B. 只消耗时间，不消耗资源
C. 既不消耗时间，也不消耗资源　　D. 只消耗资源，不消耗时间

9. 双代号网络图中关于节点的说法中不正确的是(　　)。
A. 节点表示前面工作结束和后面工作开始的瞬间，所以它不需要消耗时间和资源
B. 箭线的箭尾节点表示该工作的开始，箭线的箭头节点表示该工作的结束
C. 根据节点在网络图中的位置不同可分为起点节点、终点节点和中间节点
D. 箭头节点编号必须小于箭尾节点编号

10. 网络图中的起点节点(　　)。
A. 只有内向箭线　　B. 只有外向箭线
C. 既有内向箭线，又有外向箭线　　D. 既无内向箭线，又无外向箭线

11. 下列关于关键线路的说法中错误的是(　　)。
A. 关键线路上各工作持续时间之和最长
B. 在一个网络计划中，关键线路只有一条
C. 非关键线路在一定条件下可转化为关键线路
D. 关键线路上工作的时差均最小

12. 在一个网络计划中，关键线路一般(　　)。
A. 只有一条　　B. 至少有一条　　C. 有两条以上　　D. 无法确定有几条

13. 网络图中同时存在 n 条关键线路，则 n 条关键线路的长度(　　)。
A. 相同　　B. 不相同　　C. 有一条最长的　D. 以上都不对

14. 关键线路是决定网络计划工期的线路，与非关键线路间的关系是(　　)。
A. 关键线路是不变的
B. 关键线路可变成非关键线路
C. 非关键线路不可能成为关键线路
D. 关键线路和非关键线路不能相互转化

二、多项选择题

1. 我国《工程网络计划技术规程》推荐的常用工程网络计划类型包括(　　)。
A. 双代号网络计划　　B. 单代号时标网络计划
C. 双代号搭接网络计划　　D. 随机网络计划
E. 单代号网络计划

2. 下列属于网络图组成要素的是(　　)。
A. 节点　　B. 工作
C. 线路　　D. 关键线路
E. 虚箭线

3. 在网络计划中工作之间的逻辑关系包括(　　)。
A. 工艺关系　　B. 组织关系
C. 生产关系　　D. 技术关系
E. 协调关系

4. 在工程双代号网络计划中，某项工作的最早完成时间是指其(　　)。
A. 开始节点的最早时间与工作总时差之和

B. 开始节点的最早时间与工作持续时间之和

C. 完成节点的最迟时间与工作持续时间之差

D. 完成节点的最迟时间与工作总时差之差

E. 完成节点的最迟时间与工作自由时差之差

5. 已知网络计划中的工作M有两项紧后工作，这两项紧后工作的最早开始时间分别为第15天和第18天，工作M的最早开始时间和最迟开始时间分别为第6天和第9天。如果工作M的持续时间为9天，则工作M(　　)。

A. 总时差为3天　　B. 自由时差为0天

C. 总时差为2天　　D. 自由时差为2天

E. 最早完成时间为第15天

6. 双代号网络图时间参数计算的目的有(　　)。

A. 确定关键线路　　B. 便于优化

C. 便于调整　　D. 计算时差

E. 确定工期

7. 在网络计划中，关键线路的判定依据为(　　)。

A. 线路最短　　B. 线路最长

C. 总时差最小的工作组成　　D. 自由时差最小的工作组成

E. 时标网络图中无波形线的线路

8. 双代号时标网络计划的特点有(　　)。

A. 箭线的长短与时间有关　　B. 可直接在图上看出时间参数

C. 不会产生闭合回路　　D. 修改方便

E. 不能绘制资源动态图

三、绘图题

1. 根据所给逻辑关系绘制下列各题的双代号网络图。

(1) E的紧前工序为A、B；F的紧前工序为B、C；G的紧前工序为C、D。

(2) E的紧前工序为A、B；F的紧前工序为B、C、D；G的紧前工序为C、D。

(3) E的紧前工序为A、B、C；F的紧前工序为B、C、D。

(4) F的紧前工序为A、B、C；G的紧前工序为B、C、D；H的紧前工序为C、D、E。

2. 两层砖混结构房屋主体工程，每层分两段组织流水施工，每层每段依次施工的过程为砌墙、圈梁、安装楼板、楼板灌缝，在同一施工段上，下层灌缝完成后才允许砌上层砖墙。试绘制双代号网络图。

四、计算题

1. 根据表3-9所列工作及其关系，绘制双代号网络图，然后用工作计算法计算各工作时间参数，并标明关键线路。

表3-9　工作及其关系

工序名称	A	B	C	D	E	F
持续时间	2	4	2	8	4	3
紧前工序	—	A	A	A	C	B、D、E
紧后工序	B、C、D	F	E	F	F	—

2. 用节点计算法计算图 3－45 所示网络图的时间参数，并判定关键工作。

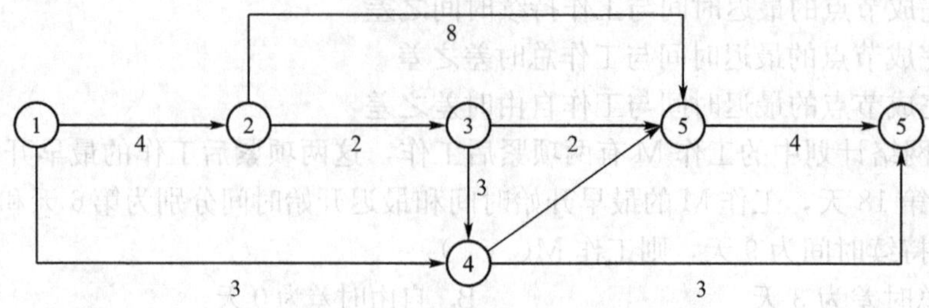

图 3－45　网络图及其时间参数

第4章 建筑工程施工组织设计

教学目标

本章主要介绍单位工程施工组织设计和施工组织总设计。通过本章教学，让学习者了解单位工程施工组织设计、施工组织总设计的编制依据、内容和方法。

教学要求

知识要点	能力要求	相关知识
单位工程施工组织设计	掌握单位工程施工组织设计的编制依据、内容和方法	单位工程，施工方案，进度计划，施工现场平面图
施工组织总设计	掌握施工组织总设计的编制依据、内容和方法	施工部署，总进度计划，资源需求

基本概念

单位工程，进度计划。

引例

建造一所学校需要总体规划，修建学校的一栋教学楼同样需要相关措施。从施工角度来讲，建造一所学校的施工总体规划就是施工组织总设计，修建学校的一栋教学楼的相关施工措施属于单位工程施工组织设计。本章主要解决这些施工组织设计是如何编制的。

4.1 单位工程建筑工程施工组织设计

单位工程建筑工程施工组织设计是用来规划和指导单位工程从施工准备到竣工验收全部施工活动的技术经济文件。对施工企业实现科学的生产管理，保证工程质量，节约资源及降低工程成本等，起着十分重要的作用。单位工程建筑工程施工组织设计也是施工单位编制季、月、旬施工计划和编制劳动力、材料、机械设备计划的主要依据。

单位工程建筑工程施工组织设计一般是在施工图完成并进行会审后，由施工单位项目部的技术人员负责编制，报上级主管部门审批。

4.1.1 设计内容

单位工程建筑工程施工组织设计应根据拟建工程的性质、特点及规模不同，同时考虑到施工要求及条件进行编制。设计必须真正起到指导现场施工的作用。一般包括下列内容。

(1) 工程概况。工程概况主要包括工程特点、建筑地段特征、施工条件等。

(2) 施工方案。施工方案包括确定总的施工顺序及确定施工流向，主要分部分项工程的划分及其施工方法的选择、施工段的划分、施工机械的选择、技术组织措施的拟定等。

(3) 施工进度计划。施工进度计划主要包括划分施工过程和计算工程量、劳动量、机械台班量、施工班组人数、每天工作班次、工作持续时间，以及确定分部分项工程(施工过程)施工顺序及搭接关系、绘制进度计划表等。

(4) 施工准备工作计划。施工准备工作计划主要包括施工前的技术准备、现场准备、机械设备、工具、材料、构件和半成品构件的准备，并编制准备工作计划表。

(5) 资源需用量计划。资源需用量计划包括材料需用量计划、劳动力需用量计划、构件及半成品构件需用量计划、机械需用量计划、运输量计划等。

(6) 施工平面图。施工平面图主要包括施工所需机械、临时加工场地、材料、构件仓库与堆场的布置及临时水网电网、临时道路、临时设施用房的布置等。

(7) 技术经济指标分析。技术经济指标分析主要包括工期指标、质量指标、安全指标、降低成本等指标的分析。

4.1.2 施工方案设计

施工方案是单位工程建筑工程施工组织设计的核心内容，施工方案选择是否合理，将直接影响到工程的施工质量、施工速度、工程造价及企业的经济效益，故必须引起足够的重视。

施工方案的选择包括确定施工顺序和施工流向、流水工作段的划分、施工方法的选择、机械设备的选用、施工技术组织措施的拟定等。

在选择施工方案时，为了防止所选择的施工方案可能出现的片面性，应多考虑几个方案，从技术、经济的角度进行比较，最后择优选用。

1. 施工方案的基本要求

1) 制订与选择施工方案的基本要求

(1) 切实可行。制订施工方案首先要从实际出发，能切合当前实际情况，并有实现的可能性。否则，任何方案均是不可取的。施工方案的优劣，首先不取决于技术上是否先进，或工期是否最短，而是取决于是否切实可行。只能在切实可行，有实现可能性的范围内，求技术的先进或快速。

(2) 施工期限是否满足(工程合同)要求，确保工程按期投产或交付使用，迅速地发挥投资效益。

(3) 工程质量和安全生产有可行的技术措施保障。

(4) 施工费用最低。

以上所述施工方案的要求，是一个统一的整体，应作为衡量施工方案优劣的标准。

2) 施工方案的基本内容及相互关系

施工方案的基本内容，主要有四项：施工方法和施工机械；施工顺序和施工流向。前两项属于施工技术方面的，后两项属于建筑工程施工组织方面的。然而，在施工方法中有施工顺序问题(如单层工业厂房施工中，柱和屋架的预制排列方法与吊装顺序开行路线有关)，施工机械选择中也有组织问题(如挖土机与汽车的配套计算)。施工技术是施工方案的基础，同时又要满足建筑工程施工组织方面的要求。而建筑工程施工组织将施工技术从时间和空间上联系起来，从而反映对施工方案的指导作用，两者相互联系，又相互制约。至于施工技术措施，则成为施工方案各项内容必不可少的延续和补充，成为施工方案的构成部分。

2. 施工方案的确定

1) 施工方法的确定

施工方法在施工方案中具有决定性的作用。施工方法一经确定，施工机具、建筑工程施工组织也只能按确定的施工方法进行。

确定施工方法时，首先要考虑该方法在工程上是否有实现的可能性，是否符合国家技术政策，经济上是否合理。其次，必须考虑对其他工程施工的影响。比如，现浇钢筋混凝土楼盖施工采用满堂脚手架作支柱，纵横交错，就会影响后续工序的平行作业或提前插入施工，如果在可能条件下改用桁架式支撑系统，就可克服上述缺点；又比如，单层工业厂房结构吊装工程的安装方法，有单件吊装法和综合吊装法两种。单件吊装法可以充分利用机械能力，校正容易，构件堆放不拥挤；但其不利于其他工序插入施工。综合吊装法的优缺点正好与单件吊装法相反。因此，采用哪种方案为宜，必须从工程整体考虑，择优选用。

确定施工方法时，要注意施工质量要求，以及相应的安全技术措施。

在确定施工方法时，还必须就多种可行方案进行经济比较，力求降低施工成本。

拟定施工方法时，应着重考虑影响整个单位工程施工的分部分项工程的施工方法，或新技术、新工艺和对工程质量起关键作用的分部分项工程。对常规做法和工人熟悉的项目，则不必详细说明。

2) 施工机械选择

施工机械的选择应注意以下几点。

(1) 首先选择主导工程的施工机械。如地下工程的土石方机械、桩机械；主体结构工程的垂直和水平运输机械；结构工程的吊装机械等。

(2) 所选机械的类型与型号，必须满足施工需要。此外，为发挥主导工程施工机械的效率，应同时选择与主机配套的辅助机械。

(3) 只能在现有的或可能获得的机械中进行选择。尽可能做到适用性与多用性的统一，减少机械类型，简化机械的现场管理和维修工作，但不能大机小用。

施工方法与施工机械是紧密联系的。在现代建筑施工中，施工机械选择是确定施工方法的中心环节。在技术上，它们都是解决各施工过程的施工手段；在建筑工程施工组织上，它们是解决施工过程的技术先进性和经济合理性的统一。

3）主要分部分项工程施工方法的选择

（1）土方工程。土方工程应着重考虑以下几个方面的问题。

① 大型的土方工程（如场地平整、地下室、大型设备基础、道路）施工，是采用机械还是人工进行。

② 一般建（构）筑物墙、柱的基础开挖方法及放坡、支撑形式等。

③ 挖、填、运所需的机械设备的型号和数量。

④ 排除地面水、降低地下水的方法，以及沟渠、集水井和井点的布置和所需设备。

⑤ 大型土方工程土方调配方案的选择。

（2）混凝土和钢筋混凝土工程。混凝土和钢筋混凝土工程应着重于模板工程的工具化和钢筋、混凝土工程施工的机械化。

① 模板类型和支模方法：根据不同结构类型、现场条件确定现浇和预制用的各种模板［如组合钢模、木模、土（砖）胎模等］，各种支承方法（如支撑系统是钢管、木立柱、桁架、钢制托具等）和各种施工方法（如快速脱模、分节脱模、滑模等），并分别列出采用项目、部位和数量，说明加工制作和安装的要点。

② 隔离剂的选用：如废机油、皂角等。

③ 钢筋加工、运输和安装方法：明确在加工厂或现场加工的范围（如成型程度是加工成单根、网片还是骨架）。除锈、调直、切断、弯曲、成型方法，钢筋冷拉，预加应力方法，焊接方法（对焊、气压焊、电弧焊、点焊），以及运输和安装方法。从而提出加工申请计划和所需机具计划。

④ 混凝土搅拌和运输方法，确定是采用商品混凝土还是分散搅拌，其砂石筛洗，计量和后台上料方法，混凝土输送方法，并选用搅拌机的类型和型号，以及所需的掺合料，外加剂的品种数量，提出所需材料机具设备数量。

⑤ 混凝土浇筑顺序、流向、施工缝的位置（或后浇带）、分层高度、振捣方法、养护制度、工作班次等。

（3）结构吊装工程。

① 按构件的外形尺寸、重量和安装高度，建筑物外形和周围环境，选定所需的吊装机械类型、型号和数量。

② 确定结构吊装方法（分件吊装还是节间综合吊装），安排吊装顺序、机械停机点和行驶路线，以及制作、绑扎、起吊、对位和固定的方法。

③ 构件运输、装卸、堆放方法，以及所需的机具设备的型号和数量。

④ 采用自制设备时，应经计算确定。

（4）现场垂直、水平运输。

① 确定标准层垂直运输量（如砖、砌块、砂浆、模板、钢筋、混凝土、各种预制构件、门窗和各种装修用料、水电材料，工具脚手等）。

② 选择垂直运输方式时，充分利用构件吊装机械作一部分材料的垂直运输。当吊装机械不能满足时，一般可不采用井架（附拔杆）、门架等垂直运输设备，并确定其型号和数量。

③ 选定水平运输方式，如各种运输车（手推车、机动小翻动车、架子车、构件安装小车、钢筋小车等）和输送泵及其型号和数量。

④ 确定与上述配套使用的工具设备，如砖车、砖笼、混凝土车、砂浆车和料车等。

⑤ 确定地面和楼层水平运输的行驶路线。

⑥ 合理布置垂直运输位置，综合安排各种垂直运输设施的任务和服务范围。如划分运送砖、砌块、构件、砂浆、混凝土的时间和工作班次。

⑦ 确定搅拌混凝土、砂浆后台上料所需的机具，如手推车、皮带运输机、提升料斗、铲车、推土机、装载机或水泥溜槽的型号和数量。

(5) 装饰工程。装饰工程主要包括室内外墙面抹灰、门窗安装、油漆和玻璃等。

① 确定工艺流程和建筑工程施工组织，组织流水施工。如按室内外抹灰划分组成专业队进行大流水施工。

② 确定装饰材料(如门窗、隔断、墙面、地面、水电暖卫器材等)逐层配套堆放的平面位置和数量。如在结构施工时，充分利用吊装机械，在每层楼板施工前，把该层所需的装饰材料一次运入该层，堆放在规定的房间内，以减少装饰施工时的材料搬运。

4) 特殊项目的施工方法和技术措施

如采用新结构、新材料、新工艺和新技术，高耸、大跨、重型构件，以及深基、护坡、水下和软弱地基项目等应单独编制作业方法。其主要内容如下。

(1) 工艺流程。

(2) 需要表明的平面、剖面示意图，工程量。

(3) 施工方法、劳动组织、施工进度。

(4) 技术要求和质量安全注意事项。

(5) 材料、机械设备的规格、型号和需用量。

5) 质量和安全技术措施

在严格执行现行施工规范、规程的前提下，针对工程施工的特点，明确质量和安全技术措施有关内容。

(1) 工程质量方面。

① 对于采用的新工艺、新材料、新技术和新结构，须制订有针对性的技术措施，保证工程质量。

② 确保定位放线准确无误的措施。

③ 确保地基基础，特别是软弱地基的基础、复杂基础的技术措施。

④ 确保主体结构中关键部位的质量措施。

(2) 安全施工方面。

① 对于采用的新材料、新工艺、新技术和新结构，须制订有针对性的、行之有效的专门安全技术措施，以确保施工安全。

② 预防自然灾害措施。如冬季防寒、防冻、防滑措施；夏季防暑降温措施；雨季防雷、防洪措施；防水防爆措施等。

③ 高空或立体交叉作业的防护和保护措施。如同一空间上下层操作的安全保护措施；人员上下设专用电梯或行走马道。

④ 安全用电和机电设备的保护措施。如机电设备的防雨防潮设施和接地、接零措施；施工现场临时布线需按有关规定执行。

3. 施工顺序的安排

在一个单位工程施工中，相邻的两个分部分项工程，有些宜于先施工，有些宜于后施工。其中，有些是由于施工工艺要求、先后次序固定不变的。比如，先做基础，再做主体结构，最后装修。这是必须遵守而不可改变的施工顺序；又如基础工程施工中的挖土、垫层、钢筋混凝土、养护、回填土等分项工程的施工顺序，也是受工艺限制而不能随意改变的。但除了这类不可改变的施工顺序之外，有些分部分项工程施工先后并不受工艺限制，而有很大灵活性。比如，多层房屋内抹灰工程施工，既可由上而下进行，也可由下而上进行；地面与墙面抹灰，可以先做墙面抹灰，后做地面，反之也可安排。前一种做法有利于地面质量保护。后一种做法有利于立体交叉湿作业，加快施工进度。对于这一类可先可后的分项工程施工顺序安排，应注意以下几点。

(1) 施工流向合理。适应建筑工程施工组织分区、分段，也要适应主导工程的施工顺序。因此，单层建筑要定出分段(跨)在平面上的流向，多层建筑除了定出平面流向外，还要定出分层的施工流向。

(2) 技术上合理，能够保证质量，并有利于成品保护。比如，室内装饰宜自上而下，先做湿作业，后做干作业，并便于后续工序插入施工。又比如安装灯具和粉刷，一般应先粉刷后装灯具，否则沾污灯具，不利于成品保护。

(3) 减少工料消耗，有利于成本费用降低。比如室内回填土与底层墙体砌筑，哪个先做都可以，但考虑为后续工序创造条件，节约工料，先做回填土比较合理。因为可以节约水平运输，提高工效(为砌墙创造了条件)，在分段流水作业条件下，回填土可不占用有效工期，也不致延长总工期。

(4) 有利于缩短工期。缩短工期，加快施工进度，可以靠建筑工程施工组织手段在不附加资源的情况下带来经济效益。比如装饰工程通常是在主体结构完成后，由上而下进行，这种做法使结构有一定沉降时期，能保证装饰工程质量，减少立体交叉作业，有利于安全生产；但工期较长。如果在不同部位、不同的分项工程采用与主体结构交叉施工，将有利于缩短工期。室内外装饰工程的次序，如果从实际出发，也有利于缩短工期。因此，合理安排施工顺序，使其达到好和快的目的，最根本的就是要减少工人和机械的停歇时间和充分利用工作面，使各分部分项工程的主导工序能连续均衡地进行。

一般各分部工程的施工顺序确定方法如下。

1) 基础工程的施工顺序

(1) 工业厂房一般应先主体结构后设备基础。但有些工业厂房(如冶金、火车站等主要厂房)是土建主体工程先施工(封闭式施工)，还是设备基础先施工(开放式)，要从及早提供安装构件或施工条件来确定。

当设备基础的埋深超过柱基深度时，设备基础先施工；当其埋深相同时，一般宜同时施工；当结构吊装机械必须在跨内行驶，又要占据部分设备基础位置时，这些设备基础应在结构吊装后施工，或先完成地面以下部分，以免妨碍吊车行驶。

(2) 室内回填土原则上应在基础工程完成后及时地一次填完，以便为下道工序创造条件并保护地基。但是，当工程量较大且工期要求紧迫时，为了使回填土不占或少占工期，可分段与主体结构施工交叉进行，或安排在室内装饰施工前进行。有的建筑(如升板、墙板工程)应先完成室内回填土，做完首层地面后，方可安排上部结构的施工。

2) 装饰工程中的施工顺序

(1) 室内外装修工程施工一般是待结构工程完工后自上而下进行，但工期要求紧迫或层数较多时，室内装修也可在结构工程完成相当层数后(要根据不同的结构体系、工艺确定)，就可以与上部结构施工平行进行，但必须采取防雨水渗漏措施。如果室外装修也采取与结构平行施工时，还需采取成品防污染和操作人员防砸伤等措施。

(2) 室内和室外装修的顺序，有先室外后室内、先室内后室外或室内外平行施工三种，应根据劳动力配备情况、工期要求、气候条件和脚手架类型(如果用单排脚手架，其搭墙横杆是否穿透墙身而影响抹灰)等综合考虑决定。

(3) 室内装修工序较多，施工顺序可有多种方案。一般是先做墙面，后做地面、踢脚线，也有先做地面，后做墙面、踢脚线，而首层地面多留在最后施工。因此，应根据具体情况，从有利于为下一工序创造条件，有利于装饰成品的保护，不留破槎，保证工程质量，省工，省料和缩短工期出发，进行合理安排。

3) 工序间的一些必要的技术间歇

在施工过程中或施工进度安排中，常遇到的一些技术间歇，如混凝土浇筑后的养护时间，现浇结构在拆模前所需的强度增长时间；卷材防水(潮)层铺设前对基层(找平层)所需的干燥时间等，这些技术间歇时间根据工艺流程的不同要求，都在施工规范中作了相应规定。

4. 施工方案的技术经济比较

施工方案的选择，必须建立在几个可行方案的比较分析上。确定的方案应在施工上是可行的，技术上是先进的，经济上是合理的。

施工方案的确定依据是技术经济比较。它分定性比较和定量比较两种方式。定性比较是从施工操作上的难易程度和安全可靠性；为后续工程提供有利施工条件的可能性；对冬、雨季施工带来的困难程度；对利用现有机具的情况；对工期、单位造价的估计以及为文明施工可创造的条件等方面比较。定量比较一般是计算不同施工方案所耗的人力、物力、财力和工期等指标进行数量比较。定量比较主要指标如下。

(1) 工期。在确保工程质量和施工安全的条件下，工期是确定施工方案的首要因素。应参照国家有关规定及建设地区类似建筑物的平均期限确定。

(2) 单位建筑面积造价。它是人工、材料、机械和管理费的综合货币指标。

(3) 单位建筑面积劳动消耗量。

(4) 降低成本指标。它可综合反映单位工程或分部分项工程在采用不同施工方案时的经济效果。可用预算成本和计划成本之差与预算成本之比的百分数表示。

预算成本是以施工图为依据按预算价格计算的成本；计划成本是按采用的施工方案确定的施工成本。

施工方案经技术经济指标比较，往往会出现某一方案的某些指标较为理想，而另外方案的其他指标则比较好，这时应综合各项技术经济指标，全面衡量，选取最佳方案。有时可能会因施工特定条件和建设单位的具体要求，某项指标成为选择方案的决定条件，其他指标则只作为参考，此时在进行方案选择时，应根据具体对象和条件作出正确的分析和决策。

4.1.3 施工进度计划和资源需要量计划编制

施工进度计划是单位工程建筑工程施工组织设计的重要组成部分。它的任务是按照组织施工的基本原则，根据选定的施工方案，在时间和施工顺序上作出安排，达到以最少的人力、财力，保证在规定的工期内完成合格的单位建筑产品。

施工进度计划的作用是控制单位工程的施工进度；按照单位工程各施工过程的施工顺序，确定各施工过程的持续时间以及它们相互间(包括土建工程与其他专业工程之间)的配合关系；确定施工所必需的各类资源(人力、材料、机械设备、水、电等)的需要量。同时，它也是施工准备工作的基本依据，是编制月、旬作业计划的基础。

编制施工进度计划的依据是单位工程的施工图；建设单位要求的开工、竣工日期；单位工程施工图预算及采用的定额和说明；施工方案和建筑地区的地质、水文、气象及技术经济资料等。

1. 施工进度计划的形式

施工进度计划一般采用水平图表(横道图)、垂直图表和网络图的形式。本节主要阐述用横道图编制施工进度计划的方法及步骤。

单位工程施工进度计划横道图的形式和组成见表 4-1。表的左面列出各分部分项工程的名称及相应的工程量、劳动量和机械台班等基本数据。表的右面是由左面数据算得的指示图线，用横线条形式可形象地反映出各施工过程的施工进度以及各分部分项工程间的配合关系。

表 4-1　单位工程施工进度计划表

<table>
<tr><th rowspan="3">序号</th><th rowspan="3">分部分项工程名称</th><th colspan="2">工程量</th><th rowspan="3">××定额</th><th rowspan="3"></th><th colspan="2">劳动量</th><th colspan="2">需用机械</th><th rowspan="3">每日工作班数</th><th rowspan="3">每日工作人数</th><th rowspan="3">工作天数</th><th colspan="8">进 度 日 程</th></tr>
<tr><th rowspan="2">单位</th><th rowspan="2">数量</th><th rowspan="2">工种</th><th rowspan="2"></th><th rowspan="2"></th><th rowspan="2"></th><th colspan="5">×月</th><th colspan="3">×月</th></tr>
<tr><th>5</th><th>10</th><th>15</th><th>20</th><th>25</th><th>5</th><th>10</th><th>15</th></tr>
<tr><td></td><td></td><td></td><td></td><td></td><td></td><td></td><td></td><td></td><td></td><td></td><td></td><td></td><td></td><td></td><td></td><td></td><td></td><td></td><td></td><td></td></tr>
</table>

2. 编制施工进度计划的一般步骤

1) 确定工程项目

编制施工进度计划应首先按照施工图和施工顺序将单位工程的各施工项目列出，项目包括从准备工作直到交付使用的所有土建、设备安装工程，将其逐项填入表中工程名称栏内［名称参照现行概(预)算定额手册］。

工程项目划分取决于进度计划的需要。对控制性进度计划，其划分可较粗，列出分部工程即可；对实施性进度计划，其划分需较细，特别是对主导工程和主要分部工程，要求更详细具体，以提高计划的精确性，便于指导施工。如对框架结构住宅，除要列出各分部工程项目外，还要把各分部分项工程都列出。如现浇工程可先分为柱浇筑、梁浇筑等项目，然后还应将其分为支模、扎筋、浇筑混凝土、养护、拆模等项目。

施工项目的划分还要结合施工条件、施工方法和劳动组织等因素。凡在同一时期可由同一施工队完成的若干施工过程可合并，否则应单列。对次要零星项目，可合并为“其他工程”，其劳动量可按总劳动量的10%～20%计算。水暖电卫、设备安装等专业工程也应列于表中，但只列项目名称并标明起止时间。

2）计算工程量

工程量的计算应根据施工图和工程量计算规则进行。若已有预算文件且采用的定额和项目划分又与施工进度计划一致，可直接利用预算工程量，若有某些项目不一致，则应结合工程项目栏的内容计算。计算时要注意以下问题。

(1) 各项目的计量单位，应与采用的定额单位一致。以便计算劳动量、材料、机械台班时直接利用定额。

(2) 要结合施工方法和满足安全技术的要求，如土方开挖应考虑坑(槽)的挖土方法和边坡稳定的要求。

(3) 要按照建筑工程施工组织分区、分段、分层计算工程量。

3）确定劳动量和机械台班数

根据各分部分项工程的工程量 Q，计算各施工过程的劳动量或机械台班数 P。

4）确定各施工过程的作业天数

单位工程各施工过程作业天数 T 可根据安排在该施工过程的每班工人数或机械台数 n 和每天工作班数 b 计算。

工作班制一般宜采用一班制，因其能利用自然光照，适宜于露天和空中交叉作业，有利于安全和工程质量。在特殊情况下可采用两班制或三班制作业以加快施工进度，充分利用施工机械。对某些必须连续施工的施工过程或由于工作面狭窄和工期限定等也可采用多班制作业。在安排每班劳动人数时，须考虑最小劳动组合、最小工作面和可供安排的人数。

5）安排施工进度表

各分部分项工程的施工顺序和施工天数确定后，应按照流水施工的原则，力求主导工程连续施工，在满足工艺和工期要求的前提下，尽量使最大多数工作能平行地进行，使各个工作队的工作最大可能地搭接起来，并在施工进度计划表的右半部画出各项目施工过程的进度线。根据经验，安排施工进度计划的一般步骤如下。

(1) 首先找出并安排控制工期的主导分部工程，然后安排其余分部工程，并使其与主导分部工程最大可能地平行进行或最大限度地搭接施工。

(2) 在主导分部工程中，首先安排主导分项工程，然后安排其余分项工程，并使进度与主导分项工程同步而不致影响主导分项工程的展开。如框架结构中柱、梁浇筑是主导分部工程之一。它由支模、绑扎钢筋、浇筑混凝土、养护、拆模等分项工程组成。其中浇筑混凝土是主导分项工程。因此安排进度时，应首先考虑混凝土的施工进度，而其他各项工作都应在保证浇筑混凝土的浇筑速度和连续施工的条件下安排。

(3) 在安排其余分部工程时，应先安排影响主导工程进度的施工过程，后安排其余施工过程。

(4) 所有分部工程都按要求初步安排后，单位工程施工工期就可直接从横道图右半部分起止日期求得。

6）施工进度计划的检查与调整

施工进度计划表初步排定后，要用单位工程限定工期、施工期间劳动力和材料均衡程度、机械负荷情况、施工顺序是否合理、主导工序是否连续及工序搭接是否有误等进行检查。检查中发现有违上述各点中的某一点或几点时，要进行调整。调整进度计划可通过调整工序作业时间，工序搭接关系或改变某分项工程的施工方法等实现。当调整某一施工过程的时间安排时，必须注意对其余分项工程的影响。通过调整，在工期能满足要求的前提下，使劳动力、材料需用量趋于均衡，主要施工机械利用率比较合理。

3. 资源需要量计划

单位工程施工进度计划确定之后，应该编制主要工种的劳动力、施工机具、主要建筑材料、构配件等资源需用量计划，提供有关职能部门按计划调配或供应。

1）劳动力需要量计划

将各分部分项工程所需要的主要工种劳动量叠加，按照施工进度计划的安排，提出每月需要各工种人数，见表4－2。

表4－2　劳动力需要量计划表

序号	工种名称	总工日数	每月人数					
			1	2	3	4	…	12

2）施工机具需要量计划

根据施工方法确定的机具类型和型号，按照施工进度计划确定的数量和需用时间，提出施工机具需要量计划，见表4－3。

表4－3　施工机具需要量计划表

序　号	机具名称	型号	需要量		使用时间
			单位	数量	

3）主要材料需要量计划

主要材料根据预算定额按分部分项工程计算后分别叠加，按施工进度计划要求组织供应，见表4－4。

表4－4　主要材料需要量计划表

序号	材料名称	规格	单位	数量	每月需要量						
					1	2	3	4	5	…	12

4. 构配件需要量计划

构件和配件需要量计划根据施工图纸和施工进度计划编制，见表4－5。

表4－5　构配件需要量计划表

序号	构(配)件名　称	规格图号	单位	数量	使用部位	每月需要量			
						1	2	3	12

4.1.4 施工现场布置平面图设计及技术经济指标分析

施工平面图是在拟建工程的建筑平面上(包括周围环境)，布置为施工服务的各种临时建筑、临时设施以及材料、施工机械等在现场的位置图。单位工程施工平面图为一个单项工程施工服务。

施工平面图是单位工程建筑工程施工组织设计的组成部分，是施工方案在施工现场的空间体现。它反映了已建工程和拟建工程之间，临时建筑、临时设施之间的相互空间关系。它布置的恰当与否，执行管理的好坏，对施工现场组织正常生产，文明施工，以及对施工进度、工程成本、工程质量和安全都将产生直接的影响。因此，每个工程在施工前都要对施工现场布置进行仔细的研究和周密的规划。

如果单位工程是拟建建筑群的组成部分，其施工平面图设计要受全工地性施工总平面图的约束。

施工平面图的比例一般是1∶200～1∶500。

1. 施工平面图设计的内容、依据和原则

1) 设计内容

(1) 拟建单位工程在建筑总平面图上的位置、尺寸及其与相邻建筑物或构筑物的关系。

(2) 移动式(或轨道)起重机开行路线及固定式垂直运输设备的位置。

(3) 建筑物或构筑物定位桩和弃取土方地点(区域)。

(4) 为施工服务的生产、生活临时设施的位置、大小及其相互关系。主要应包含如下内容。

① 场地内的运输道路及其与建设地区的铁路、公路和航运码头的关系；

② 各种加工厂，半成品制备站及机械化装置等；

③ 各种材料(含水暖电卫空调)、半成品构件以及工艺设备的仓库和堆场；

④ 装配式建筑物的结构构件预制，堆放位置；

⑤ 临时给水排水管线，供电线路，热源气源等管道布置和通讯线路等；

⑥ 行政管理及生活福利设施的位置；

⑦ 安全及防火设施的位置。

2) 设计依据

单位工程施工平面图的设计依据下列资料。

(1) 设计资料。

① 标有地上、地下一切已建和拟建的建(构)筑物的地形、地貌的建筑总平面图，用以决定临时建筑与设施的空间位置。

② 一切已有和拟建的地上、地下的管道位置及技术参数。用以决定原有管道的利用或拆除以及新管线的敷设与其他工程的关系。

(2) 建设地区的原始资料。

① 建筑地域的竖向设计资料和土方平衡图，用以决定水、电等管线的布置和土方的填挖及弃土、取土位置。

② 建设地区的经济技术资料，用以解决由于气候(冰冻、洪水、风、雹等)、运输等相关问题。

③ 建设单位及工地附近可供租用的房屋、场地、加工设备及生活设施，用以决定临时建筑物及设施所需量及其空间位置。

(3) 建筑工程施工组织设计资料。

建筑工程施工组织设计资料包括施工方案、进度计划及资源计划等，用以决定各种施工机械位置；吊装方案与构件预制、堆场的布置；分阶段布置的内容；各种临时设施的形式、面积尺寸及相互关系。

3) 设计原则

(1) 在满足施工的条件下，平面布置要力求紧凑；在市区改建工程中，只能在规定时间内占用道路或人行道；要组织好材料动态平衡供应。

(2) 最大限度缩短工地内部运距，尽量减少场内二次搬运。各种材料、构件、半成品应按进度计划分期分批进场，尽量布置在使用点附近，或随运随吊。

(3) 在保证施工顺利进行的条件下，使临时设施工程量最小。能利用原有的或拟建房屋和管线、道路应尽量利用。必须建造的临时建筑要采用装卸式或临时固定式的，布置要有利生产，方便生活。

(4) 符合劳动保护、技术安全、防火要求。

根据以上原则并结合现场实际，施工平面图应设计若干个不同方案。根据施工占地面积、场地利用率、场内运输、管线、道路长短，临时工程量等进行技术经济比较，从中选出技术上先进、安全上可靠、经济上最省的最佳方案。

2. *施工平面图设计的步骤*

单位工程施工平面图设计步骤如下。

1) 决定起重机械位置

建筑产品是由各种材料、构件、半成品构成的空间结构物，它离不开垂直、水平运输。因此起重机械的位置直接影响仓库、堆场、砂浆和混凝土制备站的位置，以及道路和水电线路的布置。所以，必须首先决定起重机械的位置。

井架、龙门架、桅杆等固定式垂直运送设备的布置，主要是根据机械性能、建筑物的平面形状和大小、施工段的划分、材料的来向和已有道路以及每班需运送的材料数量等而定。应尽量做到充分发挥机械效率，使地面、楼面上的水平运距最小，使用方便、安全。当建筑物各部位高度相同时，则布置在施工段分界点附近；当高度不一时，宜布置在高低并列处。这样可使各施工段上的水平运输互不干扰。如有可能，井架、门架最好布置在门窗口处，这样可减少砌墙留槎和拆架后的修补工作。为保证司机能看到起重物的全部升降过程，固定式起重机械的卷扬机和起重架应有适当距离。

布置自行式起重机的开行路线主要取决于拟建工程的平面形状、构件的重量、安装高度和吊装方法等。

轨道式起重机有沿建筑物一侧或双侧布置两种情况，主要取决于工程的平面形状、尺寸、场地条件和起重机的起重半径，应使材料和构件可直接送至建筑物的任何施工地点而不出现死角。轨道与拟建工程应有最小安全距离，以便行驶方便，司机视线不受阻碍。

2）布置搅拌站、仓库、材料和构件堆场及加工棚

搅拌站、仓库、材料和构件堆场应尽量靠近使用地点或起重机的回转半径内，并兼顾运输和装卸的方便。

根据施工阶段、施工层部位的不同标高和使用的时间先后，材料、构件等堆场位置可作如下布置。

(1) 基础及第一层所使用的材料，可沿建筑物四周布放。但应注意不要因堆料造成基槽(坑)土壁失去稳定，即必须留足安全尺寸。

(2) 第二层以上使用的材料，应布置在起重机附近，以减少水平搬运。

(3) 当多种材料同时布置时，对大宗的、单位重量大的和先使用的材料应尽量靠近使用地点或起重机附近；对量少、质轻和后期使用的材料则可布置得稍远些。

(4) 水泥、砂、石子等大宗材料应尽可能环绕搅拌机就近布置。

(5) 由于不同的施工阶段使用材料不同，所以同一位置可以存放不同时期使用的不同材料。例如：装配式结构单层工业厂房结构吊装阶段可布置各类构件，在围护工程施工阶段可在原堆放构件位置存放砖和砂等材料。

由于起重机械的运转方式不同，搅拌站、仓库，堆场的位置又有以下方式布置。

(1) 当采用固定式垂直运输设备时，仓库、堆场、搅拌站位置应尽可能靠近起重机，以减少运距和二次搬运。

(2) 当采用塔式起重机进行垂直运输时，堆场位置、仓库和搅拌站出料口应位于塔式起重机的有效起重半径内。

(3) 当采用无轨自行式起重机进行垂直和水平运输时，其搅拌站、堆场和仓库可沿开行路线布置，但其位置应在起重臂的最大外伸长度范围内。

(4) 当浇筑大体积基础混凝土时，搅拌站可直接布置在基坑边缘以减少运距。

(5) 加工棚可布置在拟建工程四周，并考虑木材、钢筋、成品堆放场地。

(6) 石灰仓库和淋灰池的位置要靠近砂浆搅拌机且位于下风向；沥青堆场及熬制位置要放在下风向且离开易燃仓库和堆场。

3）布置运输道路

现场主要道路应尽可能利用永久性道路或先建好永久性道路的路基以供施工期使用，在土建工程结束前铺好路面。道路要保证车辆行驶通畅，最好能环绕建筑物布置成环形，路宽不小于3.5m。

4）布置临时设施

为单位工程服务的生活用临时设施较少，一般仅有办公室、休息室、工具库等。它们的位置应以使用方便、不妨碍施工、符合防火保安为原则。

5）布置水电管网

(1) 施工用的临时给水管，一般由建设单位的干管和总平面设计的干管接到用水地点，管径的大小和龙头数目和管网长度须经计算确定。管道可埋置于地下，也可铺设在地面。视使用期限长短和气温而定。工地内要设消防栓，且距建筑物不小于5m，也不大于25m，距路边不大于2m。如附近有城市或建设单位永久消防设施，在条件允许时，应尽量利用。

为防止水的意外中断，有时可在拟建工程附近设置简易蓄水池，储存一定数量的生产、消防用水，若水压不足尚需设置高压水泵。

(2) 为便于排除地面水和降低地下水，要及时接通永久性下水道，并结合现场地形在

建筑物四周开挖排除地面水和地下水的沟渠。

(3) 单位工程施工临时用电应在全工地性施工总平面图中统筹考虑。独立的单位工程施工时，应根据计算的用电量和建设单位可供电量决定是否需选用变压器。变压器的位置应避开交通要道口。安置在施工现场边缘的高压线接入处，四周要用铁丝网或围墙圈住，以保安全。

施工中使用的各种机具、材料、构件、半成品随着工程的进展而逐渐进场、消耗和变换位置。因此，对较大的建筑工程或施工期限较长的工程需按施工阶段布置几张施工平面图，以便具体反映不同施工阶段内工地上的布置。

在设计各施工阶段的施工平面图时，凡属整个施工期间内使用的运输道路、水电管网、临时房屋、大型固定机具等不要轻易变动，以节省费用。对较小的建筑物，一般按主要施工阶段的要求设计施工平面图，同时考虑其他施工阶段对场地的周转使用。在设计重型工业厂房的施工平面图时，应考虑一般土建工程同其他专业工程的配合问题。以土建为主，会同各专业施工单位，通过充分协商，编制综合施工平面图，以反映各专业工程在各个施工阶段的要求，要做到对整个施工现场统筹安排，合理划分。

3. 施工平面图管理

施工平面图是对施工现场科学合理的布局，是保证单位工程工期、质量、安全和降低成本的重要手段。施工平面图不但要设计好，且应管理好，忽视任何一方面，都会造成施工现场混乱，使工期、质量、安全和成本受到严重影响。因此，加强施工现场管理对合理使用场地，保证现场运输道路、给水、排水、电路的畅通，建立连续均衡的施工秩序，都有很重要的意义。一般可采取下述管理措施：

(1) 严格按施工平面图布置施工道路，水电管网、机具、堆场和临时设施；

(2) 道路、水电应有专人管理维护；

(3) 准备施工阶段和施工过程中应做到工完料净、场清；

(4) 施工平面图必须随着施工的进展及时调整补充，以适应变化情况。

4. 主要技术经济指标

技术经济指标是从技术和经济的角度，进行定性和定量的比较，评价单位工程建筑工程施工组织设计的优劣。从技术上评价所采用的技术是否可行，能否保证质量；从经济角度考虑的主要指标有：工期、劳动生产率、降低成本指标和劳动消耗量。

1) 工期

工期是从施工准备工作开始到产品交付用户所经历的时间。它反映国家一定的时期的和当地的生产力水平。应将单位工程完成的实用天数与国家规定的工期或建设地区同类型建筑物的平均工期进行比较。

2) 劳动生产率

劳动生产率标志一个单位在一定的时间内平均每人所完成的产品数量或价值的能力。其高低表示一个单位(单位、行业、地区、国家等)的生产技术水平和管理水平。它有实物数量法和货币价值法两种表达形式。

3) 降低成本率

降低成本率按下式计算：

降低成本率＝(预算成本－计划成本)÷预算成本×100％

预算成本是根据施工图按预算价格计算的成本。计划成本是按采用的施工方案所确定的施工成本。降低成本率的高低可反映采用不同的施工方案产生的不同经济效果。

4）单位面积劳动消耗量

单位面积劳动消耗量是指完成单位工程合格产品所消耗的活劳动。它包括完成该工程所有施工过程主要工种、辅助工种及准备工作的全部用工，它从一个方面反映了施工企业的生产效率及管理水平以及采用不同的施工方案对劳动量的需求。可用下式计算：

单位面积劳动消耗量＝完成单位工程的全部工日数÷单位工程建筑面积(工日/平方米)

不同的施工方案，其技术经济指标若互相矛盾，则应根据单位工程的实际情况加以确定。

4.2 施工组织总设计

4.2.1 施工组织总设计概述

1. 施工组织总设计的作用与内容

1）建筑工程施工组织总设计的作用

建筑工程施工组织总设计是以一个建设项目或建筑群为对象，根据初步设计或扩大初步设计图纸以及其他有关资料和现场施工条件编制，用以指导整个施工现场各项施工准备和组织施工活动的技术经济文件。一般由建设总承包单位总工程师主持编制。其主要作用如下。

(1) 为建设项目或建筑群的施工作出全局性的战略部署。

(2) 为做好施工准备工作、保证资源供应提供依据。

(3) 为建设单位编制工程建设计划提供依据。

(4) 为施工单位编制施工计划和单位工程建筑工程施工组织设计提供依据。

(5) 为组织项目施工活动提供合理的方案和实施步骤。

(6) 为确定设计方案的施工可行性和经济合理性提供依据。

2）建筑工程施工组织总设计的内容

建筑工程施工组织总设计编制内容根据工程性质、规模、工期、结构特点以及施工条件的不同而有所不同，通常包括下列内容：工程概况及特点分析、施工部署和主要工程项目施工方案、施工总进度计划、施工资源需要量计划、施工准备工作计划、施工总平面图和主要技术经济指标等。

2. 建筑工程施工组织总设计编制依据和程序

1）建筑工程施工组织总设计编制依据

为了保证建筑工程施工组织总设计的编制工作顺利进行并提高质量，使设计文件更能结合工程实际情况，更好地发挥建筑工程施工组织总设计的作用，在编制建筑工程施工组织总设计时，应具备下列编制依据。

(1) 计划文件及有关合同。包括国家批准的基本建设计划、工程项目一览表、分期分批施工项目和投资计划、主管部门的批件、施工单位上级主管部门下达的施工任务计划、招投标文件及签订的工程承包合同、工程材料和设备的订货合同等。

(2) 有关资料。包括建设项目的初步设计、扩大初步设计或技术设计的有关图纸、设计说明书、建筑总平面图、建设地区区域平面图、总概算或修正概算等。

(3) 工程勘察和原始资料。包括建设地区地形、地貌、工程地质及水文地质、气象等自然条件；交通运输、能源、预制构件、建筑材料、水电供应及机械设备等技术经济条件；建设地区政治、经济文化、生活、卫生等社会生活条件。

(4) 现行规范、规程和有关技术规定。包括国家现行的设计、施工及验收规范、操作规程、有关定额、技术规定和技术经济指标。

(5) 类似工程的建筑工程施工组织总设计和有关的参考资料。

2) 建筑工程施工组织总设计编制程序

建筑工程施工组织总设计编制程序如图 4－1 所示。

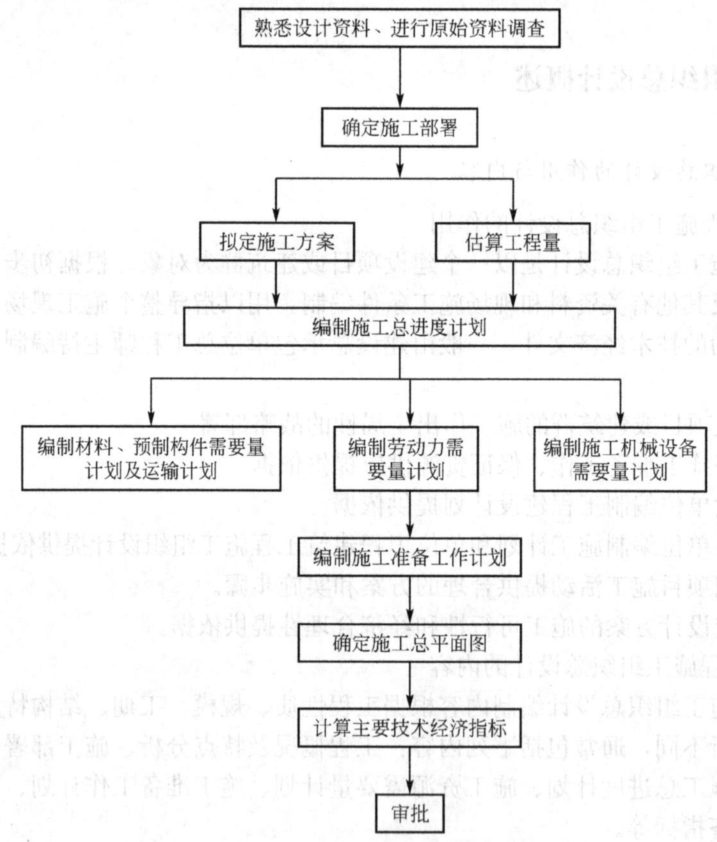

图 4－1　建筑工程施工组织总设计编制程序

4.2.2 工程概况

工程概况及特点分析是对整个建设项目的总说明和总分析，是对整个建设项目或建筑群所作的一个简单扼要、突出重点的文字介绍。有时为了补充文字介绍的不足，还可以附有建设项目总平面图，主要建筑物的平、立、剖面示意图及辅助表格。

1. 建设项目与建设场地特点

1）建设项目特点

包括工程性质、建设地点、建设总规模、总工期、总占地面积；总建筑面积、分期分批投入使用的项目和工期、总投资、主要工种工程量、设备安装及其吨数、建筑安装工程量、生产流程和工艺特点、建筑结构类型、新技术、新材料、新工艺的复杂程度和应用情况等。

2）建设场地特点

包括地形、地貌、水文、地质、气象等情况；建设地区资源、交通、运输、水、电、劳动力、生活设施等情况。

2. 工程承包合同目标

工程承包合同是以完成建设工程为内容的；它确定了工程所要达到的目标和目标相关的所有具体问题。合同确定的工程目标主要有三个方面。

(1) 工期。包括工程开始、工程结束以及工程中的一些主要活动的具体日期等。

(2) 质量。包括详细、具体的工作范围、技术和功能等方面的要求。如建筑材料、设计、施工等的质量标准、技术规范、建筑面积、项目要达到的生产能力等。

(3) 费用。包括工程总造价、各分项工程的造价，支付形式、支付条件和支付时间等。

3. 施工条件

包括施工企业的生产能力、技术装备、管理水平、主要设备、材料和特殊物资供应情况；土地征用范围、数量和居民搬迁时间等情况。

4.2.3 施工部署和施工方案

施工部署是对整个建设项目全局作出的统筹规划和全面安排，主要解决影响建设项目全局的组织问题和技术问题。

施工部署由于建设项目的性质、规模和施工条件等不同，其内容也有所区别，主要包括：项目经理部的组织结构和人员配备、确定工程开展程序、拟定主要工程项目的施工方案、明确施工任务划分与组织安排、编制施工准备工作计划等。

1. 确定工程施工程序

确定建设项目中各项工程施工的合理程序是关系到整个建设项目能否顺利完成投入使用的重点问题。对于一些大中型工业建设项目，一般要根据建设项目总目标的要求，分期分批建设，既可使各具体项目尽快建成、尽早投入使用，又可在全局上实现施工的连续性和均衡性，减少暂设工程数量，降低工程成本。至于分几期施工，各期工程包含哪些项目，则要根据生产工艺的要求、建设部门的要求、工程规模的大小和施工的难易程度、资金、技术等情况，由建设单位和施工单位共同研究确定。例如，一个大型发电厂工程，按其工艺过程可分为：热工系统、燃料供应系统、除灰系统、水处理系统、供水系统、电气系统、生产辅助系统、全厂性交通及公用工程、生活福利系统等。如果一次建成，建设周期为7年。由于技术、资金、原料供应等原因，工程分两期建设。一期工程安装两台20万千瓦国产汽轮发电机组和各种辅助生产、交通、生活福利设施。建成投产两年后，继续建设二期工程，安装一台60万千瓦国产汽轮发电机组，最终形成了100万千瓦的发电能力。

对于大中型民用建设项目(如居民小区)，一般也应分期分批建设。除考虑住宅以外，还应考虑幼儿园、学校、商店和其他公共设施的建设，以便交付使用后能及早发挥经济效益、社会效益和环保效益。

对于小型工业与民用建筑或大型建设项目中的某一系统，由于工期较短或生产工艺的要求，也可不必分期分批建设，而采取一次性建成投产的方法建设。

2. 主要项目的施工方案

建筑工程施工组织总设计中要拟定一些主要工程项目的施工方案，这与单位工程建筑工程施工组织设计中要求的内容和深度是不同的。这些项目是整个建设项目中工程量大、施工难度大、工期长，对整个建设项目的完成起关键作用的建筑物或构筑物，以及全场范围内工程量大、影响全局的特殊分项工程。拟定主要工程项目施工方案的目的是为了进行技术和资源的准备工作，同时也为了施工顺利进行和现场的合理布局。它的内容包括施工方法、施工工艺流程、施工机械设备等。

对施工方法的确定主要是针对建设项目或建筑群中的主要工程施工工艺流程与施工方法提出原则性的意见。如土石方、基础、砌体、架子、模板、钢筋混凝土、结构安装、防水、装修工程、管道安装、设备安装及垂直运输等。具体的施工方法可在编制单位工程建筑工程施工组织设计中确定。

对施工方法的确定要考虑技术工艺的先进性和经济上的合理性，着重确定工程量大、施工技术复杂、工期长、特殊结构工程或由专业施工单位施工的特殊专业工程的施工方法，如基础工程中的各种深基础施工工艺，结构工程中现浇的施工工艺，如大模板、滑模施工工艺等。

机械化施工是实现建筑工业化的基础，因此，施工机械的选择是施工方法选择的中心环节。应根据工程特点选择适宜的主导施工机械，使其性能既能满足工程的需要，又能发挥其效能，在各个工程上能够实现综合流水作业，减少其拆、装、运的次数，对于辅助配套机械，其性能应与主导施工机械相适应，以充分发挥主导施工机械的工作效率。

3. 明确施工任务划分与组织安排

在已明确项目组织结构的规模、形式，且确定了施工现场项目部领导班子和职能部门及人员之后，应划分各参与施工单位的施工任务，明确总包与分包单位的分工范围和交叉施工内容，以及各施工单位之间协作的关系，划分施工阶段，确定各施工单位分期分批的主导施工项目和穿插施工项目。

4. 编制施工准备工作计划

提出分期施工的规模、期限和任务分工；提出“六通一平”的完成时间；及时做好土地征用、居民拆迁和障碍物的清除工作；按照建筑总平面图做好现场测量控制网；了解和掌握施工图出图计划、设计意图和拟采用的新结构、新材料、新技术、新工艺，并组织进行试制和试验工作；编制建筑工程施工组织设计和研究有关施工技术措施；暂设工程的设置；组织材料、设备、构件、加工品、机具等的申请、订货、生产和加工工作。

4.2.4 施工总进度计划的编制

施工总进度计划是施工现场各项施工活动在时间和空间上的体现。编制施工总进度计划是根据施工部署中的施工方案和工程项目开展的程序，对整个工地的所有工程项目做出时间和空间上的安排。其作用在于确定各个建筑物及其主要工种、工程、准备工作和全工地性工程的施工期限及开、竣工的日期，从而确定建筑施工现场劳动力、材料、成品、半成品、施工机械的需要数量和调配情况，以及现场临时设施的数量、水电供应数量、能源和交通的需要数量等。因此，正确地编制施工总进度计划是保证各项目以及整个建设工程按期交付使用、充分发挥投资效益、降低建筑工程成本的重要条件。

编制施工总进度计划的基本要求是：保证拟建工程在规定的期限内完成，采用合理的施工方法保证施工的连续性和均衡性，发挥投资效益，节约施工费用。

根据施工部署中拟建工程分期分批投产的顺序，将每个系统的各项工程分别划出，在控制的期限内进行各项工程的具体安排；如建设项目的规模不大，各系统工程项目不多时，也可不按分期分批投产顺序安排，而直接安排总进度计划。

1. 施工总进度计划的编制依据、原则与内容

1）施工总进度计划的编制依据

(1) 经过审批的建筑总平面图、地质地形图、工艺设计图、设备与基础图、采用的各种标准图等，以及与扩大初步设计有关的技术资料。

(2) 施工工期要求及开、竣工日期。

(3) 施工条件，劳动力、材料、构件等供应条件，分包单位情况等。

(4) 确定的重要单位工程的施工方案。

(5) 劳动定额及其他有关的要求和资料。

2）施工总进度计划的编制原则

(1) 合理安排施工顺序，保证在人力、物力、财力消耗最少的情况下，按规定工期完成施工任务。

(2) 采用合理的建筑工程施工组织方法，使建设项目的施工保持连续、均衡、有节奏地进行。

(3) 在安排全年度工程任务时，要尽可能按季度均匀分配基本建设投资。

3）施工总进度计划的编制内容

施工总进度计划的编制内容一般包括：计算各主要项目的实物工程量，确定各单位工程的施工期限，确定各单位工程开、竣工时间和相互搭接关系，以及施工总进度计划表的编制。

2. 施工总进度计划的编制方法

1）列出工程项目一览表并计算工程量

施工总进度计划主要起控制总工期的作用，因此项目划分不宜过细，可按确定的主要工程项目的开展顺序排列，一些附属项目、辅助工程及临时设施可以合并列出。

在列出工程项目一览表的基础上，计算各主要项目的实物工程量。计算工程量可按初步(或扩大初步)设计图纸并根据各种定额手册进行计算。常用的定额资料有以下几种。

(1) 万元、十万元投资的工程量、劳动力及材料消耗扩大指标。这种定额规定了某一种结构类型建筑，每万元或十万元投资中劳动力、主要材料等的消耗数量。根据设计图纸中的结构类型，即可计算出拟建工程各分项工程需要的劳动力和主要材料的消耗数量。

(2) 概算指标或扩大概算定额。查定额时，首先查找与本建筑物结构类型、跨度、高度相类似的部分，然后查出这种建筑物按定额单位所需要的劳动力和各项主要材料消耗量，从而推算出拟计算建筑物所需要的劳动力和材料的消耗数量。

(3) 标准设计或已建房屋、构筑物的资料。在缺少上述几种定额手册的情况下，可采用与标准设计或已建成的类似房屋实际所消耗的劳动力及材料进行类比，按比例估算。但是，由于和拟建工程完全相同的已建工程是极为少见的，因此，在采用已建工程资料时，一般都要进行折算、调整。

除房屋外，还必须计算主要的全工地性工程的工程量，如场地平整、铁路及道路和地下管线的长度等，这些可以根据建筑总平面图来计算。

将按上述方法计算的工程量填入统一的工程量汇总表中，见表4-6。

表4-6　工程项目工程量汇总表

工程项目分类	工程项目名称	结构类型	建筑面积	幢(跨)数	概算投资	主要实物工程表								
						场地平整	土方工程	桩基工程	……	砖石工程	钢筋混凝土工程	……	装饰工程	……
			1000m^2	个	万元	1000m^2	1000m^3	1000m^2		1000m^3	1000m^2		1000m^2	
全工地性工程														
主体项目														
辅助工程														
永久住宅														
临时建筑														
	合计													

2) 确定各单位工程的施工期限

单位工程的施工期限应根据施工单位的具体条件(施工技术与施工管理水平、机械化程度、劳动力和材料供应等)及单位工程的建筑结构类型、体积大小和现场地形地质、施工条件、现场环境等因素加以确定。此外，也可参考有关的工期定额来确定各单位工程的施工期限。

3) 确定各单位工程的开工、竣工时间和相互之间的搭接关系

根据施工部署及单位工程施工期限，就可以安排各单位工程的开竣工时间和相互之间

的搭接关系。通常应考虑下列因素。

(1) 保证重点，兼顾一般。在安排进度时，要分清主次、抓住重点，同时期进行的项目不宜过多，以免分散有限的人力和物力。

(2) 要满足连续、均衡的施工要求。应尽量使劳动力和材料、施工机械消耗在全工地上达到均衡，避免出现高峰或低谷，以利于劳动力的调配和材料供应。

(3) 要满足生产工艺要求，合理安排各个建筑物的施工顺序，以缩短建设周期，尽快发挥投资效益。

(4) 全面考虑各种条件的限制。在确定各建筑物施工顺序时，应考虑各种客观条件的限制，如施工企业的施工力量，各种原材料、机械设备的供应情况，设计单位提供图纸的时间，各年度建设投资数量等，对各项建筑物的开工时间和先后顺序予以调整。同时，由于建筑施工受季节、环境影响较大，经常会对某些项目的施工时间提出具体要求，从而对施工的时间和顺序安排产生影响。

(5) 安排施工总进度计划。施工总进度计划可以用横道图和网络图表达。由于施工总进度计划只是起控制性作用，而且施工条件复杂，因此项目划分不必过细。当用横道图表达施工总进度计划时，项目的排列可按施工总体方案所确定的工程展开程序排列。横道图上应表达出各施工项目开竣工时间及其施工持续时间。施工总进度计划如表 4-7 所示。

表 4-7 施工总进度计划

序号	工程项目名称	结构类型	工程量	建筑面积	总工日	施工进度计划														
						××年					××年					××年				

近年来，随着网络技术的推广，采用网络图表达施工总进度计划已经在实践中得到广泛应用。采用时间坐标网络图表达施工总进度计划，比横道图更加直观明了，还可以表达出各施工项目之间的逻辑关系。同时，由于网络图可以应用计算机计算和输出，便于对进度计划进行调整、优化、统计资源数量等。

4) 施工总进度计划的调整和修正

施工总进度计划表绘制完成后，将同一时期各项工程的工作量加在一起，用一定的比例画在施工总进度计划的底部，即可得出建设项目工作量的动态曲线。若曲线上存在较大的高峰和低谷，则表明在该时间内各种资源的需求量变化较大，需要调整一些单位工程的施工速度或开竣工时间，以便消除高峰和低谷，使各个时期的工作量尽可能达到均衡。

4.2.5 各项资源需要量与施工准备工作计划

1. 各项资源需要量计划

各项资源需要量计划是做好劳动力及物资供应、平衡、调度、落实的依据，其内容一般包括以下几个方面。

1）劳动力需要量计划(表4-8)

劳动力需要量计划是规划暂设工程和组织劳动力进场的依据。编制时首先根据工程量汇总表中分别列出的各个建筑物的主要实物工程量，查有关资料，便可得到各个建筑物主要工种的劳动量，再根据施工总进度计划表各单位工程分工种的持续时间，即可得到某单位工程在某段时间里的平均劳动力数量。按同样方法可计算出各个建筑物各主要工种在各个时期的平均工人数。将施工总进度计划表纵坐标方向上各单位工程同工种的人数叠加在一起并连成一条曲线，即为某工种的劳动力动态曲线图。其他工种也用同样方法绘成曲线图，从而根据劳动力曲线图列出主要工种劳动力需要量计划表。

表4-8 劳动力需要量计划

序号	工种	劳动量	施工高峰人数	××年					××年					现有人数	多余或不足

2）材料、构件及半成品需要量计划(表4-9)

根据工程量汇总表所列各建筑物的工程量，查有关定额或资料，便可得出各建筑物所需的建筑材料、构件和半成品的需要量。然后根据施工总进度计划表，大致算出某些建筑材料在某一时间内的需要量，从而编制出建筑材料、构件和半成品的需要量计划。这是材料供应部门和有关加工厂准备工程所需的建筑材料、构件和半成品并及时供应的依据。

表4-9 主要材料、构件和半成品需要量计划

序号	工程名称	材料、构件、半成品名称								
		水泥(t)	砂(m^3)	砖块	……	混凝土(m^3)	砂浆(m^3)	……	木结构(m^2)	……

3）施工机具需要量计划(表4-10)

表4-10 施工机具需要量计划

序号	机具名称	规格型号	数量	电动机功率	需要量计划														
					××年					××年					××年				

主要施工机械(如挖土机、塔吊等)的需要量，根据施工总进度计划、主要建筑物的施工方案和工程量，并套用机械产量定额求得。辅助机械可根据建筑安装工程每十万元扩大概算指标求得。运输机具的需要量根据运输量计算。

2. 施工准备工作计划

为了落实各项施工准备工作，加强检查和监督，必须根据各项施工准备工作的内容、时间和人员，编制出施工准备工作计划，如表4-11所示。

表4-11 施工准备工作计划

序号	施工准备项目	内容	负责单位	负责人	起止时间		备注
					××月	××月	

4.2.6 施工总平面图设计

施工总平面图是拟建项目施工场地的总布置图。它是按照施工方案和施工总进度计划的要求，将施工现场的交通道路、材料仓库、附属企业、临时房屋、临时水电管线等做出合理的规划布置，从而正确处理全工地施工期间所需各项设施与永久性建筑以及拟建项目之间的空间关系。

1. 施工总平面图设计的原则与内容

1) 施工总平面图设计的原则

(1) 尽量减少施工用地，少占农田，使平面布置紧凑合理。

(2) 合理组织运输，减少运输费用，保证运输方便通畅。

(3) 施工区域的划分和场地的确定，应符合施工流程要求，尽量减少专业工种和各工程之间的干扰。

(4) 充分利用各种永久性建筑物、构筑物和原有设施为施工服务，降低临时设施费用。

(5) 各种临时设施应便于生产和生活需要。

(6) 满足安全防火、劳动保护、环境保护等要求。

2) 施工总平面图设计的内容

(1) 建设项目建筑总平面图上一切地上和地下建筑物、构筑物以及其他设施的位置和尺寸。

(2) 一切为全工地施工服务的临时设施的布置，包括：

① 施工用地范围，施工用的各种道路；

② 加工厂、搅拌站及有关机械的位置；

③ 各种建筑材料、构件、半成品的仓库和堆场，取土弃土位置；

④ 行政管理用房、宿舍、文化生活和福利设施等；

⑤ 水源、电源、变压器位置，临时给排水管线和供电、动力设施；

⑥ 机械站、车库位置；

⑦ 安全、消防设施等。

⑧ 永久性测量放线标桩位置。许多规模巨大的建设项目，其建设工期往往很长。随着工程的进展，施工现场的面貌将不断改变。在这种情况下，应按不同阶段分别绘制若干张施工总平面图，或根据工地的实际变化情况，及时对施工总平面图进行调整和修正，以便适应不同时期的需要。

2. 施工总平面图的设计方法

1）场外交通的引入

设计全工地性施工总平面图时，首先应从大宗材料、成品、半成品、设备等进入工地的运输方式入手。当大批材料由铁路运来时，首先要解决铁路的引入问题；当大批材料是由水路运来时，应首先考虑原有码头的运用和是否增设专用码头的问题；当大批材料是由公路运入工地时，由于汽车线路可以灵活布置，因此，一般先布置场内仓库和加工厂，然后再引入场外交通。

2）仓库与材料堆场的布置

通常考虑设置在运输方便、位置适中、运距较短及安全防火的地方，并应根据不同材料、设备和运输方式来设置。

(1) 当采用铁路运输时，仓库应沿铁路线布置，并且要有足够的装卸前线；如果没有足够的装卸前线，必须在附近设置转运仓库。布置铁路沿线仓库时，应将仓库设置在靠近工地一侧，避免运输跨越铁路。同时仓库不宜设置在弯道或坡道上。

(2) 当采用水路运输时，一般应在码头附近设置转运仓库，以缩短船只在码头上的停留时间。

(3) 当采用公路运输时，仓库的布置较灵活。一般中心仓库布置在工地中央或靠近使用的地方，也可以布置在靠近与外部交通连接处。水泥、砂、石、木材等仓库或堆场宜布置在搅拌站、预制场和加工厂附近；砖、预制构件等应该直接布置在施工对象附近，避免二次搬运。工业项目建筑工地还应考虑主要设备的仓库或堆场，一般较重设备应尽量放在车间附近，其他设备可布置在外围空地上。

3）加工厂和搅拌站的布置

各种加工厂布置，应以方便使用、安全防火、运输费用少、不影响建筑安装工程施工的正常进行为原则。一般应将加工厂与相应的仓库或材料堆场布置在同一地区，且多处于工地边缘。

(1) 预制加工厂。尽量利用建设地区永久性加工厂，只有在运输困难时，才考虑现场设置预制加工厂，一般设置在建设场地空闲地带上。

(2) 钢筋加工厂。一般采用分散或集中布置。对于需要进行冷加工、对焊、点焊的钢筋或大片钢筋网，宜集中布置在中心加工厂；对于小型加工件，利用简单机具成型的钢筋加工，宜分散在钢筋加工棚中进行。

(3) 木材加工厂。应视木材加工的工作量、加工性质和种类决定是集中设置还是分散设置。

(4) 混凝土供应站。根据城市管理条例的规定，并结合工程所在地点的情况，可选择两种：有条件的地区，尽可能采用商品混凝土供应方式；若不具备商品混凝土供应的地区，且现浇混凝土量大时，宜在工地设置搅拌站；当运输条件好时，以采用集中搅拌为好；当运输条件较差时，宜采用分散搅拌。

(5) 砂浆搅拌站。宜采用分散就近布置。

(6) 金属结构、锻工、电焊和机修等车间。由于它们在生产上联系密切，应尽可能布置在一起。

4) 场内道路的布置

根据各加工厂、仓库及各施工对象的相对位置，考虑货物运转，区分主要道路和次要道路，进行道路的规划。

(1) 合理规划临时道路与地下管网的施工程序。应充分利用拟建的永久性道路，提前修建永久性道路或先修路基和简易路面，作为施工所需的临时道路，以达到节约投资的目的。

(2) 保证运输畅通。应采用环形布置，主要道路宜采用双车道，宽度不小于 6m，次要道路宜采用单车道，宽度不小于 3.5m。

(3) 选择合理的路面结构。根据运输情况和运输工具的不同类型而定，一般场外与省、市公路相连的干线，宜建成混凝土路面；场区内的干线，宜采用碎石级配路面；场内支线一般为土路或砂石路。

5) 临时设施布置

临时设施包括：办公室、汽车库、休息室、开水房、食堂、俱乐部、厕所、浴室等。根据工地施工人数，可计算临时设施的建筑面积。应尽量利用原有建筑物，不足部分另行建造。

一般全工地性行政管理用房宜设在工地入口处，以便对外联系；也可设在工地中间，便于工地管理。工人用的福利设施应设置在工人较集中的地方，或工人必经之处。生活区应设在场外，距工地 500～1000m 为宜。食堂可布置在工地内部或工地与生活区之间。临时设施的设计，应以经济、适用、拆装方便为原则，并根据当地的气候条件、工期长短确定其结构形式。

6) 临时水电管网及其他动力设施的布置

当有可以利用的水源、电源时，可以将水电直接接入工地。临时的总变电站应设置在高压电引入处，不应放在工地中心。临时水池应放在地势较高处。

当无法利用现有水电时，为获得电源，可在工地中心或附近设置临时发电设备；为获得水源，可利用地下水或地表水设置临时供水设备(水塔、水池)。施工现场供水管网有环状、枝状和混合式三种形式。过冬的临时水管必须埋在冰冻线以下或采取保温措施。

消防栓应设置在易燃建筑物附近，并有通畅的出口和车道，其宽度不小于 6m，与拟建房屋的距离不得大于 25m，也不得小于 5m，消防栓间距不应大于 100m，到路边的距离不应大于 2m。

临时配电线路的布置与供水管网相似。工地电力网，一般 3～10 千伏的高压线采用环状，沿主于道布置；380/220 伏低压线采用枝状布置。通常采用架空布置方式，距路面或建筑物不小于 6m。

上述布置应采用标准图例绘制在总平面图上，比例为 1∶1000 或 1∶2000。上述各设计步骤不是独立的，而是相互联系、相互制约的，需要综合考虑、反复修正才能确定下来。若有几种方案时，应进行方案比较。

本章小结

单位工程建筑工程施工组织设计是用来规划和指导单位工程从施工准备到竣工验收全部施工活动的技术经济文件。一般包括下列内容：工程概况、施工方案、施工进度计划、施工准备工作计划、资源需用量计划、施工平面图、技术经济指标分析。

建筑工程施工组织总设计是以一个建设项目或建筑群为对象，根据初步设计或扩大初步设计图纸以及其他有关资料和现场施工条件编制，用以指导整个施工现场各项施工准备和组织施工活动的技术经济文件。通常包括下列内容：工程概况及特点分析、施工部署和主要工程项目施工方案、施工总进度计划、施工资源需要量计划、施工准备工作计划、施工总平面图和主要技术经济指标等。

习　题

一、单项选择题

1.《建设工程项目管理规范》为国家标准，编号为 GB/T 50326—2006，自(　　)起实施。

A. 2006 年 1 月 1 日　　B. 2001 年 12 月 1 日

C. 2006 年 1 月 1 日　　D. 2006 年 12 月 1 日

2. 由建筑业企业管理层在投标前编制，作为项目管理的总体构想或宏观方案，用于指导项目投标和签订合同的纲领性文件的是(　　)。

A. 项目管理规划大纲　　B. 施工组织总设计

C. 项目管理实施规划　　D. 单位工程施工组织设计

3. 项目管理实施规划是在开工之前由(　　)主持编写。

A. 项目经理部　　B. 企业管理层

C. 投标项目经理部　　D. 投标企业管理层

4. 单位工程施工组织设计一般由施工单位的(　　)负责编制。

A. 总工程师　　B. 工程项目主管工程师

C. 项目经理　　D. 施工员

5. 单位工程施工组织设计必须在开工前编制完成，并应经(　　)批准方可实施。

A. 建设单位　　B. 项目经理

C. 设计单位　　D. 总监理工程师

6. 单位工程施工组织设计是以一个(　　)为编制对象。

A. 建设项目　　B. 单位工程　　C. 分部工程　　D. 分项工程

7. 下列各项内容，(　　)是单位工程施工组织设计的核心。

A. 工程概况　　B. 施工方案

C. 技术组织保证措施　　D. 技术经济指标

二、多项选择题

1. 单位工程施工组织设计编制的依据有(　　)。

A. 经过会审的施工图　　B. 施工现场的勘测资料
C. 建设单位的总投资计划　　D. 施工合同文件
E. 施工项目管理规划大纲

2. 单位工程施工组织设计的重点是(　　)。
A. 工程概况　　B. 施工方案
C. 施工进度计划　　D. 施工平面布置图
E. 技术经济指标

3. 单位工程施工程序应遵守的基本原则有(　　)。
A. 先地下后地上　　B. 先土建后设备
C. 先主体后围护　　D. 先装饰后结构
E. 先地上后地下

4. 确定施工顺序的基本要求有(　　)。
A. 符合施工工艺　　B. 与施工方法协调
C. 考虑施工成本要求　　D. 考虑施工质量要求
E. 考虑施工安全要求

5. 室内装修同一楼层顶棚、墙面、地面之间施工顺序一般采用(　　)两种。
A. 顶棚→墙面→地面　　B. 顶棚→地面→墙面
C. 地面→墙面→顶棚　　D. 地面→顶棚→墙面
E. 墙面→地面→顶棚

6. 钢筋混凝土框架结构一般可划分为(　　)施工阶段。
A. 基础工程　　B. 结构吊装　　C. 主体结构　　D. 围护
E. 装饰工程

7. 高层现浇钢筋混凝土结构房屋室内装修工程一般采用(　　)施工流向。
A. 自上而下　　B. 自下而上
C. 自中而下再自上而中　　D. 自下而中再自中而上

8. 单位工程施工组织设计施工进度计划常用的表达方式有(　　)。
A. 横道图　　B. 网络图　　E. 施工图　　C. 斜道图
D. 平面布置图

9. 施工项目的施工持续时间的计算方法一般有(　　)。
A. 统计法　　B. 经验估计法　　C. 定额计算法　　D. 倒排计划法
E. 累加数列法

第二篇

建筑工程概预算

第5章 建筑工程概(预)算基础

教学目标

本章主要介绍基本建设的概念、作用、分类、程序与项目概预算文件；同时也介绍了建筑工程定额的定义、分类与编制方法；也介绍了建筑安装工程费用的构成内容。通过本章教学，让学习者了解基本建设的概念、作用、分类、程序与项目概预算文件；掌握建筑工程定额的定义、分类与编制方法；熟练理解建筑安装工程费用的构成内容。

教学要求

知识要点	能力要求	相关知识
基本建设	了解基本建设的含义、内容、分类、程序；了解概预算的分类	固定资产，建设项目，单项工程，单位工程，分部工程，分项工程，建筑产品；设计概算，施工图预算，施工预算
建筑工程定额	掌握建筑工程定额的定义、分类与编制方法；掌握单位估价表人工工资、材料价格、施工机械台班费的确定方法	工时消耗，施工过程，工序
建筑安装工程费用	掌握建筑安装工程费用构成内容；掌握各类费用的计算方法	建设项目总投资，工程造价，工资

基本概念

基本建设、设计概算、施工图预算、施工预算、劳动定额、材料消耗定额、机械台班定额、施工定额、预算定额、直接费、间接费、直接工程费、措施费。

引例

要粗略或精确计算建筑安装工程的费用，就要了解这个总费用由哪几类费用构成。而这几类费用的计算必须有一定的法定根据，因而需要对这些法定根据即概预算的基础知识有一定的了解。例如一个农民自己修建一座房子需要砖、砂浆、木材、钢筋、混凝土等多种材料；还要给请的工人开工资；如果用拖拉机拉材料，还要出拖拉机租用费。房子砌高了要搭脚手架，如果是大冷天或是大热天，要多开工资，工人才愿意做事，这需要额外费用，这是农民自己建房子最基本的费用。如果是建筑公司建房，作为公司要给国家上交税款，公司管理人员要开工资，公司还要有一定的利润，公司的先期投入需要向银行贷款，要付利息等，这些费用都应计算在房屋的价格中去。这些费用的计算是不是想怎么算就怎么算呢？如果不是，那又有什么依据呢？本章就将解答这些问题。

5.1 基本建设

5.1.1 基本建设的含义及作用

基本建设的含义在第1章已经表述清楚了。基本建设包括表5-1所示的3个方面内容。

表5-1 基本建设的内容

内容	说明
固定资产的建造	建筑物和构筑物的建造、机器设备的安装
固定资产购置	设备、工具和机器的购置
其他基本建设工作	与基本建设相联系的工作，如征地、拆迁等

基本建设的目的就是发展国民经济，提高社会生产力水平和人民的物质文化生活水平。

5.1.2 基本建设的分类

基本建设可以按投资用途、建设性质、构成大小等分类。

(1) 按投资用途可以分为生产性建设和非生产性建设(表5-2)。

表5-2 基本建设按投资用途分类表

生产性建设	工业建设	工业国防和能源建设
	农业建设	农、林、牧、渔、水利建设
	基础设施建设	交通、邮电、通信建设，地质普查、勘探建设，建筑业建设等
	商业建设	商业、饮食、营销、仓储、综合技术服务事业的建设
非生产性建设	办公用房	各级国家党政机关、社会团体、企业管理机关的办公用房
	居住建筑	住宅、公寓、别墅
	公共建筑	科学、教育、文艺广播电视、卫生、博览、体育、社会福利事业、公用事业、咨询服务、宗教、金融、保险等建设
	其他建设	不属于上述各类的其他非生产性建设

(2) 按建设性质可以分为新建、扩建、迁建、恢复建设(表5-3)。

表5-3 基本建设按建设性质分类表

新建项目	以技术、经济和社会发展为目的，从无到有的建设项目，现有企业、事业和行政单位一般不应有新建项目，如新增加的固定资产价值超过原有全部固定资产价值3倍以上时，才能算做新建项目

（续）

扩建项目	企业为扩大生产能力或新增效益而增建的生产或生活工程项目，以及事业和行政单位增建业务用房等
迁建项目	现有企业、事业单位为改变生产布局或出于环境保护等其他特殊要求，搬迁到其他地点的建设项目
恢复建设项目	原固定资产因自然灾害等原因已全部报废，又重新投资建设的项目

(3) 按组成大小可以分为建设项目、单项工程、单位工程、分部工程、分项工程，如图 1-4 所示。

5.1.3 基本建设程序

基本建设程序是指建设项目从设想、选择、评估、决策、设计、施工到竣工验收、投入使用的整个生产过程中，各项工作必须遵循的先后次序法则。这个法则是人们在认识客观规律的基础上制订出来的，是建设项目科学决策和顺利进行的重要保证。我国按现行有关规定，中型和限额以上的项目要遵循的基本建设程序为：项目建议书—可行性研究—选择建设地点—编制设计文件—施工前的各项准备—编制年度基本建设投资计划—建设实施—生产准备—验收合格交付使用—项目后评估。这个基本建设程序不能颠倒，但可以相互交叉。

5.1.4 建筑产品价格

建筑产品是一种商品，它同样具有一般商品的两重属性：使用价值和价值。建筑产品的使用价值主要表现在它的功能、质量能满足用户的要求。建筑产品的价值应包括物化劳动、活劳动消耗和创造的价值，具体内容见表 5-4。

建筑产品的价值货币表现形式，即建筑产品的价格，它由直接费、间接费、利润、税金 4 个部分组成。

表 5-4 建筑产品价值的内容

消耗的生产资料的价值	建筑材料、燃料等劳动对象的耗费和建筑机械等劳动手段的耗费
满足个人生活资料的需要所创造的价值	建筑职工的工资
剩余产品价值	表现为利润

5.2 基本建设项目概(预)算文件

5.2.1 概(预)算的分类

建筑工程概(预)算的分类形式很多，其中按不同的编制阶段可划分为：投资估算、设计概算、施工图预算、施工预算、竣工结算。概算所在阶段、根据内容见表5－5。

表5－5 概(预)算所在阶段、根据内容

名称	所在阶段	根据	说明
设计概算	初步设计(或扩大初步设计)阶段	概算定额及初步设计图纸	粗略地计算工程费用的文件
施工图预算	施工图设计完成以后	设计图纸、预算定额、费用计算规定及有关文件	详细计算工程所需要费用的文件。它是确定工程造价、实行财务监督的依据，是施工单位与建设单位签订工程合同及进行竣工决算的基础，也是施工单位进行施工准备、编制施工组织计划、进行成本核算等不可缺少的文件
施工预算	施工单位在施工前	施工图纸、施工定额、施工组织、施工技术及现场实际情况	精确计算工程的文件，是施工单位内部实行定额考核、开展班组核算和降低工程成本的依据

设计概算、施工图预算、施工预算是在不同的建设阶段确定工程成本的文件，也是在不同的建设阶段控制工程投资的依据。这3个文件并不是相互联系的，施工图预算是设计概算的具体体现，施工预算是施工图预算的实物化，也是设计概算的实物体现。

5.2.2 基本建设的“三算”

设计概算、施工图预算、竣工决算是基本建设的“三算”，也是在不同阶段控制和确定投资规模的依据。在一个建设项目的设计方案、施工方案确定以后，工程投资的规模也就确定了。因此，对于一个工程项目要通过设计概算、施工图预算、竣工决算即基本建设的“三算”，确保工程的规模及工程成本，避免造成国家财产的巨大损失。

设计概算在初步设计(或扩大初步设计)阶段控制工程投资规模，工程的预算成本则通过施工图预算控制，工程实际消耗的成本则由竣工决算体现。也就是说，在工程竣工投产以后，工程的实际消耗是以施工图预算为基础加上预算外费用构成，最后通过竣工决算精确确定的。国家规定：设计概算控制施工图预算，施工图预算控制竣工决算。所以，建设项目的造价，可以说是以设计概算进行控制的，施工图预算作为主要依据，竣工决算作为补充。

5.2.3 施工企业内部的“三算”

施工图预算、施工预算、竣工结算是企业内部的“三算”。

随着社会主义市场经济的建立，各个施工企业都在强化企业内部管理，降低工程成本，使企业在激烈的市场竞争中站稳脚跟，同时也使企业获得较好的经济效益。因此，施工企业必须在施工过程中的各个环节控制工程成本，这就是施工图预算、施工预算、竣工预算的任务。确定在同一时期内的社会生产力水平条件下预算工程可获得的经济收入，就是施工图概算的内容。由于施工企业各自的生产力水平、经营管理的水平等各不相同，因此，对于同一个建设项目或类同的建设项目，各个施工企业所耗费的工程成本各不相同。施工预算则指各个施工企业的内部工程成本，也就是说施工预算是企业内部控制费用支出、降低工程成本和保证企业盈利的依据。竣工结算则体现施工企业完成一个建筑工程所获得的实际经济收入。施工企业可以通过这“三算”反映各自的经济效益、管理水平、生产水平等。

5.2.4 基本建设概(预)算文件的组成

基本建设概(预)算文件是随着建设项目的划分次序，从小到大逐级归总汇集而成的基本建设项目总造价文件，它的组成内容如下。

1. 单位工程概(预)算书

它是根据设计图纸、概算定额(预算定额)、取费标准等相关文件编制的，是确定单位工程建设费用的文件。

2. 其他工程费用概(预)算书

其他工程指在一个建设项目中与建筑安装工程组成没有直接关系，但在项目建设中又必不可少的工程，如土地征用、建设场地准备、职工培训等。其他工程所消耗的费用应分摊到各个单项工程中去，这部分费用应根据设计文件的要求和国家、地方及主管部门制定的标准进行编制。

其他工程费用概(预)算书可以以独立项目列入总概算，不编制总概算的则列入综合概算。

3. 单项工程综合概(预)算书

单项工程概(预)算根据各个单位工程概(预)算及其他工程费用概(预)算汇总编制。以单位工程预算为基础，汇总归集，只包括建筑安装工程费用的叫做单位工程综合预算书。以单位工程概(预)算为基础，汇总归集，不仅包括建筑安装工程费用，还包括机械设备价值和其他工程费用，叫做单项工程综合概(预)算书。

4. 建设项目总概(预)算书

建设项目总概(预)算书是确定一个建设项目从筹建到竣工全部建设费用的文件，根据各个单项工程综合概(预)算及其他工程费用概(预)算汇总编制。

建筑项目总概(预)算书包括两个部分内容：工程费用项目、其他工程费用项目。

5.3 建筑工程定额

5.3.1 定义与作用

随着社会主义现代化建设的发展，基础建设的规模越来越大，国家对固定资产的投资也越来越大。为了使国家的投资创造出较好的经济效益，制订一个代表一定生产力水平的资源消耗标准就显得十分必要。这个标准就是定额。定，就是规定；额，就是限额。定额是指在合理的劳动组织和合理使用材料和机械的条件下，完成单位合格产品所必须消耗的劳动力、材料、机械台班的数量标准。根据定额的要求，各个施工企业在组织施工时力争使本施工企业对劳动力、材料、机械台班的消耗量低于定额标准，保证企业获得经济效益。

定额水平指规定完成单位合格产品所需消耗的资源数量的多少，它是生产力水平的具体反映。不同时期，生产力水平不同，代表生产力水平的定额水平也就不相同。随着生产力的发展，定额水平不断提高，劳动力、材料、机械台班的消耗量越来越少。但在一定时期内为了保证定额的适应性，定额水平要保持相对稳定。很多地区建筑工程预算定额在4年甚至更长时间内，定额水平保持不变。

建筑工程定额由政府的职能主管部门即建设主管部门统一组织编制并颁发，它在基础建设过程中起了很重要的作用，其主要作用如下。

(1) 建筑工程定额是编制计划的基础。

(2) 建筑工程定额是选择经济合理的设计方案和确定工程造价的依据。

(3) 建筑工程定额是合理组织生产力劳动、推行经济责任制、签发工程任务书(或队组承包合同)和进行班组核算的依据。

(4) 建筑工程定额是考核劳动者劳动贡献的标准，是贯彻按劳分配原则的依据。

(5) 建筑工程定额是提高劳动生产率和总结先进生产方法的手段。

(6) 建筑工程定额是组织社会主义劳动竞赛，评选劳动模范、先进生产者的依据。

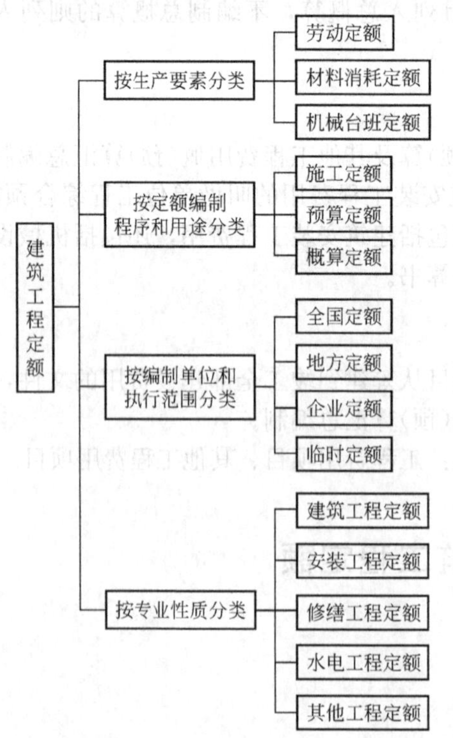

图5-1　建筑工程定额的分类

我国建筑工程定额具有科学性、法令性和群众性的特征。定额的每一个数据都经过认真测定、计算和调查研究，用细致严谨的科学态度和方法指定，因而定额具有科学性的特征。定额是政府的职能部门制定并颁发的，是各个与基建有关的单位必须严格执行的标准，是一种权威性的指标，同时也是一种具有法令性的指标。在定额的编制过程中，建设主管部门通常采用技术人员、操作工人和定额专业人员三者互相结合的办法，使定额具有广泛的代表性。同时，在定额的执行过程中，广大工人根据定额的要求及定额水平合理组织施工，保证完成或超额完成工程任务，使定额能在工程中得到广泛的应用，所以，定额还具有群众性的特点。

建筑工程定额的分类形式比较多，按其内容、形式和用途的不同，有4种分类方式，如图5-1所示。

5.3.2 工时消耗研究

1. 工时消耗研究的目的、作用

定额确定的劳动力、材料、机械台班消耗量标准必须是合理的、可行的。因此，在定额编制前对操作工人的工作时间有必要进行分析研究，确定哪些属于定额时间，哪些属于非定额时间，再确定在定额时间内劳动力、材料、机械台班的消耗量，为确定定额提供科学和合理的数据。

2. 施工过程的分解及分类

操作工人一天的工作时间由许多相同或不同的施工过程组成，因此研究施工过程的时间组成是工时消耗研究的基础。为了精确研究施工过程的时间组成，就有必要将施工过程划分成若干个组成部分；施工过程由若干个相互联系的工序组成，工序又可以分解成若干个操作和动作。

施工过程就是指在建筑工地上进行的生产过程，最终目的就是要建造、改建、扩建、修复或拆除工业及民用建筑物或构筑物的全部或其一部分。每个施工过程都有一定的劳动对象(建筑材料、半成品、配件等)及一定的劳动手段(劳动工具及施工机械)，每个施工过程结束后都有一定的劳动成果即产品，如砌筑砖墙、浇筑钢筋混凝土梁等。施工过程按性质不同可分为建筑过程和安装过程；按完成方法又可划分为手工过程、机械过程、手工和机械共同完成过程；按劳动分工的特点又可分为小组完成的过程、个人完成的过程、施工队完成的过程；按工序的次序重复又可划分为循环的施工过程和非循环的施工过程。

工序是施工过程中一个施工活动的单元，是同一个(或几个)劳动对象所完成的一切连续活动的总和。它的主要特征是劳动者、劳动对象和使用的劳动工具均不发生变化。操作则是一个个动作的综合。如钢筋制作的施工过程分解如图 5－2 所示。

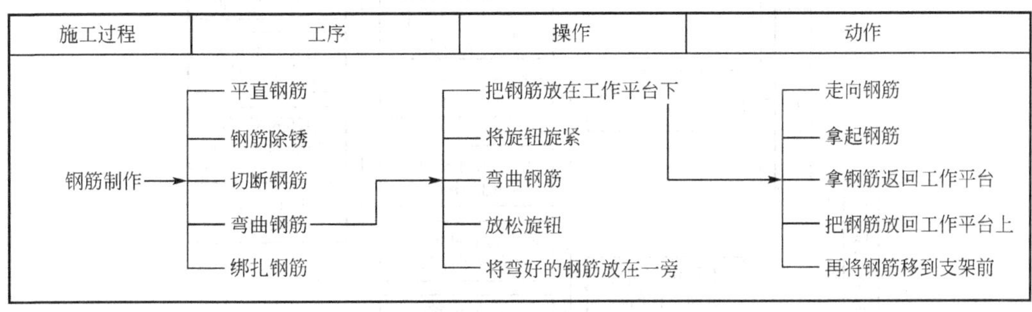

图 5－2 钢筋制作的施工过程的分解

3. 工作时间的消耗分析

工作时间指工作的延续时间。工作时间的消耗分析就是通过对劳动者工作的观测研究，按照性质、范围及具体情况确定哪些时间消耗是必需的，哪些时间消耗是损失，找出其损失原因，拟定科学合理的技术措施和组织措施，减少和避免工时的损失。

对工作时间消耗的研究，可以按工人工作时间消耗和机械工作时间消耗两个系统进行。

1）工人的工作时间分析

工人工作时间分析如图5-3所示，在确定定额水平时，非定额时间均不予考虑。

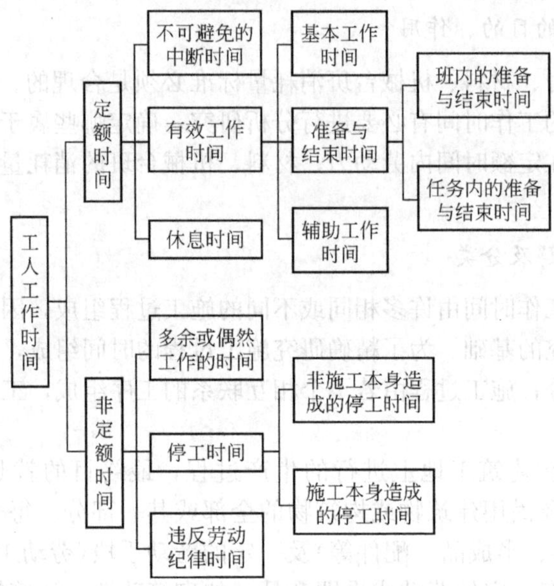

图5-3　工人工作时间分析图

2）机械工作时间分析

机械工作时间分析如图5-4所示。

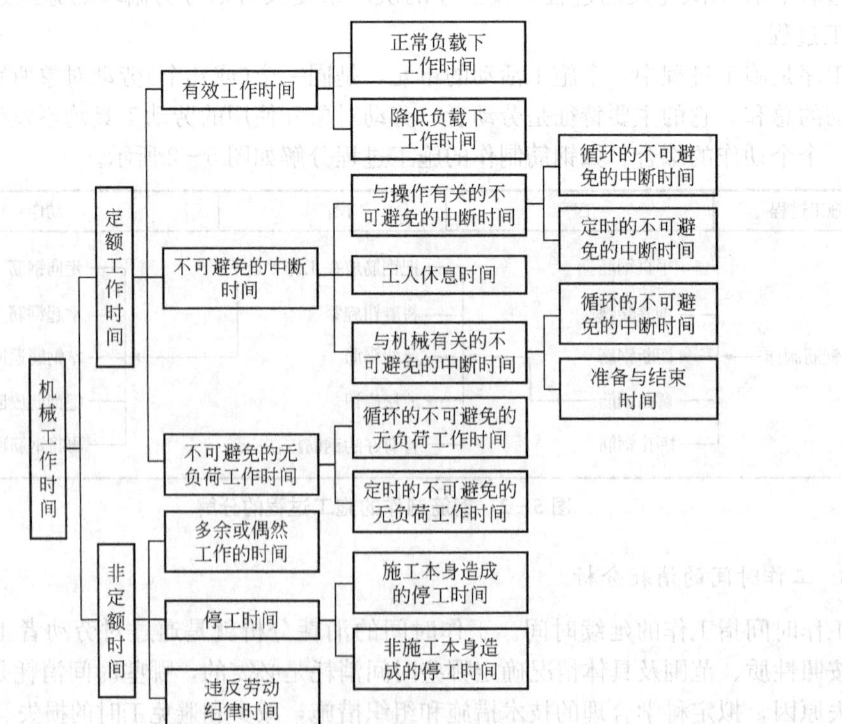

图5-4　机械工作时间分析图

4. 工时消耗的研究方法

工时消耗的研究方法主要有测时法、写实记录法和工作日写法等。

1) 测时法

测时法是观察与研究施工过程中循环作业组成部分工作时间消耗的方法，主要研究作业时间，即基本工作时间和辅助工作时间的消耗，对其他工作时间消耗如工人休息时间消耗等不进行研究。采用测时法，可以为确定劳动定额提供单位产品所必需的基本工作时间的技术数据；同时，它还可以用来分析研究工人操作动作，总结先进经验，帮助工人班组提高劳动效率。

测时法按施工过程中读数和计时的方法不同，又可分为选择测时法、连续测时法和循环测时法 3 种方法。

(1) 选择测时法。选择测时法是不连续、有选择地测定施工过程的某个特定循环组成部分的时间消耗的方法。测时法，用秒表记录从工作开始到该组成部分结束的延续时间，记录在测时表格的相应栏内，再测下一个组成部分的延续时间。选择测时法又称为间隔记时法或重点计时法。

(2) 连续测时法。连续测时法是对施工过程循环的组成部分进行不间断的连续测定，不能遗漏任何一个循环的组成部分，故又称为接续测时法。它测定的是施工过程中的全部循环时间，是在各组成相互联系中求出每一个组成部分的连续时间。这样，各组成部分延续时间之间的误差可以互相抵消，故连续测时法是一种比较准确的方法。

(3) 循环测时法。当测定的施工作业的每一个动作很短促时，又要抄秒表，又要做记录，就不能采用连续测时法。这时就需采用循环测时法，即将几个连续的动作合并为一组进行测定，然后再用计算方法求得每一个操作或每一个动作的时间消耗。每组合并的动作的个数和整个循环的动作个数必须是质数。

在用测时法研究工时消耗时，为了保证观察测时的准确性和代表性，使定额的确定更加科学合理，对观察的次数有一定的要求。观察的次数如果比较少，观察记录的时间就会有一定的局限性，同时，观测的误差也较大；观察的次数越多，资料的正确性和代表性就越好，但是花费的成本也就越高。

究竟观察多少次才能做到既比较经济又能达到预期的目的，应根据所要求的观察精确度及稳定系数的要求来确定。表 5-6 可供观测时参考。

表 5-6 中的稳定系数 K_p 用下式求得：

$$K_p=\frac{l_{max}}{l_{min}}$$

式中 l_{max}——最大观测值；

l_{min}——最小观测值。

算术平均观测精度由下式确定：

$$E=\pm\frac{1}{X}\sqrt{\frac{\sum\Delta^2}{n(n-1)}}$$

式中 X——观察数列的算术平均值；

n——观察次数；

Δ——每一观察值与算术平均值的偏差。

表 5-6 测时法必需的观察次数表

要求的精确度 E / 观测次数 n / 稳定系数 K_p	观察精确度(%)				
	5 以内	10 以内	15 以内	20 以内	25 以内
	观察次数				
1.5	9	6	5	5	5
2.0	16	11	7	5	5
2.5	23	15	10	10	5
3.0	30	18	12	8	6
4.0	39	25	15	10	16
5.0	47	31	19	11	8

在观察、记录工时消耗时，由于受环境、观察手段及观察人员主观因素的影响，对观察记录的时间数据还应进行清理和修正，即从数据中删除明显错误及误差明显偏大的数据。对于经过清理或修正后得到的数据，求出其算术平均值即平均修正值，作为测时法研究工时消耗的成果。

例如，某道工序观测值为 12s、10s、11s、10s、12s、9s、10s、12s、13s，检查应观测的次数。

$$X=\frac{12+10+11+10+12+9+10+12+13}{9}=11$$

则 Δ 值为：+1，−1，0，−1，+1，−2，−1，+1，+2。

对照表 5-2，当 $K_p=1.44$ 时，精确度 E 在 5%以内时，用内插法，求得观测次数为 26 次。

2）写实记录法

写实记录法是通过对工作时间消耗的记录进行分析来研究工时消耗的方法，它研究所有种类的工作时间消耗，包括基本工作时间、辅助工作时间、不可避免的中断时间、准备与结束时间以及各种损失时间，它可以分析工作时间消耗和提供确定劳动定额所必需的全部资料。这种工时消耗研究方法比较简便，易于掌握，并且能保证必需的精确度。因此，它在实际工作中得到广泛应用。它可以采用个人写实记录和集体写实记录两种研究方法。

记录时间的方法有 3 种：数示法、图示法和混合法。计时工具可以使用带秒针的普通计时表。

(1) 数示法：在测定中用数字来记录各类工时的消耗量，只限于同时对两名以内的工人进行测定，适用于组成部分较小而且比较稳定的施工过程。记录时间的精确度为 5～10s。观察的时间以数字的形式记录在数示法写实记录表中。

(2) 图示法：用横线段表示施工过程各个组成部分的工时消耗。记录的精确度可达到 0.5～1min。适用于观察 3 个以内的工人共同完成某一产品的施工过程。此时时间以图示的形式记录在图示法写实记录中。

(3) 混合法：用线段和数字分别表示施工过程各组成部分的工时消耗和工人人数。适用于同时观察 3 个以上工人工作的集体写实记录。混合法记录时间仍采用图示法写实记录。

为了保证写实记录的准确性和代表性，从经济和科学的角度，要求测定每个施工过程的延续时间，而且几个施工过程所需的总延续时间必须合理，即写实记录法的延续时间恰当，表 5－7 可供测定时参考。

表 5－7 写实记录法最短测定延续时间

序号	项目	同时测定施工过程的类型数	测定对象		
			单人的	集体的	
				2～3 人	4 人
1	被测定的个人或小组的最低数	任一数	3 人	3 个小组	2 个小组
2	测定总延续时间的最小值(h)	1 2 3	16 23 28	12 18 21	8 12 24
3	测定完成产品的最低次数	1 2 3	4 6 7	4 6 7	4 6 7

将写实记录法所取得的若干原始记载的工作时间消耗和完成产品数量进行汇总，并根据调查的有关影响因素加以分析研究，调整各组成部分不合理的时间消耗，最后确定单位产品所必需的时间消耗量。对同一施工过程所测定的若干原始记录，在汇总整理的基础上加以综合分析研究，拟定符合劳动定额规定的正常施工条件。

3）工作日写实法

工作日写实法是对工人(个人或小组)在整个工作日的工时消耗情况进行实地观察研究的方法，它适用于研究工作日的工时利用情况，总结推广先进工作者或先进班组的工时利用经验，以及为确定劳动定额提供必需的准备与结束时间、休息时间和不可避免的中断时间的资料。它是在观察工时消耗的基础上，分析施工过程中有效及无效的时间消耗，找出工时损失的原因，拟定改进的技术和组织措施，消除引起工时损失的因素，并预计实行措施后生产效率可能提高的程度。

(1) 工作日写实分个人工作日写实、小组工作日写实、集体工作日写实 3 类。

(2) 工作日写实法的基本要求。

① 因素登记表：登记所测施工过程的有关因素(如操作方法、施工组织及技术说明等)。

② 时间记录：个人工作写实采用图示法；小组工作日写实采用混合法写实记录的方法；集体工作日写实采用混合法或数示法写实记录的方法。

③ 延续时间：一个工作日以 8h 为准。

④ 观察次数：总结先进工作的工时利用经验，测定 1～2 次；研究工时利用情况或制定标准工时规范，测定 3～5 次；分析工时损失的原因，改进施工管理，测定 1～3 次。

(3) 工作日写实结果的整理。

根据记录的数据，填入有关表格，并进行综合分析，提出避免产生损失时间的切实有效的技术和组织措施。

(4) 工作日写实结果汇总。

工作日写实结果必须定期汇总，系统地按工种、施工过程填入有关表格，并对工作日时间的利用情况和工人执行定额的一般情况给出结论，还应提供工作时间标准，作为编制劳动定额的依据。

5.3.3 施工定额

施工定额是直接用于建筑施工管理的定额，是建筑安装企业编制施工预算，内部实行经济核算的依据。它包括劳动定额、材料消耗定额和机械台班使用定额。

1. 施工定额的作用

施工定额是以同一类性质作业的施工过程为标定对象，确定单位产品所需消耗的人工、材料和机械台班的数量标准。它是建筑企业在施工过程中使用的一种生产定额。施工定额在施工过程中会起到以下重要作用。

(1) 施工定额是编制施工组织设计、施工作业计划的依据。

(2) 施工定额是编制单位工程施工预算，进行“两算”对比，加强企业成本管理的基础。

(3) 施工定额是施工队向工人班组签发施工任务书和限额领料的依据。

(4) 施工定额是计算劳动报酬，实行按劳分配的依据。

(5) 施工定额是开展劳动竞赛，制订评比条件的重要依据。

(6) 施工定额是施工单位编制预算定额和补充单位估价表的基础。

2. 编制施工定额的原则和依据

为了保证编制施工定额的质量，在其编制过程中，必须遵循以下原则。

1) 定额水平要“平均先进”

平均先进水平就是在正常的施工生产条件下，经过努力，多数工人可以达到或超过、少数工人可以接近的水平。它反映了某一时期的社会生产力水平和发展方向。为了能在编制过程中确保定额的平均先进，要求在编制定额时考虑已经成熟并得到普遍推广的先进技术和经验；同时对编制过程中获得的各种原始数据进行整理分析，删去个别的、偶然的、不合理的数据，使获得的各种数据应具有可靠性、科学性和代表性；对于先进的操作方法和施工经验，应拟定正常的施工条件，合理确定各类消耗标准；各工程的定额水平应协调一致，避免出现“肥瘦不一”、“苦乐不均”的现象。

2) 施工定额的内容和形式要简明适用

施工定额在内容和形式上要有多方面的适应性，满足不同用途的需要，简单明了，易于掌握，便于使用，项目要齐全，粗细要适度。

3) 贯彻专群结合、以专业人员为主的原则

专业人员对劳动定额的编制原理、要求、方法等非常熟悉，群众是采取劳动定额编制所需原始数据的源泉。只有走专群结合、以专业人员为主的劳动定额编制道路，才能获得既符合劳动定额编制要求，又反映工程实际情况的原始数据，在此基础上编制的劳动定额才具有科学性。

为了保证编制的施工定额具有法令性、群众性、科学性的特征，在编制时应以以下资料作为编制依据。

(1) 全国建筑安装工程统一劳动定额。

(2) 现行的工程施工及验收规范，建筑安装质量检查评定标准、技术安全操作规程。

(3) 现行材料消耗定额、机械台班使用定额。

(4) 建筑安装工人技术等级标准。

(5) 有关的技术测定资料及统计资料。

(6) 有关标准图。

3. 编制施工定额的方法及要求

在编制施工定额的过程中，由于它包括劳动定额、材料消耗定额、机械台班消耗定额3个方面的内容，因此，施工定额的编制方法会随着劳动定额的组成内容不同而不同。但总的说来，编制方法有两种，即实物法和实物单价法。实物法由劳动定额、材料消耗定额和机械台班定额3部分组成，指施工定额仅列出生产单位合格产品所必须消耗的人工、材料、机械台班定额的数量标准。实物单价法指在列出生产单位合格产品所必须消耗的人工、材料、机械台班定额的数量标准外，还列出定额子目的基价。基价等于劳动定额、材料消耗定额和机械台班定额确定的人工、材料、机械台班消耗量乘以相应的单价。它与预算定额单位估价表相似。实物法是实物单价法的基础。因此，以实物法编制施工定额比较常见，《湖南省建筑工程统一施工定额》就是采用实物法编制的。劳动定额、材料消耗定额、机械台班定额的编制方法各不相同。

1) 劳动定额的编制方法

(1) 经验估工法。

定额人员、施工技术人员和工人三结合，根据个人或集体的实践经验，经过图纸分析和现场观察，了解施工工艺，分析施工(生产)的生产技术组织条件和操作方法的繁简、难易等情况，再进行分析、研究，从而制定出劳动定额。这种方法适用于零星工程、批量小或单项施工、新产品试制或临时性需用数项定额等情况下劳动定额的编制。它简便易行，工作量小，编制过程较短，节省人力与时间。但它对新工艺、新技术、新施工方法或新型机械设备和安装进行估工时，其定额容易出现偏高或偏低的现象；定额水平不易平衡，或高或低，准确性比较差；对构成定额的各种因素数据进行分析研究时，技术依据不足，容易受到参加确定定额人员的主观因素影响，定额水平与实际情况存在一定的偏差。

(2) 统计分析法。

统计分析法是指对于同类工程、相似工程或同类产品的生产，根据过去施工中有关工时消耗及产量的记录和统计资料，结合当前生产组织条件因素进行分析研究来编制定额的方法。统计资料主要指定额执行情况报表、主要定额项目水平报表、施工任务书以及施工人员的施工记录等。它适用于施工条件比较正常、量大面广的常见工程。它简便易行，能够节省人力与时间，有较多的资料依据，较经验估工法更能反映生产实际情况。但它只反映以往阶段的定额水平，不能预计今后施工水平的改进和发展，故它的可靠性较差。为了保证定额的平均先进性质，对过去的统计数据采用二次平均法进行整理，即将删去明显不合理的数据后的算术平均数(或加权平均数)与数列中小于平均数值的数据相加，再求平均数，作为确定定额水平的依据。

(3) 比较类推法。

比较类推法又称为典型定额法，是以同类型的产品、同类型的工序的典型定额项目的定额水平为标准，进行分析比较，以此类推出同一组定额中相邻项目的定额水平的方法。常用的有比例数示法和坐标图示法两种。比例数示法即选择好典型定额项目后，根据统计资料或通过技术测定求得相邻项目或类似项目的比例关系或差数来确定劳动定额；坐标图示法指用横坐标表示影响因素值的变化，纵坐标表示产量或工时消耗的变化，在坐标系中用点表示典型定额项目，再连接各点。典型定额子目选择要合适，具有代表性，类推出的定额子目才比较合理。它适用于同类型产品规格多、批量小的施工过程。随着企业专业化生产的发展，这种方法的适用范围还会逐步扩大。

(4) 技术测定法。

技术测定法指通过对施工(生产)过程的生产技术、组织条件和各种工时消耗进行科学的分析研究后，拟定合理的施工条件、操作方法、劳动组织和工时消耗，在考虑挖掘生产潜力的基础上确定定额水平、编制定额的方法。它制定的定额水平精确度高，适用于生产技术、组织条件比较正常、稳定的情况。它主要有测时法、写实记录法、工作日写实法3种，这3种方法在研究工时消耗时已介绍过。

2) 材料消耗定额的编制方法

材料消耗定额指在合理和节约使用材料的条件下，生产单位合格产品所必须消耗的一定品种规格的原材料，半成品，配件和水、电、动力资源等的数量标准。它包括材料的净用量和损耗量，两者之间存在下列关系：

$$\text{材料的消耗量}=\text{材料的净用量}+\text{材料的损耗量}$$

$$\text{损耗量}=\text{消耗量}\times\text{损耗率}$$

$$\text{材料消耗量}=\frac{\text{净用量}}{1-\text{损耗率}}$$

材料消耗定额的确定方法有观测法、统计分析法、试验法和理论计算法等。

观测法也称为施工试验法，就是在施工现场，对生产某一产品的材料消耗量进行实际测算，通过产品数量、材料消耗量和材料的净耗量计算，确定该单位产品的材料消耗量。它主要用于确定材料消耗定额。

试验法也称为实验室实验法，是在实验室内进行观察和测定，以获得多种配合比，以此为基础计算出各种材料的消耗数量。它主要适用于研究材料强度与各种材料消耗的数量关系。

统计法也称为统计分析法，它是以现场积累的分部、分项工程拨付材料数量、完成产品数量、完成工作后材料的剩余数量的统计资料为基础，经过分析，计算出单位产品的材料消耗量的方法。

计算法又称为理论计算法，根据施工图纸和建筑构造要求，用理论公式计算出产品的净耗材料数量，从而确定材料的消耗定额。它主要用于块、板类建筑材料的消耗定额的确定。例如计算1m^{3}砖墙体中砖和砂浆的数量：

$$\text{砖的净用量}=\frac{1}{(\text{砖宽}+\text{灰缝})\times(\text{砖厚}+\text{灰缝})}\times\frac{1}{\text{砖长}}$$

砂浆净用量：

$$\text{砂浆}=(\text{砌体体积}-\text{砖的体积})\times 1.07(\text{m}^3)$$

周转性材料是指在施工中非一次性消耗的材料，它是经多次使用而逐渐消耗的材料，并且在使用过程中不断补充，如脚手架、混凝土的模板等。周转性材料消耗定额的制定应按多次使用、分次摊销的方法进行。周转性材料使用一次在单位产品上的消耗量，称为摊销量，它应按材料的使用范围、周转用量、一次使用量、回收量、损耗率以及周转次数来确定。

3）机械台班定额的制订方法

机械台班定额又称为机械台班使用定额，是指在正常施工条件下，使用某种机械完成一定单位合格产品所必须消耗的机械时间、不可避免的中断时间和不可避免的无负荷工作时间。它有3种不同的表现形式：机械时间定额、机械台班产量定额、操作机械和配合机械的人工时间定额。机械台班定额的确定应根据不同的机械进行，但基本方法一样。例如机械台班定额的计算公式为：

$$N_{台班}=8P_nK_b$$

式中 $N_{台班}$——机械的台班产量；

P_n——机械的生产率；

8——一个台班按8h计算；

K_b——时间利用系数。

4. 施工定额的内容及使用

施工定额的内容包括3个部分：文字说明、分节定额、附录。

1）文字说明

文字说明包括总说明、分册说明和分节说明3个方面的内容。

(1) 总说明：解释、说明、规定有关定额全册的共同性问题，定额编制依据，适用范围及作用，工作质量要求，以及与定额有关的其他内容等。如工作班制度、有关定额表现形式、工作内容、技术规定、特殊规定等。

(2) 分册说明：本分册的定额项目和工作内容、施工方法的说明、质量安全要求、工程量计算规则、小组成员及平均技术等级等。

(3) 分节说明：主要说明本节的定额项目和工作内容、施工方法的说明、质量安全要求、工程量计算规则、小组成员及平均技术等级等；有的分节工作内容包括在分册说明中，可以不列分节说明。

2）分节定额

分节定额主要由文字说明、定额表和附注3部分组成。

(1) 文字说明主要指分节说明。

(2) 定额表是分节定额中的核心部分和主要内容。节以下划分为若干项目，项目以下又按不同施工方法和使用的材料及同一材料不同规格等细分为若干子目，每个定额子目包括人工消耗量、机械台班使用量和材料消耗量3个数量指标。

(3) 附注一般列于定额表的下方，主要说明由于施工条件变化规定的人工、材料和机械台班消耗的增减变化，一般采用乘以系数或增减人工的方法来计算。附注是对定额表的补充。

3）附录

附录一般放在定额分册的最后面，作为对定额使用时的参考和换算依据，它包括：名词解释及图示；先进经验及先进工具介绍；有关参考资料，如钢筋理论质量表、岩石分类表、混凝土和砂浆配合比表等。

在使用施工定额时，先根据施工过程内容及施工定额工程量计算规则计算出施工过程的工程量，再转化成与定额计量单位一致的工程量数量，查相应定额子目计算出施工过程所需的人工消耗量、材料消耗量、机械台班使用数量。查定额子目时要注意定额子目的施工内容与施工过程的施工内容是否一致。否则，套用定额子目时应进行相应的调整，使计算出的人工消耗量、材料消耗量和机械台班使用数量具有较好的实用性和准确性。

5. 企业定额

企业定额是指建筑安装企业根据本企业的技术水平和管理水平，编制完成单位合格产品所必需的人工、材料、机械的消耗数量标准，以及其他生产经营要素消耗的数量标准。它是企业竞争能力的综合体现，是企业的核心商业机密，反映了企业的综合实力。

施工定额是一种内部定额。当它是某一建筑安装企业的内部定额时，它就是某一建筑安装企业的企业定额。

1）企业定额的作用

(1) 企业定额是建筑安装企业进行计划管理的依据。

(2) 企业定额是建筑安装企业组织和指挥生产经营的有效工具。

(3) 企业定额是建筑安装企业计算工人劳动报酬的依据。

(4) 企业定额是建筑安装企业激励工人的条件。

(5) 企业定额有利于建筑安装企业推广先进的生产技术。

(6) 企业定额是建筑安装施工企业编制施工预算、强化成本管理的基础。

(7) 企业定额是建筑安装施工企业进行工程投标、编制工程投标报价的基础和主要依据。

2）企业定额的编制原则

(1) 平均先进性的原则：大多数经过努力可以达到。

(2) 简明适用的原则。

(3) 以专家为主编制定额的原则。

(4) 独立自主的原则。

(5) 时效性原则。

(6) 保密性原则。

3）企业定额的编制方法

企业定额的编制方法同施工定额。

5.3.4 预算定额

1. 预算定额的作用

预算定额是确定一定计量单位的分项工程或结构构件的人工、材料和施工机械台班消耗量的标准，它是在建筑工程施工阶段中确定工程人工消耗量、材料消耗量、机械台班使用量和计算工程造价及各项技术经济指标的主要依据，主要用于编制施工图预算。它由各省、市、自治区根据各自的实际情况由建设主管部门统一编制并颁发，具有法令性，是国家对基本建设实行统一的经济管理的重要工具。它的主要作用有以下几个。

(1) 预算定额是编制建筑工程施工图预算、合理确定建筑工程预算造价的依据。

(2) 对实行招标的工程，预算定额是确定工程标底和投标报价的依据。

(3) 预算定额是预算定额建设单位和建筑施工企业进行工程决算和结算的依据。

(4) 预算定额是编制建筑工程预算定额单位估价表的依据。

(5) 预算定额是编制建筑工程概算定额和概算指标的依据。

(6) 预算定额是建筑施工企业编制施工计划、组织施工、进行经济核算，加强经营管理的重要工具。

2. 预算定额的编制原则和编制依据

1) 预算定额的编制应遵循的原则

(1) 必须贯彻技术先进、经济合理、定额水平社会平均的原则。

技术先进是指定额各项指标的确定是以当前行之有效的，技术上比较先进和成熟的施工方法、结构构造和材料的使用为依据的。合理是指定额指标是按社会平均必要劳动消耗来确定的，既节约材料、降低成本，又略高于正常年份已经达到的实际水平。预算定额是指用经济手段确定建筑产品的消耗和价格，因此它必须起到经济杠杆的作用，还必须反映社会生产的实际情况，而且必须依据全社会、同行业各生产企业在正常的生产组织和经营管理状态下的平均生产水平编制。

预算定额的定额水平与施工定额的定额水平不同，施工定额的定额水平是平均先进水平，预算定额的定额水平是社会平均水平。预算定额的定额水平低于施工定额的定额水平，也就是说相对全社会而言，少数先进企业所具有的生产条件和生产力水平对大多数企业来说是不现实的，故不能作为预算定额的定额水平。预算定额确定的定额水平是大多数企业都能够达到和超过的水平。

(2) 必须体现“简明、准确、适用”的原则。

预算定额项目越细，利用预算定额计算造价的准确性越高，但编制的难度大，也不经济。预算定额项目越粗，利用定额计算造价的误差越大，也就越不能反映工程的实际情况。因此，预算定额项目数量不能太多，要简明扼要。在编制过程中，对有的结构形式和结构构件，施工方法、材料品种应做必要的简化和综合合并。如一砖外墙就可以综合双面清水墙、单面清水墙、混水墙等，通过细算粗编的办法，达到定额项目比较少，但内容全面完整，适用于各种不同情况的目的。对造价影响较大的因素，如钢筋用量等可通过换算来调整造价；对于价值较低的构件和材料项目，通过测算定额综合反映其平均值，但不允许换算。

(3) 要贯彻集中领导和分级管理的原则。

预算定额的集中领导指由国家建设主管部门确定全国统一的预算定额编制原则。分级管理就是指在全国统一的预算定额编制原则基础上，结合本地区的技术经济条件，进行适当的修订调整，编制出各省的预算定额。目前我国的建筑工程预算定额是由各省、市、自治区的基本建设主管部门组织编制并颁布实施的。

2) 编制预算定额的依据

(1) 我国现行的设计规范、施工及验收规范、工程质量评定标准和安全操作规程。

(2) 全国的通用标准图集和各地区通用的标准图集。

(3) 现行的全国统一劳动定额、材料消耗定额、施工机械台班定额、各地区现行预算定额。

(4) 各地区现行人工工资标准、材料预算价格和机械台班费。

(5) 较成熟的新技术、新结构、新材料的数据和资料。

3．预算定额的编制方法

预算定额是确定一定计算单位的人工、材料及施工机械台班的消耗数量的标准。它采用施工图纸计算与施工现场测算相结合的办法。因此在编制定额时，应根据设计图纸、施工定额的项目和计量单位，计算该分项工程的工程量。工程量的计算应通过多份典型施工图纸测算，取其加权平均值工程量。工程量计算出来以后，再计算人工、材料和施工机械的消耗量。

1）人工消耗指标的确定

人工消耗指标是完成该分项工程的各种用工数量和该用工量指标的平均技术等级。

各种用工数量由综合计算确定的工程量数据和国家颁发的《建筑安装工程统一劳动定额》计算求得。它由基本用工、其他用工、人工幅度差组成。

基本用工：完成该分项工程的主要用工量。

超运距用工：编制定额时，材料、半成品等运距超过劳动定额规定时，需要增加的用工量。

辅助用工：材料加工等用工。

人工幅度差：确定人工消耗工日时，劳动定额中未包括，但在正常施工情况下又不可避免的一些零星用工因素。它常用基本用工、超运距用工、辅助用工之和的某一百分数表示，反映出预算定额和施工定额由于测定对象及定额适用范围不同，从而在定额水平上产生一定的差别。土建工程的人工幅度差一般为10％。

预算定额项目工人的平均技术等级：

$$预算定额项目的平均工资等级系数=\frac{各种用工工资等级系数之和}{各种用工工日数之和}$$

根据该项目平均工资等级系数，即可求出相应的工人平均技术等级。

2）材料消耗量指标的确定

确定材料消耗量，应以施工定额材料消耗量为计算基础，再考虑非施工企业的原因造成的材料质量不符合标准和数量不足，以及对材料用量和增加费用的影响等因素。材料消耗量指标由施工操作必要的损耗量和场内运输损耗量等以及建筑施工过程净用量两部分组成。

3）机械台班指标的确定

预算定额机械台班指标应根据国家颁发的建筑安装工程统一机械台班使用定额和工程量数据计算的机械台班消耗量，再加上由于施工定额与预算定额水平不同而应增加的机械台班幅度差。大型机械和专业机械的幅度差系数按不同的机械测定给出，一般为10％～14％。

施工机械如按工人小组配备使用，应以小组工人产量计算机械的台班使用量，也不另外增加机械幅度差，其计算公式如下：

$$分项工程机械台班使用量=\frac{分项定额计量单位}{工人小组人数}$$

4．预算定额手册的组成

例如，《×省建筑工程预算定额》由总说明、建筑面积计算规则、分部工程定额、附录4部分组成。

1）总说明

总说明主要包括以下内容。

（1）预算定额的作用。

（2）预算定额适用的工程范围。

（3）确定人工、材料、机械台班定额消耗量指标的依据、条件和必要说明。

（4）工程图纸设计使用的材料、半成品强度等级与定额不符合时，是否允许进行换算调整及换算调整的方法。

（5）其他直接费的组成内容、计算方法。

（6）其他与定额消耗量指标有关的说明。

2）建筑面积计算规则

建筑面积计算规则用来确定建筑面积的计算方法及范围，这一部分主要介绍确定建筑面积的方案。

3）分部工程定额

分部工程定额是定额手册的主要内容，根据建筑结构及施工程序，按章、节、项、子目等排列。如《×省建筑工程预算定额》分成装饰与土建两大部分，各自分别独立成册。分部工程定额包括分部工程说明、工程量计算规则、定额表3部分内容。

（1）分部工程说明的主要内容如下。

①本分部工程定额项目编制依据、适用范围。

② 定额项目名称、定义及有关名词解释。

③ 不同情况或条件下定额数据的增减或调整系数。

④ 规定本分部图纸与定额项目的材料、半成品不符时是否允许进行调整及调整方法等。

（2）工程量计算规则规定本分部各分项工程量计算范围及计算方法。

（3）定额表是定额手册的主要内容，表头有工程内容及定额计算单位。工程内容虽然只列出主要施工过程，但应理解为包括所有为完成本分项工程合格产品的全部施工过程。每一定额子目都有一个定额编号。如《×省建筑工程预算定额》按全手册统一顺序编号，这样，每一定额子目的编号是唯一确定的，这样做是为了便于利用计算机加强对预算定额的管理和应用。《×省建筑工程预算定额》将定额项目单位估价即基价也列入定额表。基价等于人工、材料、机械台班的消耗量乘以各自预算价格之和。某些定额含有附注，符合附注条件时，应按附注说明调整定额。

4）附录

《×省建筑工程预算定额》的附录包括以下两部分内容。

（1）施工机械台班费用定额；

（2）混凝土、砂浆、垫层、保温材料配合比表。

5. 定额的换算

在编制施工图预算时，套用相应定额子目会出现工程设计图纸与定额子目的规定有局部不符的现象。若定额明确规定允许换算，则该定额子目可以换算，同时在换算以后的定额子目编号中注明“换”，以便审核。

如混凝土、砂浆的换算：

换算后的单价＝原定额单价＋(应换入混凝土、砂浆数量×相应单价－应换出混凝土、砂浆数量×相应单价)

混凝土、砂浆的组成材料量差计算，可按附录换入换出相应品种的各种材料各自的增减值求出即可。

6. 预算定额的使用方法

预算定额是确定工程造价、办理竣工决算、处理承包工程经济关系的主要依据之一。因此，工程技术人员必须熟练而准确地使用预算定额。学习和使用预算定额必须把握以下要点。

(1) 必须认真学习定额总说明和分部工程说明。

(2) 要准确地理解和熟记建筑面积和分部分项工程量计算规则。

(3) 掌握常用的分项工程内容、定额表内容、表下方的附注内容及一些数据的表现形式。

(4) 分项工程量计算单位和定额单位一致，能够准确地套用定额。

(5) 学会使用定额的附录资料及定额换算。

5.3.5 单位估价表

建筑工程单位估价表也称为建筑预算定额单价表，是预算定额项目计量单位的建筑产品的货币表现。建筑工程预算定额单价表就是项目单位产品的人工、材料、机械台班实物消耗量指标乘以相应的单价。利用单位估价表计算得到的人工费、材料费、机械费称为拟建项目的定额直接费，在单位估价表的基础上再编制单位估价汇总表。汇总表一般不列出分项工程的人工、材料、机械台班的消耗量数量，只给出单位计量单位的分项工程单价和其中的人工费、材料费、机械费。例如：《×省建筑工程预算定额汇总表》是一种地区汇总表，它是在地区单价表的基础上编制而成的，它的单价是以省会城市的价格为基础确定的，省内其他地方的单价与省会城市不同时，可以进行差价计算。对于国家重点建设工程远离中心城市的，其单价与中心城市不同，同时基本建设和投资额又相当巨大，因此，重点建设工程常需单独编制重点建设工程单位估价表，再在这个基础上编制单位估价汇总表。

单位估价表的编制依据如下。

(1) 预算定额。

(2) 地区的人工日工资标准。

(3) 地区的材料预算费价格。

(4) 地区施工机械台班费。

1. 人工工资标准的确定

建筑安装工人的人工工资标准即预算定额的人工工日单价，由基本工资、工资性津贴、生产工人辅助工资、职工福利费、生产工人劳动保护费等组成。基本工资指发给生产工人的基本工资，工资性津贴指按标准发放的各种补贴，生产工人辅助工资指生产工人年有效施工天数以外非作业天数的工资，职工福利费指按标准计取的职工福利费，生产工人劳动保护费指按标准发放的劳动保护的各种用品费用。

基本工资有月基本工资和日基本工资之分，月基本工资按国家劳动人事部门颁发的《国有大中型企业工人工资标准》确定。一级的工资系数为1，其他级别工人的工资与一级工人工资相差的倍数称为该级别的工资系数，主要用于计算不同级差的工资标准。建筑安装工人各工资等级系数表见表5-8。

表5-8 建筑安装工人工资级差0.1级的系数表

等级	系数	等级	系数	等级	系数	等级	系数
1.0	1.0	2.8	1.374	4.6	1.858	6.4	2.426
1.1	1.02	2.9	1.397	4.7	1.887	6.5	2.461
1.2	1.04	3.0	1.421	4.8	1.916	6.6	2.495
1.3	1.05	3.1	1.447	4.9	1.945	6.7	2.529
1.4	1.07	3.2	1.473	5.0	1.974	6.8	2.563
1.5	1.09	3.3	1.499	5.1	2.006	6.9	2.598
1.6	1.11	3.4	1.526	5.2	2.037	7.0	2.632
1.7	1.13	3.5	1.552	5.3	2.069	7.1	2.669
1.8	1.15	3.6	1.579	5.4	2.100	7.2	2.706
1.9	1.17	3.7	1.605	5.5	2.132	7.3	2.742
2.0	1.184	3.8	1.631	5.6	2.163	7.4	2.779
2.1	1.208	3.9	1.657	5.7	2.195	7.5	2.816
2.2	1.231	4.0	1.684	5.8	2.226	7.6	2.853
2.3	1.255	4.1	1.713	5.9	2.258	7.7	2.890
2.4	1.279	4.2	1.742	6.0	2.289	7.8	2.726
2.5	1.303	4.3	1.771	6.1	2.323	7.9	2.962
2.6	1.326	4.4	1.800	6.2	2.358	8.0	3.00
2.7	1.350	4.5	1.829	6.3	2.392		

日基本工资标准的计算公式：

$$\text{等级工日工资标准}=\frac{\text{一级工月工资标准}\times\text{工资等级系数}}{\text{月法定工作天数}}$$

工资性津贴、生产工人辅助工资、职工福利费、生产工人劳动保护费等根据地方和企业内部的规定按月计算，再除以月法定工作日数，得到日工资标准。

2. 材料预算单价(预算价格)的确定

材料预算价格指材料由来源地到离开施工工地仓库或工地堆放材料的地点的全部费用之和。建设工程材料、构件、成品及半成品的预算价格由采购原价、运杂费、运输损耗费、采购及保管费组成。

材料预算价格＝原价＋运杂费＋场外运输损耗费＋采购及保管费

或：

材料预算价格＝(原价＋运杂费)×(1＋场外运输损耗率)×(1＋采购及保管费率)

1) 原价

原价是指材料经销单位的供应价格。原价有市场价、行业指导价、零售价、国家定价等，对于一般建筑安装工程，其原价大部分按市场确定，由于各地同品种规格材料的市场价相差较大，所以取定的原价要求能代表当地市场的平均价格或按材料的来源采用加权平均确定。原价应包括包装费。包装费是指为了便于材料的运输或为了保护材料而进行包装所需要的费用，包括车、船运输需要的支撑、篷布、铁丝、木塞等。包装费按以下原则计算。

(1) 生产厂商负责的原带包装，其包装费已计入原价内，不另行计算。

(2) 采购方自带的包装品，以推销形式计算在材料预算价格内，其计算式为：

$$包装摊销费=\frac{包装价值\times(1-回收率\times回收价值率)+使用期间维修费}{周转次数\times包装器材标准容量}$$

(3) 租赁包装的租赁费按供货单位的规定计取，计算式为：

$$包装租赁费=\frac{供货单位租赁费+包装品返回运输费}{包装器材标准容量}$$

(4) 包装品的摊销、回收率、回收价值公式适用于采购包装，如购货方有明确规定的则按其他规定计算，无规定的按本办法计算。

2) 运杂费

材料运杂费是指材料自经销单位的交货点运至施工地仓库或材料堆放点所发生的全部费用，包括运输费、装卸费及其他费用。

当材料来源于若干地方时，材料的运杂费采用加权平均法确定：

$$运杂费=\frac{K_1T_1+K_2T_2+\cdots+K_nT_n}{K_1+K_2+\cdots+K_n}$$

式中 K_1、K_2、…、K_n——各不同供应点的供应量或各不同使用地点的需求量；

T_1、T_2、…、T_n——各不同运距的运费。

3) 场外材料运输损耗费

场外材料运输损耗费是指材料在运输装卸过程中不可避免的合理损耗费用。

场外运输损耗费计算公式如下：

$$场外运输损耗费=(原价+运杂费)\times运输损耗率$$

场外运输损耗由表 5-9 所列的材料运输损耗率标准确定。

表 5-9 场外运输损耗率

序号	材料名称	场外运输损耗率(%)	备注
1	楠竹	1	
2	粘土砖、粘土瓦、保温砖	3	
3	耐火砖	2	
4	水泥石棉制品	1	
5	河砂、炉矿渣、石屑	3	
6	碎(卵)石、方整石、蛭石、珍珠岩、骨料	2	
7	毛石、片石、米石子	1	
8	石膏、耐火泥、土、煤	1	
9	袋装水泥、袋装精灰、粉类、灰类、砂类	1	
10	散装水泥	3	
11	石墨制品	2	
12	玻璃及玻璃制品	4	

(续)

序号	材料名称	场外运输损耗率(%)	备注
13	生石灰	6	
14	混凝土管、水泥电杆	1	
15	石类、混凝土类(面砖、面板)	1	
16	石膏板、石棉板	2	
17	烧碱、电石	0.5	
18	预应力空心板	4	外购件
19	其他预制(预应力)钢筋混凝土板	2	外购件
20	非预应力空心板	1.5	外购件
21	其他非预应力钢筋混凝土板	1	外购件
22	预制全装配大板	1	外购件
23	预制钢筋混凝土檩条、支撑、薄壁构件	3	外购件
24	块状沥青	1	
25	桶状沥青	3	
26	陶瓷、瓷管、卫生瓷器、瓷制品、陶瓷面砖(板)	2	
27	有机玻璃制品	2	
28	成套灯具	1	

4) 采购保管费

材料采购及保管费是指组织采购、供应和保管材料过程中所需要的各项费用，包括采购费、仓储费、工地保管费和仓储损耗。采购保管费计算公式如下：

采购保管费=(原价+运杂费)×(1+运输损耗率)×采购及保管费率

其中，采购及保管费率采用如下标准。

(1) 建筑安装材料为2%。

(2) 金属构件成品和预制钢筋混凝土构件及设备为1%。

5) 材料预算价格的调整

材料预算价格按照上述方法计算出来以后在执行过程中存在下列3种情况，要对材料预算价格进行调整。

(1) 材料原价、运输工具、运价、来源地情况发生变化时，实际价格与预算价格的差额(即价差)会产生，当材料价差在3%～5%时，不予调整，价差较大时要进行调整，方法有以下两种。

① 当调整的材料品种不多和工程项目简单时，采用按实换算的方法，即以材料的实际价格代替单位估价表中的相应预算价格，以换算后的单价进行工程价款的结算。

② 材料价差调整系数调整。按材料价差调整系数可全面调整工程的材料费。材料价差调整系数由当地建设主管部门测定。其具体做法：选择若干有代表性工业与民用建筑工程及施工图预算，通过工料分析，求出各种材料数量，分别套定额材料预算价格与当前市场价格，两者的差价与工程直接费的比值即为材料调整系数，其工程材料价差等于工程直

接费乘以材料价差调整系数。

《×省建筑工程预算定额》材料预算单价调整办法规定：主要材料按单价调整，即按工程使用的材料实用量调整价差，次要材料按定额直接费为基础以调价系数调整，即按材料价差调整系数进行调整。主材的预算价格每两月公布一次，材料价差调整系数每两月调整一次。

(2) 因材料供应不符合设计要求需加工的价差。

(3) 因材料质量和量差而发生的价差。

材料费在工程造价中占了很大的比重，因此，材料的预算价格确定要根据当地建设主管部门颁布的现行文件的规定，使材料的预算价格反映市场材料供应的实际情况，以计算的工程材料费反映工程材料的实际消耗费用。

3. 施工机械台班使用费的确定

施工机械台班使用费指一台机械工作 8h 所必需的人工、物料和应分摊的费用。它由两类费用组成。第一类费用包括机械折旧费、机械大修理费、润滑及擦拭材料费、安装拆卸及辅助设施费、机械场外运输费、机械保管费等，它根据施工机械全部使用期或年工作制度确定，又称为不变费用。第二类费用包括机上工作人员工资、动力或燃料费、车辆养路及牌照税等，按所在地区工资标准、材料预算价格和交通部门规定的养路费计算，又称为可变费用。

1) 第一类费用的编制

(1) 机械台班折旧费：指机械在规定的使用期内陆续地回收其原始价值的费用。其计算公式为：

$$机械台班折旧费=\frac{机械预算\times(1-残值率)}{机械使用总台班}$$

(2) 台班大修理费：指机械使用达到大修间隔时间，必须进行修理，以恢复机械正常使用功能所需的费用。它的计算公式为：

$$台班大修费=\frac{一次大修费\times大修次数}{机械使用总台班}$$

$$大修次数=\frac{机械使用总台班}{大修间隔台班}$$

(3) 台班经常维修费：指机械中修及各级定期保养的费用，即一个大修理周期内的中修费和各级保养的费用与各级保养次数的乘积之和。它的计算公式为：

$$台班经常维修费=\frac{中修费+\sum(各级保养次数\times各级保养一次费)}{大修间距台班}$$

(4) 台班替换设备及工具附具费：指机械有些附件因使用损耗需替换以保持机械正常运转而消耗的费用。它的计算公式为：

$$台班替换设备及工具附具费=\sum\frac{替换设备、工具附具一次使用费\times(1-殖值率)\times相应单价}{替换设备、工具附具耐用台班}$$

(5) 台班润滑及擦拭材料费：指机械运转及正常使用保养所需的润滑材料和擦拭用棉纱、抹布等费用。它的计算公式为：

$$台班润滑及擦拭材料费=润滑及擦拭材料费台班使用量\times相应单价$$

其中：

$$润滑、擦拭材料台班用量=\frac{一次使用量\times 再次大修理间隔平均使用次数}{大修间隔台班}$$

(6) 台班安装拆卸及辅助设施费：指机械在工地进行安装、拆卸所需的工料、机具费、试运转费，以及安装所需的辅助设施的搭设、拆除费用。它的计算公式为：

$$台班安装拆卸费=\frac{一次安拆费\times 年安拆次数}{年工作台班}$$

$$台班辅助设施费=\frac{辅助设备一次使用量\times(1-残值率)\times 预算价格}{摊销台班数}$$

(7) 台班机械场外运输费：指机械整体或分体自停放场运至工地，或一个工地运至另一工地，运距在25km以内的进场运输费。它的计算公式为：

$$台班机械场外运输费=\frac{(每次运输费+每次装卸费)\times 年平均次数}{年工作台班}$$

(8) 台班机械保管费：指机械管理部门保管机械的费用，包括停车及停机棚的折旧费和机械在所工作台班以外的保管费用。它的计算公式为：

$$台班机械保管费=\frac{机械预算价格\times 年保管费率}{年工作台班}$$

2) 第二类费用的编制

(1) 人工费：指机上的操作人员如司机、司炉及其他机构的工人的工资。机下辅助施工工人的工资不包括在内，其工资应按工种在相应的定额工人部分列支。

$$机上人工费=\sum(人数\times 等级定额日工资标准)$$

(2) 动力燃料费：指施工机械使用的动力，主要包括电动、内燃、风动和蒸汽等所消耗的费用。它的计算公式为：

$$台班电力消耗量=\frac{8qk_1k_2k_3}{k_4}$$

式中 q——电动机额定容量(kW)；

k_1——电动机时间利用系数；

k_2——电动机能量利用系数；

k_3——动力线路电量损耗系数；

k_4——电动机有效利用系数。

$$台班燃料消耗量=\frac{8PGK_1K_2K_3K_4}{1000}$$

式中 P——引擎额定功率(kW)；

G——引擎额定油量；

K_1——机械时间利用系数；

K_2——机械能量利用系数；

K_3——车速油耗系数；

K_4——油料损耗系数。

(3) 养路费：指需在公路上行驶的载重汽车、汽车式起重机等按规定需缴纳的公路养路费。

5.3.6 概算定额和概算指标

1. 概算定额的含义及作用

概算定额是设计单位在初步设计阶段或扩大初步设计阶段确定工程造价、编制设计概算时的依据。它是以预算定额或综合预算定额为基础，根据通用图集和标准图集等资料，经过适当扩大编制而成的。它的项目划分方法是以建筑结构的形象部位为主，将预算定额中若干个有联系的分项综合为一个个项目。这样一来，概算定额与预算定额相比，简化了计算程序，省时省事，但是精确性降低了。概算定额又称为“扩大结构定额”，它是用来确定一定计算单位的建筑工程扩大结构构件或扩大分项工程所需要的人工、材料与机械台班的消耗量及其费用的计算标准。它的作用有以下几个。

(1) 概算定额是编制设计概算的依据。

(2) 它是多种设计方案进行技术经济比较的依据，可以起到控制建筑工程造价与拨款的作用。

(3) 它可以作为工程建设计划供应的主要材料的参数。

(4) 它是控制施工图预算的依据。

(5) 它是施工企业在准备施工期间、编制施工组织总设计或总规划时，对生产要素提出需要量计划的依据。

(6) 它是编制概算指标的依据。

2. 概算定额的内容

概算定额由总说明、建筑面积计算规则、分项说明、概算定额表组成。

(1) 总说明：主要阐明编制依据，适用范围，主要材料的预算单价，高层建筑超高部分应增加的人工机械费、运输费、材料的调价、费用组成及计算程序等。

(2) 建筑面积计算规则：主要说明建筑面积的计算范围及计算方法。

(3) 分项说明：阐明分项的工程量计算规则及套用定额时的注意事项。

(4) 概算定额表：概算定额的核心组成部分，用来注明概算定额工程量计量单位及每个定额子目计量单位的概算价格，人工及材料、机械台班消耗量及概算价格。

3. 概算指标

概算指标是一种用建筑面积或体积，或用万元造价为计算单位，以整个建筑物为对象编制的定额，它是比概算定额更加综合的指标。它的数据均来自结算资料，即用其建筑面积或体积或造价除以劳动力消耗用量、材料消耗用量、机械台班使用量。概算指标主要用于初步设计阶段。

1) 概算指标的作用

(1) 它是建筑单位确定工程概算造价，申请投资和编制计划，申请主要材料的依据。

(2) 它是设计方案进行方案造价比较和分析投资经济效果的尺度。

2) 概算指标的主要内容

(1) 编制说明：说明概算指标的作用、编制依据和使用注意事项。

(2) 工程简图：必要时，画出工程剖面简图，或再加平面简图，借以表明结构形式和使用特点。

(3) 结构特征和构造内容：说明结构特征和构造内容每 $1m^2$ 或 $100m^2$ 建筑面积的扩大分项工程量及其人工和主要材料的消耗指标。

(4) 人工及主要材料消耗指标：说明单项工程每 $100m^2$ 建筑面积的人工和主要材料的消耗指标。

(5) 经济指标：说明单项工程每 $100m^2$ 造价，其中包括土建、水、电气照明等各单位工程每 $100m^2$ 造价。

5.4 建筑安装工程费用

5.4.1 费用构成

1. 我国现行建设项目投资构成和工程造价的构成

建设项目投资含固定资产投资和流动资产投资两部分，建设项目总投资中的固定资产投资与建设项目的工程造价在量上相等。工程造价的构成按工程项目建设过程中各类费用支出或花费的性质、途径等来确定，是通过费用划分和汇集所形成的工程造价的费用分解结构。工程造价基本构成中包括用于购买工程项目所含各种设备的费用，用于建筑施工和安装施工所需支出的费用，用于委托工程勘察设计应支付的费用，用于购置土地所需的费用，也包括用于建设单位自身进行项目筹建和项目管理所花费的费用等。总之，工程造价是工程项目按照确定的建设内容、建设规模、建设标准、功能要求和使用要求等建成并验收合格、交付使用所需的全部费用。

根据原国家计委审定(计办投资［2002］15号)发行的《投资项目可行性研究指南》以及原建设部(建标［2003］206号)颁布的“关于印发〈建筑安装工程费用项目组成〉的通知”，我国现行工程造价的构成主要划分为设备及工具、器具购置费用，建筑安装工程费用，工程建设其他费用，预备费，建设期贷款利息，固定资产投资方向调节税等几项。具体构成内容如图5-5所示。

2. 建筑安装工程费用内容

1) 建筑安装工程费用内容

(1) 建筑工程费用内容。

① 各类房屋建筑工程和列入房屋建筑工程预算的供水、供暖、卫生、通风、煤气等设备费用及其装设、油饰工程的费用，列入建筑工程预算的各种管道，电力、电信和电缆导线敷设工程的费用。

② 设备基础、支柱、工作台、烟囱、水塔、水池、灰塔等建筑工程以及各种炉窑的砌筑工程和金属结构工程的费用。

③ 为施工而进行的场地平整，工程和水文地质勘察，原有建筑物和障碍物的拆除以及施工临时用水、电、气、路和完工后的场地清理，环境绿化、美化等工作的费用。

矿井开凿、井巷延伸、露天矿剥离，石油、天然气钻井，修建铁路、公路、桥梁、水

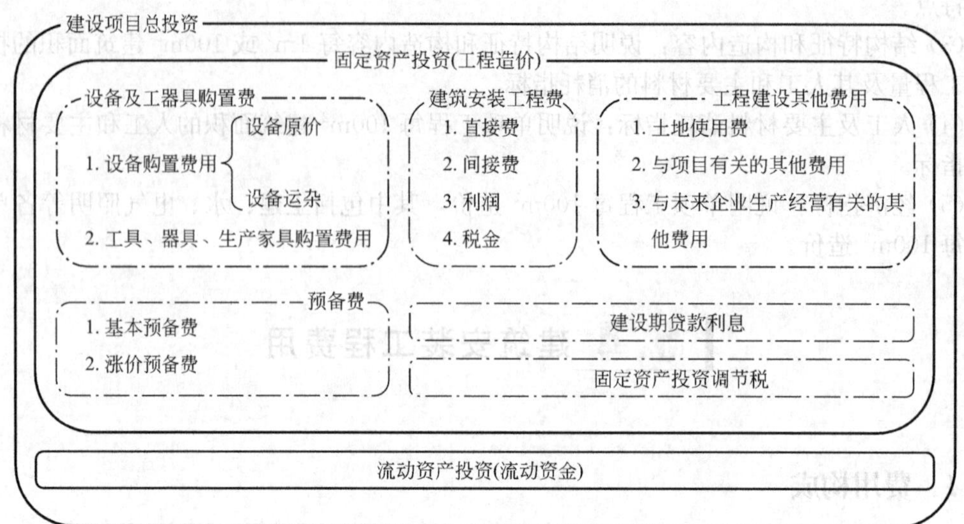

图 5-5　建设项目总投资

库、堤坝、灌渠及防洪等工程的费用。

(2) 安装工程费用内容。

① 生产、动力、起重、运输、传动和医疗、实验等各种需要安装的机械设备的装配费用，与设备相连的工作台、梯子、栏杆等设施的工程费用，附属于被安装设备的管线敷设工程费用，以及被安装设备的绝缘、防腐、保温、油漆等工作的材料费和安装费。

② 为测定安装工程质量，对单台设备进行单机试运转、对系统设备进行系统联动、无负荷试运转等工作的调试费。

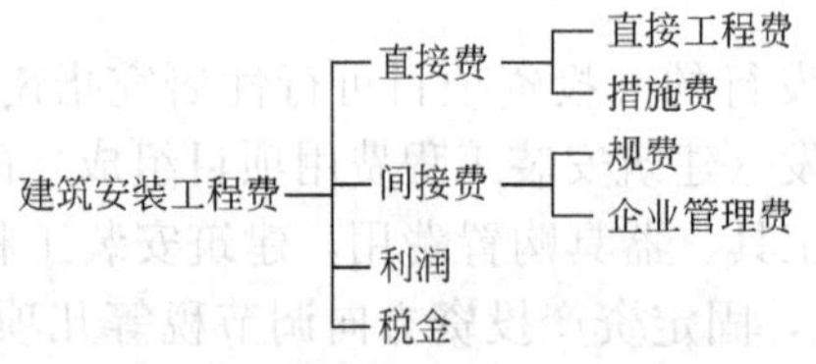

图 5-6　建筑安装工程费用项目

2) 我国现行建筑安装工程费用项目组成

我国现行建筑安装工程费用项目的具体组成主要包括 4 部分：直接费、间接费、利润和税金。其具体构成如图 5-6 所示。

3. 直接费

建筑安装工程直接费由直接工程费和措施费组成。

1) 直接工程费

直接工程费是指施工过程中耗费的构成工程实体的各项费用，包括人工费、材料费、施工机械使用费。

(1) 人工费：是指直接从事建筑安装工程施工的生产工人开支的各项费用。构成人工费的基本要素有两个，即人工工日消耗量和人工日工资单价。

人工工日消耗量：它是指在正常施工生产条件下，生产单位假定建筑安装产品(分部分项工程或结构构件)必须消耗的某种技术等级的人工工日数量。它由分项工程所综合的各个工序施工劳动定额包括的基本用工和其他用工。

相应等级的日工资单价包括生产工人基本工资、工资性补贴、生产工人辅助工资、职工福利费及生产工人劳动保护费。人工费的基本计算公式为：

$$日工资单价(G) = \sum_{i=1}^{5} G_i$$

$$人工费 = \sum(工日消耗量 \times 日工资单价)$$

基本工资(G_1)：是指发放给生产工人的基本工资。

$$G_1 = \frac{生产工人平均月工资}{年平均每月法定工作日}$$

工资性补贴(G_2)：是指按规定标准发放的物价补贴，如煤、燃气补贴，交通补贴，住房补贴，流动施工津贴等。

$$G_2 = \frac{\sum年发放标准}{全年日历日-法定假日} + \frac{\sum月发放标准}{年平均每月法定工作日} + 每工作日发放标准$$

生产工人辅助工资(G_3)：是指生产工人年有效施工天数以外非作业天数的工资，包括职工学习、培训期间的工资，调动工作、探亲、休假期间的工资，因气候影响的停工工资，女工哺乳期间的工资，病假在6个月以内的工资及产、婚、丧假期的工资。

$$G_3 = \frac{全年无效工作日 \times (G_1 + G_2)}{全年日历日-法定假日}$$

职工福利费(G_4)：是指按规定标准计提的职工福利费。

$$G_4 = (G_1 + G_2 + G_3) \times 福利费计提比例(\%)$$

生产工人劳动保护费(G_5)：是指按规定标准发放的劳动保护用品的购置费及修理费，徒工服装补贴，防暑降温费，在有碍身体健康环境中施工的保健费用等。

$$G_5 = \frac{生产工人年平均劳动保护费}{全年日历日-法定假日}$$

(2) 材料费：是指在施工过程中耗费的构成工程实体的原材料、辅助材料、构配件、零件、半成品的费用，内容如下。

① 材料原价(或供应价格)。

② 材料运杂费：是指材料自来源地运至工地仓库或指定堆放地点所发生的全部费用。

③ 运输损耗费：是指材料在运输装卸过程中不可避免的损耗。

④ 采购及保管费：是指在为组织采购、供应和保管材料的过程中所需要的各项费用。它包括采购费、仓储费、工地保管费、仓储损耗。

⑤ 检验试验费：是指对建筑材料、构件和建筑安装物进行一般鉴定、检查所发生的费用，包括自设试验室进行试验所耗用的材料和化学药品等费用。不包括新结构、新材料的试验费和建设单位对具有出厂合格证明的材料进行检验，对构件做破坏性试验及其他特殊要求检验试验的费用。

材料费的基本计算公式：

$$材料费 = \sum(材料消耗量 \times 材料基价 + 检验试验费)$$

其中：

$$材料基价 = \{(供应价 + 运杂费) \times [1 + 运输损耗率(\%)]\} \times \{1 + 采购保管率(\%)\}$$

$$检验试验费 = \sum(单位材料量检验试验费 \times 材料消耗量)$$

(3) 施工机械使用费：是指施工机械作业所发生的机械使用费以及机械安拆费和场外运费。

施工机械使用费的基本计算公式：

$$施工机械使用费 = \sum(施工机械台班消耗量 \times 机械台班单价)$$

机械台班单价的计算公式为：

台班单价＝台班折旧费＋台班大修费±台班经常修理费＋台班安拆费及场外运费＋台班人工费＋台班燃料费＋台班养路费及车船使用税

施工机械台班单价应由下列7项费用组成。

① 折旧费：指施工机械在规定的使用年限内，陆续收回其原值及购置资金的时间价值。

② 大修理费：指施工机械按规定的大修理间隔台班进行必要的大修理，以恢复其正常功能所需的费用。

③ 经常修理费：指施工机械除大修理以外的各级保养和临时故障排除所需的费用。包括为保障机械正常运转所需替换的设备与随机配备工具附具的摊销和维护费用，机械在运转过程中的日常保养所需润滑与擦拭的材料费用及机械停滞期间的维护和保养费用等。

④ 安拆费及场外运费：安拆费指施工机械在现场进行安装与拆卸所需的人工、材料、机械和试运转费用以及机械辅助设施的折旧、搭设、拆除等费用；场外运费指施工机械整体或分体自停放地点运至施工现场或由一施工地点运至另一施工地点的运输、装卸，辅助材料及架线等费用。

⑤ 人工费：指机上司机(司炉)和其他操作人员的工作日人工费及上述人员在施工机械规定的年工作台班以外的人工费。

⑥ 燃料动力费：指施工机械在运转作业中所消耗的固体燃料(煤、木柴)、液体燃料(汽油、柴油)及水、电等。

⑦ 养路费及车船使用税：指施工机械按照国家规定和有关部门规定应缴纳的养路费、车船使用税、保险费及年检费等。

2) 措施费

措施费是指为完成工程项目施工，发生于该工程施工前和施工过程中非工程实体项目的费用。

措施费包括如下内容。

(1) 环境保护费：是指施工现场为达到环保部门要求所需要的各项费用。

$$环境保护费=直接工程费\times环境保护费费率(\%)$$

$$环境保护费费率=\frac{本项费用年度平均支出}{全年建安产值\times直接工程费占总造价比例(\%)}\times100\%$$

(2) 文明施工费：是指施工现场文明施工所需要的各项费用。

$$文明施工费=直接工程费\times文明施工费费率(\%)$$

$$文明施工费费率=\frac{本项费用年度平均支出}{全年建安产值\times直接工程费占总造价比例(\%)}\times100\%$$

(3) 安全施工费：是指施工现场安全施工所需要的各项费用。

$$安全施工费=直接工程费\times安全施工费费率(\%)$$

$$安全施工费费率=\frac{本项费用年度平均支出}{全年建安产值\times直接工程费占总造价比例(\%)}\times100\%$$

(4) 临时设施费：是指施工企业为进行建筑工程施工所必须搭设的生活和生产用的临时建筑物、构筑物和其他临时设施费用等。

临时设施包括临时宿舍、文化福利及公用事业房屋与构筑物，仓库、办公室、加工厂以及规定范围内的道路、水、电、管线等临时设施和小型临时设施。临时设施费用包括临时设施的搭设、维修、拆除费或摊销费。临时设施费由以下 3 部分组成。

① 周转使用临时建筑(如活动房屋)。

② 一次性使用临时建筑(如简易建筑)。

③ 其他临时设施(如临时管线)。

$$临时设施费=(周转使用临时建筑费+一次性使用临时建筑费)\times[1+其他临时设施费在临时设施费中所占比例(\%)]$$

其中:

$$周转使用临时建筑费=\sum\left[\frac{临建面积\times每平方米造价}{使用年限\times365\times利用率(\%)}\times工期(天)\right]+一次拆除费$$

$$一次性使用临时建筑费=\sum\{每个临时建筑的建筑面积\times每平方米造价\times[1-残值率(\%)]\}+一次拆除费$$

其他临时设施费在临时设施费中所占比例，可由各地区造价管理部门依据典型施工企业的成本资料经分析后综合测定。

(5) 夜间施工费：是指因夜间施工所发生的夜班补助费、夜间施工降效、夜间施工照明设备摊销及照明用电等费用。

$$夜间施工增加费=\left(1-\frac{合同工期}{定额工期}\right)\times\frac{直接工程费中的人工费合计}{平均日工资单价}\times每工日夜间施工费开支$$

(6) 二次搬运费：是指因施工场地狭小等特殊情况而发生的二次搬运费用。

$$二次搬运费=直接工程费\times二次搬运费费率(\%)$$

$$二次搬运费费率=\frac{年平均二次搬运开支额}{全年建安产值\times直接工程费占总造价比例(\%)}\times100\%$$

(7) 大型机械设备进出场及安拆费：是指机械整体或分体自停放场地运至施工现场或由一个施工地点运至另一个施工地点，所发生的机械进出场运输和转移费用及机械在施工现场进行安装、拆卸所需的人工费、材料费、机械费、试运转费和安装所需的辅助设施的费用。

$$大型机械进出场费及安拆费=\frac{一次进出场费及安拆费\times年平均安拆次数}{年工作台班}$$

(8) 混凝土、钢筋混凝土模板及支架费：是指在混凝土施工过程中需要的各种钢模板、木模板、支架等的支、拆、运输费用及模板、支架的摊销(或租赁)费用。

$$模板及支架费=模板摊销量\times模板价格+支、拆、运输费$$

$$摊销量=一次使用量\times(1+施工损耗率)\times[1+(周转次数-1)\times补损率/周转次数-(1-补损率)\times50\%/周转次数]$$

(9) 脚手架费：是指施工需要的各种脚手架搭、拆、运输费用及脚手架的摊销(或租赁)费用。

$$脚手架搭拆费=脚手架摊销量\times脚手架价格+搭、拆、运输费$$

$$脚手架摊销量=\frac{单位一次使用量\times(1-残值率)}{耐用期/一次使用期}$$

$$租赁费=脚手架每日租金\times搭设周期+搭、拆、运输费$$

(10) 已完工程及设备保护费：是指竣工验收前，对已完工程及设备进行保护所需的费用。

已完工程及设备保护费=成品保护所需机械费+材料费+人工费

(11) 施工排水、降水费：是指为确保工程在正常条件下施工，采取各种排水、降水措施所发生的各种费用。

排水降水费=∑排水降水机械台班费×排水降水周期+排水降水使用材料费、人工费

4. 间接费

间接费由规费、企业管理费组成。

1) 规费

规费是指政府和有关权力部门规定必须缴纳的费用(简称规费)，包括以下费用。

(1) 工程排污费：是指施工现场按规定缴纳的工程排污费。

(2) 工程定额测定费：是指按规定支付工程造价(定额)管理部门的定额测定费。

(3) 社会保障费。

① 养老保险费：是指企业按规定标准为职工缴纳的基本养老保险费。

② 失业保险费：是指企业按照国家规定标准为职工缴纳的失业保险费。

③ 医疗保险费：是指企业按照规定标准为职工缴纳的基本医疗保险费。

(4) 住房公积金：是指企业按规定标准为职工缴纳的住房公积金。

(5) 危险作业意外伤害保险：是指按照建筑法规定，企业为从事危险作业的建筑安装施工人员支付的意外伤害保险费。

2) 企业管理费

企业管理费是指建筑安装企业组织施工生产和经营管理所需费用，主要包括以下内容。

(1) 管理人员工资：是指管理人员的基本工资、工资性补贴、职工福利费、劳动保护费等。

(2) 办公费：是指企业管理办公用的文具、纸张、账表、印刷、邮电、书报、会议、水电、烧水和集体取暖(包括现场临时宿舍取暖)用煤等费用。

(3) 差旅交通费：是指职工因公出差、调动工作的差旅费，住勤补助费，市内交通费和误餐补助费，职工探亲路费，劳动力招募费，职工离退休、退职一次性路费，工伤人员就医路费，工地转移费以及管理部门使用的交通工具的油料、燃料、养路费及牌照费。

(4) 固定资产使用费：是指管理和试验部门及附属生产单位使用的属于固定资产的房屋、设备仪器等的折旧、大修、维修或租赁费。

(5) 工具用具使用费：是指管理和试验等部门使用的不属于固定资产的生产工具、器具、家具、交通工具和检验、试验、测绘、消防用具等的购置、维修和摊销费。

(6) 劳动保险费：是指由企业支付离退休职工的易地安家补助费、职工退职金、6个月以上的病假人员工资、职工死亡丧葬补助费、抚恤费、按规定支付给离休干部的各项经费。

(7) 工会经费：是指企业按职工工资总额计提的工会经费。

(8) 职工教育经费：是指企业为职工学习先进技术和提高文化水平，按职工工资总额计提的费用。

(9) 财产保险费：是指施工管理用财产、车辆保险。

(10) 财务费：是指企业为筹集资金而发生的各种费用。

(11) 税金：是指企业按规定缴纳的房产税、车船使用税、土地使用税、印花税等。

(12) 其他：包括技术转让费、技术开发费、业务招待费、绿化费、广告费、公证费、法律顾问费、审计费、咨询费等。

3) 间接费的计算方法

(1) 间接费的取费基数。

间接费的计算按取费基数的不同分为以下3种。

以直接费为计算基础：

$$间接费=直接费合计\times间接费费率(\%)$$

以人工费和机械费合计为计算基础：

$$间接费=人工费和机械费合计\times间接费费率(\%)$$

$$间接费费率=规费费率(\%)+企业管理费费率(\%)$$

以人工费为计算基础：

$$间接费=人工费合计\times间接费费率(\%)$$

(2) 规费费率的计算公式。

以直接费为计算基础：

$$规费费率=\frac{\sum规费缴纳标准\times每万元发承包价计算基数}{每万元发承包价中的人工费含量}\times人工费占直接费的比例(\%)$$

以人工费和机械费合计为计算基础：

$$规费费率=\frac{\sum规费缴纳标准\times每万元发承包价计算基数}{每万元发承包价中的人工费含量和机械费含量}\times100\%$$

以人工费为计算基础：

$$规费费率=\frac{\sum规费缴纳标准\times每万元发承包价计算基数}{每万元发承包价中的人工费含量}\times100\%$$

(3) 企业管理费费率计算公式。

以直接费为计算基础：

$$企业管理费费率=\frac{生产工人年平均管理费}{年有效工作天数\times人工单价}\times人工费占直接费比例(\%)$$

以人工费和机械费合计为计算基础：

$$企业管理费费率=\frac{生产工人年平均管理费}{年有效工作天数\times(人工单价+每工日机械使用费)}\times100\%$$

以人工费为计算基础：

$$企业管理费费率=\frac{生产工人年平均管理费}{年有效工作天数\times人工单价}\times100\%$$

5. 利润及税金

建筑安装工程费用中的利润及税金是建筑安装企业职工为社会劳动所创造的那部分价值在建筑安装工程造价中的体现。

1) 利润

利润是指施工企业完成所承包工程获得的盈利。利润的计算同样因计算基础的不同而不同。

以直接费为计算基础时利润的计算方法：

$$利润=(直接费+间接费)\times相应利润率(\%)$$

以人工费和机械费为计算基础时利润的计算方法：

$$利润=直接费中的人工费和机械费合计\times相应利润率(\%)$$

以人工费为计算基础时利润的计算方法：

$$利润=直接费中的人工费合计\times相应利润率(\%)$$

在建设产品的市场定价过程中，应根据市场的竞争状况适当确定利润水平。取定的利润水平过高可能会导致丧失一定的市场机会，取定的利润水平过低又会面临很大的市场风险，相对于相对固定的成本水平来说，利润率的选定体现了企业的定价政策，利润率的确定是否合理也反映出企业的市场成熟度。

2）税金

建筑安装工程税金是指国家税法规定的应计入建筑安装工程费用的营业税、城市维护建设税及教育费附加。

(1) 营业税。

营业税是根据营业额乘以营业税税率确定的。其中建筑安装企业营业税税率为3%。计算公式为：

$$应纳营业税=营业额\times3\%$$

营业额是指从事建筑、安装、修缮、装饰及其他工程作业收取的全部收入，还包括建筑、修缮、装饰工程所用原材料及其他物资和动力的价款。当安装的设备的价值作为安装工程产值时，也包括所安装设备的价款。但建筑安装工程总承包方将工程分包或转包给他人的，其营业额中不包括付给分包或转包方的价款。

(2) 城市维护建设税。

城市维护建设税是为筹集城市维护和建设资金，稳定和扩大城市、乡镇维护建设的资金来源，而对有经营收入的单位和个人征收的一种税。

城市维护建设税是按应纳营业税额乘以适用税率确定，计算公式为：

$$应纳税额=应纳营业税额\times适用税率$$

城市维护建设税的纳税人所在地为市区的，其适用税率为营业税的7%；所在地为县镇的，其适用税率为营业税的5%；所在地为农村的，其适用税率为营业税的1%。

(3) 教育费附加。

教育费附加是按应纳营业税额乘以3%确定的，计算公式为：

$$应纳税额=应纳营业税额\times3\%$$

建筑安装企业的教育费附加要与其营业税同时缴纳。即使举办有职工子弟学校的建筑安装企业，也应当先缴纳教育费附加，教育部门可根据企业的办学情况，酌情返还给办学单位，作为对办学经费的补助。

(4) 税金的综合计算。

在税金的实际计算过程中，通常是三种税金一并计算。又由于在计算税金时，往往已知税前造价，因此税金的计算公式可以表达为：

$$税金=(直接费+间接费+利润)\times税率(\%)$$

纳税地点在市区的企业：

$$税率=\frac{1}{1-3\%-(3\%\times 7\%)-(3\%\times 3\%)}-1=3.413\%$$

纳税地点在县城、镇的企业：

$$税率=\frac{1}{1-3\%-(3\%\times 5\%)-(3\%\times 3\%)}-1=3.348\%$$

纳税地点不在市区、县城、镇的企业：

$$税率=\frac{1}{1-3\%-(3\%\times 1\%)-(3\%\times 3\%)}-1=3.220\%$$

5.4.2 建筑安装工程费用实例

本节以某省的有关建筑安装工程费用的规定为实例介绍建筑安装工程费用的组成及计算方法。

1. 某省建筑安装工程费用组成

某省建筑安装工程费用组成见表 5-10。

从表 5-10 中可以看出，该省的建筑安装工程费用组成与全国的建筑安装工程费用组成相同。但工会经费、职工教育经费分别列入不同的费用项目中。

表 5-10 某省建筑安装工程费用组成

<table>
<tr><td rowspan="9">建筑安装工程费用</td><td rowspan="5">直接费</td><td rowspan="3">直接工程费</td><td>人工费</td><td>基本工资、工资性补贴、生产工人辅助工资、职工福利费、生产工人劳动保护费</td></tr>
<tr><td>材料费</td><td>材料原价、材料运杂费、运输损耗费、采购及保管费、检验试验费</td></tr>
<tr><td>施工机械使用费</td><td>折旧费、大修理费、经常修理费、安拆费及场外运费、机械管理费、人工费、燃料动力费、养路费及车船使用税</td></tr>
<tr><td rowspan="2">措施费</td><td>工程安全防护、文明施工措施费</td><td>环境保护费、文明施工费、安全施工费、临时设施费</td></tr>
<tr><td>施工措施费</td><td>大型机械进出场费及安拆费、混凝土模板及支架费、高层建筑增加费、超高增加费、脚手架搭拆费、施工排水和降水费、检验试验费、缩短工期措施费(夜间施工费、周转材料加大投入量及增加场外运费)、二次搬运费、已完工程及设备保护费、垂直运输机械费</td></tr>
<tr><td rowspan="2">间接费</td><td>企业管理费</td><td></td><td>管理人员工资、办公费、差旅交通费、固定资产使用费、工具用具使用费、劳动保险费、财产保险费、财务费、税金、其他</td></tr>
<tr><td>规费</td><td></td><td>工程排污费、工程定额测定费、养老保险费、失业保险费、医疗保险费、住房公积金、危险作业意外伤害保险、工会经费、职工教育经费</td></tr>
<tr><td>利润</td><td></td><td></td><td></td></tr>
<tr><td>税金</td><td></td><td></td><td></td></tr>
</table>

2. 费用计算程序

根据《×省建设工程计价办法》的规定，该省工程造价的确定办法有两种：工程量清单计价法、工料单价法。这两种方法的费用计算程序不相同。

1）工程量清单计价

工程量清单计价即为综合单价计价，是指清单项目分部分项工程量的单价为全费用单价。

综合单价＝直接工程费＋管理费＋利润＋规费＋税金

直接工程费中的人工、材料、机械台班费用是按工程造价计算期的市场价格计算的。管理费、利润、规费、税金是以直接工程费为计算基数的，此时直接工程费中的人工、材料、机械台班费用是按基准期的基准价格计算的。

管理费＝基准期价格计算的直接工程费×管理费费率(％)

利润＝基准期价格计算的直接工程费×利润费率(％)

规费＝基准期价格计算的直接工程费×规费费率(％)

税金＝基准期价格计算的直接工程费×税金率(％)

2）工料单价法计价

工料单价法计价是指以消耗量标准项目分部分项工程量的单价为直接工程费，再以直接工程费为基础计取措施费、企业管理费、利润、规费、税金，从而确定工程造价。

措施费、企业管理费、利润、规费、税金的计算有以直接工程费的人工费为计算基数和以直接工程费的人工费、机械费为计算基数两种。其计算程序分别见表 5－11、表5－12。

表 5－11　单位工程造价计价表(人工费为计价基础)

序号	名称	费率	计算办法及计算程序	合价(元)
1	直接费		1.1＋1.2＋1.3＋1.4	
1.1	人工费		按规定计算的直接工程费和施工措施费的人工费	
1.2	材料费		按规定计算的直接工程费和施工措施费的材料费	
1.3	机械费		按规定计算的直接工程费和施工措施费的机械费	
1.4	主材费		除 1.2 项外的主材费	
2	企业管理费		1.1 项规定的取费基数×相应费率	
3	利润		1.1 项规定的取费基数×相应费率	
4	安全防护		1.1 项规定的取费基数×相应费率	
5	文明施工措施费			
6	其他 A		(1＋2＋3＋4＋5)×相应费率	
7	规费		(1＋2＋3＋ 4＋5 ＋6)×相应费率	
8	税金			
9	其他 B		1＋2＋3＋4＋5＋6＋7＋8	

表 5-12 单位工程造价计价表(人工费和机械费为计价基础)

序号	名称	费率	计算办法及计算程序	合价(元)
1	直接费		1.1+1.2+1.3+1.4	
1.1	人工费		按规定计算的直接工程费和施工措施费的人工费	
1.2	材料费		按规定计算的直接工程费和施工措施费的材料费	
1.3	机械费		按规定计算的直接工程费和施工措施费的机械费	
1.4	主材费		除 1.2 项外的主材费	
2	企业管理费		(1.1+1.3)项规定的取费基数×相应费率	
3	利润		(1.1+1.3)项规定的取费基数×相应费率	
4	安全防护		(1.1+1.3)项规定的取费基数×相应费率	
5	文明施工措施费			
6	其他 A		(1+2+3+4+5)×相应费率	
7	规费		(1+2+3+ 4+5 +6)×相应费率	
8	税金			
9	其他 B		1+2+3+4+5+6+7+8	

若协商项目或签证项目费用没有包括各项费用，记为其他 A；若协商项目或签证项目费用包括了各项费用，则记为其他 B。

企业管理费费率、利润费率见表 5-13。

表 5-13 企业管理费费率、利润费率

项目名称		计费基础	费率(%)	
			企业管理费	利 润
建筑工程		人工费+机械费	33.30	22.00
装饰装修工程		人工费	32.20	29.00
安装工程		人工费	37.90	39.00
园林(景观)绿化工程		人工费	28.60	19.00
仿古建筑		人工费	33.10	24.00
市政工程	给水、排水、燃气、集中供热工程	人工费	35.20	34.00
	道路、桥涵、隧道、防洪堤工程	人工费+机械费	31.00	21.00
机械土石方		人工费+机械费	7.50	5.00
打桩工程		人工费+机械费	14.40	12.00

工程安全防护、文明施工措施费费率见表 5-14。

规费费率见表 5-15。

表 5-14　工程安全防护、文明施工措施费费率

项目名称		计费基础	费率(%)
建筑工程		人工费+机械费	15.30
装饰装修工程		人工费	13.60
安装工程		人工费	12.80
园林(景观)绿化工程		人工费	12.80
仿古建筑		人工费	14.80
市政工程	给水、排水、燃气、集中供热工程	人工费	12.80
	道路、桥涵、隧道、防洪堤工程	人工费+机械费	13.60
机械土石方		人工费+机械费	3.80
打桩工程		人工费+机械费	3.10

注：工程安全防护、文明施工费包括文明措施、安全措施费、临时设施费和环境保护费。单位工程建筑面积在以下范围内的，其建筑工程、装饰装修工程、安装工程的工程防护、文明施工措施费分别乘以相应的系数：5000m^2 以下乘以 1.20，5000～10000m^2 乘以 1.10，20000～30000m^2 乘以 0.90，超过 30000m^2 乘以 0.80。其他专业工程执行同一标准。

表 5-15　规费费率

项目名称	执行地区	计费基础	费率(%)
工程排污费 工程定额测定费 职工失业保险费 职工医疗保险费 职工住房公积金 工会经费 危险作业意外伤害保险 职工教育经费	省会城市及其他经济较发达地区	税前造价	3.14
	其他地区	税前造价	3.16
养老保险费	全省	税前造价	3.50

5.4.3　设备及工具、器具购置费用

设备及工具、器具购置费用是由设备购置费和工具、器具及生产家具购置费组成的，它是固定资产投资中的积极部分。在生产性工程建设中，设备及工具、器具购置费用占工程造价比重的增大，意味着生产技术的进步和资本有机构成的提高。

1. 设备购置费的构成及计算

设备购置费是指为建设项目购置或自制的达到固定资产标准的各种国产或进口设备、工具、器具的购置费用。它由设备原价和设备运杂费构成。

设备购置费＝设备原价＋设备运杂费

式中，设备原价指国产设备或进口设备的原价；设备运杂费指除设备原价之外的关于

设备采购、运输、途中包装及仓库保管等方面支出费用的总和。

1）国产设备原价的构成及计算

国产设备原价一般指的是设备制造厂的交货价或订货合同价。它一般根据生产厂或供应商的询价、报价、合同价确定，或采用一定的方法计算确定。国产设备原价分为国产标准设备原价和国产非标准设备原价。

(1) 国产标准设备原价。

国产标准设备是指按照主管部门颁布的标准图纸和技术要求，由我国设备生产厂批量生产的，符合国家质量检测标准的设备。国产标准设备原价有两种，即带有备件的原价和不带有备件的原价。在计算时，一般采用带有备件的原价。

(2) 国产非标准设备原价。

国产非标准设备是指国家尚无定型标准，各设备生产厂不可能在工艺过程中批量生产，只能按一次订货，并根据具体的设计图纸制造的设备。非标准设备原价有多种不同的计算方法，如成本计算估价法、系列设备插入估价法、分部组合估价法、定额估价法等。但无论采用哪种方法都应该使非标准设备计价接近实际出厂价，并且计算方法要简便。按成本计算估价法，非标准设备的原价由以下各项组成。

① 材料费。其计算公式如下：

材料费＝材料净重×(1＋加工损耗系数)×每吨材料综合价

② 加工费。包括生产工人工资和工资附加费、燃料动力费、设备折旧费、车间经费等。其计算公式如下：

加工费＝设备总重量(吨)×设备每吨加工费

③ 辅助材料费(简称辅材费)。包括焊条、焊丝、氧气、氩气、氮气、油漆、电石等费用。其计算公式如下：

加工费＝设备总重量(吨)×设备每吨加工费

④ 专用工具费。按①～③项之和乘以一定百分比计算。

⑤ 废品损失费。按①～④项之和乘以一定百分比计算。

⑥ 外购配套件费。按设备设计图纸所列的外购配套件的名称、型号、规格、数量、质量，根据相应的价格加运费计算。

⑦ 包装费。按以上①～⑥项之和乘以一定百分比计算。

⑧ 利润。可按①～⑤项加第⑦项之和乘以一定利润率计算。

⑨ 税金。主要指增值税。计算公式为：

增值税＝当期销项税额－进项税额

当期销项税额＝销售额×适用增值税率

其中，销售额为①～⑧项之和。

⑩ 非标准设备设计费：按国家规定的设计费收费标准计算。

综上所述，单台非标准设备原价可用下面的公式表达：

单台非标准设备原价＝{[(材料费＋加工费＋辅助材料费)×(1＋专用工具费率)×(1＋废品损失费率)＋外购配套件费]×(1＋包装费率)－外购配套件费}×(1＋利润率)＋销项税金＋非标准设备设计费＋外购配套件费

2）进口设备原价的构成及计算

进口设备的原价是指进口设备的抵岸价，即抵达买方边境港口或边境车站，且交完关税等税费后形成的价格。进口设备抵岸价的构成与进口设备的交货类别有关。

(1) 进口设备的交货类别。

进口设备的交货类别可分为内陆交货类、目的地交货类、装运港交货类。

内陆交货类，即卖方在出口国内陆的某个地点交货。在交货地点，卖方及时提交合同规定的货物和有关凭证，并承担交货前的一切费用和风险；买方按时接收货物，交付货款，承担接货后的一切费用和风险，并自行办理出口手续和装运出口。货物的所有权也在交货后由卖方转移给买方。

目的地交货类，即卖方在进口国的港口或内地交货，有目的港船上交货价、目的港船边交货价(FOS)和目的港码头交货价(关税已付)及完税交货价(进口国的指定地点)等几种交货价。它们的特点是：买卖双方承担的责任、费用和风险是以目的地约定交货点为分界线，只有当卖方在交货点将货物置于买方控制下才算交货，才能向买方收取货款。这种交货类别对卖方来说承担的风险较大，在国际贸易中卖方一般不愿采用。

装运港交货类，即卖方在出口国装运港交货，主要有装运港船上交货价(FOB)，习惯上称为离岸价格；运费在内价(CFR)；保险费在内价(CIF)，习惯上称为到岸价格。它们的特点是：卖方按照约定的时间在装运港交货，只要卖方将合同规定的货物装船后提供货运单据便完成交货任务，可凭单据收回货款。

装运港船上交货价(FOB)是我国进口设备采用最多的一种货价。采用船上交货时卖方的责任是：在规定的期限内，负责在合同规定的装运港口将货物装上买方指定的船只，并及时通知买方；承担货物装船前的一切费用和风险，负责办理出口手续；提供出口国政府或有关方面签发的证件；负责提供有关装运单据。买方的责任是：负责租船或订舱，支付运费，并将船期、船名通知卖方；承担货物装船后的一切费用和风险；负责办理保险及支付保险费，办理在目的港的进口和收货手续；接受卖方提供的有关装运单据，并按合同规定支付货款。

(2) 进口设备抵岸价的计算。

进口设备抵岸价的计算公式为：

进口设备抵岸价＝进口设备货价＋国际运费＋运输保险费＋银行财务费＋外贸手续费＋进口关税＋增值税＋消费税＋海关监管手续费＋车辆购置附加费

① 进口设备的货价。进口设备货价通过向有关生产厂商询价、报价、订货合同价计算。一般指装运港船上交货价(离岸价)FOB。

② 国际运费。即从装运港(站)到达我国抵达港(站)的运费。计算公式为：

国际运费＝离岸价(FOB)×运费率

或　国际运费＝单位运价×运量

③ 运输保险费。计算公式为：

运输保险费＝(离岸价＋国际运费)×国外保险费率/(1－保险费率)

④ 进口关税。由海关对进出口国境或关境的货物和物品征收的一种税。计算公式为：

进口关税＝(进口设备离岸价＋国际运费＋运输保险费)×进口关税率

⑤ 增值税。我国增值税条例规定，进口应税产品均按组成计税价格和增值税税率直接计算应纳税额。计算公式为：

增值税额＝组成计税价格×增值税税率

组成计税价格＝关税完税价格＋进口关税＋消费税

其中，增值税税率根据规定的税率计算，目前进口设备适用税率为17%。

⑥ 外贸手续费。是指原国家对外贸易经济合作部规定的对进口产品征收的费用，计算公式为：

外贸手续费＝[进口设备离岸价(FOB)＋国际运费＋运输保险费]×外贸手续费率

⑦ 银行财务费。一般指中国银行手续费。计算公式为：

银行财务费＝进口设备离岸价(FOB)×银行财务费率

⑧ 消费税。部分高档消费品征收。

消费税＝(到岸价＋关税)×消费税率/(1－消费税率)

⑨ 海关监管手续费。是指海关对进口减税、免税、保税设备实施监督、管理、提供服务的手续费。对全额征收关税的货物不收海关监管手续费。计算公式为：

海关监管手续费＝进口设备到岸价×海关监管手续费率

⑩ 车辆购置附加费。

车辆购置附加费＝(到岸价＋关税＋消费税＋增值税)×车辆购置附加费率

3) 设备运杂费的构成及计算

(1) 设备运杂费的构成。

设备运杂费通常由下列各项构成。

① 运费和装卸费。国产设备由设备制造厂交货地点起至工地仓库(或施工组织设计指定的需要安装设备的堆放地点)止所发生的运费和装卸费；进口设备则由我国到岸港口或边境车站起至工地仓库(或施工组织设计指定的需安装设备的堆放地点)止所发生的运费和装卸费。

② 包装费。在设备原价中没有包含的，为运输而进行包装支出的各种费用。

③ 设备供销部门的手续费。按有关部门规定的统一费率计算。

④ 采购与仓库保管费。指采购、验收、保管和收发设备所发生的各种费用，包括设备采购人员、保管人员和管理人员的工资、工资附加费、办公费、差旅交通费，设备供应部门办公和仓库所占固定资产使用费、工具用具使用费、劳动保护费、检验试验费等。这些费用可按主管部门规定的采购与保管费费率计算。

(2) 设备运杂费的计算。

设备运杂费按设备原价乘以设备运杂费率计算，计算公式为：

设备运杂费＝设备原价×设备运杂费率

其中，设备运杂费率按各部门及省、市等的规定计取。

2. 工具、器具及生产家具购置费的构成及计算

工具、器具及生产家具购置费，是指新建或扩建项目初步设计规定的，保证初期正常生产必须购置的没有达到固定资产标准的设备、仪器、模具、器具、生产家具和备品备件等的购置费用。一般以设备购置费为计算基数，按照部门或行业规定的工具、器具及生产家具费率计算。计算公式为：

工具、器具及生产家具购置费＝设备购置费×定额费率

5.4.4 工程建设其他费用

工程建设其他费用，是指从工程筹建起到工程竣工验收交付使用止的整个建设期间，除建筑安装工程费用和设备及工具、器具购置费用以外、为保证工程建设顺利完成和交付使用后能够正常发挥效用而发生的各项费用。

1. 土地使用费

任何一个建设项目都固定于一定地点与地面相连接，必须占用一定量的土地，也就必然要发生为获得建设用地而支付的费用，这就是土地使用费。它是指通过划拨方式取得土地使用权而支付的土地征用及迁移补偿费，或者通过土地使用权出让方式取得土地使用权而支付的土地使用权出让金。

1）土地征用及迁移补偿费

土地征用及迁移补偿费，是指建设项目通过划拨方式取得无限期的土地使用权，依照《中华人民共和国土地管理法》等规定所支付的费用。其总和一般不得超过被征土地年产值的30倍，土地年产值则按该地被征用前3年的平均产量和国家规定的价格计算。其内容包括以下各项。

(1) 土地补偿费。征用耕地(包括菜地)的补偿标准，按政府规定，为该耕地被征用前三年平均年产值的6～10倍，具体补偿标准由省、自治区、直辖市人民政府在此范围内制定。征用园地、鱼塘、藕塘、苇塘、宅基地、林地、牧场、草原等的补偿标准，由省、自治区、直辖市参照征用耕地的土地补偿费制定。征收无益的土地，不予补偿。土地补偿费归农村集体经济组织所有。

(2) 青苗补偿费和被征用土地上的房屋、水井、树木等附着物补偿费。这些补偿费的标准由省、自治区、直辖市人民政府制定。征用城市郊区的菜地时，还应按照有关规定向国家缴纳新菜地开发建设基金。地上附着物及青苗补偿费归地上附着物及青苗的所有者所有。

(3) 安置补助费。征用耕地、菜地的，其安置补助费按照需要安置的农业人口数计算。每一个需要安置的农业人口的安置补助费标准，为该耕地被征用前3年平均年产值的4～6倍。但是，每公顷被征用耕地的安置补助费，最高不得超过被征用前3年平均年产值的15倍。征用土地的安置补助费必须专款专用，不得挪作他用。需要安置的人员由农村集体经济组织安置的，安置补助费支付给农村集体经济组织，由农村集体经济组织管理和使用；由其他单位安置的，安置补助费支付给安置单位；不需要统一安置的，安置补助费发放给被安置人员个人或者征得被安置人员同意后用于支付被安置人员的保险费用。市、县和乡(镇)人民政府应当加强对安置补助费使用情况的监督。

(4) 缴纳的耕地占用税和城镇土地使用税、土地登记费及征地管理费等。县市土地管理机关从征地费中提取土地管理费的比率，要按征地工作量大小，视不同情况，在1%～4%幅度范围内提取。

(5) 征地拆迁费。包括征用土地上的房屋及附属构筑物、城市公共设施等拆除、迁建补偿费、搬迁运输费，企业单位因搬迁造成的减产、停工损失补贴费，拆迁管理费等。

(6) 水利水电工程水库淹没处理补偿费。包括农村移民安置迁建费，城市迁建补偿费，库区工矿企业、交通、电力、通信、广播、管网、水利等的恢复、迁建补偿费，库底清理费，防护工程费，环境影响补偿费用等。

2）土地使用权出让金

土地使用权出让金，指建设项目通过土地使用权出让方式，取得有限期的土地使用权，依照《中华人民共和国城镇国有土地使用权出让和转让暂行条例》规定，支付的土地使用权出让金。

明确国家是城市土地的唯一所有者，并分层次、有偿、有限期地出让、转让城市土地。第一层次是城市政府将国有土地使用权出让给用地者，该层次由城市政府垄断经营。出让对象可以是有法人资格的企事业单位，也可以是外商。第二层次及以下层次的转让则发生在使用者之间。

城市土地的出让和转让可采用协议、招标、公开拍卖等方式。

协议方式是由用地单位申请，经市政府批准同意后双方洽谈具体地块及地价。该方式适用于市政工程、公益事业用地以及需要减免地价的机关、部队用地和需要重点扶持、优先发展的产业用地。

招标方式是在规定的期限内，由用地单位以书面形式投标，市政府根据投标报价、所提供的规划方案以及企业信誉综合考虑，择优而取。该方式适用于一般工程建设用地。

公开拍卖是指在指定的地点和时间，由申请用地者叫价应价，价高者得，这完全是由市场竞争决定的，适用于盈利高的商业用地。

在有偿出让和转让土地时，政府对地价不进行统一规定，但应坚持以下原则。

(1) 地价对目前的投资环境不产生大的影响。

(2) 地价与当地的社会经济承受能力相适应。

(3) 地价要考虑已投入的土地开发费用、土地市场供求关系、土地用途和使用年限。

关于政府有偿出让土地使用权的年限，各地可根据时间、区位等各种条件作不同的规定。根据《中华人民共和国城镇国有土地使用权出让和转让暂行条例》，土地使用权出让最高年限按下列用途确定。

(1) 居住用地70年。

(2) 工业用地50年。

(3) 教育、科技、文化、卫生、体育用地50年。

(4) 商业、旅游、娱乐用地40年。

(5) 综合或者其他用地50年。

土地有偿出让和转让，土地使用者和所有者要签约，明确使用者对土地享有的权利和对土地所有者应承担的义务。

(1) 有偿出让和转让使用权，要向土地转让者征收契税。

(2) 转让土地如有增值，要向转让者征收土地增值税。

(3) 在土地转让期间，国家要根据不同地段、不同用途向土地使用者收取相应土地占用费。

2. 与项目建设有关的其他费用

根据项目的不同，与项目建设有关的其他费用的构成也不尽相同，一般包括以下各项，在进行工程估算及概算中可根据实际情况进行计算。

1）建设单位管理费

建设单位管理费是指建设项目从立项、筹建、建设、联合试运转、竣工验收交付使用到后评估等全过程管理所需的费用，内容如下。

(1) 建设单位开办费。指新建项目为保证筹建和建设工作正常进行所需办公设备、生活家具、用具、交通工具等购置费用。

(2) 建设单位经费。包括工作人员的基本工资、工资性补贴、职工福利费、劳动保护费、劳动保险费、办公费、差旅交通费、工会经费、职工教育经费、固定资产使用费、工具用具使用费、技术图书资料费、生产人员招募费、工程招标费、合同契约公证费、工程质量监督检测费、工程咨询费、法律顾问费、审计费、业务招待费、排污费、竣工交付使用清理及竣工验收费、后评估等费用。不包括应计入设备、材料预算价格的建设单位采购及保管设备材料所需的费用。

建设单位管理费按照单项工程费用之和(包括设备及工器具购置费和建筑安装工程费用)乘以建设单位管理费费率计算。

建设单位管理费费率按照建设项目的不同性质、不同规模确定。有的建设项目按照建设工期和规定的金额计算。

2）勘察设计费

勘察设计费是指为本建设项目提供建议书、可行性研究报告及设计文件等所需的费用，包括以下内容。

(1) 编制项目建议书、可行性研究报告及投资估算、工程咨询、评价以及为编制上述文件进行勘察、设计、研究试验等所需的费用。

(2) 委托勘察、设计单位进行初步设计、施工图设计及概预算编制等所需的费用。

(3) 在规定范围内由建设单位自行完成的勘察、设计工作所需的费用。

勘察设计费中，项目建议书、可行性研究报告按国家颁布的收费标准计算；设计费按国家颁布的工程设计收费标准计算；勘察费一般民用建筑6层以下的按3～5元/m^2计算，高层建筑按8～10元/m^2计算，工业建筑按10～12元/m^2计算。

3）研究试验费

研究试验费是指为建设项目提供和验收设计参数、数据、资料等所进行的必要的试验费用以及设计规定在施工中心须进行试验、验收所需要费用。包括自行或委托其他部门研究试验所需人工费、材料费、试验设备及仪器使用费等。这项费用按照设计单位根据本工程项目的需要提出的研究试验内容和要求计算。

4）建设单位临时设施费

建设单位临时设施费是指建设期间建设单位所需临时设施的搭设、维修、摊销费用或租赁费用。临时设施包括临时宿舍，文化福利及公用事业房屋与构筑物、仓库、办公室、加工厂以及规定范围内的道路、水、电、管线等临时设施和小型临时设施。

5）工程监理费

工程监理费是指建设单位委托工程监理单位对工程实施监理工作所需的费用。根据国家物价局、建设部的文件规定，选择下列方法之一计算。

(1) 一般情况应按工程建设监理收费标准计算，即按所监理工程概算或预算的百分比计算。

(2) 对于单工种或临时性项目可根据参与监理的年度平均人数计算。

6) 工程保险费

工程保险费是指建设项目在建设期间根据需要实施工程保险所需的费用。包括以各建筑工程及其在施工过程中的物料、机器设备为保险标的建筑工程一切险种，以安装工程中的各种机器、器械设备为保险标的安装工程一切险种，以及机器损坏保险等。根据不同的工程类别，分别以建筑、安装工程费用乘以建筑、安装工程保险费率计算。民用建筑(住宅楼、综合性大楼、商场、旅馆、医院、学校)占建筑工程费的2‰～4‰，其他建筑(工业厂房、仓库、道路、码头、水坝、隧道、桥梁、管道等)占建筑工程费的3‰～6‰，安装工程(农业、工业、机械、电子、电气、纺织、矿山、石油、化学及钢铁工业、钢结构桥梁)占建筑工程费的3‰～6‰。

7) 引进技术和进口设备及其他费用

(1) 出国人员费用。指为引进技术和进口设备派出人员在国外培训和进行设计联络、设备检验等的差旅费、置装费、生活费等。这项费用根据设计规定的出国培训和工作的人数、时间及派往国家，按财政部、外交部规定的临时出国人员费用开支标准及中国民用航空公司现行国际航线票价等进行计算，其中使用外汇部分应计算银行财务费用。

(2) 国外工程技术人员来华费用。指为安装进口设备、引进国外技术等聘用外国工程技术人员进行技术指导工作所发生的费用。包括技术服务费，外国技术人员的在华工资、生活补贴、差旅费、医药费、住宿费、交通费、宴请费、参观游览等招待费用。这项费用按每个月费用指标计算。

(3) 技术引进费。指为引进国外先进技术而支付的费用。包括专利费、专有技术费(技术保密费)、国外设计及技术资料费、计算机软件费等。这项费用根据合同或协议的价格计算。

(4) 分期或延期付款利息。指利用出口信贷引进技术或进口设备采取分期或延期付款的办法所支付的利息。

(5) 担保费。指国家金融机构为买方出具保函的担保费。这项费用按有关金融机构规定的担保费率计算(一般可按承保金额的5‰计算)。

(6) 进口设备检验鉴定费用。指进口设备按规定付给商品检验部门的进口设备检验鉴定费。这项费用按进口设备货价的3‰～5‰计算。

8) 工程承包费

工程承包费是指具有总承包条件的工程公司，对工程建设项目从开始建设至竣工投产全过程的总承包所需的管理费用。具体内容包括组织勘察设计、设备材料采购、非标准设备设计制造与销售、施工招标、发包、工程预决算、项目管理、施工质量监督、隐蔽工程检查、验收和试车直到竣工投产的各种管理费用。该费用按国家主管部门或省、自治区、直辖市协调规定的工程总承包费取费标准计算。如无规定时，一般工业建设项目为投资估算的6‰～8‰，民用建筑(包括住宅建设)和市政项目为4‰～6‰。不实行工程总承包的项目不计算本项费用。

3. 与未来企业生产经营有关的其他费用

1) 联合试运转费

联合试运转费是指新建企业或新增加生产工艺过程的扩建企业在竣工验收前，按照设计规定的工程质量标准，进行整个车间的负荷联合试运转发生的费用支出大于试运转收入的亏损部分。费用内容包括：试运转所需的原料、燃料、油料和动力的费用，机械使用费用，低值易耗品及其他物品的购置费用和施工单位参加联合试运转人员的工资等。试运转收入包括试运转产品销售和其他收入，不包括应由设备安装工程费项下开支的单台设备调试费及试车费用。联合试运转费一般根据不同性质的项目按需要试运转车间的工艺设备购置费的百分比计算。

2）生产准备费

生产准备费是指新建企业或新增生产能力的企业，为保证竣工交付使用进行必要的生产准备所发生的费用。费用包括以下内容。

(1) 生产人员培训费，包括自行培训、委托其他单位培训的人员的工资、工资性补贴、职工福利费、差旅交通费、学习资料费、学习费、劳动保护费等。

(2) 生产单位提前进厂参加施工、设备安装、调试等以及熟悉工艺流程及设备性能等人员的工资、工资性补贴、职工福利费、差旅交通费、劳动保护费等。

(3) 生产准备费一般根据需要培训和提前进厂人员的人数及培训时间按生产准备费指标进行估算。应该指出，生产准备费在实际执行中是一笔在时间上、人数上、培训深度上很难划分的、灵活性很大的支出，尤其要严格控制。

3）办公和生活家具购置费

办公和生活家具购置费是指为保证新建、改建、扩建项目初期正常生产、使用和管理所必须购置的办公和生活家具、用具的费用。改、扩建项目所需的办公和生活用具购置费，应低于新建项目。其范围包括办公室、会议室、资料档案室、阅览室、文娱室、食堂、浴室、理发室、单身宿舍和设计规定必须建设的托儿所、卫生所、招待所、中小学校等家具、用具购置费。这项费用按照设计定员人数乘以综合指标计算，一般为600～800元/人。

4. 预备费

按我国现行规定，预备费包括基本预备费和涨价预备费。

1）基本预备费

基本预备费是指在初步设计及概算内难以预料的工程费用，费用包括以下内容。

(1) 在批准的初步设计范围内，技术设计、施工图设计及施工过程中所增加的工程费用；设计变更、局部地基处理等增加的费用。

(2) 一般自然灾害造成的损失和预防自然灾害所采取的措施费用。实行工程保险的工程项目此费用应适当降低。

(3) 竣工验收时为鉴定工程质量对隐蔽工程进行必要的挖掘和修复的费用。

基本预备费是按设备及工、器具购置、建筑安装工程费用和工程建设其他费用三者之和为计取基础，乘以基本预备费费率进行计算。

基本预备费=(设备及工、器具购置费+建筑安装工程费用+
工程建设其他费用)×基本预备费费率

基本预备费费率的取值应执行国家及相关主管部门的有关规定。

2）涨价预备费

涨价预备费是指建设项目在建设期间内由于价格等变化引起工程价格变化的预测预留费用。费用内容包括：人工、设备、材料、施工机械的价差费，建筑安装工程费及工程建设其他费用调整，利率、汇率调整等增加的费用。

涨价预备费的测算方法，一般根据国家规定的投资综合价格指数，按估算年份价格水平折算的投资额为基数，采用复利方法计算。计算公式为：

$$P_E = \sum_{t=0}^{n} I_t[(1+f)^t - 1]$$

式中 P_E——涨价预备费；

n——建设期年份数；

I_t——建设期中第 t 年的投资计划额，包括设备及工、器具购置费，建筑安装工程费，工程建设其他费用及基本预备费；

f——年平均投资价格上涨率。

5. 建设期贷款利息

建设期贷款利息包括向国内银行和其他非银行金融机构贷款、出口信贷、外国政府贷款、国际商业银行贷款以及在境内外发行的债券等在建设期内应偿还的借款利息。

当总贷款是分年均衡发放时，建设期利息的计算可按当年借款在年中支用考虑，即当年贷款按半年计算，上年贷款按全年计算。计算公式为：

$$q_j = \left(p_{j-1} + \frac{1}{2}A_j\right) \times i$$

式中 q_j——建设期第 j 年应计利息；

p_{j-1}——建设期第 $(j-1)$ 年末贷款累计金额与利息累计金额之和；

A_j——建设期第 j 年贷款金额；

i——年利率。

在国外贷款利息的计算中，还应包括国外贷款银行根据贷款协议向贷款方以年利率的方式收取的手续费、管理费、承诺费，以及国内代理机构经国家主管部门批准的以年利率的方式向贷款单位收取的转贷费、担保费、管理费等。

6. 固定资产投资方向调节税

为了贯彻国家产业政策，控制投资规模，引导投资方向，调整投资结构，加强重点建设，促进国民经济持续、协调发展，对在我国境内进行固定资产投资的单位和个人征收固定资产投资方向调节税(简称投资方向调节税)。

1) 税率

投资方向调节税根据国家产业政策和项目经济规模实行差别税率，税率共分为0%、5%、10%、15%、30%共5个档次。差别税率按两大类设计，一是基本建设项目投资，二是更新改造项目投资。对前者设计了4档税率，即0%、5%、15%、30%；对后者设计了两档税率，即0%、10%。

(1) 基本建设项目投资适用的税率。

① 国家急需发展的项目投资，如农业、林业、水利、能源、交通、通信、原材料、科教、地质、勘探、矿山开采等基础产业和薄弱环节的部门项目投资，适用零税率。

② 对国家鼓励发展但受能源、交通等制约的项目投资，如钢铁、化工、石油、水泥等部分重要原材料项目，以及一些重要机械、电子、轻工业和新型建材的项目，实行5%税率。

③ 为配合住房制度改革，对城乡个人修建、购买住宅的投资实行零税率；对单位修建、购买一般性住宅投资，实行5%的低税率；对于单位用公款修建、购买高标准独门独

院、别墅式住宅投资，实行30%的高税率。

④ 对楼堂馆所以及国家严格限制发展的项目投资，课以重税，税率为30%。

⑤ 对不属于上述4类别的其他项目投资，实行中等税负政策，税率为15%。

(2) 更新改造项目投资适用的税率。

为了鼓励企业事业单位进行设备更新和技术改造，促进技术进步，对国家急需发展的项目投资，予以扶持，适用零税率；对单纯工艺改造和设备更新的项目投资，也适用零税率。

对不属于上述提到的其他更新改造项目投资，一律适用10%的税率。

2) 计税依据

投资方向调节税以固定资产投资项目实际完成投资额为计税依据。实际完成投资额包括：设备及工、器具购置费、建筑安装工程费、工程建设其他费用及预备费。但更新改造项目是以建筑工程实际完成的投资额为计税依据。

3) 计税方法

首先确定单位工程应税投资完成额；其次根据工程的性质及划分的单位工程情况，确定单位工程的适用税率；最后计算各个单位工程应纳的投资方向调节税税额，并且将各个单位工程应纳的税额汇总，即得出整个项目的应纳税额。

4) 缴纳方法

投资方向调节税按固定资产投资项目的单位工程年度计划投资额预缴，年度终了后，按年度实际完成投资额结算，多退少补。项目竣工后，按应征收投资方向调节税的项目及其单位工程的实际完成投资额进行清算，多退少补。

本章小结

基本建设指建筑、购置和安装固定资产的活动以及与此相关的其他工作，包括3方面内容：固定资产的建造、固定资产购置、其他基本建设工作。可以按投资用途、建设性质、构成大小等分类。

建筑工程概(预)算按不同的编制阶段可划分为投资估算、设计概算、施工图预算、施工预算、竣工结算。设计概算、施工图预算、竣工决算是基本建设的“三算”；施工图预算、施工预算、竣工结算是企业内部的“三算”。

定额是指在合理的劳动组织和合理使用材料和机械的条件下，完成单位合格产品所必须消耗的劳动力、材料、机械台班的数量标准。按生产要素分为劳动定额、材料消耗定额、机械台班定额；按定额编制和用途分为施工定额、预算定额和概算定额。

我国现行建筑安装工程费用项目的具体组成主要包括4部分：直接费、间接费、利润和税金。直接费包括直接工程费和措施费。间接费包括规费和企业管理费。

习 题

一、单项选择题

1. 在初步设计阶段，根据概算定额及初步设计图纸来粗略地计算工程费用的文件，称为(　　)。

A. 设计概算　B. 施工图预算　C. 施工预算　D. 工程结算

2. 具有单独的设计文件，可单独组织专业施工，可单独编制施工图预算，施工企业可以据此考核工程成本和进行核算，但不能单独发挥效益的工程是(　　)。

A. 建设项目　B. 单项工程　C. 单位工程　D. 分部工程

3. 施工企业内部的“三算”是指(　　)。

A. 设计概算、施工图预算、竣工决算　B. 施工图预算、施工预算、竣工结算

C. 设计概算、施工图预算、施工预算　D. 设计概算、施工预算、竣工结算

4. 根据工人的工作时间分析图，不属于有效工作时间的是(　　)。

A. 基本工作时间　B. 准备与结束时间

C. 辅助工作时间　D. 休息时间

5. 在建筑工程定额中，按生产要素分类的有(　　)。

A. 劳动定额　B. 施工定额　C. 企业定额　D. 预算定额

6. 编制施工图预算所依据的定额是(　　)。

A. 预算定额　B. 概算定额　C. 施工定额　D. 概算指标

7. 用建筑面积或体积，或用万元造价为计算单位，以整个建筑物为对象编制的定额是(　　)。

A. 预算定额　B. 概算定额　C. 施工定额　D. 概算指标

8. (　　)是用来确定一定计量单位的建筑工程扩大结构构件或扩大分项工程所需的人工、材料与机械台班的消耗量及其费用的计算标准。

A. 预算定额　B. 概算定额　C. 施工定额　D. 概算指标

9. 预算定额中的材料消耗量指标确定时，材料消耗量不包括(　　)。

A. 施工操作必要的损耗量　B. 场内运输损耗量

C. 场外运输损耗量　D. 施工过程净用量

10. 建设部(建标［2003］206号)颁发的《建筑安装工程费用项目组成》，模板及支架费用属于(　　)。

A. 直接工程费　B. 措施费　C. 间接费　D. 企业管理费

11. 施工企业为从事危险作业的建筑安装施工人员支付的意外伤害保险费属于建筑安装工程中的(　　)。

A. 人工费　B. 措施费　C. 规费　D. 企业管理费

12. 施工企业缴纳的营业税＝(　　)×营业税税率。

A. 营业额　B. 直接费＋间接费

C. 直接费＋间接费＋利润　D. 工程造价

13. 进口设备的原价是指进口设备的(　　)。

A. 到岸价　B. 抵岸价

C. 装运港船上交货价　D. 离岸价

14. 居住用地土地使用权出让最高年限为(　　)。

A. 40年　B. 50年　C. 70年　D. 100年

15. 在建设投资中，(　　)属于与项目建设有关的其他费用。

A. 直接工程费　B. 设备购置费　C. 基本预备费　D. 工程监理费

16. 在初步设计及概算内难以预料的工程费用是(　　)。

A. 与项目建设有关的其他费用　　B. 工程承包费

C. 基本预备费　　D. 预备费

17. 在《全国统一建筑工程基础定额》中，劳动消耗量以综合工日表示，其内容不包括(　　)。

A. 基本用工　　B. 零星用工　　C. 辅助用工　　D. 人工幅度差

二、多项选择题

1. 定额按编制单位和执行范围划分，可分为(　　)。

A. 全国统一定额　　B. 企业定额　　C. 土建定额　　D. 安装定额

E. 地方定额

2. 劳动对象是指施工过程中所使用的(　　)。

A. 基本材料　　B. 建筑材料　　C. 半成品、配件　D. 预制构件

E. 辅助材料

3. 预算定额编制的依据有(　　)。

A. 国家有关部门的有关制度与规定

B. 现行设计、施工及验收规范；质量评定标准和安全技术规程

C. 施工定额

D. 施工图纸

E. 有关新技术、新结构、新材料等的资料

4. 材料消耗指标中的损耗量包括(　　)等内容。

A. 操作时损耗　　B. 材料二次搬运损耗

C. 堆放损耗　　D. 场内运输损耗

E. 规格改装加工损耗

5. 平方米实物量指标可用于编制(　　)。

A. 概算　　B. 预算

C. 材料计划　　D. 复核工程预算

E. 竣工决算

6. 设计阶段影响工程造价的主要因素有(　　)。

A. 厂址选择　　B. 工艺评选

C. 工艺技术方案选择　　D. 设备造型和设计

E. 建筑材料和建筑结构的选择

7. 工程价款结算办法有(　　)。

A. 按月结算　　B. 按季结算

C. 按年度结算　　D. 竣工后一次结算

E. 已完分段结算

8. 下列费用属于建设工程其他费用的有(　　)。

A. 定额管理费　　B. 计划利润

C. 建设单位管理费　　D. 研究试验费

E. 联合试运转费

9. 当工程需编制总概算时，综合概算费用的组成有(　　)。

A. 建筑工程费用　　B. 安装工程费用
C. 设备、工器、具等的购置费用　　D. 其他费用
E. 预备费

10. 房屋基础的土方综合定额不适用于(　　)。
A. 房屋工程的基础土方　　B. 单独地下室土方
C. 局部地下室土方　　D. 构筑物土方
E. 附属于建筑物内部的设备基础土方

第6章 建筑工程概(预)算编制

教学目标

本章主要介绍设计概算、施工图预算和施工预算的编制依据、作用与方法。通过本章教学，让学习者了解设计概算、施工图预算和施工预算的编制依据、作用与方法；特别要掌握施工图预算的工程量计算规则。

教学要求

知识要点	能力要求	相关知识
设计概算	了解设计概算的编制方法	定额，工程量，概算定额，概算指标
施工图预算	掌握施工图预算的编制方法；掌握建筑面积计算规则；掌握土石方工程等分部分项工程的工程量计算规则	基础定额，消耗量标准，计价办法
施工预算	掌握施工预算的编制方法与步骤	

基本概念

设计概算、建筑面积、平整地场、沟槽、基坑。

引例

学校兴建一栋实验大楼，首先要委托设计单位进行图纸设计。在初步设计或扩大初步设计阶段，设计单位要编制一份作为设计文件的重要组成部分的实验大楼大致建造费用的经济文件即设计概算。然后向建设主管部门申请招标，在招标准备阶段，要委托造价咨询事务所编制一份作为标书的重要组成部分的施工图预算文件。施工单位中标后，他们自己或委托他人编制一份施工预算文件，用于指导施工。这三份概预算文件如何编制，正是本章要解决的问题。

6.1 设计概算的编制

6.1.1 设计概算的编制依据、作用

1. 设计概算

设计概算，是指设计单位在初步设计或扩大初步设计阶段，根据设计图样及说明书、

设备清单、概算定额(或概算指标)、各项费用取费标准等资料、类似工程预(决)算文件等资料，用科学的方法计算和确定建筑安装工程全部建设费用的经济文件。它是设计文件的重要组成部分，是编制基本建设计划，实行基本建设投资大包干，控制基本建设拨款和贷款的依据，也是考核设计方案和建设成本是否经济合理的依据。采用两阶段设计的建设项目，初步设计阶段必须编制设计概算，采用三阶段设计的技术阶段必须编制修正概算。

2. 设计概算的编制原则、依据

1) 设计概算的编制原则

在设计概算的编制过程中，为了保证设计概算的编制质量及准确程度，更好地发挥设计概算在设计阶段工程造价控制中的作用，编制设计概算的过程中应遵循以下的原则。

(1) 严格执行国家的建设方针和经济政策。

(2) 要完整、准确地反映设计内容。

(3) 要坚持结合拟建工程的实际，反映工程所在地当时价格水平。

2) 设计概算的编制依据

(1) 国家发布的有关法律、法规、规章、规程等。

(2) 批准的可行性研究报告及投资估算、设计图纸及有关资料。

(3) 有关部门颁布的现行概算定额、概算指标、费用定额等，以及建设项目设计概算编制办法。

(4) 有关部门发布的人工、设备材料价格、造价指数等。

(5) 有关合同、协议等。

(6) 其他有关资料。

3. 设计概算的作用及其内容

1) 设计概算的作用

设计概算的作用有很多，概括起来可以归纳为以下几个方面。

(1) 设计概算是编制建设项目投资计划、确定和控制建设项目投资的依据。

(2) 设计概算是签订建设工程合同和编制施工图预算的依据。

(3) 设计概算是控制施工图设计和施工图预算的依据。

(4) 设计概算是衡量设计方案技术经济合理性和选择最佳设计方案的依据。

(5) 设计概算是工程造价管理及编制招标工程标底和投标报价的依据。

(6) 设计概算是考核建设项目投资效果的依据。

2) 设计概算的内容

设计概算可分单位工程概算、单项工程综合概算和建设项目总概算三级，各级概算之间的相互关系如图 6-1 所示。

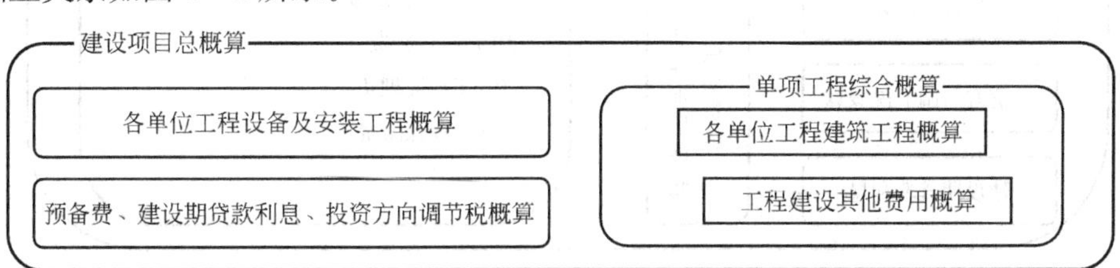

图 6-1 建设项目总概算构成

单位工程概算是确定各单位工程建设费用的文件，是编制单项工程综合概算的依据，是单项工程综合概算的组成部分。单位工程概算分建筑工程概算和设备及安装工程概算两大类。建筑工程概算包括土建工程概算，给排水、采暖工程概算，通风、空调工程概算，电气照明工程概算，弱电工程概算，特殊建筑物工程概算等；设备及安装工程概算包括机械设备及安装工程概算、电气设备及安装工程概算，以及工具、器具及生产家具购置概算等。

单项工程概算是确定一个单项工程所需建设费用的文件，它是由单项工程中的各单位工程概算汇总编制而成的，是建设项目概算的组成部分。单位工程综合概算的组成内容如图 6－2 所示。

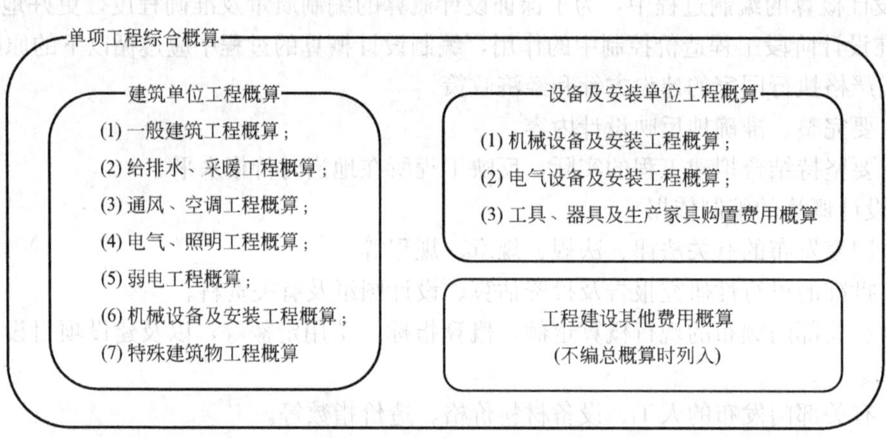

图 6－2　单项工程概算组成

建设项目总概算。建设项目总概算是确定整个建设项目从筹建到竣工验收所需全部费用的文件，它是由各工程综合概算、工程建设其他费用概算、预备费和投资方向调节税等汇总编制而成的，如图 6－3 所示。

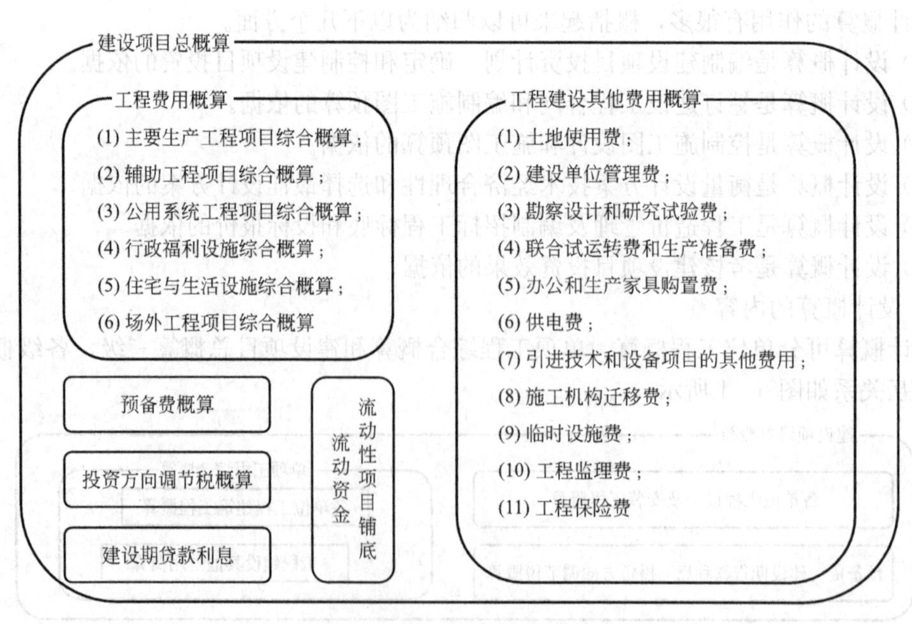

图 6－3　建设项目总概算组成

6.1.2 设计概算的编制方法

单位工程概算分为建筑工程概算和设备及安装工程概算。建筑工程概算的编制方法有概算定额法、概算指标法、类似工程预算法。设备及安装工程概算的编制方法有预算单价法、扩大单价法、设备价值百分比法和综合吨位指标法等。本节主要阐述建筑工程概算的编制法。

1. 概算定额编制设计概算

利用概算定额编制设计概算是设计概算编制的主要方法。

1) 编制依据

(1) 初步设计或扩大初步设计的图纸资料和说明书。

(2) 概算定额。

(3) 概算费用定额。

(4) 施工条件和施工方法。

2) 编制程序

利用概算定额编制设计概算的程序如图 6-4 所示。

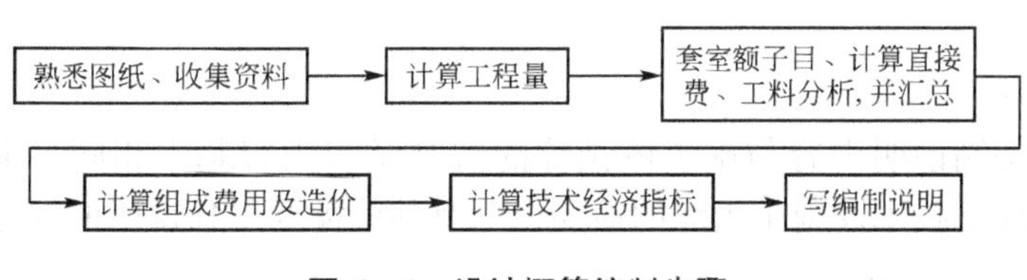

图 6-4 设计概算编制步骤

上述设计概算的步骤与施工图预算的编制步骤基本相同，但由于设计概算与施工图预算两者内容的不同，设计概算每个编制步骤的内容有自己的特点。

(1) 熟悉图纸、收集资料。

编制设计概算所采用的图纸一般为方案图或施工图。这种图纸的设计精度达不到编制施工图预算的图纸要求。在熟悉图纸过程中，除了看懂图纸本身的内容，还要清楚图纸的设计意图及一般的构造、施工要求。这样，对图纸上没有标明的内容才能清楚，才能完整准确地编制施工图预算。收集资料就是要收集编制设计概算所需要的依据资料，如概算定额、取费文件、人工日工资标准、机械台班费用、材料预算价格等。

(2) 计算工程量。

在计算工程量时，工程量的计算规则必须采用概算定额的工程量计算规则。概算定额是一种扩大的预算定额，也是一种综合预算定额，因此，它的工程量计算相对编制施工图预算时的工程量计算要简单，而且也没有编制施工图预算时工程量计算的工作量大。例如，在编制施工图预算时，条形大放脚的砖基础要分别计算挖土、垫层、砖基础、基础圈梁、回填土、余土外运等工程量，并套用相应定额子目。但在编制设计概算时只需计算砖基础的工程量(这大大地减少了工程量计算的工作量)，套用概算定额的砖基础定额子目。概算定额砖基础定额子目包括了挖土、垫层、砖基础、基础圈梁、回填土、余土外运等工作内容，在编制设计概算时，工程量的计算方法同样可以采用统筹法。编制设计概算时，工程量的计算一定要根据图纸及概算定额工程量计算规则进行。只有这样才能避免工程量计算时漏算、错算、重复计算等不足。

(3) 套定额子目、计算直接费、工料分析，并汇总。

在这个阶段编制设计概算与施工图预算不同之处在于采用的定额不同，编制设计概算依据的定额是概算定额，因此套用的定额子目也只能为概算定额的定额子目。编制施工图预算依据的定额是预算定额，因此，套用的定额子目也只能为预算定额的定额子目。其余的做法与编制施工图预算相同。

(4) 计算组成费用及造价。

编制设计概算时，费用计算与施工图费用计算有一定的差异。设计概算的费用程序按概算定额总的说明中的费用计算程序进行，但费率的取定除特大型施工机械进出场费费率、工程排水费费率、零星工程费费率按概算定额总的说明中取定以外，其余均按编制施工图预算费用中的费率标准采用。

大型项目除按概算定额总说明中费用计算项目计算以外，还应增加预备费。设计概算的总造价也就等于其组成的费用之和。

(5) 计算技术经济指标。

为了比较一个设计方案的优劣，针对某一单位工程编制的设计概算编制以后，一般应计算其技术经济指标，主要包括单位造价、单位材料、人工消耗指标，其计算方法同施工图预算。

(6) 编制说明。

设计概算的编制说明内容与施工图预算的编制说明内容基本相同，主要包括编制依据、编制范围、施工技术及施工组织的简要说明及其他需要单独说明的问题。

2. 概算指标编制设计概算

利用概算指标编制设计概算简单快捷，但精度不高。当设计概算编制时间要求紧时，它具有一定的适用性。

编制设计概算时，若完成了初步设计，应根据初步设计图纸要求的设计内容及特征，再查找类似特征建筑物的概算指标，然后编制设计概算；若没有完成初步设计，应根据建设单位及设计单位的建设与设计意图，查找相同类型建筑物的概算指标，编制设计概算。

利用概算指标编制设计概算，先计算拟建工程的建筑面积，然后利用概算指标计算其造价。

$$每平方米建筑面积人工费=指标人工工日数\times地区工资标准$$

$$每平方米建筑面积材料费=\sum(主要材料数量\times地区材料预算价格)\times(1+K)$$

其中 $K=\dfrac{次要材料费}{主要材料费}$

$$每平方米建筑面积机械费=\sum(机械数量\times地区机械台班费)$$

$$每平方米建筑面积直接费=人工费+材料费+机械费$$

再根据各地区的取费标准求出其每平方米建筑面积的间接费、税金、价差。

$$每平方米建筑面积概算单价=直接费+间接费+材料差价+税金$$

$$拟建工程概算价值=每平方米建筑面积概算单价\times拟建工程的建筑面积$$

3. 类似工程预算法编制的设计概算

用以往的、外地的类似工程预(决)算编制设计概算，是一种较为方便、快速的概算编制方法，其前提是两个工程之间具有可比性，即拟建工程在建筑面积、结构特征等方面与已建(或在建)工程基本一致，如层数相同、面积接近、结构类似，材料、构件价格差额不大。在用类比法编制设计概算时应根据类型差异、时距差异、地域差异等调整。

$$拟建工程概算造价=K\times类似工程预(决)算价值$$

式中 K——综合调整系数，$K=\sum K_i\times F_i(i=1、2、3、\cdots、n)$；

K_i——拟建工程所在地区现在某项造价因素指标与类似工程预(决)算的同类指标的比值，如 $i=1$ 时

$$K_1=\frac{拟建地区的人工工资标准}{类似工程预(决)算的人工工资标准}$$

F_i——类似工程预(决)算总价值造价因素指标所占的比重，如 $i=1$ 时

$$F_i=\frac{人工工资标准}{类似工程预(决)算总价值}\times 100\%$$

在以上公式中，不同的价值所对应的造价因素指标分别为：1——人工工资；2——材料；3——机械台班；4——管理费(间接费)；5——利润；6——税金。

【例 6-1】 有一幢新建实验楼，建筑面积 3600m²，根据下列类似工程施工图预算的有关数据计算该工程的概算造价。

(1) 建筑面积 2800m²。

(2) 工程预算成本 926800 元。

(3) 各种费用占成本的百分比：人工费 8%，材料费 61%，机械费 10%，其他直接费 4%，间接费 11%，其他费 6%。

(4) 据拟建工程所在地区现在某项造价因素指标与类似工程的同类指标的值，计算出各修正系数为：$K_1=1.03$，$K_2=1.04$，$K_3=0.98$，$K_4=1.39$，$K_5=0.96$，$K_6=0.90$。

(5) 税率 10%。

解：(1) 类似工程预算成本总修正系数为：

$K=1.03\times8\%+1.04\times61\%+0.98\times10\%+1.39\times4\%+0.96\times11\%+0.9\times6\%=1.03$

(2) 类似工程修正系数预算为：926800×1.03=954604.00 元

(3) 类似工程修正后的含税概算造价为：954604×(1+10%)=1050064.40 元

(4) 类似工程修正后的含税概算单位造价为：1050064.4÷2800=375.02 元/m²

(5) 拟建教学楼的概算造价为：375.02×3600=1350072 元

6.2 建筑工程施工图预算的编制

6.2.1 概述

1. 施工图预算的概念

施工图预算是确定建筑物或构筑物预算造价的文件。它是在施工图设计完成后，以施工图为依据计算工程量，参照地区的人工工资单价、材料预算价格、机械台班费用、现行消耗量定额或计价定额和相应的取费标准等确定建筑物或构筑物的预期造价。

施工图预算的编制方法有两种：定额计价法、清单计价法。

(1) 定额计价法是根据招标文件，按照当地建设行政主管部门发布的消耗量定额或计价定额计算分部分项工程量，参照当地的人工工资单价、材料和设备的预算价格、机械台班费用及同期市场价格，计算直接工程费，再按有关的规定计算措施费、其他项目费、管理费、利润、规费、税金，最后汇总确定建筑安装工程造价的一种计价方法。

(2) 清单计价法即工程量清单计价，是根据招标文件，以及招标文件中提供的“工程量清单”，依据企业定额或建设行政主管部门发布的消耗量定额，结合施工现场的实际情况、拟定的施工方案或施工组织设计，参照建设行政主管部门发布的人工工资单价、材料和设备的预算价格、机械台班费用及同期市场价格，计算出分部分项工程费，再参照有关规定计算措施费、其他项目费、规费、税金，汇总后确定建筑安装工程造价的一种计价方法。

本章介绍的施工图预算编制主要指采用定额计价法编制。清单计价法编制施工图预算的内容在第 7 章再介绍。

单位工程施工图预算包括建筑工程施工图预算和设备安装工程施工图预算。广义的建筑工程施工图预算包括一般土建工程施工图预算、卫生工程施工图预算、电气照明工程施工图预算、特殊构筑物工程施工图预算及工业管道工程施工图预算。狭义的建筑工程施工图预算仅指土建工程施工图预算。设备安装工程施工图预算分为机械设备安装工程施工图预算、电气安装工程施工图预算。

本章介绍的建筑工程施工图预算主要是指土建工程施工图预算。

2. 建筑工程施工图预算的作用

建筑工程施工图预算的作用主要体现在以下几个方面。

(1) 建筑工程施工图预算是确定建筑工程造价的依据，也是承发包双方办理竣工结算、工程财务拨款的依据，还可以作为办理工程贷款的依据。

(2) 在招投标工程中，建筑工程施工图预算是业主编制标底的依据和承包商投标报价的基础。

(3) 建筑工程施工图预算是进行基本建设投资管理的具体文件，是国家控制基本建设投资和确定施工单位收入的依据，也是施工企业加强经营管理、搞好企业经济核算的基础。

(4) 在采用预算包干承包时，建筑工程施工图预算是签订工程承包合同及确定工程承包价格的依据。

(5) 建筑工程施工图预算是施工单位进行施工准备，编制施工计划，计算建筑工程的工程量和实物量的依据。

(6) 建筑工程施工图预算是施工企业施工用料供应和控制的依据。

(7) 建筑工程施工图预算是施工企业“两算”对比和考核工程财务成本的依据。

3. 建筑工程施工图预算编制的依据

建筑工程施工图预算编制的依据主要有以下几点。

(1) 经批准的施工图纸及相应设计说明、施工图纸会审纪要、标准图集等。

(2) 建设行政主管部门发布的《消耗量定额》、《建设工程计价办法》等。

(3) 施工现场实际情况、经批准的施工组织设计或施工方案。

(4) 招标文件、双方签订的建筑工程承包合同或施工准备协议。

(5) 建设行政主管部门发布的人工工资标准、材料和设备的预算价格、机械台班费用或承发包双方根据市场实际情况确定的人工工资标准、材料和设备的预算价格、机械台班费用。

(6) 建设行政主管部门规定的计价程序和统一格式。

(7) 建设行政主管部门发布的有关工程造价方面的文件。

(8) 各种工具书和手册。

6.2.2 定额总说明及建筑面积计算规则

1. 定额总说明

现行的《消耗量标准》和《建设工程计价办法》是由各省、市、自治区建筑行政主管部门组织编制并在各自的行政区域内发布实施的。《消耗量标准》和《建设工程计价办法》的文字部分包括总说明和分部说明。总说明主要说明定额的作用、适应范围、编制依据及定额使用过程中的有关共性规定，它的部分内容涉及定额全册，部分内容仅涉及定额某章节。分部说明仅涉及定额某一章节的内容。本章的定额总说明主要参照《全国统一建筑工程基础定额》(GJD 101—1995)、《×省建筑工程量消耗标准》(2006 年)、《×省装饰装修工程量消耗标准》(2006 年)，本节的定额总说明内容主要指涉及定额全册的内容。

1) 定额的编制依据

定额考虑了正常的施工条件和目前多数建筑企业的施工机械、装备程度、合理的施工工期、施工工艺、劳动组织等因素影响；依据现行有关国家产品标准设计规范和验收规范、质量评定标准、安全操作规程编制。因此，在编制预算、招标标底时，除批准允许调整者外，一般不允许改变消耗量水平。

具体的编制依据如下。

(1) 建设工程工程量清单计价规范。

(2)《全国统一建筑工程基础定额》(GJD 101—1995)及《全国统一建筑工程预算工程量计算规则》。

(3) 国家现行规范、规程、质量评定标准。

(4) 国家现行标准图集、中南地区通用建筑标准图集。

(5) 有代表性的施工图和有关施工、材料手册等资料。

2) 定额的作用

定额的作用具体体现在以下几个方面。

(1) 编制施工图预算的依据。

(2) 调解处理工程造价纠纷、鉴定工程造价的依据。

(3) 招标承包工程编制招标标底的依据和投标报价的参考。

(4) 编制建筑工程概算定额、估算指标的基础。

(5) 编制企业报价定额或投标报价的参考。

3) 定额有关全册的规定

(1) 劳动量消耗。

① 人工工日不分工种、技术等级，一律以综合工日表示，内容包括基本用工、超运距用工、辅助用工、人工幅度差。

② 基本用工根据1995年原建设部颁发的《全国统一建筑工程基础定额》(GJD 101—1995)的《消耗量标准》，按1985年全国统一劳动定额的劳动组织和时间定额计算，缺项部分参考现行定额及实际调查资料计算。

③ 基本运距150m。

④ 人工幅度差内容包括：工序交叉、搭接停歇时间的时间损失；机械临时维修、小修、移动等不可避免的时间损失；工程检验影响的时间损失；工程用水、用电的管、线移动影响的时间损失；工程完工、工作面转移造成的时间损失。

⑤ 人工工资单价包括生产工人的基本工资及工资性津贴、生产工人的辅助工资、职工福利和生产工人劳动保护费。

(2) 材料消耗。

① 材料消耗量，包括建筑材料、半成品、成品的消耗量，它按合格的标准规格编制，包括了从工地仓库、现场集中堆放地点或现场加工地点至操作或安装地点的施工现场堆放损耗、运输损耗、施工操作损耗。

② 材料运距按150m计算。实际运距的确定：以取料中心点为起点，以建筑物外围地面使用点、建筑物入口处或材料堆放中心为终点。

③ 因场地狭小等特殊原因造成原材料(不含半成品、成品和周转材料)地面运输超过150 m者，或发生两次转运者，其用工量应单独计算。例如，《×省建筑工程消耗量标准》及《×省装饰装修工程消耗量标准》中二次搬运用工按表6-1计算。表中的运距等于实际运距减去150m。

表6-1　材料场内二次搬运用工及运输损耗

序号	材料名称	单位	二次搬运工(工日)		二次运损(%)
			运距(m)		
			50以内	50以外	
1	红(青)砖	千块	0.39	0.06	0.40
2	粘土平瓦、水泥瓦	千块	0.44	0.06	0.40
3	混凝土(煤渣)砌块	m^3	0.12	0.02	0.40
4	石棉小波瓦	100张	0.38	0.03	0.40
5	大波瓦	100张	0.81	0.06	0.40
6	水泥	t	0.14	0.03	0.40
7	石灰	t	0.27	0.04	0.50
8	石灰膏	m^3	0.45	0.03	0.50
9	砂	m^3	0.16	0.04	0.50
10	碎(砾)石	m^3	0.21	0.04	0.50
11	毛石、块石	m^3	0.20	0.05	0.40

(续)

序号	材料名称	单位	二次搬运工(工日)		二次运损(%)
			运距(m)		
			50以内	50以外	
12	木材	m^3	0.11	0.01	—
13	钢筋	t	0.25	0.02	—
14	钢筋混凝土构件(200kg/件以内)	m^3	0.51	0.05	0.20
15	钢筋混凝土构件(500kg/件以内)	m^3	0.61	0.05	0.20
16	金属构件、铁件(钢筋除外)	t	0.28	0.02	—
17	金属构件	t	0.21	0.02	—
18	花岗岩、大理石	$100m^2$	1.10	0.70	0.80
19	瓷板、马赛克	$100m^2$	0.30	0.19	1.00
20	缸砖、瓷砖、面砖	$100m^2$	0.45	0.29	1.00
21	白石子	t	0.10	0.06	0.50
22	木芯板	100张	1.18	0.75	—
23	12厘板	100张	0.82	0.52	—
24	9厘板	100张	0.64	0.41	—
25	5厘板	100张	0.40	0.25	—
26	3厘板	100张	0.30	0.19	—
27	塑料板	100张	0.30	0.19	—
28	石膏板	100张	0.57	0.37	1.00
29	钙塑板	100张	0.12	0.08	—
30	玻璃(8mm)	$100m^2$	0.30	0.20	1.50

④ 材料的消耗量按重要程度分为主要材料、辅助材料、零星材料。主要材料、辅助材料一般按品种、规格列出数量并计算相应的损耗。零星材料难以准确计量，列入其材料费中。

⑤ 建筑材料、半成品、成品的基价系指材料由来源地到达施工工地仓库或工地堆放材料地的全部费用之和。

(3) 机械台班消耗。

① 按劳动定额的小组产量配备机械，如木工、金属构件的加工机械。

② 按施工组织设计方案计算机械台班消耗量。机械化施工的土石方、桩基、吊装等机械，原则上主导机械按劳动定额、配合施工按施工组织设计方案配备的情况计算；单纯按施工组织设计方案计算的有滑模机械等。

③ 按合理的台班产量计算，如混凝土搅拌机。

④ 按上述方法计算出的机械台班消耗量包括了机械幅度差。机械幅度差包括如下几个方面。

(a) 配套机械相互影响的时间损失；

(b) 工程开工或结尾工作量不饱满的损失时间；

(c) 临时停电、停水的影响时间；

(d) 检查工程质量影响的时间；

(e) 施工过程中不可避免的故障排除、维修及工序交叉影响的时间间歇。

(4) 模板、脚手架材料，包括25km以内的场外运输费。

(5) 定额中的锯材是指经过加工的木材，包括板材和方材，未经过加工的指原条或者原木。

(6) 预制混凝土构件、运输、安装损耗率，按表6-2计算后并入构件工程量内。计算制作损耗时包括制作废品率、运输损耗率及安装(打桩)损耗，计算运输损耗时则应包括运输堆放损耗及安装(打桩)损耗。现场就位预制的构件不需要计算运输者，不得计算运输堆放损耗。

表6-2 预制构件损耗率(%)

构件名称	制作废品率	运输损耗率	安装(打桩)损耗
各类预制钢筋混凝土构件	0.2	0.8	0.5
预制钢筋混凝土桩	0.1	0.4	1.5

(7) 挖土机挖土、机械打桩及构件吊装。由于施工场地土质松软，作业机械在铺钢路基箱的条件下操作时，挖土方打桩机械按相应子目人工、材料乘以系数1.18，构件吊装按相应子目人工、材料乘以系数1.30。铺钢路基箱(每块面积6.0m×1.5m)摊销费按每块每台班18.32元计算。钢路基箱的进(出)场费按相应项目计算。

(8) 预制钢筋混凝土构件及金属构件安装，是按机械回转半径15m以内距离计算的，如因施工场地狭小，当构件无法在机械回转半径范围内吊装而造成构件二次搬运时，所发生的费用按下列规定计算：包工包料的工程，按汽车运输1km计算；包工不包料的工程，按交通运输部门规定计算。

(9) 定额中“××以内”或“××以下”包括本身，“××以外”或“××以上”不包括本身。

2. 建筑面积计算规则

1) 建筑面积的概念

建筑面积也称建筑展开面积，是建筑物各层面积的总和。建筑面积包括使用面积、辅助面积和结构面积三部分。使用面积指建筑物各层平面中直接为生产或生活使用的净面积之和，如住宅建筑中的各居室、客厅等。辅助面积指建筑物各层平面中为辅助生产或辅助生活的净面积之和，如住宅建筑中的楼梯、走道、厕所、厨房等。使用面积与辅助面积的总和称为有效面积。结构面积指建筑物中各层平面中的墙、柱等结构或结构构件所占面积的总和。

2) 建筑面积的作用

(1) 建筑面积是基本建设投资、建设项目可行性研究、建筑项目勘测设计、建设项目评估、建筑工程施工和竣工验收、建设工程造价管理过程中一系列工作的重要指标。

(2) 建筑面积是计算开工面积、竣工面积、优良工程率等重要指标的依据。

(3) 建筑面积是计算单位面积造价、人工消耗指标、材料消耗指标等的依据，它们的具体计算公式如下：

$$工程单位面积造价=\frac{工程造价}{建筑面积}$$

$$单位面积人工消耗量=\frac{工程人工工日消耗量}{建筑面积}$$

$$单位面积材料消耗量=\frac{工程材料消耗量}{建筑面积}$$

(4) 建筑面积是计算有关分部分项工程工程量的依据，如平整场地、超高建筑物施工增加费等。

综上所述，建筑面积是建筑工程技术经济指标的计算基础，对全面控制工程造价具有重要意义，并在整个基本建设工作中起着重要作用。

3) 建筑面积计算术语

(1) 层高：上下两层楼面或楼面与地面之间的垂直距离。

(2) 自然层：按楼板、地板结构分层的楼层。

(3) 架空层：建筑物深基础或坡地建筑物吊脚架空部位不用回填土石方形成的空间。

(4) 走廊：建筑物的水平交通空间。

(5) 挑廊：挑出建筑物外墙的水平交通空间。

(6) 檐廊：设置在建筑物底层出檐下的水平交通空间。

(7) 回廊；在建筑物门厅、大厅内设置在二层或二层以上的回形走廊。

(8) 门斗：在建筑物出入口设置的起分隔、挡风、御寒等作用的建筑物过渡空间。

(9) 建筑物通道：为道路穿过建筑物设置的建筑空间。

(10) 架空走廊：建筑物与建筑物之间，在二层或二层以上专门为水平交通设置的走廊。

(11) 勒脚：建筑物的外墙与室外地面或散水接触部位墙体的加厚部分。

(12) 围护结构：围护建筑物空间四周的墙体、门、窗等。

(13) 围护性幕墙：直接作为外墙起围护作用的幕墙。

(14) 装饰性幕墙：设置在建筑物墙体起装饰作用的幕墙。

(15) 落地橱窗：突出外墙面根基落地的橱窗。

(16) 阳台：供使用者进行活动和晾晒衣物的建筑空间。

(17) 眺望间：设置在建筑物顶层或挑出房间的供人们远眺或者观察周围情况的建筑空间。

(18) 雨篷：设置在建筑物进出口上部的遮雨、遮阳篷。

(19) 地下室：房间地面低于室外地坪面的高度超过该房间净高的 1/2 者的建筑空间。

(20) 半地下室：房间地面低于室外地坪面的高度超过该房间净高的 1/3，且不超过 1/2 者的建筑空间。

(21) 变形缝：伸缩缝(温度缝)、沉降缝和抗震缝的总称。

(22) 永久性顶盖：经规划批准设计的永久使用的顶盖。

(23) 飘窗：为房间采光和美化造型而设置的突出墙外的窗。

(24) 骑楼：楼层部分跨在人行道上的临街楼房。

(25) 过街楼：有道路穿过建筑物空间的楼房。

4) 建筑面积计算规则

(1) 本规则适用于新建、扩建、改建的工业与民用建筑工程的面积计算。

(2) 单层建筑物的建筑面积，应按其外墙勒脚以上结构外围水平面积计算，并应符合下列规定。

① 单层建筑物高度在 2.20m 及以上者应计算全面积，高度不足 2.20m 的应计算 1/2 面积。

② 利用坡屋顶内空间时净高超过 2.10m 的部位计算全面积；净高在 1.20～2.10m 的部位计算 1/2 面积；净高不足 1.20m 的部位不应计算面积。

(3) 单层建筑物内设有局部楼层者，局部楼层的二层及以上楼层，有围护结构的应按其围护结构外围水平面积计算，无围护结构的应按其结构底板水平面积计算。层高在 2.20m 及以上者应计算全面积，层高不足 2.20m 应计算 1/2 面积。

(4) 多层建筑物首层应按其外墙勒脚以上结构外围水平面积计算，二层及以上楼层应按其外墙结构外围水平面积计算。层高在 2.20m 及以上者应计算全面积，层高不足 2.20m 应计算 1/2 面积。

(5) 多层建筑坡屋顶内及场馆看台下，当设计加以利用时净高超过 2.10m 的部位计算全面积；净高在 1.20～2.10m 的部位应计算 1/2 面积，当设计不利用或室内净高不足 1.20m 的部位不应计算面积。

(6) 地下室、半地下室(车间、商店、车站、车库、仓库等)，包括相应的有永久性顶盖的出入口(图 6-5)，应按其外墙上口(不包括采光井、外墙防潮层及其保护层)外边线所围水平面积计算。层高在 2.20m 及以上者应计算全面积，层高不足 2.20m 应计算 1/2 面积。

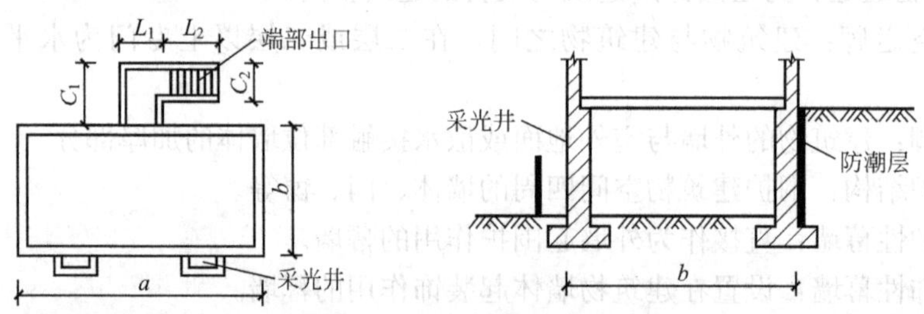

图 6-5　地下建筑及出入口

(7) 坡地的建筑物吊脚架空层、深基础架空层(图 6-6)，设计加以利用并有围护结构的，层高在 2.20m 及以上者应计算全面积，层高不足 2.20m 应计算 1/2 面积。设计加以

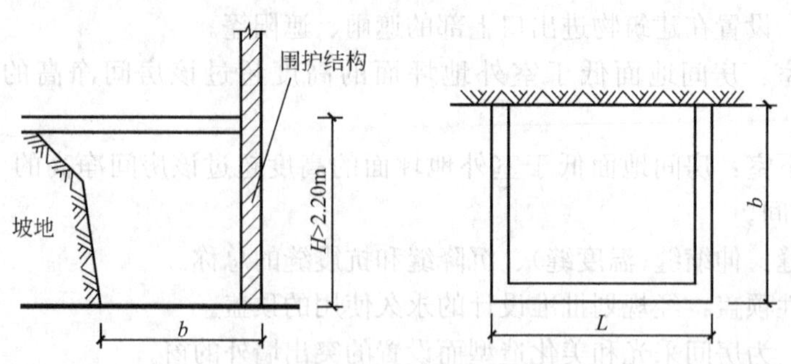

图 6-6　坡地吊装空间

利用、无围护结构的建筑物吊脚架空层，应按其利用部位水平面积的 1/2 计算；设计不利用的深基础架空层、坡地吊脚架空层、多层建筑物坡屋顶内、场馆看台下的空间不应计算面积。

(8) 建筑物的门厅、大厅按一层计算建筑面积。门厅、大厅内设有回廊(图 6－7)时，应按其结构底板水平面积计算。层高在 2.20m 及以上者应计算全面积，层高不足 2.20m 应计算 1/2 面积。

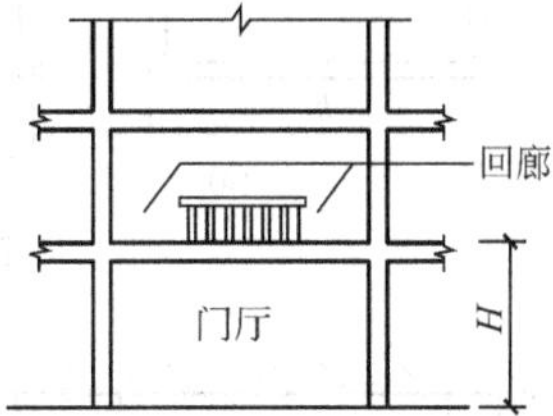

图 6－7 门厅回廊

(9) 建筑物间有围护结构的架空走廊，应按其围护结构外围水平面积计算，层高在 2.20m 及以上者应计算全面积，层高不足 2.20m 应计算 1/2 面积。有永久性顶盖无围护结构的应按其结构底板水平面积的 1/2 计算。

(10) 立体书库、立体仓库、立体车库，无结构层按一层计算，有围护结构的应按其结构层面积计算。层高在 2.20m 及以上者应计算全面积，层高不足 2.20m 应计算 1/2 面积。

(11) 有围护结构的舞台灯光控制室，应按其围护结构外围水平面积计算。层高在 2.20m 及以上者应计算全面积，层高不足 2.20m 应计算 1/2 面积。

(12) 建筑物外有围护结构的落地橱窗、门斗(图 6－8)、挑廊及檐廊(图 6－9)、走廊，应按其围护结构外围水平面积计算。层高在 2.20m 及以上者应计算全面积，层高不足 2.20m 应计算 1/2 面积。有永久性顶盖无围护结构的应按其结构底板水平面积的 1/2 计算。

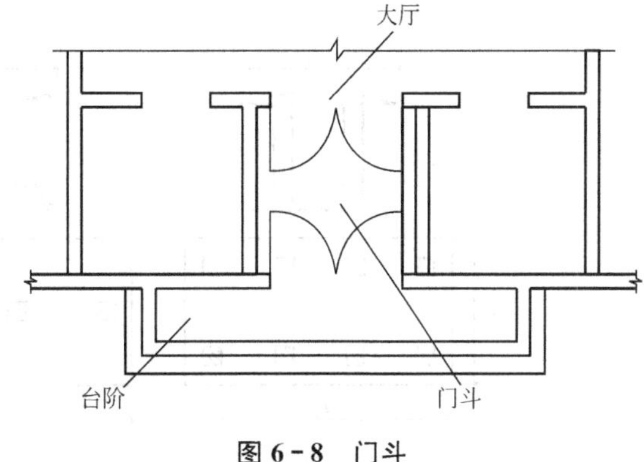

图 6－8 门斗

(13) 有永久性顶盖无围护结构的场馆看台应按其顶盖水平投影面积的 1/2 计算。

(14) 建筑物外有围护结构的楼梯间、水箱间、电梯机房等，层高在 2.20m 及以上者应计算全面积，层高不足 2.20m 应计算 1/2 面积。

(15) 设有围护结构不垂直于水平面而超出底板外沿的建筑物，应按其底板面的外围水平面积计算。层高在 2.20m 及以上者应计算全面积，层高不足 2.20m 应计算 1/2 面积。

(16) 建筑物内的室内楼梯间、电梯井、观光电梯井、提物井、管道井、通风排气竖井、垃圾井、附墙烟囱应按建筑物的自然层计算。

(17) 雨篷(图 6－10)结构的外边线至外墙外边线的宽度超过 2.10m 者应按雨篷结构板的水平投影面积的 1/2 计算。

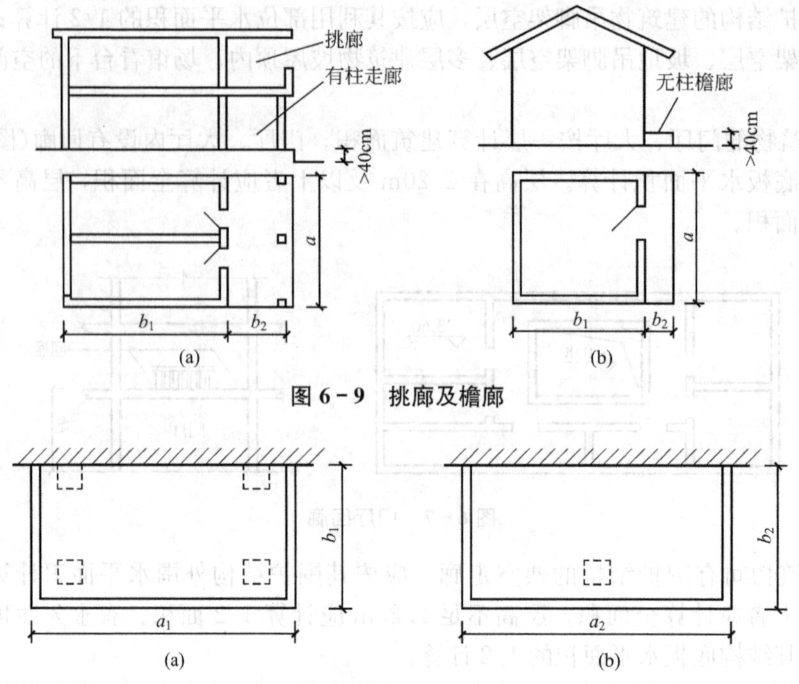

图 6-9　挑廊及檐廊

图 6-10　雨篷

（18）有永久性顶盖无围护结构的室外楼梯，应按建筑物自然层的水平投影面积的 1/2 计算。

（19）建筑物的阳台均应按其水平投影面积的 1/2 计算。

（20）有永久性顶盖无围护结构的车棚、货棚(图 6-11)、站台、加油站、收费站等，应按其顶盖水平投影面积的 1/2 计算。

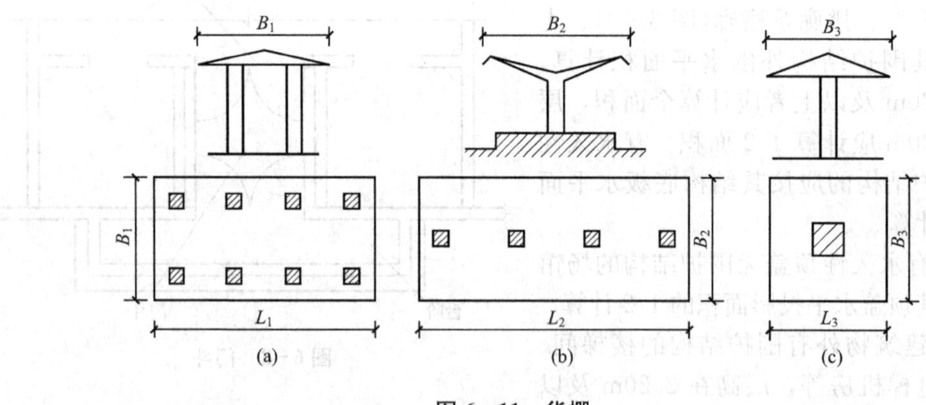

图 6-11　货棚

（21）高低联跨的建筑物(图 6-12)，应以高跨结构外边线为界计算建筑面积，其高低跨内部连通时，其变形缝应计算在低跨面积内。

（22）以幕墙作为围护结构的建筑物，应按幕墙外边线计算建筑面积。

（23）建筑物外墙外侧有保温隔热的，应按保温隔热层外边线计算建筑面积。

（24）建筑物内的变形缝，应按其自然层合并计算在建筑物面积内。

（25）下列项目不应计算面积(部分建筑部位如图 6-13 所示)：

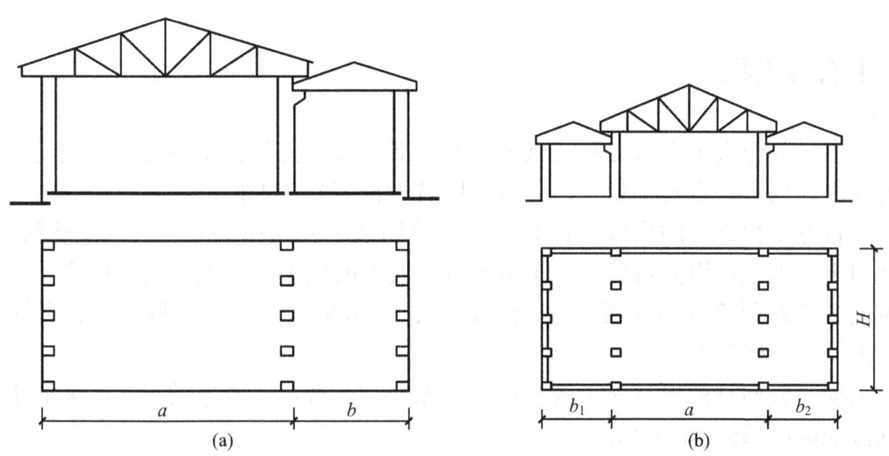

图 6－12 高低联跨

① 建筑物通道(骑楼、过街楼的底层)；

② 建筑物内的设备管道夹层；

③ 建筑物内分隔的单层房间、舞台及后台悬挂幕布、布景的天桥、挑台；

④ 屋顶水箱、花架、凉棚、露天游泳池；

⑤ 建筑物内的操作平台、上料平台、安装箱和罐体的平台；

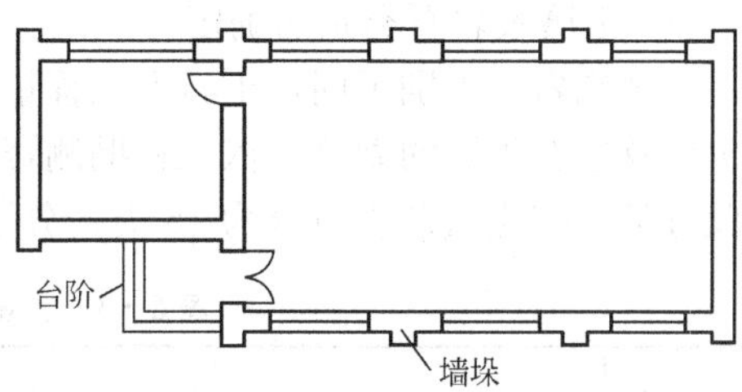

图 6－13 不计算建筑面积的部位

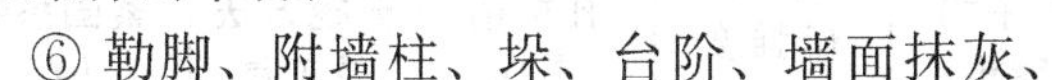

⑥ 勒脚、附墙柱、垛、台阶、墙面抹灰、装饰面、镶贴块料面层、装饰性幕墙、空调外机搁板(箱)、飘窗、构件、配件、宽度在 2.10m 及以内的雨篷，以及建筑物内不相连通的装饰性阳台、挑廊；

⑦ 无永久性顶盖的架空走廊、室外楼梯和用于检修、消防等的室外钢楼梯、爬梯；

⑧ 自动扶梯、自动人行道；

⑨ 独立烟囱、烟道、地沟、油(水)罐、气柜、水塔、贮油(水)池、贮仓、栈桥、地下人防通道、地铁隧道。

【例 6－2】 已知某单层房屋平面和剖面图(图 6－14)，计算该房屋建筑面积。

解： 建筑面积 $S=(45+0.24)\times(15+0.24)=689.46\text{m}^2$

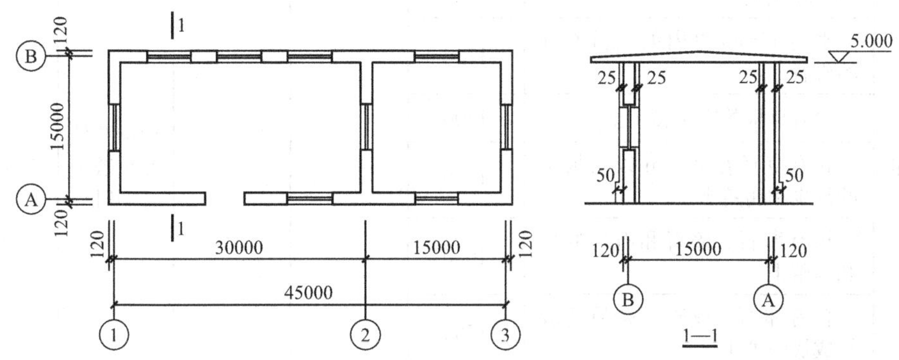

图 6－14 某单层建筑平面图和剖面图

6.2.3 土石方工程

土石方工程分为人工土石方和机械土石方两部分，主要包括平整场地、挖土方、挖地槽、挖地坑、回填土、夯实、运土(石)方、爆破岩石等分项工程。

人工土石方工程常见的预算项目有人工平整场地、人工挖土方、人工挖地槽(地坑)、人工山坡切土、人工挖淤泥流沙、人工运土方、人工回填土、人工支挡土板等。

机械土方工程预算项目主要有推土机推土、铲运机运土、挖掘机挖土、自卸汽车运土、场地机械平整碾压等。

石方工程一般预算列项有人工凿岩石、清理岩石、岩石一般爆破、人工装渣手推车运石、挖掘机挖渣(自卸汽车运)等。

1. 计算土石方工程量前应确定的资料

(1) 土壤及岩石类别的确定。

土壤或岩石类别不同，土石方工程量计算结果和选套预算定额单价也不同。土石方工程土壤及岩石类别的划分，依工程勘测资料与《土壤及岩石分类表》对照后确定。表中按普氏分类法把土壤及岩石分为16类，分别对应预算定额分为10类，详见表6-3。

表6-3 土壤及岩石(普氏)分类表

定额分类	普氏分类	土壤及岩石名称	天然湿度下平均容重(kg/m^3)	极限压碎强度(kg/cm^2)	用轻钻孔机钻进1m(min)	开挖方法及工具	紧固系数(f)
一、二类土壤	Ⅰ	砂	1500	—	—	用尖锹开挖	0.5～0.6
		砂壤土	1600				
		腐殖土	1200				
		泥炭	600				
	Ⅱ	轻壤土和黄土类土	1600	—	—	用锹开挖并少数用镐开挖	0.6～0.8
		潮湿而松散的黄土，软的盐渍土和碱土	1600				
		平均15mm以内的松散而软的砾石	1700				
		含有草根的密实腐殖土	1400				
		含有直径在30mm以内根类的泥炭和腐殖土	1100				
		掺有卵石、碎石和石屑的砂和腐殖土	1650				
		含有卵石、或碎石杂质的胶结成块的填土	1750				
		含有卵石、碎石和建筑料杂质的砂壤土	1900				

(续)

定额分类	普氏分类	土壤及岩石名称	天然湿度下平均容重(kg/m³)	极限压碎强度(kg/cm²)	用轻钻孔机钻进1m(min)	开挖方法及工具	紧固系数(f)
三类土壤	Ⅲ	肥粘土，其中包括石炭纪、侏罗纪的粘土和冰粘土	1800	—	—	用尖锹并同时用镐和撬棍开挖(30%)	0.81～1.0
		重壤土、粗砾石、粒径为16～40mm的碎石或卵石	1750				
		干黄土和掺有碎石或卵石的自然含水量黄土	1790				
		含有直径大于30mm根类的腐殖土或泥炭	1400				
		掺有碎石或卵石和建筑碎料的土壤	1900				
四类土壤	Ⅳ	土含碎石重粘土，其中包括石炭纪、侏罗纪的硬粘土	1950	—	—	用尖锹并同时用镐和撬棍开挖(30%)	1.0～1.5
		含有碎石、卵石、建筑碎料和重达25kg的顽石(总体积10%以内)等杂质的肥粘土和重壤土	1950				
		冰碛粘土，含有重量在50kg以内的巨砾，其含量为总体积10%以内	2000				
		泥板岩	2000				
		不含或含有重量达10kg的顽石	1950				
松石	Ⅴ	含有重量在50kg以内的巨砾(占体积10%以上)的冰碛石	2100	小于200	—	部分用手凿工具、部分用爆破来开挖	1.5～2.0
		矽藻岩和软白垩岩	1800				
		胶结力弱的砾岩	1900				
		各种不坚实的板岩	2600				
		石膏	2200				
次坚石	Ⅵ	凝灰岩和浮石	1100	200～400	3.5	用风镐的爆破法来开挖	2～4
		灰岩多孔和裂隙严重的石灰岩和介质石灰岩	1200				
		中等硬变的片岩	2700				
		中等硬变的泥灰岩	2300				

（续）

定额分类	普氏分类	土壤及岩石名称	天然湿度下平均容重（kg/m³）	极限压碎强度（kg/cm²）	用轻钻孔机钻进1m（min）	开挖方法及工具	紧固系数（f）
次坚石	Ⅶ	石灰石胶结的带有卵石和沉积岩的砾石	2200	400～600	6	用爆破方法开挖	4～6
		风化的和有大裂缝的粘土质砂岩	2000				
		坚实的泥板岩	2800				
		坚实的泥灰岩	2500				
	Ⅷ	砾质花岗岩	2300	600～800	8.5	用爆破方法开挖	6～8
		泥灰质石灰岩	2300				
		粘土质砂岩	2200				
		砂质云片岩	2300				
		硬石膏	2900				
普坚石	Ⅸ	严重风化的软弱的花岗岩、片麻岩和正长岩	2500	800～1000	11.5	用爆破方法开挖	8～10
		滑石化的蛇纹岩	2400				
		致密的石灰岩	2500				
		含有卵石、沉积岩的碴质胶结的砾岩	2500				
		砂岩	2500				
		砂质石灰灰质片岩	2500				
	Ⅹ	白云石	2700	1000～2000	15	用爆破方法开挖	10～12
		坚固的石灰岩	2700				
		大理岩	2700				
		石灰岩质胶结的致密砾石	2600				
		坚固的砂质片岩	2600				
特坚石	Ⅺ	粗花岗岩	2800	1200～1400	18.5	用爆破方法开挖	12～14
		非常坚硬的白云岩	2900				
		蛇纹岩	2600				
		石灰质胶结的含有火成岩之卵石的砾石	2800				
		石英胶结的坚固砂岩	2700				
		粗粒正长岩	2700				

(续)

定额分类	普氏分类	土壤及岩石名称	天然湿度下平均容重(kg/m³)	极限压碎强度(kg/cm²)	用轻钻孔机钻进1m(min)	开挖方法及工具	紧固系数(f)
特坚石	Ⅻ	具有风化痕迹的安山岩和玄武岩	2700	1400～1600	22	用爆破方法开挖	14～16
		片麻岩	2600				
		非常坚固的石灰岩	2900				
		硅质胶结的含有火成岩之卵石的砾岩	2900				
		粗石岩	2600				
	XIII	中粒花岗岩	3100	1600～1800	27.5	用爆破方法开挖	16～18
		坚固耐用的片麻岩	2800				
		辉绿岩	2700				
		玢岩	2500				
		坚固的粗面岩	2800				
		中粒正长岩	2800				
	XVI	非常坚硬的细粒花岗岩	3300	1800～2000	32.5	用爆破方法开挖	18～20
		花岗岩麻岩	2900				
		闪长岩	2900				
		高硬度的石灰岩	3100				
		坚固的玢岩	2700				
	XV	安山岩、玄武岩、坚固的负页岩	3100	2000～2500	46	用爆破方法开挖	20～25
		高硬度的辉绿岩和闪长岩	2900				
		坚固的辉长岩和石英岩	2800				
	XVI	拉长玄武岩和橄榄玄武岩	3300	大于 2500	小于 60	用爆破方法开挖	大于 25
		特别坚固的辉长辉绿岩、石英石和玢岩	3000				

(2) 地下水位标高及排(降)水方法。

地下水位高低，对其预算造价影响很大。当地下水位标高超过基础底面标高时，通常要结合工地具体情况，采取排降地下水措施。人工挖土方时人工工日的消耗量因干土和湿土不同，人工土方定额是按干土编制的，如挖湿土时，人工需乘以系数 1.18。干湿的划分，根据地质勘测资料以地下常水位为准划分，地下常水位以上为干土，以下为湿土。

(3) 土方、沟槽、基坑挖(填)起止标高，施工方法及运距，是否放坡，是否支挡土板。

(4) 岩石开凿、爆破方法、石渣清运方法及运距。

(5) 其他有关资料。

2. 土石方工程工程量计算一般规则

(1) 土方体积，均以挖掘前的天然密实体积为准计算，如遇有必须以天然体积折算时，可按表6-4所列数值换算。

表6-4 土方体积折算表

虚方体积	天然密实度体积	夯实后体积	松填体积
1.00	0.77	0.67	0.83
1.30	1.00	0.87	1.08
1.50	1.15	1.00	1.25
1.20	0.92	0.80	1.00

(2) 挖土一律以设计室外地坪标高为准计算。

3. 平整场地及碾压工程量计算

(1) 人工平整场地是指建筑场地挖、填土方厚度在±30cm以内及找平。挖、填土方厚度超过±30cm以外时，按场地土方平衡竖向布置图另行计算。

(2) 平整场地工程量按建筑物外墙外边线每边各加2m，以平方米(m^2)计算。

(3) 建筑场地原土碾压以平方米(m^2)计算；填土碾压按图示填土厚度以立方米(m^3)计算。

4. 挖掘沟槽、基坑土方工程量计算

(1) 沟槽、基坑划分。

凡图示沟槽底宽在3m以内，且沟槽长大于槽宽3倍以上的，为沟槽。

凡图示基坑底面积在20m^2以内的为基坑。

凡图示沟槽底宽在3m以外，坑底面积在20m^2以外，平整场地挖土方厚度在30cm以外，均按挖土方计算。

(2) 计算挖沟槽、基坑、土方工程量需放坡时，放坡系数按表6-5规定计算。

表6-5 放坡系数表

土壤类别	放坡起点(m)	人工挖土	机械挖土	
			在坑内作业	在坑上作业
一、二类土	1.20	1∶0.5	1∶0.33	1∶0.75
三类土	1.50	1∶0.33	1∶0.25	1∶0.67
四类土	2.00	1∶0.25	1∶0.10	1∶0.33

(3) 挖沟槽、基坑需支挡土板时，其宽度按图示沟槽、基坑底宽，单面加10cm，双面加20cm计算。挡土板面积，按槽、坑垂直支撑面积计算，支挡土板后，不得再计算放坡。

(4) 基础施工所需工作面，按表6-6规定计算。

表 6-6 基础施工所需工作面宽度计算表

基础材料	每边各增加工作面宽度(m)
砖基础	200
浆砌毛石、条石基础	150
混凝土基础垫层支模板	300
混凝土基础支模板	300
基础垂直面做防水层	800(防水面)

(5) 挖沟槽长度，外墙按图示中心线长度计算；内墙按图示基础底面之间净长线长度(图 6-15)计算；内外突出部分(垛、附墙烟囱等)体积并入沟槽土方工程量内计算。

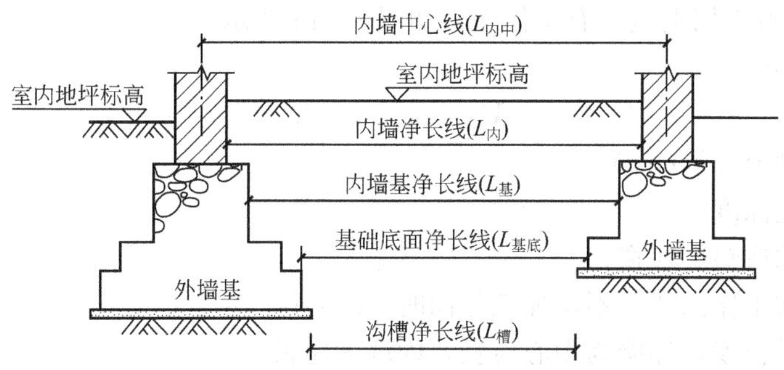

图 6-15 内墙沟槽净长、中心线长、基础净长相互关系示意图

(6) 人工挖土方深度超过 1.5m 时，按表 6-7 规定增加工日。

表 6-7 人工挖土方超深增加工作日表(100m³)

深 2m 以内	深 4m 以内	深 6m 以内
6.55 工日	18.6 工日	26.16 工日

(7) 挖管道沟槽按图示中心线长度计算，沟底宽度，设计有规定的，按设计规定尺寸计算，设计无规定的，可按表 6-8 规定宽度计算。

表 6-8 管道地沟沟底宽度计算表(m)

管径(mm)	铸铁管、钢管、石棉水泥管	混凝土管、钢筋混凝土管、预应力混凝土管	陶土管
50～70	0.60	0.80	0.70
100～200	0.70	0.90	0.80
250～350	0.80	1.00	0.90
400～450	1.00	1.30	1.10
500～600	1.30	1.50	1.40
700～800	1.60	1.80	

(续)

管径(mm)	铸铁管、钢管、石棉水泥管	混凝土管、钢筋混凝土管、预应力混凝土管	陶土管
900～1000	1.80	2.00	
1100～1200	2.00	2.30	
1300～1400	2.20	2.60	

(8) 沟槽、基坑深度，按图示槽、坑底面至室外地坪深度计算；管道地沟按图示沟底至室外地坪深度计算。

(9) 挖沟槽计算公式。

挖沟槽工程量按体积以立方米(m^3)计算，按挖土类别与挖土深度分别套定额项目。

① 不放坡、不支挡土板、有工作面，如图 6-16 所示。

其计算公式为

$$V=H(a+2c)L$$

式中 V——沟槽土方量(m^3)；

H——挖土深度；

a——基础或垫层底宽；

c——增加工作面宽，不增加工作面时，$c=0$；

L——沟槽长度，外墙为中心线长，内墙为净长。

② 由垫层表面放坡，无工作面，如图 6-17 所示。

其计算公式为

$$V=H_1(a+KH_1)L+H_2aL$$

式中 K——坡度系数。

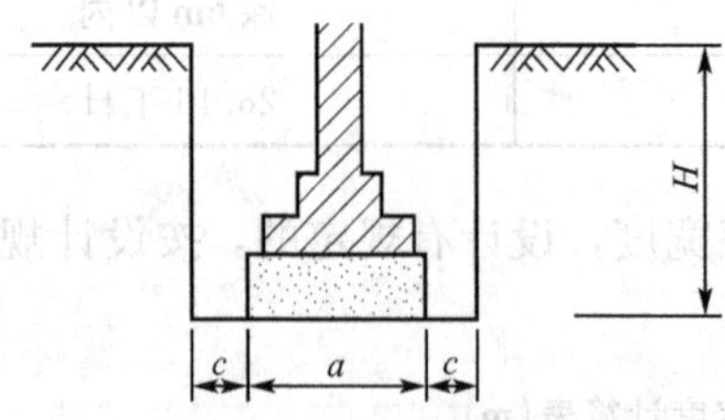

图 6-16 不放坡有工作面

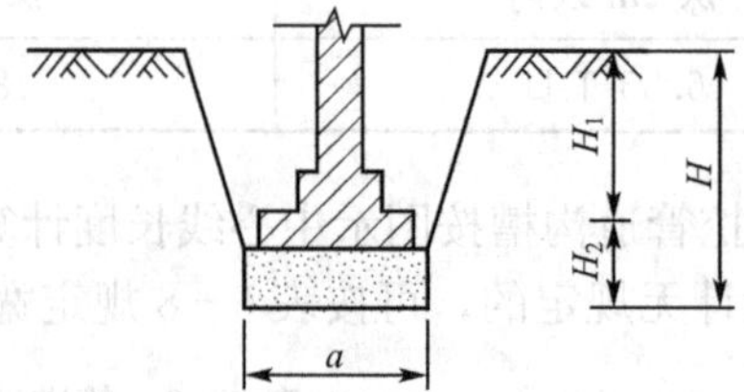

图 6-17 垫层表面放坡

③ 双面支挡土板，有工作面，如图 6-18 所示。

其计算公式为

$$V=H(a+2c+0.2)L$$

5. 挖基坑计算公式

(1) 不放坡、不支挡土板。

其计算公式为

$$V=H(a+2c)(b+2c)$$

式中 a——基础底宽；

b——基础底长；

c——增加工作面宽，不增加时，$c=0$；

H——地坑深度。

(2) 放坡时，如图 6-19 所示。

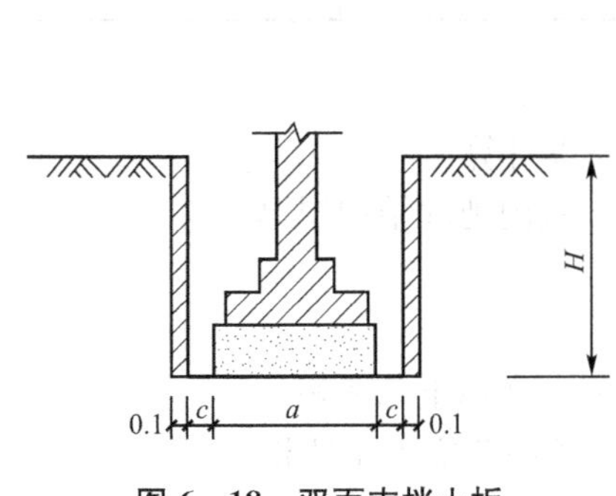

图 6-18 双面支挡土板

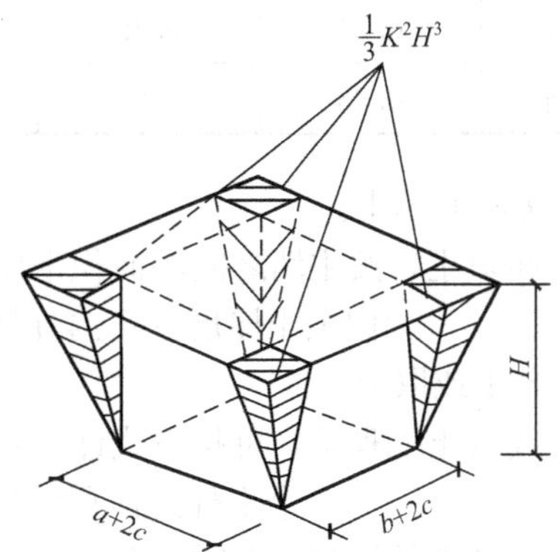

图 6-19 挖地坑放坡示意图

其计算公式为

$$V=(a+2c)(b+2c)H+(a+2c)KH^2+(b+2c)KH^2+\frac{4}{3}K^2H^3$$

$$=(a+2c+KH)(b+2c+KH)H+\frac{1}{3}K^2H^3$$

式中 K——地坑土壤放坡系数；

其余字母同上。

6. 人工挖孔桩土方工程量计算

人工挖孔桩土方量按图示桩断面积乘以设计桩孔中心线深度计算。

7. 岩石开凿及爆破工程量计算

岩石开凿及爆破工程量，区别石质按下列规定计算。

(1) 人工凿岩石，按图示尺寸以立方米(m^3)计算。

(2) 爆破岩石按图示尺寸以立方米(m^3)计算，其沟槽、基坑深度、宽度允许超挖量；次坚石为 200mm；特坚石为 150mm。超挖部分岩石并入岩石挖方量计算。

8. 回填土工程量计算

回填土区分夯填，松填按图示回填体积并依下列规定，以立方米(m^3)计算。

(1) 沟槽、基坑回填土。

沟槽、基坑回填土体积以挖方体积减去设计室外地坪以下埋设砌筑物(包括基础垫层、基础等)体积计算。

(2) 管道沟槽回填土。

管道沟槽回填土以挖方体积减去管径所占体积计算。管径在 500mm 以下的不扣除管道所占体积；管径超过 500mm 以上时直接按表 6-9 规定扣除管道所占体积计算。

表 6-9 管道扣除土方体积表

管道名称	管道直径(mm)					
	501～600	601～800	801～1000	1101～1200	1201～1400	1401～1600
钢管	0.21	0.44	0.71			
铸铁管	0.24	0.49	0.77			
混凝土管	0.33	0.60	0.92	1.15	1.35	1.55

(3) 房心回填土。

房心回填土，按主墙之间的面积乘以回填土厚度计算。

回填土厚度＝室内外地坪高差－室内地坪结构层厚度

(4) 余土或取土。

余土或取土工程量，可按下式计算：

余土外运体积＝挖土总体积－回填土总体积

式中，计算结果为正值时为余土外运体积，负值时为需取土体积。

9. 土方运距的计算

土方运距，按下列规定计算。

(1) 推土机推土运距，按挖方区重心至回填区重心之间的直线距离计算。

(2) 铲运机运土运距，按挖方区重心至卸土区重心加转向距离 45m 计算。

(3) 自卸汽车运土运距，按挖方区重心至回填区(或堆放地点)重心的最短距离计算。

10. 地基强夯

地基强夯按设计图示强夯面积，区分夯击能量，夯击遍数以平方米(m^2)计算。

【例 6-3】 某建筑物毛石基础平面图如图 6-20 所示，地基土质为二类土，室内地坪厚度为 120 mm。施工要求混凝土垫层为原槽浇灌，垫层厚度为 100mm，试求场地平整、人工开挖基槽、房心回填定额工程量。

解：(1) 场地平整定额工程量。

平整地场：$S=(8+8+0.24\times2+2\times2)\times(12+0.24\times2+2\times2)=337.51\text{m}^2$

(2) 人工开挖定额基槽。

基础土方开挖深度：$H=1.6+0.1-0.45=1.25\text{m}$。

按表 6-5 的规定，当地基土质为二类土时，开挖放坡起点深度为 1.20m。基础土方人工开挖深度为 1.25m，应考虑放坡。

施工时采用混凝土垫层为原槽浇灌，放坡从垫层表面开始，放坡高度：1.25－0.1＝1.15m，放坡系数：$A=0.5$。

毛石基础考虑工作面增加宽度为 150mm。

基础基槽的截面积：$S=(2\times0.7+2\times0.15+0.5\times1.15)\times1.15+2\times0.8\times0.1$

$=2.77625\text{m}^2$

外墙轴线尺寸不是中心线尺寸，轴线尺寸与中心线尺寸相差 365/2－125＝57.5mm，即轴线尺寸外移 57.5mm 后才为中心线尺寸。

外墙计算长度：$L_{中}=(8+8+12)\times2+0.0575\times8=56.46\text{m}$

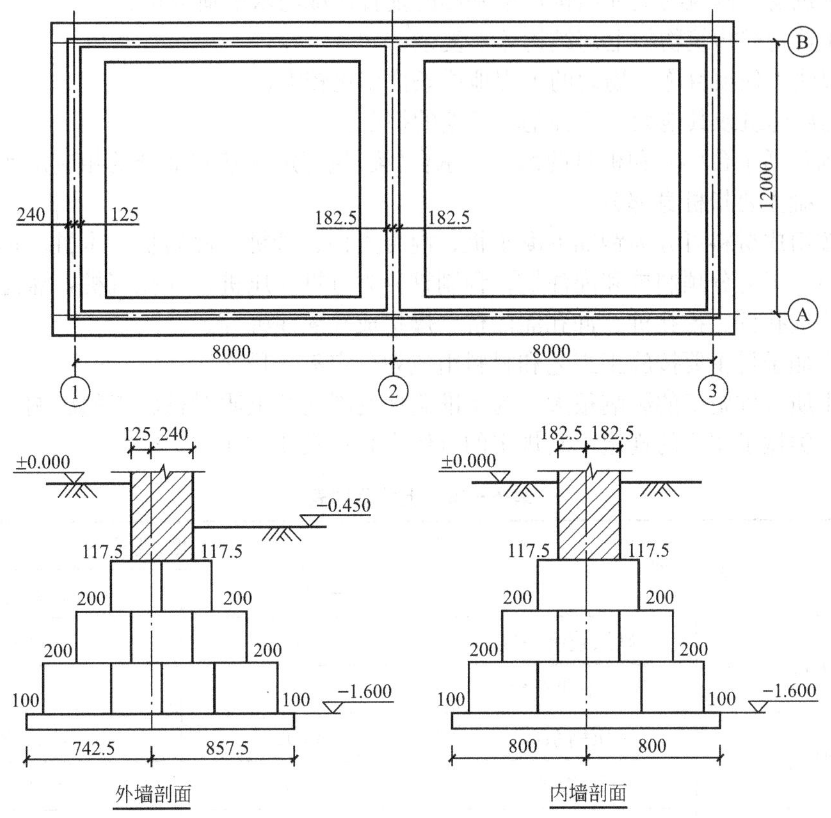

图 6-20　某建筑物基础平面图

内墙计算长度：$L_{内}=12-(0.125+0.1175+0.200+0.200+0.150)\times2=10.415\text{m}$

基础开挖土方：$V=(L_{中}+L_{内})\times S=(56.46+10.415)\times2.77625=185.66\text{m}^3$

(3) 房心回填土定额工程量。

本题的房心回填指基础回填完成以后的室内回填。

室内填土的高度：$H=0.45-0.12=0.33\text{m}$

室内净面积：$S=(8-0.125-0.1825)\times(12-0.125-0.125)\times2=180.77\text{m}^2$

房心回填土：$V=0.33\times180.77=59.66\text{m}^3$

6.2.4 桩基础工程

1. 概述

桩基础是深基础的一种形式，它是基础中的一种柱形构件，其作用在于穿过软弱的压缩性土层或水，把来自上部结构的荷载传递到更硬或更密实且压缩性更小的土层或岩石上，桩的承载力很大且沉降量小。采用桩基础，可以大幅度减少土方开挖和加填工程量，从而节省资金和提高工效。如遇到下列情况可采用桩基础：

(1) 建筑物或构筑物建在较厚的软弱土层上；

(2) 建筑物或构筑物对不均匀沉降敏感或要求严格；

(3) 建筑物或构筑物上部结构传给基础的垂直荷载与水平荷载很大；

(4) 建筑物或构筑物的上部结构体形复杂；

(5) 拟建工程项目施工场地的工程地质条件变化较大；

(6) 高层建筑或其他大型工程基坑开挖的护壁。

桩基础包括承台(梁)和桩身两部分。承台(梁)执行定额基础部分的相应定额子目。本部分的桩基础主要指桩身部分。

桩身按组成材料可分为钢筋混凝土桩、混凝土桩、砂桩、碎石桩、木桩、钢桩、灰土桩等；按施工工艺分预制桩和灌注桩；预制桩分为打桩、压桩、冲孔沉桩，灌注桩分为钻孔桩、套管成孔桩、挖孔桩、冲孔灌注桩、爆扩成孔灌注桩等。

本节定额子目主要按施工工艺和材料组成划分定额子目。

地基土质对桩施工的影响很大。为了准确地判断地基土质对桩施工的影响，定额对地基土质的分类做了相应的规定。其规定的具体内容见表 6－10。

表 6－10　土质鉴别表

内　　容		土壤级别	
		一级土	二级土
砂夹层	砂层连续厚度	<1m	≥1m
	砂层中卵石含量	—	≤15%
物理性能	压缩系数	>0.02	≤0.02
	孔隙比	>0.7	≤0.7
力学性能	静力触探值	<50	≥50
	动力触探系数	<12	≥12
每米纯沉桩时间平均值		<20min	≥20min
说　　明		桩经外力作用较易沉入的土，土壤中夹有较薄的砂层	桩经外力作用较难沉入的土，土壤中央有不超过 3m 的连续厚度砂层

2. 说明

(1) 本分部的定额主要适用于一般工业与民用建筑工程的桩基础，不适用于水工建筑、公路桥梁工程。

(2) 本分部的定额中机械成孔的预制、灌注桩的土壤级别的划分应根据工程资料中的土层构造和土壤物理、力学性能等有关指标，参考纯沉桩时间确定。凡遇到夹砂层者，应首先按砂层情况确定土壤级别。无砂层者，按土壤物理力学性能指标并参考每米沉桩时间确定。用土壤力学性能指标鉴别土壤级别时，桩长在 12m 内，相当于桩长的 1/3 的土层厚度应达到所规定的指标；12m 外，按 5m 厚度确定。土质鉴别见表 6－10。

(3) 人工挖孔的土壤类别划分，按表 6－3 规定的标准进行；其排水及井口通风费，按实际发生的机械台班另计。

(4) 预制桩沉桩，未包括接桩。如需接桩，除按相应打桩项目计算外，应按设计要求另计算接桩项目。

(5) 打试验桩按相应项目的人工、机械乘以系数 2.0 计算，试验费用另行计算。

(6) 定额以打直桩为基础编制，如打斜桩斜度在 1∶6 以内者，按相应项目人工、机械乘以系数 1.25；如斜度大于 1∶6 者，按相应项目人工、机械乘以系数 1.25。

(7) 定额以平地(坡度小于 15°)打桩为基础编制。如在堤坡上(坡度大于 15°)打桩时，按相应项目的人工、机械乘以系数 1.15；如在基坑内(基坑深度大于 1.5m)打桩或在地坪上坑槽内(坑槽深度大于 1m)打桩时，按相应项目的人工、机械乘以系数 1.11。

(8) 在桩间补桩或强夯后的地基打桩时，按相应项目的人工、机械乘以系数 1.15。

(9) 打送桩时，可按相应项目的人工、机械乘以表 6-11 规定的系数。

表 6-11　送桩深度系数

送桩深度	系　　数
2m 以内	1.25
4m 以内	1.43
4m 以外	1.67

(10) 夯扩桩执行打孔灌注桩的相应定额子目，其中人工、机械乘以系数 1.15。

(11) 金属周转材料中包括桩帽、送桩器、桩帽盖、活瓣桩尖、钢管、料斗等属于周转性使用材料。

(12) 定额中各种灌注的材料用量中，均已包括充盈系数和材料损耗。其中，灌注砂桩中还包括级配密实系数。充盈系数及其损耗率见表 6-12。

表 6-12　充盈系数及其损耗率

项目名称	充盈系数	损耗率(%)
打孔灌注桩	1.25	1.5
钻孔灌注桩	1.3	1.5
打孔灌注砂桩	1.3	3

(13) 桩工程量为小型工程量时，其中人工、机械乘以系数 1.25。小型工程量的标准按表 6-13 的规定确定。其中，桩工程量是桩与承台(梁)交界面到桩端承重部分的混凝土体积(不包括护壁)。

表 6-13　桩体小型工程量表

项　　目	单位工程的工程量(m^3)
钢筋混凝土方桩	150
打孔灌注混凝土桩	60
打孔灌注砂桩、石桩	60
钻孔灌注混凝土桩	100
潜水钻孔灌注混凝土桩	100
人工挖孔桩	100

3. 工程量计算规则

(1) 计算打桩(灌注桩)工程量前应确定下列事项。

① 确定土质级别：依据工程地质资料、沉桩试验确定土质级别。

② 确定施工方法、工艺流程、采用机械的型号、桩的类别、土壤泥浆的运距。

(2) 打预制钢筋混凝土桩的体积，按桩的长度(包括桩尖、不扣除桩尖虚体积，参见图 6-17)乘以桩截面面积以体积计算工程量；打桩执行本分部相应的定额子目，桩制作费用执行钢筋混凝土分部的相应定额子目。

【例 6-4】 图 6-21 所示的预制混凝土 99 根，计算打桩定额工程量。

解：打桩定额工程量$=99\times3.14\times[(0.2+0.05\times2)/2]^2\times(12+0.5)$

$=87.43\text{m}^3$

(3) 接桩：电焊接桩按设计接头，以个数计算；硫黄胶泥接桩按接桩断面面积，以 m^2 计算。

(4) 送桩按桩截面面积乘以送桩长度(即打桩架底至桩顶面高度或自桩顶面至自然地坪另加 50cm)计算。按预制桩的设计长度套用相应定额。

如图 6-22 所示的送桩定额工程量为：

$$V=S\times(H+0.5)$$

式中 V——送桩工程量；

S——桩截面面积；

H——桩顶到室外自然地坪的距离；

0.5——突出自然地坪的高度。

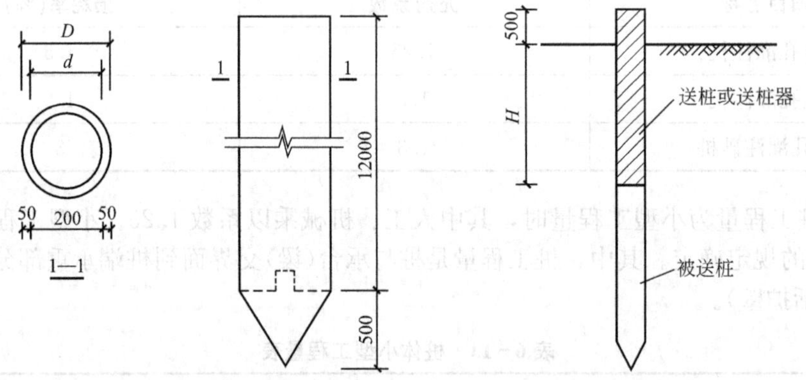

图 6-21 预制混凝土桩断面图　　图 6-22 送桩工程示意图

(5) 打孔灌注桩(含洛阳铲)。

① 混凝土桩、砂桩、碎石桩的体积：有承台(砂、石桩垫褥)的桩，按承台(砂、石桩垫褥)与桩的交界面到桩端(包括桩尖、不扣除桩尖虚体积)的中轴线长度加超灌长度(超灌长度设计明确，预算取 50cm)，乘以设计截面面积计算；没有承台(砂、石桩垫褥)的桩，按设计长度规定的桩、砂(石)部分长度乘以设计截面面积计算。

② 复打桩，每复打一次按上述方法计算的单桩体积乘以系数 1.70 进行计算。复打工程量，按实际复打深度部分计算。

③ 打孔时先埋预制混凝土桩尖，再浇灌混凝土者，桩尖按钢筋混凝土章节规定计算体积，灌注桩按设计长度(自桩尖顶面至桩顶高度)乘以设计截面面积计算。

④ 桩架 90°调面只适用于轨道式、走管式、导杆式、筒式柴油打桩机。

(6) 钻孔灌注桩。

① 按设计图纸计算体积另加 0.25m 乘以设计截面面积以 m^3 计算。

② 泥浆运输按实际发生的签证的外运体积以 m^3 计算。

(7) 人工挖孔桩。

① 土方按实际开挖的自然方以 m^3 计算。

② 砖护壁、混凝土护壁工程量均按设计图纸规定的尺寸以 m^3 计算。

③ 桩芯混凝土按设计桩长加 0.20m 乘以设计断面面积(平均)以 m^3 计算。扩展部分并入桩芯体积内计算。

④ 钢板笼，按设计图纸尺寸确定的质量以 t 计算；安装执行本分部定额子目，制作执行钢筋混凝土分部的相应定额子目。

⑤ 开挖过程中遇到的用爆破开挖的普坚石、特坚石按土石方部分的规定计算。

(8) 锚喷支护。

① 锚杆钻孔灌浆，按设计的钻孔长度以 m 计算。

② 钢筋、钢绞线锚杆，按设计图示尺寸确定的质量以 t 计算。

③ 喷护，按设计规定的展开面积以 m^2 计算。

(9) 强夯地基按设计规定的有效处理面积计算，或按强夯区域最外夯点中心线外移 1m 确定的面积计算。

(10) 凿桩头按设计截面面积乘以 200mm 高以 m^3 计算，包括预制桩、灌注桩、钻(冲)孔桩、挖孔桩。

4. 桩基础工程量计算实例

【例 6-5】 某基础采用预制混凝土桩基础，桩基础的数量为 152 根。桩基础的平面图布置和预制桩的结构如图 6-23 所示。计算预制桩的制作、运输、打桩、送桩定额工程量。

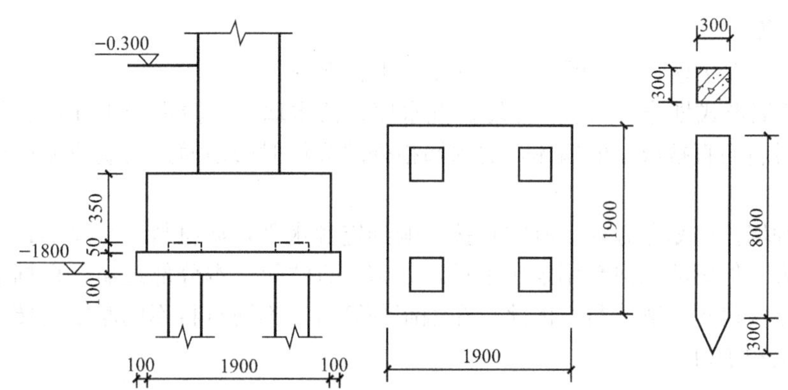

图 6-23　桩基布置及桩身结构图

解：制作定额工程量：$V = 0.3 \times 0.3 \times (8.0 + 0.3) \times 4 \times 152 \times (1 + 0.1\% + 0.4\% + 1.5\%)$

$=463.26m^3$

运输定额工程量：$V=0.3\times0.3\times(8.0+0.3)\times4\times152\times(1+0.4\%+1.5\%)$

$=462.81m^3$

打桩定额工程量：$V=0.3\times0.3\times(8.0+0.3)\times4\times152\times(1+1.5\%)$

$=460.99m^3$

送桩定额工程量：$V=0.3\times0.3\times(1.8-0.3-0.05-0.10+0.5)\times4\times152$

$=101.23m^3$

6.2.5 砖石工程

1. 概述

1）砖基础

砖石基础属于浅基础的一种形式。它一般用于地基基础土质较好、基础开挖深度较小、建筑物或构筑物的上部结构荷载较小的环境中。

砖石基础和其他各类基础一样都是建筑物或构筑物地面以下承受建筑物或构筑物全部重量的构件。因此，砖石基础要求具有足够的强度和稳定性。为了使基础与地基的承载力更好地相适应，砖石基础通常做成逐步加宽的形式，扩大与地基的接触面积。这种做法俗称放大脚。砖石基础放大脚一般采用两皮一收(等高式)或两皮与一皮的收 1/4 砖(间隔式)的做法。

2）砖石墙体

砖石墙体的形式和种类很多，大致可以从以下几个方面来划分。

(1) 按功能划分：承重墙、非承重墙、隔墙、女儿墙、围护墙、挡土墙等。直接承受其他构件传来的荷载的墙称为承重墙；不承受外来荷载，只承受自身墙体重量的墙称为非承重墙。建筑物内部只起分隔作用的非承重墙称为隔墙。女儿墙指房屋外墙高出屋面的矮墙，作为屋顶栏杆或房屋外形处理的一种措施。

(2) 按材料划分：砖墙、石墙、混凝土小型空心砌块墙、保温墙、轻质隔墙等。

(3) 按墙厚划分：如按标准砖墙划分为 1/4 砖墙、1/2 砖墙、3/4 砖墙、1 砖墙、$1\frac{1}{2}$砖墙、2 砖墙等。

(4) 按施工方法划分：一顺一丁、三顺一丁、梅花丁等。

(5) 按砖墙形式划分：眠墙、斗墙、混水墙、清水墙等。清水墙指外墙装修时不加粉刷或贴面砖材料而直接成型的墙体，混水墙指外墙装修时必须通过粉刷或贴面砖材料才能成型的墙体。

以上几种墙体的划分方式，有的直接影响到定额水平，如材料、墙厚等；有的与定额水平关系不大，但影响如何套用定额子目，如施工方法等。本分部定额是根据墙体的不同材料和不同厚度设置定额子目。因此，在编制预算时，不同材料不同厚度的砖体砌体，应套用不同的定额子目。

2. 说明

1）砌砖、砌块

(1) 砖墙、柱的砌体分别按清水墙和混水墙列项，清水砖墙、柱包括原浆勾缝用工。

(2) 填充墙以填充炉渣、棉毡为准，如实际不同时，填充材料允许换算，其他不变。

(3) 墙体必须设置拉接钢筋、铁件、金属构件时，应按有关章节另行计算。

(4) 砖砌挡土墙2砖以上执行砖基础定额子目，高度超过3.6m者，人工乘以系数1.15，2砖以内执行相应的砖墙定额子目。

(5) 框架结构间、预制柱间砌砖墙，混凝土小型砌块墙按相应项目人工乘以系数1.15。

2) 砌石

(1) 毛石护坡挡土墙高度超过4m时，超过4m部分的工程量，按相应项目乘以系数1.15。

(2) 砌筑圆弧形石砌体基础、墙按相应项目人工乘以系数1.10。

(3) 定额子目中的石料按成品计量。

3. 工程量计算规则

1) 一般规定

(1) 计算墙体时，应扣除门窗洞口、过人洞、空圈、嵌入墙身的钢筋混凝土柱、梁(包括过梁、圈梁、挑梁)、砖平璇、圆弧形璇、钢筋砖过梁和暖气包壁龛的体积，不扣除梁头、内外墙板头、檩条、木楞头、游沿木、木砖、门窗走头、砖墙内的加固钢筋、木筋、铁件等及每个面积在0.3m^{2}以内的孔洞所占体积，突出墙面的窗台虎头砖、压顶线、山墙泛水、烟囱根、门窗套及三皮砖以内的腰线和挑檐等体积亦不增加，部分构件形式见图6-24。

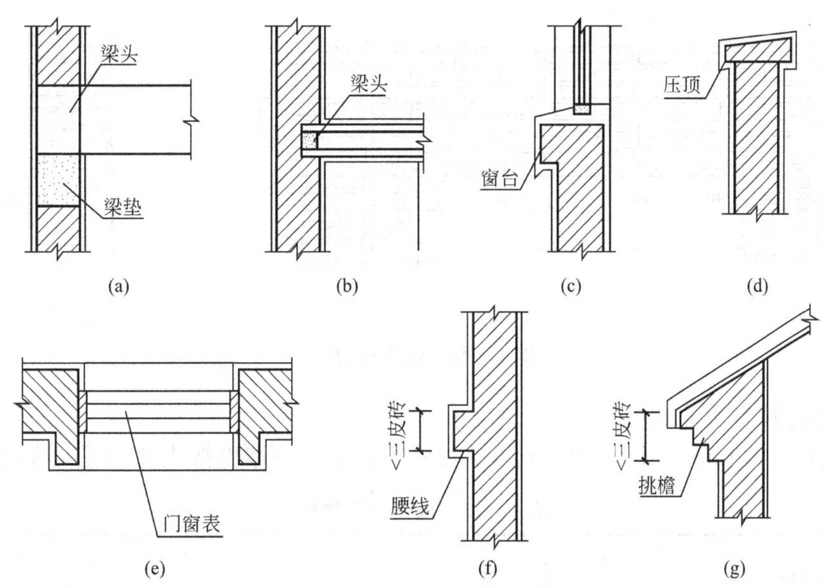

图6-24 墙体零星构件

(2) 附墙柱、三皮砖以上的腰线和挑檐等体积，并入墙体积内计算。

(3) 附墙烟囱(包括附墙通内道、垃圾道)按其外形体积计算工程量，并入所依附的墙体体积内，不扣除每一个孔洞横截面在0.1m^{2}以内的孔洞所占体积，但孔洞内的抹灰面积亦不增加。

(4) 女儿墙高度，自外墙顶面至图示女儿墙顶面高度，分别按不同墙厚并入外墙计算。

(5) 砖平璇(图 6 - 25)、圆弧形璇、钢筋砖过梁(图 6 - 26)按图示尺寸以体积计算工程量，其计算长度、高度，设计有规定时按设计规定取用，设计无规定时按表 6 - 14 的规定计算。

表 6 - 14　砖平璇、圆弧形璇、钢筋砖过梁的计算长度、高度

项目	砖平璇	圆弧形璇	钢筋砖过梁
计算长度	洞口宽度＋100mm	中心线长度	洞口宽度＋500mm
计算高度	240mm(洞口宽度小于 1500mm) 365mm(洞口宽度大于 1500mm)	240mm	440mm

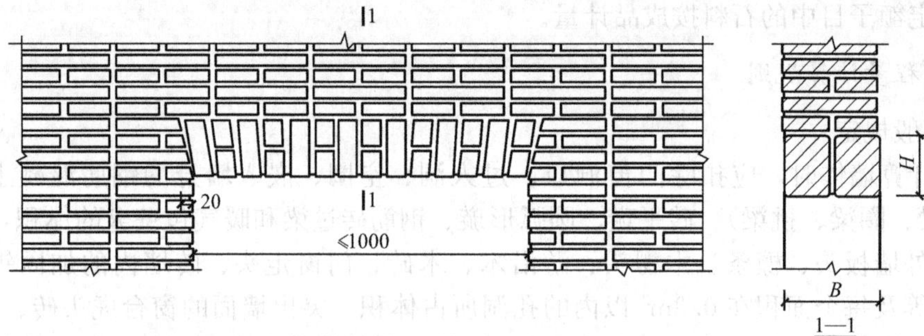

图 6 - 25　砖平璇

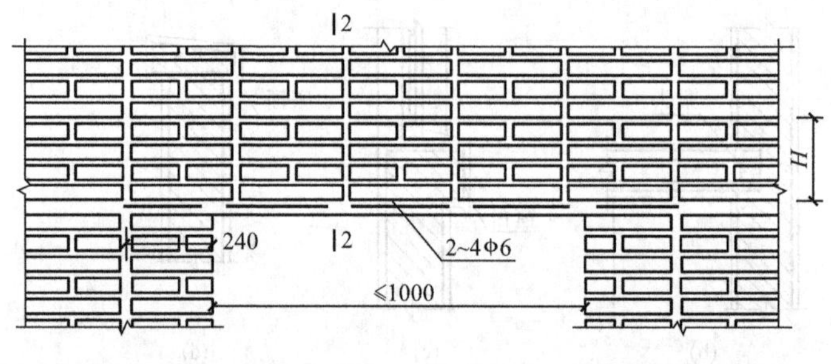

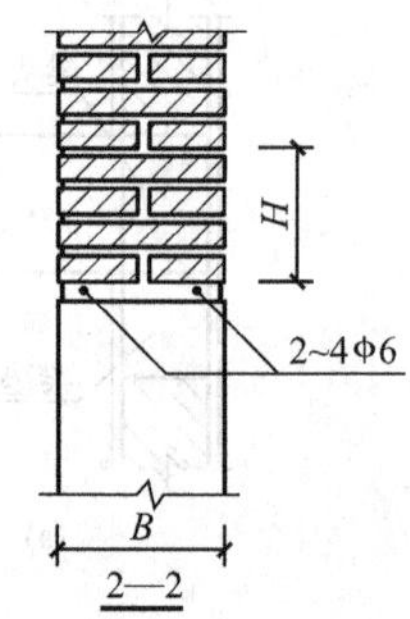

图 6 - 26　钢筋砖过梁

2) 砌体厚度计算方法

标准砖以 240mm×115mm×53mm 为准，其砌体计算厚度按表 6 - 15 的规定计算。

表 6 - 15　墙体计算厚度

墙厚(砖数)	$\frac{1}{4}$	$\frac{1}{2}$	$\frac{3}{4}$	1	$1\frac{1}{4}$	$1\frac{1}{2}$	2
计算厚度(mm)	53	115	180	240	303	365	490

3) 基础与墙身的划分

(1) 以设计室外地坪为界线(有地下室者，以地下室室内设计地面为界)，以下为基础，以上为墙身。

(2) 砖柱不分基础和柱身合并计算，执行砖柱定额子目。

4) 砖石、小型混凝土空心砌块墙基础

计算方法按尺寸以 m^3 计算工程量，砖石、小型混凝土空心砌块墙基础长度，外墙墙基础取外墙墙体中心线长，内墙墙基础取内墙墙体净长。砖、小型空心砌块墙基础放大脚 T 形接头处重叠部分，计算时不扣除。附墙柱基放大脚宽出部分体积并入基础工程量内。毛石墙基的长度，外墙按中心线长度，内墙按毛石基础各级净长计算。砖墙标准砖放大脚折加高度和增加面积确定见表 6－16，砖柱标准砖放大脚折加高度和增加面积确定见表 6－17。

表 6－16 砖墙标准砖放大脚折加高度和增加面积

放大脚层数	折加高度												增加面积 (m^2)	
	$\frac{1}{2}$砖		1砖		1$\frac{1}{2}$砖		2砖		2$\frac{1}{2}$砖		3砖			
	等高	不等高	等高	不等高	等高	不等高	等高	不等高	等高	不等高	等高	不等高	等高	不等高
一	0.137	0.137	0.066	0.043	0.043	0.043	0.032	0.032	0.026	0.026	0.021	0.021	0.001575	0.001575
二	0.411	0.342	0.197	0.164	0.129	0.108	0.096	0.077	0.064	0.064	0.064	0.053	0.04725	0.03938
三			0.394	0.328	0.256	0.216	0.193	0.161	0.154	0.128	0.128	0.106	0.09450	0.07875
四			0.656	0.525	0.432	0.345	0.321	0.258	0.256	0.205	0.213	0.170	0.1575	0.1260
五			0.984	0.788	0.647	0.518	0.482	0.382	0.384	0.307	0.319	0.255	0.2363	0.1890
六			1.378	1.083	0.906	0.712	0.672	0.580	0.538	0.419	0.447	0.351	0.3308	0.2509
七			1.838	1.444	1.208	0.949	0.900	0.707	0.717	0.563	0.596	0.468	0.4410	0.3465
八			2.363	1.838	1.553	1.208	1.157	0.909	0.922	0.717	0.766	0.596	0.5670	0.4411
九			2.953	2.297	1.942	1.510	1.477	1.125	1.0153	0.896	0.956	0.745	0.7088	0.5513
十			3.610	2.789	2.373	1.838	1.768	1.366	1.409	1.088	1.171	0.905	0.8633	0.6691

表 6－17 砖柱标准砖放大脚折加高度和增加面积

矩形砖柱断面	断面	断面面积 (m^2)	等高式放大脚层数									
			一层	二层	三层	四层	五层	六层	七层	八层	九层	十层
			每个柱脚四边的折加高度(m)									
1×1	0.24×0.24	0.0576	0.168	0.0564	1.271	2.344	3.502	5.858	8.458	11.70	15.65	20.37
1×1$\frac{1}{2}$	0.24×0.365	0.0876	0.126	0.444	0.969	1.767	2.863	4.325	6.195	8.051	11.29	14.63
1×2	0.24×0.49	0.1176	0.112	0.378	0.821	1.477	2.389	3.382	5.079	6.935	9.127	11.827
1×2$\frac{1}{2}$	0.24×0.615	0.1476	0.104	0.337	0.733	1.321	2.195	3.133	4.423	6.011	7.904	10.156
1$\frac{1}{2}$×1$\frac{1}{2}$	0.365×0.365	0.1332	0.099	0.337	0.724	1.306	2.107	3.158	4.482	6.124	8.101	10.437
1$\frac{1}{2}$×2	0.365×0.365	0.1789	0.087	0.279	0.606	1.089	1.734	2.581	3.646	4.956	6.542	8.377

(续)

矩形砖柱断面	断面	断面面积(m^2)	等高式放大脚层数									
			一层	二层	三层	四层	五层	六层	七层	八层	九层	十层
			每个柱脚四边的折加高度(m)									
$1\frac{1}{2}\times2\frac{1}{2}$	0.24×0.49	0.2245	0.079	0.251	0.525	0.925	1.513	2.242	3.154	4.266	5.592	7.163
$1\frac{1}{2}\times3$	0.365×0.615	0.2701	0.077	0.229	0.488	0.862	1.369	2.017	2.824	3.805	4.979	6.352
2×2	0.365×0.74	0.2401	0.074	0.234	0.501	0.889	1.415	2.096	2.950	3.986	5.230	6.691
$2\times2\frac{1}{2}$	0.49×0.49	0.3041	0.063	0.206	0.488	0.773	1.225	1.806	2.532	3.411	4.460	5.616
2×3	0.49×0.615	0.3629	0.059	0.186	0.397	0.698	1.099	1.616	2.256	3.020	3.951	5.028
$2\times3\frac{1}{2}$	0.49×0.74	0.4239	0.057	0.175	0.368	0.642	1.009	1.480	2.060	2.759	3.950	5.028
$2\frac{1}{2}\times2\frac{1}{2}$	0.615×0.615	0.3789	0.056	0.179	0.380	0.668	1.005	1.549	2.140	2.881	3.762	4.791
$2\frac{1}{2}\times3$	0.615×0.74	0.4551	0.052	0.163	0.343	0.599	0.941	1.377	1.920	2.572	3.343	4.244
$2\frac{1}{2}\times3\frac{1}{2}$	0.615×0.865	0.5320	0.047	0.150	0.315	0.505	0.861	1.257	1.746	2.332	3.025	3.834
3×3	0.74×0.74	0.5476	0.046	0.146	0.301	0.533	0.836	1.222	1.804	2.266	2.940	2.725

5）墙体计算长度

外墙长度按外墙中心线长度计算，内墙长度按内墙墙体净长计算。

6）墙体高度的计算

(1) 外墙高度：斜(坡)屋面无檐口天棚(图 6－27)者算至屋面板底；有屋架且室内外均有天棚(图 6－28)者，算至屋架下弦底面另加 200mm；无天棚(图 6－29)者算至屋架下弦底加 300mm，出檐宽度超 600mm 时，应按实砌高度计算；平屋面(图 6－30)算至钢筋混凝土板(梁)底。

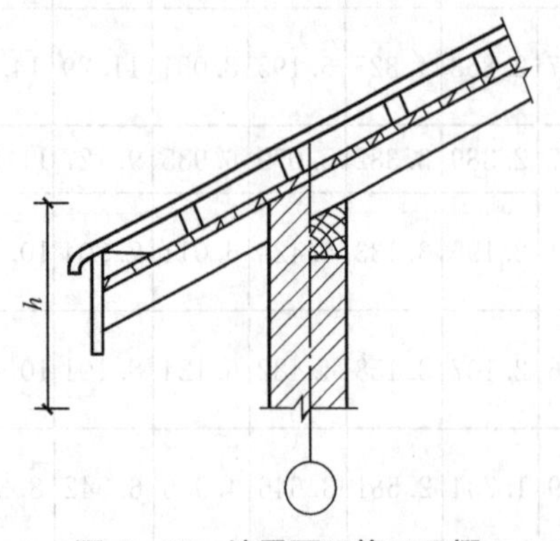

图 6－27　坡屋面无檐口天棚

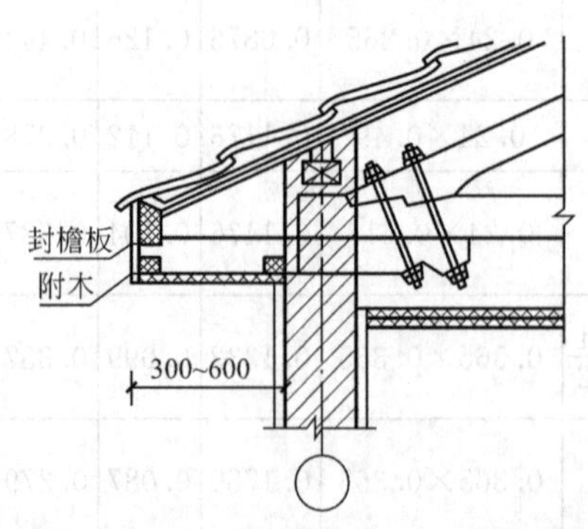

图 6－28　坡屋顶有屋架且室内外均有天棚

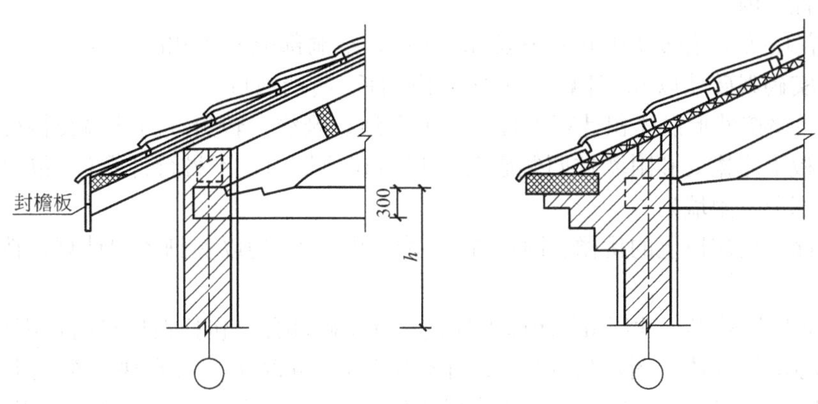

图 6-29 坡屋顶檐口无天棚

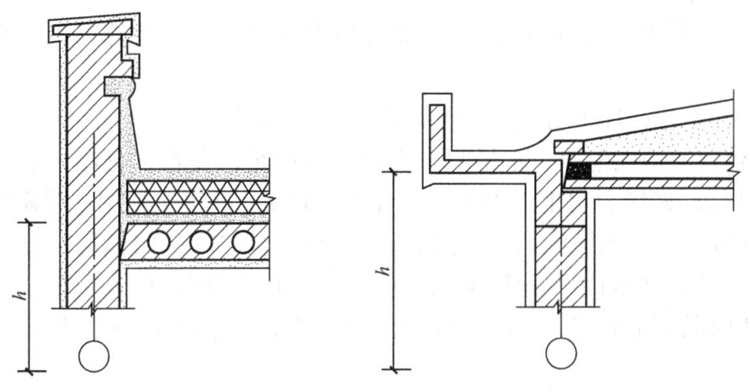

图 6-30 平屋面

(2) 内墙墙身高度：位于屋架下弦者，其高度算至屋架底，无屋架者算至开棚底另加100mm；有钢筋混凝土楼板隔层者算至屋面板底(图 6-31)。

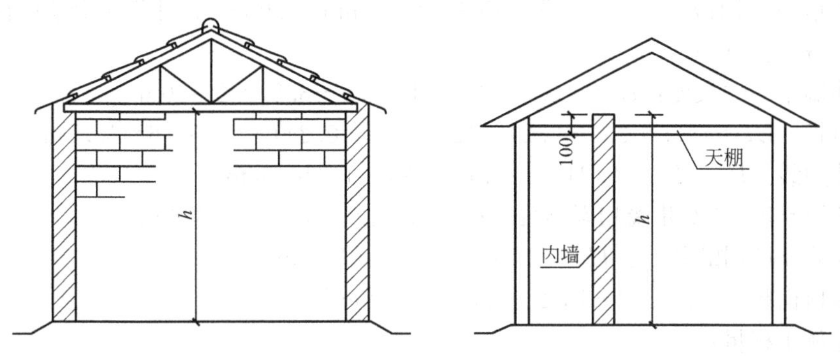

图 6-31 内墙计算高度

(3) 内外山墙，墙身高度按平均高度计算。

7) 其他

(1) 框架间砌体，按框架间的净空面积乘以墙厚计算，框架柱外表面镶贴砖部分并入框架砌体工程量内。

(2) 空花墙按空花部分外形体积以 m^3 计算，空洞部分不予扣除，其中与空花墙连接的附墙柱、实砌眠砖墙以 m^3 计算，分别套用砖柱、砖墙项目。

(3) 空斗墙按外形以体积计算工程量。窗台线、腰线、转角、内外墙交接处，门窗洞口立边、楼板下屋檐处和附墙柱两侧砌砖已包括在项目内，不另行计算(不包括设计要求的斗墙实砌部分及附墙)。

突出墙面三皮砖以上的挑檐、附墙柱(不论突出多少)均以实砌体积计算，按一砖墙的项目执行。

(4) 填充墙按外形尺寸以 m^3 计算工程量，其实砌部分已包括在项目内，不另行计算。

(5) 空心砌块砌体按图示尺寸以 m^3 计算工程量(混凝土空心砌块、炉渣混凝土空心砌块墙、陶粒混凝土空心砌块墙按设计规定需要镶嵌砖部分已包括在定额内，不另行计算)。

(6) 其他砖砌体：

① 砖砌锅台、炉灶，不分大小，按图示外形尺寸以 m^3 计算，不扣除各种空洞的体积；

② 砖砌台阶(不包括梯带)按水平投影面积以 m^2 计算；

③ 厕所蹲台、小便池池槽、水槽腿、煤箱、垃圾箱、花台、花池台阶挡土墙或梯带、地垄墙及支撑地楞的砖墩、房上烟囱等实砌体积，以 m^3 计算，套用零星砌体项目；

④ 砖地沟(暖气沟、电缆沟)，不分墙基、墙身，合并以 m^3 计算。

(7) 轻质墙板按结构间净空面积乘以厚度以 m^3 计算(扣除 0.3m^2 以上的洞口面积)。

(8) 砌块孔内混凝土灌实，按灌实部分体积的外形尺寸的 50%(砌块空心率的近似值)以 m^3 计算。

(9) 垫层：地面垫层按地面面积乘以厚度计算，基础垫层按实铺体积计算。垫层中均包括原土夯实。

【例 6-6】 某单层建筑物平面图和立面图如图 6-32 所示，门窗表如表 6-18 所示，门窗过梁体积为 0.24m^3，屋面板下设圈梁一道，沿墙体布置，设计截面为 240mm×300mm，外墙设置构造柱 12 个，设计截面为 240mm×240mm。计算墙体的预算工程量(不考虑构造柱马牙槎)。

解：外墙中心线长度：$L_{中}=(3.3\times3+5.1+1.5+3.5)\times2=40m$

内墙净长：$L_{内}=(1.5+3.5-0.24)\times2+(3.5-0.24)-0.03\times6=12.6m$

外墙外边线：$L_{外}=L_{中}+0.24\times4=40+0.24\times4=40.96m$

外墙计算高度(含女儿墙扣圈梁)：$H_{外}=3.6+0.15-0.3=3.45m$

内墙计算高度(扣圈梁)：$H_{内}=3+0.15-0.3=2.85m$

门窗洞口面积：$S_{洞}=7.2+16.2+7.56=30.96m^2$

墙体定额工程量：

V = 外墙长度×外墙高度×墙厚+内墙长度×内墙高度×墙厚−构造柱所占体积−洞口所占体积−过梁所占体积

$=40\times3.45\times0.24+12.6\times2.85\times0.24-0.24\times0.24\times3.6\times12-30.96\times0.24-0.24$

$=31.58m^3$

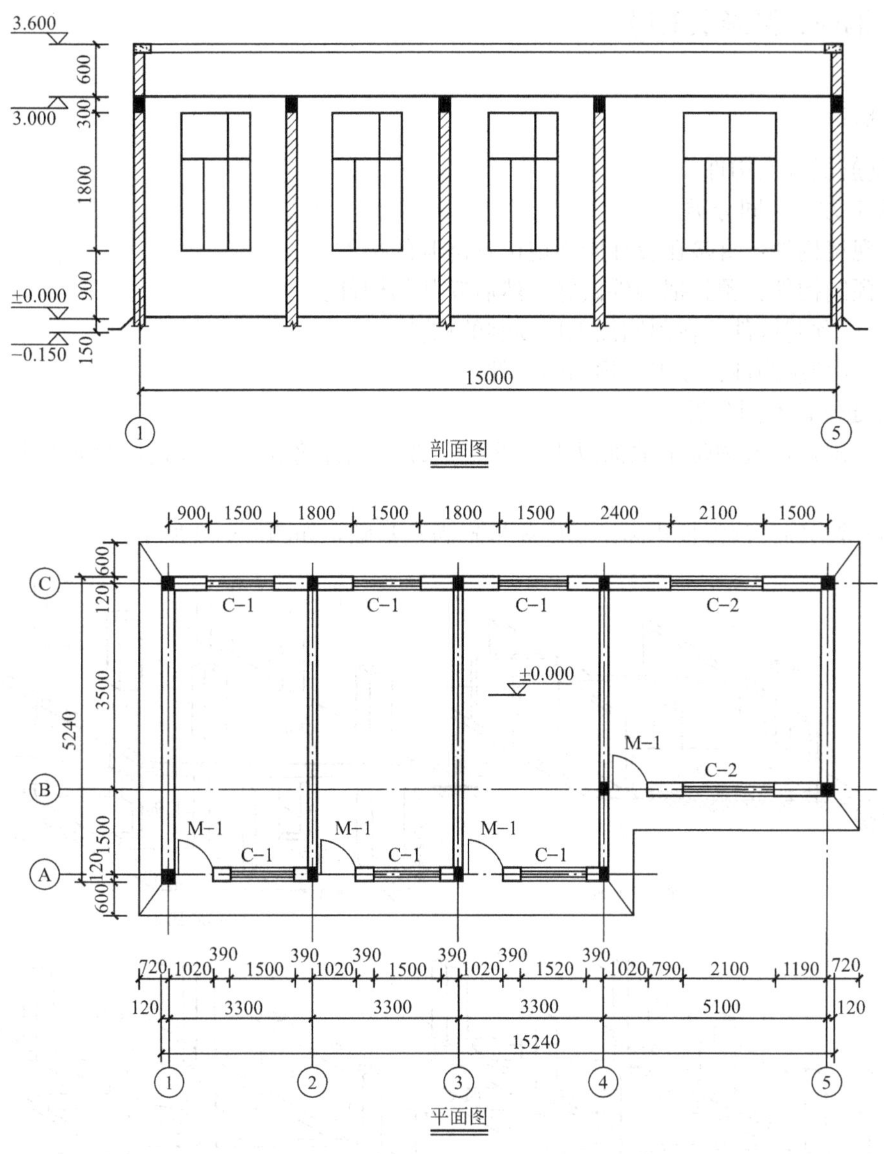

图6-32 某建筑物剖面图、平面图

表6-18 门窗统计表

门窗名称	代号	洞口尺寸 (mm×mm)	数量 (樘)	单樘面积 (m^2)	合计面积 (m^2)
单扇无亮窗无砂镶板门	M1	900×2000	4	1.8	7.2
双扇铝合金推拉窗	C1	1500×1800	6	2.7	16.2
	C2	2100×1800	6	3.78	7.56

6.2.6　钢筋、混凝土工程

1. 概述

1）钢筋混凝土构件

按施工方式不同分类。

（1）现浇构件：直接在设计所预定位置浇制的构件。

（2）预制构件：预先把构件做好，然后安装的构件。

① 工厂预制构件：在预制加工厂预制的构件。

② 现场预制构件：在工地预制的构件。

按所处位置不同分类。

（1）基础：建筑物位于地面以下，承受上部荷载并将这些荷载连同自重传给地基的部分。

① 满堂基础：分为板式满堂基础和带式满堂基础，如图 6－33 所示。

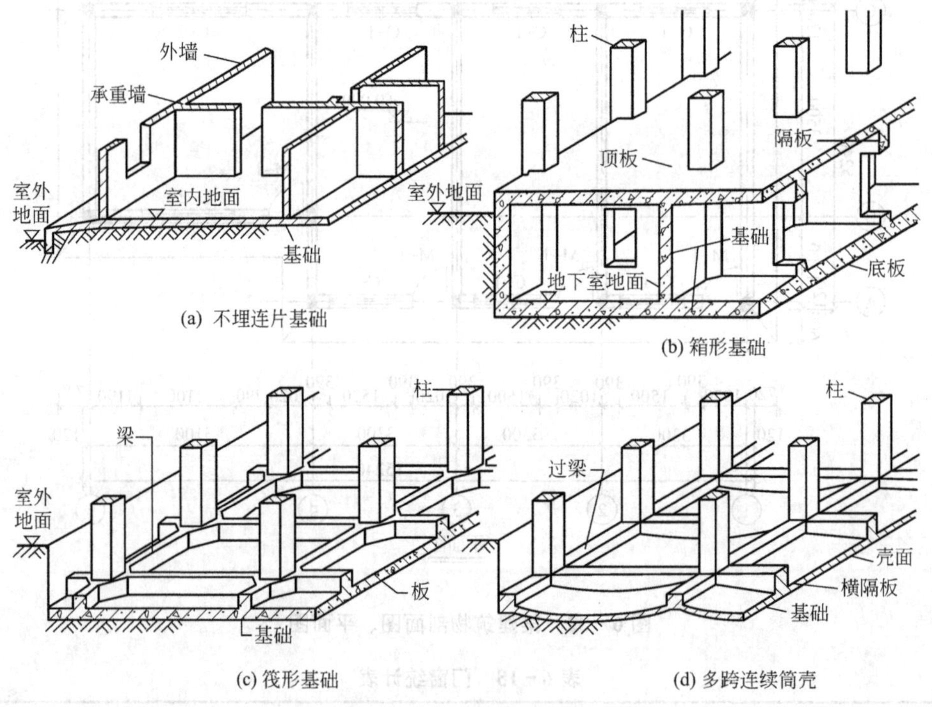

图 6－33　满堂基础

② 带(条)形基础，如图 6－34 所示。

③ 独立基础，如图 6－35 所示。

④ 桩基础。

(a) 桩基础由若干根桩和承台(或承台梁)组成。

(b) 桩基础的种类：

按受力性质分，有摩擦桩、端承桩和抗拔桩；

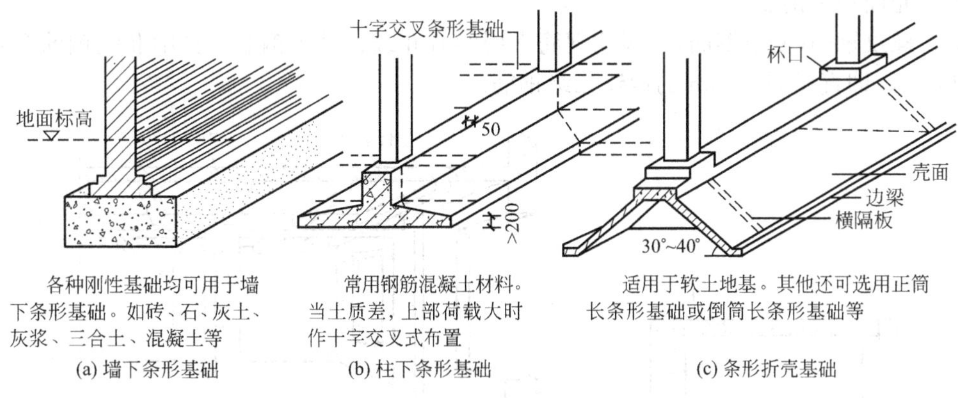

(a) 墙下条形基础　(b) 柱下条形基础　(c) 条形折壳基础

图 6 - 34　条形基础

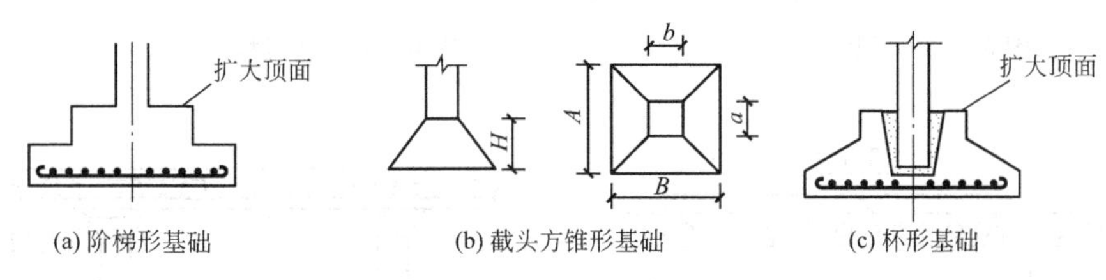

(a) 阶梯形基础　(b) 截头方锥形基础　(c) 杯形基础

图 6 - 35　独立基础

按制作方法分，有预制桩和灌注桩；

按材料分，有木桩、钢桩、混凝土桩、钢筋混凝土桩、砂桩、灰土桩；

按形状分，有方桩、圆桩、多边形桩、管桩。

(2) 柱：一种受压构件。在房屋中，它是将上层结构的荷载逐层传递至基础的构件。

① 承重柱：以承受竖向荷载为主的柱，主要分为两种。

框架柱：属于某榀框架的一个组成部分，承受竖向荷载。

单柱：单独承受竖向荷载的柱。

② 构造柱：砌体结构中，与圈梁共同作用增加砌体墙整体性的柱。一般设置在砖墙转角处或纵横墙的交接处，并先砌好墙后再支模浇柱子。

(3) 梁：也是一种受压构件。其分类形式类似于柱，分为：

① 框架梁；

② 单梁；

③ 圈梁。

(4) 板：是一种围护构件。

① 平板：指无柱梁，直接由墙支承的板，如图 6 - 36 所示。

② 有梁板：与梁同时现浇的板，如图 6 - 37 所示。

③ 叠合板：由预制板、现浇板共同组成的板，如图 6 - 38 所示。

④ 无梁板：直接由柱支承的板，如图 6 - 39 所示。

⑤ 压型钢板上现浇钢筋混凝土板，如图 6 - 40 所示。

2) 钢筋

(1) 光面钢筋(圆钢筋)：光面钢筋常用的有Ⅰ级钢筋，符号为φ，如φ10，即直径为

10mm 的光面一级钢筋。

(2) 螺纹钢筋(变形钢筋)：螺纹钢筋常用的有Ⅱ级、Ⅲ级钢筋，其中Ⅱ级钢筋符号为Φ，如Φ16，即直径为 16mm 的螺纹二级钢筋。

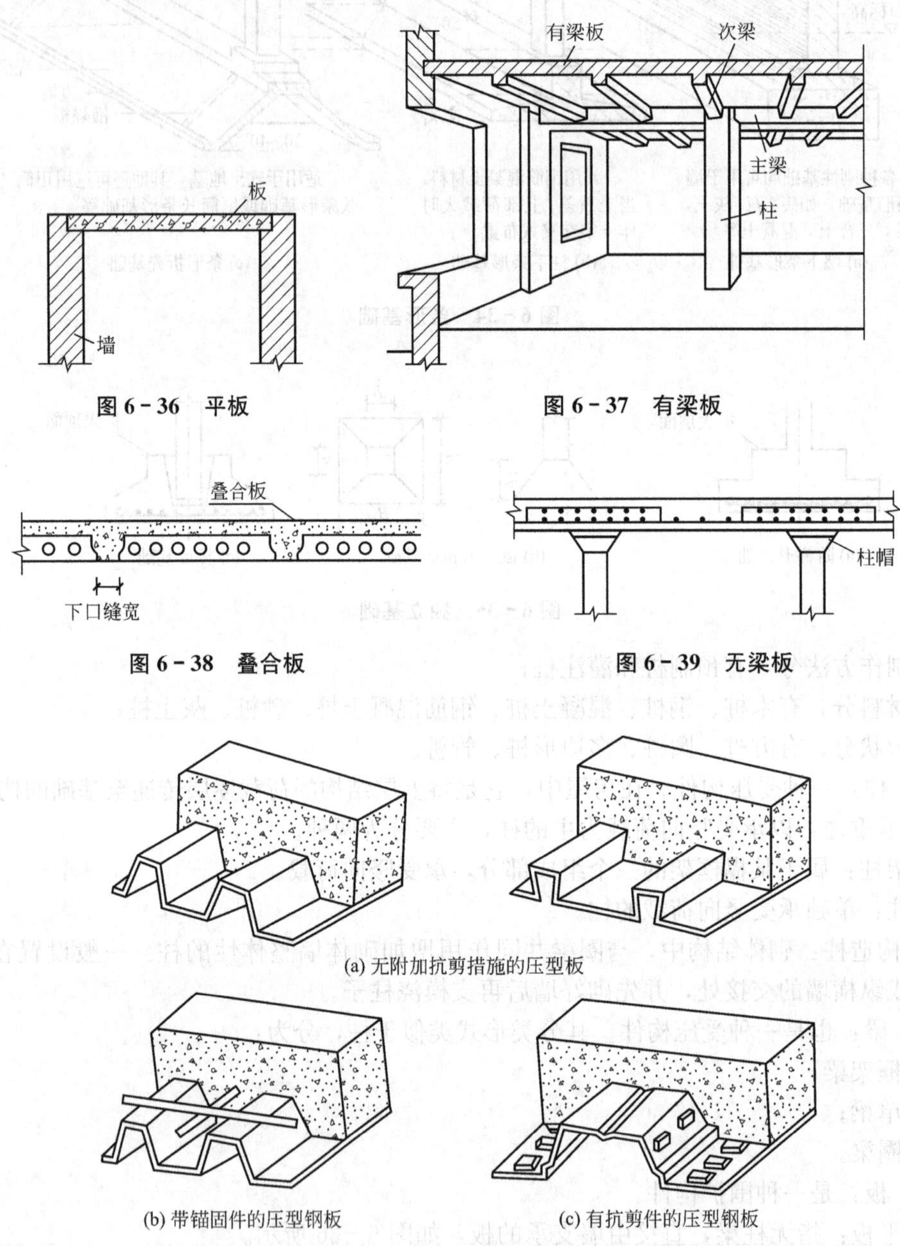

图 6-36　平板

图 6-37　有梁板

图 6-38　叠合板

图 6-39　无梁板

图 6-40　压型板

(3) 钢绞线：一般用多根钢丝绞合在一起制成。

2. 定额说明

1) 概述

分部定额包括钢筋、现浇混凝土构件、预制混凝土构件及集中搅拌混凝土四部分。

2）钢筋

(1) 钢筋工程内容包括：制作、绑扎、安装及浇灌混凝土时维护钢筋等。

(2) 钢筋工程按钢筋的不同品种、不同规格，按普通钢筋(包括现浇构件、预制构件钢筋)、预应力钢筋分别列项。HPB300级(符号φ)执行圆钢筋相应项目，HRB335级(符号Φ)、HRB400级、RRB400级、冷轧带肋钢筋执行螺纹钢筋相应项目(注：HPB300为热轧光面钢筋，HRB335和HRB400是热轧变形钢筋，RRB400是余热处理钢筋)。

(3) 设计图纸未注明的钢筋接头和接头焊接用的电焊条已综合在定额内，成型钢筋的搭接长度应计入钢筋净用量内，其搭接个数和搭接长度，设计有规定者，按设计规定，设计无规定者，按每8m计算一个接头，其接头长度根据不同的接头方式按规定长度计算。

(4) 预应力构件中的非预应力钢筋按普通钢筋相应项目计算。

(5) 非预应力钢筋不包括冷加工，如设计要求冷加工时，另行处理。

(6) 预应力钢筋如设计要求人工时效处理时，应另行处理。

(7) 表6-18所列的构件，其钢筋可按表6-19所列系数调整人工、机械费用。

表6-19　人工、机械调整系数

项目	建筑物				构筑物	
系数范围	拱梯型屋架	托架梁	小型构件	小型池槽	贮仓	
					矩形	圆形
人工、机械调整系数	1.16	1.05	2	2.52	1.25	1.50

3）混凝土

(1) 混凝土的工作内容包括：后台运输、搅拌，前台运输、清理、润湿模板、浇灌、捣固、养护。

(2) 毛石混凝土是按毛石占混凝土体积20%计算的，如设计要求不同时可以换算。

(3) 小型构件，系指每件体积0.05m^{3}以内的未列出项目构件。

(4) 预制构件厂生产的构件，在混凝土项目中考虑了预制厂内构件运输、堆放、码垛、装车等的工作内容。

(5) 现浇钢筋混凝土柱、墙项目，均按规范规定综合底部灌注1∶2水泥砂浆的用量。

3. 工程量计算规则

1）钢筋工程量的计算方法

(1) 钢筋工程，应区别不同钢筋种类和规格，分别按设计长度乘以单位质量，以t计算。表6-20为钢筋理论质量表。

表6-20　钢筋规格质量表

规格(直径：mm)	截面面积(mm^2)	单位质量(kg/m)
3.5	9.62	0.075
4	12.57	0.098
5	19.63	0.154

（续）

规格(直径：mm)	截面面积(mm^2)	单位质量(kg/m)
5.5	23.76	0.187
5.6	24.63	0.193
6	28.27	0.222
6.3	31.17	0.245
6.5	33.18	0.260
7	38.48	0.302
7.5	44.18	0.347
8	50.27	0.395
9	63.63	0.499
10	78.54	0.617
11	95.03	0.746
12	113.10	0.888
13	132.70	1.04
14	153.90	1.21
15	176.70	1.39
16	201.10	1.58
17	227.00	1.78
18	254.50	2.00
19	283.50	2.23
20	314.20	2.47
21	346.40	2.72
22	380.10	2.98
24	452.40	3.55
25	490.90	3.85
26	530.90	4.17
28	615.80	4.83
30	706.90	5.55
32	804.20	6.31
34	907.90	7.13

(2) 计算钢筋工程量时，设计已规定搭接长度的，按规定搭接长度计算；设计未规定搭接长度，长度8m以内的成型钢筋执行相应项目，不另计算搭接长度。钢筋的电渣压力

焊接、套筒挤压、锥螺纹接头，以个计算，执行相应项目，但不计取搭接长度。

(3) 先张法预应力钢筋，按构件外形尺寸计算长度，后张法预应力钢筋按设计图纸规定的预应力钢筋预留孔道长度，并区别不同锚具类型，分别按下列规定计算：

① 低合金钢筋两端采用螺杆锚具时，预应力钢筋按孔道长度共减 0.35m，螺杆另行计算；

② 低合金钢筋一端采用镦头插片，另一端采用螺杆锚具时，预应力钢筋长度按孔道长度计算，螺杆另行计算；

③ 低合金钢筋一端采用镦头插片，另一端采用帮条锚具时，预应力钢筋按孔道长度增加 0.15m，两端均采用帮条锚具时预应力钢筋共增加 0.3m 计算；

④ 低合金钢筋采用后张混凝土自锚时，预应力钢筋长度应按增加 0.35m 计算；

⑤ 低合金钢筋或钢绞线采用 JM、×M、QM 型锚具，孔道长度在 20m 以内时，预应力钢筋长度按增加 1m 计算；孔道长度在 20m 以上时，预应力钢筋长度按增加 1.8m 计算。

(4) 钢筋混凝土构件预埋铁件工程量，按设计图示尺寸以 t 计算。

2) 混凝土工程量的计算规则

总体工程量除另有规定者外，均按图示尺寸实体体积以 m^3 计算。不扣除构件内钢筋、预埋铁件及墙、板内 0.3m^2 以内孔洞所占体积，但应扣除韧性型钢骨架体积。

(1) 基础。

① 有肋带形基础，其肋高与肋宽之比在 4∶1 以内的按有肋带形基础计算；超过 4∶1 时，其基础底板按板式基础计算，以上部分按墙计算。

② 箱式满堂基础应分别按无梁式满堂基础、柱、墙、梁、板有关规定计算，套用相应项目。有梁式满堂基础，肋高大于 0.4m 时，套用有梁式满堂基础定额；肋高小于 0.4m 或设有暗梁、下翻梁时，套用无梁式满堂基础定额。

③ 独立基础包括各种形式的独立基础和柱墩，其工程量按图示尺寸以 m^3 计算。柱与柱基的划分以柱基的扩大顶面为分界线。

④ 设备基础除块体以外，其他类型设备基础分别按基础、梁、柱、板、墙等有关规定套相应项目计算。楼层上的钢筋混凝土设备基础按有梁板项目计算。

(2) 柱。

按图示断面尺寸乘以柱高以 m^3 计算。柱高按以下规定确定。

① 有梁板的柱高，应按自柱基上表面(或楼板上表面)至上一层楼板上表面之间的高度计算。

② 无梁板的柱高，应按自柱基上表面(或楼板上表面)至柱帽下表面之间的高度计算。

③ 框架柱的柱高应按自柱基上表面至柱顶高计算。

④ 构造柱按全高(自柱基础扩大顶面或地圈梁底面至柱顶面，构造柱顶面与圈梁连接时，算到圈梁上表面)计算，与砖墙嵌接部分的体积并入柱身体积内计算。例如，一砖墙的构造柱，其断面：一边支模为 240～330mm，两边支模为 300mm×240mm，三边支模为 270mm×240mm。

⑤ 依附柱上的牛腿，并入柱身体积内计算。

(3) 梁。

按图示断面尺寸乘以梁长以 m^3 计算。梁长按以下规定确定。

① 梁与混凝土柱连接时，梁长算至柱侧面；梁与混凝土墙连接时，梁长算至墙侧面；圈梁与构造柱连接时，圈梁长度算至构造柱侧面；构造柱有马牙槎时，圈梁长度算至构造柱主断面的侧面。

② 主梁与次梁连接时，次梁长算至主梁侧面。伸入砌体墙、柱内的梁头、梁垫体积并入梁体积内计算。

③ 圈梁与过梁连接时，分别套用圈梁、过梁定额。

圈梁计算长度的确定：外墙取外墙中心线长度，内墙取内墙墙体净长线长度。

过梁长度按设计规定计算。设计无规定时，按门窗洞口宽度两端各加 250mm 计算。

④ 梁与板整体现浇时，梁高算至板底。

(4) 板。

按图示平面尺寸乘以板厚以 m^3 计算，其中：

① 有梁板(梁与板同时现浇连成一体的板)包括主、次梁与板，按梁、板体积之和计算。

② 无梁板(无梁且直接用柱子支撑的楼板)按板(包括其边梁)和柱帽体积之和计算。

③ 平板(直接支撑在墙上的现浇楼板)按板实体体积计算。

④ 现浇挑檐天沟与板(包括屋面板、楼板)连接时，以外墙为分界线，与圈梁(包括其他梁)连接时，以梁外边线为分界线。外墙边线以外或梁外边线以外为挑檐天沟。

⑤ 各类板伸入砌体墙内的板头并入板体积内计算。

(5) 墙。

按图示中心线长度乘以墙高及厚度以 m^3 计算，应扣除门窗洞口及 $0.3m^2$ 以外孔洞的体积，墙垛及突出部分(包括边框梁、柱)并入墙体积内计算。

(6) 楼梯。

整体楼梯包括休息平台、平台梁、斜梁及楼梯的连接梁(当无连接梁时，以楼梯的最后一级踏步边缘加 300mm 计算)，按水平投影面积计算，不扣除宽度小于 500m 的楼梯井，伸入墙内部分不另计算。

(7) 悬挑板。

悬挑板(包括阳台、雨篷等)，按伸出外墙的体积计算，其反沿体积并入雨篷内计算。

(8) 栏板。

栏板以 m^3 计算，伸入墙内的栏板，合并计算。

(9) 补缝。

预制板补现浇板缝时，按平板计算。

(10) 接头。

预制钢筋混凝土框架柱现浇接头(包括梁接头)按设计规定断面乘以长度以 m^3 计算。

3) 预制混凝土工程量的计算规则

(1) 工程量均按图示尺寸实体体积以 m^3 计算。不扣除构件内钢筋、铁件及小于 300mm×300mm 以内的空洞面积。

(2) 预制桩按桩全长(包括桩尖)乘以桩断面(空心桩应扣除空洞体积)以 m^3 计算。

(3) 混凝土与钢杆件组合的构件，混凝土部分按构件实体体积以 m^3 计算，钢构件部分按 t 计算，分别套相应的定额项目。

4. 计算实例

【例 6-7】 某现浇钢筋混凝土带形基础的尺寸如图 6-41 所示，计算现浇混凝土带形基础混凝土工程量。

解：(1) 计算带形基础的计算长度。

外墙基础：$L_{外中}=(8.00+4.80)\times2=27.6\text{m}$

内墙基础：$L_{内中}=4.8-1.00=3.8\text{m}$

(2) 计算带形基础的断面积：$F=b\times h=1.00\times0.30=0.30\text{m}^2$

(3) 计算带形基础的体积：$V=(L_{外中}+L_{内中})\times F=(27.6+3.8)\times0.30=9.42\text{m}^3$

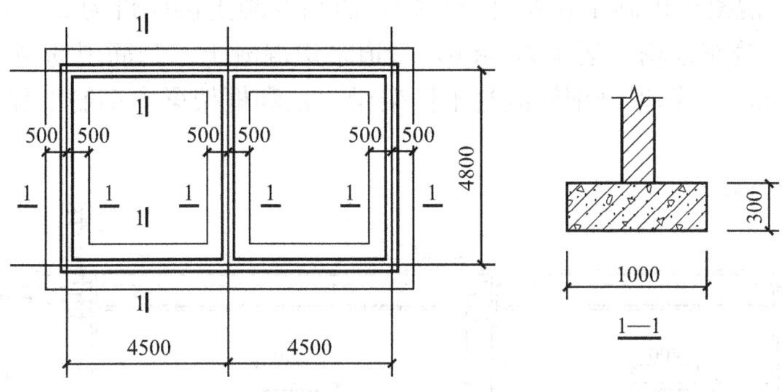

图 6-41 带形基础

【例 6-8】 计算如图 6-42 所示全现浇框架主体结构工程的梁、板、柱的混凝土预算工程量。

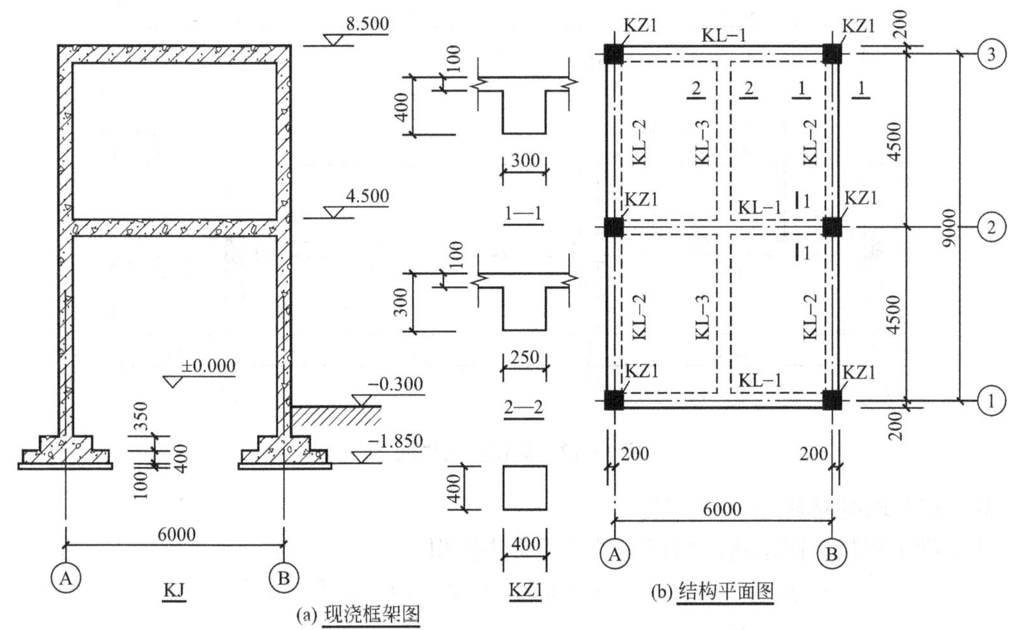

图 6-42 全现浇框架结构示意图

解：(1) 现浇柱 KZ1：混凝土工程量$=(8.5+1.85-0.35-0.4)\times0.4\times0.4\times6$

$=9.23m^3$

(2) 现浇梁：KL1 混凝土工程量$=(6.0-0.4)\times0.3\times(0.4-0.1)\times3=1.51m^3$

KL2 混凝土工程量$=(9.0-0.4\times2)\times0.3\times(0.4-0.1)\times2=1.48m^3$

KL3 混凝土工程量$=(9.0-0.3\times2)\times0.25\times(0.3-0.1)\times1=0.42m^3$

(3) 现浇板：混凝土工程量$=(6.0+0.3)\times(9.0+0.3)\times0.1-0.3\times0.3\times6\times0.1$

$=5.81m^3$

合计得现浇有梁板工程量$=1.51+1.48+0.42+5.81=9.22m^3$

【例 6-9】 某钢筋混凝土框架 9 根，尺寸见图 6-43。混凝土强度等级为 C30，混凝土保护层 25mm。混凝土由施工企业自行采购，商品混凝土供应价为 275.00 元/m^3。施工企业采用混凝土运输车运输，运距为 8km，管道泵送混凝土。钢筋现场制作及安装，箍筋加钩长度为 100mm。计算现浇钢筋混凝土框架梁、柱和框架梁内钢筋工程的工程量。

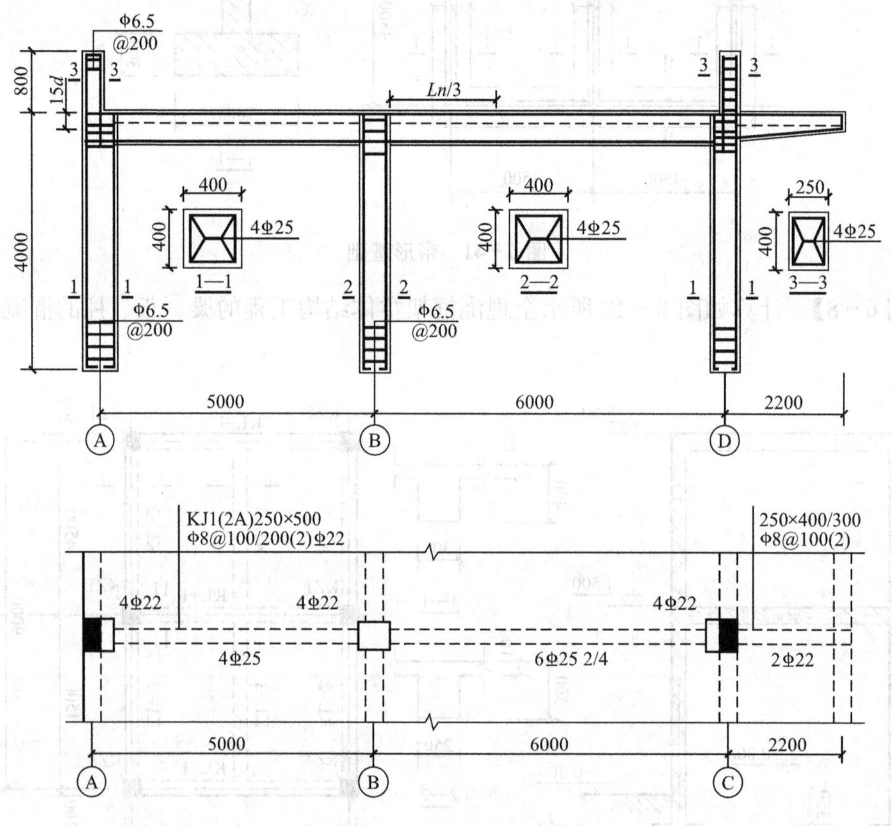

图 6-43 某框架结构图

解：(1) 现浇混凝土梁工程量。

矩形梁工程量＝图示断面面积×梁长＋梁垫体积

$=[0.25\times0.50\times(5.00+6.00-0.40\times2)+0.25\times0.35\times(2.20-0.20)]\times9$

$=13.05m^3$

(2) 现浇混凝土矩形柱工程量。

矩形柱工程量＝图示断面面积×柱高＋牛腿体积

$=(0.40\times0.40\times4.00\times3+0.40\times0.25\times0.80\times2)\times9$

$=18.72\text{m}^3$

(3) 现浇混凝土梁钢筋工程量(钢筋工程量＝长度×单位质量，长度＝梁长＋34×d)

① Φ25：

长度 $L_{25}=[(5-0.4+2\times34\times0.025)\times4+(6-0.4+2\times34\times0.025)\times6]\times9$

$=621\text{m}$

工程量＝621×3.85＝2390.85kg＝2.391t

② Φ22：

长度 $L_{22}=\{(5.00+6.00+2.20-0.20+34\times0.022)\times2+[(6.00-0.40)\div3\times2+0.40+(5.00-0.4)/3+34\times0.022]\times2+(2.20-0.20+34\times0.022)\times2\}\times9$

$=412.39\text{m}$

工程量＝L_{22}×2.984＝412.39×2.984＝1230.57kg＝1.231t

③ Φ8 箍筋：

矩形梁箍筋根数 $n_1=(5.00+6.00+0.40-0.025)\div0.20+1+(6.00-0.40)\div3\div0.20\times2+(5.00-0.40)\div3\div0.20\times2=92$(根)

挑梁箍筋根数 $n_2=(2.20-0.20-0.025)\div0.10=20$(根)

Φ8 箍筋工程量：

$\{[(0.25+0.05)\times2-8\times0.025+4\times0.008+0.075\times2]\times92+[(0.25+0.35)\times2-8\times0.025+4\times0.008+0.075\times2]\times20\}\times9\times0.395=274.39\text{kg}=0.274\text{t}$

【例 6-10】 某工程现浇钢筋混凝土无梁板，尺寸如图 6-44 所示。板顶标高 5.4m，混凝土强度等级为 C25，现场搅拌混凝土。计算现浇钢筋混凝土无梁板工程量。

解：现浇钢筋混凝土无梁板工程量＝图示长度×图示宽度×板厚＋柱帽体积

工程量＝$24.00\times16.00\times0.20+3.14\times0.80^2\times0.20\times2+(0.25^2+0.80^2+0.25\times0.80)\times3.14\times0.50\div3\times2=78.55\text{m}^3$

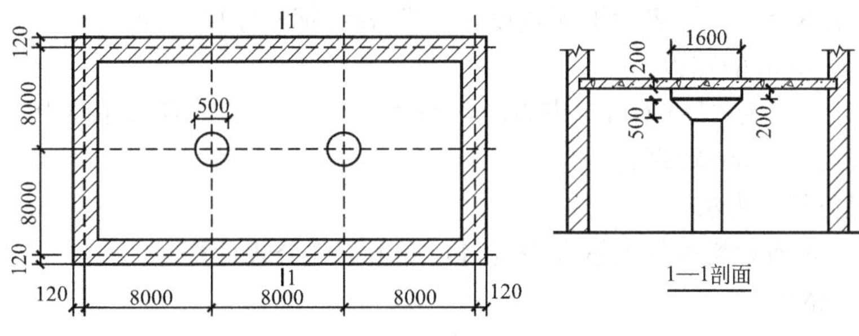

图 6-44 某无梁板示意图

6.2.7 钢结构工程

1. 概述

1) 钢构件的特点

钢构件是用钢板、角钢、工字钢、槽钢、钢管和圆钢等热轧钢材或冷加工成型的薄壁型钢制造而成的结构构件，它具有强度、塑性、韧性较好，材质均匀，质量轻，制造简单，施工周期短，耐腐蚀性能差等特点。

2）金属构件种类

（1）结构构件：包括钢柱、吊车梁、制动梁、钢屋架、托架、檩条、钢网架等。

（2）连接构件：包括钢支撑、拉杆、天窗架、挡风架、墙架等。

（3）小型构件：包括钢平台、钢梯子、钢栏杆等。

（4）其他构件：玻璃隔断、垃圾斗、出灰口、刮泥箅子板、遮阳板等。

3）钢材类型表示法

（1）圆钢：断面呈圆形，一般用直径“*d*”表示，符号为“φ*d*”，如“φ12”表示钢筋直径为12mm。

（2）方钢：断面呈方形，一般用边长“*a*”表示，符号为“□*a*”，如“□16”表示边长为16mm的方钢。

（3）角钢。

① 等肢角钢：断面形状呈“∟”形，角钢的两肢相等，一般用∟*b*×*d*来表示，如∟50×4表示等肢角钢的肢宽为50mm，肢板厚为4mm。

② 不等肢角钢：断面形状亦呈“∟”形，角钢的两肢宽度不相等，一般用∟*B*×*b*×*d*来表示，如∟56×36×4表示不等肢角钢的长肢为56mm，短肢为36mm，肢板厚为4mm。

（4）槽钢：断面形状呈“[”形，如“[25a”表示25号槽钢，25号表示槽钢高度的1/10，槽钢的宽、厚有差别，分别用a、b表示。

（5）工字钢：断面形状呈工字形，一般用型号“I”表示，如“I32a”表示32号工字钢，32表示工字钢高度的1/10，工字钢的宽、厚有差别，分别用a、b表示。

（6）钢板：一般用厚度表示，如符号“—*d*”，“—”表示钢板代号，“—6”表示钢板厚度为6mm。

（7）扁钢：长条形状的钢板，一般宽度均有统一标准，它的表示方法为“—*a*×*d*”，其中“—”表示钢板，“*a*”表示钢板宽度，“*d*”表示钢板厚度，如“—60×5”表示宽度为60mm，厚为5mm的钢板。

（8）钢管：一般用“*D*×*t*×*l*”来表示，如“102×4×700”表示外径为102mm，厚度为4mm，长度为700mm的钢管。

4）钢材理论计算方法

各种钢材每米质量均可从型钢表中查得，或由下列公式计算。

（1）扁钢、钢板：

$$G=0.00785\times 宽\times 高$$

（2）方钢：

$$G=0.00785\times 边长^2$$

（3）圆钢、钢丝：

$$G=0.00617\times 直径^2$$

（4）钢管：

$$G=0.02466\times 壁厚\times(外径-壁厚)$$

以上公式中G为每米长度质量，其他计算单位均为mm。

2. 定额说明

(1) 本分部定额包括钢柱制作，钢屋架、托架制作，钢梁制作，屋盖及支撑、钢平台、钢梯、钢栏杆制作安装，钢漏斗制作安装等。

(2) 不分现场制作或企业附属加工厂制作，均执行本标准。

(3) 金属结构制作均按焊接编制。如设计为铆接时，可参照国家有关专业定额标准计算。

(4) 构件制作包括分段制作和整体预装配的人工、材料(如预装配用及锚固杆件用的螺栓)及机械台班用量。

(5) 本标准除注明者外，均包括现场内(工厂内)的材料运输、号料、加工、组装及成品堆放等全部工序。

(6) 本标准未包括加工点至安装点的构件运输，应另行按相应构件运输项目执行。

(7) 本标准构件制作项目中，均已包括刷一道防锈漆工料。

(8) 钢筋混凝土组合屋架钢拉杆按钢支撑计算。

(9) 本标准的型材规格及比例与设计不同时或按面积和长度计算的项目设计钢材用量不同时，可以调整材料规格。

(10) 弧形构件按其相应项目人工、机械乘以系数1.20。

(11) 彩板墙面、楼面、屋面按面积或长度计算的项目其金属面材厚度与标准不同时，可予以调整材料规格，其消耗量不变。

(12) 钢管柱不管是无缝钢管还是焊接钢管均执行相应项目，但主材价格可以换算。

3. 工程量计算规则

(1) 金属结构制作按图示钢材尺寸以t计算，不扣除孔眼、切边的质量。焊条、铆钉、螺栓等质量已包括在内，不另计算。在计算不规则或多边形钢板质量时均以其最大外围尺寸、以矩形面积计算。

(2) 制动梁的制作工程量包括制动梁、制动桁架、制动板质量；墙架的制作工程量包括墙架柱、墙架梁及连接柱质量；钢柱制作工程量包括依附于柱上的牛腿及悬臂梁质量。

(3) 钢栏杆制作安装，仅适用于工业厂房、民用建筑中的相应钢栏杆制作安装；铁艺花饰栏杆，因铁艺花饰变化很大，当花饰外围尺寸与标准不同时，可按外围尺寸投影面积换算。其他铝合金、不锈钢等装饰栏杆按其相关项目计算。

(4) 钢漏斗制作工程量，矩形按图示分片，圆形按图示展开尺寸，并依钢板宽度分段计算，每段均以其上口长度(圆形以分段展开上口长度)与钢板宽度，按矩形计算，依附漏斗的型钢并入漏斗质量内计算。

(5) 天窗挡风架、柱、挡雨板、遮阳板的支架制作工程量，均按挡风架执行。

(6) 遮阳板固定式骨架工程量，按遮阳板长度乘以支撑外立杆高度以m^2计算。遮阳板活动式角钢框架工程量，按框架外围面积计算。刮泥箅子板、地沟铸铁箅子板按框外围面积计算。

(7) 钢质窗帘棍制作安装工程量，长度设计有规定者，按图示长度计算；设计无规定者，按洞口宽度每根两端共增加30cm计算。

(8) 垃圾斗及配件，按垃圾斗口的框外围面积计算；出灰口及配件，按出灰口的框外围面积计算。

(9) 彩板墙面：以外墙面长度乘以外墙高度按面积计算，扣除门、窗洞口面积，但不扣除 0.3m^2 内的孔洞面积。

(10) 彩板楼面以水平投影面积计算，但不扣除墙柱凸出部分面积和 0.3m^2 内的孔洞面积。

(11) 彩板屋面按展开长度乘以宽度以 m^2 计算，扣除其凸出屋面的楼梯间、水箱、排气间等所占面积，但不扣除 0.3m^2 内的孔洞面积。

4. 计算实例

【例 6-11】 某厂房上柱间支撑尺寸如图 6-45 所示，共 4 组，∟63×6 的线密度为 5.72kg/m，－8 钢板的面密度为 62.8kg/m^2，刷防锈漆 1 遍。计算柱间支撑工程量。

解：柱间支撑工程量＝各组件的质量之和

多边形钢板质量＝最大对角线长度×最大宽度×面密度

∟63×6 角钢质量＝$[(5^2+2.5^2)^{0.5}-0.04\times2]\times5.72\times2=63.04$kg

－8 钢板质量＝0.17×0.15×62.8×4＝6.41kg

柱间支撑工程量：(63.04＋6.41)×4＝277.77kg＝0.278t

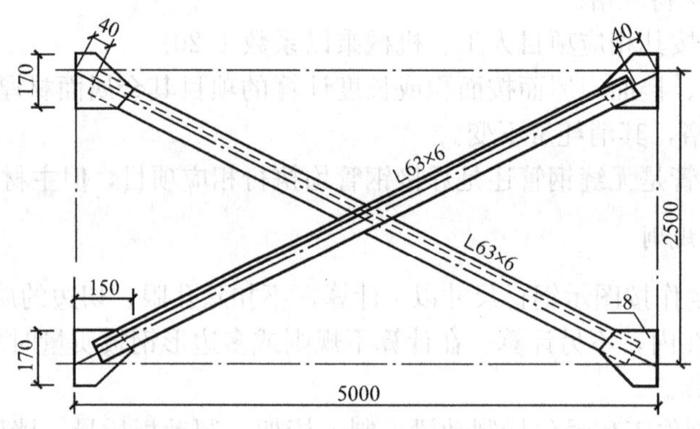

图 6-45 某柱间支承

6.2.8 钢筋混凝土及钢构件运输、安装工程

1. 概述

1) 构件运输

构件运输指将在工厂生产的预制钢筋混凝土构件或金属构件运到施工现场的过程。

(1) 构件运输方式：水运、陆运。

(2) 构件运输方法：立运法(将构件靠放或内插立置于运输车辆上进行运输)、平运法(将构件重叠平放在运输车辆上，各层之间将方垫木放在吊点位置以便起吊)。

2) 构件安装

构件安装包括安装和拼装两种方式。构件的拼装指某些预制构件(如天窗架、屋架等)采用整体预制时，不但运输不方便而且翻身也容易损坏，因此常把它们分成几块预制，然后将各块体运到现场组合成一个整体。构件的安装指将构件安装到设计要求的位置。

预制混凝土构件的安装工艺包括绑扎、起吊、就位、临时固定、校正、最后固定。

2. 定额说明

1) 构件运输

(1) 定额适用于混凝土构件运输和金属构件运输。

(2) 定额适用于构件堆放场地或构件加工厂至施工现场的运输。

(3) 定额按构件的类型和外形尺寸划分如下。

① 钢筋混凝土构件分类如表 6-21 所示。

表 6-21 混凝土构件分类表

类 别	项 目
1	4m 以内空心板、实心板
2	6m 以内的桩、屋面板、楼板、梁、楼梯段
3	6～14m 梁、板、柱、桩，各类屋架、桁架、托架(14m 以上另行处理)
4	天窗架、挡风架、侧板、端壁板、天窗上下挡及单件体积在 0.1m^3 以内小构件

② 金属构件分类如表 6-22 所示。

表 6-22 金属构件分类表

类 别	项 目
1	钢柱、屋架、托架梁、防风桁架
2	吊车梁、制动梁、型钢檩条、钢支架、上下挡、钢拉杆、网架、栏杆、盖板、垃圾出灰门、倒灰门、箅子、爬梯、零星构件、平台、操作台、走道休息台、扶梯、烟囱紧固箍，彩板构件
3	墙架、挡风架、天窗架、组合檩条、轻型屋架

(4) 定额综合考虑了城镇、现场运输道路等各种因素，不得因道路条件不同而调整消耗量。

2) 构件安装

(1) 构件安装是按单机作业编制的，如采用双机抬吊安装构件，人工、机械乘以系数 1.2。

(2) 构件安装按机械同转半径 15m 以内距离计算的，如因施工场地狭小，当构件无法运进吊装机械回转半径范围内而造成构件二次搬运时，所发生的费用按以下规定计算：包工包料按构件 1km 运输项目执行，包工不包料按交通部门有关规定计算。

(3) 构件安装是按履带式起重机、汽车式起重机分别编制的。

(4) 采用塔吊吊装的构件，按履带式起重机的定额子目换算，扣除汽车式起重机的消耗量。其垂直运输机械费按垂直运输机械章节有关子目执行。

(5) 构件安装标准中不包括为安装工程所需搭设的临时性脚手架，若发生时应另行计算。

(6) 本标准吊装现场就位预制构件是按采用木模、砖模综合考虑的。

(7) 安装混凝土异形柱(如┼、┬、┌形)及一边伸出 0.7m 以上的牛腿柱时，按混凝土柱安装相应项目乘以系数 1.20。单根混凝土柱子长度大于杯口深度(找平后实际杯口深度)20 倍以上时，按相应项目乘以系数 1.30。

(8) 双肢构件(如栈桥、皮带走廊排架、A 形支架等)需焊接安装时，可按柱安装相应项目的人工、机械乘以系数 1.30，材料乘以系数 1.80 计算。上述构件柱脚如为灌浆安装，不需焊接安装时，按柱安装相应项目乘以系数 1.35。

(9) 钢筋混凝土楼梯段安装以整块为准，如拼装楼梯段者，按整块楼梯段安装项目乘以系数 1.25。

(10) 钢屋架以安装在钢筋混凝土柱上为准，如安装在钢柱上者，按相应项目乘以系数 1.10。

(11) 单层厂房屋盖系统必须在跨外安装时，按相应的构件安装项目的人工、机械台班乘以系数 1.18。

(12) 混凝土小型构件安装是指单件体积小于 $0.1m^3$ 的构件安装。

(13) 钢屋架单榀质量在 1t 以下者，按轻型屋架相应项目计算。

(14) 构件吊装高度是按吊装室外地面至檐口高度 20m 以内考虑，若构件吊装其檐口高度超过 20m 以上者，按其相应项目的人工和机械台班分别乘以 1.10。

3. 工程量计算规则

(1) 预制混凝土构件运输及安装均按构件图示尺寸，以实体体积加规定的损耗计算；钢构件按构件设计图示尺寸以 t 计算。所需螺栓、电焊条等质量不另计算。

(2) 预制混凝土构件运输及安装损耗率，按总说明有关规定计算，并入构件工程量内。其中，预制混凝土屋架、桁架、托架及长度在 9m 以上的梁、板、柱不计算损耗率。

(3) 水泥蛭石块、泡沫混凝土块、硅酸盐块运输每立方米折合钢筋混凝土构件体积 $0.4m^3$，按一类构件运输计算。漏空花格运输安装按设计外形面积乘以厚度 6cm 以 m^3 计算，不扣漏空体积。预制碗柜运输安装按每 $10m^3$ 折合 $1.2m^3$ 钢筋混凝土。以上构件均按钢筋混凝土构件四类构件运输执行；漏空花格、预制碗柜安装按钢筋混凝土小型构件标准执行。

(4) 预制混凝土构件安装：

① 预制钢筋混凝土工字形柱、矩形柱、空腹柱、双肢柱、空心柱、管道支架等安装，均按柱安装计算；

② 钢筋混凝土折线形屋架、三角形组合屋架安装，以混凝土实体体积计算，三角形组合屋架的钢杆件部分不另计算。

(5) 钢筋混凝土构件接头灌缝：

① 钢筋混凝土构件接头灌缝包括构件坐浆、灌缝、堵板孔、塞板梁缝等，均按预制钢筋混凝土构件实体体积以 m^3 计算；

② 钢筋混凝土梁、吊车梁、托架梁、过梁、组合屋架、天窗架、大型屋面板、平板、空心板、槽形板、挑檐板、楼梯段等，均按混凝土实体体积计算，按相应项目计算灌缝。

(6) 钢构件安装：

① 钢构件安装按图示构件钢材质量以 t 计算；

② 依附于钢柱上的牛腿及悬臂梁等，并入柱身主材质量计算；

③ 金属结构中所用钢板质量，设计为不规则或多边形、圆形时，均以最大外围尺寸以矩形面积计算。

6.2.9 木结构工程

1. 概述

木结构在建筑工程中是很重要的一个组成部分，如各种瓦屋面的基层、厂库房中的木屋架、民用建筑中的门窗等都是不可缺少的。

各类木制构件具有材质轻、强度较大、导热性能低、干缩湿胀、易于加工、能承受冲动和震动作用、施工不受季节限制、易腐等特点。

木材分为原木和锯材，锯材又可分为板材和枋材。板材和枋材按其不同的厚度和截面面积分为各种规格，见表 6 - 23。

表 6 - 23 板材、枋材规格分类表

项目	按宽厚尺寸比例分类	按板材厚度、枋材宽和厚的乘积分类				
板材	宽≥3×厚	名称	薄板	中板	厚板	特厚板
		厚度(mm)	<18	19～35	36～65	≥66
枋材	宽<3×厚	名称	小枋	中枋	大枋	特大枋
		宽×厚(cm^2)	<54	55～100	101～225	≥226

屋架是由一组杆件在同一平面内相互结合成整体的承重构件。屋架包括木屋架和钢木屋架。木屋架的全部杆件可以采用方木或圆木制作。一般情况下，方木用于永久性建筑，圆木用于临时性建筑。钢木屋架的受压杆件如上弦杆及斜杆均采用木料制作，受拉杆件如下弦杆及拉杆均采用钢材制作，拉杆一般采用圆钢材料，下弦杆可以采用圆钢或型钢。

楼梯结构中的扶手、踢脚板、斜梁、栏杆均为木料制作。

2. 定额说明

本分部定额包括以下内容。

(1) 厂库房大门、特种门包括：

① 制作、安装门扇，装配玻璃及五金零件，固定铁脚；

② 铺油毡和毛毡，安密封条；

③ 制作安装门樘框架和筒子板、刷防腐油。

注：厂库房大门、特种门未包括固定铁件的混凝土垫块；全钢板大门制作不包括门框和小门制作，如带小门则人工乘以系数 1.25。

(2) 木结构包括：

① 屋架，制作安装，梁端刷防腐油；

② 屋面木基层，制作安装檩木、檩托木(或垫木)，伸入墙内部分及垫木刷防腐油；

③ 屋面板制作，檩木上钉屋面板，檩木上钉椽板；

④ 木楼梯、踏步、平台制作安装，伸入墙部分刷防腐油；

⑤ 木梁、木柱，包括制作安装，伸入墙部分刷防腐油。

(3) 其他木构件，包括制作安装。

定额是按机械和手工操作综合编制的。不论实际采用何种操作方法，均不调整。

木材木种分类如下。

一类：红松、水桐木(樟子松)。

二类：白松(方杉、冷杉)、杉木、杨木、柳木、椴木。

三类：青松、黄花松、秋子木、马尾松、东北榆木、柏木、苦楝木、黄菠萝、椿木、楠木、柚木、樟木。

四类：栎木、檀木、色木、槐木、荔木、麻栗木、桦木、荷木、水曲柳、华北榆木。

本分部定额考虑的木材木种除说明者外，均以一类、二类木种为准，如采用三类、四类木种时，分别乘以下列系数：木门窗制作，按相应项目人工和机械乘以系数 1.3；其他项目按相应项目人工和机械乘以系数 1.35。

厂房大门、钢木大门及其他特种门五金费应单独计算。

保温门的填充料不同时可以换算，其他工料不变。

厂库房大门及特种门的钢骨架制作，以钢材质量表示，已包括在项目中的，不再另列项目计算。

全钢板大门、围墙钢大门的钢材和铁件用量不同时，允许调整(钢材损耗率 6%，铁件损耗率 1%)。

本分部定额各项目中均未包括面层的油漆或装饰。发生时按装饰工程有关项目套用。

3. 工程量计算规则

(1) 门制作安装工程量除说明外，均按门洞口面积计算，异形门按最大矩形面积计算。

(2) 木屋架的制作安装工程量，按以下规定计算。

① 木屋架的制作安装均按设计断面竣工木料以 m^3 计算，其后备长度及配制损耗均不另外计算。

② 方木屋架一面刨光时增加 3mm，两面刨光增加 5mm，圆木屋架刨光时，木材体积每立方米增加 $0.05m^3$。附属于屋架的夹板、垫木等不另计算；与屋架连接的挑檐木、支撑等，其工程量并入屋架竣工木料体积内计算。

③ 屋架的制作安装应区别不同跨度计算，其跨度应以屋架上下弦杆的中心线交点之间的长度为准。带气楼的屋架并入所依附屋架的体积内计算；屋架的马尾、折角和正交部分半屋架，应并入相连接屋架的体积内计算。

④ 钢木屋架区分圆、方木，按竣工木料以 m^3 计算。

(3) 圆木屋架连接的挑檐木、支撑等如为方木时，其方木部分应乘以系数 1.7，折合成圆木并入屋架竣工木料中，单独的方木挑檐，按方檩木计算。

(4) 檩木按竣工木料以 m^3 计算。简支檩木长度按设计规定计算，如设计无规定者，按屋架或山墙中距增加 200mm 计算，如两端出山，檩条长度算至博风板；连续檩条的长度按设计长度计算，其接头长度按全连续檩木总体积的 5%计算。檩条托木已计入相应的檩木制作安装项目中，不另计算。

(5) 屋面木基层，按屋面的斜面积计算。天窗挑檐重叠部分按设计规定计算，屋面烟囱及斜沟部分所占面积不扣除。

(6) 封檐板按图示檐口的外围长度计算，博风板按斜长度计算，每个大刀头增加长度 500mm。

(7) 木楼梯按水平投影面积计算，不扣除宽度小于 300mm 的楼梯井，其踢脚板、平台和伸入墙内部分，不另计算。

(8) 定额木结构中的木材消耗量均包括后备长度及刨光损耗，使用时不再调整。

4. 计算实例

【例 6-12】 某临时仓库，设计方木钢屋架如图 6-46 所示，共 3 榀，现场制作，不刨光，铁件刷防锈漆 1 遍，轮胎式起重机安装，安装高度 6m。计算钢木屋架工程量。

解：下弦杆体积＝0.15×0.18×0.60×3×3＝0.146m^3

上弦杆体积＝0.10×0.12×3.344×2×3＝0.241m^3

斜撑体积＝0.06×0.08×1.672×2×3＝0.048m^3

元宝垫木体积＝0.30×0.10×0.08×3＝0.007m^3

竣工木料工程量＝0.146＋0.241＋0.048＋0.007＝0.442m^3

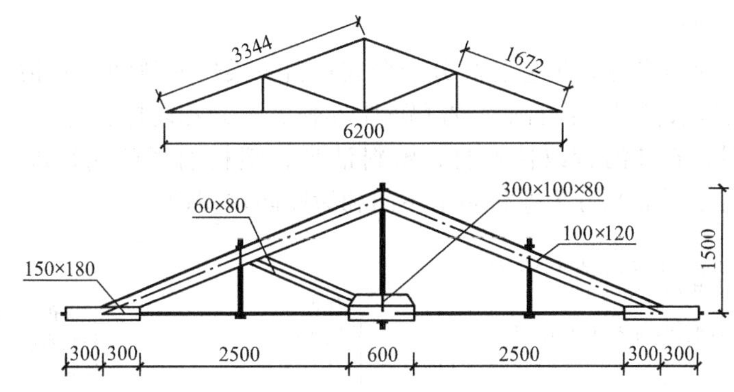

图 6-46 某方木钢屋架结构图

【例 6-13】 某建筑物屋面采用木结构，如图 6-47 所示，屋面坡度系数为 1.118，板净厚 30mm。计算封檐板、博风板工程量。

解：封檐板工程量＝(32＋0.53×2)×2＝66.12m

博风板工程量＝[15.00＋(0.5＋0.03)×2]×1.118×2＋0.5×4＝37.91m

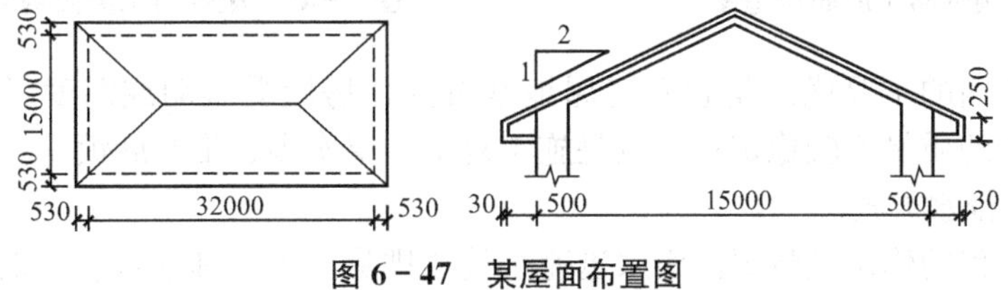

图 6-47 某屋面布置图

6.2.10 屋面及防水工程

1. 概述

屋面又称屋盖、屋顶，是房屋最上部起覆盖作用的外围构件，用于抵抗雨、雪、风、霜的侵袭并减少日晒、寒冷等自然条件对室内的影响。屋面的功能主要是防水和排水，在寒冷地区还要求保温，在炎热地区要求隔热。

1) 平屋面

平屋面指坡度(一般为2%～3%)较小的屋面，它适用于城市住宅、学校、办公室和医院等各类建筑。

(1) 平屋面的防水。

根据所用防水材料的不同可分为刚性防水屋面和柔性防水屋面。

① 刚性防水屋面。

刚性防水屋面是以细石混凝土或钢丝网混凝土、防水砂浆等刚性防水材料作为屋面防水层(图6-48)。为防止刚性防水屋面因受温度变化或房屋不均匀沉陷而引起开裂，在细石混凝土或防水砂浆面层中应设分格缝。

刚性防水屋面的主要优点是构造简单、施工方便、造价较低；缺点是易开裂，对气温变化和屋面基层变形的适应性较差，所以刚性防水多用于我国南方地区防水等级为Ⅲ级的屋面防水，也可用作防水等级为Ⅰ、Ⅱ级的屋面多道设防中的一道防水层。

② 柔性防水屋面。

柔性防水屋面是以沥青、油毡、高分子合成材料等柔性材料铺设和粘结的屋面防水层(图6-49)。柔性防水材料有：石油沥青玛瑶脂卷材、三元乙丙橡胶卷材、氯丁橡胶卷材、聚氯乙烯橡胶卷材、石油沥青改性卷材、塑料油膏、塑料油膏玻璃纤维布、聚氨酯涂膜等。因此，柔性防水屋面又分为卷材防水屋面和涂膜防水屋面。

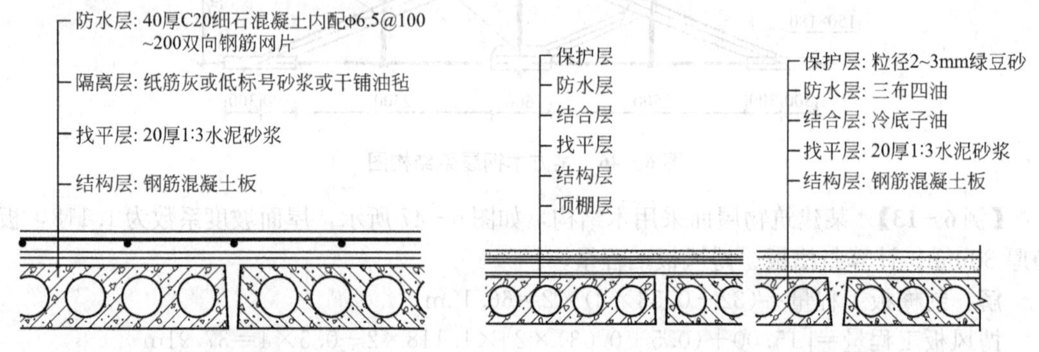

图6-48　刚性防水屋面构造图　　**图6-49　柔性防水屋面构造图**

柔性防水屋面的主要优点是它对房屋地基沉降、房屋受震动或温度影响的适应性较好，防止渗漏水的质量比较稳定；缺点是施工复杂、层次多、维修麻烦。

(2) 平屋面排水方式。

屋面排水工程的作用是将屋面雨水迅速有效地排除。屋面排水系统一般由水落管、檐沟、天沟、山墙泛水等组成。最常见的有PVC水落管排水，它由雨水口、管件、PVC水管等组成，有的还有通向阳台排水的三通。排水方式还应与檐部做法相配合。

① 自由落水。

屋面板伸出外墙，叫做挑檐。屋面雨水经挑檐自由落下。

② 檐沟外排水。

屋面伸出墙外做成檐沟，屋面雨水先排入檐沟，再经落水管排到地面，檐沟纵坡应不小于0.5%。落水的管径常采用$\phi110$或$\phi150$的PVC塑料排水管，间距一般在15m左右。

③ 女儿墙外排水。

屋顶四周做女儿墙，在女儿墙根部每隔一定距离设排水口，雨水经排水口、落水管排到地面。

④ 内排水。

由于一些大型公共建筑屋面面积大，雨水流经屋面的路线过长，大雨时来不及排出。可在屋顶中央隔一定距离设排水口与设置在房屋内部的排水管相连，把雨水排入地下水管引出室外。

2）坡屋面

坡屋面常用钢筋混凝土结构、木结构或钢结构承重，如图6-50、图6-51所示。常用的有水泥瓦、粘土瓦、小青瓦、石棉瓦、西班牙瓦及金属压型板。

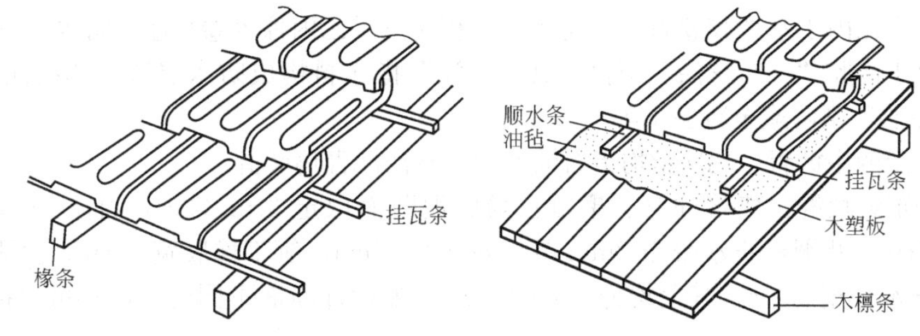

图6-50 瓦屋面构造图

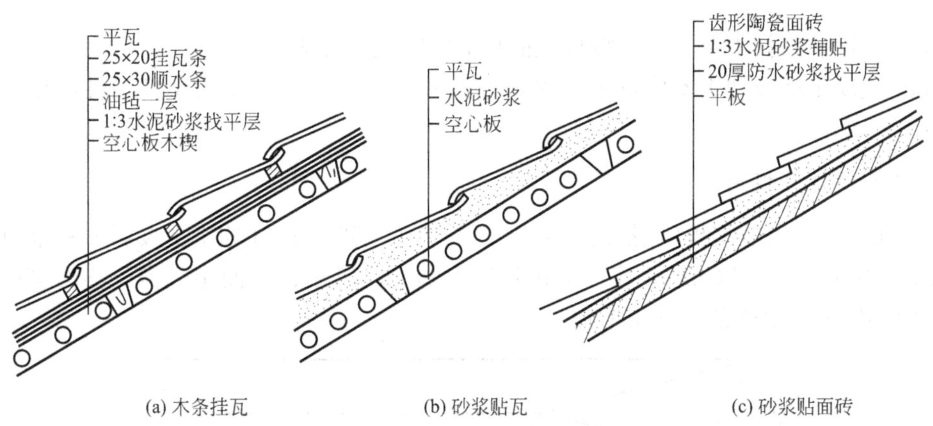

(a) 木条挂瓦　(b) 砂浆贴瓦　(c) 砂浆贴面砖

图6-51 钢筋混凝土板瓦覆面构造

本分部定额中还列有变形缝，含油浸麻丝、油浸木丝板、玛瑺脂、石灰麻刀、建筑油膏、沥青砂浆、聚氯乙烯胶泥、止水带等其他适用于屋面、墙面、楼地面等部位的材料。变形缝包括伸缩缝、沉降缝和防震缝。

(1) 沉降缝是将建筑物或构筑物从基础到顶部完全分割成段的竖直缝，或是将建筑物或构筑物的地面或屋面分隔成段的水平缝，借以避免因各段荷载不匀引起下沉而产生裂缝。

(2) 伸缩缝又称温度缝，即在长度较大的建筑物或构筑物中，基础以上设置直缝，把建筑物或构筑物分隔成段，借以适应温度变化而引起的伸缩，以免产生裂缝。

(3) 防震缝：建造在地震区的房屋，地震时会遭到不同程度的破坏，为了避免破坏应按抗震要求设计的变形缝。防震缝也是从基础以上开始设置。

2. 定额说明

(1) 本分部定额包括屋面工程、防水工程及变形缝三部分。

(2) 水泥瓦、粘土瓦、小青瓦、石棉瓦规格与定额不同时，瓦材数量可以换算，其他不变。

(3) 高分子卷材厚度，再生胶卷材按 1.5mm 取定；其他均按 1.2mm 取定。

(4) 防水工程适用于楼地面、墙基、墙身、构筑物、水池、水塔及室内厕所、浴室等防水，建筑物±0.00 以下防水、防潮工程按防水工程相应项目计算。

(5) 三元乙丙丁基橡胶卷材屋面防水，按相应三元乙丙橡胶卷材屋面防水项目计算。

(6) 氯丁冷胶“二布三涂”项目，其“三涂”指涂料构成防水层数并非指涂刷遍数；每一层“涂层”刷两遍至数遍不等。

(7) 本定额中沥青、玛瑞脂均指石油沥青、石油沥青玛瑞脂。

(8) 变形缝填缝：建筑油膏、聚氯乙烯胶泥断面取定 3cm×2cm；油浸木丝板取定 2.5cm×15cm；紫铜板止水带系 2mm 厚，展开宽 45cm；氯丁橡胶宽 30cm；涂刷式氯丁胶粘玻璃止水片宽 35cm，其余均为 15cm×3cm。如设计断面不同时，用料可以换算，人工不变。

(9) 盖缝：木板盖缝断面为 20cm×2.5cm，如设计断面不同时，用料可以换算，人工不变。

(10) 屋面砂浆找平层，面层按楼地面相应定额项目计算。

(11) 混凝土墙及地下室中钢板止水带按金属构件制作工程中的小型构件制作安装项目执行。

3. 工程量计算规则

(1) 瓦屋、金属压型板(包括挑檐部分)均按图 6-52 中尺寸的水平投影面积乘以屋面坡度系数(表 6-24)，以 m^2 计算。不扣除房上烟囱、风帽、屋面小气窗、斜沟等所占面积，屋面小气窗的出檐部分亦不增加。

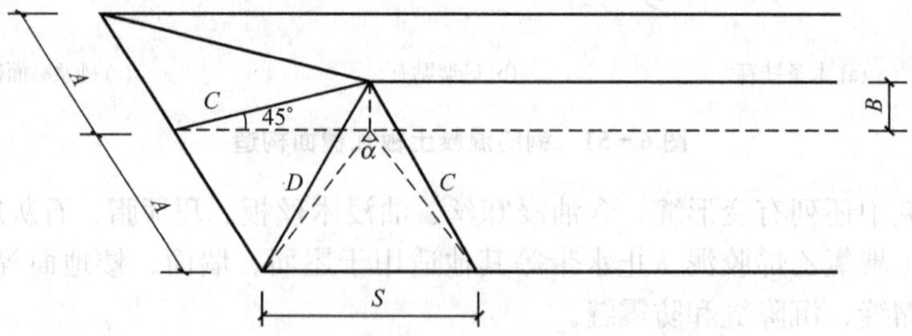

注：1. 两坡排水屋面面积为屋面水平投影面积乘以延迟系数C;
2. 四坡排水屋面斜脊长度$=A\times D$(当$S=A$时);
3. 沿山墙泛水长度$=A\times C$。

图 6-52 坡屋面示意图

表 6-24 屋面坡度系数表

坡度 B(A=1)	坡度 B/2A	坡度角度 (α)	延迟系数 (A=1)	偶延迟系数 (A=1)
1	1/2	45°	1.4142	1.7321
0.75		36°52′	1.2500	1.6008
0.7		35°	1.2207	1.5779
0.666	1/3	33°40′	1.2015	1.5622
0.65		33°01′	1.1926	1.5564
0.60		30°58′	1.1662	1.5362
0.577		30°	1.1547	1.5274
0.55		28°49′	1.1413	1.5174
0.50	1/4	26°34′	1.1180	1.5000
0.45		24°14′	1.0966	1.4839
0.40	1/5	21°48′	1.0770	1.4697
0.35		19°17′	1.0594	1.4869
0.3		16°42′	1.0440	1.4457
0.25		14°02′	1.0308	1.4362
0.20	1/10	11°19′	1.0198	1.4283
0.15		8°32′	1.0112	1.4221
0.125		7°8′	1.0078	1.4191
0.100	1/20	5°42′	1.0050	1.4177
0.083		4°45′	1.0035	1.4166
0.066	1/30	3°49′	1.0022	1.4157

(2) 卷材屋面的工程量按以下规定计算。

① 卷材屋面按图示尺寸的水平投影面积乘以规定的屋面坡度系数以 m^2 计算。但不扣除房上烟囱、风帽底座、风道、屋面小气窗和斜沟所占的面积，屋面的女儿墙、伸缩缝和天窗等处的弯起部分，按图示尺寸并入屋面工程量计算。如图纸无规定时，伸缩缝、女儿墙的弯起部分高度可按 250mm 计算。天窗弯起部分高度可按 500mm 计算。

② 卷材屋面的附加层、接缝、收头、找平层的嵌缝、冷底子油已计入定额内，不另计算。

(3) 涂膜屋面的工程量计算同卷材屋面。涂膜屋面的油膏嵌缝、玻璃布盖缝、屋面分格缝，以延长米计算。

(4) 屋面排水工程量按以下规定计算。

① 铁皮排水按图示尺寸以展开面积计算，如图纸没有注明尺寸时，可按表 6-25 计算。咬口和搭接等已计入定额项目中，不另计算。

表 6-25　铁皮排水单体零件折算表

<table>
<tr><th colspan="2">名称</th><th>水落管
(m)</th><th>檐沟
(m)</th><th>水斗
(个)</th><th>漏斗
(个)</th><th>下水口
(个)</th><th></th><th></th></tr>
<tr><td rowspan="3">铁皮排水</td><td>水落管、檐沟、水斗、漏斗、下水口</td><td>0.32</td><td>0.30</td><td>0.40</td><td>0.16</td><td>0.45</td><td></td><td></td></tr>
<tr><td rowspan="2">天沟、斜沟、天窗窗台泛水、天窗侧面泛水、烟囱泛水、通气管泛水、滴水檐头泛水、滴水</td><td>天沟
(m)</td><td>斜沟、天窗窗台泛水
(m)</td><td>天窗侧面泛水(m)</td><td>烟囱泛水
(m)</td><td>通气管泛水
(m)</td><td>滴水檐头泛水(m)</td><td>滴水
(m)</td></tr>
<tr><td>1.30</td><td>0.50</td><td>0.70</td><td>0.80</td><td>0.22</td><td>0.24</td><td>0.11</td></tr>
</table>

② PVC、玻璃钢水落管区别不同直径按图示尺寸以延长米计算，雨水口、水斗、弯头、短管以个计算。

(5) 防水工程量按以下规定计算。

① 建筑物地面防水、防潮层，按主墙间净空面积计算，扣除突出地面的构筑物、设备基础等所占的面积，不扣除柱、垛、间壁墙、烟囱及 0.3m^2 以内的孔洞所占面积。与墙面连接处高度在 500mm 以内者按展开面积计算，并入平面工程量内，超过 500mm 时，按立面防水层计算。

② 建筑物墙基防水、防潮层计算，外墙长度按墙体中心线，内墙按墙体净长乘以墙体宽度以 m^2 计算。

③ 构筑物及建筑物地下室防水层，按实铺面积计算，但不扣除 0.3m^2 以内的孔洞所占面积。平面与立面交接处的防水层，其上卷高度超过 500mm 时，按立面防水层计算。

④ 防水卷材的附加层、接缝、收头、冷底子油等人工材料均已计入定额内，不另计算。

⑤ 变形缝按延长米计算。

4. 计算实例

【例 6-14】 某别墅屋顶外檐尺寸如图 6-53 所示，钢筋混凝土斜屋面板上铺西班牙瓦。计算瓦屋面工程量。

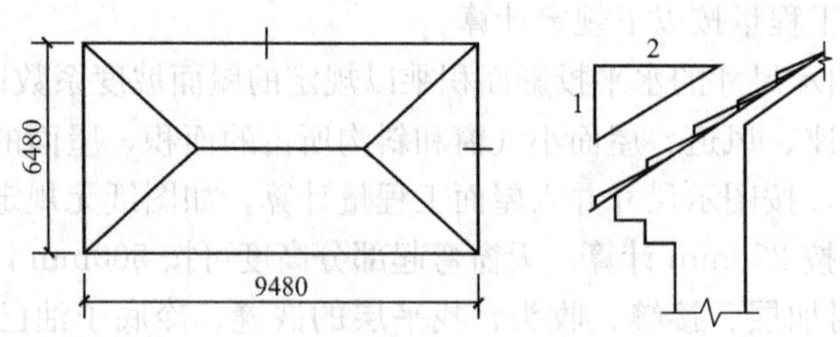

图 6-53　某别墅屋顶平面图

解：瓦屋面工程量：9.48×6.48×1.118=68.68m^3

【例 6-15】 某刚性防水屋面尺寸如图 6-54 所示。做法如下：空心板上铺 40mm 厚 C20 细石混凝土防水层，1∶3 水泥砂浆掺防水粉保护层 25mm 厚，混凝土现场搅拌。计算屋面刚性防水工程量。

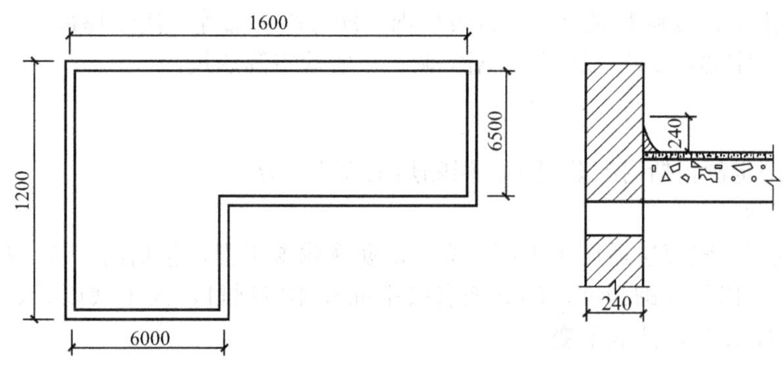

图 6-54 某刚性防水屋面平面图

解：屋面刚性防水工程量计算如下。

2.04×[(16.00−0.24)×(6.50−0.24)+(6.00−0.24)×(12.00−6.50)]=5.21m³

【例 6-16】 某住宅楼共 88 户，每户一个卫生间。该工程卫生间地面净长为 2.16m，宽 1.56m，门宽 700mm，门侧面宽 80mm。防水做法：1∶3 水泥砂浆找平 20mm 厚，聚氨酯涂膜防水 2 遍，翻起高度 300mm。计算地面涂膜防水工程量。

解：地面涂膜防水工程量计算。

[2.16×1.56+(2.16×2+1.56×2−0.70+0.08×2)×0.30]×88=178.68m²

6.2.11 耐酸防腐、保温隔热工程

1. 概述

耐酸防腐、保温隔热工程是一种维护和防止措施。

1) 建筑物的腐蚀一般分三种类型

(1) 液相腐蚀：设备管线滴漏酸液或碱液，地面处于潮湿状态下的腐蚀。

(2) 气相腐蚀：由于生产产品排出酸雾或碱性溶胶及粉尘处于大量强腐蚀气体酸雾作用下，或者有大量碱性溶胶或粉尘，在大量水蒸气作用下对建筑结构和设备有严重腐蚀。

(3) 工业大气腐蚀：大量强腐蚀性气体、粉尘作用下，且大气年平均相对湿度大于 70%时，在这三种作用下考虑耐酸防腐。

2) 防腐工程

(1) 刷油防腐：刷油是一种经济而有效的防腐措施。它对于各种工程建设来说，不仅施工方便，而且具有优良的物理性能和化学性能，因此应用范围广泛。刷油除了防腐作用外，还能起到装饰和标志作用。

(2) 耐酸防腐：是运用人工或机械将具有耐腐蚀性能的材料，如水玻璃耐酸混凝土、耐酸沥青砂浆、耐酸沥青混凝土、硫黄混凝土、环氧砂浆、环氧乙烯砂浆、重晶石砂浆、环氧玻璃钢、酚醛玻璃钢、耐酸沥青胶泥卷材、瓷砖、瓷板、铸石板、花岗岩及耐酸涂料等，将基层清扫干净，调配好材料，浇筑、涂刷、喷涂、粘贴或铺砌在防腐蚀物体表面，以达到防腐蚀的效果。

3) 保温隔热

保温隔热材料有泡沫混凝土块、沥青珍珠岩块、水泥蛭石、软木板、聚氯乙烯塑料

板、加气混凝土块、陶粒混凝土、沥青玻璃棉、沥青矿渣棉等。用于屋面、−40～+50℃以内的厂库房、室温在25℃以内的中温空调厂、实验室等建筑。

2. 定额说明

(1) 本分部定额包括耐酸防腐和保温隔热工程两部分。

(2) 耐酸防腐。

① 整体面层、隔离层适用于平面、立面的防腐耐酸工程，包括沟、坑、槽。

② 块料面层以平面砌为准，砌立面者按平面砌相应项目，人工乘以系数1.38，踢脚板人工乘以系数1.56，其他不变。

③ 各种砂浆、胶泥、混凝土材料的种类，配合比及各种整体面层的厚度，如设计与消耗量标准不同时，可以换算，但各种块料面层的结合层砂浆或胶泥厚度不变。

④ 本节的各种面层，除软聚氯乙烯塑料地面外，均不包括踢脚板。

⑤ 花岗岩板以六面剁斧的板材为准。如底面为毛面者，水玻璃砂浆增加0.38m^3；耐酸沥青砂浆增加0.44m^3。

(3) 保温隔热。

① 本定额适用于中温、低温及恒温的工业厂房隔热工程，以及一般保温工程。

② 本定额只包括保温隔热材料的铺贴，不包括隔气防潮、保护层或衬墙等。

③ 稻壳已包括装前的筛选、除尘工序，稻壳中如需增加药物防虫剂时，材料另行计算，人工不变。

④ 玻璃棉、矿渣棉包装材料和人工已包括在项目内。

3. 工程量计算规则

1) 防腐工程量按以下规定计算

(1) 防腐工程项目应区分不同防腐材料种类及其厚度，按设计实铺面积以m^2计算。应扣除突出地面的构筑物、设备基础等所占的面积，砖垛等突出墙面部分按展开面积计算，并入墙面防腐工程量之内。

(2) 踢脚板按实铺长度乘以高度以m^2计算，应扣除门洞所占面积并相应增加侧壁展开面积。

(3) 平面砌筑双层耐酸块料时，按单层面积乘以系数2计算。

(4) 防腐卷材接缝、附加层、收头等人工材料，已计入在项目中，不再另行计算。

2) 保温隔热工程量按以下规定计算

(1) 保温隔热层应区别不同保温隔热材料，除另有规定者外，均按设计实铺厚度以m^3计算。

(2) 保温隔热层厚度按隔热材料(不包括胶结材料)净厚度计算。

(3) 地面隔热层按围护结构墙体间净面积乘以设计厚度以m^3计算，不扣除墙垛所占体积。

(4) 墙体隔热层，外墙按隔热层中心、内墙按隔热层净长乘以图示尺寸高度及厚度以m^3计算，应扣除冷藏门洞口和管道穿墙洞口所占的体积。

(5) 柱包隔热层，按图示柱的隔热层中心线的展开长度乘以图示尺寸高度及厚度以m^3计算。

(6) 其他隔热层。

① 池槽隔热层按图示池槽保温隔热层的长、宽及其厚度以 m^3 计算。其中池壁按墙面计算，池底按地面计算。

② 门洞口侧壁周围的隔热部分，按图示隔热层尺寸以 m^3 计算，并入墙面的保温隔热工程量内。

③ 柱帽保温隔热层按图示保温隔热层体积并入天棚保温隔热层工程量内。

3）外墙保温

外墙保温按设计实铺面积以 m^2 计算工程量。

4．计算实例

【例 6－17】 某仓库防腐地面、踢脚线抹铁屑砂浆，厚度 20mm，如图 6－55 所示。计算防腐砂浆工程量。

解：地面防腐砂浆工程量：

$$9\times4.5-0.24\times0.24\times4=40.27m^2$$

踢脚线防腐砂浆工程量：

$$[(9+4.5)\times2+0.24\times8-0.9]\times0.2=5.604m^2$$

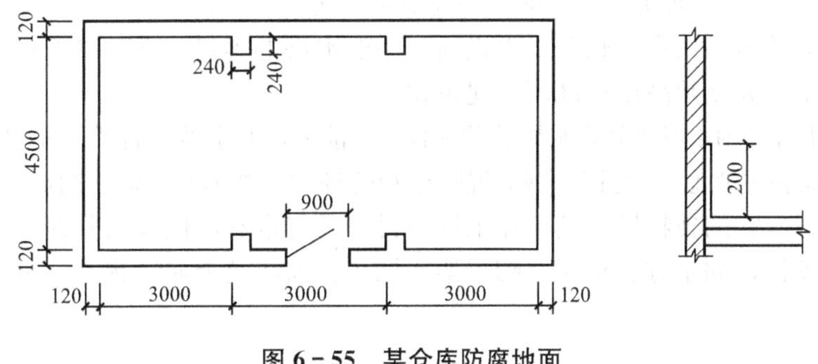

图 6－55 某仓库防腐地面

【例 6－18】 某冷藏工程室内(包括柱子)均用石油沥青粘贴 100mm 厚的聚苯乙烯泡沫塑料板，尺寸如图 6－56 所示。保温门为 800mm×2000mm，先铺顶棚、地面，后铺墙、柱面，保温门居内安装，洞口周围不需另铺保温材料。计算保温隔热天棚、墙、柱，地面工程量。

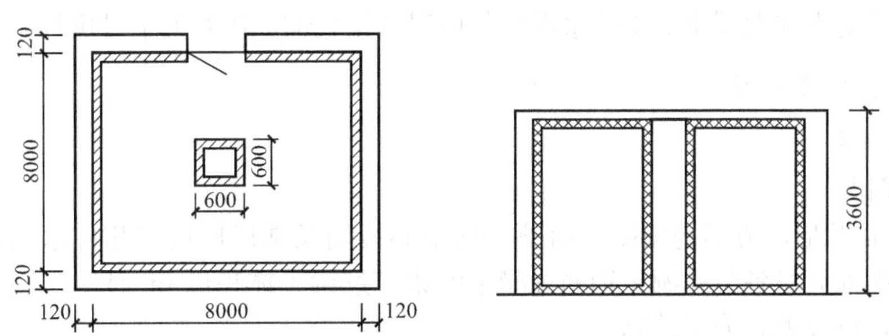

图 6－56 某冷藏工程室内平面图

解：顶棚保温工程量：

$$(8.00\times8.00-0.6\times0.6)\times0.1=6.364m^3$$

墙面工程量：

$$0.1\times[(8.00-0.10+8.00-0.10)\times 2\times(3.60-0.10\times 2)-0.80\times 2.00]=10.584\text{m}^3$$

柱面隔热工程量：

$$0.1\times(0.60\times 4-4\times 0.10)\times(3.6-0.10\times 2)=0.68\text{m}^3$$

地面隔热层工程量：

$$(8.00\times 8.00-0.6\times 0.6)\times 0.1=6.364\text{m}^3$$

6.2.12 构筑物工程

1. 概述

构筑物即人们不直接在其中进行生产和生活的建筑，如水塔、烟囱、筒库、栈桥、蓄水池等。本节仅指烟囱、水塔、化粪池、窨井、贮水池、筒仓等项目。

烟囱一般为锅炉房动力配套工程，由于强度、经济及建筑上的要求，其筒身设计一般为圆锥形。根据使用材料的不同，烟囱可分为砖烟囱和钢筋混凝土烟囱两种。砖烟囱筒身坡度一般为2%～3%，钢筋混凝土烟囱的筒身坡度为1%～2%。

水塔是工业及生活用水的辅助供水设施。一般水塔的容量为50～600m³。为了保证有足够的水压，水塔高度须高出最高用水建筑物。

贮水池是指直接用水或供处理水用的贮水容器。前者称贮水池，后者称处理池(如冷却池、沉淀池、澄清池和过滤池)。有钢、钢筋混凝土和砖砌的，外形有方形、圆形、矩形之分。

构筑物工程有它的独特性，其主体工程项目都另有定额，但又与其他分部工程有相互联系，有不少项目，如土方、垫层、脚手架、抹灰、油漆及金属工程等，都是套用有关分部定额计算。

2. 定额说明

(1) 本分部定额包括混凝土构筑物及砖石构筑物两部分。

(2) 本分部定额未包括的项目(如土方、基础、垫层、抹灰、模板、钢筋、脚手架等)按有关章节相应项目执行。但抹灰部分按相应项目的人工乘以系数1.25。

(3) 厂区、院内道路、停车坪、球场、地坪等的基层、混凝土面层按市政定额相应项目执行。设计要求在混凝土面上抹水泥砂浆面层者按装饰定额有关子目执行。

3. 工程量计算规则

1) 砖石工程

(1) 砖烟囱。

① 筒身：圆形、方形均按图示筒壁平均中心线周长乘以厚度及相应厚度的垂直高度计算体积，扣除筒身各种孔洞、钢筋混凝土圈梁、过梁等体积以m³计算。当筒壁周长或厚度不同时，可按下式分段计算。

$$V=\sum H\times C\times\pi\times L$$

式中 V——筒身体积；

H——每段筒身垂直高度；

C——每段筒壁厚度；

L——每段筒壁中心线的长度。

② 烟道、烟囱内衬按不同内衬材料并扣除孔洞后，以图示实体体积计算。

③ 烟囱内壁表面隔热层，按筒身内壁并扣除各种孔洞后的面积以 m^2 计算；填料按烟囱内衬与筒身之间的中心线平均周长乘以宽度和筒高，并扣除各种孔洞所占体积(但不扣除连接横砖及防沉带的体积)后以 m^3 计算。

④ 烟道砌砖：烟道与炉体的划分以第一道闸门为界，炉体内的烟道部分列入炉体工程量。

(2) 砖水塔。

水塔基础与塔身的划分：以砖砌体的扩大顶面为界，以上为塔身，以下为基础。塔身以图示实砌体积计算，并扣除门窗洞口和混凝土构件所占的体积，砖平拱及砖出檐等并入塔身体积内计算。

2) 化粪池、窨井

化粪池、窨井不分壁厚均以 m^3 计算，洞口上的砖平拱等并入砖体积内计算。

3) 混凝土工程

混凝土工程量，均按图示尺寸实体体积以 m^3 计算。不扣除构件内的钢筋、预埋铁件及壁、板中 0.3m^3 内的孔洞所占体积。

【例 6-19】 某独立烟囱如图 6-57 所示。人工基坑原土夯实，基础垫层采用 C15 混凝土，混凝土现场搅拌，机动翻斗车运送混凝土，运距 50m。砖基础采用 M5.0 水泥砂浆砌筑，砖筒身采用 M2.5 混合砂浆砌筑，原浆勾缝，圈梁用 C25 混凝土浇筑。设计要求加工楔形整砖 18000 块，标准半砖 2000 块。计算砖基础、砖烟囱工程量。

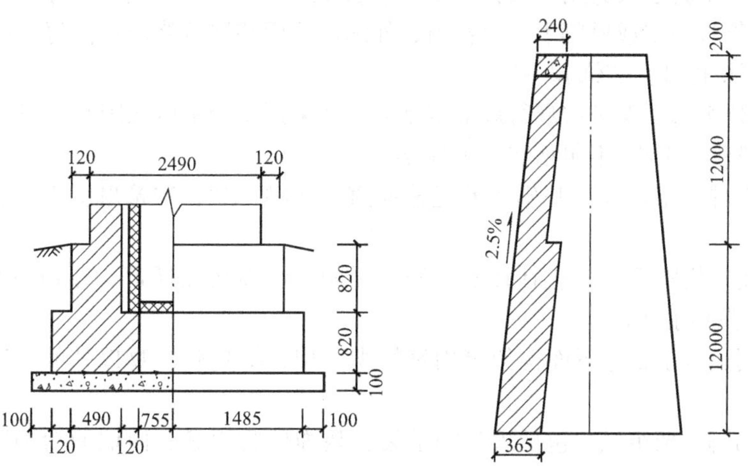

图 6-57　某烟囱基础结构图

解：砖基础工程量：

$2\times[0.755+(0.12\times2+0.49)\div2]\times\pi\times0.73\times0.82+2\times[0.755+0.12+0.49\div2]\times\pi\times0.49\times0.82=7.34m^3$

砖筒身工程量：

$12.00\times0.365\times\pi\times(2.49-6.00\times2.5\%\times2-0.365)+12.00\times0.24\times\pi\times(2.49-18.00\times2.5\%\times2-0.24)=37.33m^3$

6.2.13 脚手架工程

脚手架是为了保证各施工过程顺利进行而搭设的工作平台。它按搭设的位置分为外脚手架、里脚手架；按所用的材料不同可分为木脚手架、竹脚手架、钢管脚手架；按构造形式分为立杆式脚手架、桥式脚手架、门式脚手架、悬吊式脚手架、挂式脚手架、挑式脚手架、爬式脚手架。

1. 定额说明

(1) 外脚手架、里脚手架，按搭设材料分为木制、竹制、钢管脚手架。烟囱脚手架和电梯井脚手架均为钢管式脚手架，脚手架板的材料为侧编竹架板。按施工中实际使用的材料，分别执行相应项目。

(2) 外脚手架标准中均综合了上料平台、护卫栏杆等。

(3) 斜道是按依附斜道编制的，独立斜道按依附斜道相应项目人工、材料、机械乘以系数1.6。

(4) 水塔、烟囱脚手架综合了垂直运输架、斜道、缆风绳、地铺等。

(5) 建筑物主体和装饰分别由不同施工承包者，按其各实际搭设的项目，分别套相应项目执行。

(6) 架空运输通道以宽2m为准，如架宽超过2m时，应按相应项目乘以系数1.15，如架宽超过3m时，应按相应项目乘以系数1.25。

(7) 满堂基础脚手架套用满堂脚手架基本层相应项目的50%计算脚手架。

(8) 利用外脚手架或里脚手架对室内、外的墙柱面装饰装修时，按每100m^{2}计改架工1.28工日，不得再计算装饰脚手架。

(9) 高层建筑脚手架是按现行规范编制的，如采用型钢平台加固时，则另行处理。

(10) 一般建筑工程(不包括装饰工程)组成：

① 地下室脚手架，包括基础浇灌运输通道、外脚手架、砌筑里脚手架、梁柱支模脚手架；

② 地上建筑物脚手架，包括楼盖支模脚手架、浇灌运输通道、外脚手架、砌筑里脚手架、梁柱支模脚手架；

③ 其他用途脚手架，屋面构架等构筑物脚手架、拟建建筑物以外的交通过道的安全防护架等。

(11) 装饰脚手架组成：包括满堂脚手架、装饰外脚手架、内墙面粉饰脚手架、安全过道、封闭式安全笆、斜挑式安全笆、满挂安全网。

① 室内层高超过3.6m的天棚装饰应计算满堂脚手架；室内层高超过3.6m计算了满堂脚手架的项目，其室内墙面不再计算粉饰架，只能按每100m^{2}墙面垂直投影面积增加改架工1.28工日，工程量包括3.6m以下面积。

② 外墙装饰其高度超过3.6m才能计算装饰外脚手架，工程量包括3.6m以下面积。利用主体外脚手架改变其步架作为外墙装饰脚手架时，按每100m^{2}外墙垂直投影面积增加改架工1.28工日。

③ 满挂安全网、封闭式安全笆、斜挑式安全笆均按实际搭设面积计算。装饰外脚手

架项目综合了翻挂安全网工料。

④ 超过了3.6m的独立柱装饰，其工程量按设计装饰周长增加3.6m乘以柱高套用装饰外脚手架相应高度项目。

2. 工程量计算规则

(1) 外脚手架按实际搭设的投影面积计算工程量，其计算长度：有明确规定时，按实际搭设长度计算，没有明确规定时，按外墙轴线尺寸加4m计算；高度按实际搭设高度计算。

(2) 建筑物如有高、低跨(层)且檐口高度不在同一标准步距时，应分别计算面积作为工程量，套相应定额项目。

(3) 突出屋面的水箱间，电梯机房、楼梯间、闭路电视间、女儿墙等搭设的脚手架，套用屋面檐口高度项目执行。

(4) 依附于建筑物的外走廊、檐廊、阳台挑出墙面宽度在1.5m以内者，利用脚手架，按里脚手架的80%计算；挑出宽度在1.5m以上者，按里脚手架的工程量计算。

(5) 独立柱按周长增加3.6m乘以柱高套相应项目高度，柱高1.5m以内按单排计算，柱高1.5m以外按双排计算。

(6) 砌筑里脚手架，按内墙面垂直面积计算工程量，不扣除门窗洞口面积。围墙砌筑架，按砌筑里脚手架相应项目执行，它以自然地面至围墙顶面高度乘以围墙中心长度计算，不扣除围墙门所占的面积，但独立柱的砌筑脚手架亦不增加。围墙如建在斜坡上或各段高度不同时，应按各段围墙垂直投影面积计算。围墙高度超过3.6m时，如需双面抹灰者，除按规定计算改架工外，还可以增加一道抹灰架。

(7) 满堂脚手架，按实际搭设的水平投影面积计算，不扣除墙、柱所占的面积，其基本层高以3.6～5.2m为准。凡在3.6～5.2m的天棚抹灰及装饰，应计算满堂脚手架基本层，层高超过5.2m，每增加1.2m计算一个增加层，增加层的层数＝(层高－5.2)/1.2按四舍五入取整数。利用满堂脚手架做内墙装饰每100m^{2}四周墙面垂直投影面积增加改架工1.28工日。

(8) 浇灌运输通道，仅适应于不能利用其他脚手架而必须搭设的工程。架顶面宽度不应小于2m才能计算。当架高低于1.5m时，按架高3m内相应项目乘以系数0.65。浇灌运输通道的长度，有施工组织设计或施工方案者，按施工组织设计或施工方案的规定计算。无规定者按实际搭设的长度计算。

(9) 依附斜道和独立斜道均按座计算工程量，其高度与外脚手架高度相同。依附斜道和独立斜道的座数，有施工组织设计或施工方案者，按施工组织设计或施工方案的规定计算。无规定者按实际搭设座数计算。

(10) 安全过道，按实际搭设的架宽乘以架长以水平投影面积计算工程量。

(11) 安全笆，按实际封闭的垂直投影面积计算工程量。实际采用封闭材料与标准不符时，不作调整。

(12) 斜挑式安全笆按实际搭设的长度乘以高度以斜面面积计算工程量。

(13) 立挂安全网，按实际满挂的垂直投影面积计算工程量。

(14) 烟囱、水塔脚手架按不同高度及不同直径以座计算工程量，其直径按相应±0.000处外径计算。

(15) 倒锥形水塔、水箱，在地面架空预制，其四周外脚手架(包括斜道、卷扬机架在内)按相应的单项计算，高度以水箱顶面至地面的垂直高度为准。

(16) 钢网架高空拼装支承操作平台按网架水平投影面积计算；高度以15m为准，超过或低于15m者按每增减1.5m增减其用量。

(17) 挑脚手架，按搭设长度和层数以延长米计算工程量。

(18) 悬空脚手架，按搭设水平投影面积以m^2计算工程量。

(19) 混凝土墙、混凝土梁脚手架按实际搭设计算工程量，套用砌筑脚手架子目。没有明确规定时，其工程量计算规则：

① 混凝土墙，执行砖砌体脚手架计算规则，但混凝土墙中结构洞的砌体，不得另计算砌筑脚手架；

② 单独的混凝土梁的脚手架按梁的净跨长乘以脚手架支撑的楼(地)面至梁顶面的高度以面积计算工程量。

【例6-20】 某单层建筑物平面图如图6-58所示，计算脚手架的定额工程量。

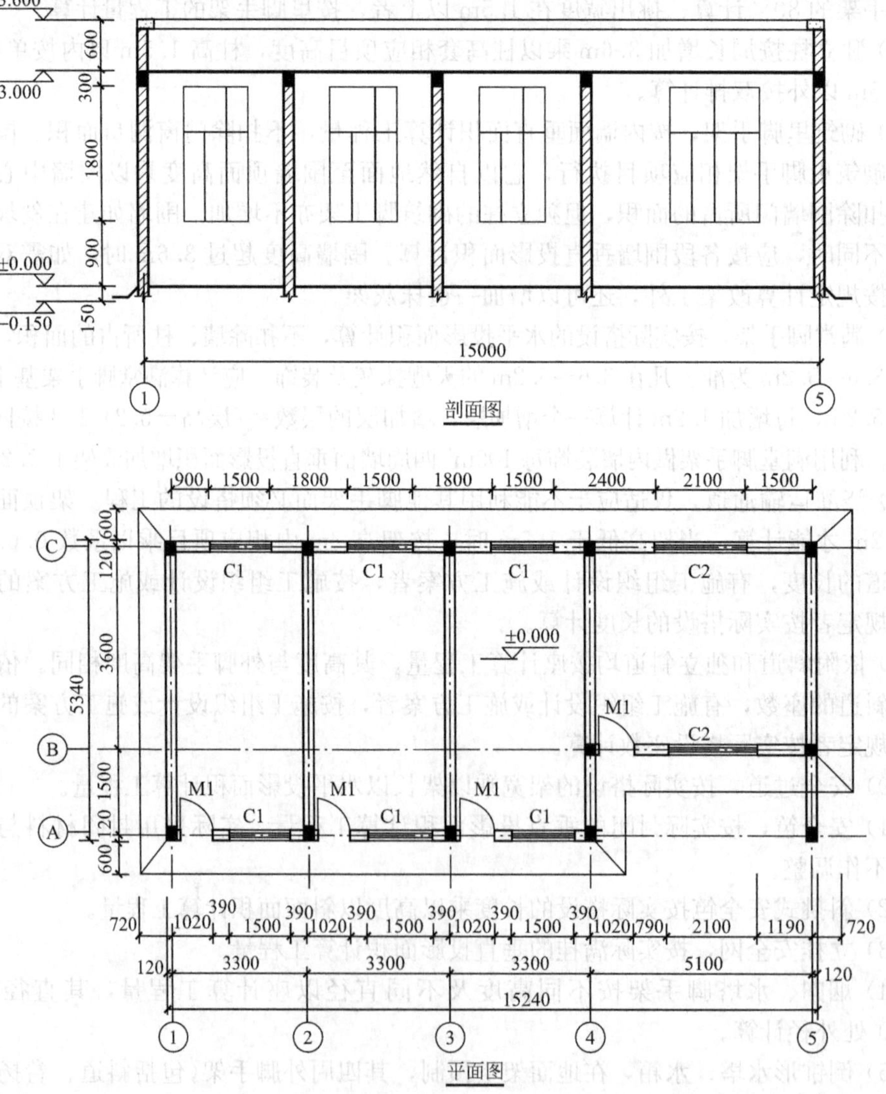

图6-58 某单层建筑剖面、平面图

解：外墙砌筑脚手架：[(15×5.1)×2+4×4]×3.75=210.05m^2

外墙抹灰架增加改架工：$\frac{202.32}{100}$×1.28=2.58 工日

层高没有超过 3.6m，不计算满堂架，只计算里脚手架。

砌筑里脚手架：

$$(5.34-0.24)\times2+(3.6\times0.24)=13.56\text{m}$$

$$3-0.12(\text{板厚})=2.88\text{m}$$

$$13.56\times2.88=39.05\text{m}^2$$

抹灰里脚手架：内墙高度没有超过 3.6m，不计算内墙抹灰架。

6.2.14 模板工程及其他

1. 模板工程

模板主要用来保证混凝土构件和结构的外形形状及尺寸、相对位置正确的周转材料。它包括模板和支撑(支架件和紧固件)系统两部分。它按模板材料的不同分为：木模板、定型组合模板、竹或木胶合模板、合金钢模板等。它的施工工艺包括选材、选型、备料、制作、安装、涂刷隔离剂等过程。

1) 说明

(1) 现浇混凝土模板按不同构件，分别以组合钢模(钢支撑、木支撑)、复合木模板(钢支撑、木支撑)、木模板(木支撑)配制。

(2) 预制构件模板：按不同构件分别以组合钢模板、复合木模板、木模板、定型模板、长线台钢拉模，并配以相应的砖地模、砖胎模、长线台混凝土地模编制的，使用其他模时，可另行处理。

(3) 组合钢模、复合木模板项目，未包括回库维修费用，应按定额中所列的摊销量的模板、零星夹具材料价格 8%计入模板材料基价之内。回库维修费包括模板的运输费，维修的人工、机械、材料费用等。

(4) 现浇混凝土梁、板、柱、墙是按支模高度 3.6m 编制的，超过 3.6m 时，超过部分工程量按超高部分项目计算。支模高度的确定原则如下。

① 柱、墙支模高度：首层按室外地坪(地下室按室内地坪)至上一层楼面，楼层按层高。

② 有梁板(不包括整浇在一起的框架梁，仅包括整浇在一起的其他梁)、平板支模高度：首层按室外地坪(地下室按室内地坪)至上一层楼面，楼层按层高。

③ 单独的梁(包括框架梁)支模高度；首层按室外地坪(地下室按室内地坪)至梁底，楼层按楼板面(或梁面)至梁底。

(5) 钢滑升模板施工的贮仓是按无井架施工计算的，并综合了操作平台。不再计算脚手架及竖井架。

(6) 钢滑升模板施工的贮仓提升模板使用的钢爬杆用量是按 50%摊销计算的，设计要求不同时，可按设计要求换算。

2）工程量计算规则

（1）现浇混凝土及钢筋混凝土模板工程量。

① 现浇混凝土模板工程量，除另有规定者外，均应区别模板的不同材质，按混凝土与模板的接触面积以 m^2 计算。

② 有肋带形基础，其肋高与肋宽之比在 4∶1 以内，按有肋带形基础计算；超过 4∶1 其基础按板式带形基础计算，以上部分按墙计算。

③ 现浇混凝土墙、板上单孔面积在 0.3m^2 以内的孔洞，不予扣除，洞侧壁模板也不增加，单孔面积在 0.3m^2 以外时，应予扣除，洞侧壁模板面积并入墙、板模板工程量内计算。

④ 现浇混凝土框架分别按梁、板、柱、墙的有关规定计算，附墙柱并入墙内工程量计算。分界规定如下。

(a) 柱、墙：底层以基础顶面为界算至上层表面楼板表面；楼层以当前层楼面为界算至上层楼板表面(有柱帽的柱应扣除柱帽部分量)。

(b) 框架梁：(包括预制与现浇结构)均应算至柱或混凝土墙侧面。

(c) 有梁板：主次梁连接者，次梁算至主梁侧面；伸入墙内的梁头与梁垫的堵模板并入梁内，板算至梁的侧面。

(d) 无梁板：板至边梁的侧面，柱帽部分按接触面积计算工程量。

⑤ 杯形基础杯口高度大于杯口长边长度的，套用高杯基础相应项目。

⑥ 柱与梁、柱与墙、梁与梁等连接重叠部分及伸入墙内的梁头、板头与砖接触部分，均不计算模板面积。

⑦ 构造柱外露面均按图示外露部分计算模板面积，构造柱与墙接触部分不计算模板面积。

⑧ 现浇混凝土悬挑板(雨篷、阳台)按图示外挑部分的水平投影面积计算。挑出墙外的牛腿梁及板边模板不另行计算。

⑨ 现浇混凝土楼梯，以图示露明尺寸的水平投影面积计算，不扣除小于 500mm 梯井所占面积。楼梯的踏步、踏步平台梁等梁侧面模板，不另行计算，台阶端头两侧不另行计算模板面积。

⑩ 混凝土台阶，按图示台阶尺寸的水平投影面积计算，台阶端头两侧不另行计算模板面积。

⑪ 现浇混凝土小型池槽按构件外围体积计算，池槽内、外侧及底部模板不应另行计算。

（2）预制混凝土构件模板工程量。

① 钢筋混凝土模板工程量，除有规定者外均按混凝土实体体积以 m^3 计算。

② 预制桩尖按虚体积(不扣除桩类虚体积部分)计算。

③ 0.5m^3 小型池槽按外形体积以 m^3 计算。

（3）构筑物模板工程量。

① 构筑物工程的模板工程量，现浇混凝土及钢筋混凝土模板工程量，除按规定者外，均应区别模板的不同材质，按混凝土与模板的接触面的面积，以 m^2 计算。

② 预制钢筋混凝土模板工程量，除有规定者外均按混凝土实体体积以 m^3 计算。

③ 0.5m^3 以上池槽等分别按基础、墙、板、梁、柱等有关规定计算，并套用相应项目。

④ 液压滑升钢模板施工的贮仓立壁模板按混凝土体积，以 m^3 计算。木模板、组合钢

模板、复合木模板施工的水塔塔身、水箱、回廊及平台、储水(油)池、贮仓按混凝土与模板接触面积计算。

2. 垂直运输机械

1) 说明

(1) 本分部定额未包括塔式起重机和施工电梯的进出场和安拆费用及转弯设备、轨道的铺设、拆除、日常维修和路基压实、修筑、垫层等费用，有发生时另行计算。

(2) 建筑物檐高或构筑物高度在3.6m以内不计算垂直运输机械费。

(3) 同一建筑物有多个檐高时按最高檐口套用相应定额。

(4) 本定额中垂直运输机械考虑了一般情况下所需要的机械性能，实际不同可以调整。垂直运输机械定额是按正常施工工期考虑的，若施工工期较定额工期提前，定额根据相应工期提前情况乘表6-26所列系数。

表6-26 垂直运输机械定额调整系数

序号	施工工期较定额工期提前比例	系数
1	10%以内	不乘系数
2	10%～15%	1.05
3	15%～20%	1.1
4	20%～25%	1.15
5	25%～30%	1.2
6	30%以上	1.25

2) 工程量计算规则

(1) 垂直运输机械使用费按垂直运输机械数量和使用时间计算。

(2) 垂直运输机械数量和使用时间计算根据施工组织计算。施工组织设计未明确规定的，垂直运输机械的种类和数量可按以下一般配置计算。

① 檐高20m以内的建筑物，采用塔式起重机施工的，一个单位工程配置1台塔吊和2台卷扬机。

② 檐高20m以内的建筑物，采用卷扬机施工的，一个单位工程配置3台卷扬机；零星建筑的卷扬机可配置2台。

③ 檐高20m以上的建筑物，采用塔式起重机施工的，一个单位工程配置1台塔吊、2台卷扬机、1部电梯、2部步话机。

④ 构筑物：一座砖烟囱配置卷扬机2台，一座混凝土烟囱配置卷扬机3台，一座水塔配置卷扬机2台，一座筒贮仓配置塔吊1台、卷扬机1台。

⑤ 建筑物外形尺寸超过按以上配置的垂直运输机械服务范围的，可根据施工组织设计适当增加垂直运输机械数量。

(3) 垂直运输使用时间根据施工组织计算，施工组织未明确的，按下列规定计算。

① 塔吊使用时间为建筑物主体结构(包括地下室)的施工时间，未明确的可按(总工期－基础工期)×60%计算。

② 卷扬机使用时间为建筑基础以上全部施工工期(不包括基础工期)。

③ 施工电梯和步话机使用时间为施工高度 20m 以上的主体结构施工的工期，在没有明确使用时间的情况下可按塔吊使用时间×(1－20÷建筑檐高或构筑物高度)计算。

3. 超高增加费工程

1) 说明

(1) 本分部定额超高增加费主要指建筑物檐高 20m(层数 6 层以上)以上的工程施工增加费。

(2) 檐高指设计室外地坪至檐口的高度。突出主体建筑屋顶的电梯间、水箱间等不计入檐高之内。

(3) 同一建筑物楼面顶标高距室外地坪的高度不同时，不同高度范围水平面的工程量，分别按相应项目计算。

(4) 项目降效中包括的内容指建筑物檐口的高度 20m 以上的全部工程项目，但不包括垂直运输、各类构件的水平运输及各项脚手架。

2) 工程量计算规则

(1) 人工降效按规定内容的全部人工费计算金额。

(2) 其他机械降效按规定内容中的全部机械费(不包括吊装机械)计算金额。

(3) 建筑物施工用水加压的水泵台班，按檐口的高度 20m 以上建筑面积以 m^2 计算。

6.2.15 装饰装修工程

1. 概述

建筑装饰是建筑物或构筑物的重要组成部分，它能增强建筑物或构筑物结构层的坚固性和耐久性，另外它还可以通过各种不同装饰材料的质感，线条、色彩及高水平的施工工艺，使建筑物或构筑物更加完美、更具魅力。

随着国民经济的高速发展和人民生活水平的不断提高，人们对建筑物或构筑物的要求不会停留在过去的“经济适用”上，而是越来越注重建筑物或构筑物的“美观大方”。因而建筑装饰的新材料、新工艺不断涌现。由于工艺美术、电子技术的介入，建筑工程学、人体工程学、环境美学、材料学等知识的综合运用，生机勃勃的建筑装饰行业展现出无限广阔的前景。随着建筑装饰档次的不断提高，装饰工程占整个建筑工程造价的比重也愈来愈大。

建筑装饰工程有着材料品种规格多，施工工艺复杂、形式千变万化等特点，因此本节定额内容较多，分为楼地面工程、墙柱面工程、天棚工程、门窗工程、油漆涂料裱糊工程和其他工程六大部分。

装饰装修消耗量标准均已综合了搭拆 3.6 m 以内简易脚手架用工及脚手架摊销材料，3.6 m 以上需搭设的装饰装修脚手架按装饰装修脚手架相应子目执行。卫生洁具、装饰灯具、给排水电气管道等安装工程，按安装工程消耗量标准相应项目执行。

2. 楼地面工程

1) 概述

楼地面工程包括的内容有找平层、整体面层、块料面层、栏杆、扶手等项目。

找平层是指在垫层上，楼板上或轻质、松散材料(隔声、隔热)层上面所做的坚固层或密实层，起找平、找坡或加固作用。一般用水泥砂浆或细石混凝土找平。

面层是指直接承受外力作用的楼地面最上层部分的整体面层或块料面层，因此，对面层的要求是比较高的，它必须具备坚固、美观、确保性能极佳的特点。楼地面的一般做法如图 6－59～图 6－64 所示。

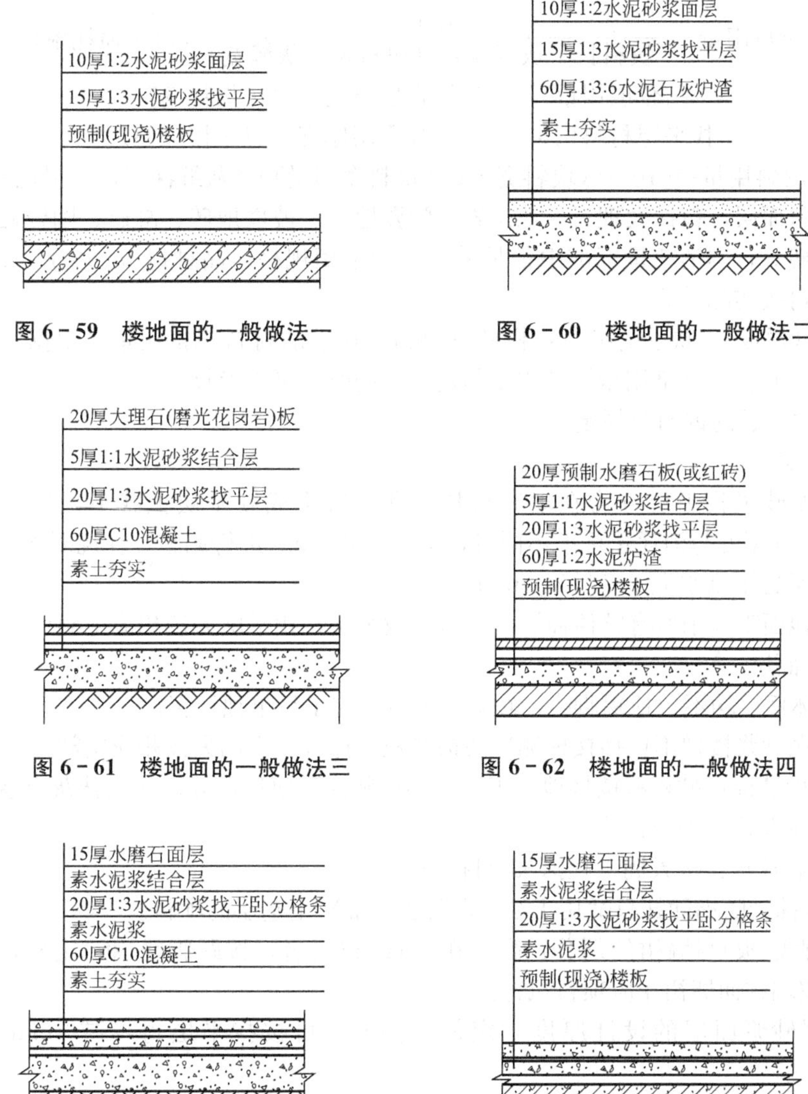

图 6－59 楼地面的一般做法一

图 6－60 楼地面的一般做法二

图 6－61 楼地面的一般做法三

图 6－62 楼地面的一般做法四

图 6－63 楼地面的一般做法五

图 6－64 楼地面的一般做法六

栏杆、栏板、扶手主要是指楼梯、走廊、回廊、阳台及其他装饰性栏杆、栏板。根据栏杆、栏板材料的不同分列的子目有铝合金栏杆(有机玻璃栏板、钢化玻璃栏板、茶色玻璃栏板)、不锈钢管栏杆、不锈钢栏杆嵌有机玻璃栏板、不锈钢栏杆嵌钢化玻璃栏板、铁花栏杆、木栏杆、铜管栏杆等。根据扶手材料不同分列的子目有铝合金扶手、不锈钢扶手、硬木扶手、铜管扶手、塑料扶手、大理石扶手、靠墙扶手等。

2）分部说明

(1) 有关定额项目的换算。

① 本章水泥砂浆、水泥石子浆、混凝土等的配合比，扶手、栏杆、栏板的材料规格用量与设计规定不同时，可以换算，但人工、机械不变。

② 块料面层材料用量的计算。每 100m² 块料面层的材料用量按下式计算。

$$块料用量=\frac{100}{(块料长+灰缝宽)\times(块料宽+灰缝宽)}\times(1+损耗率)$$

$$结合层用量=100\times结合层厚度\times(1+损耗率)$$

$$找平层材料用量=100\times找平层厚度\times(1+损耗率)$$

$$灰缝材料用量=[100-(块料宽\times100\ 块料净用量)]\times灰缝深\times(1+损耗率)$$

各种块料面层，包括大理石、花岗岩、陶瓷地砖、玻璃地砖、缸砖、陶瓷锦砖、水泥花砖、广场砖等，本消耗量标准中都是采用一种常用规格、品种以 m² 表示。设计规格、品种不同时可按实际计算。

③ 栏杆(栏板)、扶手的换算：栏杆(栏板)、扶手的材料规格用量是根据标准图设计综合考虑的，其材料规格用量设计规定与定额不同时，可以换算。

(2) 有关问题的说明及规定。

① 找平层。

(a) 水泥砂浆找平层分为在填充材料上和混凝土或硬基层上找平，其基本厚度为 20mm，如设计厚度与消耗量标准不同时，按每增减 1mm 进行调整。在混凝土或硬基层上找平时，还考虑了刷水泥 107 胶浆 1mm 厚。

(b) 楼地面工程中所有整体面层均未包括找平层，找平层另按相应定额计算。

② 整体面层。

(a) 整体面层均不包括踢脚线，踢脚线另按相应子目单独计算。

(b) 水泥砂浆楼梯不包括楼梯侧边装饰及板底抹灰，它们另按相应定额项目计算。

楼梯侧面装饰：贴块料按楼地面工程“零星装饰”项目计算；一般抹灰及装饰抹灰按墙柱面“零星装饰”项目计算。

楼梯板底抹灰：按天棚工程抹灰项目计算。

③ 加浆抹光随捣随抹只适用于细石混凝土、混凝土基层的项目。

④ 踢脚线(板)与墙裙的划分：高度在 30cm 以内者，按踢脚线(板)定额执行；超过 30cm 者，按墙柱面墙裙相应项目执行。

⑤ 水泥砂浆面层的设计厚度与定额不同时，可按找平层每增减 1mm 相应子目计算。

(3) 螺旋形楼梯的装饰，按相应弧形项目的人工、机械乘以系数 1.20。

(4) 同一铺贴面上有不同种类、材质的材料，应分别按本分部相应定额子目执行。

(5) 扶手、栏杆、栏板适用于楼梯、走廊、回廊等工程。

(6) 零星项目面层适用于楼梯侧面、台阶的牵边、小便池、蹲台、池槽，以及面积在 1m² 以内且未列项目的工程。

(7) 木地板填充材料，按照建筑工程部分相应子目执行。

(8) 大理石、花岗岩楼地面拼花按成品考虑。

(9) 镶拼面积小于 0.015m² 的石材执行点缀项目定额标准。

3) 工程量计算规则

(1) 楼地面找平层、面层按设计图示尺寸以面积计算。其中找平层、整体面层应扣除设备基础、地沟等所占面积，不扣除柱、垛、间壁墙及面积在 0.3m² 以内孔洞所占面积，门洞、空圈开口部分并入相应工程量内。拼花部分按实贴面积计算。

【例 6-21】 住宅楼一层住户平面如图 6-65 所示，地面做法如下：3∶7 灰土垫层 300mm 厚，40mm 厚 C15 细石混凝土找平层，细石混凝土现场搅拌，18mm 厚 1∶3 水泥砂浆面层。试计算垫层、找平层和面层的工程量并套相应定额。

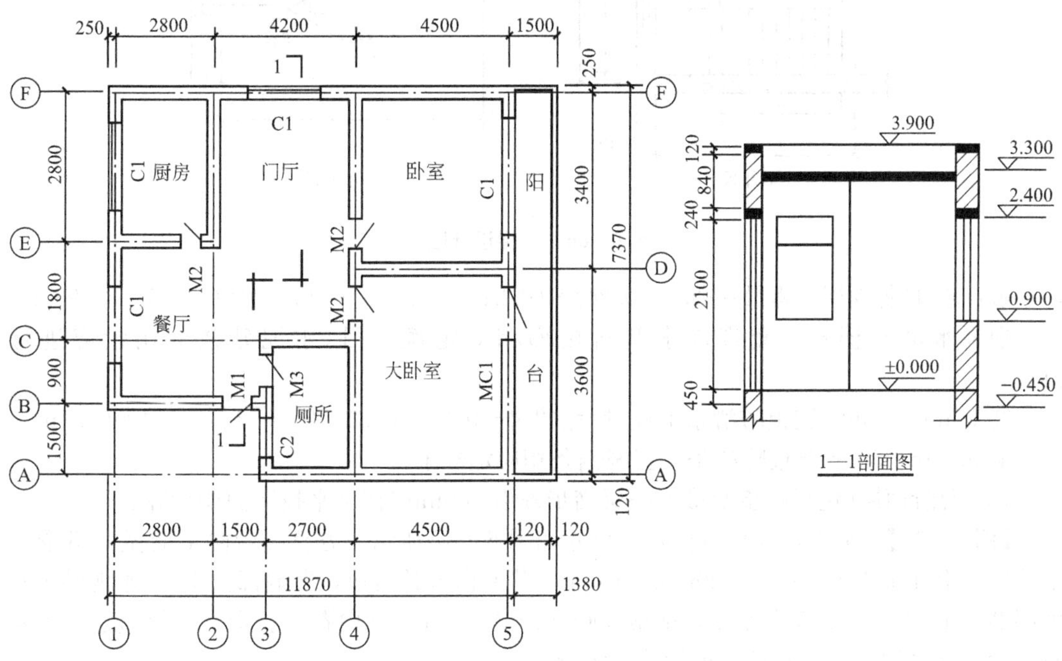

图 6-65 某住宅平面图

解：① 整体面层工程量＝(2.8－0.24)×(2.8－0.24)(厨房)＋(2.8＋1.5－0.24)×(0.9＋1.8－0.24)(餐厅)＋(4.2－0.24)×(1.8＋2.8－0.24)－(1.5－0.24)×(1.8－0.24)(门厅)＋(2.7－0.24)×(1.5＋0.9－0.24)(厕所)＋(4.5－0.24)×(3.4－0.24)(卧室)＋(4.5－0.24)×(3.6－0.24)(大卧室)＋(1.38－0.12)×(7.37－0.24)(阳台)＝6.554＋9.988＋1.53＋1.8＋13.462＋14.314＋8.984＝56.63m²

18mm 厚面层：套整体面层相应定额子目。

② 细石混凝土找平层工程量＝56.63m²

40mm 厚细石混凝土找平层：套细石混凝土找平层相应定额子目。

③ 灰土垫层工程量＝56.63×0.3＝16.99m³

3∶7 灰土垫层：套垫层相应定额子目。

(2) 楼梯面积(包括踏步、休息平台，以及小于 500mm 宽的楼梯井)按水平投影面积计算。

【例 6-22】 某学生宿舍楼 5 层，梯井宽度为 200mm，如图 6-66 所示。钢筋混凝土楼梯现浇水磨石面层，建筑做法：1∶3 水泥砂浆找平层 20mm 厚，1∶1.5 水泥白石子浆(不分色)面层 15mm 厚，嵌 50mm×5mm 铜板防滑条(直条)，双线(长度比踏步长度每端短 100mm)，面层磨光、酸洗、打蜡。计算现浇水磨石楼梯及防滑条工程量。

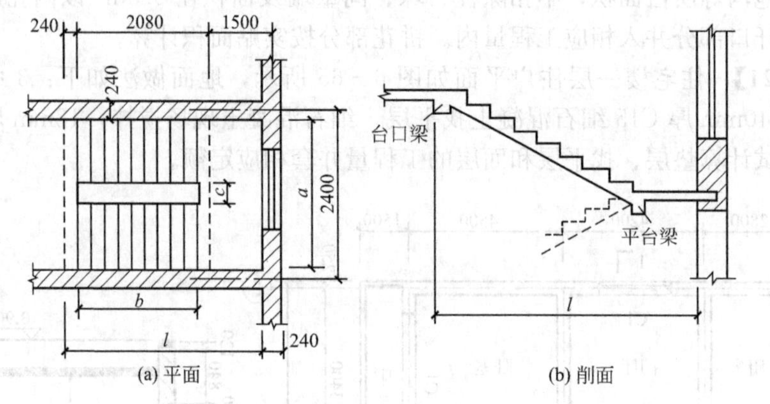

图 6-66　楼梯设计图

解：① 楼梯面层工程量＝(2.4－0.24)×(0.24＋2.08＋1.5－0.12)×(5－1)＝31.96m²

现浇水磨石楼梯：套现浇水磨石楼梯相应定额子目(水泥砂浆的用量应进行换算)。

② 50mm×5mm 铜板防滑条工程量＝[(2.4－0.24－0.2)÷2－0.2]×2×4＝6.24m²

嵌 50mm×5mm 铜板防滑条：套嵌铜条相应定额子目。

(3) 台阶面层(包括踏步及最上一层踏步外沿 300mm)按水平投影面积计算。

【例 6-23】 某工程方整石台阶，尺寸如图 6-67 所示，方整石台阶下面做 C15 混凝土垫层，上面铺砌 800mm×320mm×150mm 芝麻白方整石块，翼墙部位 1∶3 水泥砂浆找平层 20mm 厚，1∶2.5 水泥砂浆粘贴 300mm×300mm 芝麻白花岗石板。计算垫层、方整石台阶、找平层和花岗石板工程量并套定额。

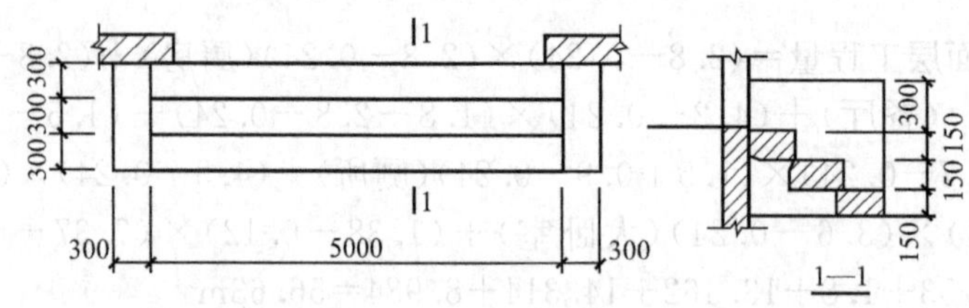

图 6-67　方正石台阶平面图

解：① 混凝土垫层工程量＝0.3×0.15×3×5＝0.765m³

C15 混凝土垫层：套垫层相应定额子目。

② 方整石台阶工程量＝5×0.3×3＝4.5m²

方整石台阶：套方整石台阶相应定额子目(方整石量需进行换算)。

③ 台阶水泥砂浆找平层工程量＝0.3×3×5＝4.5m²

台阶 20mm 厚找平层：套找平层相应定额子目。

④ 水泥砂浆花岗石板贴面工程量＝外侧(0.3×3×0.15×3＋0.3×2×0.15＋0.3×

0.15)×2+顶面和正立面(0.3×3×5+0.15×3×5)=8.79m²

1∶2.5水泥砂浆贴花岗石板(执行花岗石零星项目)：套贴花岗岩相应定额子目。

(4) 踢脚线按实贴长乘高，以m²计算。楼梯踢脚线按相应项目人工、机械乘以系数1.15。

【例6-24】 某房屋平面如图6-65所示，水泥砂浆粘贴120mm高全瓷地板砖块料踢脚线。计算踢脚板工程量(门洞宽：M1宽1000mm，M2宽900mm，M3宽800mm，MC1宽900mm)。

解：踢脚板工程量=[(2.8-0.24)×4(厨房)+(2.8+2.7-0.24+3.3-0.24+0.9)(餐厅)+(2.8+4.2-0.24+2.7)(门厅)+(2.7-0.24+3.4-0.24)(厕所)×2+(4.5-0.24)×4+(7-0.48)×2(卧室)+(1.5-0.24+7)×2(阳台)-(1+0.9×2×4+0.8×2)(门洞宽)+0.24×6×2]×0.12(门洞侧壁)=9.58m²

水泥砂浆粘贴瓷地板砖踢脚线：套瓷地板相应定额子目。

(5) 点缀按个计算，计算主体铺贴地面面积时，不扣除点缀所占面积。

【例6-25】 某展览厅花岗石地面如图6-68所示。墙厚240mm，门洞宽1000mm，地面找平层C20细石混凝土40mm厚。地面中有钢筋混凝土柱8根，直径800mm；3个花岗石图案为圆形，直径1.8m，图案外边线2.4m×2.4m；其余为规格块料点缀图案，规格块料600mm×600mm，点缀32个，100mm×100mm。250m宽济南青花岗石围边，均用1∶2.5水泥砂浆粘贴。计算楼地面相关工程量。

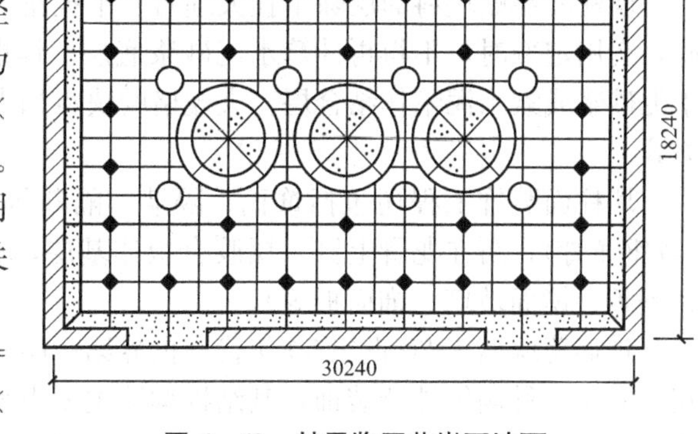

图6-68 某展览厅花岗石地面

解：① 细石混凝土找平层工程量=(30.24-0.24)×(18.24-0.24)-8×3.14×0.4²=535.98m²

C20细石混凝土40mm厚地面找平层：套细石混凝土找平层相应定额子目。

② 花岗石拼花图案(成品)工程量=3.14×0.9²×3=7.63m²

花岗石拼花图案(成品)：套花岗岩拼板相应定额子目。

③ 碎拼花岗石工程量=2.4×2.4×3-7.63=9.65m²

图案周边碎拼花岗石：套碎拼花岗岩相应定额子目。

④ 水泥砂浆铺贴花岗石工程量=(30.24-0.24-0.5)×(18.24-0.24-0.5)-2.4×2.4×3-8×3.14×0.4²=494.95m²

花岗石楼地面(多色)：套花岗岩地面相应定额子目。

⑤ 济南青花岗岩围边工程量=(30.24-0.24-0.25+18.24-0.24-0.25)×2×0.25-1×0.24×2(门洞空圈面积)=23.27m²

花岗石围边(执行花岗岩零星项目)：套贴花岗岩相应定额子目。

⑥ 花岗岩点缀工程量=32个

花岗岩点缀：套花岗岩点缀相应定额子目。

(6) 零星项目按实铺面积计算。

(7) 栏杆、栏板、扶手均按其中心线长度以延长米计算，弯头长度并入扶手延长米内计算。

(8) 弯头按个计算。

(9) 石材底面刷养护液包括侧面涂刷，工程量按底面积以 m^2 计算。

3. 墙柱面工程

1) 概述

墙柱面工程包括一般抹灰、装饰抹灰、镶贴块料面层、其他材料装饰和幕墙等。

建筑工程的抹灰工程主要是保护建筑物不受外界侵袭的影响，改善室内卫生条件，提高墙体防潮、防风化及保温、隔音功能，增强墙体的坚固性和耐久性，加强室内光线反射并且能改善建筑艺术效果，增加美观。

抹灰工程分一般抹灰和装饰抹灰两大类。一般抹灰由底层、中层及面层组成，底层抹灰常用石灰砂浆、混合砂浆、水泥砂浆，厚度为 10～18m。中层抹灰一般用石灰砂浆、水泥石灰麻刀灰砂浆，厚度 5～8mm。面层抹灰用纸筋石灰浆、纸筋石膏浆，厚度为 2mm 用水泥砂浆灰抹面一般厚度为 8mm。

墙柱面镶贴块料面层除干挂大理石、干挂花岗岩外，其余在定额中均包括水泥砂浆打底，套用定额时，不得再计算水泥砂浆底层。镶贴面层一般用 1∶3 水泥砂浆打底，1∶1 水泥砂浆或素水泥浆作结合层。大规格的块料如大理石、花岗岩等采用挂贴或干挂等安装方式。

墙柱面装饰工程还包括饰面、隔墙、隔断等。饰面工程就是在墙或柱面钉上木龙骨(或钢龙骨)，再在龙骨上钉一层胶合板作基层，然后在基层面上罩上饰面材料(如镜面不锈钢板、镜面玻璃、饰面板等)。

玻璃幕墙始于 20 世纪 50 年代，世界第一座采用玻璃幕墙的建筑是美国纽约的丽华公司。它是一种高级外墙装饰，其结构构造主要由幕墙框架和装饰玻璃组成。其框架主要采用型钢、铝合金型材、彩色镀锌钢板。玻璃幕墙分为一般玻璃幕墙和隐形玻璃幕墙两种，前者主要是将玻璃嵌入铝框中，用橡胶条和密封胶密封，后者主要用高强度粘结剂将玻璃粘结在铝框上，从外立面看不见骨架与边框，因而叫隐形玻璃幕墙。

2) 分部说明

(1) 抹灰项目其砂浆配合比与设计不同者，允许调整。

(2) 饰面材料及型材的型号规格与设计不同时，可按设计规定调整。

(3) 圆弧形、锯齿形等不规则墙面抹灰、镶贴块料按相应项目人工乘以系数 1.15。

(4) 勾缝镶贴面砖子目，面砖消耗量分别按缝宽 5mm、10mm 和 20mm 考虑，如灰缝超过 20mm 以上者，其块料及灰缝材料(水泥砂浆 1∶1)用量允许调整，但人工、机械不变。其计算公式如下：

$$\text{面砖施工用量}=\frac{100}{(\text{面砖长}+\text{灰缝宽})\times(\text{面砖宽}+\text{灰缝宽})}$$

$$\text{面砖定额用量}=\text{面砖施工用量}\times(1+\text{损耗率})$$

1∶1 水泥砂浆(灰缝砂浆)=(100－面砖长×面砖宽×面砖施工用量)×灰缝深×(1+损耗率)

【例 6-26】 面砖规格为 240mm×60mm，四周勾缝缝宽 10mm，假定灰缝深为 9mm，试计算面砖及勾缝砂浆定额用量。

解：① 施工用量(块)$=\frac{100}{(0.24+0.01)\times(0.06+0.01)}=5714$ 块

② 定额用量(块)$=5174\times(1+2.5\%)=5857$ 块

③ 1∶1 水泥砂浆(灰缝砂浆)$=(100-0.24\times0.06\times5714)\times0.09\times(1+2\%)=0.163\text{m}^2$

(5) 镶贴块料和装饰抹灰的“零星项目”适用于挑檐、天沟、腰线、窗台线、门窗套、压顶、扶手、雨篷周边和壁柜、碗柜、池槽、花台等。

(6) 一般抹灰工程的“零星项目”适用于各种壁柜、碗柜、过人洞、暖气罩、池槽、花台及 1m^2 以内的其他各种零星抹灰。抹灰工程的装饰线条适用于门窗套、挑檐、腰线、压顶、遮阳板、楼梯边梁、宣传栏边框等项目的抹灰，以及突出墙面且展开宽度在 300mm 以内的竖横线条抹灰。

(7) 木龙骨基层是按双向计算的，如设计为单向时，材料、人工用量乘以系数 0.55。

(8) 面层、隔墙(间壁)、隔断(护壁)项目内，除注明者外均未包括压边、收边、装饰线(板)，如设计要求时，应按照本章相应项目执行。

(9) 面层、木基层均未包括刷防火材料，如设计要求时，应按照天棚分部相应定额子目执行。

(10) 玻璃幕墙设计有平开、推拉窗者，仍执行幕墙标准，窗型材、窗五金相应增加。

(11) 玻璃幕墙中的玻璃按成品玻璃考虑，幕墙中的避雷装置已综合，但幕墙的封边、封顶的费用另行计算。

(12) 隔墙(间壁)、隔断(护壁)、幕墙等项目中龙骨间距、规格如与设计不同时，用量允许调整。

3) 工程量计算规则

(1) 内墙面、墙裙抹灰面积应扣除门窗洞口和 0.3m^2 以上的空圈所占的面积，且门窗洞口、空圈、孔洞的侧壁面积亦不增加。不扣除踢脚线、挂镜线及 0.3m^2 以内的孔洞和墙与构件交接处的面积。附墙柱的侧面抹灰应并入墙面、墙裙抹灰工程量内计算。墙面、墙裙的长度以主墙间的图示净长计算，墙面高度按室内地面至天棚底面净高计算，墙面抹灰面积应扣除墙裙抹灰面积，如墙面和墙裙抹灰种类相同者，工程量合并计算，套同一项目。

【例 6-27】 某砖混结构工程如图 6-69 所示，内墙面抹 1∶2 水泥砂浆打底，1∶3 石灰砂浆找平层，麻刀石灰浆面层，共 20mm 厚。内墙裙采用 1∶3 水泥砂浆打底(19mm 厚)，1∶2.5 水泥砂浆面层。计算内墙面和内墙裙抹灰工程量。

解：① 内墙面抹灰工程量$=[(4.5\times3-0.24\times2+0.12\times2)\times2+(5.4-0.24)\times4]\times(3.9-0.1-0.9)-1\times(2.7-0.9)\times4-1.5\times1.8\times4=118.76\text{m}^2$

内墙面抹石灰砂浆：套墙面抹灰相应定额子目。

挑檐侧壁贴瓷板(执行零星项目)：套墙面瓷板相应定额子目。

② 内墙裙工程量$=[(4.5\times3\times2+0.12\times2)\times2+(5.4-0.24)\times4-1\times4]\times0.9=38.84\text{m}^2$

内墙裙抹水泥砂浆：套墙面抹水泥砂浆相应定额子目。

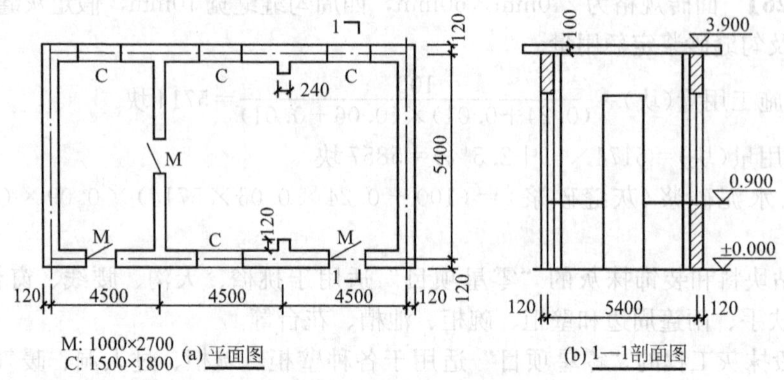

图 6-69　某砖混结构工程图

(2) 钉板天棚(不包括灰板条天棚)的内墙抹灰，其高度自楼、地面至天棚底另加200mm 计算。

(3) 砖墙中的钢筋混凝土梁、柱侧面抹灰，按砖墙项目计算。

(4) 外墙抹灰面积按垂直投影面积计算，应扣除门窗洞口、外墙裙和 0.3m² 以上的孔洞所占面积，不扣除 0.3m² 以内的孔洞所占面积，门窗洞口及孔洞侧壁面积亦不增加。附墙柱侧面抹灰面积应并入外墙面抹灰面积工程量内。

(5) 外墙裙抹灰按展开面积计算，扣除门窗洞口及 0.3m² 以上孔洞所占面积，但门窗洞口及孔洞的侧壁面积亦不增加。

(6) 柱抹灰按结构断面周长乘以高计算。

(7) 女儿墙(包括泛水、挑砖)、阳台栏板(不扣除花格所占孔洞面积)内侧抹灰按垂直投影面积乘以系数 1.10，带压顶者乘以系数 1.30 按墙面项目执行。

【例 6-28】 如图 6-65 所示，阳台栏板为 120mm 厚，1100mm 高砖栏板，上部带压顶，阳台内侧抹水泥砂浆，计算阳台栏板内侧抹水泥砂浆工程量并套定额。

解：阳台栏板内侧抹灰工程量$=[(1.5-0.24)\times2+7.37-0.24]\times1.1\times1.1\times1.3=4.169\text{m}^2$

阳台栏板抹水泥砂浆：套墙面抹灰相应定额子目。

(8)"零星项目"按设计图示尺寸以展开面积计算。

(9) 墙面贴块料面层，按实贴面积计算。

【例 6-29】 某砖混结构工程如图 6-70 所示，外墙面(包括窗侧壁)、挑檐侧壁用水泥砂浆粘贴 152mm×152mm 的瓷板；外墙裙水泥砂浆粘贴凸凹假麻石。计算外墙面、墙裙工程量并套定额。

解：① 外墙面贴瓷板工程量$=(6.48+4)\times2\times(3.6-0.1-0.9)-1\times(2.5-0.9)-1.2\times1.5\times5+(1.2+1.5\times2)\times0.24\times5=48.94\text{m}^2$

外墙面水泥砂浆贴面砖：套墙面抹灰相应定额子目。

② 外墙裙工程量$=[(6.48+4)\times2-1]\times0.9=17.96\text{m}^2$

外墙裙水泥砂浆粘贴凸凹假麻石：套墙面抹灰相应定额子目。

③ 挑檐侧壁贴瓷板工程量$=[(6.48+4)\times2+8\times0.3]\times0.1=2.34\text{m}^2$

(10) 墙面贴块料、饰面高度在 300mm 以内者，按踢脚线执行。

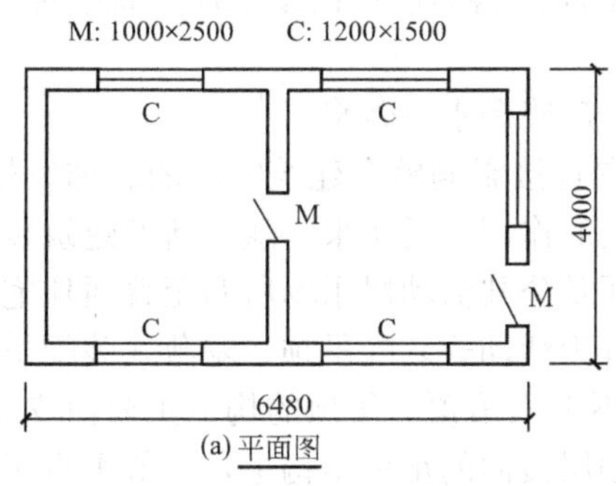

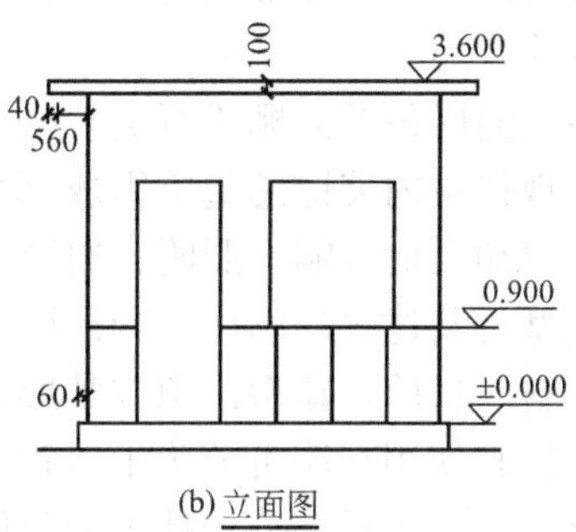

图 6-70 某砖混结构工程图

(11) 柱饰面面积按外围饰面尺寸乘以高计算。

【例 6-30】 木龙骨，五合板基层，镜面不锈钢板(1mm 厚)柱面尺寸如图 6-71 所示，共 4 根，木龙骨断面 30mm×40mm，间距 250mm，不锈钢卡口槽。计算柱面装饰相关工程量。

解：① 木龙骨制作安装工程量=1.2×3.14×6×4=90.48m²

木龙骨断面 12cm²，间距 250mm，套墙面龙骨相应定额子目。

② 木龙骨上钉基层板工程量=1.2×3.14×6×4=90.48m²

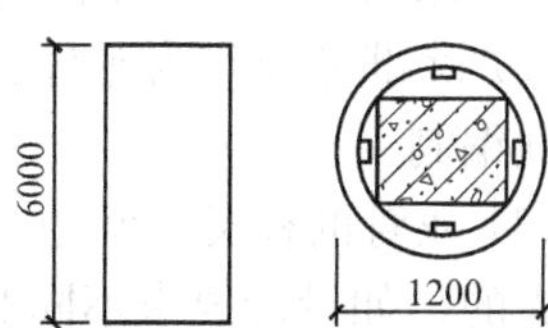

图 6-71 木龙骨尺寸示意图

木龙骨上五合板基层：套墙面饰面相应定额子目。

③ 圆柱不锈钢面工程量=1.2×3.14×6×4=90.48m²

圆柱面包镜面不锈钢板：套墙面饰面相应定额子目。

④ 不锈钢卡口槽工程量=6×4=24m²

不锈钢卡口槽：套墙面饰面相应定额子目。

(12) 挂贴大理石、花岗岩其他零星项目是按成品考虑的，柱墩、柱帽按最大外径周长计算。

(13) 除已列有挂贴大理石、花岗岩柱帽、柱墩项目外，其他项目的柱帽、柱墩工程量按设计图示展开面积计算，并入相应柱面积内，每个柱帽或柱墩另增人工：抹灰 0.25 工日，块料 0.38 工日，饰面 0.5 工日。

(14) 隔断按墙的净长乘净高计算，扣除门窗洞及 0.3m² 以上的孔洞所占面积。

(15) 全玻璃隔断、全玻璃墙如有加强肋者，工程量按其展开面积计算；玻璃幕墙、铝板幕墙以框外围面积计算。

(16) 装饰抹灰分格、嵌缝按装饰抹灰面面积计算。

(17) 抹灰线子按展开宽度在 300mm 以内计算，超过 300mm 者，按相应项目执行。

4. 天棚工程

1) 概述

天棚为建筑物室内重要的装饰部位之一，其装饰艺术形式取决于实用功能和美感要求。目前常见的天棚装饰形式有砂浆面层、油漆涂料面层和吊顶面层，就装饰效果而言，吊顶面层更受欢迎。

天棚砂浆面层包括天棚粉石灰砂浆、混合砂浆和水泥砂浆。

吊顶是现代室内装饰的重要组成部分，它直接影响整个建筑空间的装饰风格和效果，同时还起吸收和反射音响、照明、通风、防火的作用。近年来，随着新型建筑装饰材料的发展，在大型公共建筑的门厅、会议厅、餐厅及公共活动娱乐场所乃至普通住宅，都采用新型吊顶材料。目前，新型吊顶按其形式可分为活动式装配吊顶、隐蔽式装配吊顶、铝合金板吊顶，按其使用功能可分为上人吊顶和不上人吊顶。吊顶的构造主要由支承、基层、面层三部分组成，支承部分悬挂于屋顶可上楼层楼面的承重结构上，一般垂直于桁架主向设置主龙骨，在主龙骨上设置平顶筋。基层部分是用木材、型钢及轻金属(铝合金)等制成次龙骨。面层多为涂料、壁纸及各种轻质材料(如胶合板、宝丽板、镜面玻璃、石膏板、铝合金扣板等)组成。

天棚工程包括抹灰面层、平面跌级天棚、艺术造型天棚、其他天棚等共283个子目。

2）说明

(1) 抹灰项目中砂浆配合比与设计不同者，允许调整。

(2) 除部分项目为龙骨、基层、面层合并列项外，其余均为天棚龙骨、基层、面层分别列项编制。

(3) 龙骨的种类、间距、规格和基层、面层材料的型号、规格是按常用材料和常用做法考虑的，如设计要求不同时，材料可以调整，但人工、机械不变。

(4) 天棚面层在同一标高者为平面天棚，天棚面层不在同一标高者为跌级天棚。跌级天棚其面层人工按平面乘以系数1.30。

(5) 轻钢龙骨、铝合金龙骨项目中为双层结构，即中、小龙骨紧贴大龙骨底面吊挂，如为单层结构时，即大、中龙骨在同一水平面上者，人工乘以系数0.85。

(6) 平面天棚和跌级天棚指一般直线型天棚，不包括灯光槽的制作安装。灯光槽制作安装应按相应项目执行。艺术造型天棚项目中包括灯光槽的制作安装。

(7) 龙骨、基层、面层的防火处理，应按相应子目执行。

(8) 天棚检查孔的工料已包括在项目内，不另行计算。

3）工程量计算规则

(1) 本章抹灰及各种吊顶天棚龙骨按主墙间净空面积计算，不扣除间壁墙、检查孔、附墙烟囱、柱、垛和管道所占面积。

【例6-31】 某居室现浇钢筋混凝土天棚抹灰工程，如图6-65所示，1∶1∶6混合砂浆抹面。计算天棚抹灰工程量。

解：天棚抹灰工程量＝(2.8－0.24)×(2.8－0.24)(厨房)＋(2.8＋1.5－0.24)×(0.9＋1.8－0.24)(餐厅)＋(4.2－0.24)×(1.8＋2.8－0.24)－(1.5－0.24)×(1.8－0.24)(门厅)＋(2.7－0.24)×(1.5＋0.9－0.24)(厕所)＋(4.5－0.24)×(3.4－0.24)(卧室)＋(4.5－0.24)×(3.6－0.24)(大卧室)＋(1.38－0.12)×(7.37－0.24)(阳台)＝6.554＋9.988＋1.53＋1.8＋13.462＋14.314＋8.984＝56.63m^2

现浇钢筋混凝土天棚抹混合砂浆：套天棚抹灰相应定额子目。

(2) 天棚基层按展开面积计算。

(3) 天棚装饰面层，按主墙间实钉(胶)展开面积以m^2计算，不扣除间壁墙、检查孔、附墙烟囱、柱、垛和管道所占面积，但应扣除 0.3m² 以上的孔洞、独立柱、灯槽及天棚相连的窗帘盒所占面积。

(4) 龙骨、基层、面层合并列项的子目，工程量计算规则同第(1)条。

(5) 板式楼梯底面的装饰工程量按水平投影面积乘以系数 1.15 计算，梁式楼梯底面按水平投影面积乘以系数 1.37 计算。

(6) 灯光槽按延长米计算。

(7) 网架按水平投影面积计算。

(8) 嵌缝按延长米计算。

【例 6-32】 某酒店餐厅天棚装饰如图 6-72 所示，现浇钢筋混凝土板底吊不上人型装配式 U 形轻钢龙骨，间距 450mm×450mm，顶棚灯槽内侧和外沿及窗帘盒部位细木板基层(不计算窗帘盒工程量)，龙骨上或细木工板基层上铺钉纸面石膏板，面层刮腻子 3 遍，刷 450mm×450mm 乳胶漆 3 遍，周边布两条石膏线，石膏线 100mm 宽。计算吊顶工程量。

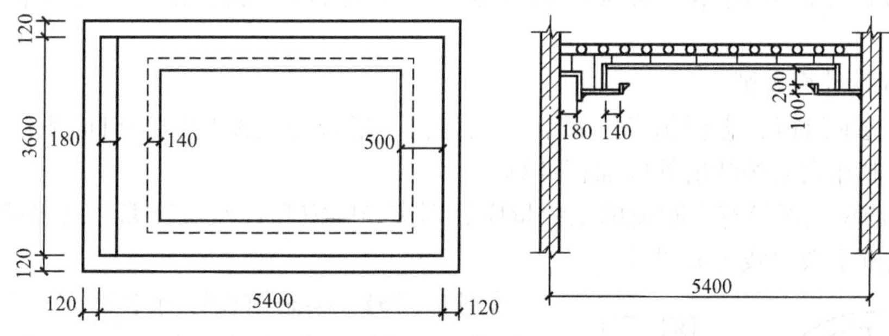

图 6-72 某酒店餐厅天棚装饰图

解：① 轻钢龙骨制作安装工程量=(5.4−0.24)×(3.6−0.24)=17.34m²

不上人型装配式 U 形轻钢顶棚龙骨，龙骨网格尺寸 450mm×450mm，跌级天棚：套天棚龙骨相应定额子目。

② 灯槽工程量=(5.4−0.24−0.18−0.5×2+0.14+3.6−0.24−0.5×2+0.14)×2=13.24m

悬挑式灯槽(细木工板面)：套天棚面层相应定额子目。

③ 石膏板天棚面层工程量=(5.4−0.24−0.18)×(3.6−0.24)+13.24×0.14+(4.26+2.64)× 2×0.3=22.72m²

顶棚龙骨上铺钉石膏板：套天棚面层相应定额子目。

④ 石膏板嵌缝工程量=4.26×[(2.64÷0.45)+1]+2.64×[(4.26÷0.45)+1]=58.86m²

石膏板嵌缝：套天棚面层相应定额子目。

5. 门窗工程

1) 概述

门、窗是建筑物的重要组成部分，它除了采光、通风和交通等作用外，还对建筑物的装饰效果影响很大。目前我国在建筑物上使用的门窗，主要有钢、木、塑、铝合金四大类。

门窗工程包括：普通木门、普通窗、铝合金门窗、其他门窗及门窗装饰等。

2）说明

(1) 木材木种除说明者外，均以一、二类木种为准，如采用三、四类木种时，人工和机械乘以系数1.24。

(2) 木门窗一般小五金配件费(折页、插销、铁搭扣、风钩、普通拉手)按本章门窗配件计算。特种五金另按相应项目执行。

(3) 铝合金门窗制作、安装项目不分现场或施工企业附属加工厂制作，均执行本标准。

(4) 铝合金地弹门制作型材(框料)按101.6mm×44.5mm、厚1.5mm方管制定，单扇平开门、双扇平开窗按38系列厚1.2mm制定。如实际采用的型材断面及厚度与规格不同者，按图示尺寸乘以线密度加6%的施工损耗计算型材质量。

(5) 装饰板门制作安装按木骨架、基层、饰面板面层分别计算。

(6) 成品门窗安装项目中，门窗附件包含在成品门窗单价内，玻璃则不包括在成品单价内。铝合金门窗制作、安装项目中未含五金配件，五金配件应按本章门窗配件选用。

3）工程量计算规则

(1) 普通木门窗、彩板组角门窗、塑钢门窗、铝合金门窗均按洞口面积以 m^2 计算。铝合金纱扇制作安装按纱扇外围面积计算。

(2) 普通窗上部带有半圆窗的工程量应分别按半圆窗和普通窗计算。以普通窗和半圆窗之间的横框上裁口线为分界线。

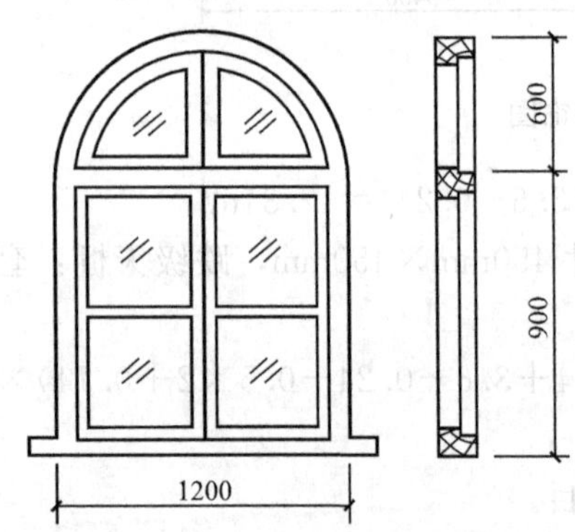

图6-73 某茶馆窗的设计尺寸

【例6-33】 某茶馆设计有木制矩形窗上带半圆形玻璃窗，矩形窗带纱扇，设计尺寸如图6-73所示，共2樘。计算木窗工程量。

解：① 半圆形玻璃窗制作安装工程量

$=3.14\times1.2^2\div4\div2\times2$

$=1.13m^2$

半圆形玻璃窗：套木窗相应定额子目。

② 矩形窗工程量$=0.9\times1.2\times2=2.16m^2$

普通一玻一纱木窗：套木窗相应定额子目。

(3) 卷闸门安装按其安装高度乘以门的实际宽度以 m^2 计算。安装高度算至滚筒顶点为准。带卷筒罩按展开面积增加。电动装置安装以套计算，小门安装以个计算。

【例6-34】 某车库安装嵌入式铝合金卷闸门5个，设计洞口尺寸为4000mm×4000mm，电动卷帘，带活动小门。计算铝合金卷闸门工程量。

解：① 铝合金卷闸门工程量$=4\times(4+0.6)\times5=92m^2$

铝合金卷闸门安装：套铝合金卷闸门相应定额子目。

② 电动装置=5套

卷闸门安装电动装置：套铝合金卷闸门相应定额子目。

③ 活动小门=5个

卷闸门安装活动小门：套铝合金卷闸门相应定额子目。

(4) 防盗门、防盗窗、不锈钢格栅门按框外围面积以 m^2 计算。

(5) 成品防火门以框外围面积计算，防火卷帘门从地(楼)面算至端板顶点乘以设计宽度。

(6) 实木门框制作安装以延长米计算。实木门扇制作安装及装饰门扇制作按扇外围面积计算。装饰门扇及成品门扇安装按扇计算。

(7) 木门扇皮制隔音面层和装饰板隔音面层，按单面面积计算。

(8) 不锈钢板包门框、门窗套、花岗岩门套、门窗筒子板按展开面积计算。门窗贴脸、窗帘盒、窗帘轨按延长米计算。

(9) 窗台板按实铺面积计算。

(10) 电子感应门及转门以樘计算。

(11) 不锈钢电动伸缩门以樘计算。

6. 油漆、涂料、裱糊工程

1) 概述

建筑物进行油漆、涂料装修，是为了抵抗外界空气、水分、日光及酸、碱等腐蚀性化学物质侵蚀，防止腐烂、霉蛀、锈蚀，并使表面美观。油漆分为天然漆和人造漆两类。建筑工程一般常用的是人造漆、清漆、磁漆、聚氨酯漆、防锈漆、防水漆等。建筑涂料种类很多，按成膜物质不同，可分为无机涂料(如石灰浆、混合浆、水泥浆等)和有机涂料(如106涂料、803涂料、仿瓷涂料、白乳胶漆等)两大类。

裱糊类墙面装修主要是以聚氯乙烯塑料墙体为内容的裱糊工程。塑料墙纸是在厚纸上涂布塑料色浆，并用印花色浆印出各种花纹而成的。塑料墙纸的品种繁多，从表面装饰效果看，有仿锦缎、静电植绒、印花、压花、仿木、仿古等，从基层材料看有塑料、纸、布、石棉纤维等。

本分部定额分木材面油漆、金属面油漆、抹灰面油漆、涂料及裱糊共五节。

2) 分部说明

(1) 在同一平面上的分色及门窗内外分色已综合考虑。如需做美术图案者，另外计算。

(2) 喷、涂、刷遍数与设计要求不同时，可按每增加一遍项目进行调整。

(3) 喷塑(一塑三油)。底油、装饰漆、面油，其规格划分如下。

① 大压花：喷点压平、点面积在 $1.2cm^2$ 以上。

② 中压花：喷点压平、点面积在 $1\sim1.2cm^2$。

③ 喷中点、幼点：喷点面积在 $1cm^2$ 以下。

(4) 双层木门窗(单裁口)是指双层框扇。三层二玻一纱窗是指双层框三层扇。

(5) 隔墙、护壁、柱、天棚、木龙骨刷防火漆是指龙骨刷防火漆。

(6) 木龙骨刷防火漆按不刷底油、不刮腻子、只刷漆编制，包括龙骨四面(木地板木龙骨带毛地板的项目还包括毛地板)的涂刷。

(7) 金属面刷油漆项目中，各种金属门窗、间壁、屋面等按相应的工程量系数计算，执行单层钢门窗的相应项目。钢构(配)件，包括钢屋架、天窗架、挡风架、屋架梁、支撑、吊车梁、车挡、制动梁、钢柱、钢平台、钢梯、钢栏栅、栏杆、管道、零星铁件等。

3）工程量计算规则

(1) 木材面油漆的工程量分别按表 6－27～表 6－31 规定乘以系数以 m² 计算。

表 6－27　单层木门工程量系数表

项目名称	系数	工程量计算方法
单层木门	1.00	按单面洞口面积计算
双层(一板一纱)木门	1.36	
双层(单裁口)木门	2.00	
单层全玻门	0.83	
木百叶门	1.25	
厂库房大门	1.10	

表 6－28　单层木窗工程量系数表

项目名称	系数	工程量计算方法
单层木窗	1.00	按单面洞口面积计算
双层(一玻一纱)窗	1.36	
双层框扇(单裁口)窗	2.00	
双层框三层(二玻一纱)窗	2.60	
单层组合窗	0.83	
双层组合窗	1.13	
木百叶窗	1.50	

表 6－29　木扶手(不带托板)工程量系数表

项目名称	系数	工程量计算方法
木扶手(不带托板)	1.00	按延长米计算
木扶手(带托板)	2.60	
窗帘盒	2.04	
封檐板、顺水板	1.74	
挂衣架、单独木线 100mm 以外	0.52	
生活园地、挂衣架、单独木线 100mm 以内	0.35	

表 6－30　木地板工程量系数表

项目名称	系数	工程量计算方法
木地板、木踢脚线	1.00	长×宽
木楼梯(不包括底面)	2.30	水平投影面积

表 6-31 其他木材面工程量系数表

项目名称	系数	工程量计算方法
木板、纤维板、胶合板天棚、檐口	1.00	长×宽
清水板条天棚、檐口	1.07	
木方格吊顶天棚	1.00	
吸音板墙面、天棚面	0.87	
木护墙、墙裙	1.00	
窗台板、筒子板、门窗套	1.00	
暖气罩	1.28	
屋面板(带檩条)	1.11	斜长×宽
木间壁、木隔断	1.90	单面外围面积
玻璃间壁露明墙筋	1.65	单面外围面积
木栅栏、木栏杆(带扶手)	1.82	单面外围面积
木屋架	1.79	跨度(长)×中高×1/2
衣柜、壁柜	1.00	按实刷展开面积
零星木装修	1.10	
梁、柱饰面	1.00	

(2) 隔墙(间壁)、隔断、护壁木龙骨刷防火漆，按隔墙(间壁)、隔断、护壁木龙骨的垂直投影面积计算。

(3) 柱面木龙骨刷防火漆按柱装饰面外表面积计算。

(4) 木地板木龙骨刷防火漆按木地板水平投影面积计算。

(5) 基层板刷防火漆按板面面积计算，双面涂刷时，工程量乘以系数 2。

(6) 金属面油漆，单层钢门窗按表 6-32 规定的工程量系数表计算。

表 6-32 单层钢门窗工程量系数表

项目名称	系数	工程量计算方法
单层钢门窗	1.00	洞口面积
双层(一玻一纱)钢门窗	1.48	
百叶钢窗	2.74	
半截百叶钢门	2.22	
满钢门或包铁皮门	1.63	
钢折叠门	2.30	
射线防护门	2.96	框(扇)外围面积
厂库房平开门、推拉门	1.70	
铁丝网大门	0.81	

（续）

项目名称	系数	工程量计算方法
间壁	1.85	长×宽
平板屋面	0.74	斜长×宽
瓦垄铁屋面	0.89	
排水、伸缩缝盖板	0.78	展开面积
暖气罩	1.63	水平投影面积

(7) 钢构(配)件按型材的展开面积以 m^2 计算。

(8) 抹灰面油漆、喷(刷)涂料及裱糊的工程量：楼地面、天棚、墙、柱、梁面按装饰工程相应的工程量计算规则规定计算；混凝土花格窗、栏杆花饰按单面外围面积计算。

7. 其他工程

1) 概述

其他工程包括：招牌灯箱基层、面层，压条装饰线，暖气罩，镜面玻璃，货架柜类及其他等。

2) 分部说明

(1) 本章项目设计采用的材料品种、规格与取定不同时，可以换算，但人工、机械不变。

(2) 本章中铁件已包括刷防锈漆一遍。如设计需涂刷油漆、防火涂料，则应按相应子目执行。

(3) 招牌基层。

① 平面招牌是指安装在门前的墙面上；箱体招牌、竖式标箱是指六面体固定在墙面上；沿雨篷、檐口、阳台走向的立式招牌，按平面招牌复杂项目执行。

② 一般招牌和矩形招牌是指正立面平整无凸面；复杂招牌和异形招牌是指正立面有凹凸造型。

③ 招牌不包括灯饰。

(4) 美术字安装。

① 美术字均以成品安装固定为准。

② 美术字不分字体。

(5) 装饰线条。

① 木装饰线、石膏装饰线均以成品安装为准。

② 石材装饰线条均以成品安装为准。石材装饰线条磨边、磨圆角均包括在成品的单价中，不再另计。

(6) 石材磨边、磨半圆边及台面开孔子目均为现场磨制。

(7) 装饰线条以墙面直线安装为准，如天棚安装直线形、圆弧形或其他图案者，按以下规定计算。

① 天棚面安装直线装饰线条者，人工乘以系数 1.34。

② 天棚面安装圆弧装饰线条者，人工乘以系数 1.6，材料乘以系数 1.1。

③ 墙面安装圆弧装饰线条者，人工乘以系数 1.2，材料乘以系数 1.1。

④ 装饰线条做艺术图案者，人工乘以系数 1.8，材料乘以系数 1.1。

(8) 暖气罩挂板式是指钩挂在暖气片上，平墙式是指凹入墙内，明式是指凸出墙面，半凹半凸式按明式子目执行。

(9) 货架、柜类中未考虑面板拼花及饰面板上贴其他材料的花饰、造型艺术品。

3) 工程量计算规则

(1) 招牌、灯箱。

① 平面招牌基层按正立面面积计算，复杂形的凹凸造型部分亦不增减。

② 沿雨篷、檐口或阳台走向的立式招牌基层，按平面招牌复杂形执行时，应按展开面积计算。

③ 箱体招牌和竖式标箱的基层，按外围体积计算。突出箱外的灯饰、店徽及其他艺术装潢等均另行计算。

④ 灯箱的面层按展开面积以 m^2 计算。

⑤ 广告牌钢骨架以 t 计算。

(2) 美术字安装按字的最大外围矩形面积以个计算。

(3) 压条、装饰线条均按延长米计算。

(4) 暖气罩(包括脚的高度在内)按正立面边框外围尺寸垂直投影面积计算。

(5) 镜面玻璃安装、盥洗室木镜箱以正立面面积计算。

(6) 塑料镜箱、毛巾环、肥皂盒，金属帘子杆、浴缸拉手、毛巾杆安装以只或副计算。大理石洗漱台以台面投影面积计算(不扣除孔洞面积)。

(7) 货架、柜类均以立面的高(包括脚的高度在内)乘以宽以 m^2 计算。

(8) 收银台、试衣间等以个计算，其他以延长米为单位计算。

6.2.16 施工图预算的编制

1. 建筑工程施工图预算的概念

施工图预算是确定工程预算费用(造价)的文件，是在施工图设计完成后，以施工图为依据，根据消耗量标准或预算定额、取费标准及地区人工、材料、机械台班预算价格进行编制的，所以称为施工图预算，也称设计预算，或建筑安装工程预算。

编制施工图预算时，首先根据设计文件、消耗量标准或预算定额和取费标准及地区人工、材料、机械台班预算价格等资料，编制单位工程施工图预算；然后汇总各单位施工图预算，编成单项工程施工图预算；再汇总所有单项施工图预算，以及设备工器具购置费和工程建设其他费用，便是一个建设项目的预算造价。

单位施工图预算包括建筑工程预算和设备安装工程预算。广义的建筑工程预算包括一般土建工程预算、卫生工程预算、电气照明工程预算、特殊构筑物工程预算及工业管道工程预算。狭义的建筑工程预算仅指土建工程预算，本章将重点研究它。设备安装工程预算分为机械设备安装工程预算、电气设备安装工程预算。

2. 施工图预算的作用

建筑工程施工图预算的作用主要体现以下几个方面。

(1) 建筑工程施工图预算是确定建筑工程造价的依据，也是承发包双方办理竣工结算、工程财务拨款的依据，还可以作为办理工程贷款的依据。

(2) 在招投标工程中，建筑工程施工图预算是业主编制标底的依据和承包商投标报价的基础。

(3) 建筑工程施工图预算是进行基本建设投资管理的具体文件，是国家控制基本建设投资和确定施工单位收入的依据，也是施工企业加强经营管理，搞好企业经济核算的基础。

(4) 在采用预算包干承包时，建筑工程施工图预算是签订工程承包合同及确定工程承包价格的依据。

(5) 建筑工程施工图预算是施工单位进行施工准备，编制施工计划，计算建筑工程工程量和实物量的依据。

(6) 建筑工程施工图预算是施工企业施工用料供应和控制的依据。

(7) 建筑工程施工图预算是施工企业“两算”对比和考核工程财务成本的依据。

3. 建筑工程施工图预算编制的依据

建筑工程施工图预算编制的依据主要有以下几点。

(1) 经批准的施工图纸及相应的设计说明、施工图纸会审纪要、标准图集等。

(2) 建设行政主管部门发布的《消耗量定额》、《建设工程计价办法》等。

(3) 施工现场实际情况、经批准的施工组织设计或施工方案。

(4) 招标文件、双方签订的建筑工程承包合同或施工准备协议。

(5) 建设行政主管部门发布的人工工资标准、材料和设备的预算价格、机械台班费用或承发包双方根据市场实际情况确定的人工工资标准、材料和设备的预算价格、机械台班费用。

(6) 建设行政主管部门规定的计价程序和统一格式。

(7) 建设行政主管部门发布的有关工程造价方面的文件。

(8) 各种工具书和手册。

4. 施工图预算的编制方法

施工图预算的编制方法主要有两种，即定额单价法(定额计价法)与工料单价法(清单计价法)。

1) 定额单价法(定额计价法)

定额单价法编制施工图预算，就是根据地区统一单位估价表中的各分项工程的基价，乘以相应的各分项工程的工程量，并相加，得到单位工程工程直接费；再计算出措施项目费；根据定额总说明及有关规定和取费标准，计算出施工管理费、规费、利润、价差调整和税金，即可得到单位工程的施工图预算。简单地说，定额单价法既要有定额给出量，还要有定额给出价，再进行价差调整，这不符合目前建筑工程造价由市场调控价格、企业自主定价这一发展趋势，因此这种方法会被逐渐淘汰。

本节的施工图预算编制方法主要指采用定额单价法。

2) 工料单价法(清单计价法)

用工料单价法编制施工图预算，是先用计算出的各分项工程的实物工程量，分别套用定额，并按类相加，求出单位工程所需的各种资源(如人工、材料、机械台班等)的消耗量，然后分别乘以当时当地的实际单价，求得所需资源的费用，再汇总求和得单位工程直接费；再计算出措施项目费；至于施工管理费、规费、利润和税金的计算，则根据当地建筑工程造价管理部门的规定、建筑市场供求情况及企业自身情况予以具体确定。简单地说，工料单价法只由定额确定各分项工程的人工、材料、机械台班消耗量，人工、材料、机械台班的单价及取费标准则由企业结合市场、企业自身情况及工程项目的具体情况来确定。

5. 施工图预算的编制步骤

1) 定额单价法编制施工图预算的步骤

(1) 准备资料，熟悉施工图。广泛搜集、准备各种资料，包括施工图纸、施工组织设计、施工方案、现行的建筑工程预算定额及单位估价表、取费标准、工程量计算规则和地区材料预算价格等。在准备资料的基础上，关键的一环是熟悉施工图纸。

(2) 计算工程量。工程量计算工作在整个预算编制过程中是最繁重、花费时间最长的一个环节。它的准确与否直接影响预算的精度。因此，必须在工程量计算上狠下工夫，找出各工程量内部固有的规律，利用统筹法的理论，快速、准确地计算出工程量，才能保证预算的质量。

(3) 套用单位估价表(预算定额基价)。工程量计算准确核对无误后，用所得到的各分项工程量与单位估价表中的对应分项工程的定额基价相乘，即得该分项工程的直接工程费。

(4) 工料分析。根据各分部分项工程项目的实物工程量和相应定额中项目所列资源消耗标准，算出各分部分项工程所需的人工、材料和机械台班使用量，进行汇总计算后，算出该单位工程所需的人工、各种建筑材料和机械台班的数量。

(5) 计算出其他各项费用和利润、税金，确定工程造价。由单位工程直接工程费，再根据定额说明及相关规定和取费标准，计算出施工管理费、规费、利润、价差调整和税金，然后累加得到工程造价。在计算其他各项费用时，要根据企业自身情况及工程类别确定正确的费率，再根据规定的费用计算程序确定各项费用。

(6) 复核。单位工程预算编制完后，由有关人员对编制的主要内容及计算情况进行核对检查，以便及时发现差错，及时修改，从而提高预算的准确性。在复核中，应对项目填列的工程量计算公式、计算结果、套用的单价、采用的各项取费标准、数字计算和数据精度等进行全面复核。

(7) 编制说明、填写封面。编制说明是编制单位向审核部门交代编制的依据，可以逐项分述。编制说明内容应包括：

① 所采用的预算定额、施工图纸、调价文件、取费标准等，要求写出相应的文号；

② 预算书包括的内容和没有包括的内容；

③ 与预算有关的施工组织设计和施工方法简要说明；

④ 主要定额子目调整说明；

⑤ 其他需要说明的问题。

封面应写明工程编号、工程名称、建筑面积、预算总造价和单方造价、编制单位名称、编写人员和编制日期及审核单位名称、审核人和审核日期等。

2) 工料单价法编制施工图预算的步骤

工料单价法编制施工图预算的编制步骤与定额单价法相似，但在具体内容上有一些区别，其最大的区别是计算人工费、材料费和施工机械使用费及汇总三者费用之和的方法不同。其具体步骤如下。

(1) 准备资料，熟悉施工图。针对工料单价法的特点，在此阶段中需要全面地搜集人工、材料、机械台班当时当地的实际价格。要求获得的各种实际价格要全面、系统、真实、可靠。

(2) 计算工程量。

(3) 套用预算定额。工程量计算出来后，套用预算定额，确定各分项工程的资源消耗量。

(4) 汇总单位工程所需资源的消耗量。由(3)项中计算出的分项资源消耗量按同类进行汇总统计，得出单位工程所需资源消耗量。

(5) 根据当时当地的单价，汇总人工费、材料费和机械台班使用费。用当时当地的各类实际工料机单价乘以相应的工料机消耗量，即得到单位工程人工费、材料费和机械台班使用费。

(6) 计算其他各项费用，汇总造价。

(7) 复核。

(8) 编制说明、填写封面。

采用工料单价法编制施工图预算，由于所用的人工、材料和机械台班的单价都是当时当地的价格，所以编制出的预算能比较准确地反映实际水平，误差较小，这种方法适用于市场经济条件下价格波动较大的情况。但是，由于采用这种方法需要统计人工、材料、机械台班消耗量，还需要相应的实际价格，因而工作量较大，计算过程烦琐。然而，随着建筑市场的开放，随着价格信息系统的建立及竞争机制作用的发挥和计算机的普及，工料单价法是一种与统一“量”、指导“价”、竞争“费”的工程造价管理机制相适应的行之有效的预算编制方法。

6. 统筹法计算工程量的原理

编制建筑工程概预算的基本要求是及时、准确。而编制过程中的依据繁多、内容复杂、计算量大，与要求及时、准确有很大矛盾。如不积极改进计算方法，就扭转不了预算工程中的被动局面。

1) 统筹法的概念

统筹法是一种科学的计划和管理方法。它从事物的主要矛盾入手，按照各种矛盾的相互依赖关系，找出它们内部固有的规律，逐个地、系统地、全面地加以解决，使我们的工作能做到简捷、迅速、准确、完善。

实践表明，每个分项工程量计算虽有各自的特点，但都离不开“线”、“面”之类的基本数据。它们在整个工程量计算中常常要反复多次使用。因此，我们可以根据这个特性和预算定额的规定，运用统筹原理，对每个分项工程的工程量进行分析，然后依据计算过程中的内在联系，按先主后次，统筹安排计算程序，从而简化了烦琐的计算，形成了统筹计算工程量的计算方法。

2) 统筹法计算工程量的要点

(1) 利用基数，连续计算。它是统筹法计算工程量的最大特点。在工程量计算开始前，先准确计算出基本数据，在以后的分部分项的工程的工程量计算过程中直接利用这些数据，不再重复计算。这样就可以减少重复劳动，加快计算速度。用统筹法计算工程量的基数主要有“三线一面”，即外墙中心线($L_{中}$)、外墙外边线($L_{外}$)、内墙净长线($L_{内}$)和底层建筑面积($S_{底}$)。除此之外，门窗面积、预制构件体积、各房间净面积、净周长也是基本数据。

(2) 统筹程序，合理安排。一个单项量计算项目少则几十项，多则上百项，若不按照一定顺序计算则工作量相当大，费时费力。对于一个单项工程的工程量计算，应根据各个计算项目之间的关系，尽可能多地利用基数及前一项计算结果，这样就能达到事半功倍的效果。

(3) 一次算出，多次利用。对于那些不能用“线”和“面”基数进行连续计算的项目，如钢筋混凝土预制标准构件、砖基础放大脚的断面面积、土岩放坡系数、钢筋的单位质量等，可以事先组织力量，将常用数据一次算出，汇编成册。当需计算有关的工程量，只要查手册就很快算出所需的工程量来。这就扩大了统筹范围，简化了计算工作。

(4) 联系实际，灵活机动。用“线”、“面”计算工程量，只是一般常用的工程量基本计算方法，实践证明，在一般工程中完全可以利用。但在特殊工程上，由于基础断面、墙体宽度、砂浆等级、各楼层的面积不同，就不能完全用“线”或“面”的一个数作基数，而必须结合实际情况灵活地计算。常用的方法有分段法、补加法、分层法等。

分段法就是根据建筑物的标高、墙身厚度、基础断面的不同，分段进行计算。

补加法就是先把主要的、大量的比较方便的部分一次算出，然后加上(或减少)多出部分。

分层法就是将各不同楼面面积分层进行“线”、“面”基数计算；计算分项工程量时，再把各层不同的“线”、“面”基数统计出来的工程量相加，得出一个分项工程量的合计数。

3) 工程量计算应注意的问题

(1) 要严格按定额项目的要求和工程量计算规则，根据图示尺寸和数量进行计算，不能随意加大或缩小各部位的尺寸。对施工图中的错漏、尺寸不符、用料及做法不清等问题，应及时请设计单位解决。

(2) 为了准确计算工程量，便于校核，在计算工程量时应按一定的顺序，如外墙中心线、外墙门窗(或构配件)的计算可采用先横后竖、从上到下、从左到右的顺序。计算工程量时应注明层次、部位、轴线、编号、剖面符号、结构构件编号，所列计算式力求简单明了。

(3) 尽量摘用设计人员已计并在图纸上以清单形式列出的有关数据，但必须核对，如门窗表、预制构件统计表等。

(4) 在工程量的计算中或完成后，要仔细复核，应防止重复计算、漏算或错算，并检查工程量项目的划分、单位、算式、数字及小数点等是否有误。

7. 费用计算程序

在实际工作中，由于应计入工程造价的费用项目多，调价系数多，各有关费用计算先后次序的不同和计取费用基础的不同，单位工程预算造价的计算是比较复杂的。为了正确地确定工程造价，目前各部门、各地区对单位工程造价预算的计算，都规定有具体计算程序。

6.3 建筑工程施工预算的编制

施工预算是建筑安装工程施工前，施工单位根据施工图纸和施工定额，在施工图预算控制范围内所编制的预算。它以单位工程为对象，分析计算所需工程材料的规格、品种、数量；计算所需各不同工种的人工数量；计算所需各种机械台班的种类及数量；计算单位工程直接费；并提出各类构件、配件和外加工项目的具体内容等，以便有计划、有步骤地合理组织施工，节约人力、物力和财力；是加强企业内部经济核算、提高企业经营管理水平的重要措施。

6.3.1 施工预算的作用

(1) 是施工计划部门安排施工生产计划和组织施工、进行施工管理的依据。

(2) 是施工队或栋号长向工人施工班组下达的“施工任务单”和“限额领料单”的依据，工人班组的用工、用料都要依据施工预算来签发。

(3) 是劳资部门确定各工种人数和进场时间的依据。

(4) 是材料部门制订材料供应计划，进行备料和组织材料采购、进场的依据。

(5) 是财务部门和施工班组对工程进行经济活动分析、考核工程成本的依据。

(6) 是实行按劳分配、推行奖励制度、计算超额和实行计件工资的重要依据。

(7) 也是施工企业进行“两算”(施工图预算和施工预算)对比的依据。

6.3.2 施工预算的编制依据

1. 施工图纸和说明书

用于编制施工预算的施工图纸和说明书必须是经过建设单位、设计单位和施工单位共同会审后的图纸；不宜采用未经会审的图纸，以避免返工；要具备全套施工所需的设计图纸和所需的全部标准图集。

2. 施工定额、补充定额或企业定额

施工预算定额简称施工定额，是编制施工预算的基础，定额水平的高低和内容是否简明适用，直接关系到施工预算的执行贯彻。至于施工定额编制如何做到简明适用，又能促进企业管理，是值得研究的。在目前没有统一施工定额的情况下，执行所在地区的规定或企业内部自行编制的施工定额，包括人工、材料、机械等内容。

3. 施工组织设计或施工方案

土方开挖采用的机械或人工；运土的工具和运距；工作面多大，放坡系数是多少，属于几类土；垂直运输是采用井字架、卷扬机，还是采用塔吊；脚手架是采用竹脚手架、木脚手架，还是采用金属脚手架，是双排还是单排，有无安全网或护身栏杆；门窗等加工件是现场制作，还是在加工厂买，这些问题都要在施工组织设计或施工方案中有明确的规

定。因此，经过批准的施工组织设计或施工方案也是不可缺少的施工预算编制依据。

4. 施工图预算

由于施工预算的项目划分要比施工图预算项目划分更加详细，通过各类项目的综合与分解的数据对比，找出差额，为企业分析成本盈亏，有的放矢地采取措施提供依据。另外这两种定额中有些项目的工程量计算规则是一致的，在此情况下减少计算工作量，即可直接采用施工图预算中的数据。

5. 工地现场勘察与测量资料

包括工程地质报告，室外地坪设计标高及实际标高，地下水位标高，现场施工用地范围等。

6. 建筑材料手册等常用工具性资料

6.3.3 施工预算的编制内容

单位工程施工预算的内容一般包括书面说明和表格两部分内容。

1. 书面说明部分

(1) 编制该单位工程施工预算的依据(使用的定额和图纸等)。
(2) 工程所在地点、性质及范围。
(3) 对图纸和设计说明的审查意见及工程现场勘察资料。
(4) 施工方案的主要内容和施工期限。
(5) 施工中采取的主要技术措施和降低工程成本的措施。
(6) 工程中尚存的亟待解决的其他问题。

2. 表格部分

为适应施工方法的可能变动，减少因此而发生的计算上的重复劳动和变化，编制施工预算时多采用表格方式进行计算。表格是施工预算表达的主体。为适应施工企业内部管理和“两算”对比的需要与方便，单位工程施工预算中常见的表格有以下几种。

(1) 工程量计算表现形式同施工图预算工程量表格。

(2) 施工预算表(也称施工任务表或施工预算工料分析表)：它是单位工程施工预算的基本表格，其形式如表6-33所示。表中结果就是工程量乘以该项目在现行施工定额中的人工或材料或机械台班的消耗定额的乘积(表6-34)。表6-34中分式的分子为消耗定额，分母为乘积。在计算方法上，与施工图预算中计算各分项工程的工料分析的方法完全一样，无任何差异。

表6-33 施工预算工料分析表

序号	定额编号	分部分项工程名称	单位	工程量	人工用量/工日			主要材料用量			
					综合	技工	力工	×××	×××	×××	……
×	××	××××	×	××	××						

表 6-34　施工预算用料分析表

单位工程：

序号	定额编号	项目名称	单位	工程量	人工(工日)			主要材料用量											
					综合	技工	普工	M7.5混合砂浆(m³)	M5混合砂浆(m³)	M2.55混合砂浆(m³)	M10混合砂浆(m³)	1∶2混合砂浆(m³)	红砖(块)	M5混合砂浆(m³)	φ10以内钢筋(t)	毛石(m³)	325#水泥(kg)	中(粗)砂(m³)	三厘板(kg)
1	4-17	M7.5混合砂浆砌1.5B混水内墙	m³	82.38	0.945/77.85	0.426/35.09	0.519/42.76	0.282/23.23					510/42014				5947	23.69	1138
2	4-16	M7.5混合砂浆砌1B混水内墙	m³	21.86	0.972/21.27	0.458/10.02	0.514/11.25	0.271/5.93					517/11313				1518	6.05	291
3	4-16	M5混合砂浆砌1B混水内墙	m³	197.64	0.972/187.2	0.458/88.23	0.514/99.02		0 271/52.21				517/99595				9815	53.25	2934
4	4-16	M2.5混合砂浆砌1B混水内墙	m³	131.17	0.972/127.5	0.458/60.08	0.514/67.42			0.271/35.55			517/67815				4052	36.26	2240
5	4-14	M5混合砂浆砌0.5B混水内墙	m³	14.05	1.32/19.34	0.822/12.01	0.498/7.3		0.234/3.43				540/7911				645	3.5	192
6	4-13	M7.5混合砂浆砌1/4B混水内墙	m³	15.95	2.05/32.7	1.54/24.56	0.51/8.14				0.125/1.99		600/9570				657	2.03	
7	4-22	M7.5混合砂浆砌2B混水内墙	m³	103.75	0.955/99.08	0.435/45.13	0.52/53.95	0.291/30.19					507/52061				7729	30.79	1479
8	4-22	M7.5混合砂浆砌2B混水内墙	m³	234.21	0.955/223.7	0.435/101.9	0.52/121.9		0.291/68.16				507/118744				12314	69.52	3817
9	4-22	M7.5混合砂浆砌2B混水内墙	m³	158.47	0.955/152.7	0.435/68.91	0.520/81.42			0.291/46.12			507/80354				5358	47.04	

续表

序号	定额编号	项目名称	单位	工程量	人工(工日)			主要材料用量											
					综合	技工	普工	M7.5混合砂浆(m^3)	M5混合砂浆(m^3)	M2.55混合砂浆(m^3)	M10混合砂浆(m^3)	1∶2混合砂浆(m^3)	红砖(块)	M5混合砂浆(m^3)	φ10以内钢筋(t)	毛石(m^3)	325#水泥(kg)	中(粗)砂(m^3)	三厘板(kg)
10	4-64	砖墙加浆勾缝	$10m^3$	16.5	0.541/8.93	0.541/8.93						0.0334/0.39					214	0.37	
11	4-67	石墙勾平缝	$10m^3$	8.1	0.417/3.38	0.417/3.38						0.036/0.49					160	0.27	
12	4-136	砌砖地沟墙	m^3	26.67	0.862/22.99	0.37/9.87	0.492/13.12						525/14002	0.262/6.99			1461	7.13	
13	4-132	房上零星砌体	m^3	1.014	2.00/2.03	1.00/1.01	1.00/1.02			0.26/0.26			530/537				30	0.27	
14	4-133	室内零星砌体	m^3	3.953	2.00/7.91	1.00/3.95	1.00/3.95						530/2095	0.26/1.03			215	1.05	
15	加工表	砖体钢筋加固	t	0.269	15.00/4.04	15.00/4.04									1.015/0.273				
16	4-49	M5 水泥砂浆砌毛石基础	m^3	536.3	0.813/429.51	0.286/151.09	0.527/278.42							0.426/225.06		1.11/586.94	47038	229.56	
合计					1417.8	628.21	789.56	59.35	123.81	81.99	1.99	0.68	506550	233.08	0.273	586.94	97554	510.78	14997

(3) 单位工程劳动力汇总表：它分工种把施工预算表中的人工统计在一起。统计中应将现场内用工和现场外用工分别统计。其中，现场外用工要按不同的外加工单位分别统计。

(4) 单位工程材料总表：它是按材料名称、规格不同，把施工预算中的材料分别统计在一起。

(5) 单位工程机具汇总表：它是本单位工程的各分项工程施工时所需机具的汇总，如表 6 - 35 所示。

表 6 - 35 机具汇总表

单位工程：×××

序号	机具名称	规格	单位	所需数量	台班费	金额

(6) 其他表格：如门窗加工表、钢筋混凝土预制构件加工表、五金明细表、钢筋(铁件)加工表、临时设施及其他用工用料分析表等。

由于目前尚无全国统一定额，故在施工预算的计算表格形式、内容的要求方面也无统一和固定的表式。各施工单位多依据自己的需要，自行设计表格，内容上大同小异，视各企业管理深度不同，以能满足管理需要为度，制订适合自己要求的表式。但一般情况下都应满足：能反映出经济效果，把施工图预算和施工预算分部工程价值列出对比表，计算出节约(超支)差额；施工预算的项目，应符合给施工班组签发"施工任务单"和"材料限额领料单"的要求，工地在签发上述"施工任务单"和"材料限额领料单"的任务也编制到施工预算的工作中来，由编制施工预算的人员完成此项任务。

"施工任务单"和"材料限额领料单"表式分别如表 6 - 36 和表 6 - 37 所示。

表 6－36　施工任务单(书)

__________施工队　__________班组

定额编号	工程项目	单位	计划用工			实际用工			附注
			工程量	时间定额	定额工日	工程量	实耗工日	完成定额(%)	
合　计									
各项指标完成情况	实际用工								
	质量评定			安全评定			限额用料情况		

签发：　　　　组长：　　　　成本员：　　　　审核：　　　　验收：

表 6－37　限额领料单

单位工程：

分项工程名称	材料名称	规格	计量单位	限额用量					退料数量	执行情况		
				按计划工程量	按实际工程量	第一次	第二次	……		实际用量	节约或浪费	返工损失
						日/月	日/月	日/月				

签发：　　　　组长：　　　　成本员：　　　　审核：　　　　验收：

6.3.4 施工预算的编制

编制施工预算的工作也同编制施工图预算工作一样，首先应当熟悉必需的基础资料，了解定额内容及分项工程包括的范围。为了便于“两算”对比，编制施工预算时，可不按照施工定额编号排列，而尽量与施工图预算的分部、分项项目相对应。另一方面要特别注意施工定额所示的计量单位。我们在计算工程量时所采用的计量单位一定要与定额的计量单位相适应，如施工定额项目是 m^3、$10m^2$、10m、t，墙体要计算出体积，抹灰要计算出面积，脚手架要计算出延长米，金属构件要计算吨数。若不按定额单位计算工程量，计算出的工程量就套不上定额，也就编不出施工预算。编制好的施工预算，要多熟悉定额的内容(表中的工作内容、计量单位、附注说明，定额的工料机具数量，工程量的计算规则等)，然后根据已会审的图纸和说明书及施工方案，按编制施工预算的步骤和方法进行。

1. 编制方法

施工预算的编制方法有实物法和实物金额法两种。

1）实物法

实物法是根据图纸和施工组织设计有关资料，结合施工定额的规定计算工程量，并套用施工定额计算并分析人工、材料、机械的台班数量。利用这些数量可向施工班组签发“施工任务书”和“限额材料单”，进行班组核算；并与施工图预算的人工、材料和机械数量进行对比，分析超支或节约的原因，改进和加强企业管理。

2）实物金额法

(1) 根据实物法计算工、料、机的数量，再分别乘以人工、材料和机械台班单价求出人工费、材料费和机械使用费，上述三项费用之和即为单位工程直接费。

(2) 在编有施工定额单位估价表的地区，可根据已会审的施工图、说明书和施工方案计算工程量，然后套用施工定额中的单价，逐项累加后即为单位工程直接费。

以上介绍的两种编制方法中，实物法是目前普遍采用的一种方法。

2. 编制步骤

施工预算的编制步骤与施工图预算的编制步骤大体相同，因各地区施工定额有差别，没有统一的编制程序，一般可参照图 6-74 所示的步骤。

实施每一步骤的具体方法及其注意事项如下。

1）熟悉图纸、现场和施工定额

这是正确编制施工预算的必要和重要条件。只有熟悉图纸和施工现场的实际情况，才能正确理解工程设计和施工组织设计的内容，编制的施工预算才能与工程实际相符，才能正确反映工程的人工、材料和机械台班的消耗量，才能正确确定工程成本，从而为企业的管理提供符合实际的成本数据。只有熟悉施工定额才能正确列出工程项目，并按其规定正确计算工程量，为以后的各项计算提供可靠数据。

2）列工程项目

施工预算要列的工程项目比施工图预算已有项目的划分要详细。列工程项目要依施工定额，使工程项目的名称、计量单位与施工定额完全相符，保证有定额可查。例如，钢筋混凝土构件制作，在施工图预算中列两项，在施工预算中则分为模板、钢筋和混凝土三

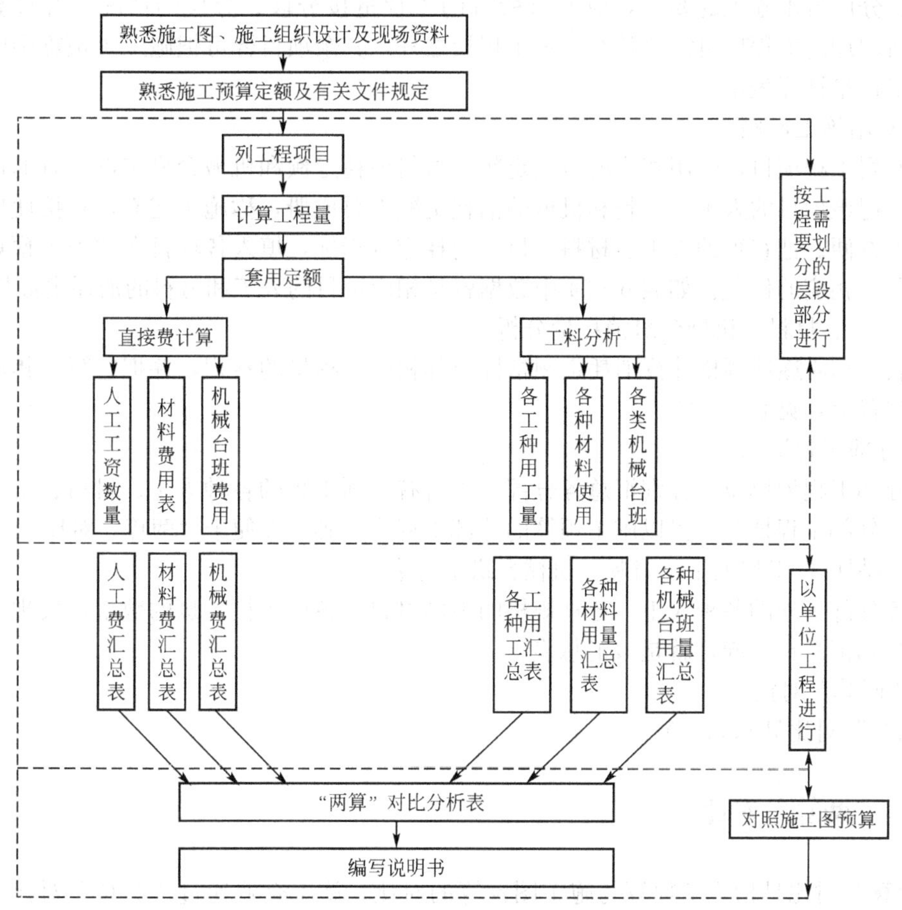

图 6－74　施工预算编制程序

项，分别计算它们与混凝土的接触面积、质量与体积；各项零星砌砖，无论位置如何，在施工图预算中只列一项"零星砌砖"，而在施工预算中则被分为"房上"、"室内"和"室外"三项。这样，编制施工预算列工程项目时，可抄用施工图预算的大部分项目，而对某些不能直接抄用的项目，可按施工定额上的项目列出应追加的新项目，另外，施工预算要根据现场施工的顺序排列施工预算项目的顺序，以便于现场按施工进度控制人工、材料、机械的投入，控制成本和考核效益。可见，编制施工预算时列工程项目的关键是熟悉施工定额和现场实际的施工顺序。

3) 填写与计算工程量

对于从施工图预算中抄来的项目绝大部分工程量的计量单位与施工定额的计量单位相同，或有明显的十倍、百倍关系。所以，这些抄自施工图预算项目的工程量，可直接抄用或移动小数点位置后，填写在工程量栏目内，不必重新再算。对于某些名称虽然与施工图预算分项工程名称相同，但计算单位不同的项目，要重新计算工程量。例如，门窗安装在施工图预算中按框外围面积计算工程量，而在施工预算中则按个数、樘数计算工程量。对于钢筋混凝土构件制作项目，就要增列模板、钢筋项目，并计算它们的工程量(模板工程量以 m^2 为单位，计算模板与混凝土的接触面积；钢筋以 t 为单位计算工程量)。为满足工程分段、分层流水施工的要求，应要求所有的工程量按分段、分层的情况分开计算。总之，除新增加的工程项目需要补充计算工程量之外，其余项目皆可把施工图预算中的工程量填入工程量计算表中。

4）套用施工定额

按所列工程项目，套用相应的劳动定额、材料消耗定额和机械台班定额。有的地方已按项目，把该项目的人工、材料和机械的消耗定额汇总成册，称施工定额，直接使用施工定额更加方便。把查得的人工、材料、机械消耗定额指标，填入各项目在“施工预算工料分析表”中相应的位置。如表 6－34 中数据就是相应项目的人工和材料的消耗定额指标。

5）人工、材料、机械台班消耗量分析

按表 6－34 逐项逐格计算消耗定额指标与其相应工程量的乘积，并把它写在相应格内分母的位置上，见表 6－34。

6）分部工程汇总

以分部工程为单位，分别汇总各分部工程所有分项工程的各种人工、材料、机械台班消耗量。分部工程划分，仍以施工预算的分部工程为基础，以便于“两算”对比。

7）编制单位工程人工、材料、机械台班汇总表

把各分部工程的各种人工、各种规格的不同材料、各种机械台班的数量，按现场内或现场外分别汇总在一起，就是该汇总表。

8）“两算”对比

“两算”对比见 6.3.5 节。

6.3.5 “两算”对比

“两算”对比是指施工预算与施工图预算的对比。施工企业通过“两算”对比，找出节约或超出的因素，可督促其加强和改进施工组织管理，采取措施，增大节约，减少超支，降低总消耗量以节约资金，取得较大的经济效益。因此，“两算”对比是施工企业运用经济规律，加强企业管理的重要手段。

1.“两算”对比的方法

1）实物对比法

将施工预算中各分部工程的人工、主要材料、机械台班数量，与施工图预算中的人工、材料、机械台班分别进行对比。

2）金额对比法

将施工预算中的人工费、材料费、机械使用费、其他直接费与施工图预算中的费用分别进行对比。

2.“两算”对比的内容

两算对比，一般可以分部工程为对比的单位，对比只限构成直接费的因素(人工、材料、机械台班)，间接费不做对比。直接费对比的内容如下。

1）人工方面

一般施工预算的人工消耗数量应低于施工图预算的人工用量。否则，就要认真分析其用工分布情况，找出超出施工图预算用工的原因。

2）材料方面

施工预算的材料消耗量，应低于同一分项工程在施工图预算中的材料消耗量。否则，就要认真分析各分项工程的材料消耗量，找出施工预算中该项材料超过施工图预算用量的原因。一般若因施工方法选择不当，或技术措施不利，则必须认真而又慎重地研究原来的施工方案，在不影响工程质量和工期的前提下，改进原来的施工方法，采取有效的技术或组织措施，保证施工预算的材料消耗量少于施工图预算的材料消耗量。

3）机械台班方面

在预算定额中，机械台班量是综合考虑的，多数都直接用金额表示。施工预算则要根据施工组织设计或施工方案规定的机械种类、型号、数量、工期来计算机械使用费。

4）脚手架方面

在施工图预算中，脚手架是按建筑“综合脚手架”计算其费用的。而施工预算则要根据施工组织设计或施工方案规定的脚手架种类计算其费用，再用实物金额对比其节超。

5）其他方面

对于其他直接费可用金额对比法。其他不便直接对比实物的项目和内容都可用金额对比，比较费用的节超，确定其措施是否得当。

一般以分部工程为单元进行比较时，可列表进行，如表6-38所示。实物对比法需列出各分部工程的人工、主要材料、机械台班；实物金额对比法需列出各分部工程的人工费、材料费、机械使用费加以比较。

表6-38 “两算”对比法

单位工程：

序号	分部工程名称与比较内容	单位	施工图预算			施工预算			数量差			金额差		
			数量	单位	合计	数量	单位	合计	节约	超支	比例(%)	节约	超支	比例(%)
一	分部工程直接费 其中： 人工(折合一级) 材料 机械	元 工日												
二														

有时也就某一单项或某种紧缺的材料等做单项对比。比较中要注意扣除某些“两算”中的不可比因素，避免影响比较结果。

本章小结

单位工程概算分为建筑工程概算和设备及安装工程概算。建筑工程概算的编制方法有概算定额法、概算指标法、类似工程预算法，设备及安装工程概算的编制方法有预算单价法、扩大单价法、设备价值百分比法和综合吨位指标法等。

施工图预算是确定工程预算费用(造价)的文件，是在施工图设计完成后，以施工图为依据，根据消耗量标准或预算定额、取费标准及地区人工、材料、机械台班预算价格进行编制的，所以称为施工图预算，也称设计预算或建筑安装工程预算。施工图预算的编制方法有两种：定额计价法、清单计价法。

施工预算是建筑安装工程施工前，施工单位根据施工图纸和施工定额，在施工图预算控制范围内所编制的预算。它以单位工程为对象，分析计算所需工程材料的规格、品种、数量；计算所需各不同工种的人工数量；计算所需各种机械台班的种类及数量；计算单位工程直接费；并提出各类构件、配件和外加工项目的具体内容等，以便有计划、有步骤地合理组织施工，从而达到节约人力、物力和财力的目的。

习　题

一、单项选择题

1. 不属于建筑工程设计概算编制方法的是(　　)。

A. 清单计价法　B. 概算定额法　C. 概算指标法　D. 类似工程预算法

2. 施工图预算的编制依据有(　　)。

A. 经批准的可行性研究报告　B. 初步设计图纸

C. 概算定额　D. 施工组织设计

3. 建筑面积计算规则中规定，单层建筑物高度在(　　)及以上时，应计算全面积。

A. 2.15m　B. 2.20m　C. 2.25m　D. 2.10m

4. 利用坡屋顶内空间时，其建筑面积计算正确的是(　　)。

A. 净高超过 2.20m 的部位计算全面积

B. 净高超过 2.10m 的部位计算全面积

C. 净高不足 1.10m 的部位不应计算面积

D. 净高在 1.10～2.10m 的部位计算 1/2 面积

5. 雨篷结构外边线至外墙外边线的宽度超过(　　)者，按雨篷结构板的水平投影面积的 1/2 计算建筑面积。

A. 2.10m　B. 2.15m　C. 2.20m　D. 2.00m

6. 下列项目中，不应计算建筑面积的是(　　)。

A. 建筑物外有围护结构的水箱间　B. 建筑物内的设备管道夹层

C. 建筑物内的管道井　D. 建筑物间有围护结构的架空走廊

7. 下列项目中，不应计算建筑面积的是(　　)。

A. 建筑物内的变形缝　B. 悬挑宽度为 1.20m 的雨篷

C. 建筑物外墙外侧的保温隔热层　D. 地下室的采光井

8. 建筑物阳台建筑面积计算正确的是(　　)。

A. 未封闭的阳台不计算建筑面积

B. 挑阳台按水平投影面积计算建筑面积

C. 凹阳台按水平投影面积计算建筑面积

D. 阳台按水平投影面积的 1/2 计算建筑面积

9. 平整场地工程量按建筑物(　　)计算。

A. 外墙外边线所围面积

B. 外墙外边线每边增加 4m 所围成的面积

C. 外墙外边线所围面积乘厚度

D. 外墙外边线每边增加 2m 所围成的面积

10. 机械土方工程施工时，机械挖土方工程量按(　　)计算。

A. 机械土方 100%　　B. 机械土方 95%、人工土方 5%

C. 机械土方 90%、人工土方 10%　　D. 机械土方 80%、人工土方 20%

11. 房心回填土工程量按(　　)计算。

A. 主墙间的面积　　B. 底层建筑面积乘填土厚度以体积

C. 主墙间的面积乘填土厚度　　D. 底层建筑面积

12. 打预制钢筋混凝土桩的工程量按(　　)计算。

A. 桩长度(扣除桩尖)乘桩截面面积　B. 桩长度(包括桩尖)乘桩截面面积

C. 桩长度(扣除桩尖)　　D. 桩长度(包括桩尖)

13. 计算墙体工程量时，不应扣除的是(　　)。

A. 嵌入墙身的混凝土柱体积　　B. 嵌入墙身的混凝土梁体积

C. 门窗洞口　　D. $0.3m^2$ 以下孔洞所占体积

14. 依据《全国统一建筑工程预算工程量计算规则》，砖墙工程量计算时其砖墙长度为(　　)。

A. 外墙长度按外墙中心线长度

B. 内墙长度按内墙中心线长度

C. 内外墙长度均按净长线长度

D. 外墙按净长线长度，内墙按中心线长度

15. 砖砌体内墙高度计算中，不正确的是(　　)。

A. 无屋架者算至天棚底另加 100mm

B. 位于屋架下弦者，其高度算至屋架底

C. 斜(坡)屋面无檐口天棚者算至屋面板底

D. 有钢筋混凝土楼板隔层者，算至屋面板底

16. 现浇钢筋混凝土柱的混凝土工程量计算时，其柱子高度计算不正确的是(　　)。

A. 有梁板的柱高，应自柱基上表面(或楼板上表面)至上一层楼板上表面之间的高度计算

B. 无梁板的柱高，应自柱基上表面(或楼板上表面)至柱帽下表面之间的高度计算

C. 框架柱的柱高，应自柱基上表面至柱顶高度计算

D. 构造柱按全高计算，嵌接墙体部分不需计算

17. 对于现浇钢筋混凝土整体楼梯，其混凝土工程量计算正确的是(　　)。

A. 楼梯混凝土按体积计算　　B. 不扣除宽度小于 600mm 的楼梯井

C. 伸入墙内部分计入楼梯中　　D. 楼梯混凝土按水平投影面积计算

18. 在计算不规则或多边形钢板质量时，均以其(　　)乘单位面积质量以 t 计算。

A. 实际面积　　B. 实际面积加损耗
C. 最大外围尺寸、以正方形面积　　D. 最大外围尺寸、以矩形面积

19. 预制钢筋混凝土构件安装时，接头灌缝工程量均按(　)计算。
A. 预制构件实体体积　　B. 接头灌缝实际体积
C. 预制构件实体体积加损耗　　D. 接头灌缝实际体积加损耗

20.《全国统一建筑工程基础定额》中，木门制作安装工程量除说明外，均按(　　)计算。
A. 木门体积　　B. 木门樘数
C. 门洞口面积加损耗率　　D. 门洞口面积

二、多项选择题

1. 工程造价具有多次性计价特征，其中各阶段与造价对应关系正确的是(　)。
A. 招投标阶段——合同价　　B. 合同实施阶段——合同价
C. 竣工验收阶段——实际造价　　D. 施工图设计阶段——预算价
E. 可行性研究阶段——概算造价

2. 按照定额的生产要素分类，定额可分为(　)。
A. 施工定额　　B. 预算定额
C. 劳动消耗定额　　D. 材料消耗定额
E. 机械消耗定额

3. 现新建一所大学，下列哪些费用包括在该新建大学某教学楼工程综合概算中(　)。
A. 该楼给排水工程概算　　B. 该楼电气照明工程概算
C. 预备费　　D. 该楼土建工程概算
E. 该大学征地费用

4. 下列关于工程建设项目论述正确的是(　　)。
A. 具有独立施工条件竣工后可以独立发挥生产能力的建筑物及构筑物为一个单项工程
B. 分部工程是建筑物按单位工程的部位、专业性质划分的
C. 分项工程一般是按主要工种、材料、施工工艺、设备类别等进行划分
D. 工程较大或较复杂时，可按专业系统及类别等划分为若干分项工程
E. 单位工程是计量工程用工用料和机械台班消耗的基本单元

5. 下列时间中应该计入定额时间的是(　)。
A. 休息时间
B. 多余工作时间
C. 施工本身造成的停工时间
D. 与施工过程工艺特点有关的工作中断时间
E. 与施工过程工艺特点无关的工作中断时间

6. 投资估算指标可分为下列哪三个指标层次？(　)
A. 建筑项目综合指标　　B. 分部分项工程指标
C. 单项工程指标　　D. 工序指标
E. 单位工程指标

7. 关于施工图预算，下列说法正确的有(　　)。

A. 施工图预算是签订建设工程合同和贷款合同的依据

B. 施工图预算有单位工程预算、单项工程预算和建设项目总预算

C. 施工图预算是设计阶段控制工程造价的重要环节，是控制施工图设计不突破设计概算的重要措施

D. 施工图预算是施工图设计预算的简称，又称设计预算

E. 施工图预算是编制建设项目投资计划，确定和控制建设项目投资的依据

三、计算题

1. 某建筑物基础平面图及内外墙基础剖面图如图 6－75 所示。已知土质为二类土，基础土方采用人工开挖，要求挖出土方堆于现场，回填后余下的土外运。放坡起点高度为 1.2m，放坡系数为 1∶0.5，自垫层下表面放坡，垫层混凝土支模板的工作面为 300mm，室内地面厚度 180mm，砖基础大放脚增加的断面积和折加高度如表 6－39 所示。

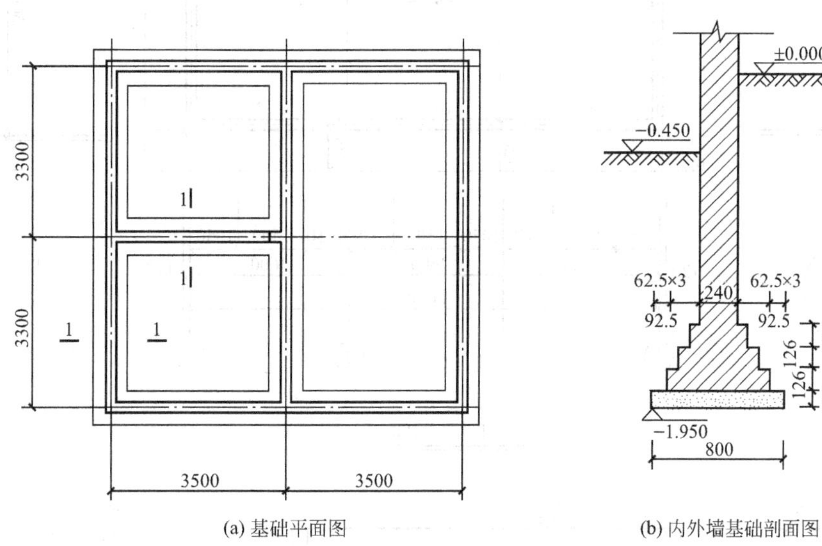

(a) 基础平面图　　(b) 内外墙基础剖面图

图 6－75　基础平面图及内外墙基础剖面图

表 6－39　砖基础大放脚增加的断面积和折加高度

放脚层数	增加断面积		折加高度	
	等高	不等高	等高	不等高
一	0.01575	0.01575	0.066	0.066
二	0.04725	0.03938	0.197	0.164
三	0.0945	0.07875	0.394	0.328

试根据《全国统一建筑工程预算工程量计算规则》计算以下分项工程的工程量：

(1)挖基础土方；(2)砖基础(砖基础与墙身的分界为±0.000)；(3)混凝土垫层；(4)基础回填土。

2. 某砖混结构传达室的平面图和剖面图如图 6－76 所示。

(1) 屋面结构为 120mm 厚现浇钢筋混凝土板，②、③轴处有现浇钢筋混凝土矩形梁，

梁截面尺寸为 250mm×660mm(包括板厚 120mm)。

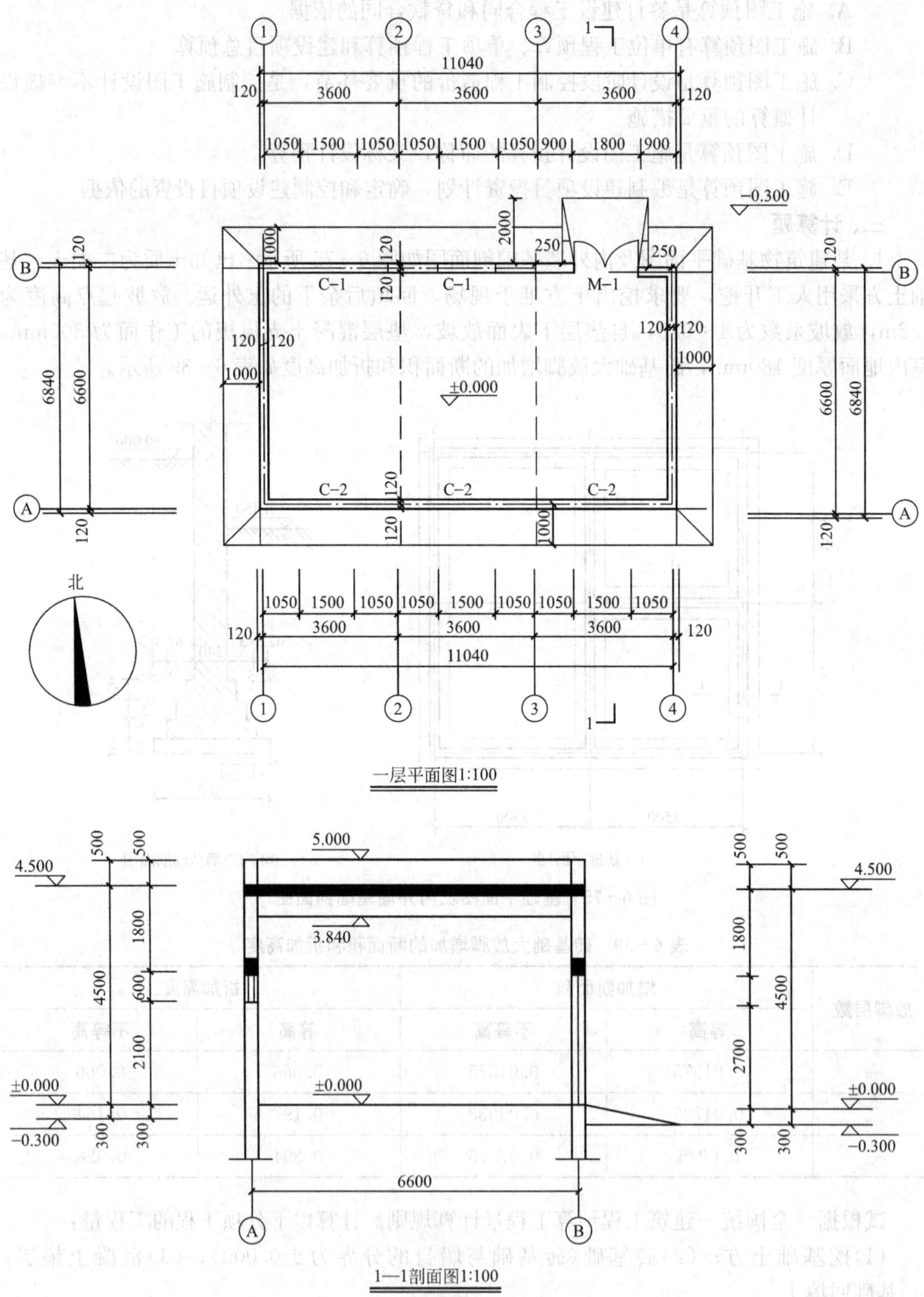

图 6-76 传达室平面及剖面图

(2) 女儿墙设有混凝土压顶，其厚为60mm。±0.000以上采用MU10普通砖混合砂浆砌筑，嵌入墙身的构造柱、圈梁体积合计为4.20m³。过梁为预制，尺寸按门窗洞口两边共增加500mm，高为180mm。

(3) 地面混凝土垫层80mm厚，水泥砂浆面层20mm厚，水泥砂浆踢脚线120mm高。

(4) 内墙面、顶棚面混合砂浆抹灰，白色乳胶漆刷白二遍。

(5) 门M-1(1个)：1800mm×2700mm，窗C-1(2个)：1500mm×1800mm，窗C-2(3个)：1500mm×600mm。

试计算下列各分项工程的工程量：(1)场地平整工程量；(2)地面混凝土垫层；(3)水泥砂浆踢脚线；(4)内墙混合砂浆抹灰；(5)顶棚混合砂浆抹灰；(6)地面水泥砂浆面层。

第7章 工程量清单计价

教学目标

本章主要介绍了工程量清单的概念、新旧规范对比、工程量清单的内容；同时也介绍了工程量清单及清单计价表的编制。通过本章教学，让学习者了解工程量清单的概念、新旧规范差异、工程量清单的内容；掌握工程量清单及清单计价表的编制方法与步骤。

教学要求

知识要点	能力要求	相关知识
工程量清单的概念	了解工程量清单的概念、新旧规范差异、工程量清单的内容	建设工程工程量清单计价规范
工程量清单及清单计价表的编制	掌握工程量清单及清单计价表的编制方法与步骤	

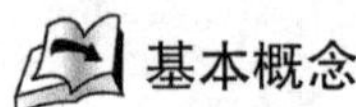

基本概念

工程量清单。

引例

学校要新建一栋实验大楼，根据国家政策要通过招投标方式确定承建单位。如果按传统方式即定额计价方式，学校要委托造价事务所计算实验楼造价(即投标底价)，而一些想参与承建实验楼的单位在招标部门办理相关手续后根据实验楼设计图纸和本单位施工定额计算一个自己单位能承担的造价作为投标价，最后选择一个投标价与底价最接近的单位来承建。计算造价首先要计算工程量，在这里，招标单位和投标单位都要各自计算工程量，增加了重复劳动。现阶段我国大力发展市场经济，人工、材料价格随市场的波动而波动，变化显著，如果价格升幅较大，承建单位将承担巨大风险，如果价格降幅较大，学校将多付出一大笔建设费用，这种风险如果由承建商或投资方独家承担，都有失公平。如果采用工程量清单计价方式，由学校委托造价事务所编制该实验楼的工程量清单，然后由参与投标单位根据这一工程量清单、实验楼设计图纸和本单位施工定额计算一个自己单位能承担的造价作为投标价，最后选择一个投标价最低的单位来承建。那么工程量清单计价表如何编制，能否做到各自承担各自的风险，就成为本章要解答的主要问题。

7.1 概 述

7.1.1 工程量清单的概念

工程量清单是表现拟建工程的分部分项工程项目、措施项目、其他项目名称和相应数量的明细清单，是按照招标要求和施工设计图纸要求规定将拟建招标工程的全部项目和内容，依据统一的工程量计算规则、统一的工程量清单项目编制规则要求，计算拟建招标工程的分部分项工程数量的表格。

工程量清单是招标文件的组成部分，是由招标人发出的一套注有拟建工程实物的工程名称、性质、特征、单位、数量、开办项目、税费等相关表格组成的文件。在理解工程量清单的概念时，首先应注意到，工程量清单是一份由招标人提供的文件，编制人是招标人或其委托的工程造价咨询单位。其次从性质上说，工程量清单是招标文件的组成部分，一经中标且签订合同，即成为合同的组成部分。因此，无论招标人还是投标人都应该慎重对待。再次，工程量清单的描述对象是拟建工程，其内容涉及清单项目的性质、数量等，并以表格作为主要表现形式。

7.1.2 新旧《建设工程工程量清单计价规范》对比

2002 年我国颁布《建设工程工程量清单计价规范》(GB 50500—2003)(以下简称旧《计价规范》)，2003 年 7 月 1 日起开始实施。《建设工程工程量清单计价规范》(GB 50500—2008)(建设部第 63 号)(以下简称新《计价规范》)于 2008 年 7 月 9 日发布，12 月 1 日起实施，旧《计价规范》同时废止。

新《计价规范》的条文数量由旧《计价规范》的 45 条增加到 136 条，其中强制性条文由 6 条增加到 15 条。新增内容为：招标控制价和投标报价的编制，工程发、承包合同签订时对合同价款的约定，施工过程中工程量的计量与价款支付，索赔与现场签证；工程价款的调整，工程竣工后竣工结算的办理以及对工程计价争议的处理。

1. 清单数量及所含要件的增加

旧《计价规范》中包括分部分项工程量清单、措施项目清单和其他项目清单。而新《计价规范》中工程量清单包括分部分项工程量清单、措施项目清单、其他项目清单、规费项目清单和税金项目清单五部分。其中规费项目清单包括工程排污费，工程定额测定费；社会保障费(养老保险费、失业保险费、医疗保险费)；住房公积金；危险作业意外伤害保险。税金项目清单包括营业税、城市维护建设税、教育费附加。

新《计价规范》规定构成一个分部分项工程量清单的 5 个要件：项目编码、项目名称、项目特征、计量单位和工程量，这 5 个要件在分部分项工程量清单的组成中缺一不可。即由原来的“四个统一”变为“五个统一”，增加“项目特征”这一要件。项目特征是构成分部分项工程量清单项目、措施项目自身价值的本质特征。

2. 单位工程造价构成及综合单价构成的变化

新旧《计价规范》单位工程造价构成如图 7－1、图 7－2 所示。

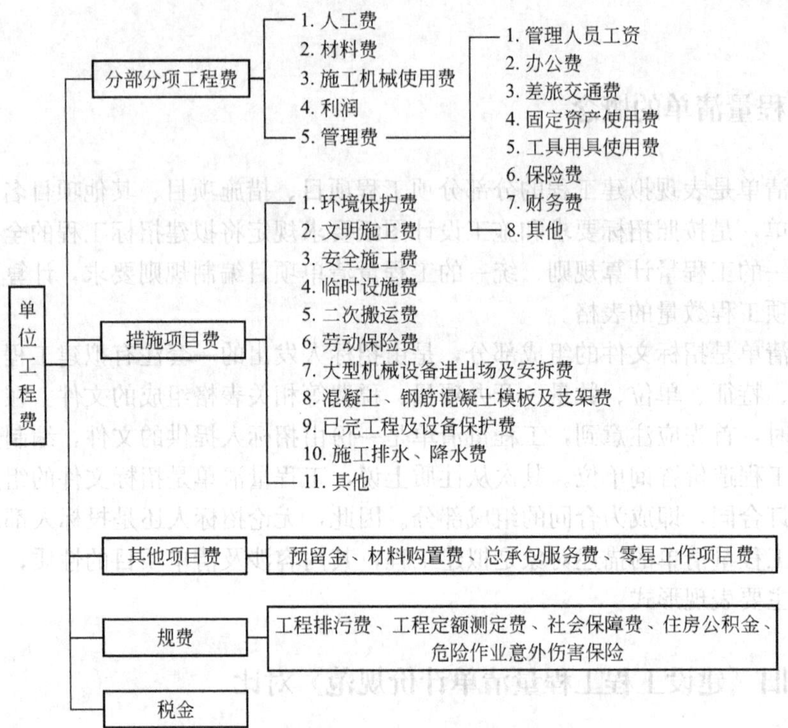

图 7－1 旧《计价规范》中单位工程费

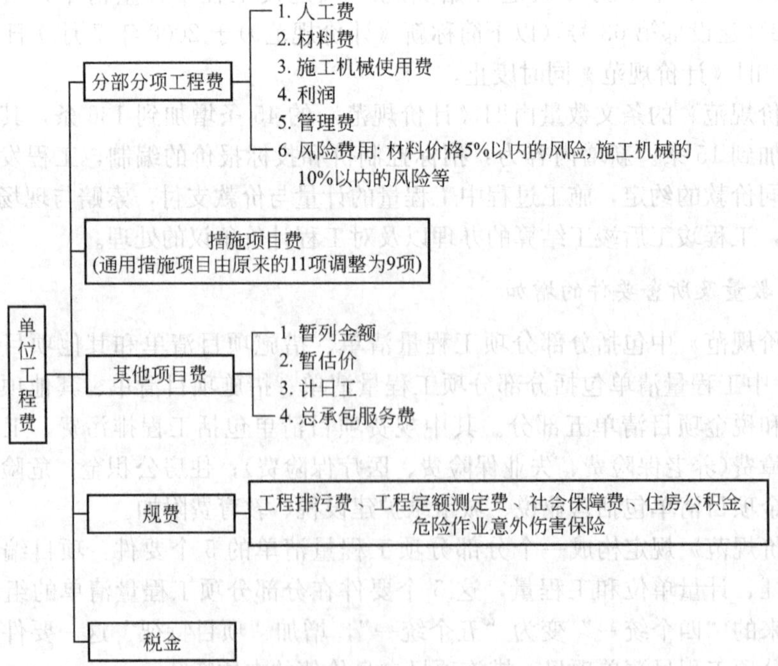

图 7－2 新《计价规范》中单位工程费

综合单价构成的变化如下。

(1) 旧《计价规范》中综合单价的计算公式：

综合单价＝人工费＋材料费＋机械费＋管理费＋利润
＝工料单价＋管理费＋利润
＝工料单价×(1＋管理费率＋利润率)

(2) 新《计价规范》中综合单价构成的变化：

综合单价＝人工费＋材料费＋机械费＋管理费＋利润＋由投标人承担的风险费用＋其他项目清单中的材料暂估价

根据我国工程建设特点，投标人应完全承担的风险是技术风险和管理风险，如管理费和利润，应有限度承担的是市场风险，如材料价格、施工机械使用费等的风险，完全不承担的是法律、法规、规章和政策变化的风险，所以综合单价中不包含规费和税金。

材料价格的风险宜控制在5%以内，施工机械使用费的风险可控制在10%以内，超过者予以调整。为方便合同管理及投标人组价，需要纳入分部分项工程量清单项目综合单价中的暂估价应只是材料费。暂估价中的材料单价应按照工程造价管理机构发布的工程造价信息或参考市场价格确定。

3. 措施项目

新旧《计价规范》中措施项目构成见表7-1、表7-2。

表7-1 旧《计价规范》措施项目

通用项目	
1	环境保护
2	文明施工
3	安全施工
4	临时设施
5	夜间施工
6	二次搬运
7	大型机械设备进出场及安拆
8	混凝土、钢筋混凝土模板及支架
9	脚手架
10	已完工程及设备保护
11	施工排水、降水

表7-2 新《计价规范》措施项目

通用项目	
1	安全文明施工(含环境保护、文明施工、安全施工、临时设施)
2	夜间施工
3	二次搬运

（续）

	通 用 项 目
4	冬雨季施工
5	大型机械设备进出场及安拆
6	施工排水
7	施工降水
8	地上、地下设施，建筑物的临时保护设施
9	已完工程及设备保护

新规范中把原来措施项目中含有的混凝土、钢筋混凝土模板及支架、脚手架去掉；把原有的环境保护、文明施工、安全施工、临时设施4项合并为“安全文明施工”；施工排水降水拆分为两项；新增“冬雨季施工”、“地上、地下设施，建筑物的临时保护设施”两项。

措施项目中可以计算工程量并且适宜采用分部分项工程量清单方式的项目应采用综合单价法计价，如模板工程。

费用的发生和金额的大小与使用时间、施工方法或者两个以上工序相关，与实际完成的实体工程量的多少关系不大，这类项目属于不宜计算工程量的项目，典型的是大中型施工机械、临时设施等。此类项目采用以“项”为单位的方式计价，应包括除规费、税金外的全部费用。此外，安全文明施工费应按照国家或省级、行业建设主管部门的规定计价，不得作为竞争性费用。

4. 其他项目

(1) 暂列金额，是招标人在工程量清单中暂定并包括在合同价款中的一笔款项。用于施工合同签订时尚未确定或者不可预见的所需材料、设备、服务的采购，施工中可能发生的工程变更、合同约定调整因素出现时的工程价款调整以及发生的索赔、现场签证确认等的费用。它由招标人根据工程特点，按有关计价规定进行估算确定，一般可以按分部分项工程量清单费的10%～15%为参考，如索赔费用、签证费用从此项扣支。

(2) 暂估价，是指招标阶段直至签订合同协议时，招标人在招标文件中提供的用于支付必然要发生但暂时不能确定价格的材料以及专业工程的金额。材料暂估单价应按照工程造价管理机构发布的工程造价信息或参考市场价格确定，纳入分部分项工程量清单项目综合单价。专业工程的暂估价一般应是综合暂估价，应分不同专业，按有关计价规定估算；应当包括除规费和税金以外的管理费、利润等费用。

(3) 计日工，是在施工过程中，完成发包人提出的施工图纸以外的零星项目或工作，按合同中约定的综合单价计价的一种计价方式。计日工对完成零星工作所消耗的人工工时、材料数量、施工机械台班进行计量，并按照在计日工表中填报的适用项目的单价进行计价支付。

(4) 总承包服务费，是投标人为配合协调招标人进行的工程发包和材料采购所需的费用。招标人应预计该项费用并按投标人的投标报价向投标人支付该项费用。

① 招标人仅要求对分包的专业工程进行总承包管理和协调时，按分包的专业工程估

算造价的1.5%计算。

② 招标人要求对分包的专业工程进行总承包管理和协调并同时要求提供配合服务时，根据招标文件中列出的配合服务内容和提出的要求按分包的专业工程估算造价的3%～5%计算。

③ 招标人自行供应材料的，按招标人供应材料价值的1%计算。

(5) 招标控制价的设立。

新《计价规范》4.2条及条文说明中指出“招标控制价”是在工程招标发包过程中，由招标人根据有关计价规定计算的工程造价，其作用是招标人用于对招标工程发包的最高限价，有的地方也称拦标价、预算控制价。

招标控制价的作用决定了招标控制价不同于标底，无须保密。为体现招标的公平、公正，防止招标人有意抬高或压低工程造价，招标人应在招标文件中如实公布招标控制价，不得对所编制的招标控制价进行上浮或下调。同时，招标人应将招标控制价报工程所在地的工程造价管理机构备查。

5. 工程量清单使用范围的扩展

旧《计价规范》只强调工程量清单在招投标阶段的使用。新《计价规范》中把工程量清单作为编制招标控制价、投标报价、计算工程量、支付工程款、调整合同价款、办理竣工结算以及工程索赔等的依据之一。

针对工程造价的计价具有动态性和阶段性(多次性)的特点，在新《计价规范》中提出了招标控制价、投标价、合同价、竣工结算价等不同概念，反映了不同的计价主体对工程造价的逐步深化、逐步细化、逐步接近和最终确定工程造价的过程。

7.2 工程量清单

工程量清单是表现拟建工程分部分项工程项目、措施项目、其他项目名称和相应数量的明细清单。它是由招标人按照招标要求和施工图设计要求规定将拟建招标工程的全部项目和内容，依据工程量清单计价规范附录中统一的项目编码、项目名称、计量单位和工程量计算规则进行编制。

工程量清单是招标文件的组成部分，应当体现招标人要求投标人完成的工程项目、技术要求及相应工程数量，全面反映投标报价的要求，是投标人进行报价的依据。工程量清单应由具有编制招标文件能力的招标人，或受其委托具有相应资质的中介机构进行编制，完整、准确的工程量清单是保证招标质量的重要条件。

新《计价规范》中，工程量清单包括分部分项工程量清单、措施项目清单、其他项目清单、规费项目清单和税金项目清单5个部分。

1. 分部分项工程量清单

分部分项工程量清单为不可调整清单，投标人对招标人提供的分部分项工程量清单进行认真复核之后，必须逐一计价，对清单所列项目和内容不允许做任何更改和变动。投标人如果认为清单项目和内容有遗漏或不妥，只能通过质疑的方式由清单编制人做统一的修改更正，并将修正的工程量清单项目或内容作为工程量清单的补充，以招标答疑的形式发往所有招标人。

分布分项工程量清单应该包括项目编码、项目名称、项目特征、计量单位和工程量，同时，应根据附录规定的项目编码、项目名称、项目特征、计量单位和计算规则进行编制。

2. 措施项目清单

措施项目清单分为通用措施项目和专业工程措施项目两部分，均应根据拟建工程的实际情况列项。通用措施项目可以按通用措施项目一览表中的项目来选择列项，专业工程的措施项目可按新《计划规范》附录中规定的项目选择列项，若出现规范未列项目，根据工程实际情况列项措施项目中可计算工程量的项目清单，宜采用分部分项工程量清单的方式编制，列出项目编码、项目名称、项目特征、计量单位和工程量计算规则，如混凝土浇筑的模板工程；不能计算工程量的项目清单，以“项”为计量单位，如大中型施工机械以及临时设施等，且应该包括除规费、税金外的全部费用。另外，措施项目中的安全文明施工费不得作为竞争性费用。

措施项目清单为可调整清单，投标人对招标文件的工程量清单中所列项目和内容，可以根据企业自身特点和施工组织设计进行变更增减。投标人要对拟建工程可能发生的措施项目和措施费用进行通盘考虑，清单计价一经报出，即被认为是包括了所有应该发生的措施项目的全部费用。如果报出的清单中没有列项，而施工中又必须发生的项目，业主有权认为，其已经综合在分部分项工程量清单的综合单价中，将来措施项目发生时，投标人不得以任何理由提出索赔和调整。

3. 其他项目清单

工程建设标准的高低、工程的负责程度、工程的设计深度、工期的长短以及工程的组成内容等，直接影响到其他项目清单中的具体内容。新《计价规范》提供了4项作为列项的参考。4项分别是暂列金额、暂估价、计日工和总承包服务费，其中暂估价又包括材料暂估价和专业工程价两部分。同时，如果出现这4项之外的项目，可以根据工程实际情况进行补充。

招标人填写的内容随招标文件发至投标人，其项目、数量、金额等投标人不得随意改动。由投标人填写到部分零星工作项目表中，招标人填写的项目与数量，投标人不得随意更改，且必须进行报价。如果不报价，招标人有权认为投标人就未报价内容将无偿为自己服务。当投标人认为招标人列项不全时，投标人可自行增加列项并确定本项目的工程数量及计价。

4. 规费项目清单

规费项目清单一般包括5项内容，即工程排污费、工程定额测定费、社会保障费、住房公积金和危险作业意外伤害保险。其中，社会保障费包括养老保险费、失业保险费和医疗保险费。

5. 税金项目清单

税金项目清单包括3部分：营业税、城市维护建设税和教育费附加。税金项目清单和规费项目清单一样，都应按照国家或省级、行业主管部门的规定计算，均不能作为竞争性费用。

7.3 工程量清单计价特点

工程量清单计价方式符合市场经济运行规律和市场竞争规则。因为，工程量清单计价的本质是价格市场化。投标人可以根据本企业工、料、机3项生产要素的消耗标准、间接费发生额度以及预期的利润要求，参与投标报价竞争。在工程量清单计价模式下，投标人虽然掌握价格的决定权，但是与社会平均水平相比，只有效高质优、成本低廉的企业才能被市场认可和接受。因此，工程量清单计价可以提高投标人的资金使用效益，促进施工企业加快技术进步，改善经营管理。

工程量清单计价符合国际做法，符合合理的风险分担原则。在我国，世界银行、亚洲开发银行和外商投资的项目的施工招投标，均要求采用工程量清单报价。采用工程量清单计价，招标人对其所编制清单数量的计算错误和以后的设计变更工程量负责，并相应承担此部分带来的风险；投标人只对其所报单价的合理性负责，风险相对减小，实现了一定程度上的风险共担。

工程量清单计价还能节约大量的人力、物力和时间。以往投标报价时，投标人需要计算工程量，而工程量的计算约占投标报价工作量的70%～80%。工程量清单计价方式，有了招标人提供的工程量清单，避免了所有的投标人按照同一张图纸计算工程数量的重复性劳动，节约了社会成本以及建设项目的前期准备时间。

7.4 工程量清单及清单计价表的编制

7.4.1 工程量清单的编制

工程量清单计价是建设工程招标投标中，招标人按照国家统一的工程量计算规则或委托有相应资质的工程造价咨询人编制反映工程实体消耗和措施消耗的工程量清单，由投标人依据工程量清单自主报价，并按照经评审低价中标的工程造价的计价方式。随着《计价规范》(以下《计划规范》均指新《计价规范》)的执行，工程量清单计价模式的应用越来越广泛。《计价规范》具有强制性，从资金来源和建设规模方面规定了强制实行工程量清单计价的范围，即全部使用国有资金投资或国有资金投资为主的工程建设项目，必须采用工程量清单计价。

1. 工程量清单的组成及表格形式

1）工程量清单的组成

工程量清单由分部分项工程量清单、措施项目清单、其他项目清单、规费项目清单和税金项目清单组成。

2）工程量清单表格形式

(1) 封面：封面应按规定的内容填写、签字、盖章，造价员编制的工程量清单应有负责审核的造价工程师签字、盖章，见图 7-3。

<table>
<tr><td colspan="2">__________工程</td></tr>
<tr><td colspan="2">工程量清单</td></tr>
<tr><td colspan="2">工程造价</td></tr>
<tr><td>招标人：__________
（单位盖章）</td><td>咨询人：__________
（单位资质专用章）</td></tr>
<tr><td>法定代表人
或其授权人：__________
（签字或盖章）</td><td>法定代表人
或其授权人：__________
（签字或盖章）</td></tr>
<tr><td>编制人：__________
（造价人员签字盖专用章）</td><td>复核人：__________
（造价工程师签字盖专用章）</td></tr>
<tr><td>编制时间：　年　月　日</td><td>复核时间：　年　月　日</td></tr>
</table>

图 7-3　封面

（2）总说明，见表 7-3。

表 7-3　总　说　明

工程名称：　　　　　　　　　　　　　　　　　　第　页 共　页

（1）工程概况：建设规模、工程特征、计划工期、施工现场实际情况、自然地理条件、环境保护要求等。 （2）工程招标和分包范围。 （3）工程量清单编制依据。 （4）工程质量、材料、施工等的特殊要求。 （5）其他需要说明的问题。

（3）分部分项工程量清单与计价表，见表 7-4。

表 7-4　分部分项工程量清单与计价表

工程名称　　　　　　　标段：　　　　　　　　　　第　页 共　页

序号	项目编码	项目名称	项目特征描述	计量单位	工程量	金额(元)		
						综合单价	合价	其中：暂估价
			本页小计					
			合计					

注：根据原建设部、财政部发布的(建筑安装工程费用组成)(建标［2003］206 号)的规定，为计取规费等的使用，可在表中增设其中："直接费"、"人工费"或"人工费＋机械费"。

(4) 措施项目清单与计价表(一)，见表 7-5。

表 7-5 措施项目清单与计价表(一)

工程名称： 标段： 第 页 共 页

序号	项目名称	计算基础	费率(%)	金额(元)
1	安全文明施工费			
2	夜间施工费			
3	二次搬运费			
4	冬雨季施工			
5	大型机械设备进出场及安拆费			
6	施工排水			
7	施工降水			
8	地上、地下设施，建筑物的临时保护设施			
9	已完工程及设备保护			
10	各专业工程的措施项目			
11				
12				
合 计				

注：1. 本表适用于以“项”计价的措施项目。

2. 根据原建设部、财政部发布的《建筑安装工程费用组成》(建标［2003］206 号)的规定，“计算基础”可为“直接费”、“人工费”或“人工费＋机械费”。

(5) 措施项目清单与计价表(二)，见表 7-6。

表 7-6 措施项目清单与计价表(二)

工程名称： 标段： 第 页 共 页

序号	项目编码	项目名称	项目特征描述	计量单位	工程量	金额(元)	
						综合单价	合价
本页小计							
合计							

注：本表适用于以综合单价形式计价的措施项目。

(6) 其他项目清单与计价汇总表，见表 7-7。

表 7-7 其他项目清单与计价汇总表

工程名称： 标段： 第 页 共 页

序号	项目名称	计量单位	金额(元)	备注
1	暂列金额			明细详见表 7-8

（续）

序号	项目名称	计量单位	金额(元)	备注
2	暂估价			
2.1	材料暂估价			明细详见表7－9
2.2	专业工程暂估价			明细详见表7－10
3	计日工			明细详见表7－11
4	总承包服务费			明细详见表7－12
5				
	合　计			

注：材料暂估单价进入清单项目综合单价，此处不汇总。

(7) 暂列金额明细表，见表7－8。

表7－8　暂列金额明细表

工程名称：　　　　　　　　　　　　　　　　标段：　　　　　　　　　　　　第　页　共　页

序号	项目名称	计量单位	金额(元)	备注
1				
2				
3				
4				
5				
	合　计			

注：此表由招标人填写，也可只列暂定金额总额，投标人应将上述暂列金额计入投标总价中。

(8) 材料暂估单价表，见表7－9。

表7－9　材料暂估单价表

工程名称：　　　　　　　　　　　　　　　　标段：　　　　　　　　　　　　第　页　共　页

序号	材料名称、规格、型号	计量单位	单价(元)	备注

注：1. 此表由招标人填写，并在备注栏说明暂估价的材料拟用在哪些清单项目上，投标人应将上述材料暂估单价计入工程量清单综合单价报价中。

2. 材料包括原材料、燃料、构配件以及按规定应计入建筑安装工程造价的设备。

(9) 专业工程暂估价表，见表7－10。

(10) 计日工表，见表7－11。

(11) 承包服务费计价表，见表7－12。

(12) 规费、税金项目清单与计价表，见表7－13。

表 7－10 专业工程暂估价表

工程名称： 标段： 第 页 共 页

序号	项目名称	工程内容	金额(元)	备注

注：此表由招标人填写，投标人应将上述专业工程暂估价计入投标总价中。

表 7－11 计日工表

工程名称： 标段： 第 页 共 页

编号	项目名称	单位	暂定数量	综合单价	备注
一	人工				
1					
人工小计					
二	材料				
1					
材料小计					
三	施工机械				
1					
施工机械小计					
合 计					

注：此表项目名称、数量由招标人填写，编制招标控制价时，单价由招标人按有关计价规定确定，投标时，单价由投标人自主报价，计入投标总价中。

表 7－12 总承包服务费计价表

工程名称： 标段： 第 页 共 页

序号	项目名称	项目价值(元)	服务内容	费率(%)	金额
1	发包人发包专业工程				
2	发包人供应材料				

注：此表由招标人填写，投标人应将上述专业工程暂估价计入投标总价中。

表 7－13 规费、税金项目清单与计价表

工程名称：　　　　标段：　　　　第　页共页

序号	项目名称	计算基础	费率(%)	金额
1	规费			
1.2	工程排污费			
1.2	社会保障费			
(1)	养老保险费			
(2)	失业保险费			
(3)	医疗保险费			
1.3	住房公积金			
1.4	危险作业意外伤害保险			
1.5	工程定额测定费			
2	税金	分部分项工程费＋措施项目费＋规费		

注：根据原建设部、财政部发布的《建筑安装工程费用组成》（建标［2003］206 号）的规定，“计算基础”可为“直接费”、“人工费”或“人工费＋机械费”。

2．工程量清单的编制说明

1）总说明

总说明包括以下内容。

（1）工程概况，包括建设规模、工程特征、计划工期、施工现场实际情况、交通运输情况、自然地理条件、环境保护要求、周边居民情况等。

（2）编制依据。

（3）明确质量、材料、施工顺序、施工方法的特殊要求，招标人自行采购材料的范围、设备的名称、规格型号、数量等。

（4）现场施工条件说明，即工程需要按特殊次序或工程区段进行施工时，应详细说明清楚。

（5）对工程量的确认、设计变更、价格调整等的说明。

（6）对无法预见、定义或详示，以及不能准确计算的工程项目，应加以说明，并以“暂定项目”的名义列入清单项目内，同时明确其结算方法。

（7）总说明还要明确采取统一的工程量计算规则、统一的计量单位。

2）分部分项工程量清单

分部分项工程量清单应包括项目编码、项目名称、项目特征、计量单位和工程量。编制人在编制分部分项工程量清单时，必须遵循五统一的规则，即统一项目编码、统一项目名称、统一项目特征、统一计量单位、统一工程量计算规则。

（1）清单项目编码。

每个分部分项工程量清单项目均有一个编码。项目编码采用十二位阿拉伯数字表示，以五级编码设置。同一招标工程的项目编码不得有重码。

一、二、三、四级共9位编码为全国统一编码，即《计价规范》中已经给定。编制工程量清单时，应按《计价规范》附录中的相应编码设置，不得变动。

第五级编码共3位，由工程量清单编制人区分具体工程清单项目特征而分别编制。如同一规格、同一材质的项目，具有不同的项目特征时，应分别列项，此时项目编码前9位相同，后3位不同，见表7-14。

表7-14 清单项目编码表

第一级为附录分类码	第二级为章顺序码	第三级为节顺序码	第四级为附录清单项目码	第五级为具体工程清单项目编码
01	04	03	004	××
01表示建筑工程	04表示第四章混凝土及钢筋混凝土工程	03表示第三节现浇混凝土梁	004表示现浇混凝土圈梁	根据拟建工程确定

(2) 项目名称。

项目名称设置规范以清单项目的设置和划分以形成工程实体为原则。清单实体分项工程是一个综合实体，它一般包含一个或几个单一的实体(即若干个子项)。清单分项名称常以其中的主要实体子项名称命名。清单项目名称结合拟建工程的实际要求按《计价规范》中附录表的统一规定进行设置。

(3) 项目特征。

项目特征应按《计价规范》附录中的规定根据拟建工程实际予以描述。在进行项目特征描述时，有必须描述的内容和可不描述的内容。

在进行项目特征描述时必须描述的内容有如下几方面。

① 涉及正确计量的内容必须描述，如门窗洞口尺寸或框外围尺寸。

② 涉及结构要求的内容必须描述，如混凝土构件的混凝土强度等级，是使用C20还是C30或C40等，因混凝土强度等级不同，其价格也不同，必须描述。

③ 涉及材质要求的内容必须描述，如油漆的品种是调和漆还是硝基清漆等；管材的材质是碳钢管还是塑钢管、不锈钢管等；还需对管材的规格、型号进行描述。

④ 涉及安装方式的内容必须描述，如管道工程中的钢管的连接方式是螺纹连接还是焊接；塑料管是粘接连接还是热熔连接等就必须描述。

在进行项目特征描述时可不描述的内容有如下几方面。

① 对计量计价没有实质影响的内容可以不描述，如对现浇混凝土柱的高度、断面大小等的特征规定可以不描述，因为混凝土构件是按m^3计量的，对此的描述实质意义不大。

② 应由投标人根据施工方案确定的可以不描述，如对石方的预裂爆破的单孔深度及装药量的特征规定，如由清单编制人来描述是困难的，由投标人根据施工要求，在施工方案中确定，自主报价比较恰当。

(4) 清单项目工程量。

每个清单项目的工程量均应按《计价规范》附录中的工程量计算规则进行计算，这是规范要求的第四个统一。清单工程量与施工工程量的区别如下。

清单项目工程量，原则上以形成实体的净数量表示。该工程量不会因施工主体不同而有差异，这是保证各投标人公平报价竞争的基础，它不是投标人竞争的内容。

施工工程量是从施工角度出发，考虑实施分项工程实际施工的数量，一般以消耗定额规定的工程量计算规则进行计算。据消耗定额计算的施工工程量与工程项目采用的施工工艺、施工方案、施工方法等因素有关。施工工程量也是承建人为了进行工程计价计算的拟施工工程量，因而又称其为计价工程量。

(5) 清单计量单位。

工程量计量单位均采用基本单位计量，它与消耗定额的计量单位不一定相同。工程量清单要求以《计价规范》附录中规定的计量单位计量，附录中该项目有两个或两个以上计量单位的，应选择最适宜计量的方式决定填写其中一个。例如，长度计量以 m 为单位，面积计量以 m^2 为单位，质量以 t 为单位，自然计量单位有“台”、“套”、“个”、“组”等。

3) 措施项目清单

措施项目清单应根据拟建工程的实际情况列项。通用措施项目可按表 7-15 选择列项，专业工程的措施项目可按《计价规范》附录中规定的项目选择列项。若出现本规范未列的项目，可根据工程实际情况补充。措施项目中可以计算工程量的项目清单宜采用分部分项工程量清单的方式编制，列出项目编码、项目名称、项目特征、计量单位和工程量计算规则；不能计算工程量的项目清单，以“项”为计量单位。

表 7-15 通用措施项目一览表

序号	项目名称
1	安全文明施工(含环境保护、文明施工、安全施工、临时设施)
2	夜间施工
3	二次搬运
4	冬雨季施工
5	大型机械设备进出场及安拆
6	施工排水
7	施工降水
8	地上、地下设施，建筑物的临时保护设施
9	已完工程及设备保护

4) 其他项目清单

其他项目清单宜按照下列内容列项。

(1) 暂列金额，因一些不能预见、不能确定的因素的价格调整而设立。暂列金额由招标人根据工程特点，按有关计价规定进行估算确定，一般可以分部分项工程量清单费的10%～15%为参考，如索赔费用、签证费用从此项扣支。

(2) 暂估价，是指招标阶段直至签订合同协议时，招标人在招标文件中提供的用于支付必然要发生但暂时不能确定价格的材料以及专业工程的金额。其包括材料暂估价、专业工程暂估价。材料暂估单价应按照工程造价管理机构发布的工程造价信息或参考市场价格确定，纳入分部分项工程量清单项目综合单价。专业工程的暂估价一般应是综合暂估价，应分不同专业，按有关计价规定估算；应当包括除规费和税金以外的管理费、利润等取费。

(3) 计日工，是为了解决现场发生的零星工作的计价而设立的。计日工对完成零星工作所消耗的人工工时、材料数量、施工机械台班进行计量，并按照计日工表中填报的适用项目的单价进行计价支付。

(4) 总承包服务费，招标人应预计该项费用并按投标人的投标报价向投标人支付该项费用，包括以下内容。

① 招标人仅要求对分包的专业工程进行总承包管理和协调时，按分包的专业工程估算造价的1.5%计算。

② 招标人要求对分包的专业工程进行总承包管理和协调并同时要求提供配合服务时，根据招标文件中列出的配合服务内容和提出的要求按分包的专业工程估算造价的3%～5%计算。

③ 招标人自行供应材料的，按招标人供应材料价值的1%计算。

出现上述未列的项目，可根据工程实际情况补充。

5) 规费项目清单

规费项目清单应按照下列内容列项。

(1) 工程排污费。

(2) 工程定额测定费。

(3) 社会保障费：包括养老保险费、失业保险费、医疗保险费。

(4) 住房公积金。

(5) 危险作业意外伤害保险。

根据原建设部、财政部《建筑安装工程费用项目组成》(建标［2003］206号)的规定，规费包括工程排污费、工程定额测定费、社会保障(养老保险、失业保险、医疗保险)费、住房公积金、危险作业意外伤害保险。

规费作为政府和有关权力部门规定必须缴纳的费用，政府和有关权力部门可根据形势发展的需要，对规费项目进行调整。因此，编制人对《建筑安装工程费用项目组成》未包括的规费项目，在编制规费项目清单时应根据省级政府或省级有关权力部门的规定列项。

6) 税金项目清单

税金项目清单应包括下列内容。

(1) 营业税。

(2) 城市维护建设税。

(3) 教育费附加。

根据原建设部、财政部“关于印发《建筑安装工程费用项目组成》的通知”(建标［2003］206号)的规定，目前我国税法规定应计入工程造价内的税种包括“营业税、城市维护建设税及教育费附加”。如国家税法发生变化，税务部门依据职权增加了税种，应对税金项目清单进行补充。

7.4.2 工程量清单报价的编制

1. 工程量清单计价表的格式

工程量清单计价表格必须采用《计价规范》规定的统一格式，招标控制价、投标报价、竣工结算的编制使用的计价表格组成分别如下。

1）招标控制价计价表

(1) 封面，如图 7－4 所示。

____________________工程

招 标 控 制 价

招标控制价(小写)：____________________

(大写)：____________________

工程造价

招标人：__________	咨询人：__________
(单位盖章)	(单位资质专用章)
法定代表人 或其授权人：__________	法定代表人 或其授权人：__________
(签字或盖章)	(签字或盖章)
编制人：__________	复核人：__________
(造价人员签字盖专用章)	(造价工程师签字盖专用章)
编制时间：　年　月　日	复核时间：　年　月　日

图 7－4　招标控制价计价表封面

(2) 总说明，见表 7－16。

表 7－16　总说明

工程名称：　　　　　　　　　　　　　　　　　　第　页共　页

(1) 工程概况：建设规模、工程特征、计划工期、实际工期、施工现场及变化情况、施工组织设计的特点、自然地理条件、环境保护要求等。

(2) 编制依据等。

(3) 工程项目招标控制价汇总表，见表 7－17。

表 7－17　工程项目招标控制价(投标报价)汇总表

工程名称：　　　　　　　　　　　　　　　　　　第　页共　页

序号	单项工程名称	金额(元)	其中		
			暂估价(元)	安全文明施工费(元)	规费(元)
	合计				

注：本表适用于工程项目招标控制价或投标报价的汇总。

(4) 单项工程招标控制价汇总表，见表 7－18。

表 7-18 单项工程招标控制价(投标报价)汇总表

工程名称：　　　　　　　　　　　　　　　　　　　　第　页　共　页

序号	单项工程名称	金额(元)	其中		
			暂估价(元)	安全文明施工费(元)	规费(元)
合计					

注：本表适用于单项工程招标控制价或投标报价的汇总。暂估价包括分部分项工程中的暂估价和专业工程暂估价。

(5) 单位工程招标控制价汇总表，见表 7-19。

表 7-19 单位工程招标控制价(投标报价)汇总表

工程名称：　　　标段：　　　　　　　　　　　　　　第　页　共　页

序号	汇总内容	金额(元)	其中：暂估价(元)
1	分部分项工程		
1.1			
2	措施项目		
2.1	安全文明施工费		
3	其他项目		
3.1	暂列金额		
3.2	专业工程暂估价		
3.3	计日工		
3.4	总承包服务费		
4	规费		
5	税金		
招标控制价合计=1+2+3+4+5			

注：本表适用于单位工程招标控制价或投标报价的汇总，如无单位工程划分，单项工程也使用本表汇总。

(6) 分部分项工程量清单与计价表，见表 7-4。

(7) 工程量清单综合单价分析表，见表 7-20。

表 7-20　工程量清单综合单价分析表

工程名称：　　　　　　　　　　　标段：　　　　　　　　　　　第　页　共　页

<table>
<tr><td colspan="2">项目编码</td><td colspan="2"></td><td colspan="2">项目名称</td><td colspan="2"></td><td colspan="2">计量单位</td><td colspan="2"></td></tr>
<tr><td colspan="12">清单综合单价组成细则</td></tr>
<tr><td rowspan="2">定额编号</td><td rowspan="2">定额名称</td><td rowspan="2">定额单位</td><td rowspan="2">数量</td><td colspan="4">单　价</td><td colspan="4">合　价</td></tr>
<tr><td>人工费</td><td>材料费</td><td>机械费</td><td>管理费和利润</td><td>人工费</td><td>材料费</td><td>机械费</td><td>管理费和利润</td></tr>
<tr><td></td><td></td><td></td><td></td><td></td><td></td><td></td><td></td><td></td><td></td><td></td><td></td></tr>
<tr><td></td><td></td><td></td><td></td><td></td><td></td><td></td><td></td><td></td><td></td><td></td><td></td></tr>
<tr><td colspan="2">人工单价</td><td colspan="6">小　计</td><td></td><td></td><td></td><td></td></tr>
<tr><td colspan="2">元/工日</td><td colspan="6">未计价材料费</td><td></td><td></td><td></td><td></td></tr>
<tr><td colspan="8">清单项目综合单价</td><td colspan="4"></td></tr>
<tr><td rowspan="5">材料费明细</td><td colspan="4">主要材料名称、规格、型号</td><td colspan="2">单位</td><td>数量</td><td>单价（元）</td><td>合价（元）</td><td>暂估单价（元）</td><td>暂估合价（元）</td></tr>
<tr><td colspan="4"></td><td colspan="2"></td><td></td><td></td><td></td><td></td><td></td></tr>
<tr><td colspan="4"></td><td colspan="2"></td><td></td><td></td><td></td><td></td><td></td></tr>
<tr><td colspan="7">其他材料费</td><td></td><td></td><td></td><td></td></tr>
<tr><td colspan="7">材料费小计</td><td></td><td></td><td></td><td></td></tr>
</table>

注：1. 如不使用省级或行业建设主管部门发布的计价依据，可不填定额项目、编号等。
2. 招标文件提供了暂估单价的材料，按暂估的单价填入表内“暂估单价”栏及“暂估合价”栏。

(8) 措施项目清单与计价表(一)，见表 7-5。

(9) 措施项目清单与计价表(二)，见表 7-6。

(10) 其他项目清单与计价汇总表(见表 7-7～表 7-12)。

(11) 规费、税金项目清单与计价表，见表 7-13。

2) 投标价计价表

(1) 封面，如图 7-5 所示。

投 标 总 价

招标人：____________________

工程名称：____________________

投标总价(小写)：____________________

(大写)：____________________

投标人：____________________

(单位盖章)

法定代表人
或其授权人：____________________

(签字或盖章)

编制人：____________________

(造价人员签字盖专用章)

编制时间：　　年　　月　　日

图 7-5　投标价计价表封面

(2) 总说明，见表 7-16。
(3) 工程项目投标价汇总表，见表 7-17。
(4) 单项工程投标价汇总表，见表 7-18。
(5) 单位工程投标价汇总表，见表 7-19。
(6) 分部分项工程量清单与计价表，见表 7-4。
(7) 工程量清单综合单价分析表，见表 7-20。
(8) 措施项目清单与计价表(一)，见表 7-5。
(9) 措施项目清单与计价表(二)，见表 7-6。
(10) 其他项目清单与计价表，见表 7-7～表 7-12。
(11) 规费、税金项目清单与计价表，见表 7-13。

3) 竣工结算的编制

(1) 封面，如图 7-6 所示。

________________工程

竣工结算总价

中标价（小写）：______________________ （大写）：______________________

结算价（小写）：______________________ （大写）：______________________

工程造价

发包人：__________ 承包人：__________ 咨询人：__________

（单位盖章） （单位盖章） （单位资质专用章）

法定代表人 法定代表人 法定代表人

或其授权人：__________ 或其授权人：__________ 或其授权人：__________

（签字或盖章） （签字或盖章） （签字或盖章）

编制人：__________ 核对人：__________

（造价人员签字盖专用章） （造价工程师签字盖专用章）

编制时间： 年 月 日 校对时间： 年 月 日

图 7-6 竣工结算表封面

(2) 总说明，见表 7-16。
(3) 工程项目竣工结算汇总表，见表 7-21。

表 7-21 工程项目竣工结算汇总表

工程名称： 第 页 共 页

序号	单位工程名称	金额(元)	其中	
			安全文明施工费(元)	规费(元)
合计				

(4) 单项工程竣工结算汇总表，见表 7-22。

表 7-22　单项工程竣工结算汇总表

工程名称：　　　　　　　　　　　　　　　　　　　　　　　　第　页　共　页

序号	单位工程名称	金额(元)	其中	
			安全文明施工费(元)	规费(元)
合计				

(5) 单位工程竣工结算汇总表，见表 7-23。

表 7-23　单位工程竣工结算汇总表

工程名称：　　　标段：　　　　　　　　　　　　　　　　　第　页　共　页

序号	汇总内容	金额(元)
1	分部分项工程	
1.1		
1.2		
2	措施项目	
2.1	安全文明施工费	
3	其他项目	
3.1	专业工程结算价	
3.2	计日工	
3.3	总承包服务费	
3.4	索赔与现场签证	
4	规费	
5	税金	
竣工结算总价合计＝1＋2＋3＋4＋5		

注：如无单位工程划分，单项工程也使用本表汇总。

(6) 分部分项工程量清单与计价表，见表 7-4。

(7) 工程量清单综合单价分析表，见表 7-20。

(8) 措施项目清单与计价表(一)，见表 7-5。

(9) 措施项目清单与计价表(二)，见表 7-6。

(10) 其他项目清单与计价汇总表，见表 7-7～表 7-12。

(11) 索赔与现场签证计价汇总表，见表7-24。

表7-24 索赔与现场签证计价汇总表

工程名称： 标段： 第 页 共 页

序号	签证及索赔项目名称	计量单位	数量	单价(元)	合价(元)	签证及索赔依据
本页小计						
合　计						

注：签证及索赔依据是指经双方认可的签证单和索赔依据的编号。

(12) 费用索赔申请(核准)表，见表7-25。

表7-25 费用索赔申请(核准)表

工程名称： 标段： 编号：

<table>
<tr><td colspan="2">致：____________________（发包人全称）
根据施工合同条款第__________条的约定，由于__________原因，我方要求索赔金额(大写)__________元，(小写)__________元，请予核准。
附：1. 费用索赔的详细理由和依据：
2. 索赔金额的计算：
3. 证明材料：
承包人(章)
承包人代表
日　期______</td></tr>
<tr><td>复核意见：
根据施工合同条款第__________条的约定，你方提出的费用索赔申请经复核：
□不同意此项索赔，具体意见见附件。
□同意此项索赔，索赔金额的计算，由造价工程师复核。
监理工程师__________
日　期__________</td><td>复核意见：
根据施工合同条款第__________条的约定，你方提出的费用索赔申请经复核，索赔金额为(大写)__________元，(小写)__________元。
监理工程师__________
日　期__________</td></tr>
<tr><td colspan="2">审核意见：
□不同意此项索赔。
□同意此项索赔，与本期进度款同期支付。
承包人(章)
承包人代表
日　期______</td></tr>
</table>

注：1. 在选择栏中的"□"内做标识"√"。

2. 本表一式四份，由承包人填报，发包人、监理人、造价咨询人、承包人各存一份。

(13) 现场签证表，见表7-26。

(14) 规费、税金项目清单与计价表，见表7-13。

(15) 工程款支付申请(核准)表，见表7-27。

表 7-26　现场签证表

工程名称：　　　　　　　　　　　　标段：　　　　　　　　　　　　编号：

<table>
<tr><td>施工单位</td><td></td><td>日期</td><td></td></tr>
<tr><td colspan="4">致：＿＿＿＿＿＿＿＿＿＿＿＿＿＿＿＿＿＿＿＿＿＿(发包人全称)
根据＿＿＿＿＿(指令人姓名)年　月　日的口头指令或你方＿＿＿＿＿(或监理人)年　月日的书面通知，我方要求完成此项工作应支付价款金额(大写)＿＿＿＿＿＿＿元，(小写)＿＿＿＿＿＿＿元，请予核准。
附：1. 签证事由及原因：
2. 附图及计算式：
承包人(章)
承包人代表
日　期＿＿＿＿＿</td></tr>
<tr><td colspan="2">复核意见：
你方提出的此项签证申请经复核：
□不同意此项签证，具体意见见附件。
□同意此项签证，签证金额的计算，由造价工程师复核。
监理工程师＿＿＿＿＿
日　期＿＿＿＿＿</td><td colspan="2">复核意见：
□此项签证按承包人中标的计日工单价计算，金额为(大写)＿＿＿＿＿元，(小写)＿＿＿＿元。
□此项签证因无计日工单价计算，金额为(大写)＿＿＿＿＿元，(小写)＿＿＿＿元。
监理工程师＿＿＿＿＿
日　期＿＿＿＿＿</td></tr>
<tr><td colspan="4">审核意见：
□不同意此项索赔。
□同意此项索赔，与本期进度款同期支付。
承包人(章)
承包人代表
日　期＿＿＿＿＿</td></tr>
</table>

注：1. 在选择栏中的“□”内做标识“√”。
2. 本表一式四份，由承包人在收到发包人(监理人)的口头或书面通知后填写，发包人、监理人、造价咨询人、承包人各存一份。

2. 工程量清单计价表的内容

采用工程量清单计价，建设工程造价由分部分项工程费、措施项目费、其他项目费、规费和税金组成。

《计价规范》中对上述各项费用计价做出了相应的规定，分部分项工程量清单应采用综合单价计价；招标文件中的工程量清单标明的工程量是投标人投标报价的共同基础，竣工结算的工程量按发、承包双方在合同中约定应予计量且实际完成的工程量确定。

措施项目清单计价应根据拟建工程的施工组织设计，可以计算工程量的措施项目，应按分部分项工程量清单的方式采用综合单价计价；其余的措施项目可以“项”为单位的方式计价，应包括除规费、税金外的全部费用，措施项目清单中的安全文明施工费应按照国家或省级、行业建设主管部门的规定计价，不得作为竞争性费用。

其他项目清单应根据工程特点结合《计价规范》的规定计价。

规费和税金应按国家或省级、行业建设主管部门的规定计算，不得作为竞争性费用。

采用工程量清单计价的工程，应在招标文件或合同中明确风险内容及其范围(幅度)，不得采用无限风险、所有风险或类似语句规定风险内容及其范围(幅度)。

表 7-27 工程款支付申请(核准)表

工程名称： 标段： 编号：

致：____________________________(发包人全称)

我方于________至________期间已经完成了____________工作，根据施工合同的约定，现申请支付本期的工程价款为(大写)____________元，(小写)____________元，请予核准。

序号	名称	金额(元)	备注
1	累计已完成的工程价款		
2	累计已实际支付的工程价款		
3	本周期已完成的工程价款		
4	本周期完成的计日工金额		
5	本周期应增加和扣减的变更金额		
6	本周期应增加和扣减的索赔金额		
7	本周期应抵扣的预付款		
8	本周期应扣减的质保金		
9	本周期应增加或扣减的其他金额		
10	本周期实际应支付的工程价款		

承包人(章)
承包人代表
日　　期________

复核意见：	复核意见：
□与实际施工情况不符，修改意见见附件。 □与实际施工情况相符，具体金额由造价工程师复核。 监理工程师________ 日　　期________	你方提出的支付申请经复核，本周期已经完成的工程价款为(大写)________元，(小写)________元，本期间应支付金额为(大写)________元，(小写)________元。 监理工程师________ 日　　期________

审核意见：

□不同意。

□同意，支付时间为本表签发后15天内。

承包人(章)
承包人代表
日　　期________

注：1. 在选择栏中的“□”内做标识“√”。

2. 本表一式四份，由承包人填报，发包人、监理人、造价咨询人、承包人各存一份。

3. 工程量清单计价表的编制

1) 招标控制价的编制

《计价规范》规定国有资金投资的工程建设项目应实行工程量清单招标，并应编制招标控制价。招标控制价超过批准的概算时，招标人应将其报原概算审批部门审核。投标人的投标报价高于招标控制价的，其投标应予拒绝。招标控制价应由具有编制能力的招标人，或受其委托具有相应资质的工程造价咨询人编制。

(1) 招标控制价的编制依据。

招标控制价的编制依据包括：《计价规范》，国家或省级、行业建设主管部门颁发的计价定额和计价办法；建设工程设计文件及相关资料；招标文件中的工程量清单及有关要求；与建设项目相关的标准、规范、技术资料；工程造价管理机构发布的工程造价信息，工程造价信息没有发布的按市场价；其他的相关资料。

(2) 招标控制价各部分费用计算。

① 分部分项工程费。

分部分项工程费应根据招标文件中分部分项工程量清单项目的特征描述及有关要求，按照国家或省级、行业建设主管部门颁发的计价定额和计价办法、工程设计文件及标准规范的规定确定综合单价。综合单价中应包括招标文件要求投标人承担的风险费用。招标文件提供了暂估单价的材料，按暂估的单价计入综合单价。综合单价是指完成一个规定计量单位的分部分项工程量清单项目或措施清单项目所需的人工费、材料费、施工机械使用费、企业管理费与利润，以及一定范围内的风险费用。“综合单价”是相对于工程量清单计价而言的，是对完成一个规定计量单位的分部分项清单项目、措施清单项目所需的人工费、材料费、施工机械使用费、企业管理费、利润以及包含一定范围的风险因素的价格表示，对风险做了一定的限制。

② 措施项目费。

措施项目的计价依据和原则：依据招标文件中措施项目清单所列内容，凡可精确计量的措施清单项目宜采用综合单价方式计价，其余的措施清单项目采用以“项”为计量单位的方式计价。措施项目清单的计价依据和确定原则：国家或省级、行业建设主管部门颁发的计价定额及相关规定和工程造价管理机构发布的工程造价信息或市场价格。其中安全文明施工费应按国家或省级、行业建设主管部门的规定计价。

③ 其他项目费。

其他工程费的计价依据《计价规范》的规定；暂列金额由招标人根据工程复杂程度、设计深度、工程环境条件等特点，一般可以分部分项工程费的10%～15%作为参考；暂估价中的材料单价按照工程造价管理机构发布的工程造价信息或参考市场价格确定。暂估价中的专业工程暂估价应分不同专业，按有关计价规定估算；招标人应根据工程特点，按照列出的计日工项目和有关计价依据，填写用于计日工计价的人工、材料、机械台班单价并计算计日工费用；招标人应根据招标文件中列出的内容和向总承包人提出的要求计算总承包费，可参照下列标准。

(a) 招标人仅要求对分包的专业工程进行总承包管理和协调时，按分包的专业工程估算造价的1.5%计算。

(b) 招标人要求对分包的专业工程进行总承包管理和协调并同时要求提供配合服务时，根据招标文件中列出的配合服务内容和提出的要求按分包的专业工程估算造价的3%～5%计算。

(c) 招标人自行供应材料的，按招标人供应材料价值的1%计算。

④ 规费和税金。

规费和税金的计取原则，即规费和税金必须按国家或省级、行业建设主管部门的有关规定计算。

规费和税金招标控制价的编制特点和作用决定了招标控制价不同于标底，无须保密。为体现招标的公开、公平、公正性，防止招标人有意抬高或压低工程造价，给投标人以错误的信息，因此规定招标人应在招标文件中如实公布招标控制价，同时应公布招标控制价的组成详细内容，不得只公布招标控制总价，不得对所编制的招标控制价进行上浮或下调。同时，招标人应将编制的招标控制价明细表报工程所在地的工程造价管理机构备查。

2）投标价的编制

《计价规范》规定除强制性规定外，投标报价由投标人自主确定，但不得低于成本。投标报价应由投标人或受其委托具有相应资质的工程造价咨询人编制，应按招标人提供的工程量清单填报价格。填写的项目编码、项目名称、项目特征、计量单位、工程量必须与招标人提供的一致。

（1）投标价的编制依据。

投标报价应根据招标文件中的计价要求，按照下列依据自主报价：《计价规范》；国家或省级、行业建设主管部门颁发的计价办法，企业定额，国家或省级、行业建设主管部门颁发的计价定额；招标文件、工程量清单及其补充通知、答疑纪要；建设工程设计文件及相关资料，施工现场情况、工程特点及拟定的投标施工组织设计或施工方案；与建设项目相关的标准、规范等技术资料；市场价格信息或工程造价管理机构发布的工程造价信息；其他的相关资料。

（2）投标价各部分费用计算。

① 分部分项工程费用。

分部分项工程费用应依据《计价规范》对综合单价的组成内容，按招标文件中分部分项工程量清单项目的特征描述确定综合单价的计算，综合单价中应考虑招标文件中要求投标人承担的风险费用，招标文件中提供了暂估单价的材料，按暂估的单价计入综合单价。“综合单价”是相对于工程量清单计价而言的，是对完成一个规定计量单位的分部分项清单项目、措施清单项目所需的人工费、材料费、施工机械使用费、企业管理费、利润以及包含一定范围的风险因素的价格表示，对风险做了一定的限制。

分部分项工程费报价最重要的依据之一是该项目的特征描述，投标人应依据招标文件中分部分项工程量清单项目的特征描述确定清单项目的综合单价，当招标文件中分部分项工程量清单项目的特征描述与设计图纸不符时，应以工程量清单项目的特征描述为准；当施工中施工图纸或设计变更与工程量清单项目的特征描述不一致时，发、承包双方应按实际施工的项目特征，依据合同约定重新确定综合单价。

投标人在自主决定投标报价时，还应考虑招标文件中要求投标人承担的风险内容及其范围(幅度)以及相应的风险费用。在施工过程中，当出现的风险内容及其范围(幅度)在招标文件规定的范围内时，综合单价不得变更，工程价款不做调整。

② 措施项目费用。

措施项目清单费应根据招标文件中的措施项目清单及投标时拟定的施工组织设计或施案。投标人可根据工程实际情况结合施工组织设计，对招标人所列的措施项目清单进行增补。按《计价规范》的规定，自主确定。其中安全文明施工应按照国家或省级、行业建设主管部门的规定计价，不得作为竞争性费用。

由于各投标人拥有的施工装备、技术水平和采用的施工方法有所差异，招标人提出的措施项目清单是根据一般情况确定的，没有考虑不同投标人的“个性”，投标人投标时可根据自身编制的投标施工组织设计(或施工方案)确定措施项目，并可对招标人提供的措施项目进行调整，但应通过评标委员会的评审。措施项目费的计算包括以下内容。

(a) 措施项目的内容应依据招标人提供的措施项目清单和投标人投标时拟定的施工组织设计或施工方案。

(b) 措施项目清单费的计价方式应根据招标文件的规定，凡可以精确计量的措施清单项目采用综合单价方式报价，其余的措施清单项目采用以“项”为计量单位的方式报价。

(c) 措施项目清单费的确定原则是由投标人自主确定，但其中安全文明施工费应按国家或省级、行业建设主管部门的规定确定。

③ 其他项目费。

其他项目清单费应按下列规定报价。

(a) 暂列金额按招标人在其他项目清单中列出的金额填写，不得变动。

(b) 材料暂估价不得变动和更改，暂估价中的材料必须按照暂估单价按招标人在其他项目清单中列出的单价计入综合单价；专业工程暂估价必须按招标人在其他项目清单中列出的金额填写。

(c) 计日工必须按招标人在其他项目清单中列出的项目和数量，自主确定综合单价并计算计日工费用。

(d) 总承包服务费由投标人依据招标人在招标文件中列出的分包专业工程内容和供应材料、设备情况，按照招标人提出的协调、配合与服务要求和施工现场管理需要自主确定总承包服务费。

④ 规费和税金。

规费和税金的计取必须按国家或省级、行业建设主管部门的有关规定计算。规费和税金的计取标准是依据有关法律、法规和政策规定制定的，具有强制性。投标人是法律、法规和政策的执行者，其不能改变且只能按照法律、法规、政策的有关规定执行。

投标总价应当与工程量清单构成的分部分项工程费、措施项目费、其他项目费、规费和税金的合计金额一致。

3) 竣工决算

《计价规范》规定，工程完工后，发、承包双方应在合同约定时间内办理工程竣工结算。工程竣工结算由承包人或受其委托具有相应资质的工程造价咨询人编制，由发包人或受其委托具有相应资质的工程造价咨询人核对。

竣工结算分单位工程竣工结算、单项工程竣工结算和建设项目竣工总结算。竣工结算由承包人编制，实行总承包的工程，由总承包人对竣工结算的编制负总责。承包人也可委托工程造价咨询人编制竣工结算，工程造价咨询人必须按照《工程造价咨询企业管理办法》(建设部令第149号)的规定，在其资质许可的范围内接受承包人的委托编制竣工结算。

(1) 工程竣工结算依据。

工程竣工结算依据：《计价规范》；合同约定的工程价款；工程竣工资料；双方确认的工程量；双方确认追加(减)的工程价款；双方确认的索赔、现场签证事项及价款；投标文件；招标文件；其他依据。

(2) 招标控制价各部分费用计算。

① 分部分项工程费。

《计价规范》规定分部分项工程费用依据双方确认的工程量、合同约定的综合单价计算；如发生调整的，以发、承包双方确认调整的综合单价计算，所以办理竣工结算时分部分项工程费中的工程量应依据发、承包双方确认的工程量，综合单价应依据合同约定的单价或发、承包双方确认调整后的综合单价。

② 措施项目费。

措施项目费依据合同约定的项目和金额计算；如果发生调整，以发、承包双方调整确认的金额计算，其中安全文明施工应按照国家或省级、行业建设主管部门的规定计价，不得作为竞争性费用。

办理竣工结算时，措施项目费的计价原则如下。

(a) 明确采用综合单价计价的措施项目，应依据发、承包双方确认的工程量和综合单价计算。

(b) 明确采用“项”计价的措施项目，应依据合同约定的措施项目和金额或发、承包双方确认调整后的措施项目费金额计算。

(c) 措施项目费中的安全文明施工费应按照国家或省级、行业建设主管部门的规定计算。在施工过程中，国家或省级、行业建设主管部门对安全文明施工费进行了调整的，措施项目费中的安全文明施工费应进行相应调整。

③ 其他项目费。

其他项目费的竣工结算办理要求如下。

(a) 计日工的费用应按发包人实际签证确认的数量和合同约定的相应项目综合单价计算。

(b) 当暂估价中的材料是招标采购的，其材料单价按中标价在综合单价中调整。当暂估价中的材料为非招标采购的，其单价按发、承包双方最终确认的单价在综合单价中进行调整；当暂估价中的专业工程是招标分包的，其金额按中标价计算。当暂估价中的专业工程为非招标分包的，其金额按发、承包双方最终结算确认的金额计算。

(c) 总承包服务费应依据合同约定的金额计算，当发、承包双方依据合同约定对总承包服务费进行调整时，应按调整后确定的金额计算。

(d) 索赔事件发生产生的费用办理竣工结算时应在其他项目费中反映。索赔费用的金额应依据发、承包双方确认的索赔事项和金额计算。

(e) 发包人现场签证的费用在办理竣工结算时应在其他项目费中反映。现场签证费用金额依据发、承包双方签证确认的金额计算。

(f) 合同价款中的暂列金额在用于各项价款调整、索赔与现场签证后，若有余额，则余额归发包人，如出现差额，则由发包人补足并反映在相应的价款中。

④ 规费和税金。

规费和税金的计取原则如下。

(a) 规费和税金按国家或省级、行业建设主管部门的规定计算。

(b) 当在施工过程中出现招标文件的工程量清单中没有的规费项目时，在竣工结算中应依据省级政府或省级有关权力部门的规定计算。

(c) 当在施工过程中国家以及省级建设行政主管部门对规费和税金计取标准进行调整时，应对规费和税金进行相应的调整。

4. 工程量清单计价与定额计价的关系

(1)《计价规范》中清单项目的设置参考了全国统一定额的项目划分，注意清单计价项目设置与定额计价项目设置的衔接，以便推广工程量清单计价方式能易于操作，方便使用。

(2)《计价规范》附录中的“项目特征”内容，基本上取自原定额的项目(或子目)设置内容。

(3)《计价规范》附录中的“工程内容”与定额子目相关联，它是综合单价的组价内容。

(4) 工程量清单计价，企业需要根据自己的企业实际消耗成本报价，在目前多数企业没有企业定额的情况下，现行的全国统一定额仍然可作为消耗量定额的重要参考。

本章小结

工程量清单是表现拟建工程的分部分项工程项目、措施项目、其他项目名称和相应数量的明细清单。新《计价规范》规定了构成一个分部分项工程量清单的5个要件：项目编码、项目名称、项目特征、计量单位和工程量，这5个要件在分部分项工程量清单的组成中缺一不可。

工程量清单包括分部分项工程量清单、措施项目清单、其他项目清单、规费项目清单和税金项目清单5部分。

习　题

一、单项选择题

1. 下列单位中属于分部分项工程量清单项目的单位是(　　)。

A. $10m^3$　　B. $100m^2$　　C. m　　D. 100m

2. 暂列金额是(　　)。

A. 其他项目的内容　　B. 措施项目的内容

C. 规费项目的内容　　D. 管理费项目的内容

3. 砌筑工程工程量清单项目中填充墙工程量的计算按(　　)。

A. 立面面积　　B. 外形体积

C. 净体积　　D. 净面积

4. 砖砌台阶工程量计算按(　　)。

A. 水平投影面积计算　　B. 展开面积计算

C. 实砌体积计算　　D. 外形体积计算

5. 半砖厚标准砖墙工程量的计算厚度是(　　)。

A. 115mm　　B. 120mm　　C. 125mm　　D. 126mm

6. 现行的《建设工程工程量清单计价规范》的版本是(　　)。

A. GB 50500—2003　　B. GB 50500—2005
C. GB 50500—2007　　D. GB 50500—2008

7. 分部分项工程量清单是(　　)。
A. 不可调整的闭口清单　　B. 可调整的闭口清单
C. 不可调整的开口清单　　D. 可调整的开口清单

8. “暂列金额”属于(　　)。
A. 措施项目费　　B. 其他项目费
C. 间接费　　D. 规费

9. 综合单价不包括(　　)。
A. 人工费　　B. 材料费
C. 规费　　D. 管理费

10. 措施项目费中不属于竞争项目的是(　　)。
A. 文明施工　　B. 模板　　C. 脚手架　　D. 临时设施

二、多项选择题

1. 工程量清单计价模式体现了建设工程产品的(　　)。
A. 单件性　　B. 地域性
C. 生产方式多样性　　D. 生产地点固定性
E. 计价复杂性

2.《建设工程工程量清单计价规范》的计价范围有(　　)。
A. 铁道工程　　B. 安装工程　　C. 水利工程
D. 市政工程　　E. 园林绿化工程

3. 砌筑工程的工程量清单项目中砌实心砖柱应扣除的体积有(　　)。
A. 钢筋　　B. 灰缝　　C. 梁头　　D. 板头
E. 梁垫

4.《建设工程工程量清单计价规范》中“钢屋架”项目包括(　　)。
A. 轻型钢屋架　　B. 一般钢网架
C. 不锈钢屋架　　D. 冷弯薄壁型钢屋架
E. 球形节点钢网架

5.《建设工程工程量清单计价规范》中“金属门”项目包括(　　)。
A. 金属卷帘门　　B. 金属格栅门
C. 金属平开门　　D. 彩板门
E. 塑钢门

6.《建设工程工程量清单计价规范》“砖砌体”小节中包括(　　)。
A. 实心砖墙　　B. 空斗墙
C. 空花墙　　D. 实心砖柱
E. 砌块墙

7. 措施项目费的计算方法一般有(　　)。
A. 定额分析法　　B. 指标分析法
C. 系数计算法　　D. 综合计算法
E. 方案分析法

8. 投标报价可以根据( )。

A. 企业定额编制　　B. 预算定额编制

C. 计价定额编制　　D. 估算指标编制

E. 概算指标编制

9. 机械台班单价的第一类费用包括( )。

A. 人工费　　B. 养路费　　C. 折旧费　　D. 经常修理费

E. 车船使用费

10. 分部分项工程项目综合单价的编制需要确定( )。

A. 人工单价　　B. 材料单价

C. 机械台班单价　　D. 设备单价

E. 运输单价

第8章 审查和竣工决(结)算的编制

教学目标

本章主要介绍建筑工程概(预)算审查的意义、组织方式、步骤、方法及内容；也介绍了工程结算的方式、程序；同时也介绍了工程决算的内容等。通过本章教学，让学习者掌握建筑工程概(预)算审查的意义、组织方式、步骤、方法及内容；了解工程结算的方式、程序；熟悉工程决算的相关内容。

教学要求

知识要点	能力要求	相关知识
建筑工程概(预)算审查	了解建筑工程概(预)算审查的意义、组织方式；掌握建筑工程概(预)算审查的步骤、方法及内容	
工程结算	了解工程结算的方式、程序	
工程决算	熟悉工程决算的相关内容	

基本概念

工程概(预)算审查、工程结算、工程决算。

引例

前一章提到，学校建造一栋实验大楼需要委托造价事务所编制大楼造价概(预)算文件，这个文件需要审查后才能作为招标文件使用。承建商施工过程中需要向学校结算一定的钱款。实验大楼建成竣工验收后，学校应向承建商付清一切钱款。那么到底如何审查，如何结算，如何决算，是本章要解决的问题。

8.1 建筑工程概(预)算的审查

8.1.1 概(预)算审查的意义

建筑工程概(预)算是控制建设投资的一个重要环节，它既是确定建设工程造价的文件，又是论证投资效益和制订投资规模的重要依据。提高概(预)算的编制质量，使概(预)算能准确地反映基本建设投资规模，促进经济效益，落实建设投资用途。这是国家加强对建设项目管理的需要。因此，加强对建筑工程概(预)算的审查具有十分重要的意义。

1. 有利于正确确定工程造价，加强计划管理，提高效益

基本建设计划是根据基本建设概(预)算编制的，如果概(预)算编制不准确，就会使投资得不到落实，将影响国家投资的合理分配和基本建设的发展速度。因此，在概(预)算的审查中，应本着认真负责、实事求是的态度。对那些在概(预)算中巧立名目，高估冒算，用不正当手段提高工程概(预)算造价的项目，必须认真核减。对那些为争取国家投资，故意压低概(预)算的"钓鱼"工程应客观公正地核减，并及时向有关决策部门汇报。

2. 有利于加强建设材料和物质的合理分配

建设单位和施工单位的备料计划，是根据概(预)算确定的，如果概(预)算编制不准确，就会造成材料和物质的不平衡状况，加强对概(预)算审查后，就可以减少或避免建设材料和物资人为地供应紧张或过剩积压情况，有利于改进材料、物质的合理分配。

3. 有利于施工企业加强经济核算，提高经营管理水平

建筑工程造价是确定工程造价的主要依据，在概(预)算编制中如漏项或少算，将直接影响施工企业的货币收入；概(预)算编制中若重项、余项或多算，将使施工企业轻易地获得较多的货币收入，不费力气就完成了降低成本的任务，而忽视了管理水平的提高，国家或业主因此造成资产流失。因此，加强概(预)算的审查，能堵塞漏洞，使施工企业端正经营方向，加强经济核算，对提高经营管理水平有很大的作用。

8.1.2 概(预)算审查的组织

审查的组织方式一般有以下几种。

1. 建设单位单独审查

由建设单位组织专门人员对已编好的概(预)算进行单独审查，并将审查中发现的问题向设计单位和概(预)算编制人员提出意见，通过共同研究、协商，取得一致意见后对原预算文件加以修正。

2. 中介机构审查

由建设单位将概(预)算文件委托咨询或造价事务所等中介机构，对承、发包合同的工程造价进行审查核实。中介机构在审查过程中不偏向任何一方，因此，审查的结果一般比较公正。

3. 建设行政管理部门审查

在建设工程招标过程中，招标单位应当根据招标书的要求和当地的实际情况，按照国家或地区有关建设工程定额、标准、技术规范及规程等编制标底。建设行政管理部门组织有关单位审定招标工程项目的标底，审定后，由建设行政管理部门密封保存。

8.1.3 概(预)算审查的步骤

1. 做好审查前的准备工作

(1) 熟悉设计文件。施工图、图纸会审纪要是编审工程量的重要依据，要将全套施工图纸加以整理和装订，根据图纸说明收集有关标准图集和施工图册，并熟悉核对相关图纸，了解工程的性质、规模和工艺流程等情况。

(2) 了解概(预)算编制的范围。根据预算编制说明，了解概(预)算包括的工程内容，如配套设施、室外管线、道路以及设计图纸会审后的设计变更等。

(3) 熟悉概(预)算定额或单位估价表。任何概(预)算定额或单位估价表都有定额说明和工程量计算规则。根据工程性质搜集和熟悉相应的单价、定额资料。

2. 选择合适的审查方法，按相应的内容审查

由于工程规模、繁简程度不同，施工企业情况不同，所编工程概(预)算的繁简程度和质量也不同，因此需要选择适当的审查方法进行审查。

3. 综合整理审查资料，并与编制单位交换意见，定案后调整概(预)算

经过审查，如发现有差错，需要进行增加或核减，经与编制单位协商，统一意见后，进行相应修正。

8.1.4 概(预)算审查的方法

建筑工程概(预)算的审查，要根据工程的建设规模大小、结构复杂程度和施工企业情况等因素，来确定审查的深度和方法。审查概(预)算的方法多种多样，常用的有以下四种方法。

1. 逐项审查法

逐项审查法又称全面审查法，是按定额顺序或施工顺序，对各个分部工程中的每一个定额子目从头到尾逐项详细审查的一种方法。其优点是全面、细致，审查质量高、效果好；缺点是工作量大，时间较长。这种方法适合于一些工程量较少、工艺比较简单的工程。

2. 重点审查法

重点审查法是抓住工程概(预)算中的重点进行审查的方法。审查的重点一般是指工程量较大或造价较高的各种工程、补充定额、各项费用(计算基础和取费标准等)。重点审查法的优点是重点突出，审查时间短，效果好。

3. 经验审查法

经验审查法是根据概(预)算审计的实践经验，审查容易发生差错的那一部分定额子目的方法。如：容易漏算的项目有平整场地、余土外运等，容易多算或少算工程量的项目有砖基础体积、砖墙的厚度(1砖墙按360或370计算)，易套错定额子目的项目有钢筋混凝

土柱(未按柱断面尺寸套相应定额)、梁柱和平板等。

4. 对比审查法

利用已编制完成的工程预算或虽未编制完成但已经审查修正的工程预算对比审查拟建的同类工程的一种方法。采用这种方法，一般有以下几种情况。

(1) 已建工程和拟建工程采用同一套施工图，但是基础部分和现场施工条件不同，则相应的部分采用对比审查法。

(2) 两个工程的设计图相同，但建筑面积不同，两个工程的建筑面积之比与两个工程各分部分项工程量之比基本是一致的。可按分项工程量的比例，审查拟建工程各分部分项工程的工程量，或者用两个工程的每平方米建筑面积的各分部分项工程量进行对比审查。

(3) 两个工程面积相同，但设计图纸完全不同，则对相应的部分，如厂房中的柱子、屋架、屋面、砖墙等，可进行工程量的对照审查；对不能对比的分部分项工程可按图纸计算。采用对比审查法，要求对比的两个工程条件相同或相对应。

8.1.5 概(预)算审查的内容

审查建筑工程概(预)算是落实工程造价控制的一个有力措施，是正确确定标底和投标报价的基础，是施工单位与建筑单位进行工程拨款和工程结算的准备工作，对合理安排人力、物资和资金都起着积极作用。审查概(预)算的重点，应该放在工程量计算是否准确、预算单位套用是否正确、各项取费标准是否符合现行规定等方面。

1. 审查工程量

对建筑工程概(预)算中的工程量，可根据设计或施工单位编制的工程量计算成本表，并对照施工图纸尺寸进行审查。主要审查其工程量是否有漏算、重算和错算。审查时，要抓住那些预算价值较大的重点项目进行。例如对基本数据，砖石工程、钢筋混凝土工程、屋面工程、门窗工程、装饰工程等分部工程，应作详细核对。其他分部工程可作一般审查。同时要注意各分部工程项目中构件的名称、规格、计算单位和质量是否与设计要求和施工规定相符合。为了准确审查工程量，要求审查人员熟悉设计图纸、预算定额和工程量计算规则。

2. 审查概(预)算定额子目的套用

审查概(预)算定额子目的套用是否正确，也是审查概(预)算工作的主要内容之一。在审查时应注意以下几个方面。

(1) 概(预)算书中所列的各分项工程概(预)算基价是否与概(预)算定额的基价相符，其名称、规格、计量单位和所包括的工程内容是否与单位估价表一致。因此，分项工程结构构件的形式不同、大小不同、施工方法不同、工程内容不同则工料消耗量不同，基价也自然不同。

(2) 核算概(预)算换算定额子目的基价，首先要审查换算的分项工程是否是概(预)算定额中允许换算的，其次审查换算是否正确。

(3) 对补充定额和单位估价表，要审查补充定额的编制是否符合编制原则，单位估价表是否正确。

3. 审查相关费用

其他直接费和现场经费包括的内容，各省、市、自治区规定不一，具体计算时，应按当地造价管理部门的有关文件执行。审查时要注意是否符合当地规定和定额要求。

间接费计取的审查，主要注意：计费程序和计算基础是否正确，工程类别判定是否准确，间接费费率是否符合当地造价管理部门的规定或招标书的约定。

计划利润和税金的审查，重点为计取基础和费率是否符合当地有关部门的现行规定，人工费和机械费的调整方法及其系数是否符合当地的规定，主要材料和次要材料的价差调整是否按规定执行。

8.2 工程结算

建筑工程价款结算是指承包商在工程实施过程中，依据承包合同中有关工程付款的规定和已完成的工程量，并按照规定的程序向建设单位(业主)收取工程价款的一项经济活动。其目的是用以补偿施工过程中的资金和物质耗用，保证工程施工顺利进行。

8.2.1 现行建筑安装工程结算方式

1. 按月结算

按月结算就是实行旬末或月中支付、月终结算、竣工后总结算的方式。跨年度竣工的工程，在年终进行工程盘底，办理年度结算。施工单位根据合同的约定按期提交工程月报表和工程价款结算账单，送监理工程师办理已完工程价款的结算。

2. 竣工后一次结算

建设项目或单项工程的全部建筑安装工程建设工期在12个月以内，或者工程承包合同价在100万元以内的，可以实行工程价款每月月中预支(或按合同规定)，竣工后一次结算的方式。

3. 分阶段结算

对当年开工，当年不能竣工的单项工程或单位工程按照工程形象进度，划分不同阶段进行结算，分阶段结算可以按月预支工程款。阶段的划分标准，由各部门或省、自治区、直辖市、计划单列市自行规定。

我国现行建筑安装工程价款结算中，相当一部分是按月计算。这种结算办法是按分部分项工程，即以“假定建筑安装产品”为对象，按月结算(或预支)，待工程竣工后再办理竣工结算，一次结算，找补余款。

8.2.2 按月结算工程价款的一般程序

1. 预付材料款

在施工准备阶段，由业主按合同约定预先支付给承包商的一部分资金，主要用于承包商为完成工程而储备材料、构配件等。此部分预付款称为预付备料款。

1）预付材料款的限额

对于施工企业常年应备的备料款限额，可按下式计算：

$$\text{备料款限额}=\frac{\text{全年施工产值}\times\text{主要材料所占比重}}{\text{年度施工日历天数}}\times\text{材料储备天数}$$

在实际工作中，备料款的数额要根据各工程类型、合同工期、承包方式和材料供应体制等不同条件，在工程承包合同中约定。一般建筑安装不应超过当年建筑安装工作量(包括水、电、暖等)的30%，安装工程不应超过安装工作量的10%，材料占比重多的安装工程按年计划产值的15%左右拨付。

2）预付材料款的扣回

建设单位通过商业银行拨付给施工单位的材料款，是属于预付款性质的款项。因此，随着施工工程的进展情况，以抵充工程价款的方式陆续扣回。预付备料款的扣回常有以下几种办法。

(1) 一次抵扣备料款的办法。对工期较短的工程，工程施工前一次性拨付备料款，而在施工过程中无需分次抵扣。当预付款与已付工程款之和达到施工合同总价的95%时，便停止工程款的支付，待工程竣工验收后一并结算。

(2) 固定比例扣回备料款的办法。有的工程工期较长，如施工工期跨年度施工的工程，其备料款的占用时间很长，可按固定比例扣回备料款。一般情况下，当工程施工进度达到60%以后，即开始抵扣备料款。扣回的比例，是按每次完成10%进度后，即扣回预付备料款总额的25%，分四次全部扣回。

(3) 发包单位拨付给承包单位的备料款属于预支性质。到了工程中后期，随着工程所需主要材料储备的逐渐减少，应以抵充工程价款的方式陆续扣回。扣款的方式，是从未施工工程尚需的主要材料及构件的价值相当于备料款数额时扣起，从每次结算的工程价款中，按材料比例抵扣工程价款，竣工前全部扣清。备料款的起扣点可按下式计算：

$$T=P-\frac{M}{N}$$

式中　T——起扣点，即预付备料款开始抵扣时的累计完成工程量金额；

M——预付备料款的限额；

N——主要材料所占的比例；

P——承包工程价款总额。

2. 中间结算

施工企业在工程建设过程中，按逐月完成的分部分项工程数量计算各项费用，向建设单位办理中间结算手续。

现行中间结算办法是：施工企业在月末或月中向建设单位提出预支工程账单，预支一月或半月的工程款，月终再向建设单位提出工程款结算账单和已完工程月报表，获取月工程价款。当工程款拨付累计达到其合同价的95%时，停止支付，预留5%作为尾款，在工程结算时最后拨款。

3. 竣工结算

工程竣工结算指施工企业全部完成按照合同规定的承包工程内容，经验收质量合格，并符合合同要求后，向发包单位进行最终工程价款的结算。在竣工结算时，若因某些条件变化使工程价款发生变化，则需按规定对合同价款进行调整。

办理工程价款竣工结算的一般公式为：

竣工结算＝预(概)算合同价款＋施工中预算或合同调整金额－已付工程款

【例8-1】 某工程合同价600万元，预付工程备料款为合同价的25%，主要材料的结构构件金额占合同价的60%，每月实际完成工作量和合同价款调整如表8-1所示。试求预付备料款、每月结算工程款、竣工结算款各为多少(考虑尾留5%)？

表8-1 某工程逐月完成工作量和价款调整

月份	1	2	3	4	5	6	合同价款增加额(万元)
完成工作量金额(万元)	25	50	100	200	100	125	50

解：(1) 预付备料款＝600×25%＝150万元。

(2) 预付备料款起扣点＝$600-\dfrac{150}{60\%}$＝350万元。

(3) 尾留工程款＝600×5%＝30万元。

(4) 工程价款停止拨付点＝600×(1－5%)－150＋50＝470万元。

(5) 一月份结算工程款25万元，累计拨款额为25万元。

(6) 二月份结算工程款50万元，累计拨款额为75万元。

(7) 三月份结算工程款100万元，累计拨款额为175万元。

(8) 四月份完成工程款200万元，200＋175＝375万元＞350万元(预付备料款起扣点)。因此，从四月份起按比例逐月扣回预付备料款。

四月份拨付结算工程款：200－(375－350)＋(375－350)×(1－60%)＝285万元。四月份累计拨款175＋185＝360万元。

(9) 五月份结算工程款为：100×(1－60%)＝40万元，五月份累计拨款360＋40＝400万元。

(10) 六月份结算工程款为：125×(1－60%)＝50万元，六月份累计拨款400＋50－150(合同价款增加值)＝500万元＞470万元(工程价款停止拨付点)。故六月份结算工程款为470－400＝70万元，六月份累计拨款470万元，剩余30万元作为尾留工程款，经竣工验收合格后支付。

8.2.3 建筑安装工程价款的动态结算

现行结算办法是一种静态结算，没有反映价格等因素变化的影响。为了克服这个缺点，实行工程价款的动态结算尤为必要。所谓动态结算就是要把各种动态因素渗透到结算过程中，使工程价款的结算大体能反映实际的消耗费用。

1. 工程造价指数调整法

这种方法是业主与承包商采用现行概(预)算定额计算出承包价，待竣工后，根据合理的工期及当地造价管理部门所公布的月度和季度造价指数，对原承包合同价进行调整。

【例 8-2】 某工程合同价为 500 万元，2001 年 1 月开工，2006 年 6 月竣工。已知 2001 年 1 月该类工程的造价指数为 100.02，2006 年 6 月的造价指数为 99.86，试根据工程造价指数调整法予以动态结算，并求价差调整的款额应为多少？

解：
$$动态结算款=600\times\frac{99.86}{100.02}=599.04 万元$$
$$价差调整额=600-599.04=0.96 万元$$

价差调减 0.96 万元。

2. 按实际价格计算法

在我国，由于建筑材料市场采购的范围大，市场价格也随时波动。因此，有些地区规定对钢材、木材、水泥三材的价格按实际价格结算，承包商可凭票据报销。由于实报实销，为了避免承包商对降低成本不感兴趣，甚至在发票上对价格弄虚作假，地方建设主管部门要定期公布材料的最高结算价格，同时，合同文件中应规定业主有权要求承包商选择更廉价的材料供应来源。

3. 按调价文件计算法

这种方法是按当时的预算价格承包。在合同期内，按造价管理部门调价文件的规定，进行材料补差(同一价格期内所消耗的材料乘以相应价差)。

4. 调值公式法

根据国际惯例，对建设项目已完投资费用的结算，一般采取此法，一般情况下，业主与承包商在签订合同时就明确了调值公式并规定了相应指数。建筑安装工程费用价格调值公式一般包括固定部分、材料部分和人工部分三项。当建筑安装工程的规模和复杂性增大时，公式也变得更为复杂。调值公式一般为：

$$P=P_0+\left(a_0+a_1\frac{A}{A_0}+a_2\frac{B}{B_0}+a_3\frac{C}{C_0}+a_4\frac{D}{D_0}+\cdots\right)$$

式中 P——调值后合同价款或工程实际结算款；

P_0——合同价款中工程预算进度款；

a_0——固定要素，代表合同支付中不能调整的部分占合同总价的比重；

a_1、a_2、a_3、a_4、…——有关费用(如：人工费用、钢材费用、水泥费用、运输费用等)占合同价的比重，$a_1+a_2+a_3+a_4+\cdots=1$；

A_0、B_0、C_0、D_0、…——基准日期与 a_1、a_2、a_3、a_4、…对应的各项费用的基期价格指数或价格；

A、B、C、D、…——与特定付款证书有关的期间最后一天的 49 天前与 a_1、a_2、a_3、a_4、…对应的各项费用的基期价格指数或价格。

使用该公式应注意以下几点。

(1) 固定要素通常的取值范围在 0.15～0.35。固定要素对调价的结果影响很大，固定要素是客观存在的并与调价余额成反比关系。固定要素相当微小的变化，隐含着在实际调价时很大的费用变动。所以，承包商在调价公式中采用的固定因素取值要尽可能偏小。

(2) 调值公式中有关的费用，按一般国际惯例，只选择用量大、价格高且具有代表性的一些典型的人工费、材料费。通常是大宗的水泥、砂石料、钢材、木材、沥青等，并用它们的价格指数变化综合代表材料费的价格变化，以尽量与实际情况接近。

(3) 各部门成本的比重系数，在许多招标文件中要求承包方在投标中提出，并在价格分析中予以论证。但也有的是由发包方(业主)在招标文件中即规定一个允许范围，由投标人在此范围内选取。

(4) 调整有关各项费用要与合同条款规定相一致。

(5) 调整有关各项费用应注意地点与时点。地点一般指工程所在地或指定的某地市场价格。时点指的是某时某月的市场价格。这里要确定两个时点价格，即签订合同时间某个时点的市场价格(基础价格)和每次支付前的一定时间的时点价格。这两个时点价格就是计算调整的依据。

(6) 确定每个品种的系数和固定要素系数。品种的系数要根据该品种价格对总造价的影响程度而定。各品种系数之和加上要素系数应该等于1。

【例8-3】 某城市某土建工程，合同规定结算款为100万元。合同报价时期为1995年3月，工程于1996年5月建成交付使用。根据表8-2中所列工程人工费、材料费构成比例以及有关造价指数，计算工程实际结算款。

表8-2 工程人工费、材料构成比例及有关造价指数

项 目	人工费	钢材	水泥	集料	一级红砖	砂	木材	不调值费用
比例	45%	11%	11%	5%	6%	3%	4%	15%
1995年3月份指数	100	100.8	102.0	93.6	100.2	95.4	93.4	
1996年5月份指数	100.1	98.0	112.9	95.9	98.9	91.1	117.9	

解：$$实际结算价款=100\times\left(0.15+0.45\times\frac{110.1}{100}+0.11\times\frac{98}{100.8}+0.11\times\frac{112.9}{102}+0.50\times\frac{95.9}{93.6}\right)+$$

$$100\times\left(0.06\times\frac{98.9}{100.2}+0.3\times\frac{91.1}{95.4}+0.04\times\frac{117.9}{93.4}+0.15\right)$$

$$=100\times1.064$$

$$=106.4\text{万元}$$

8.3 工程决算

竣工验收是建设项目建设全过程的最后一个环节，是全面考核基本建设工作、检查是否符合要求和工程质量的重要环节，是投资成果转入正常生产或使用的标志。在整个建设项目全部完成，经过各单项工程的验收，符合设计要求，并具备竣工图、竣工决算、工程总结等必要的文件资料后，由主管部门或建设单位向负责验收的单位提出验收申请报告，然后进行验收。因此，所有竣工验收的项目在办理验收手续之前，必须对所有财产和物质进行清理，编制好竣工决算。竣工决算是反映建设项目实际造价和投资效果的文件，是竣工验收报告重要的组成部分。及时、正确地编制竣工决算，对于总结分析建设过程的经验教训、提高工程造价管理水平和积累技术经济资料，都具有重要意义。

8.3.1 竣工决算内容

建设项目竣工决算应包括从筹建到竣工投产全过程的全部实际支出费用，即建筑工程费用、安装工程费用、设备工器具购置费用和其他费用等。竣工决算由竣工决算报告说明书、竣工决算报表、工程造价比较分析和竣工工程平面示意图四部分内容组成。大中型建设项目竣工决算报表一般包括竣工工程概况、竣工财务决算表、建设项目交付使用财产总表及明细表、建设项目建成交付使用后的投资效益表等，而小型项目竣工决算报表由竣工总表和交付财产明细表组成。

1. 竣工决算报告情况说明书的内容

竣工决算报告说明书包括反映竣工工程建设成果和经验，是全面考核分析工程投资与造价的书面总结，是竣工决算报告的重要组成部分，其主要包括以下内容。

(1) 对工程总的评价。从工程的进度、质量、安全和造价四个方面进行分析说明。

① 进度：主要说明开工时间和竣工时间，对合理工期和要求工期是提前还是延期。

② 质量：要根据验收委员会或相当一级质量监督部门的验收评定等级、合格率和优良率。

③ 安全：根据劳动工资和施工部门的记录，对有无设备和人身事故的说明。

④ 造价：应对照概算造价，说明节约还是超支，用金额和百分率进行分析说明。

(2) 各项财务和技术经济指标的分析。

① 概(预)算执行情况分析：根据实际投资完成额与概算进行对比分析。

② 新增产能力的效益分析：说明交付使用财产占总投资额的比例、占交付使用财产的比例，不增加固定资产的造价占投资总额的比例，分析有机构成和成果。

(3) 资金来源及运用财务分析：主要包括工程价款的结算、会计财务的处理、财产物质情况及债权债务的清偿情况。

(4) 基本收入、投资包干结余、竣工结余资金的上交分配情况。通过对基本建设投资包干情况的分析，说明投资包干数、实际使用数和节约额，投资包干节余的有机组成和包干节余的分配情况。

(5) 工程建设的经验及项目管理和财务管理以及竣工财务决算中有待解决的问题。

(6) 需要说明的其他事项。

2. 竣工财务决算报表

(1) 建设项目竣工工程概况表，见表8-3。

(2) 建设项目竣工财务决算表，见表8-4、表8-5。建设项目竣工财务决算表的内容包括：

① 建设项目竣工财务决算总表；

② 建设项目财务决算明细表；

③ 交付使用固定资产明细表；

④ 交付使用及流动资产明细表；

⑤ 递延资产明细表；

⑥ 无形资产明细表。

表 8-3 建设项目竣工工程概况表

建设单位：

建设项目名称		设计单位			施工单位				
建设单位		占地面积	设计	总面积		耕地		非耕地	
			实际						
新增生产能力	能力(效益)名称	单位	设计		实际				
	实际从　年　月　日开工至　年　月　日竣工								
初步设计概算批准机关、文号、时间									
调整后设计概算批准机关、文号、时间									
投资包干协议签订日期、总额									
完成情况	名称	单位	数量		备注				
	建筑面积	m^2	设计	实际					
	设备	台/t							
	其中引进	台/t							
工程质量评定									
未完成投资	工程内容	需投资额	施工单位	完工时间					

项目		调整后概算 合计	调整后概算 其中预备费	实际支出 合计	实际支出 其中动态因素	交付使用财产情况
建筑安装工程投资						1. 交付使用固定资产　万元
设备投资						2. 交付使用流动资产　万元
其他基建投资						3. 交付使用无形资产　万元
						4. 递延资产　万元
利息支出						5. 转出资产　万元
合计						合　计
其中	生产性设施					
	非生产性设施					
报废工程	投资			净损失		批准文号
主要材料消耗	名称	单位	设计用量	实际用量		
	钢材	t				
	水泥	t				
	木材	m^3				
主要技术经济指标	名称	单位	设计	实际		
	单位生产能力投资					
	单位产品成本					
	投资回收率					
	投资回收年限					

表 8-4　建设项目竣工财务决算总表

建设项目名称：　　　　　　　　　　　　　　　　　　　　　　　　（单位：万元）

项目资金来源	金额	项目完成投资情况及资金	金额	补充资料
一、国家预算内投资		一、基建支出合计		1. 应收生产单位款
1. 中央预算内投资		(一) 交付使用财产		2. 基建时期其他收入
2. 地方预算内投资		1. 固定资产		其中：试车产品收入
二、利用国内贷款		2. 流动资产		试车收入
1. 国内商业银行贷款		3. 无形资产		3. 收入分配情况
2. 其他渠道贷款		4. 递延资产		其中：上交财政
三、自筹资金		5. 其他资产		企业自留
1. 部门自筹资金		(二) 未完工程尚需支出合计		施工单位分成
2. 地方自筹资金		其中：1. 建筑安装工程支出		上交主管部门
3. 企业自筹资金		2. 设备支出		4. 投资来源
4. 其他自筹资金		3. 待摊投资支出		其中：资本金
四、利用外资		4. 其他支出		负债
1. 国外商业银行贷款		二、项目结余资金		
2. 世界银行、亚洲银行优惠贷款		其中：1. 库存设备		
3. 国外直接投资		2. 库存材料		
4. 其他利用外资		3. 货币资金		
五、从证券市场筹措资金		4. 债权债务净额		
1. 企业债券资金		债权总额		
2. 发行企业股票		债务总额		
六、其他来源的投资				
1. 联营投资				
2. 其他				
		合　计		

表 8－5 建设项目竣工财务决算明细表

建设项目名称：

项　　目	年度	合计	说明	编表说明
一、投资来源				1. 本表从建设年度开始逐年写
(一) 预算内投资				2. 本表依据经核准的年度决算所列数据为准
1.				
2.				
3.				
4.				
5.				
(二) 投资借款				
1.				
2.				
3.				
4.				
5.				
二、投资支出				
1. 交付使用财产				
2. 待摊投资				
3. 在建工程				
三、结余资金				
其中：设备				
材料				
四、投资完成额				

(3) 概(预)算执行情况分析说明及编制说明。

(4) 待摊投资明细表。

(5) 投资包干执行情况表及编制说明。

3. 工程造价的比较分析

竣工决算是综合反映竣工建设项目或单项工程的建设成果和财务情况的总结性文件。在竣工决算报告中必须对控制工程造价所采取的措施、效果及动态的变化进行认真的分析比较，总结经验教训。批准的概(预)算是考核建设工程造价的依据。在分析时，可将决算报表中所提供的实际数据和相关资料与批准的概算、预算指标进行对比，以确定竣工项目总造价是节约还是超支。在对比的基础上，总结先进经验，找出落后原因，提出改进措施。

为考核概(预)算执行情况，正确核定建设工程造价，财务部门首先必须积累概(预)算动态变化资料(如材料价差、设备价差、人工工资调整、费率价差等)和设计方案变化资料以及对工程造价有重大影响的设计变更资料；其次，考查竣工形成的实际工程造价节约或超支的数额。为了便于进行比较，可先对比整个项目的总概(预)算，之后对比工程项目(单项工程)的综合概(预)算和其他工程费用概(预)算，最后对比单位工程概(预)算，并分别将建筑安装工程、设备、工器具购置和其他费用逐一与项目竣工决算编制的实际工程造价进行对比，找出节约或超支的具体环节。在实际工作中，应主要分析以下内容。

(1) 主要实物工程量。概(预)算编制的主要实物工程数量的增减变化，必然会使工程的概(预)算造价和实际造价随之发生变化。因此，对比分析中应审查项目的建设规模、结构、标准是否遵循设计任务书的规定，其间的变更部分是否按照规定的程序办理，对造价的影响如何，对于实物工程量出入较大的情况，必须查明原因。

(2) 主要材料消耗量。在建筑安装工程投资中，材料费所占比重很大。因此，考核材料的费用也是工程造价比较分析的重点。考核主要材料消耗量，要按照竣工决算表中列明的三大材料实际概(预)算的消耗量，查清是在工程的哪一个环节超出量最大，再进一步查明超耗的原因。

(3) 考核建设单位管理费、建筑及安装工程间接费的取费标准。主要查清是否超过标准而重计和多取的现象，以及管理费用节约或超支的原因。

总之，对上述易于突破概(预)算，增大工程造价的主要因素，在对比分析中应列为重点来考核。对于具体项目应具体分析，因地制宜，找出影响造价波动的关键因素来分析。建设工程竣工图是真实记录各地上地下建筑物、构筑物等情况的技术文件，是工程进行交工验收、维护、改建和扩建的依据，是国家的重要技术档案。为了确保竣工图的质量，必须在施工过程中及时做好隐蔽工程检查记录，整理好设计变更文件。对没有变更的由施工单位在原施工图上加盖“竣工图”标志后作为竣工图。或对原施工图作一般性设计变更或修改补充说明，并加盖“竣工图”标志后，作为竣工图。凡设计变更较大的(如结构形式、施工工艺、平面布置等改变)，施工单位(或由业主委托设计单位)应按竣工后的工程内容绘图，加盖“竣工图”标志后，附以有关记录和说明，作为竣工图。

8.3.2 竣工决算的编制

1. 竣工决算的原始资料

(1) 原始概(预)算；

(2) 设计图纸、图纸会审纪要、技术交底；

(3) 设计变更记录;
(4) 施工记录或施工签证单;
(5) 各种验收资料;
(6) 停(复)工报告;
(7) 竣工图;
(8) 资料、设备等差价调整记录;
(9) 其他施工中发生的费用记录;
(10) 各种结算资料。

2. 编制方法

根据经审定的与施工单位竣工结算的原始资料，对原概(预)算进行调整，重新核定各单项工程和单位工程造价。属于增加固定资产价值的其他投资，如建设单位管理费、研究实验费、土地征用及拆迁补偿费等，应属于受益工程，随同受益工程交付使用的同时，一并记入新增固定资产价值。

8.3.3 新增固定资产价值的确定

根据新的财务制度，新增资产由各个具体的资产项目构成。按其经济内容的不同，可以将企业的资产划分为：固定资产、流动资产、无形资产、递延资产、其他资产。资产的性质不同，其计价方法也不同。确定新增固定资产价值不但有利于建设项目交付使用以后的财务管理，而且可以为建设项目进行经济后评估提供依据。

1. 新增固定资产价值的确定

新增固定资产又称交付使用的固定资产，是投资项目竣工投产后所增加的固定资产价值，是以价值形态表示的固定资产投资最终成果的综合性指标。它是以独立发挥生产能力的单项工程为计算对象。单项工程建成经有关部门验收鉴定合格，正式移交生产或使用，即应计算新增固定资产价值。一次交付生产或使用的工程一次计算新增固定资产价值。分期分批交付生产或使用的工程，应分期分批计算新增固定资产价值。

2. 流动资产价值的确定

流动资产是指一年内或者超过一年的一个营业周期内变现或者运用的资产，包括现金及各种存款、存货、应收及预付款项。对于货币性资金(如现金、银行存款、其他货币资金)根据实际入账价值核定；应收及预付款(如应收票据、应收账款、其他应收款、预付货款和待摊费用)按企业销售商品、产品或提供服务时的实际成交金额入账核算；各种存货应当按照取得时的实际成本计价。

3. 无形资产价值的确定

无形资产指企业长期使用但没有形成实物状态的资产，包括专利、商标权、著作权、土地使用权、非专利技术、商誉等，无形资产的计价，原则上应按取得时实际成本计价。企业取得无形资产的途径不同，所发生的支出也不一样，无形资产的计价也不同。无形资产计价入账后，就在其使用期内分期摊销。

4. 递延资产及其他资产价值的确定

递延资产指不能全部计入当年损益，应当在以后年内分期摊销的各项费用，包括开办费、租入固定资产的改良支出等。开办费从企业开始生产经营月份的次月起，应在租赁有效期限内分期摊入管理费用；租入固定资产的改良工程支出的计价，应在租赁有效期限内分期摊入制造费用和管理费用。

其他资产包括特许储备物资等，主要以实际入账价值核算。

本章小结

概(预)算审查的组织方式：①建设单位单独审查；②中介机构审查；③建设行政管理部门审查。步骤：①做好审查前的准备工作；②选择合适的审查方法，按相应的内容审查；③综合整理审查资料，并与编制单位交换意见，定案后调整概(预)算。方法：①逐项审查法；②重点审查法；③经验审查法；④对比审查法。内容：①审查工程量；②审查概(预)算定额子目的套用；③审查相关费用 。

工程结算方式：①按月结算；②竣工后一次结算；③分阶段结算。一般程序：①预付材料款；②中间结算；③竣工结算。动态结算法：①工程造价指数调整法；②按实际价格计算法；③按调价文件计算法；④调值公式法。

竣工决算内容：①竣工决算报告情况说明书的内容；②竣工财务决算报表；③工程造价的比较分析。

习　　题

一、单项选择题

1.《建设工程工程量清单计价规范》的规定，在具备施工条件的前提下，业主应在双方签订合同后的一个月内或不迟于约定的开工日期前的(　　)天内预付工程款。

A. 10　　B. 15　　C. 7　　D. 14

2. 根据《建设工程工程量清单计价规范》的规定，包工包料工程的预付款按合同约定拨付，原则按合同金额的(　　)比例区间预付。

A. 5%～25%　　B. 10%～25%

C. 5%～30%　　D. 10%～30%

3. 在工程进度款结算与支付中，承包商提交的已完工程量而监理不予计量的是(　　)。

A. 因业主提出的设计变更而增加的工程量

B. 因承包商原因造成工程返工的工程量

C. 因延期开工造成施工机械台班数量增加

D. 因地质原因需要加固处理增加的工程量

4. 合同双方应该在合同专用条款第 26 条中选定两种结算方式中的一种，作为进度款的结算方式。两种结算方式是按月结算与支付和(　　)。

A. 按季结算与支付　　B. 按年结算与支付

C. 分段结算与支付　　D. 目标结算与支付

5. 对承包人超出设计图纸范围和因承包人原因造成返工的工程量，发包人(　　)。

A. 按实际计量　　B. 按图纸计量

C. 不予计量　　D. 双方协商计量

6. 根据《建设工程价款结算暂行办法》的规定，在竣工结算编审过程中，单位工程竣工结算的编制人是(　　)。

A. 业主　　B. 承包商

C. 总承包商　　D. 监理咨询机构

7. 竣工结算的方式不包括(　　)。

A. 单位工程竣工结算　　B. 单项工程竣工结算

C. 建设项目竣工总结算　　D. 分部分项工程竣工结算

8. 单项工程竣工结算或建设项目竣工总结算由(　　)编制。

A. 业主　　B. 承包商

C. 总承包商　　D. 监理咨询机构

9. 单项工程竣工后，承包商应在提交竣工验收报告的同时，向业主递交完整的结算资料和(　　)。

A. 竣工验收资料　　B. 造价对比资料

C. 工程竣工图　　D. 竣工结算报告

10. 编制竣工结算除应具备全套竣工图纸、材料价格或材料、设备购物凭证、取费标准以及有关计价规定外，还应具备的资料有(　　)。

A. 工程量清单报价书和设计变更通知单等

B. 施工预算书和材料价格变更文件等

C. 材料限额领料单

D. 工程现场会议纪要

11. 工程竣工结算的审核，除了核对合同条款、严格按合同约定计价、注意各项费用计取、防止各种计算误差之外，还包括(　　)。

A. 落实合同价款调整数额和按图计算工程造价

B. 落实工程索赔价款和按图核实工程造价

C. 落实设计变更签证和按图核实工程数量

D. 落实工程价款签证和按图计算工程数量

二、多项选择题

1. 关于工程预付款结算，下例说法正确的是(　　)。

A. 工程预付款原则上预付比例不低于合同金额的30%，不高于合同金额的60%

B. 对重大工程项目，按年度工程计划逐年预付

C. 实行工程量清单计价的，实体性消耗和非实体性消耗部分应在合同中分别约定预付款比例

D. 预付的工程款必须在合同中约定抵扣方式，并在工程进度款中进行抵扣

E. 凡是没有签订合同或不具备施工条件的工程，业主不得预付工程款

2. 合同示范文本专用条款中供选择的进度款的结算方式有（　）。

A. 按月结算与支付　　B. 分段结算与支付

C. 按季结算与支付　　D. 按形象进度结算与支付

3. 竣工结算的方式有（　）。

A. 单位工程竣工结算　　B. 单项工程竣工结算

C. 建设项目竣工总结算　　D. 分项工程竣工结算

E. 分部工程竣工结算

4. 工程价款结算对于建筑施工单位和建设单位均具有重要的意义，其主要作用有（　）。

A. 是建设单位组织竣工验收的先决条件

B. 是加速资金周转的重要环节

C. 是施工单位确定工程实际建设投资数额，编制竣工决算的主要依据

D. 是施工单位内部进行成本核算，确定工程实际成本的重要依据

E. 是反应工程进度的主要指标

5. 竣工结算编制的依据包括（　）。

A. 全套竣工图纸

B. 材料价格或材料、设备购物凭证

C. 双方共同签署的工程合同有关条款

D. 业主提出的设计变更通知单

E. 承包商单方面提出的索赔报告

6. 工程竣工结算的审核一般从以下（　）入手。

A. 核对合同条款　　B. 落实设计变更签证

C. 按图核实工程数量　　D. 严格按决算约定计价

E. 注意各项费用计取

7. 专制机械设备的结算一般分为（　）阶段。

A. 预付款　　B. 阶段付款　　C. 最终付款　　D. 进度付款

E. 竣工付款

8. 对进口设备、工器具和材料价款的支付，我国还经常利用出口信贷的形式。出口信贷根据借款的对象分为（　）。

A. 卖方信贷　　B. 买方信贷　　C. 商业发票　　D. 商业信用

E. 商业汇票

第三篇

施工组织设计实例与概预算实例

第9章 建筑工程施工组织设计实例

9.1 编制依据

1. 建筑、结构、给排水、空调、电气安装施工图纸
2. 国家有关现行施工验收规范、规程和标准
(1)《工程测量规范》(GB 50026—2007)
(2)《土方与爆破工程施工规范》(GBJ 50201—2012)
(3)《地基与基础工程施工及验收规范》(GBJ 50202—2002)
(4)《地下防水工程施工及验收规范》(GBJ 50208—2002)
(5)《钢结构工程施工及验收规范》(GB 50205—2011)
(6)《混凝土结构工程施工及验收规范》(GB 50204—2011)
(7)《组合钢模板技术规范》(GBJ 50214—2011)
(8)《建筑施工高处作业安全技术规范》(JGJ 80—1991)
(9)《混凝土外加剂应用技术规范》(GBJ 50119—2003)
(10)《钢筋混凝土高层建筑结构设计与施工规程》(JGJ 3—2002)
(11)《建筑安装工程质量检验评定统一标准》(GBJ 300—1988)
(12)《混凝土结构设计规范》(GBJ 50010—2010)
(13)《普通混凝土用砂、石质量标准及检验方法》(JGJ 52—2006)
(14)《中型砌块建筑设计与施工规程》(JGJ 5—1980)
(15)《屋面工程技术规范》(GB 50345—2012)
(16)《玻璃幕墙工程技术规范》(JGJ 102—2003)
(17)《建筑地面工程施工及验收规范》(GB 50209—2010)
(18)《建筑装饰工程施工及验收规范》(JGJ 73—1991)
(19)《钢筋焊接及验收规范》(JGJ 18—2012)
(20)《钢筋焊接接头试验方法》(JGJ 27—2011)
(21)《钢筋锥螺纹接头技术规程》(JGJ 109—1996)
(22)《预应力筋用锚具、夹具和连接器应用技术规程》(JGJ 85—2010)
(23)《混凝土质量控制标准》(GB 50164—2011)
(24)《混凝土强度检验评定标准》(GBJ 107—2010)
(25)《建筑机械使用安全技术规程》(JGJ 33—2012)
(26)《施工现场临时用电安全技术规范》(JGJ 46—2005)
(27)《建设工程施工现场供电安全规范》(GB 50194—1994)

(28)《采暖与卫生工程施工及验收规范》(GBJ 242—2002)

(29)《通风与空调工程施工及验收规范》(GB 50243—2002)

(30)《建筑采暖卫生与煤气工程质量检验评定标准》(GBJ 302—1988)

(31)《通风与空调工程质量检验评定标准》(GBJ 304—1988)

(32)《火灾自动报警系统施工及验收规范》(GB 50166—2007)

(33)《建筑电气安装工程质量检验评定标准》(GBJ 303—1988)

(34)《电气装置安装工程电梯电气装置施工及验收规范》(GB 50182—1993)

(35)《电梯安装工程质量检验评定标准》(GBJ 310—2002)

(36)《建筑施工安全检查标准》(JGJ 59—2011)

(37)《回弹法检测混凝土抗压强度技术规程》(JGJ/T 23—2011)

3. 市建委、质检站所颁发的有关规定、办法和通知

4. 公司同类工程的施工经验和有关企业工法

9.2 工程概况

9.2.1 工程概述

本工程为××大学主楼，由主楼和附楼两部分组成，是集教学、科研、办公、学术交流为一体的教学主楼，占地面积 2700m^2，建筑面积 268110.4m^2，总长 810.88m，宽 39.05m，总高度 60.9m，地下 1 层，地上 14 层，局部 16 层，本工程主体工程施工平面布置图如附图 1 所示；本工程立面左右对称，外墙首层至 3 层采用干挂石材配以丰富的线脚处理，4 层以上窗间墙为仿石面砖，窗为双层真空玻璃的铝合金窗，建筑顶层采用钻石型玻璃幕墙，两侧塔楼为铝复合扣板，地下一层为设备间及人防。地上一层为办公用房，墙面为水泥砂浆、乳胶漆涂料，轻钢龙骨矿棉吸声板吊顶，大理石地面；2～3 层为共享大厅，花岗岩地面，矿棉吸声板吊顶、铝合金扣板吊顶，大理石墙面；4～14 层为办公、教学等用房，乳胶漆墙面，矿棉吸声板吊顶，地面除特殊要求为木地板、大理石外，大部分房间为彩色水磨石地面；开水间、厕所为瓷砖墙面、地板砖地面，PVC 塑料扣板吊顶；屋面采用水泥蛭石板保温层，SBS 卷材防水，3cm 厚细石混凝土保护层，地板砖上人屋面。

本工程结构安全等级为二级，抗震设防基本烈度按 7 度设防，框架-剪力墙结构，框架抗震等级为三级，剪力墙为二级。筏板基础，基础底板和地下室外墙均为 S8 抗渗混凝土，混凝土强度等级为 C45；附楼基础为独立基础和条形基础，混凝土强度等级 C45。地上部分除两侧楼梯间、电梯间为剪力墙外，其余均为框架结构，部分楼板采用无粘结预应力梁板结构，混凝土强度等级为 C40；标高 10.35m 以下柱为 C45 混凝土，10.35m 以上为 C40 混凝土；内外墙砌筑以陶粒混凝土空心砖为主，地下室部分为砖墙。

电气工程中动力系统、照明系统采用 10kV 双回路供电，进户线电缆直埋引入，变配电室设在地下室夹层；消防设备的主要功能室及事故照明的电源均采用低压(380V)双回路供电，两回路在末端配电箱内实现自动切换，防雷接地采用 TN-S 系统，箱(盘)壳、线槽、桥、架、电机外壳、钢管、插座的接零端子以及正常情况下不带电的导体均与 PE

线相接，PE线和N线在低压盘内分开，基础接地，接地电阻≤1Ω，防雷保护在屋顶设置环型避雷带，用ϕ12镀锌圆钢做接闪器，以柱子的主筋做引下线。7层以上外墙梁内的两根主筋焊接成封闭环作为均压环，此环与外墙金属窗、装饰系统预埋铁及引下线主筋可靠焊接，电气竖井内的接地扁钢每层与压环焊接一致。此外电气工程还有电话、综合布线系统、电视系统。

本工程防火等级按一类防火设计，楼内设自动灭火报警系统，自动水喷淋系统，消火栓系统以及防火卷帘、防火门窗。室内消火栓环状布置，消火栓系统单栓、单阀，栓口直径SN65，水枪口径19mm，采用25m长衬胶水龙带，栓口距地1.1m，消火栓箱内设启动、消防水泵系统按钮。屋顶设消防水箱、内存24m^{3}的消防用水量，地下室一、二层消火栓设减压孔板。消火栓系统设三个地下水泵接合器，以使消防车向楼内加压供水。消火栓系统设两台消防泵，一用一备。

室内给水系统竖向分为两个区，低区为地下室至地上3层，由市政系统直接供给；高区为4～13层，由屋顶水箱供给；管材采用镀锌钢管。室内污水排至室外管线，经化粪池处理后排入市政管网；地下室污水汇集至消防电梯井底旁的集水池，经排水泵排至室外管线。屋面雨水采用内排水方式，经室内管道直接排至室外市政雨水管网。

中央空调系统采用离心式冷水机组两台，制冷量3488kW，选用两台400t超低噪声集水型冷却塔，12层设两台冷却塔，选用冷却泵、冷冻水泵各两台，冬季由锅炉房提供热媒采暖，夏季由两台制冷机提供冷媒制冷，两台制冷机分别供1～6层，7～13层冷冻水；空调新风系统由各层吊顶式新风机提供新风，补充到各房间，系统最高点设膨胀水箱，空调系统补给软化水，为防止水系统结垢、生藻，机组回水设电子水处理仪。

9.2.2 工程特点

1. 结构特点

本工程结构体系为框架-剪力墙结构，基础形式为筏片基础及条形基础。建筑平面形状呈凹形，建筑轴线较复杂。因此控制好施工放线，保证建筑物形状尺寸的精确是本工程结构施工的重点。

2. 高标准的质量要求

本工程为××大学标志性建筑，必须严格程序控制和过程控制，实施“过程精品”，把该工程建造成精品，实现工程质量优良，保省优样板，争创“鲁班奖”，使建设单位满意，是本工程的核心任务。

9.3 施工部署

9.3.1 项目管理的主要目标

该工程项目的综合目标包括以下几个方面。

1. 质量目标

质量等级“优良”，确保省优样板，争创“鲁班奖”。按照ISO 9000及质量管理体系进行质量管理，以实施过程精品，创精品工程。

2. 工期目标

根据建设单位要求，经认真分析本工程，结合本工程的特点，通过对施工组织、进度安排深入研究，本工程完工日期为2011年9月13日。

3. 安全目标

杜绝重大伤亡事故、火灾事故和人员中毒事件的发生，轻伤频率控制在5‰内。

9.3.2 项目组织机构

实行项目法施工，组建本工程项目施工的项目部。按公司《质量保证手册》的规定，健全项目经理部组织机构，各级管理人员履行《质量保证手册》中规定的职责。

项目经理部主要成员及各部门主要职责。

1. 项目经理

(1) 是项目经理部全面工作的领导者与组织者。

(2) 参与建设单位的合同谈判，并认真履行与建设单位签订的合同。

(3) 做好与建设单位、监理公司的协调工作。

(4) 领导编制项目质量目标与工期计划，建立健全各项管理制度。

(5) 指导经营负责人做好合同管理工作。

(6) 是项目安全生产的第一责任者。

(7) 参与制造成本的编制，加强项目的成本的管理与控制。

2. 技术负责人

(1) 编制实施《项目质量计划》，贯彻执行国家技术政策，协助项目经理主抓技术、质量工作。

(2) 主持编制项目施工组织设计及主要施工方案、技术措施。

(3) 主持图纸内部会审、施工组织设计交底及重点技术措施交底。

(4) 领导项目新技术、新材料、新工艺的推广应用工作。

(5) 组织安排技术培训工作，保证工程按设计规范及施工方案要求施工。

(6) 领导和落实施工过程质量控制，负责土建、安装的技术协调工作。

(7) 领导工程材料鉴定、测量工作及工程资料的管理工作。

(8) 保持与建设单位、设计单位及监理单位之间的密切联系与协调工作，并取得对方的认可，确保设计工作能满足连续施工的要求。

(9) 领导项目计量设备管理工作。

(10) 负责项目质量保证体系的运行管理工作。

(11) 主管项目技术部、物资部的工作。

3. 工长

(1) 现场工长是施工生产的指挥者，领导项目安全生产工作，是安全的第一责任人，对各分项、分部的施工质量负领导责任。

(2) 建立健全各项生产管理制度。

(3) 领导编制项目总工期控制进度计划，年、季、月度计划，并对执行情况进行监督与检查。

(4) 主抓施工管理工作，做好生产要素的综合平衡工作以及机电安装工程交叉作业综合平衡工作，以确保建设单位工期如期实现。

(5) 严格执行项目质量计划及质量验收程序，保证施工质量及项目质量目标的实现。

(6) 组织工程各阶段的验收及竣工验收工作。

(7) 参与工程各阶段的验收及竣工验收工作。

(8) 严格执行安全文明管理办法及奖罚制度，确保安全生产及文明施工。

(9) 组织做好生产系统信息反馈及各项工作记录。

(10) 领导做好现场机械设备的管理工作，负责对公司内部专业公司的机械调配工作。

(11) 领导组织开展 QC 小组活动，并组织编写项目工程施工总结工作。

(12) 主管项目工程部、质量部、安全部。

4. 水电部经理

(1) 负责领导项目安装生产管理工作。

(2) 负责安装专业队伍考核工作。

(3) 根据项目总工期控制计划，领导编制安装专业配合计划，并对执行情况进行检查。

(4) 保持与建设单位、设计单位及监理之间密切联系与协调工作，并取得对方的认可，确保设计工作能满足连续施工要求。

(5) 领导编制安装专业施工方案，牵头协调解决安装专业技术问题。

(6) 对安装专业施工质量负第一领导责任。

(7) 严格执行项目质量计划及质量验收程序，保证安装施工质量及项目质量目标的实现。

(8) 负责安装专业材料计划的审定。

(9) 参与工程各阶段的验收工作，具体负责质量事故的调查，并提出处理意见。

(10) 严格执行安全文明管理办法及奖罚制度，确保安全生产及文明施工。

(11) 组织做好安装专业施工信息反馈及各项工作记录。

(12) 主管水电部工作。

5. 经营负责人

(1) 贯彻执行公司质量方针和项目规划，熟悉合同中建设单位对产品的质量要求，并传达至项目相关职能部门。

(2) 负责组织项目人员对项目合同学习和交底工作。

(3) 具体领导项目各类经济合同的起草、确定、评审。

(4) 负责项目经营报价及工程结算，负责编制对建设单位的清款单、专业队伍的结算单。

(5) 负责专业施工队伍、材料供应商的报价审核。

(6) 负责项目的成本管理工作。

(7) 负责组织编制和工程款结算、经济索赔等工作。

(8) 负责经营部工作。

6. 项目书记

(1) 负责项目党务管理及劳动纪律管理工作。

(2) 负责对项目全体人员的政治思想教育工作及各项法规的宣传工作。

(3) 负责与政府各行政主管部门的联系和协调工作。

(4) 领导现场的消防、保卫及后勤保障工作，维护现场的正常施工程序。

(5) 负责工会管理工作。

(6) 领导项目对外宣传工作。

(7) 负责职工教育、培训工作。

(8) 主管综合办公室的具体工作。

7. 工程部

(1) 按照施工组织设计的总体要求对项目进行施工管理，严格遵守各项操作规程，施工验收规范及有关标准。

(2) 按照国家有关规定对现场进行有关安全文明管理。

(3) 负责组织大、中、小型施工机械设备进出厂协调管理，监督维修和保养等后援保证工作。

(4) 负责编制工程总控计划、月度计划、周计划及统计工作，控制各专业施工单位的施工进度安排。

(5) 负责施工质量过程控制管理、检验和试验状态管理。

(6) 负责对工程质量及安全事故进行调查，并向经理及技术负责人提交调查结果和分析，根据处理方案监督责任单位的整改情况。

(7) 及时配合其他职能部门的工作，提供可靠的工程信息资料。

8. 安全部

(1) 执行公司要求的有关规章制度，结合工程特点制订安全计划，做好安全宣传工作。

(2) 贯彻安全生产法规标准，组织实施检查，督促各分包的月、周、日安全活动，并落实记录与否。

(3) 参与工程施工组织设计图纸会审工作。

(4) 负责现场安全保护、文明施工的预控管理。

(5) 协助综合办公室进行安全教育和特殊工种的培训，检查持证上岗，并办理入场证件。

(6) 定期组织现场综合考评工作，填报汇集上级发放各类表格，并负责对综合考评结果的奖罚执行。

(7) 做好安全生产方面的内业资料及本部门的各种台账。

(8) 对安全隐患下达整改通知单并进行复查。

(9) 负责现场动火证的办理工作。

9. 质量部

(1) 贯彻国家及地方的有关工程施工规范、工艺标准、质量标准。

(2) 严格进行质量检验评定标准，行使质量否决权。确保项目总体质量目标和阶段质量目标的实现。

(3) 编制项目“过程检验计划”，增加施工预控能力和过程中的检查，使质量问题消除在萌芽之中。

(4) 负责分解质量目标，制订质量创优实施计划，并监督实施情况。

(5) 监督“三检制”与“样板制”的落实，参与分部分项工程的质量评定和验收，同时进行标识管理。

(6) 不合格品控制及检验状态管理。

(7) 组织、召集各阶段的质量验收工作，并做好资料申报填写工作。

(8) 参与质量事故的调查、分析、处理，并跟踪检查，直至达到要求。

(9) 按 ISO 9002 标准进行质量记录文件的记录、收集、整理和管理。

10. 技术部

(1) 编制施工组织总设计和专项施工方案及季节性施工措施的落实。

(2) 各项施工准备计划(年、季、月、周配套计划)到位。

(3) 组织施工方案和重要部位施工的技术交底。

(4) 负责施工技术保证资料的汇总及管理。

(5) 对本工程所使用的新技术、新工艺、新材料、新设备与研究成果推广应用，编制推广应用计划和推广措施方案，并及时总结改进。

(6) 负责编制工程质量计划。

(7) 负责日常施工过程中技术问题的处理。

(8) 负责计算机推广应用工作。

(9) 负责计量器具的台账管理，进行标识、审核。

11. 物资部

(1) 负责技术部提出的材料计划接收、传递。

(2) 掌握工期进度和主要材料的进场时间及需用量，督促公司物资部门及时供应。

(3) 严格材料进场验证，保证验证计量器具有效。

(4) 材料进场按现场平面布置一次到位，按规格要求堆码整齐并标识。

(5) 负责料具的保管、发放、耗用，核算工程竣工工作。

(6) 进场钢材、原材及有特殊要求的材料复验委托。

(7) 按物资公司授权负责现场急需物资采购。

12. 经营部

(1) 负责编制工程概算、结算书，保证工程收入。

(2) 参与投标报价与合同签订工作。

(3) 办理预算处签证，落实索赔款项。

(4) 定期盘点，协助做内部成本核算。

(5) 协调公司内部专业分公司施工，为上级领导部门提供各类经济信息。

(6) 有效控制成本费用的开支，做好成本分析。

(7) 建立健全各类台账、报表等内业资料管理。

(8) 合同管理。

9.3.3 主要施工部署

1. 施工准备工作

(1) 进场后首先根据建设单位提供的控制桩、高程点，建立施工所需要的轴线网和标高控制点。

(2) 及时进行塔吊的安装工作和模板的配制及加工制作工作。

(3) 及时进行现场临时设施及临水、临电的搭设和布置工作。

(4) 各种详细的实施计划和施工方案的制订工作。

(5) 进行劳动力的组织到位工作，结构工程施工人员和水电工程预埋配合人员准备进场工作。

2. 土方工程

(1) 在放线定位完成后即投入土方工程，本工程为机械大开挖。

(2) 基坑开挖采用两台反铲式挖掘机，并配一台推土机和 8 辆装载车。

(3) 主楼分两次挖至－6.38m，第一步先挖至 3m 的深度；第二步再挖至基底设计标高－6.38m 处，挖土由主楼中部向东西两面进行开挖，集水坑部分低于基底，由人工进行开挖。

(4) 附楼开挖：自主楼基底阶梯形挖土至附楼底标高(－2.20m 处)。再由机械开挖附楼土方。

(5) 塔吊基础要于基坑开挖时同时挖出，并提前浇筑好混凝土。

(6) 提前准备好 3000m^2 岩棉被，3000m^2 塑料布，6000 个草袋，以防气温突降。

(7) 基础验收后立即进行回填土施工。

3. 结构工程

(1) 现场设置两台塔吊负责所覆盖范围内的流水作业，设混凝土搅拌站、钢筋加工厂、木工加工棚。

(2) 平面施工：项目组织两个作业队同时进行，每层分为六个施工段，进行平行流水施工。以建筑物中轴线为界分为两个大施工段，组织两个劳务作业队分段进行小流水段施工，按轴线分，每 6 个轴线为一小段，共 6 个施工段，施工缝留在梁跨中 1/3 部位。

(3) 主体结构分五段验收(基槽、地下室、1～6 层、7～12 层、13 层以上)。主体结构施工至 4 层围护墙、填充墙开始插入进行，装饰工程随主体验收插入进行，其他安装工程与土建施工交叉进行。

(4) 每层竖向分两步施工，第一步施工墙柱，第二步施工梁、板，在梁下皮和板上层设置水平施工缝，保证施工缝的接槎良好。

4. 砌筑工程

本工程填充墙为陶粒空心砖，地下室部分为粘土砖，主体施工时，应先进行砌体排砖设计，在混凝土柱及墙的相应位置留好预埋铁件，砌筑前将墙拉筋与预埋铁件焊牢。与框架结构相连的构造柱，在框架结构施工时下好预埋铁件，待墙体砌筑时，将构造柱钢筋与预埋铁件焊牢。

5. 地下室防水工程

(1) 本工程地下室防水为聚氨酯涂膜防水，防水工程是本工程质量控制的重点之一，根据公司的质量程序文件确定为特殊过程，在施工时应进行严格监控与管理，确保防水的施工质量。

(2) 在防水材料的选择上严格把关，确保原材料符合设计及规范要求。

(3) 根据以往的施工经验并结合本工程特点。设计一份防水施工图，防水做法及防水节点的设计必须合理，经设计人员审核后指导施工。

(4) 施工前按方案和技术规程对操作者进行技术安全交底并下达作业指导书。对防水施工的质量进行严格的程序控制和过程控制。

6. 水电安装

(1) 进场后积极做好前期准备工作，做好避雷接地的工作。

(2) 结构施工过程中做好管线的预埋和孔洞的预留。

(3) 随着结构工程的施工，及时插入管线安装工作，随着粗装修工程的施工，及时插入设备安装。

(4) 积极配合建设单位进行设备、材料的选型和订货，以及专业分包商的选定，积极协调和解决各专业间的交叉施工中存在的问题，为施工顺利进行创造良好的条件。

(5) 协助建设单位进行设备的安装施工及调试。

7. 装饰装修工程

(1) 本工程装修工程量较大，涉及工种多，交叉作业多，湿作业工期较长。因此在装修施工前，必须进行充分准备、精心组织、合理安排，施工过程中加强工序过程控制，做好成品保护措施，确保装修施工的顺利进行。装修施工前必须完成准备工作。

① 结构验收完成。

② 确定所有装修材料的选型和施工样板。

③ 各装修部位的施工详图、施工方案。

④ 完成专业施工的选择和培训工作。

⑤ 按材料样板确定材料供应商并完成供货合同，安排材料有序进场。

⑥ 装修使用的垂直运输机械：两台施工电梯安装完毕，以满足施工上人及上料之用。

(2) 本工程拟定总的施工程序为：室内室外同时进行，上下交叉施工。粗装修准备在前，精装修在后。外装修自上而下进行。内装修施工顺序为：先房间、卫生间，后走廊。因为顶棚大部分为矿棉吸声板，因此与其他专业相互交叉、合理安排，在2010年底前完成吊件安装，待其他湿作业完成后再进行吸声板的安装。

(3) 装修工程施工前先做样板，得到建设单位及监理公司认可后方可进行大面积施工。各分部分项工程施工前均应编制质量通病预防措施。

8. 劳动力计划

(1) 本工程将选用和我公司长期合作的劳务施工队伍进行施工，确保劳动力的质与量，并确保按计划进行。

(2) 劳动力包括土方、防水、结构、水电安装、装饰等所需劳动力。具体详见表9-1。

表9-1 劳动力需用计划表

工种	基础阶段	主体阶段	装修阶段	扫尾阶段	备注
壮工	40	40	40	20	
钢筋工	90	90	0	0	
木工	90	90	10	0	
混凝土工	72	72	12	12	
架子工	25	25	20	4	
瓦工	90	120	10	0	
抹灰工	0	0	180	12	
机械工	26	26	18	2	
电工	8	24	36	6	
水暖工	6	12	40	6	
防水油工	0	0	20	0	
电焊工	6	9	12	1	
装修木工	0	0	36	6	
油工	0	0	60	30	
其他	25	40	40	0	
总计	438	508	494	79	

(3) 本工程劳动力实行专业化组织，按不同工种、不同施工部位来划分作业班组，使相同专业班组从事相同的工作，提高操作工人的熟练程度和劳动生产率，确保工程质量，加快施工进度。

(4) 本工程将根据工程不同施工阶段调配劳动力，并根据施工生产情况及时调配相应专业施工队伍，对劳动力实行动态管理。

9. 主要施工机械配置计划

1) 塔吊

本工程在现场设置两台塔吊，用于结构施工时钢筋、模板的垂直运输，两台塔吊分别位于现场北侧的⑫轴东侧及㉟轴西侧。塔吊可以满足施工现场施工作业面的施工和垂直吊运次数要求。塔吊位置详见施工现场总平面布置图(附图1)。塔吊型号及布置位置的选择原则。

(1) 尽可能大地覆盖整个施工区域。

(2) 所处位置对车辆通行、材料堆放及周边设施影响最小。

(3) 塔吊拆除后留下的收尾工作最少。

(4) 便于塔吊安装和拆除。

2) 混凝土施工机械配备

本工程混凝土采用现场搅拌的方式，运输采用混凝土输送泵，原材料上料采用电脑自动计量系统。

3) 本工程主要施工机械设备配备(表 9-2)

表 9-2 主要施工机械设备配备表

序号	类型	名称	型号	数量	进场时间	退场时间
1	垂直和水平运输机械	塔吊	QT-60	1	2009/11/28	2010/7/15
		塔吊	徐 50B	1	2009/12/30	2010/10/11
		室外电梯	SCD200/200	1	2010/6/15	2011/6/28
		室外电梯	SCD200/200	1	2010/6/25	2010/11/20
		推土机	75	1	2009/10/28	2009/11/1
		挖掘机		2	2009/11/4	2009/11/11
		装载机		1	2009/2/16	2010/10/20
		翻斗车		8	2009/11/4	2009/11/4
2	混凝土施工机械	混凝土输送泵	HBT60	1	2009/12/8	2010/8/25
		自动配料机	PLT-800	1	2009/12/8	2010/8/25
		混凝土搅拌机	JS500	2	2009/11/10	2010/8/30
		砂浆搅拌机	JZ350	2	2009/11/6	2010/2/24
		插入式振捣器		10	2009/12/10	2010/11/5
		平板振捣器		5	2009/12/5	2010/10/8
		空气压缩机		4	2011/6/20	2011/8/15
3	钢筋加工机械	钢筋切断机	ϕ40	2	2009/11/9	2010/5/25
		钢筋弯曲机	ϕ40	2	2009/11/9	2010/10/8
		钢筋卷扬机	1.5t	1	2009/11/9	2010/10/8
		钢筋锥螺纹机	SB-40	2	2010/1/5	2010/7/20
		闪光对焊机	100kW	1	2009/11/9	2010/7/20
		钢筋切断机	ϕ40	2	2009/11/9	2010/5/25
		电焊机	BS500	8	2009/11/9	2011/7/30
4	木工加工机械	圆盘锯		2	2009/12/8	2010/8/25
		手提电锯		2	2010/1/20	2010/8/25

（续）

序号	类型	名称	型号	数量	进场时间	退场时间
5	其他机械	打夯机		8	2009/11/10	2010/8/23
		发电机		1	2009/11/4	2010/8/25
		电动套丝机		1		
		套丝板		1		
		弯管机		1		
		电锤		5		
		冲击钻		5		
		工程钻		1		
		试压泵		1		
		压接钳		2		
		开孔器		1		
		压力钳		1		
		台钻		1		
		潜水泵		4	2010/5/20	2010/10/10

10. 主要周转物资供应

1）模板及支撑脚手架

（1）本工程结构形式为框剪结构体系，竖向结构以柱为主，地下室及电梯井部分为剪力墙结构。

（2）框架柱采用专业厂家生产的无箍全钢大模板，梁、柱接头采用特制定型模板，两根圆柱模板采用定型钢模板。

（3）剪力墙电梯井模板采用全钢组合大模板及配套的支撑体系，由公司专业模板公司负责设计及生产。

（4）现浇顶板采用钢框覆塑竹胶模板，支撑采用满堂红碗扣式脚手架及早拆体系。

（5）楼梯支模采用工具式模板，异型结构处采用特制定型组合钢模板。

（6）为加快施工进度、减少模板投入、在保证结构安全的前提下降低工程成本，本工程模板设置早拆支撑体系。

（7）模板及其支撑系统需用计划表（表9－3）。

表9－3　板及其支撑系统需用计划表

名称	材料选型及规格	材料用量	备注
梁板模板	钢框竹胶板	6400m^2	
木方	50×100 木方	600m^3	
	100×100 木方	620m^3	

（续）

名称	材料选型及规格	材料用量	备注
梁板支撑	碗扣支撑架	118t	
可调支撑底座		3600个	
可调支撑头		3600个	
柱模板		400m^2	
钢架管	ϕ48×3.5	275t	
扣件		58000个	
安全网	密目网	14000	
木脚手板		650m^2	

2）外脚手架

本工程外脚手架24m以下采用双立杆双排扣件式脚手架，24m以上采用单立杆双排扣件式脚手架。

9.4 施工进度计划及保障措施

1. 前期施工准备

在进驻现场施工前，进行项目管理机构及人员、劳务分包、机械设备投入、施工安排、施工组织和技术方案的选择，并组织人员进入施工现场，着手现场平面布置、临建安排和临水临电布设。

2. 总计划安排

根据建设单位要求，经认真分析本工程，结合本工程的特点，我公司通过对施工组织、进度安排深入研究，本工程完工日期为××年××月××日，总日历天数676天。

3. 阶段进度计划目标(表9－4)

表9－4 阶段进度计划目标

序号	施工阶段	开始时间	完成时间	阶段工期(天)
一	结构施工	2009/11/6	2010/9/15	312
1	基础分部	2009/11/6	2010/3/22	126
2	主体分部	2010/3/15	2010/9/15	180
二	装修工程	2010/07/22	2011/8/20	394
1	内装修	2010/07/22	2011/8/20	394
2	外装修	2010/10/10	2011/7/15	285
三	屋面工程	2011/5/4	2011/7/12	69
四	水电安装工程	2010/07/22	2011/8/20	394

4. 施工进度计划

详见《××大学教学主楼施工进度计划网络图》(附图 2)。

5. 施工进度计划保证措施

我公司将以一流的施工策划与运作、一流的管理与协调、一流的技术与工艺、先进的设备与材料、优秀的承包商与劳动力素质等来保证本工程各项目标的实现，从而以过程精品达到工程精品，满足建设单位对工期、质量等方面的要求，尤其是对工期采取如下保证措施。

1) 建立完善的计划保证体系

建立完善的计划保证体系是掌握施工管理主动权、控制施工生产局面、保证工程进度的关键一环。本项目的计划体系将以施工总进度计划为总体实施计划，以月、周、日计划为具体执行计划，并由此派生出专业分包进场计划、技术保障计划、物资供应计划、劳动力计划、资金使用计划、质量检验与控制计划、安全防护计划及后勤保障一系列计划，使进度计划管理形成层次分明、深入全面、贯彻始终的特色。

2) 人、财、物的保障

在本工程中，委派施工过类似工程、具有大型工程总承包经验和能力的一级优秀项目经理和从事项目总承包管理的各类专业人员组成项目经理部，以最大限度地满足本工程的需要。

我们除具备强大的总部对项目实施和管理进行支撑、服务和控制外，还具有门类齐全、实力强大的专业化公司所形成的施工保障能力，同时具备组合社会优良资源的经验和能力。

我们具备良好的资信、资金状况和履约能力，还具备丰富的工程项目策划、管理、组织、协调、实施和控制的经验和水平，多年来，我们所形成的项目管理和运作模式广为建设单位和用户认可。

我们本身拥有强大的施工机械设备资源，包括门类齐全、性能先进的各类施工机械设备、测量仪器设备、检验试验设备，能满足大型复杂工程的需要。本工程拟投入的设备具体详见本方案中的主要施工机械设备的配备。

3) 技术工艺及措施的保证

(1) 编制有针对性的施工组织设计、施工方案，以技术为先导、为策划，全面带动项目管理。

“方案先行，样板引路”是我公司施工管理的特色，本工程将按照方案编制计划，编制具有战略指导性的、详细的、有针对性的、可操作性的专项《施工方案》，从而实现在管理层和操作层对施工工艺、质量标准的熟悉和掌握，使工程有条不紊的按期保质地完成。施工中强调方案的严肃性，严格按方案执行。

(2) 采用小流水施工。

根据前述工程施工总进度计划图和阶段计划目标要求，采用小流水施工方式进行组织施工。节拍均衡流水施工方式是一种科学的施工组织方法，其思路是使用各种先进的施工技术和施工工艺，压缩或调整各施工工序在一个流水段上的持续时间，实现节拍的均衡流水，在实际施工中，我公司将根据各阶段施工内容、工程量以及季节的不同，采用合理调整资源投入、加强协调管理等措施满足流水节拍均衡的需要。

(3) 先进的模板体系。

① 框架柱模。

采用无箍全钢大模板，与满堂红架体拉结牢固，梁、柱接头采用特制定型模板，两根圆柱模板采用定型钢模板。

② 剪力墙模板。

剪力墙电梯井模板采用全钢组合大模板及配套的支撑体系，由专业模板公司负责设计及生产。

③ 顶板、梁支模。

现浇顶板采用钢框竹胶模板，支撑采用满堂红式碗扣式脚手架及早拆体系。

④ 楼梯支模。

楼梯支模采用工具式模板，异型结构处采用木模板。

⑤ 采用早拆支撑体系。

本工程顶板支撑采用碗扣式脚手架早拆体系，碗扣式脚手架具有安拆方便、迅速、效率高、便于管理等特点，加快了施工进度。同时采用早拆支撑，加快了架体和模板的周转，节省费用。

(4) 采用混凝土泵送工艺。

本工程混凝土现场搅拌，后台上料采用装载机上料，上料控制为电脑自动计量，混凝土运输采用一台 HBT60 型混凝土输送泵，施工操作面设一台布料杆。

6. 施工配套计划保证

根据前述施工进度计划，要保证计划的实施，与之相适应的配套计划的完成是关键，所以编制此配套计划并在施工中按此计划完成非常必要，否则工程中的好多工作就要受到牵制、影响甚至等待，从而最终拖延工期，配套计划主要包括以下内容。

(1) 设备材料进场配套计划(见施工部署)。

(2) 施工机械设备进场计划(见施工部署)。

(3) 劳动力配备计划(见施工部署)。

7. 总承包管理的保障

1) 采用成建制的劳务分包、引入竞争机制

信誉良好、实力强的优秀施工队伍是保证工程按期完成的基本条件，本工程拟通过招投标方式选择与我公司长期合作、具有一级或二级资质的城建制队伍作为劳务分包，以确保工期目标的实现。

2) 发挥综合协调管理的优势，对各专业承包商进行有效的组织、管理、协调和控制

我们将以合约为控制手段，以总控计划为依据，发挥综合协调管理的优势，调动各分包商的积极性，使各分包商密切合作、相互配合、相互支持，尤其是交叉施工的合理性和有效衔接。利用我们长期以来所形成的分包管理手册，对各专业分包商进行组织、协调、管理和控制，在计划、工期、质量、安全、文明施工、成品保护、物资管理、技术管理、资料管理、合约管理、工程款支付等方面建立了一整套分包管理规定，我们将站在总包的高度全面协调、组织、管理好所有分包商，调整、规范各分包商的行为，极其高效地实现建设单位满意的工程目标。我们具有一系列现场制度，诸如工期奖罚制度，工序交接检制度，施工样板制，大型施工机械设备使用申请和平衡制度，材料堆放申请制度，总平面管理制度，日作业计划和材料日进场平衡制度等，为加强现场制度化建设提供了依据。

3）建立例会制度，保证各项计划的落实

计划管理是项目管理最为重要的手段，我们将建立如下的会议制度，每周一举行经理部部门负责人以上人员会议，协调内部管理事务，每周二由总包召开一次各分包参加的生产例会，总结计划完成情况，发布下周计划，每周三召开建设单位、监理、设计、总包四方例会，分析工程进展形势，相互协调各方关系，制订工作对策。通过例会制度，使施工各方问题解决渠道通畅、及时，制订四级控制计划，即通过日计划保证周计划，通过周计划保证月计划，通过月计划保证总进度计划。

4）计算机项目管理系统，实现资源共享

针对本工程的重要性，我公司将在此项目上全面采用《建筑工程施工项目管理信息系统》，以项目局域计算机网络为基础，建立项目管理信息网络，实现高效、迅速并且条理清晰的信息沟通和传递。

5）加强现场平面布置管理

我公司将根据阶段的特点和需求设计现场平面布置图，平面图涉及现场道路的布置、大型机械的布置、材料堆场等方面的布置。现场平面布置图和物资采购、设备订货、资源配备等辅助计划相配合，对现场进行宏观调控，在施工紧张的情况下，保持现场秩序井然。现场秩序井然是施工顺利进行和保证工期的重要保证之一。

6）加强与政府和社会各方面的协调

在这方面我公司历来非常重视，并积累了十分成熟的经验，在施工过程中，外界影响生产的因素很多，我公司将设置专门的负责人和行政部，加强对交通、市政、供电供水、环保市容、街道等政府机构和单位的协调，取得政府及相关部门机构的支持，为保证施工生产的正常进行创造良好的外部环境。

7）加强与建设单位、监理、设计方的合作与协调，积极主动地为建设单位服务

我公司将从工程大局出发，积极协助为主的工作，包括处理好与政府部门的关系，与建设单位、设计、监理以及各专业分包商之间建立起稳定、和谐、高效和健康的合作关系，加强工程各方的配合与协调，使现场发生的任何问题能够及时快捷地解决，为工程创造出良好的环境和条件。

9.5 施工现场平面布置

9.5.1 施工现场平面布置原则

本工程现场平面布置充分考虑了周边环境因素及施工需要，布置时所遵循的原则如下。

(1) 现场平面随着工程施工进度进行布置和安排，阶段平面布置要与该时期的施工重点相适应。

(2) 在平面布置中充分考虑好施工机械设备、办公、道路、现场出入口、堆放场地等的优化合理布置。

(3) 施工材料堆放应设在垂直运输机械覆盖的范围内，以减少发生二次搬运。

(4) 中小型机械的布置，要处于安全环境中，要避开高空物体打击的范围。

(5) 临电电源、电线敷设要避开人员流量大的安全出口，以及容易被坠落物体打击的范围，电线尽量采用暗敷方式。

(6) 本工程要重点加强环境保护和文明施工管理的力度，使工程现场始终处于整洁、卫生、有序合理的状态。

(7) 设置便于大型运输车辆通行的现场道路并保证其可靠性。

9.5.2 施工现场临时用水方案

1. 现场勘察

本工程位于××市五四路东口，××大学校园内，施工现场比较狭窄。为确保工程顺利进行，临时供水线路在布置上力求完善，以满足工程施工阶段用水量。本工程临时上水水源采用城市自来水。经潜水泵抽至水箱，通过加压泵送至管网直至基本用水点。潜水泵功率为2.2kW，加压泵为11kW，水箱为4m×3m×1.5m，底厚为8mm，侧面为6mm，顶厚为4mm，里边为18根3m长，－60角钢作筋，进水管为ϕ70mm钢管，出水管为ϕ100mm钢管，出水管上设置闸阀、止回阀和压力表。

2. 施工现场基本用水点布置如下

现场施工沿建筑物东西两侧和中间设三个供水点，搅拌站设1个、钢筋加工厂设1个、木材加工厂设1个、食堂设1个，同时为满足消防要求，木材加工厂、仓库共设3个消火栓。

3. 水力计算

给水管的管径，应根据设计秒流量临时管网能保证的水压和最不利处的配水点或消火栓所需的水压计算确定。

现场临时用水布置。

施工现场临时供水计算用水量计算

1) 现场施工用水量计算

$$q_1=(K_1\sum Q_1N_1/T_1tK_2)/(8\times3600)$$

式中 q_1——施工用水量(L/s)；

K_1——未预计的施工用水系数，取1.05～1.15；

Q_1——每天砌筑量(以实物计量单位表示)，取200m^3/d；

N_1——施工用水定额，取1700～2400L/m^3；

T_1——天数(d)；

t——每天工作班数；

K_2——用水不均衡系数，取1.05。

据公式有：

$$q_1=1.05\times200\times1700\div(3\times1.05)\div(8\times3600)=3.94\text{L/s}$$

2) 施工机械用水量计算

$$q_2=K_1\sum Q_2N_2K_3/(8\times3600)$$

式中 Q_2——同一种机械台数，取5台；

N_2——机械台班用水定额；

K_3——机械用水不均衡系数，取 1.05。

据公式有：

$$q_2=1.05\times5\times1500\times1.05\div(8\times3600)=0.29\text{L/s}$$

3) 施工现场生活用水量计算

$$q_3=P_1N_3K_4/(t\times8\times3600)$$

式中 P_1——施工高峰昼夜人数，取 1000；

N_3——施工现场生活用水定额，取 20～60L/人；

K_4——施工现场生活用水不均衡系数，取 1.05～1.15；

t——每天工作班数，取 3 班。

据现场情况

$$q_3=1000\times40\times1.05\div(3\times8\times3600)=0.49\text{L/s}$$

$q_1+q_2+q_3=3.94+0.29+0.49=4.72\text{L/s}$，根据建筑施工规范要求，消防用水量为 10L/s，应以消防用水量计算。

最大配水管径计算

$$d=4Q/(\pi V\times1000)$$

式中 Q——耗水量，L/s；

D——配水管径；

V——管网中流速，取 1.2m/s。

据以上计算

$$d=4\times10\div(3.14\times1.2\times1000)=0.1\text{m}$$

所以取最大配水管径为 100mm。

根据工程最大用水量计算，现场设置 DN100 的入户管即能满足用水量要求，可以按消防要求设置主要给水干管。

沿现场布置 DN100 的管线，埋地敷设，沿施工现场设消火栓口，并配齐水龙带，做好明显标志。

施工临时用水从 DN100 的管线上接出 DN32 的管线，分到搅拌机、钢筋加工厂、木材加工厂等。

4. 管道布置和敷设

为了不影响建筑期间供水，应从室外管网不同侧设两条引管。给水管道的敷设不得妨碍生产操作，交通运输和建筑物的使用。给水埋地管道应避免布置在可能受重物压坏处，管道不得穿越生产设备基础。工地排水沟与小区内排水系统相结合，为防止暴雨季节其他地面水涌入现场，在工地四周设置了排水沟。临时水管铺设，有安装和明装。暗装埋地管道不得小于 500mm，明管在冬季用 $\delta=50$mm 岩棉管壳保温，外缠玻璃布。管路布置详见附图 1 施工平面布置图。

9.5.3 施工现场临时用电方案

1. 电气设备

根据工程实际情况，所有主要电气设备见表 9-5。

表 9-5 所有主要电气设备

序号	一路			二路		
	设备名称	功率	数量	设备名称	功率	数量
1	吊塔	47kW	2 台	混凝土输送泵	75kW	1 台
2	对焊机	100kVA	1 台	混凝土搅拌机	24kW	2 台
3	小冷拉	7.5kW	1 台	卷扬机	4.5kW	2 台
4	弯曲机	4.5kW	2 台	电梯	22kW	2 台
5	切断机	4.5kW	2 台	电焊机	48kVA	2 台
6	电焊机	45kVA	2 台	电焊机	32.5kVA	2 台
7	电焊机	32.5kVA	2 台	水泵	27kW	1 台
8	电锯	4.5kW	1 台	砂浆机	5.5kW	1 台
9	照明	15kW		照明	15kW	
10	其他	10kW		其他	10kW	

2. 布线

本工程电源取自建设单位配电室内，工地配电室设在现场西北面，采用树干-放射式供电方式，现场分两路供电，一路主供吊塔和钢筋加工厂等，二路主供搅拌站和电梯等，总分配电箱位置及线路走向见临电施工平面图。

负荷计算及导线截面选择，见表 9-6。

表 9-6 负荷计算及导线截面选择

一路	二路
所供用电设备有功计算负荷 $\sum P_jS_1=225.1\text{kW}$ 所供用电设备无功计算负荷 $\sum Q_jS_1=270.12\text{kW}$ 混合系数考虑为 0.65 $P_jS_2=225.1\times0.65=146.3\text{kW}$ $Q_jS_2=270.12\times0.65=175.6\text{kW}$ $S_jS=\sqrt{P_jS_2^2+Q_jS_2^2}=228.56\text{kVA}$ $I_jS=S_jS/\sqrt{3}V_e=347\text{A}$ 导线穿金属管查表得导线选择 120mm² 的塑铜线，电压损耗校验。 $V=\dfrac{\sum(P_R+9x)}{V_e}=$ $\dfrac{(146.3\times0.172\times0.1+175.6\times0.06\times0.1)\times10^3}{380}$ $=9.26$ $\Delta V\%=\Delta V/V_e=\dfrac{9.26}{380}\times100=2.44\%<5\%$ 因此所选导线满足电压损耗要求。	所供用电设备有功计算负荷 $\sum P_jS_1=229.57\text{kW}$ 所供用电设备无功计算负荷 $\sum Q_jS_1=275.4\text{kW}$ 混合系数考虑为 0.65 $P_jS_2=229.5\times0.65=1410.12\text{kW}$ $Q_jS_2=275.4\times0.65=179\text{kVAR}$ $S_jS=\sqrt{P_jS_2^2+Q_jS_2^2}=233\text{kVA}$ $I_jS=S_jS/\sqrt{3}V_e=354\text{A}$ 导线穿金属管查表得导线选择 120mm² 的塑铜线，电压损耗校验。 $V=\dfrac{\sum(P_R+9x)}{V_e}=$ $\dfrac{(149.2\times0.172\times0.14+179\times0.06\times0.14)\times10^3}{380}$ $=13.6$ $\Delta V\%=\Delta V/V_e=\dfrac{13.6}{380}\times100=3.58\%<5\%$ 因此所选导线满足电压损耗要求。

3. 技术措施

(1) 本工程严格采用三级配电两级保护，自配电室引至各分配电箱，内设漏电保护器，分配电箱至用电设备做到一机一箱一闸一漏电。

(2) 导线采用塑铜线穿钢管和流体管埋地敷设，管线规格型号和各配电箱位置见临电施工平面图。

(3) 所有供电线路采用三相五线制和单相三线制，各配电箱和用电设备要有可靠的接地。

(4) 工作零线、保护零线引自配电室接地装置，在配电室和线路末端做重复接地，要求接地电阻实测≤10Ω。

(5) 现场所有机械设备和电气设备安装及线路敷设必须符合《建设工程施工现场供电安全规范》。

4. 安全措施

(1) 凡电工人员进入现场必须穿绝缘鞋，戴安全帽，持证上岗，学员、实习人员须在持证电工监护指导下进行操作。

(2) 电工操作人员严格遵守临电有关安全法规、规程和制度，不得违章作业。

(3) 供电负责人要认真做好临电巡视定期检查和隐患整改工作，及时准确地填写工作记录和规定的表格，并做好安全用电宣传工作。

(4) 架设临时线路和进行有危险作业时应完备审批手续，否则应拒绝施工，电气人员有权制止违章作业和违章指挥，确保把安全用电落到实处。

5. 电气防火措施

(1) 施工现场应注意防火，使用明火应打动火报告，并经有关人员同意方能动火，并有专人看护。

(2) 配电室需设置防火装置如干粉灭火器，不得放置易燃物品。

(3) 易燃物品需远离配电箱，严禁使用裸导线和有破漏的电线。

(4) 线路架设和照明器具安装距顶和易燃物要满足规定距离。

(5) 使用低压照明线路及电焊要使用绝缘导线，防止导线短接或其他导线物连接产生火花。

(6) 现场严禁使用碘钨灯和电炉等取暖。

9.5.4 施工现场临建设施布置

施工现场临建设施布置详见附图1。

1. 现场办公室

在施工现场的北侧设现场临时办公室。

2. 警卫室

在施工现场北侧设大门口一个，门口设警卫室。

3. 厕所

在施工现场南侧设置厕所，每天按时进行清扫，保证施工现场的文明施工。

4. 现场道路、料场

现场施工主要道路为环形硬化道路，路宽 5m，为满足施工过程中大型运输车行驶的需要，铺 100mm 厚 C20 混凝土路面。由中间向两边放坡，料场地面铺石子。每天对道路进行洒水湿润，避免尘土飞扬。

9.6 土建工程施工方案

9.6.1 测量工程

1. 测量准备

所有进入现场的测量器具应在检定周期内，与建设单位办理交接检手续，校核建设单位的定位桩、红线桩、基准点，对测量人员进行技术交底，编制测控布置方案，建立测量数据库。

2. 场区平面控制网布设原则

(1) 平面控制应先从整体考虑，遵循先整体、后局部，高精度控制低精度的原则。

(2) 布设平面控制网应根据设计总平面图，现场施工平面布置图，基础及首层平面布置图中的关键部位。

(3) 选点应选在通视条件良好、安全、易保护的地方。

(4) 桩位必须用混凝土保护，需要时用钢管进行围护，并用红油漆标记。

3. ±0.00 以下施工测量

1) 轴线控制桩的校测

在建筑物基础施工过程中，对轴线控制桩每半月复测一次，以防基础施工桩位位移，而影响到正常施工及工程施测的精度要求。

2) 轴线投测方法

±0.00 以下的基础施工一般采用经纬仪方向线交会法来传递轴线、引测投点，误差不应超过±3mm，轴线间误差不应超过 2mm。

首先依据场区平面轴线控制桩和基础开挖平面图，测放出基槽开挖上口线及下口线，并用白石灰撒出。当基槽开挖到接近槽底设计标高时，用经纬仪投测出基槽边线，并打控制桩指导开挖。

待垫层打好后，根据基础边上的轴线控制桩，将经纬仪架设在控制位上，经对中、整平后，后视同一方向桩，将所需的轴线投测到施工的平面层上，在同一层上投测的纵、横轴线不能少于 2 条，以此做角度、距离的校核。经校核无误后，在该平面上放出其他相应的设计轴线及细部线，并弹墨线标明，作为支模板的依据。在各楼层的轴线投测过程中，上下层的轴线竖向垂直偏移不应超过 4mm。

在施工过程中，每当施工平面测量工作完成后，进入竖向施工测量，在施工中，每当柱浇筑成形拆掉模板后，应在柱侧平面投测出相应的轴线，并在墙柱侧面抄测出建筑＋50cm 线(＋50cm 线相对于每层楼板设计标高而定)，以待下道工序的使用。

当每一层平面或每段轴线测设完后，必须进行自检，自检合格后及时填写报验单，报验单必须写明层数、部位、报验内容并附一份报验内容的测量成果表，以便能及时验证各轴线的正确程度状况。

3) ±0.00 以下结构施工中的标高控制

高程控制点的联测：在向基坑内引测标高时，首先联测高程控制网点，以判断场区内水准点是否被碰动，经联测确认无误后，方可向基坑内引测所需的标高。

±0.00 以下标高的施测：为保证竖向控制的精度要求，对每层所需的标高基准点，必须正确测设，在同一平面层上所引测的高程点，不得少于三个，并作相互校核，校核后三点的误差不得超过 3mm，取平均值作为该平面施工中标高的基准点，根据基坑情况，在边坡上选定一固定位置，用水泥砂浆抹成一个竖平面，在该竖平面上设定施工用标高点，用红色三角作标志，并标明绝对高程和相对标高，便于施工中使用。

拆模后，抄测结构 1m 线，在此基础上，用钢尺作为向上传递标高的工具。

4. ±0.00 以上施工测量

1) 平面控制测量

±0.00 以上的轴线传递，依据轴线控制桩，分四个方向测设，并校核，建筑物外围四条轴线闭合后，再将其他轴线放出。

将控制轴线引测至建筑物内，根据施工前布设的控制网基准点及施工过程中流水段的划分，在建筑物内做内控点(每一流水段至少 2～3 个内控基准点)，埋设在首层距离轴线 1m 的位置。基准点的埋设采用 10cm×10cm 钢板，钢针刻划十字线，钢板通过锚固筋与首层楼面钢筋焊牢，作为竖向轴线投测的基准点。基准点周围严禁堆放杂物，向上各层在相应位置留出预留洞(15cm×15cm)。

竖向投测前，应对首层钢板基准点控制网进行校测，校测精度不宜低于建筑物平面控制网的精度，以确保轴线竖向传递精度。

轴线竖向投测的允许偏差。

① 高度为层高时：允许偏差 3mm。

② 高度 $H \leqslant 30$m 时：允许偏差 5mm。

施工层放线时，应先在结构平面上校核投测轴线，闭合后再测设细部轴线。

2) 高程的传递

(1) 在第一层的柱子和平台浇筑好后，从柱子下面已有标高点(通常是＋50cm 线)向上用钢尺沿柱身量长度。

(2) 标高的竖向传递，应用钢尺从首层起始高程点竖直量取，当传递高度超过钢尺长度时，应另设一道标高起始线，钢尺需加拉力、尺长、温度三差改正。

(3) 每栋建筑物应由三处(选择三个内控点)分别向上传递，标高的允许误差如下。

高度为层高时：允许偏差±3mm。

高度 $H \leqslant 30$m 时：允许偏差±5mm。

(4) 施工层抄平之前，应先校测首层传递上来的三个标高点，当偏差小于 3mm 时，以其平均点引测水平线。抄平时，应尽量将水准仪安置在测点范围的中心位置，并进行一次精密定平，水平线标高的允许偏差为±3mm。

5. 沉降观测

根据施工图所示设置沉降观测点，采用 SI 精密水准仪，固定观测工具及人员，采用二级水准测量闭合法，地下室以下的观测点仅观测一次，在地下室顶板支模前进行，且以此观测结果为以后观测的零点，以后仅观测标高 0.40m 的观测点，且在下层楼板结构支模前进行第二次观测，施工完一层观测一次，建筑物竣工后，第一年每季度观测一次，第二年每半年观测一次，以后每年观测一次，直致沉降稳定为止。(沉降观测由建设单位外包。)

6. 质量保证措施

1) 总则

(1) 测量工作遵循“先整体，后局部、高精度控制低精度”的原则。

(2) 测量外业施测和内业计算要做到步步校核。

(3) 所有归档的资料和需交付顾客的测绘产品必须经过作业人员的自检、工程主持人检验和分公司最终检验。

2) 过程控制

(1) 生产准备阶段的控制。

根据测绘生产任务，由主任工程师组织编制测量方案。由测放组长对作业所依据的原始资料，测绘成果进行校测、核算，并记录校核结果。测放组组长依据测量方案向设备管理部提出仪器需用计划。设备管理部按计划做好测量仪器及测量辅助工具的校准工作。测绘管理部要依据测量方案要求，选择能够胜任工作的技术人员、操作人员。技术负责人要在作业前向作业人做好技术交底，使每位作业人员都明确职责和技术要求。

(2) 生产阶段的控制。

测放组长要按进度和方案要求，安排工作，并做好测绘日志。作业过程中应根据《测量仪器使用管理办法》的规定进行检校维护、保养并做好记录，发现问题后立即将仪器送检。作业过程中，要严格按作业规范和技术要求进行。

作业过程中严格执行“三检制”。自检：作业人员要按作业要求进行操作，每道过程完成立即进行自检，自检中发现不合格项应立即改正，直到全部合格，并填写自检记录。互检：由技术负责人组织进行质量检查活动，发现不合格项立即改正至合格。交接检：由技术负责人组织，上道工序合格后交给下道工序，交接双方在记录上签字，并注明日期。

7. 人员组织

根据工作量和工作难度，测放组长负责工作安排、设备管理、现场安全管理。技术负责人负责工作质量、工作进度、技术方案的编制与实施。测量放线员负责现场具体操作。

9.6.2 土方工程

1. 土方开挖方法

首先清除建筑物范围内的地上及地下障碍，采用“放坡大开挖”的施工方案。基坑开挖采用两台反铲式挖掘机，并配一台推土机和 8 辆装载车。主楼分两次挖至－6.38m，基坑底留 10cm 余土，由人工清槽至设计标高－6.48m，人工配合清理土方边坡，根据勘察结果，土方放坡为 1∶0.5，随挖随进行边坡修整，挖完后，基坑边坡喷射 20mm 厚 1∶2 水泥砂浆，确保坡体稳定，并用塑料覆盖。

2. 土方开挖程序

(1) 工艺流程：机械挖土→局部地基处理→人工清槽→钎探→验槽。

(2) 主楼挖土由中部向东西两面进行开挖，挖土分两步进行，第一步先挖至 3m 的深度；第二步再挖至基底设计标高－6.38m 处，人工配合修整边坡，集水坑部分低于基底，由人工进行开挖。

(3) 主楼中部挖至标高后，随即把标高控制点引入基底，按此由人工清至设计标高。

(4) 在基坑东西两侧各挖一车道，作为基底钎探及混凝土垫层施工的通道，坡道放坡比例为 1∶8。

(5) 基坑四周要增加 500mm 的工作面，砌筑 800mm 高的 240mm 厚砖墙作底板模板，内侧抹 1∶2 的水泥砂浆。

(6) 附楼开挖：自主楼基底阶梯形挖土至附楼底标高－2.20m 处，再由机械开挖附楼土方。

(7) 塔吊基础在基坑开挖时同时挖出，并提前浇筑好混凝土。

(8) 提前准备好 3000m^2 岩棉被，6000 个草袋，以防气温突降。

(9) 基坑挖完后进行钎探。

① 钎探工艺流程：根据钎探布置图测量定点→就位打钎→拔钎盖孔→记录→勘察、设计、监理、建设单位验槽。

② 钎探点按梅花形布置，纵横间距 1.5m，钎探深度 2.1m。安排专人负责此项工作，认真做好钎探记录，如发现异常通知有关部门。探完后，会同建设单位、设计、监理、勘察等部门共同验槽，分析钎探记录，确定符合设计要求后，方可进行下一步施工。验槽后探孔用砂填实。

3. 土方开挖质量、安全保证措施

(1) 土方施工设专人指挥，技术员进行书面交底，严格执行施工方案，

(2) 挖土机司机必须按照开挖灰线施工。

(3) 测量员随时测量，保证基底标高，槽底老土不得扰动。

(4) 夜间施工有足够照明。

(5) 土方施工机械和车辆在进场前进行彻底的检修和保养，确保施工期间机械的正常运转。

(6) 土方开挖后，按现场防护要求在基坑的周围搭设安全防护栏杆，避免人员跌落坑中。

(7) 施工中如遇地下障碍物(包括古墓、各种管道、管沟、电缆、人防等)时，立即暂停施工，及时报告经理部，待妥善处理后方可继续施工。

4. 回填土施工

土方开挖时，将挖出的土方运到建设单位指定地点，以备进行回填土时使用，土方开

挖时将符合回填土要求的土方集中堆放在一起，并覆盖双层塑料布，同时上部压砖，避免雨水浸泡和扬尘，以确保回填土的质量。

土方回填时，土的含水量和最大干密度必须符合要求，灰土必须按设计要求配料拌匀，采用蛙式打夯机分步压实，每层虚铺厚度不大于 250mm，灰土回填和土方回填必须按规定分层夯实，打夯应一夯压半夯，夯夯相连，纵横交叉，每步灰土用环刀取样，测定其干密度和压实系数，满足要求后方可进行下步灰土施工。当天作业完毕后即覆盖两层草袋保温。

9.6.3 基础及地下室施工

基础底板厚 800mm，基础梁有 1700mm、2400mm、2500mm 等断面尺寸。主楼地下室与附楼基础、门厅基础处均有 1000mm 宽的后浇带。竖向施工缝留两处：一处位于墙体上距梁顶 300mm 处，一处位于地下室墙体与顶板梁交接处。施工缝均为水平缝，设 3mm 厚、400mm 高钢板止水带。

1. 钢筋加工

基础底板底层钢筋采用塑料垫块作保护层，底板上下层间设钢筋马凳，用 $\phi22$ 钢筋制作，纵横间距 1000mm。剪力墙及柱保护层用定型塑料卡具。基础底板水平钢筋接长采用闪光对焊，基础梁钢筋水平接长时，$\phi22$ 以上的钢筋采用锥螺纹连接技术，$\phi22$ 以下的钢筋采用闪光对焊技术。梁上下层钢筋间用 s 钩吊住，$\phi10$ 钢筋，间距 1000mm 一个，框架柱竖向钢筋接长用锥螺纹连接，剪力墙钢筋采用绑扎接头，错开间距 500mm。

墙体、柱插筋与底板筋交接处要增设定位筋并与底板梁钢筋点焊牢固，防止根部移位。柱主筋根部与上口要增设定位箍筋，确保位置准确。

2. 模板施工

在垫层上砌 800mm 高、240mm 厚的砖墙，内抹砂浆，做好防水及保护层，作为基础底板的模板。基础梁、框架柱及剪力墙采用组合钢模板。外墙采用带止水片的对拉螺栓。

3. 防水层施工

工程设计为聚氨酯防水涂膜，施工时已进入冬施期间，要选择上午 10：00 到下午 4：00 进行。

4. 混凝土施工

工程采用 4 台强制式混凝土搅拌机，一台 HBT60 型混凝土输送泵运输，基础要连续浇筑不留施工缝。混凝土浇筑时采用斜面分层法施工。地下室外墙设水平施工缝，位于基础梁顶 300mm 处。施工缝为平口缝加 3mm 厚、400mm 高的钢板止水带。混凝土中掺加 UEA－M 高效膨胀剂及高效防冻剂。施工时对搅拌用水采用蒸汽加热，在骨料底铺设钢管，并接至锅炉，通入蒸汽对骨料进行加热。

底板混凝土分段浇筑。设钢筋马凳及人行通道和操作平台，严禁直接踏踩钢筋，通道随打随拆。底板分两次浇筑完成，基础梁分四次浇筑，在底板和梁混凝土浇筑完毕后，要逐个检查，及时修正柱、墙插筋位置。

处于冬季，搅拌用水要加热到45～60℃之间，并掺加防冻剂，表面压光后覆盖一层塑料布、两层草帘保温。

5. 地下室外防水

地下室外墙一次连续浇筑混凝土，不留施工缝，混凝土为C45/S8抗渗混凝土。外墙上的预埋套管均加止水环。外墙外侧为聚氨酯防水涂膜及120mm厚砖墙保护，防止地下水的渗入。

9.6.4 钢筋工程

1. 钢筋加工

钢筋由公司负责采购并运送到现场，钢筋采购严格按ISO 9000质量标准执行，钢筋进场后按要求进行原材料复试，严禁不合格钢材用于该工程上，钢筋厂家和品牌提前向建设单位、监理报批。施工现场设钢筋加工场，钢筋加工场配备先进的钢筋加工设备，并有严格的质量检验程序和质量保证措施，能确保钢筋的加工质量。钢筋现场建立严格的钢筋生产、安全管理制度，并制订节约措施，降低材料损耗。钢筋加工成型后，严格按规格、长度分别挂牌堆放，不得混淆。存放钢筋的场地要进行平整夯实，浇筑混凝土地面，并设排水坡度，四周挖设排水沟，堆放时，钢筋下面要垫木方，离地面不少于20cm，以防钢筋锈蚀和污染。钢筋要分部、分层、分段、按编号顺序堆放，同一部位或同一构件的钢筋要放在一处，并有明显标识，标识上注明构件名称、部位、钢筋型号、尺寸、直径、根数。

2. 钢筋绑扎

(1) 钢筋绑扎前先熟悉施工图纸及规范，核对钢筋配料表及料牌。对于结构形式复杂的部位，应先研究透逐根钢筋的摆放层次和穿插顺序，减少绑扎困难，避免返工，加快进度，保证质量。

(2) 钢筋绑扎严格按设计和相关规范、图集要求执行。

(3) 钢筋搭接长度、锚固长度、钢筋的保护层、钢筋接头位置严格按照工程规范和设计图纸要求施工。

(4) 绑扎形式复杂的结构部位时，应先研究逐根钢筋的穿插就位顺序，减少绑扎困难，避免返工，加快进度。钢筋过密时，先进行放样，提前采取措施。

(5) 在施工前对作业班组进行详细的技术交底，把施工图纸消化透，明确绑扎顺序，并加强现场质量控制，严格规范化管理。

3. 钢筋的连接方式

(1) 柱内竖向钢筋采用锥螺纹连接，接头位置距板面高度0.9m和1.8m错开放置，同一截面接头钢筋面积不能大于钢筋截面面积的50%。

(2) 梁主筋采用锥螺纹连接。相邻钢筋接头位置错开$40d$，下铁接头位置在支座1/3范围内。

(3) 剪力墙钢筋采用绑扎搭接，搭接长度为$35d$，竖向钢筋相邻钢筋接头相互错开一个搭接长度，横向钢筋相邻钢筋接头错开500mm。

4. 钢筋定位及保护层控制措施

针对钢筋混凝土结构施工中钢筋位移、钢筋混凝土保护层厚度不均等质量通病，本工程在结构施工阶段墙、柱钢筋绑扎时，上口设置钢筋定距框，以控制墙、柱主筋全部到位，保证保护层完全正确。采用钢筋混凝土保护层专用定位塑料卡具代替传统砂浆垫层，保证钢筋在结构中的位置和混凝土保护层的厚度。

5. 墙体钢筋

(1) 墙筋绑扎前在两侧各搭设两排脚手架，每步高度1.8m，脚手架上满铺脚手板，为操作人员创造良好的作业环境。

(2) 外墙钢筋在底板甩插筋，然后一步接到墙顶，中间不设接头，电梯井剪力墙钢筋按层高进行搭接。

(3) 按照设计图纸要求，用塑料卡控制保护层厚度，将塑料卡卡在墙横筋上，间隔60cm呈梅花形布置。

6. 梁钢筋

(1) 梁的弯钩度及平直长度按设计及规范要求。

(2) 在主次梁或次梁间相交处，针对图纸按要求设附加箍筋。

(3) 次梁上下主筋应置于主梁上下主筋之上，纵向框架梁的上部主筋应置于横向框架梁上部主筋之上，当两者梁高相同时纵向框架连梁的下部主筋应置于横向框架梁下部主筋之上，当梁与柱或墙侧面平时，梁该侧主筋应置于柱或墙竖向纵筋之内。

(4) 在梁箍筋上加设塑料定位卡，保证梁钢筋保护层的厚度。

7. 柱钢筋

(1) 柱筋按要求设置后，在其底板上口增设一道限位箍，保证柱钢筋的定位，柱筋上口设置一钢筋定位卡，保证柱筋位置准确。

(2) 柱上、下两端箍筋加密，加密区长度及箍筋的间距均应符合设计要求。

(3) 为了保证柱筋的保护层厚度，在柱箍筋外侧卡上专用塑料卡。

8. 楼板钢筋

(1) 清扫模板杂物，表面刷涂脱模剂后放出轴线及上部结构定位边线，在模板上划好主筋分布筋间距，用红色墨线弹出每根主筋的线，依线绑筋。

(2) 按弹出的间距线，先摆受力主筋，后摆分布筋。预埋件、电线管、预留孔等及时配合安装。

(3) 楼板短跨方向上部主筋应置于长跨方向上部主筋之上，短跨方向下部主筋应置于长跨方向下部主筋之下。

(4) 绑扎板钢筋时，用顺扣或八字扣，除外围两根钢筋的相交点全部绑扎外，其他各点可交错绑扎。板钢筋为双层双向，为确保上部钢筋的位置，在两层钢筋间加设马凳，马凳用Φ12钢筋加工成，形状如图9-1所示。

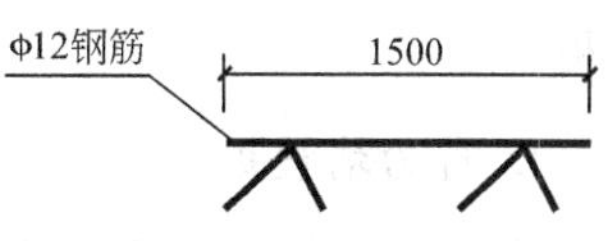

图9-1 钢筋马凳

(5) 为了保证楼板钢筋保护层厚度，采用专用塑料卡卡在楼板最下部钢筋上，塑料卡纵横间距为1m。

9.6.5 模板工程

支模板时，事先在梁和板中部加设一独立钢支撑，此处模板与周围模板分开。待梁板预应力筋张拉完毕后再拆除，起到养护支撑的作用。为保证模板体系的严密性，达到不漏浆的效果，在所有模板拼缝处加5mm海绵条。在钢框竹胶模板接缝处用胶带封贴，确保混凝土表面的质量。为保证混凝土断面尺寸，高度大于600mm的梁加设拉杆。梁柱接头采用定型模板。梁外侧模板在预应力筋固定完成后支模，此外侧模采用木模板，并固定牢固。

1. 柱模板

框架柱采用专业厂家生产的无箍全钢大模板，与满堂红架体拉结牢固，梁、柱接头采用特制定型模板，确保梁、柱接头施工质量，形式如图9-2所示。

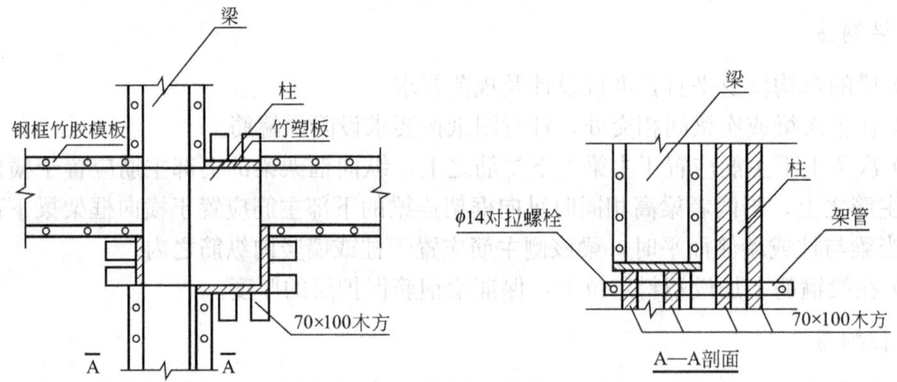

图9-2 柱模板

两圆柱模板采用定型钢模板，柱子支模到主梁底。

2. 顶板模板

现浇顶板采用70系列钢框竹胶模板，支撑采用满堂红脚手架及快拆体系，如图9-3所示。顶板搁栅采用50mm×100mm木方，当混凝土强度达到设计强度75%时，即可进行无粘结预应力筋的张拉。张拉完毕后，拆去部分顶板模板和支撑，只保留养护支撑不动，直到混凝土全部达到设计强度后再拆除。

3. 楼梯模板

楼梯支模采用工具式模板，支撑采用扣件式钢管脚手架，楼梯混凝土与上层梁板一同浇筑。楼梯板混凝土施工缝均留设于板跨中1/3范围内。异型结构处采用特制定型组合钢模板。

4. 剪力墙模板

剪力墙电梯井模板采用全钢组合大模板及配套的支撑体系。由专业模板公司负责设计

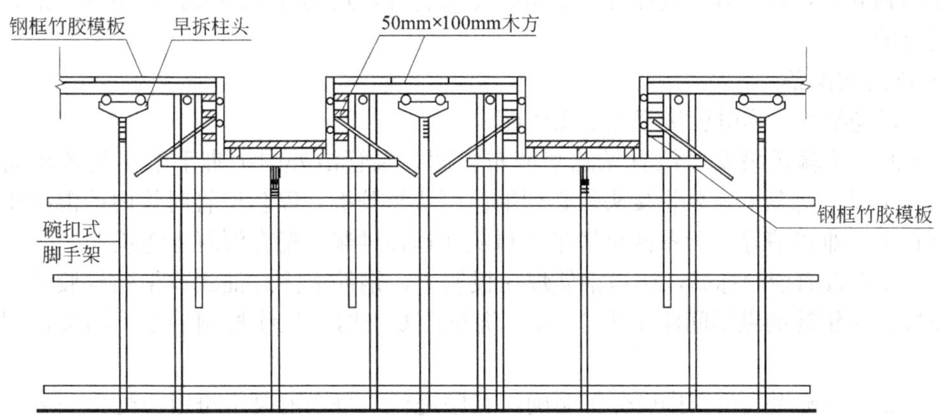

图 9-3 顶板、梁模板支设示意图

及生产。墙和电梯井支模到顶板底。

9.6.6 混凝土工程

1. 混凝土的拌制

混凝土搅拌站根据现场所选用的水泥品种、砂石级配、粒径和外加剂等进行混凝土预配，优化配合比，试配结果通过项目部审核后，提前报送监理审查后，方可生产。混凝土搅拌由两台500L强制式搅拌机承担，另配备两台350L强制式搅拌机辅助。后台上料采用装载机上料，一套电脑控制的自动上料机。混凝土运输采用一台HBT60型混凝土输送泵，施工操作面设一台布料杆。附楼主要采用塔吊运输，塔吊要保证主楼施工材料的运输，在施工安排时要合理穿插。

2. 墙柱混凝土浇筑

墙、柱及电梯井壁混凝土浇筑到梁板底，浇筑时要控制混凝土自落高度和浇筑厚度，防止离析，漏振。混凝土振捣采用赶浆法，新老混凝土施工缝处理应符合规范要求。严格控制下灰厚度及振捣时间，不得振动钢筋及模板，以保证混凝土质量。加强梁柱接头及柱根部的振捣。防止漏振造成根部结合不良。

因本工程楼层较高，为了避免发生离析现象，混凝土自高处倾落时，其自由倾落高度不宜超过2m，如高度超过2m，应设置串筒，或在柱模板上侧面留孔进行浇筑，为了保证混凝土结构良好的整体性，不留施工缝，混凝土应连续浇筑，如必须间歇时，间歇时间应尽量缩短，并应在下一层混凝土初凝前将上层混凝土浇筑完毕。

浇筑柱子时，为避免柱脚出现蜂窝，在底部先铺一层50mm厚同混凝土配比无石砂浆，以保证接缝质量。

3. 梁板混凝土浇筑

1）施工组织

混凝土浇筑施工采取全过程控制、全方位的质量管理方法，从混凝土搅拌、运输、入模、振捣到养护，每一环节均派专人负责、专人管理，达到以中间过程控制确保最终结果控制的目的。

2）浇筑前准备

(1) 现场临水、临电已接至施工操作面。

(2) 混凝土输送泵安置位置见总平面布置图，泵管沿外围护脚手架接至楼板向上布置，泵管架设于马凳上，泵管接头处必须铺设两块竹胶板，以防堵管时管内的混凝土直接倒在顶板上，难以清除。预备两个塔吊上料灰斗运输砂浆，配合混凝土浇筑。

(3) 楼板板面抄测标高，用短钢筋焊在板筋上，钢筋上涂红油漆或粘贴红胶带，标明高度位置，短钢筋的纵横间距不大于 3m，浇筑混凝土时，拉线控制混凝土高度，用刮杠找平。

(4) 混凝土班组人员安排应分工明确，有序进行，每个混凝土班组应配备一名专职电工，三名木工和两名钢筋工，跟班组作业，以保障施工正常进行。

(5) 浇筑混凝土前，各工种详细检查钢筋、模板、预埋件、预应力钢绞线是否符合设计要求，并办理隐蔽、预检手续。用水冲洗模板内遗留尘土及混凝土残渣，保持模板板面湿润、无积水。

(6) 根据混凝土浇筑路线，铺设脚手板通道，防止已绑完钢筋在浇筑过程中被踩踏弯曲变形。

3）浇筑顺序

混凝土浇筑顺序遵循先浇低部位、后浇高部位，先浇高强度、后浇低强度的原则，先浇混凝土与后浇混凝土之间的时间间隔不允许超过混凝土初凝时间，不允许有混凝土冷缝出现。

4）浇筑过程中注意事项

(1) 使用插入式振捣器应快插慢拔，插点要排列均匀，逐点移动，顺序进行，不得遗漏，移动间距 30～40cm。

(2) 浇筑混凝土应连续进行，如必须间歇，在混凝土初凝前，必须将此层混凝土浇筑完毕。

(3) 混凝土浇筑过程中应经常观察模板、钢筋、预留孔洞、预埋件和插筋等是否移动、变形或堵塞，发现问题及时处理，并应在混凝土初凝前修整完毕。

(4) 浇筑时要保证预应力筋和锚具位置准确。严禁损坏预应力筋的塑料套管。

(5) 柱头、梁端钢筋密集，下料困难，浇筑混凝土应离开梁端下料，用振捣棒送至端部和柱头，对此部位应采用小直径振捣棒仔细振捣，保证做到不漏振、不过振，振捣不得触动钢筋和预埋件以及预应力筋，振捣后应检查梁端及柱头混凝土是否密实，不密实处人工捣实。

(6) 梁板混凝土浇筑时从一端开始用赶浆法连续向前进行。

(7) 梁板混凝土浇筑时，混凝土虚铺厚度可略大于板厚，用铁扒将泵管口处堆积混凝土及时扒开，摊平。

(8) 混凝土浇筑过程中，要加强成品保护意识，施工操作面铺设走道，不得直接踩踏钢筋，不得碰动预埋铁件和插筋。

(9) 混凝土泵管必须用马凳支撑，不得直接放在钢筋上，浇完混凝土后，及时将马凳移走并用振捣棒补振密实。

(10) 为防止向楼层输送混凝土时重力作用使泵管内混凝土产生逆流现象，泵车与垂直管之间的水平管长度不应小于 15m，并在混凝土出料口附近的输送泵管上加一逆向止流阀。

(11) 混凝土振捣完毕，用刮杠及时刮平。混凝土初凝后用木抹子搓毛、压实两遍，消除表面微裂缝。柱插筋上污染的水泥浆要清除干净，柱根混凝土表面在混凝土初凝后终凝前清除浮浆。

(12) 预应力筋铺放完成后，应由施工单位、质量检查部门会同监理和建设单位进行隐检验收，确认合格后，方可浇筑混凝土。

(13) 浇筑混凝土时应认真振捣，保证混凝土的密实。尤其是承压板、锚板周围的混凝土严禁漏振，不得出现蜂窝或孔洞。振捣时，应尽量避免踏压碰撞预应力筋、定位筋以及端部预埋件。

4. 后浇带施工

浇筑后浇带部位时，挡 5mm×5mm 孔双层钢板网，并用钢筋固定牢固，混凝土浇筑完毕后，在后浇带两侧砌两皮砖墙，上盖竹胶板，用塑料布覆盖，将后浇带整体封闭起来，防止杂物掉入或被水侵蚀钢筋。待继续施工时，用钢丝刷将钢筋清理干净，凿除松动石子及水泥浮浆，洒水湿润，浇筑混凝土时掺加 12%的 UEA，使新老混凝土结合紧密，防止结合处出现裂缝。

5. 质量要求

(1) 混凝土所用的水泥、骨料、外加剂等必须符合相关标准及有关规定，必须具备出厂合格证或复试报告。

(2) 混凝土的配合比、原材料计量、搅拌和施工缝处理，必须符合施工规范规定。

(3) 每 $100m^2$ 混凝土留置试块一组，每组三块试件应在同盘混凝土中取样制作。

(4) 混凝土应振捣密实，不得有蜂窝、孔洞、露筋、缝隙、夹渣等缺陷。

(5) 混凝土表面平整光滑，线条顺直，几何尺寸准确。

(6) 允许偏差项目见表 9-7。

表 9-7 允许偏差项目表

<table>
<tr><th>序号</th><th colspan="3">项 目</th><th>允许偏差(mm)</th></tr>
<tr><td rowspan="3">1</td><td rowspan="3">轴线位移</td><td colspan="2">基础</td><td>15</td></tr>
<tr><td colspan="2">墙、柱、梁</td><td>8</td></tr>
<tr><td colspan="2">剪力墙</td><td>5</td></tr>
<tr><td rowspan="2">2</td><td rowspan="2">标高</td><td colspan="2">层高</td><td>±10</td></tr>
<tr><td colspan="2">全高</td><td>±30</td></tr>
<tr><td rowspan="3">3</td><td rowspan="3">垂直度</td><td rowspan="2">层高</td><td>±10</td><td>8</td></tr>
<tr><td>±30</td><td>10</td></tr>
<tr><td colspan="2">全高</td><td>H/1000 且≤30</td></tr>
<tr><td>4</td><td>截面尺寸</td><td colspan="2">+8，−5</td><td>4</td></tr>
</table>

（续）

序号	项目		允许偏差(mm)
5	表面平整度	8	5
6	预埋钢板中心线位置偏移	10	6
7	预埋管预留孔中心位置偏移	5	7
8	预埋螺栓中心线位置偏移	5	8
9	预留洞中心位置偏移	15	9
10	电梯井	井筒长、宽对定位中心线	+25，0
		井筒全高垂直度	$H/1000$ 且≤30

6. 混凝土的养护

基础底板浇筑完成后覆盖并适当养护，顶板采用洒水养护法，气温较高时，楼板混凝土在浇筑完终凝后立即覆盖一层塑料薄膜，天气炎热时上面洒水降温，负温时在塑料布上覆盖草帘，注意防火，板下梁、柱、墙体采用喷刷混凝土养护液养护，其他详见冬雨季施工措施。

9.6.7 预应力钢筋施工

预应力钢筋施工详见预应力专项方案。

9.6.8 砌筑工程

本工程填充墙为陶粒混凝土空心砌块，砌筑施工时，应先进行砌体排砖设计，在混凝土柱及墙的相应位置留好预埋铁件，砌筑前将墙拉筋、构造柱筋与预埋铁件焊牢。

1. 工艺流程

基层清理→放线→焊接绑扎构造柱钢筋→钢筋验收→管线预留→排砖摞底→砌筑→窗下混凝土带(钢筋、模板、混凝土)→门窗洞顶混凝土过梁钢筋、模板→过梁以下构造柱模板→混凝土浇筑→过梁以上墙体砌筑→过梁以上构造柱混凝土→浇水养护→砌体验收。

2. 材料准备

(1) 经考察、筛选确定合格砌块材料供应商，材料进场后按规范规定取样试验，试验合格并经外观检验合格后的材料方可用于本工程。

(2) 施工中所用的砂浆由试验室试配确定配合比，搅拌时必须按照配合比进行施工，所用的水泥必须有出厂合格证或检验报告，并按规范要求复验合格后方可使用。

3. 施工要点及质量保证措施

(1) 结构施工期间即根据设计要求及图集构造要求绘制构造柱分布图，用以指导结构施工期间构造柱预埋铁件施工，除上述规定位置需要留设构造柱预埋铁件外，在异形交叉点等难以砌筑或难以保证砌块搭接要求的部位，按构造柱要求浇筑混凝土。

(2) 砌块填充墙上有固定支架、洁具等部位，要求浇筑混凝土时，浇筑部位事前应与各专业协调后确定。

(3) 各专业预留管道、管线密切配合砌筑，及时穿插作业，施工前制订详细施工计划，明确施工部位、时间，并发至各相关专业。

(4) 砌筑陶粒块前，先砌四皮普通烧结砖。墙体砌筑应上下错缝，砂浆搅拌时严格按施工配合比施工，砂子要车车过磅。

(5) 隔墙与楼板交接处用砖斜砌实，砂浆要饱满。

(6) 砌筑时每跨均立皮数杆，单面挂线，随着砌体的增高要随时用靠尺校正平整度、垂直度。

(7) 施工前先施工样板，经认可后方可大面积施工，施工期间专职质检员随时检查监督。室内地面有防水的房间，砌筑时底部300mm采用普通粘土砖。地面有防水层的房间，下边300mm高度墙体宜比上部墙全收进15～20mm，以利于防水收头施工，施工完成后同大墙面平。

(8) 及时做好砂浆及混凝土试块的留置工作，并收集整理好技术资料。

(9) 外墙高处施工作业应遵守《建筑施工高处作业安全规范》有关规定。

4. 粘土砖施工

本工程地下室局部墙体为普通粘土砖墙，在砌筑前放线工弹好墙轴线，试验室做好砂浆试配，并立好皮数杆，砖提前一天浇水湿润。砌砖时，采用“三一”砌砖法，即一铲灰、一块砖、一挤揉。砌砖一定要跟线，做到“上跟线，下跟棱，左右相邻要对平”。水平灰缝厚度和竖向灰缝宽度一般为10mm^2，但不应小于8mm^2，也不应大于12mm^2。

9.6.9 垂直运输和脚手架

1. 垂直运输

(1) 结构施工阶段，布置两台QT-60、QT-63塔吊，分别位于现场北侧，⑫轴及㉟轴东侧，主要解决钢筋、模板、架子管的垂直运输。

(2) 混凝土运输主要采用混凝土输送泵。

(3) 装修施工阶段，布置两台室外电梯解决装修材料运输。

2. 脚手架工程

(1) 本工程外脚手架采用双排钢管脚手架，操作层满铺脚手板，外挂安全网。

(2) 脚手架下基土夯实，浇筑20cm厚、1.5m宽C10混凝土垫层。垫层高于室外地坪且有排水措施，立杆下垫垫木。

(3) 脚手架所用各种材料要有足够的强度，按规定脚手架立杆纵距为1.2m，立杆横距为0.9m，横杆步距为1.5m，脚手架逐层与结构拉结，架体顶端外侧设两道护身栏杆，高度为1.2m。

9.7 装修阶段施工方案

9.7.1 施工总体安排

1. 施工特点

本工程装修阶段工程量较大，涉及工种多，交叉作业多，湿作业工期较长。装修阶段要设两台施工电梯，以满足施工上人及上料之用。

2. 施工程序

本工程拟定总的施工程序为：室内室外同时进行，上下交叉施工。粗装修在前，精装修在后。外装修自上而下进行。内装修施工顺序为：先房间、卫生间，后走廊。因为顶棚为矿棉吸声板，因此应与其他专业相互交叉、合理安排，在2010年底前完成吊件安装，待其他湿作业完成后进行矿棉吸声板的安装。

装修工程施工前先做样板，得到建设单位及监理公司认可后方可进行大面积施工。各分部、分项工程施工前均应编制质量通病预防措施。

9.7.2 墙面抹灰

1. 施工部位

本工程内墙面及地下室顶棚。

2. 材料要求

(1) 水泥有出厂合格证，进场后复试试验合格。

(2) 砂为中砂，使用前过5mm孔径筛子。

3. 工艺流程

基层处理→浇水湿润→冲筋→做护角→底层抹灰→中层抹灰→面层抹灰→养护。

4. 施工要点

(1) 抹灰前对基层表面的灰尘、污垢等物应仔细清理干净。

(2) 基层为混凝土面层时，应先对墙面进行“拉毛”处理，用扫帚将素水泥浆(内掺水重20%的界面剂)均匀甩点到基层上。

(3) 基层为陶粒混凝土墙面时，墙体表面应先铺一层钢丝网，绷紧后用水泥钉固定牢固，在填充墙与混凝土结构接槎的部位，钢丝网裹过混凝土墙面或柱面20cm，钢丝网搭接宽度10cm。钢丝网钉好后要紧贴墙面，表面平整。

(4) 抹灰按“先上后下”的原则进行，以便减少污染，保护成品。

(5) 抹灰墙面阳角做1∶3水泥砂浆护角，护角高度为2m，每侧宽度5cm。

(6) 罩面灰应待中层灰达到六七成干后进行，先从阴角、阳角处进行，铁抹子压光应不少于两遍。

(7) 每遍抹灰厚度不得大于 8mm，室内抹灰墙面以及门洞口处的阴阳角要方正，抹灰要平整，灰线要清晰顺直。

(8) 抹灰伸入吊顶标高以上 100mm。

5. 质量要求

(1) 抹灰层与基层之间粘结牢固，无脱层、空鼓现象，面层无爆灰、裂缝等缺陷。

(2) 抹灰层表面光滑、洁净，无抹纹，线角和灰线平直方正、清晰美观。

(3) 孔洞、槽、盒尺寸正确、方正、整齐，管道后面抹灰平整。

(4) 允许偏差项目按表 9 - 8 高级抹灰标准来控制。

表 9 - 8　抹灰允许偏差项目表

项次	项目	允许偏差(mm)	检验方法
1	表面平整	2	用 2m 直尺和楔形塞尺检查
2	阴、阳角垂直	2	用 2m 托线板和尺检查
3	立面垂直	3	
4	阴、阳角方正	2	用 200mm 方尺检查

9.7.3 墙面贴砖

1. 施工部位

本工程外墙大面为仿石面砖，卫生间、开水间内墙面为釉面砖。

2. 材料要求

仿石面砖、釉面砖的品种、规格、图案符合设计要求，颜色均匀，厚度一致，无缺棱、掉角现象，有出厂材质合格证。水泥有出厂合格证，进场后复试试验合格。砂为中砂，使用前过 5mm 孔径筛子。

3. 工艺流程

基层处理→浇水湿润→贴灰饼→抹底层砂浆→弹线分格→排砖→浸砖→镶贴面砖→擦缝。

4. 施工要点

(1) 施工前绘制墙面排砖图，各专业会审认可后方可施工，施工时加强专业之间的协作，做好事前控制。

(2) 内墙面砖粘贴前，应当对房间进行套方，并按工艺要求贴灰饼，保证面砖贴完后，室内阴阳角方正。

(3) 外墙面砖施工前，应在建筑物的大角和门窗洞口用经纬仪打垂直线找直，根据面砖的规格尺寸分层设点，做灰饼，横线以楼层为水平基线交圈控制，竖线以四周大角为基线控制。

(4) 在内墙贴面砖之前应先放出吊顶标高控制线，墙面砖贴至吊顶上100mm。

(5) 墙面砖粘贴前先进行冲筋、抹灰饼，以确定面砖的出墙厚度。保证墙面砖的平整、垂直。

(6) 墙体面砖粘贴时，在阴角部位应当侧面面砖压正面面砖。阳角部位的面砖在粘贴前，应先进行内侧磨边处理，磨45°角时应留2mm的边，以免碰掉瓷砖面瓷。

(7) 由于地面面砖在内墙面砖之后施工，故内墙面砖粘贴时最下一排面砖暂不进行粘贴。

(8) 内墙面砖粘贴时采用米厘条控制面砖之间缝隙，米厘条宽度为1.5mm。

5. 质量要求

(1) 饰面砖的品种、规格、颜色、图案必须符合设计要求和现行标准的规定。

(2) 饰面砖镶贴必须牢固，无歪斜、缺棱掉角和裂缝等缺陷。

(3) 表面平整、洁净，颜色一致，无变色、起碱、污痕，无显著的光泽受损处，无空鼓。

(4) 接缝填嵌密实、平直，宽窄一致，颜色一致，阴角压向正确，阳角对缝吻合，非整砖的使用部位适宜。

(5) 允许偏差项目见表9-9。

表9-9 允许偏差项目表

项次	项目	允许偏差(mm)	检验方法
1	立面垂直	3	用2m托线板检查
2	表面平整	2	用2m直尺和楔形塞尺检查
3	阳角方正	2	用200mm方尺检查
4	接缝平直	3	拉5m线检查，不足5m拉通线检查
5	接缝高低	1	用直尺和楔形塞尺检查
6	接缝宽度	+0.5	用尺检查

9.7.4 墙面贴花岗石

1. 施工部位

本工程电梯前室内墙面为花岗石。

2. 材料要求

花岗石的品种、规格、质量符合设计要求，颜色均匀，厚度一致，无缺棱、掉角现象，表面无隐伤、风化等缺陷。有出厂材质合格证。水泥有出厂合格证，进场后复试试验合格。砂为中砂或粗砂，使用前过5mm孔径筛子。

3. 工艺流程

基层处理→施工准备→穿铜丝→焊钢筋网→吊垂直、找规矩、弹线→安装花岗石→灌浆→擦缝。

4. 施工要点

(1) 进场石材经验收后进行试拼编号，颜色不均匀的应进行挑选。

(2) 混凝土墙面要提前进行“拉毛”处理，按要求下膨胀螺栓，陶粒空心砌块墙体提前打孔埋入钢筋头，用细石混凝土将砌块打孔部位填塞密实。

(3) 安装前先将饰面板按照设计要求用台钻打眼，在每块板的上、下两面打孔，孔位打在距板宽的两端 1/4 处，每个面各打两个眼，孔径为 5mm，深度为 12mm，孔中心距石板背面以 8mm 为宜，在石材背面剔一深 5mm 的槽，连同孔眼形成象鼻眼，以备埋卧铜丝之用。大于 900mm 的石材要上下各打 3 眼，孔深为 12mm，孔心距板背面 8mm。

(4) 在已下好的膨胀螺栓和φ 6 钢筋上焊φ 6 钢筋网，依据膨胀螺栓和φ 6 筋的位置，先焊竖向钢筋，再焊横向钢筋。

(5) 将墙面、柱面和门套用大线坠从上至下找出垂直，以花岗石外皮距结构面的厚度为 7cm 为准，在地面及侧墙面上顺墙弹出花岗石外廓尺寸线，将石材试摆并编号，将编好号的花岗石在基准线上画出就位线，每块留 1mm 缝隙。

(6) 立好石板后，用靠尺板找垂直，水平尺找平整，方尺找阴阳角方正，使石板之间缝隙均匀一致，保证每一层石板上口平直，找完垂直、平整、方正后，用碗调制熟石膏，把调成粥状的熟石膏贴在花岗岩交缝之间，使两层石板结成一个整体，等石膏硬化后方可进行灌浆。

(7) 用铁簸箕徐徐倒入水泥砂浆时，边灌浆边用橡皮锤轻轻敲击石板面，使砂浆填塞密实。

(8) 第一层灌浆高度为 15cm，第一层砂浆灌入后停歇 1～2h，等砂浆初凝后，检查花岗石是否有位移，没有问题即可进行第二层灌浆，灌浆高度以不超过板高 1/3 为准，第三层灌浆至低于石板上口 5cm。

(9) 污染到门窗框上的灰浆应在灰浆凝结前及时清理，并用洁净的棉丝将框擦干净。

(10) 花岗石在砂浆结合层凝结前严禁受到撞击和振动。

5. 质量要求

(1) 花岗石的品种、规格、颜色必须符合设计要求和现行标准的规定。

(2) 花岗石镶贴必须牢固，无歪斜、缺棱、掉角和裂痕等缺陷。

(3) 表面平整、洁净，颜色一致，无变色、污痕，无显著的光泽受损处，无空鼓。

(4) 接缝填嵌密实、平直，宽窄一致，颜色一致，阴角压向正确，阳角对缝吻合。

(5) 套割：线盒套割吻合，边缘整齐。

(6) 允许偏差项目见表 9-10。

表 9-10 允许偏差项目表

项次	项目	允许偏差(mm)	检验方法
1	立面垂直	2	用 2m 托线板检查
2	表面平整	2	用 2m 直尺和楔形塞尺检查
3	阳角方正	2	用 200mm 方尺检查

（续）

项次	项目	允许偏差(mm)	检验方法
4	接缝平直	2	拉5m线检查，不足5m拉通线检查
5	接缝高低	0.3	用直尺和楔形塞尺检查
6	接缝宽度	0.5	用尺检查

9.7.5 外墙干挂花岗石

1. 施工部位

本工程外墙1～3层为干挂花岗石外饰面。

2. 材料要求

花岗石的品种、规格、质量符合设计要求，颜色均匀，厚度一致，无缺棱、掉角现象，表面无隐伤、风化等缺陷。有出厂材质合格证。角钢、槽钢等型材采用镀锌型材，挂件、螺栓采用不锈钢件。

3. 施工工艺

测量放线→绘制工程翻样图→金属骨架安装加工→安装挂件和石材→注胶嵌缝→清洗保护。

按设计要求在底层确定石材的定位线和分格线，用经纬仪将外墙装饰面的阴阳角引上，并在钢支架上固定钢丝，作为标志控制线。对控制线及时校核，以确保饰面的垂直度和金属竖框位置的正确。

根据测量结果及所放的基准线，绘制石材及挂件位置的翻样图，确定石材的规格和数量，并确定出竖框龙骨的位置，以及竖龙骨的固定点，为石材的加工和横竖龙骨下料提供依据。

根据设计要求，选择合格的槽钢和角钢，槽钢为[8，角钢为∟50×5，以工程翻样图为依据在主体上放出槽钢的控制线，并确定槽钢在主体上的固定点，同时根据石材规格，计算出角钢的长度以及干挂件的固定位置，并据此下料打孔，孔径为13。根据已放的竖龙骨控制线及确定的竖龙骨固定点，在主体上打孔固定∟50×5×150角钢，固定用M12的膨胀螺栓两根，然后按照已定位置进行竖龙骨焊接安装，施工过程中要严格控制竖龙骨的表面平整，保证竖龙骨的外表面应在同一平面内，为饰面的表面平整打下基础。根据石材的规格在竖框上弹出横龙骨的水平控制线，横龙骨的竖向间距根据石材高度进行严格控制，然后将横龙骨焊接在竖龙骨上。骨架焊接完毕，用钢丝刷将焊口表面的焊渣焊药清理干净后涂刷防锈漆两遍，涂刷要到位，涂膜要均匀。

根据石材翻样图，将已经开槽和做过防污染处理的石材运至工作面，将不锈钢挂件用直径M10螺栓固定在横框上，并进行石材试装，调整石材的平整度和垂直度，调整好后，在石材侧面的凹槽里注结构胶，然后正式安装。安装应按自下向上，从左至右的顺序进行。施工缝应顺直，宽度基本一致。安装过程中应注意保护材料、成品及半成品，避免石材受到碰撞，以防受到损坏。

石板间的胶缝是石板饰面的第一道防水措施，同时也可以增加饰面石材的整体性，施工时根据石材的颜色及物理性能选择与其相适应的耐候胶。注胶封缝分为两个步骤，第一是选择合适规格的泡沫塑料棒进行塞缝，塞缝深度为距板表面 5mm。第二是浇筑，石材专用嵌缝胶，为使石板面不受胶的污染，注胶前，板缝两侧石材应用纸面胶带保护，注胶后用特制的刮板将胶面刮平，竖缝用刮板刮成凹面。如石材面上粘有胶液，应及时擦净，在大风或雨雪天气不能注胶。

注胶后，除去石材表面的纸带，用清水清洗受到污染的石材面，并对整个墙面进行保护。

9.7.6 玻璃幕墙(详见专项施工方案)

1. 施工部位

本工程电梯前室外墙、附楼生物展厅、13 层顶均使用了隐框玻璃幕墙。

2. 材料要求

幕墙所有钢质螺栓均采用不锈钢螺栓，幕墙与主体结构连接支座采用表面热浸镀锌处理的碳素结构钢。所有幕墙立框、横框、角码、门、窗及外露构件，均采用铝合金材料。铝板采用 4mm 厚铝塑复合板。为保证本工程整体风格，玻璃幕墙所有玻璃采用中空玻璃。保温层采用 70mm 厚岩棉保温板，内衬 1.5mm 厚镀锌钢板，面涂防火漆。

9.7.7 矿棉板吊顶

1. 施工部位

本工程 1～14 层室内一般房间均采用矿棉板吊顶。

2. 材料要求

轻钢骨架、罩面板的规格、品种符合设计要求，有出厂合格证。吊挂件、连接件、挂插件、吊杆、自攻螺丝、射钉等配件符合设计要求。

3. 工艺流程

施工准备→弹线→安装大龙骨吊杆→安装大龙骨→安装窗帘盒→安装中龙骨→安装小龙骨及边龙骨→安装罩面板。

4. 施工要点

吊顶施工前应根据楼层＋50cm 水平控制线，按吊顶标高要求沿墙四周弹顶棚水平标高控制线，并画好龙骨分档位置线。

根据房间大小和大龙骨排列位置及间距，在混凝土顶板上打 $\phi8$ 膨胀螺栓，膨胀螺栓纵横间距控制有 900～1200mm 之间，距墙面最近的一排膨胀螺栓与墙面之间的距离为 20cm，提前制作 5cm 长∟10×5 角钢，角钢两个面上各居中打一个直径 9mm 的孔，将角钢拧紧在膨胀螺栓上。

安装大龙骨吊杆：提前制作φ8 钢筋吊杆，钢筋吊杆一端弯钩，另一端套丝，套丝长度 5cm。吊杆长度由吊顶标高吊分别确定，将吊杆带弯钩的一端挂在已固定好的角钢上，检查吊杆底端标高是否符合要求。

配装好吊杆螺母。在大龙骨上安装吊挂件。将组装好吊挂件的大龙骨，按分档线位置使吊挂件穿入相应的吊杆螺栓，拧好螺母。装好大龙骨连接件，拉线调整标高和水平。

根据龙骨位置线，采用射钉固定边龙骨，射钉间距 1000mm。

按已弹好的中龙骨分档线，卡放中龙骨吊挂件，将中龙骨吊挂在大龙骨上，中龙骨间距 60cm，当中龙骨需延续接长时，用中龙骨连接件接长，然后调直固定。

将 T 形小龙骨安装在中龙骨上，小龙骨安装间距 60cm，小龙骨和罩面板同时进行安装。

罩面板安装前，先检查龙骨标高、间距、平直度均符合要求后，验收合格后，由顶棚中间行的中龙骨一端开始安装面板，安好后拉线调整 T 形明龙骨。

5. 质量要求

(1) 轻钢骨架、罩面板的材质、品种、规格符合设计要求。
(2) 轻钢骨架的吊杆垂直，龙骨安装牢固、顺直，无弯曲变形。
(3) 罩面板无脱层、翘曲、折裂、缺棱掉角等缺陷。
(4) 罩面板表面平整、洁净、颜色一致、无污染。
(5) 允许偏差项目见表 9－11。

表 9－11　允许偏差项目表

项次	项目	允许偏差(mm)			检验方法
1	表面平整	2	2	2	用 2m 直尺和楔形塞尺检查
2	接缝平直	3	3	<1.5	拉 5m 线检查，不足 5m 拉通线检查
3	接缝高低	1	1	1	用直尺和楔形塞尺检查

9.7.8　水磨石地面

1. 施工部位

本工程室内一般房间地面。

2. 材料要求

(1) 石渣：坚硬可磨石子，无其他杂色石子，粒径为 4～12mm。
(2) 水泥：32.5 号白水泥。
(3) 砂：中砂，过 5cm 孔径的筛子，含泥量不大于 3%。
(4) 铜条：11mm 高铜条。
(5) 颜料：氧化铁红。

3. 工艺流程

基层处理→浇水湿润→抹找平层→养护底灰→镶分格条→拌制石渣灰→铺石渣灰→养护→磨光酸洗→打蜡。

4. 施工要点

根据墙上+50cm水平线弹出磨石地面水平标高线，留出面层厚度11mm，在基层上洒水湿润，刷一道水灰比为0.4～0.5的水泥浆，随刷浆随铺20细石混凝土，用2m长刮杆刮平，再用铁滚子压实，压实遍数不少于三遍，最后用木抹子搓平，抹好后养护24h，待强度达到1.2MPa时方可进行下道工序。

镶分格条：根据设计要求及房间布局，房间周边甩150mm宽镶边量，中间以900mm×900mm方格为基准(大房间以柱中为中线)，弹出清晰的网格线条。把垫层上的砂浆用钢丝刷清理干净，将平口板尺按分格线位置靠直，将分格条靠直在板尺上，然后用小铁抹子在分格条底口抹素水泥浆八字角，八字角抹灰高度为5mm，底角抹灰宽度为10mm，拆支板尺再抹另一侧八字角，将分格铜条固定住，保证铜条平直牢固，接头严密，没有缝隙，作为铺设面层的标志。另外在粘贴分格条时，在分格条十字交叉接头处，为了使拌和料填塞饱满，在距交点40～50mm内不抹水泥浆，镶条12h后浇水养护，至少两天，在此期间房间应封闭，禁止上人或进行其他工序的施工。

水磨石拌制的体积比宜为1∶2，配合比一定要准确，拌和均匀，并掺入水泥质量4%的颜料，计量必须准确，各种拌和料在使用前加水拌和均匀，稠度为60mm。涂刷水泥砂浆结合层，先用铁刷子将找平层浮浆清理掉，再用清水将找平层洒水湿润，涂刷与面层颜色相同的水泥浆结合层，其水灰比宜为0.4～0.6，要涂刷均匀，随刷随铺拌和料，涂刷面积不得过大，防止浆层风干，导致面层空鼓。

水磨石拌和料的铺设厚度为13mm，铺设时将搅拌均匀的拌和料先铺抹分格条边，后铺入分格条方框中间，用铁抹子由中间和向边角推进，在分格条两边及交角特别注意压实抹平，随抹随用直尺进行检查，如局部地面铺设过高时，应用铁抹子将其挖走一部分，再将周围的水泥石子浆排挤抹平，颜色不同的拌和物不可同时铺抹，要先铺抹完深色的，待石渣灰凝固以后，再铺抹浅色的。用铁抹子或木抹子在分格条两边约10cm的范围内轻轻拍实，然后用滚筒进行横竖滚压，直至表面平整、密实，石料出浆为止。2h后再用铁抹子将浆抹平压实，如发现石子不均匀之处，应补石子浆再用铁抹子拍平压实。

养护：水磨石拌和物铺完后，每两天开始浇水养护，常温下养护5～7d。

水磨石在开磨前应进行试磨，以不掉石渣为准，经检查认可后方可正式开磨。

第一遍用60～90号粗金刚石磨，使磨石机在地面上走横“8”字形，边磨边加水，随时清扫水泥浆，并且用靠尺检查平整度，直至表面磨平磨匀，分格条和石粒全部露出，边角处用手动砂轮磨成同样效果，用水清洗晾干，然后用较浓的水泥浆擦一遍。特别是表面的洞眼小孔堵实抹平，脱落的石子应补齐，浇水养护3d。

第二遍细磨采用90～120号金刚石磨，要求磨至表面光滑为止，然后用清水冲净，满擦第二遍水泥浆，以下做法同第一遍工艺要求。

为保证水磨石达到优良标准，第三次打磨用240号以上金刚石进行细磨，磨至表面石子均匀、无缺石现象、表面平整光滑、无裂纹、砂眼和磨纹；石粒密实，显露均匀；颜色图案一致，不混色；分格条牢固、顺直清晰。

磨完后用水加草酸拌成10%浓度的溶液，用扫帚蘸后洒在地面上，再用油石轻轻磨一遍，磨出水泥及石粒的本色，用水冲洗，软布擦干。

此道操作必须在所有工种完成后才能进行，经酸洗后的表面不得受污染。

打蜡：将蜡包在薄布内，在面层上薄薄涂上一遍，待干燥后用钉有帆布或麻布的木块代替油石，装在磨石机上研磨，用同样的方法再打第二遍蜡，直至光滑、洁亮为止。注意施工磨石面层时，环境温度应保持在5℃以上。

5. 质量要求

(1) 磨石用的石子、水泥等品种、规格、颜色必须符合设计要求。

(2) 面层与基层结合牢固，无空鼓、裂纹等缺陷。

(3) 表面平整、光滑、洁净，颜色一致，无砂眼、磨纹、污痕。

(4) 石子密实、显露均匀，分格条牢固、清晰顺直。

(5) 允许偏差项目见表9-12。

表9-12 允许偏差项目表

项次	项目	允许偏差(mm)	检验方法
1	表面平整	2	用2m直尺和楔形塞尺检查
2	接缝平直	2	拉5m线检查，不足5m拉通线检查

9.7.9 瓷砖地面

1. 施工部位

本工程个别房间、部分楼梯间、卫生间、开水间地面及上人屋面保护层为地砖。

2. 材料要求

(1) 水泥有出厂合格证，进场后复试试验合格。

(2) 砂为中砂或粗砂，使用前过5mm孔径筛子。

(3) 瓷砖的品种、规格符合设计要求，颜色均匀，厚度一致，无缺棱、掉角现象，有出厂材质合格证。

3. 工艺流程

清理基层、弹线→水泥素浆一道→水泥砂浆找平层→水泥素浆结合层→铺贴瓷砖→养护。

4. 施工要点

(1) 基层处理：将基层表面尘土、杂物彻底清扫干净，浇水湿润。

(2) 卫生间及开水间地面贴砖前，应浇筑1：2：4豆石混凝土找坡层，从门口向地漏找泛水，最高处50厚，最低处30厚。

(3) 弹线：施工前在墙体四周弹出标高控制线，在地面弹出十字线，以控制地砖分隔尺寸，不规则的房间排砖考虑室内设施布置，尽量将小角砖放在隐蔽或次要部位。

(4) 在铺贴前对砖的规格尺寸、外观质量、色泽等进行预选，并先湿润阴干待用。

(5) 房间套方和选砖后，按照排砖图进行双向冲筋，以确定面砖的排列，保证面砖的平整、标高。

(6) 面砖粘贴过程中，应当按面砖的间距拉线铺贴，保证砖缝平直，面层平整。

(7) 地砖铺贴前，将基层湿润，扫素水泥浆一道，随即铺设 1∶3 干硬性水泥砂浆。

(8) 在已完全硬化的水泥砂浆结合层上浇水湿润，然后刮一道 2～3mm 厚的水泥素浆。从里向外沿控制线铺贴，在瓷砖背面刮素水泥浆一道，将瓷砖铺平，用橡皮锤拍实，边贴边用杠检查水平。

(9) 屋面地砖铺贴时要甩 8mm 的缝隙，防止裂缝产生。

(10) 管根部位面砖进行套割，相同房间采用相同套割形式。

(11) 在面砖铺贴过程中，随铺随进行清缝。

(12) 待铺贴砂浆达到上人强度且不因踩踏空鼓后宜随即上人分别进行擦缝。

5. 质量要求

(1) 瓷砖的品种、规格、颜色必须符合设计要求和现行标准的规定。

(2) 瓷砖与基层结合牢固，无空鼓、歪斜、缺棱、掉角和裂缝等缺陷。

(3) 表面平整、洁净，颜色一致，无变色、污痕，无显著的光泽受损处。

(4) 接缝填嵌密实、平直，宽窄一致，颜色一致，非整砖的使用部位适宜。

(5) 整砖套割吻合，边缘整齐。流水坡向正确。

(6) 允许偏差项目见表 9-13。

表 9-13 允许偏差项目表

项次	项目	允许偏差(mm)	检验方法
1	表面平整	2	用 2m 直尺和楔形塞尺检查
2	接缝平直	2	拉 5m 线检查，不足 5m 拉通线检查
3	接缝高低	0.5	用直尺和楔形塞尺检查
4	接缝宽度	+0.5	用尺检查

9.7.10 花岗石地面

1. 施工部位

本工程电梯前室、部分楼梯间、1～3 层大厅、大报告厅、室外大台阶、走廊地面均为花岗石地面。

2. 材料要求

(1) 花岗石的品种、规格、质量符合设计要求，颜色均匀，厚度一致，无缺棱、掉角现象，表面无隐伤、风化等缺陷。有出厂材质合格证。

(2) 水泥有出厂合格证，进场后复试试验合格。

(3) 砂为中砂或粗砂，使用前过 5mm 孔径筛子。

3. 工艺流程

基层处理→弹线→试拼→编号→刷水泥浆结合层→铺砂浆→铺花岗石块→灌浆→擦缝→打蜡。

4. 施工要点

(1) 基层处理：将地面垫层上的杂物清理干净，用钢丝刷清理掉基层上的浮浆，并清扫干净。

(2) 在房间的主要部位弹互相垂直的控制线，控制花岗石板块的位置，依据墙面+50cm 水平线，找出面层标高，在墙上弹好水平线，注意要与楼梯面层标高一致。

(3) 在正式铺设前，对每一房间的花岗石板块进行试拼，试拼后按两个方向编号排列，根据试拼石板的编号及施工大样图，结合房间实际尺寸，把花岗石板块排好，以便检查板块之间的缝隙，核对板块与墙面、洞口等部位的相对位置。

(4) 在基层上洒水湿润，刷一层素水泥浆结合层(水灰比为 0.5 左右)，然后铺 1∶3 干硬性水泥砂浆，干硬程度以手捏成团不松散为宜。砂浆从里往门口处摊铺，铺好后用大杠刮平，再用抹子拍实找平，砂浆铺好后宜高出花岗石底面标高水平线 3～4cm。

(5) 铺花岗石块：先用净水浸湿花岗石块，擦干或晾干，根据房间的十字控制线，纵横各铺一行，作为大面积铺砌的依据，根据试拼时的编号，从十字控制线交点开始铺砌，将石板平放在已铺好的干硬性砂浆结合层上，

(6) 用橡皮锤敲击木垫板，振实砂浆至铺设高度后，将板块掀起移至一旁，检查砂浆表面与板块之间是否吻合，如发现有空虚之处，应用砂浆补平，然后正式铺贴，先在水泥砂浆结合层上满浇一层水灰比为 0.5 的素水泥浆，然后铺放花岗石板，安放时四角同时下落，用橡皮锤轻击木垫板，再用水平尺进行找平，铺完一块，向两侧和后退方向顺序铺砌，先里后外，逐步退至门口，以便成品保护，花岗石之间接缝要严密，不留缝隙。

(7) 在石板铺砌后 1～2 昼夜进行灌浆，用浆壶把 1∶1 稀水泥浆徐徐灌入花岗石板块之间的缝隙，并用长把刮板把流出的水泥浆向缝隙内喂灰。灌浆 1～2h 后，用棉丝团蘸原稀水泥浆擦缝，同时将板面上水泥浆擦净，并采取保护措施。

(8) 当各工序完工不再上人时，用干净的布将蜡均匀地涂在花岗石面上，达到光滑洁净。

(9) 根据墙面抹灰厚度吊线确定踢脚板出墙厚度，踢脚板出墙厚度 8mm。用 1∶3 水泥砂浆打底找平划出纹道。底层砂浆干硬后，拉踢脚板上沿的水平线，把湿润阴干的花岗石踢脚板背面，刮抹一层 2～3mm 厚的素水泥浆，往底灰上粘贴，并用木槌敲实，根据水平线找直。

(10) 24h 后用黑色素水泥浆擦缝，并将余浆擦净。

(11) 当各工序完工不再上人时打蜡。

5. 质量要求

(1) 花岗石的品种、规格、颜色必须符合设计要求和现行标准的规定。

(2) 花岗石与基层结合牢固，无空鼓、歪斜、缺棱、掉角和裂缝等缺陷。

(3) 表面平整、洁净，颜色一致，无变色、污痕，无显著的光泽受损处。

(4) 接缝填嵌密实、平直，宽窄一致，颜色一致。

(5) 踢脚线表面洁净，接缝平整均匀，高度一致，结合牢固，出墙厚度一致。

(6) 允许偏差项目见表 9-14。

表 9-14 允许偏差项目表

项次	项目	允许偏差(mm)	检验方法
1	表面平整	1	用 2m 直尺和楔形塞尺检查
2	接缝平直	2	拉 5m 线检查，不足 5m 拉通线检查
3	接缝高低	0.3	用直尺和楔形塞尺检查
4	接缝宽度	0.5	用尺检查
5	踢脚线上口平直	1	拉 5m 线检查，不足 5m 拉通线检查

9.7.11 木门安装

1. 施工部位

本工程室内普通房间均为木门。

2. 材料要求

(1) 木门的型号、数量、开启方向及加工质量必须符合设计要求，有出厂合格证。

(2) 门框靠墙的一面涂刷防腐涂料，木材含水率不大于 12%。

3. 工艺流程

弹线定位→门框就位→木楔临时固定→校正、找直→门框固定→塞口→门扇定尺寸、高低→刨修门扇→门框剔合页槽、门扇安装合页→门扇安装→油漆→五金安装。

4. 施工要点

(1) 相邻门框应拉线保持顺平，同墙厚同类门的门框保持距走道一侧尺寸一致。

(2) 门扇为双扇时，以开启方向右扇压左扇。

(3) 平开扇的执手面，应刨成 1mm 斜面。

(4) 安装后保证开关灵活，木门拉手、门锁距地面 1m。

(5) 固定门框的钉子应砸扁钉帽后钉入门框。

(6) 第一次刨修门扇以刚能塞入口内为宜，塞好后临时固定，按留缝宽度划出第二次刨修线，做第二次刨修。

(7) 双扇门根据门宽度确定对口缝深度，然后刨修四周，塞入框内校验，不合适之处再做第二次刨修。

(8) 门扇合页距上下冒头 1/10 立梃高度，普通木门每扇可安两个合页。

(9) 安装前要检查门扇是否有变形，如有变形应进行校正。

(10) 安装合页时，每个合页先拧一枚螺钉，检查门扇与口是否平整，缝隙是否合适，无问题后再上全部螺丝。

5. 质量要求

(1) 门框安装位置必须符合设计要求。

(2) 门框必须安装牢固，固定点符合设计要求和施工规范的规定

(3) 门扇裁口顺直，刨面平整光滑，开关灵活，无回弹、倒翘。

(4) 小五金位置适宜，槽深一致。

(5) 允许偏差项目见表 9-15。

表 9-15　允许偏差项目表

项次	项目	允许偏差(mm)
1	框的正侧面垂直度	3
2	框对角线长度	2
3	框与扇接触面平整	2

(6) 安装留缝宽度见表 9-16。

表 9-16　安装留缝宽度表

<table>
<tr><th>项次</th><th colspan="2">项目</th><th>接缝宽度(mm)</th></tr>
<tr><td>1</td><td colspan="2">门扇对口缝、扇与框间立缝</td><td>1.5～2.5</td></tr>
<tr><td>2</td><td colspan="2">框与扇上缝</td><td>1.0～1.5</td></tr>
<tr><td rowspan="3">3</td><td rowspan="3">门扇与地面间缝</td><td>内门</td><td>6～8</td></tr>
<tr><td>外门</td><td>4～5</td></tr>
<tr><td>卫生间门</td><td>10～12</td></tr>
</table>

9.7.12　铝合金窗安装

铝合金窗安装详见专项施工方案。

9.7.13　木门油漆

1. 施工部位

本工程室内木门。

2. 材料要求

油漆的品种、颜色、性能符合设计要求。

3. 工艺流程

基层清扫、起钉、除油污等→磨砂纸→干性油打底→局部刮腻子、磨光→第一遍满刮腻子→磨光→第二遍满刮腻子→磨光→刷涂底漆→磨光→喷第一遍面漆→拼色→复补腻子→

磨光→潮布擦净→喷第二遍面漆→水砂纸磨光→潮布擦净→喷第三遍面漆→打油蜡→擦亮。

4. 施工要点

(1) 木材表面的缝隙、毛刺、脂囊要清理掉，然后磨砂纸，先磨线角后磨平面，顺木纹打磨，木节疤和油迹用酒精漆片点刷。

(2) 刷底油时，木材表面、木门四周均须刷到刷匀，不得遗漏。并将小五金等处沾染的油漆擦净。

(3) 将拌好的腻子刮涂在木门框扇的凹洼不平处，用刮板刮平，干燥后用砂纸磨光，以达到表面平整的要求。

(4) 满刮腻子时，腻子要横刮竖起，将腻子刮入钉孔及缝隙内，腻子嵌入后刮平收净，表面上的腻子要刮平刮光，上下冒头、榫头等处均应刮到。

(5) 腻子干透后即可磨砂纸，要打磨光滑，不能磨穿底油，不可磨损棱角。磨完后清扫干净，用潮布将磨下的粉末擦干净。

(6) 涂刷底漆时，在涂刷顺序上应先上后下，先内后外，按木纹方向理平顺直。涂刷应做到横平竖直、均匀一致，在操作上应注意色调均匀，拼色相互一致，不可显露刷纹。

(7) 面漆使用喷枪进行喷涂，喷枪距离木门面层为200～300mm，喷涂时，喷枪与涂漆表面应保持垂直，当喷涂大面时，不要将喷枪做弓形路线移动。喷枪的移动速度要稳定不变，不能忽快忽慢，否则漆膜厚度就会不均匀。

(8) 打蜡时要将砂蜡打匀，擦油蜡时要薄要匀，赶光一致。

5. 质量要求

(1) 本工程油漆喷涂质量要求高级。

(2) 油漆的品种、颜色、性能、技术指标符合规范要求。

(3) 腻子与基层粘结牢固，无起皮、裂缝等缺陷。

(4) 严禁出现起皮、漏涂、透底、明显刷痕。

(5) 无流坠、疙瘩、溅沫、砂眼现象，颜色均匀一致。

9.7.14 墙面涂料

1. 施工部位

本工程普通房间墙面及地下室顶棚。

2. 材料要求

乳胶漆的种类、颜色、性能、技术指标符合规范要求。

3. 工艺流程

基层清理→局部刮腻子→轻质墙拼缝处理→满刮腻子→刷第一遍乳胶漆→刷第二遍乳胶漆→刷第三遍乳胶漆。

4. 施工要点

(1) 在刮腻子前要将抹灰层表面上的浮砂、灰尘清理干净。

(2) 用拌制好的腻子补平基层表面坑洼不平处，并将多余腻子清理干净，待腻子干透后，用砂纸磨平，并把浮尘扫净。

(3) 为控制轻质墙面裂缝现象，在涂料施工前，在墙面上满钉一层纸面石膏板，纸面石膏板间缝隙采用嵌缝石膏补平，沿板缝粘贴一层玻璃网格布，并刮腻子一道。

(4) 满刮腻子时，要用胶皮刮板，分遍刮平，操作时按同一方向往返刮，刮板要拿稳，吃灰量要一致，注意接槎和收头时腻子要刮净，不允许留浮腻子，阴阳角用直尺和方尺找正，不允许有碎弯。干燥后用砂纸打磨平整，并将浮尘擦干净。

(5) 刷乳胶漆前，要将乳胶漆搅拌均匀，按先顶棚后墙面、先上后下、自左向右的顺序依次涂刷，干燥后用砂纸磨光，并擦干净。

(6) 刷第二遍乳胶漆前，应对墙面进行检查，将墙面上的麻点、坑洼、刮痕等用腻子找补刮平，干燥后用细砂纸轻磨，并把粉尘擦净，达到表面光滑平整的要求后进行，腻子干燥后用细砂纸将墙面磨光，用布擦净。

(7) 乳胶漆涂刷时要注意上下顺刷互相衔接，避免出现接头。

5. 质量要求

(1) 本工程乳胶漆涂刷质量要求高级。

(2) 乳胶漆的品种、颜色、性能、技术指标符合规范要求。

(3) 腻子与基层粘结牢固，无起皮、裂缝等缺陷。

(4) 严禁出现掉粉、起皮、漏刷、透底、反碱、咬色及明显刷痕。

(5) 无流坠、疙瘩、溅沫、砂眼现象，颜色均匀一致。

9.7.15 防水工程

1. 施工部位

本工程地下室底板及外墙防水、卫生间及开水间防水均采用聚氨酯涂膜防水。屋面防水采用Ⅰ型 SBS 防水卷材。

2. 材料要求

(1) 防水材料必须有产品质量认证书，卷材出厂合格证，材质证明书，质量检测报告。材料进场后要按要求抽样检验，合格后，并报监理认可后方可施工。

(2) 聚氨酯防水材料进场后专库存放，堆放整齐，码放不宜过高，存放地点要标高并设置足够的消防器材。

3. 聚氨酯涂膜防水施工工艺流程

基层处理→清理修补→配料→涂刷底胶→施工附加层→涂刷防水涂膜→质量检查→验收→保护层施工。

4. 聚氨酯涂膜防水施工要点

(1) 防水基层应坚实、平整，无空鼓、起砂、裂缝、松动、掉灰、凹凸不平等缺陷，阴阳角处做成 50mm 的圆弧角。

(2) 防水层施工前，基层表面干燥，含水率低于 10%(测试方法：在基层表面铺一块

$1m^2$ 橡胶板，静置 3～4h。覆盖橡胶板部位无明显水印）。

(3) 涂刷顺序应先垂直、后水平，先阴阳角及细部、后大面，每层涂抹方向应与上层互相垂直。

(4) 为保证阴阳角、管道周围等薄弱部位防水抗渗性能，在上述节点部位增作附加层，附加层采用玻璃丝布紧贴在基层上，不得出现空鼓、皱折等缺陷。

(5) 涂膜要涂刷均匀，薄厚一致，厚度不少于 1.8mm。

(6) 防水层未固化前不得上人踩踏，涂抹施工过程中应由里向外后退施工。

(7) 每道涂膜涂刷间隔应以上一道涂膜固化不粘手的时间确定，一般不小于 24h。

(8) 操作人员持证上岗，穿工作服，软底鞋，操作场地防火通风，操作人员应戴手套、口罩、眼镜，以防中毒。

(9) 已涂好的聚氨酯涂膜防水层，在未固化前应进行封闭，不准人员进入，以防遭到人为破坏。

(10) 涂膜防水层验收后应立即做防水保护层，以防其他工种操作人员进入施工时，防水层被硬物碰撞。

5. 聚氨酯涂膜防水质量要求

(1) 聚氨酯防水涂料必须有出厂合格证及检测报告，进场后复试验合。

(2) 防水层涂布均匀、表面平整，无漏底、开裂现象。

(3) 防水层涂膜厚度符合设计要求。

(4) 防水层经 24h 蓄水试验无渗漏。

6. SBS 卷材防水工艺流程

基层清理→刷底油→施工附加层→第一层卷材铺贴→质量检查→第二层卷材铺贴→验收→保护层施工。

7. SBS 卷材防水施工要点

(1) 屋面找平层必须平整干燥，基层处理剂涂刷均匀。

(2) 按弹好标准线的位置，在卷材一端用喷灯火焰将卷材涂层熔融，随即固定在找平层表面，用喷灯火焰对卷材和基层表面的夹角，边熔融涂盖层边跟随熔融范围缓慢地滚铺型卷材，将卷材与找平层粘结牢固。卷材的长短边搭接不小于 8mm。第一层卷材施工完毕后，在卷材上面涂刷基底粘结剂，铺贴第二层卷材。第二层卷材必须与第一层错开 1/2 宽，其操作方法与第一层方法相同。

(3) 女儿墙、水落口、管根、檐口、阴阳角等细部先做附加层，附加层做成圆角。

(4) 卷材铺贴完毕后，采用粘结剂将末端粘结封严，防止张嘴翘边。粘结剂由厂家提供。

(5) 防水层施工完成后，应及时做好防水保护层。

8. SBS 卷材防水质量要求

(1) 基层处理剂应涂刷均匀，不得漏刷。

(2) 卷材铺贴方向符合要求，防水层表面平整，无积水现象。

(3) 卷材的搭接长度符合要求，封边严密。

(4) 防水层与基层粘结牢固，无空鼓、开裂等缺陷。

(5) 卷材沿四周的卷起高度符合要求，附加层施工符合规范要求。

(6) 防水层经两小时淋水试验无渗漏。

9.8 水电施工方案

9.8.1 给排水工程

1. 生活给水管道

工艺流程：安装准备→预制加工→干管安装→立管安装→支管安装→系统试压→系统冲洗。

管材采用热镀锌碳素钢管，管壁内外镀锌均匀、无锈蚀、无飞刺。管径 $DN\leqslant 50$ 丝接，$DN>50$ 焊接。

安装时一般从总进入口开始操作，总进口断头加好临时丝堵以备试压用，要求防腐的管道应在预制后，安装前做好防腐，把预制完的管道运到安装部位按编号依次排开，安装前清扫管膛，丝扣连接管道抹上铅油缠好油麻，用管钳按编号依次上紧，丝扣外露 2～3 扣，安装完后找直找正，复核甩口的位置，方向及变径无误。清除麻头，所有管口要加好临时丝堵。

在粘瓷砖前把立管做好，裹好塑料布做防护并把支管穿墙位置画好线，让土建粘砖时在相应位置留砖，等瓷砖粘好后再做支管和卡子。立管阀门安装朝向应便于操作和修理。安装完后用线坠吊直找正，配合土建堵好楼板洞。

支管安装，将预制好的支管从立管甩口一次进行安装，根据管道长度适当加好临时固定卡，核定不同卫生器具的冷热水预留口高度，位置是否正确，找平找正后裁支管卡件，去掉临时管卡。

管道安装完后，应进行严密性试验，检查各接口和阀门均无渗漏，观察压力降在允许范围内，通知有关人员验收，办理交接手续。在施工过程中发现问题及时找技术人员及建设单位协商解决，并做好洽商记录。

2. 消火栓系统

(1) 施工程序：地下室消防干管→立管→消防备用水点

(2) 管道在焊接前应清除接口处的浮锈、污垢及油脂；壁厚≥4.5mm、直径≥70mm 时应采用电焊；管道对口焊缝上不得开口焊接支管，焊口不得安装在支吊架位置上；管道穿墙处不得有接口。

(3) 消防箱稳好后，用细石混凝土填实至墙面 1cm，然后用胶条把铝合金框粘好做保护，等工程竣工时再揭掉。

(4) 箱式消火栓安装栓口朝下，阀门中心距地面为 1.1m，允许偏差 20mm，阀门距箱侧面为 140mm，距箱后表面为 100mm，允许偏差 5mm。

3. 排水系统

排水管采用UPV塑料管，采用粘接法。该粘接剂易挥发，使用后应随时封盖。

施工要求：立管和横管应按设计要求设置伸缩节，横管伸缩节应采用锁紧式橡胶圈管件；非固定支承件的内壁应光滑，与管壁之间应留有微隙；管道支承件的间距立管管径为50mm的不得大于1.2m；管径大于或等于75mm的不大于2m。横管的坡度设计无要求时，坡度为0.026。立管管件承口外侧与墙饰面的距离为20～50mm。

管道的配管和坡口应符合下列规定：锯管长度应根据实测并结合各连接件的尺寸逐段确定；锯管工具宜选用细齿锯、割管机等机具。端面应平正并垂直与轴线，应清除端面毛刺，管口端面处不得裂痕、凹陷。

插口处可用中号板锉锉成15°～30°坡口，坡口厚度宜为管壁厚度的1/3～1/2。坡口完成后应将残屑清除干净。

地漏和清扫口安装：在土建粘砖前在相应位置做好标记，以便土建留砖，等瓷砖做好后在瓷砖正中位置安装，然后做好防水，再套割瓷砖。

4. 雨水系统

内排水雨水管采用焊接钢管焊接。雨水漏斗的连接管应固定在屋面承重结构上。雨水漏斗边缘与屋面相接处应严密不漏。雨水管道安装完后，应做灌水试验，高度必须到每根立管最上部的雨水漏斗。

5. 卫生器具安装

卫生器具的规格、型号必须符合设计要求，并有出厂产品合格证，外观应规矩，造型周正，表面光滑美观，无裂缝。洁具零件规格应标准，质量可靠。

(1) 自闭冲洗阀蹲便器安装。

将胶皮碗套在蹲便器进水口上，要套正、套实，用成品喉箍紧固；将预留排水口周围清扫干净，把临时管堵取下，同时检查管内有无杂物，找出排水管口的中心线，并画在墙上，用水平尺或线坠找好竖线。将下水管口内抹上油灰，蹲便器位置下铺垫白灰膏，然后将蹲便器排水管插入排水管承口内稳好。同时用水平尺放在蹲便器上沿，纵横双向找平、找正。使蹲便器进水口对准墙上中心线。同时蹲便器两侧用砖砌好抹光，将蹲便器进水口与排水管承口接触处的油灰压实、抹光。最后将蹲便器排水口用临时堵封好。

(2) 自闭冲洗阀的安装。

冲洗阀的中心高度为1100m。根据冲洗阀至胶皮碗的距离，断好90°的弯管，使两端合适。将冲洗阀锁母和胶圈卸下，分别套在冲洗管直管段上，将弯管的下端插入胶皮碗内40～50mm，用喉箍卡牢，再将上端插入冲洗阀内，推上胶圈，调直找正，将锁母拧至松紧适度。

(3) 斗式小便器安装。

对准给水管中心画一条垂线，由地平向上量出规定的高度画一水平线。根据产品规格尺寸，由中心向两侧固定孔眼的距离，把胶垫、眼圈套入螺栓，将螺母拧至松紧适度。将小便器与墙面的缝隙嵌入白水泥浆补齐，抹光。将孔眼位置剔成$\phi10\times60$mm的孔眼，栽入$\phi6$mm螺栓。拖起小便器挂在螺栓上。把胶垫、眼圈套入螺栓，将螺母拧至松紧适度。将小便器的缝隙嵌入白水泥浆补齐、抹光。

(4) 台面盆安装。

将台面盆安装在台面板上，将脸盆面找平，把脸盆与台板接触处用白水泥勾缝抹光。卫生器具在室内装修基本完成后，再进行安装。容易丢失损坏的材料、配件要在竣工前统一安装加锁。

9.8.2 空调工程

空调工程详见专业施工方案。

9.8.3 消防工程

消防工程详见专业施工方案。

9.8.4 电气工程

针对高层建筑施工的特点，现浇陶粒空心砖的墙体结构，施工连续，工期紧，要求高，管线系统繁多，纵横交错复杂，根据上述情况，编制如下施工技术措施。

1. 配合阶段

施工人员认真熟悉图纸，了解建筑结构与本专业有关的情况，同其他工种积极配合做好预埋预留工作，做到位置准确，无遗漏。配管前要检查所选钢管有无裂缝、扁折、堵塞等现象，管内有无铁屑，毛刺杂物，经检查材质、规格符合规定，且钢管(除混凝土内外壁)内外壁必须除锈防腐后才能使用。

该工程楼板及部分墙选用特制盒 86H75。

该工程配管分明配、暗配两种：照明系统除走廊吊顶内由线槽引出至各房间电源部分配电外，其他插座、灯位、开关等均暗配。弱电系统：电话、微机引至线槽走廊部分明配，其他暗配，动力系统已设计部分暗配，其他空调系统待定。

暗配管工程操作程序：管子内壁提前刷防锈漆(墙体内配管，钢管外壁刷沥青漆)→管子加工煨弯(大于G25 钢管提前煨制备用)→按图纸确定盒箱的位置→根据实际管路长度断管→扫口→加套管焊接→(PV 管使用 PV 胶粘接)→用管堵将入口堵严→盒内填充聚氨泡沫→管子与盒连接→管子之间焊地线→焊接防腐处理。

本工程暗配管采用套管连接，套管长度为被连接管外径 2.2 倍，连接均以相应规格的套管焊接，每百米长度钢管以十个套管计算，PV 管每百米以 16 个套管计算。

当钢管经丝扣连接和经箱盒断开时均焊接地跨线，焊接长度不小于圆钢直径的 6 倍，双面施焊，焊缝均匀牢固。

管路超过下列长度应加装接线盒，其位置应便于穿线，无弯时 30m，有一个弯时 20m，有两个弯时 10m，有三个弯时 8m。

为保证工程质量，暗配于现浇混凝土墙中的开关、插座、电话、电视、微机盒安装，采取如下措施。用 20mm 厚木板制成 150mm×150mm×100mm 接线盒，用 $\phi10$ 圆钢做成井字架。将木盒用聚氨泡沫填充好，每个木盒用 1 个井字架固定，然后将井字架与钢筋焊牢，暗配于混凝土中，其他钢盒用 $\phi10$ 圆钢做井字架如图 9-4 所示，先将盒固定于井字架上，然后将井字架与钢筋焊牢，待拆模后，抹灰前，将木盒剔出，安装相应的盒。部分明装配电箱管路预埋于墙体内，加一铁制接线盒，尺寸为 150mm×150mm×100mm 现浇混凝土墙中，用井字架固定，如图 9-5 所示。

图 9-4 250mm×250mm 井字架　　图 9-5 350mm×350mm 井字架

明配管工艺操作程序：钢管防腐→预制加工管煨弯、支架、吊架→测定盒箱及固定点位置→支架吊架的固定→盒箱固定→盒箱管路敷设及连接→地线连接。

明配管小于或等于 G50 以下的采用丝接，套丝长度不应小于连接管长度的 1/2，并焊好接地跨接线，G50 以上的管采用套管连接，套管长度为被连接管的 2.2 倍。

在吊顶中明配管采用圆钢和角钢做吊架，采用管卡固定，吊架采用 M6 的膨胀螺栓固定，固定点距离应均匀，管卡与终端、转角点、电气器具和接线盒边缘的距离为 150～300mm，中间的管卡最大距离见表 9-17。吊架采用图如下：成排管管径在 G32 以下 1～2 根采用图 9-6，2 根以上成排管管径大于 G40 的采用图 9-7。

表 9-17 中间管卡最大距离

钢管名称	钢管直径(mm)			
	G15-20	G25-30	G40-50	G65-100
距离(mm)	1500	2010	2500	3500

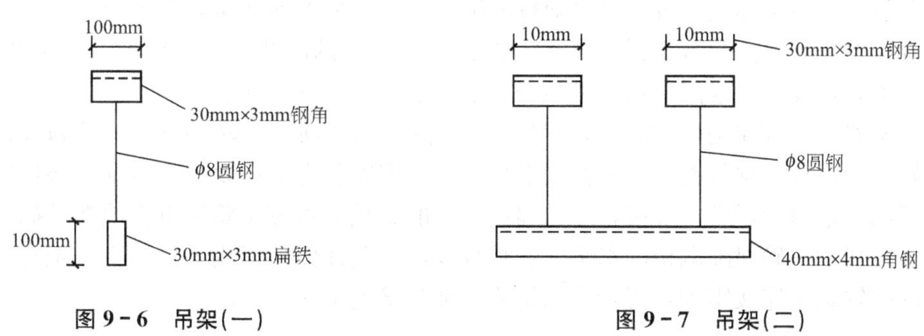

图 9-6 吊架(一)　　图 9-7 吊架(二)

2. 安装阶段

配合完工后电工人员要提前把盒清理干净，进行通管、扫管等工作，发现问题及时处理。

在吊顶内灯头盒，接线盒需加厚 0.5mm 的镀锌钢板。用金属软管引至灯具和用电设备，并用 BVR2.5mm^2 黄绿双色线做保护接零与灯具和各用电设备外壳连在一起，接地线两端加 5A 铜端子。

在吊顶顶棚上安装的灯具需设专门的框架固定，采用轻钢龙骨，每套灯具需加 2m 长的轻钢龙骨 2 根。

金属线槽安装：采用角钢吊架式安装，固定点间距为 1500mm，吊架选用两套 M10 的膨胀螺栓固定于顶板上，角钢选用∟ 40×4，金属线槽用 M8 的机螺丝与角钢固定在一起，金属线槽用 BVR6mm² 多股软铜线接地，接地线两端加铜端子，每层金属线槽要与接地线可靠连接，接地线采用 BVR16mm² 的导线，每路需用 2m，两端加 100A 的铜端子，吊架见图 9－8。

桥架安装如下。

(1) 竖直安装的电缆桥架采用支架附压片安装方法，支架选用两套 M10 膨胀螺栓固定于墙上，支架垂直间距 1.5m，将桥架用压片与支架固定在一起，固定采用 M10 的螺栓，角钢选取用∟40×4，支架见图 9－9。

(2) 水平安装的桥架采用吊架片安装，安装方式同金属线槽安装。

(3) 竖井内每隔三层，桥架与接地线焊接一处，桥架之间用 BVR16mm² 的导线连接。

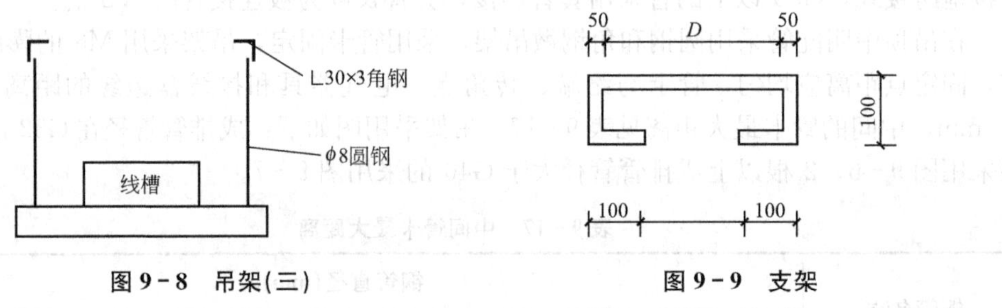

图 9－8　吊架(三)　　　　图 9－9　支架

接母线安装参见 GBJ 149—90 垂直敷设的母线，进线盒及末端悬空时应采用支架固定，支架采用∟50×5 的角钢，支架根据现场定做，母线外壳连接，地线跨接连接应牢固，防止松动，严禁焊接，插接母线外壳两端应与保护地线连接。

电缆敷设：在主体完工拆塔吊之前按图纸要求，电缆提前运至各需要层，由上至下放设，需专人指挥，另需配备步话机 4 台，在桥架内放设的电缆，应单层敷设，排列整齐，不得有交叉，敷设一根卡固一根，电缆的两端，拐弯处应挂好标志牌。

配电柜安装，首先是型钢调直，然后按图纸要求预制加工基础型钢，并刷好防锈漆，将预制好的型钢放在预留铁件上进行找平找正，型钢安装完毕后要可靠接地，将地线扁钢分别与基础型钢两端焊牢，焊接长度为扁钢宽度的 2 倍，按图纸将配电柜放在基础型钢上进行找正、找平，确保配电柜的水平度、垂直度，在允许偏差以内，柜与柜、柜与基础均用 ϕ12 的镀锌螺丝连接牢固，每台配电柜要单独与接地干线连接。

3. 调试阶段

电气工程安装完毕，经检查符合施工验收规范及安全技术规范规定后，断开配电箱负荷侧，配电箱配电间上锁，钥匙由专人保管。

对调试人员要做好安全技术交底，明确调试指挥者、操作者和监护人员，监护人员比操作人员要高一级。

调试时应先调试照明，后调试动力且调试由下层向上层逐层进行。

电动机控制启动保护设备调试前先对电机进行绝缘电阻测定，用1kV摇表摇测，绝缘电阻不低于1MΩ，如达不到要求时需做抽芯检查。电动机先在空载的情况下运行2h，并做好空载电流电压记录，电动机接通电源运行后，如发现电动机不能启动或启动时转速很低、声音不正常等现象，应立即切断电源检查原因，进行处理。启动多台电动机时，应按容量从大到小逐台启动，不能同时启动。

配电柜箱调试：

(1) 检查柜上的接线是否牢固，确认母线设备上有无遗留下的工具，金属材料及其他物件；

(2) 用500V的摇表测试每条回路的绝缘电阻，绝缘电阻必须大于0.5MΩ；

(3) 将柜内的控制操作电源回路熔断器上端相线拆掉，接上临时电源；

(4) 按图纸要求分别模拟试验，控制操作，继电保护和信号动作，正确无误，灵敏可靠后拆除临时电源，将被拆除的电源线复位；

(5) 当一切准备工作就绪后方可送电调试，调试工作必须分回路逐一进行调试，并做好记录；

(6) 送电空载进行24h无异常现象办理验收手续。

调试完毕，由配电室进行断电，配电箱负荷侧断开，配电箱上锁，配电室(间)设两名电气工作人员负责看护，如需用电时，必须申请写明用电时间、人员回路及线路检查情况，经有关部门批准后，方可送电，并在送电线路挂“有电危险”警告牌，并有专人看护，待质检部门验收后办理验收手续，交建设单位使用。

凡技术措施中所耗用的工料、机械台班应编入工程技术费用当中。

9.9 冬、雨期施工措施

9.9.1 雨期施工措施

1. 一般措施

(1) 雨期施工前认真组织有关人员分析雨期施工生产计划，根据雨期施工项目编制雨期施工措施，所需材料要在雨期施工前储备好。

(2) 成立防汛领导小组，制订防汛计划和紧急预案措施。

(3) 夜间设专职值班人员，保证昼夜有人值班并做好值班记录，同时要设置天气预报员，负责收听和发布天气情况。

(4) 应做好施工人员的雨期施工培训工作，组织相关人员进行一次全面检查，施工现场的准备工作，包括临时设施、临电、机械设备防护等项工作。

(5) 检查施工现场及生产生活基地的排水设施，疏通各种排水渠道，清理雨水排水口，保证雨天排水通畅。

(6) 现场道路两旁设排水沟，保证路面不积水，随时清理现场障碍物，保持现场道路畅通。道路两旁一定范围内不要堆放物品，保证视野开阔，道路畅通。

(7) 检查脚手架，立杆底脚必须设置垫木或混凝土垫块，并加设扫地杆，同时保证排水良好，避免积水浸泡。所有马道、斜梯均应钉防滑条。

(8) 施工现场、生产基地的工棚、仓库、食堂、临时住房等暂设工程各分管单位应在雨期前进行全面检查和整修，保证基础、道路不塌陷，房间不漏雨，场区不积水。

(9) 在雨期到来前做好防雷装置，在雨期前要对避雷装置作一次全面检查，确保防雷安全。

(10) 针对现场制定合理有效的排水措施，准备好排水机具，保证现场无积水，施工道路畅通。

(11) 维护好现场的运输道路，对现场道路均进行马路硬化，对主要场地，比如砂、石场地、钢筋场地要进行场地硬化，并做好排水处理，使雨水顺利排走，不存积水。提前做好雨期排水平面图。

(12) 工地使用的各种机械设备：如钢筋对焊机、钢筋弯曲机、卷扬机、混凝土搅拌机等应提前做好防雨措施，搭防护棚，机械安置场地高于自然地坪，并做好场地排水。

(13) 为保证雨季施工安全，工地临时用电的各种电线、电缆应随时检查是否漏电，如有漏电应及时处理，各种电缆该埋设的埋设，该架空的架空，不能随地放置，更不能和钢筋及三大工具混在一起，以防电线受潮漏电。

(14) 脚手架、塔吊在雨季施工中做好避雷装置，在施工期间遇雷击，高空作业人员应立即撤离施工现场。

(15) 装修期间，排水系统应在雨季前完成，并作完屋面临时防水；并把雨水管一次安装到底，以便及时排水。

2. 原材料储存和堆放

水泥全部存入仓库，保证不漏、不潮，下面应架空通风，四周设排水沟，避免积水，现场可充分利用结构首层堆放材料，砂石料一定要有足够储备，以保证工程的顺利进行，场地四周要有排水出路，防止淤泥渗入，空心砖应在底部用木方垫起，上部用防雨材料覆盖，模板堆放场地应碾平压实，防止因地面下沉造成倒塌事故。

雨期所需材料、设备和其他用品，如水泵、抽水软管、草袋、塑料布、苫布等。材料部门提前准备，及时组织进行，水泵等设备应提前检修，雨期前对现场配电箱、闸箱、电缆临时支架等仔细检查，需加固的及时加固，缺盖、罩、门的及时补齐，确保用电安全。

大风天气，要做好大型高耸物件的防风加固措施，地下室出入口，管沟口等加以封闭或设防水槛，加强天气预报工作，防止暴雨突然袭击，合理安排每日的工作，现场临时排水管道均要提前疏通，并定期清理，晴天派专人进行开窗通风换气。

3. 脚手架工程

(1) 脚手架等做好避雷工作，也可利用建筑物自身的避雷设施，接地电缆一定要符合要求。

(2) 雨季前对所有脚手架进行全面检查，脚手架立杆底座必须牢固，并加扫地杆，外用脚手架要与墙体拉接牢固。

(3) 外架基础应随时观察，如有下陷或变形，应立即处理。

4. 水电安装

(1) 设备预留孔洞做好防雨措施，如施工现场地下部分设备已安装完毕，要采取措施防止设备受潮、被水浸泡。

(2) 现场中外露的管道或设备，应用塑料布或其他防雨材料盖好，室外架空线路施工立杆时，基坑挖出的土应甩离坑边 1m 以外，不要把高桩埋上，同时坑四周用土围堆，防止雨水流入。

(3) 直埋电缆敷设完后，应立即铺砂、盖砖及回填夯实，防止下雨时，雨水流入沟槽内，室外电缆中间头、终端头制作应选择晴朗无风的天气，油浸纸绝缘电缆制作前须摇测电缆绝缘及校验潮气，如发现电缆有潮气浸入时，应逐段切除，直至没有潮气为止，敷设于潮湿场所的电线管路、管口、管子连接应作密封处理。

9.9.2 冬期施工措施

成立由项目经理、技术、质量、安全负责人参加的领导小组，该领导小组指挥协调季节性施工工作，对季节性施工期间的质量进度、安全文明生产负责。

施工前，对有关人员进行系统专业知识的培训和思想教育，使其增加对有关方面重要性的认识，根据具体施工项目的情况编制季节性施工方案，根据季节性施工项目的需要，备齐季节性施工所需物资。

现场施工用水管道、消防水管接口要进行保温，防止冻坏。

安装的取暖炉，必须符合要求，经安全检查合格后方能投入使用，并注意防止煤气中毒。

通道、马道等要采取防滑措施，要及时清扫通道、马道、爬梯上的霜冻及积雪，防止滑倒而出现意外事故。

冬期风大，物件要作相应固定，防止被风刮倒或吹落伤人，机械设备按操作规程要求，5 级风以上时应停止工作。

冬期施工的工程混凝土，选用 42.5 号普通硅酸盐水泥，每立方米混凝土水泥用量不宜低于 300kg，水灰比不大于 0.6，并加入早强剂、防冻剂。

混凝土采用综合蓄热法，对骨料及水进行加热。现场设一台 2t 热水锅炉。骨料加热温度不超过 40℃，水加热温度不超过 75℃，并在混凝土中掺加高效减水防冻剂。拌制掺有外加剂的混凝土时，搅拌时间应取常温搅拌时间的 1.5 倍。

在混凝土施工过程中，要在浇筑地点随机取样制作试件，试件的留设应符合《混凝土结构工程施工及验收规范》的规定。每次取样应同时制作三组试件。一组在 20℃ 标准条件下养护至 28d 试压，一组与构件在同条件下养护，在混凝土温度降至 0℃ 时试压，用以检查混凝土是否达到抗冻临界强度；一组与构件在同条件下养护至 14d，然后转入 20℃ 标准条件下继续养护 21d，在总龄期为 35d 时试压，以确保冬施混凝土的强度。

9.10 质量保证措施及创优策划

9.10.1 质量目标

本工程为××大学标志性建筑，我们的质量目标是：质量等级优良，保省优样板工程，争创国家“鲁班奖”，实现精品工程。分项工程优良率90%以上，分部工程优良率100%。

我公司将以先进的技术，程序化、规范化、标准化的管理，严谨的工作作风，精心组织、精心施工，以ISO 9000质量标准体系为管理依托，实现我公司对建设单位的承诺。

9.10.2 质量保证体系

1. 项目运行管理体制

(1) 近几年来，我们把项目管理作为企业管理的基点和体制创新的基础环节，以工程总承包体制为前提，形成了具有我公司特色的项目管理模式，其内容概括为“总部服务控制、项目授权管理、专业施工保障、社会协力合作”。

(2) 强化总部的服务控制职能是发挥整体优势的必然要求，项目经理部根据公司的授权对工程进行施工管理，项目经理作为公司法人代表在项目上的委托人，在授权范围内，实施对工程项目的计划、组织、指挥、控制、协调管理，完成质量、工期、成本、现场管理的目标，实现总部的决策意图。

(3) 公司实行两层分离，使公司内部管理层、项目经理部与作业层在质量管理方面职责分明，实现了“分层控制、分级管理”的质量控制模式。

2. 创优机制

我公司建立了具有特色的适应总承包管理发展的过程质量控制和创优机制。我公司的精品工程生产线，概括为“目标管理、创优策划、过程监控、阶段考核、持续改进”。

3. 质量保证体系

公司将委派具有类似工程施工经验的优秀项目管理人员组建本工程项目经理部，在总部的服务和控制下，充分发挥企业的整体优势和专业化施工保障，按照企业成熟的项目管理模式，以专业管理和计算机管理相结合的科学化管理体制，全面推行科学化、标准化、程序化、制度化管理，以一流的管理、一流的施工和一流的服务以及严谨的工作作风，精心组织、精心施工，履行对建设单位的承诺，实现上述质量目标。

针对本项目的具体情况，将建立由公司宏观控制，项目经理领导，项目总工程师实施，现场经理和安装经理中间控制，专业责任工程师检查和监控的管理系统，形成项目经理部管理层、分包管理层、作业班组的三个层次的现场质量管理职能体系。

9.10.3 质量保证措施

1. 施工技术措施

1) 防水卷材施工质量保证措施

(1) 防水选用具有专业资质、信誉好的分包队伍，施工操作人员均要持证上岗，并要求具有多年的施工操作经验。

(2) 必须对防水材料进行优选，对确定的防水材料，除必须具有认证资料外，还必须对进场的材料复试，满足要求后方可进行施工。

(3) 防水工程施工时严格按操作工艺进行施工，施工完成后必须及时进行蓄水和淋水试验，合格后及时做好防水保护层的施工，以防止防水卷材人为的破坏，造成渗漏。

(4) 防水做法及防水节点设计必须科学合理，对防水施工的质量必须进行严格管理和控制。

(5) 对防水层的保护措施和防水保护层的施工要确保防水的安全可靠。

(6) 加强过程控制与检查，严格管理，以确保防水施工质量。

2) 钢筋工程

(1) 钢筋工程是结构工程质量的关键，我们要求进场材料必须由合格供应商提供，并经过具有相应资质的试验室试验合格后方可使用，以确保原材料质量。在施工过程中我们对钢筋的绑扎、定位、清理等工序采用规矩化、工具化、系统化控制，近几年我公司以探索出了多种定位措施和方法，杜绝了钢筋施工的各项隐患。

(2) 具体控制措施。

为保证与混凝土的有效粘结，防止钢筋污染，在混凝土浇筑后均要求工人立即清理钢筋上的混凝土浆，避免其凝固后难以清除。为有效控制钢筋的绑扎间距，在绑顶板、墙钢筋时均要求操作工人先划线后绑扎。

工人在浇筑墙体混凝土前安放固定钢筋，确保浇筑混凝土后钢筋不偏位。通过垫块保证钢筋保护层厚度，钢筋卡具和梯子筋控制钢筋排距、纵横间距和保护层。

3) 模板工程

(1) 模板体系的选择在很大程度上决定着混凝土最终观感质量，我公司对模板工程进行了大量的研究和试验，对模板体系的选择、拼装、加工等方面都有成熟的经验，能够较好地控制模板胀模、漏浆、变形、错台等质量通病。

(2) 模板质量具体控制措施，为保证模板最终支设效果，模板支设前均要求测量定位，确定好每块模板的位置。

通过完善的模板体系和先进的拼装技术保证模板工程的质量。

4) 混凝土工程

(1) 为保证工程质量，在施工中采用流程化管理，严格控制混凝土各项指标，浇筑后成品保护措施严密，每个过程都存有完整记录，责任划分细致。

(2) 质量控制的具体措施。

浇筑混凝土时为保证混凝土分层厚度，制作有刻度的尺杆。晚间施工时配备足够照明，以便给操作者全面的质量控制条件。混凝土浇筑后作出明显标识，以避免混凝土强度上升期间损坏。为保证混凝土拆模强度，混凝土制作同条件试块，并用钢筋笼保护好，与该处混凝土同等条件进行养护，拆模前先试验同条件试块强度，如达到拆模强度方可拆模。

2. 管理措施

1) 建立岗位质量责任制

根据项目组织体系和项目质量保证体系图，建立项目岗位责任制和质量监督制，明确分工职责，落实施工质量控制责任，各岗位各负其责。

2）用“精品工程生产线”的机制创建过程精品

（1）目标管理。

目标管理是创精品工程的开始，在工程投标阶段，我们根据建设单位的要求和工程的具体情况，来确定工程的总体质量目标和各阶段的目标，质量目标一旦确定，项目的一切资源配备、生产组织均以质量目标为中心实施。

（2）创优策划。

目标确定后，为保证质量目标的实现，我们根据工程的特点，主要做好以下几方面的工作：建立完善的项目质量保证体系，制订项目质量岗位责任制度。做好《精品工程策划书》、《创优计划》、《质量检验计划》的编制。

（3）过程控制。

公司充分发挥了总部服务控制的职能，坚持有计划、有系统、有针对性地开展服务工作，为工程施工提供全方位、高品质的服务，以各种有效手段和措施，对项目施工全过程进行有效的监控。项目前期培训和交底：为了在本工程开工伊始就将项目工程质量管理纳入有序状态，在项目开工后，质量部便要组织项目有关岗位的人员进行交底和指导，如质量计划、创优计划的编制，优质工程检查重点，创优实施要点，ISO 9001质量管理体系如何在项目中运行等。

现场协助与指导：当本工程出现质量隐患或质量问题时，或因缺少质量管理人员而影响工程质量时，质量部将根据需要及时派人到该项目蹲点协助和指导项目进行质量管理工作。

质量考核：为加强公司在本工程项目中的过程质量控制，组织“项目过程质量大检查”活动，以便及时发现质量隐患，促进项目加强质量意识，并制订相应的质量考核办法。

（4）阶段考核。

阶段考核实行质量成本双否决制度，即工程质量虽已达到计划指标，但考核期内成本无结余，则实行否决，反之亦然。

（5）持续改进。

促进质量管理交流：公司每年都组织项目进行各种交流活动，组织公司项目内部观摩学习、组织外部创优项目观摩等，组织召开创优经验交流研讨会、ISO 9001质量管理体系运行经验交流会。及时收集资料，促进项目“过程精品”的实施，使项目创优少走弯路，我公司编制了大量的培训和指导性文件：施工组织设计、施工方案、技术交底范本、住宅工程及公用建筑质量计划范本，编写了《创优工程应注意的实体质量及资料管理》、《工程创优策划范本》、《优质工程检查问题集》等。

3）工程质量预控

（1）建立全面培训制度。

项目全体人员质量意识的教育：增强全体员工的质量意识是创精品工程的首要措施，工程开工前将针对工程特点，由项目主任工程师负责组织有关部门及人员编写本项目的质量意识教育计划。计划内容包括项目质量目标、项目创优计划、项目质量计划、技术法规、规程、工艺、工法和质量验评标准等。通过教育提高各类管理人员与施工人员的质量意识，并贯穿到实际工作中去，以确保项目创优计划的顺利实现。项目各级管理人员的质量意识教育由项目经理部主任工程师及经理负责组织进行教育，现场责任工程师及专业监理工程师要对专业施工单位方进行教育的情况予以监督与检查。

加强对专业施工单位的培训：专业施工单位是直接的操作者，只有他们的管理水平和技术实力提高了，工程质量才能达到既定目标，因此我们将着重对专业施工单位队伍进行技术培训和质量教育，帮助专业施工单位提高管理水平。项目对专业施工单位班组长及主要施工人员，按不同专业进行技术、工艺、质量综合培训，未经培训或培训不合格的专业施工队伍不允许进场施工。项目将责成专业队伍建立责任制，并将项目的质量保证体系贯彻落实到各自施工质量管理中，并督促其对各项工作落实。

(2) 对材料供应商的选择和加强材料进场的管理。

钢材的选择与进场检验、结构施工阶段模板加工与制作、混凝土原材料供应商的确定，都以产品质量优良、材料价格合理、施工成品质量优良为材料选择的标准。我公司建立了合格材料供应方记录，本工程将选择信誉最好的材料供应商。材料、半成品及成品进场按规范、图纸和施工要求严格检验，不合格的立即退场。

(3) 严格按施工组织设计和方案施工。

每个方案的实施都要通过方案提出→讨论→编制→修改→定稿→交底→实施几个步骤进行。方案一旦确定就不得随意更改，并组织项目有关人员及专业施工队伍负责人进行方案书面交底，如提出更改须以书面申请的方式报项目技术负责人批准后，以修改方案的形式正式确定，现场实施中，项目派专人负责在施工组织设计和方案的现场实施中的跟踪调查工作，将方案与实施中不一致的情况及时汇报给技术负责人，通过内部洽商或修改方案的方式明确如何解决。

4) 严格执行施工管理制度

(1) 实行样板先行制度。

分项工程开工前，由项目经理部的主任工程师，根据专项施工方案、技术交底及现行的国家规范、标准，组织专业施工队伍进行样板分项施工，确认符合设计与规范要求后方可进行施工。

(2) 执行检查验收制度。

自检：在每一项分项工程施工完成后均需由施工班组对所施工产品进行自检，如符合质量验收标准要求，由班组长填写自检记录表。

互检：经自检合格的分项工程，在项目经理部专业监理工程师的组织下，由专业工长及质量检查员组织上下工序的施工班组进行互检，对互检中发现的问题上下工序班组应认真及时地予以解决。

交接检：上下工序班组通过互检认为符合分项工程质量验收标准要求，双方填写交接检记录，经专业工长签字认可后，方可进行下道工序施工，项目专业监理工程师要亲自参与监督。

(3) 质量例会制度、质量会诊制度、质量讲评制度。

每周生产例会讲评：项目经理部将每周召开生产例会，现场经理把质量讲评放在例会的重要议事议程上，除布置生产任务外，还要对上周工地质量动态作一全面的总结，指出施工中存在的质量问题以及解决这些问题的措施，并形成会议纪要，以便在召开下周例会时逐项检查执行情况。对执行好的专业施工队伍单位进行口头表彰，对执行不力者要提出警告，并限期整改。对工程质量表现差的专业施工队伍单位，项目可考虑解除合同并勒令其退场。

每周质量例会：由项目经理部质量总监主持，参与项目施工的所有分包及技术负责人参加，首先由参与项目施工的专业施工队伍汇报上周施工项目的质量情况，质量体系运行情况，质量上存在的问题及解决问题的办法，以及需要项目经理部协助配合事宜。项目总监要认真地听取汇报，分析上周质量活动中存在的不足或问题，与会者共同商讨解决质量问题所应采取的措施，会后予以贯彻执行。每次会议都要做好例会纪要，分发与会者，作为下周例会检查执行情况的依据。

每月质量检查讲评：每月底由项目质量总监组织各专业施工队伍行政及技术负责人对在施工程进行实体质量检查之后，由专业施工队伍写出本月度在施工程质量总结报告交项目质量总监，再由质量总监汇总，以简报的形式发至项目经理部领导、各部门、各专业施工队伍。简报中对质量好的承包方要予以表扬，需整改的部位应明确限期整改日期，并在下次质量例会中逐项检查是否彻底整改。

(4) 挂牌制度。

技术交底挂牌：在工序开始前针对施工中的重点和难点现场挂牌，将施工操作的具体要求写在牌子上，既有利于管理人员对工人进行现场交底，也便于工人自觉阅读技术交底，达到理论与实践的统一。

施工部位挂牌：在现场施工部位挂“施工部位牌”，牌中注明施工部位、工序名称、施工要求、检查标准、检查责任人、操作责任人、处罚条例等，保证出现问题可以追查到底，并且执行奖罚条例，从而提高相关责任人的责任心和业务水平，达到练队伍、造人才的目的。

操作管理制度挂牌：注明操作流程、工序要求及标准、责任人，管理制度标明相关的要求和注意事项等。

半成品、成品挂牌制度：对施工现场使用的钢筋原材、半成品、水泥、砂石料等进行挂牌标识，标识须注明使用部位、规格、产地、进场时间等，必要时必须注明存放要求。

3. 其他质量保证措施

1) 劳务素质保证

本工程选择具有一定资质、信誉好和我们长期使用的劳务施工队伍参与本工程的施工，同时，我们有一套对劳务施工队伍完整的管理和考核办法，对施工队伍进行质量、工期、信誉和服务等方面的考核，从根本上保证项目所需劳动者的个人素质，从而为工程质量目标奠定坚实基础。

2) 季节性施工的质量保证

季节性施工严格按照季节性施工方案执行，以确保季节性施工的质量。

3) 经济保证措施

保证资金正常运作，确保施工质量、安全和施工资源正常供应，同时为了更进一步搞好工程质量，引进竞争机制，建立奖罚制度、样板制度，对施工质量优秀的班组、管理人员给予一定的经济奖励。激励他们在工作中始终能把质量放在首位，使他们能再接再厉，扎扎实实地将工程质量保证好，对施工质量低劣的班组、管理人员给予经济惩罚，严重的予以除名。

4) 合同保证措施

全面履行工程承包合同，加大合同执行力度，严格监督、检查、控制各类承包商的施工过程，严把质量关，接受建设单位、监理和设计以及政府相关质量监督部门的监督。

9.11 安全生产与文明施工

9.11.1 安全措施

1. 临边防护措施

基坑及楼层临边设置防护栏杆，防护栏杆由上、下两道横杆及栏杆柱组成，上杆距地面高度为1.2m，下杆离地高度为0.5m，并立挂安全网进行防护。

2. 洞口防护措施

进行洞口作业以及因工程和工序需要而产生的、使人或物有坠落危险或危及人身安全的其他洞口进行高空作业时，必须设置防护措施。外边长小于50cm的洞口，必须加设盖板，盖板须能保持四周均衡，并有固定其位置的措施，楼板上的预留洞在施工过程中可保留钢筋网片，暂不割断起到安全防护作用。边长大于150cm以上的洞口，四周除设防护栏杆外，洞口下边设水平安全网。

3. 脚手架安全防护

(1) 各类施工脚手架严格按照脚手架安全技术防护标准和支搭规范搭设，脚手架立网统一采用绿色密目网防护，密目网应绷拉平直，封闭严密。钢管脚手架不得使用严重锈蚀、弯曲、压扁或有裂纹的钢管，脚手架不得钢木混搭。

(2) 钢管脚手架的杆件必须使用合格的钢扣件，不得使用钢丝或其他材料绑扎。

(3) 脚手架必须按楼层与结构拉接牢固，拉接点垂直距离不得超过4m，水平距离不得超过6m，拉接所用的材料强度不得低于双股8号钢丝的强度，高大脚手架使用柔性材料进行拉接，在拉接点处设可靠支撑。

(4) 脚手架的操作面必须满铺脚手板，离墙面不得大于20cm，不得有空隙和探头板、飞跳板，施工层脚手板下一步架处兜设水平安全网。操作面外侧应设两道护身栏杆和一道挡脚板，立挂安全网，下口封严，防护高度为1.5m。

4. 临时用电

(1) 建立现场临时用电检查制度，按照现场临时用电管理规定对现场的各种线路和设施进行定期检查和不定期抽查，并将检查、抽查记录存档。

(2) 本工程电缆敷设在基坑周边，直接敷设的深度不应小于0.6m，并在电缆上下各均匀敷设不小于50mm厚的细砂，然后覆盖砖等硬质保护层。

(3) 施工机具、车辆及人员，应与内、外电线路保持安全距离，达不到规范规定的最小距离时，必须采用可靠的防护措施。

(4) 配电系统必须实行分级配电，即分为总配电箱、分配电箱和开关箱三级，现场内所有电闸箱的内部设置必须符合有关规定，箱内电器必须可靠、完好，其选型、定值符合有关规定，开关电器应标明用途。电闸箱内电器系统须统一式样、统一配置，箱体统一刷涂橘黄色，并按规定设置围栏和防护棚，流动箱与上一级电闸箱的连接，采用外插连接方式。

(5) 独立的配电系统必须按部颁标准采用三相五线制的接零保护系统，非独立系统可根据现场的实际情况采取相应的接零或接地保护方式，各种电气设备和电力施工机械的金属外壳、金属支架和底座必须按规定采取可靠的接零或接地保护。

(6) 在采用接地和接零保护方式的同时，必须设两级漏电保护装置，实行分级保护，形成完整的保护系统，漏电保护装置的选择应符合规定。

(7) 各种高大设施必须按规定装设避雷装置。

(8) 电动工具的使用应符合国家标准的有关规定，工具的电源线、插头和插座应完好，电源线不得任意接长和调换，工具的外绝缘应完好无损，维修和保管由专人负责。

(9) 室内临时照明采用36V安全电压，一般场所的照明应在电源侧装设漏电保护器，并应有分路开关和熔断器，照明灯具的金属外壳和金属支架必须做保护接零。

(10) 电焊机应单独设开关箱，电焊机外壳应做接零或接地保护，施工现场内使用的所有电焊机必须加装电焊机触电保护器。电焊机一次线长度应小于5m，二次线长度应小于30m。接线应压接牢固，并安装可靠防护罩，焊把线应双线到位，不得借用金属管道、金属脚手架、轨道及结构钢筋作回路地线，焊把线无破损，绝缘良好，电焊机设置地点应防潮、防雨、防砸。

5. 塔吊作业管理

通过强化塔机作业的指挥、管理和协调，本工程塔机在施工中，要保证安全、合理使用、提高效率、发挥最大效能，满足生产进度需要。进入施工作业现场的塔机司机，要严格遵守各项规章制度和现场管理规定，做到严谨自律，一丝不苟，禁止各行其是。为了确保工程进度与塔机安全，本工程采取两班作业，塔吊司机交班、替班人员未当面交接，不得离开驾驶室，交接班时，要认真做好交接班记录。

6. 消防管理

(1) 氧气瓶不得曝晒、倒置、平放使用，瓶口处禁止沾油。氧气瓶和乙炔瓶工作间距不得小于5m，两瓶同焊炬间的距离不得小于10m。

(2) 严格遵守有关消防方面的法令、法规，配备专、兼职消防人员，制订有关消防管理制度，完善消防设施，消除事故隐患。

(3) 现场设有消防管道、消防栓，楼层内设有消防栓，并有专人负责，定期检查，保证完好备用。

(4) 现场支持用火审批制度，电气焊工作要有灭火器材，操作岗位上禁止吸烟，对易燃、易爆物品的使用要按规定执行，指定专人设库存放分类管理。

(5) 新工人进场要和安全教育一起进行防火教育，重点工作设消防保卫人员，施工现场值勤人员昼夜值班，搞好“四防”工作。

9.11.2 安全管理

1. 组织管理

(1) 成立由项目经理部安全生产负责人为首，各专业施工单位安全生产负责人参加的

“安全生产管理委员会”，组织领导施工现场的安全生产管理工作。

(2) 项目经理部主要负责人与各专业施工单位负责人签订安全生产责任状，使安全生产工作责任到人，层层负责。

2. 安全教育

3. 组织安全活动

4. 安全检查

5. 管理制度

(1) 半月召开一次“安全生产管理委员会”工作例会，总结前一阶段的安全生产情况，布置下一阶段的安全生产工作。

(2) 各专业施工单位在组织施工过程中，必须保证有本单位施工人员施工作业，就有本单位领导在现场值班，不得空岗、失控。

(3) 严格执行施工现场安全生产管理的技术方案和措施，在执行中发现问题应及时向有关部门汇报，更改方案和措施时，应经原设计方案的技术主管部门领导审批签字后实施，否则任何人不得擅自更改方案和措施。

(4) 建立并执行安全生产技术交底制度，要求各施工项目必须有书面安全技术交底，安全技术交底必须具有针对性，并有交底人与被交底人签字。

(5) 建立并执行班前安全生产讲话制度。

(6) 建立并执行安全生产检查制度，由项目经理部每半月组织一次由各专业施工单位安全生产负责人参加的联合检查，对检查中所发现的事故隐患问题和声音现象，开出“隐患问题通知单”，各施工单位在收到“隐患问题通知单”后，应根据具体情况，定时间、定人、定措施予以解决，项目经理部有关部门应监督落实问题的解决情况，若发现重大安全隐患问题，检查组有权下达停工指令，待隐患问题排除，并经检查组批准后方可使用。

(7) 建立机械设备、临电设施和各类脚手架工程设置完成后的验收制度。未经过验收和验收不合格的严禁使用。

6. 行为控制

(1) 进入施工现场的人员必须按规定戴安全帽，并系下颌带，戴安全帽不系下颌带视同违章。

(2) 凡从事 2m 以上无法采用可靠防护设施的高处作业人员必须系安全带，安全带应高挂低用，不得低挂高用，操作中应防止摆动碰撞，避免意外事故发生。

(3) 参加现场施工的所有特殊工种人员必须持证上岗，并将证件复印件报项目经理部安全管理部备案。

(4) 没有项目经理部安全总监的批准，任何施工人员不得碰动现场的安全防护设施。

7. 劳务用工管理

(1) 各施工人员，必须接受建筑施工安全生产教育，经考试合格后方可上岗作业，未经建筑施工安全生产教育或考试不合格者，严禁上岗作业。

(2) 每日上班前，班组负责人必须召集所辖全体人员，针对当天任务，结合安全技术交底内容和作业环境、设施、设备状况、本队人员技术素质、安全意识、自我保护意识以及思想状态，有针对性地进行班前安全活动，提出具体注意事项，跟踪落实，并做好活动记录。

(3) 强化对外施工人员的管理，用工手续必须齐全有效，严禁私招乱雇，杜绝跨省市违法用工。

9.12 成品保护措施

我公司进场后，将制订切实可行的成品保护实施细则和成品保护方案，并报建设单位、监理审批认可后严格实施。

9.12.1 成品保护工作的主要内容

(1) 建立成品保护工作的组织机构。

① 以现场生产经理、机电安装经理牵头组织并对成品保护工作负全面责任。

② 工程管理部、机电管理部经理和各责任工程师负责实施。

③ 项目经理负责制订成品保护资金计划的落实。

④ 各专业承包商主要领导负责自身施工范围内的作业面上的成品保护。

(2) 成品保护的责任划分，并落实到岗，落实到人。

(3) 制订成品保护的重点内容和成品保护的实施计划。

(4) 分阶段制订成品保护措施方案和实施细则。

(5) 制订成品保护的检查制度、交叉施工管理制度、交接制度、考核制度、奖罚责任制度等。

9.12.2 成品保护责任及管理措施

项目经理部根据施工组织设计、设计图纸编制成品保护方案；以合同、协议等形式明确各专业承包商对成品的交接和保护责任，项目经理部监督、协调管理在各专业承包商实施成品保护。

1. 现场材料保护责任

由我单位统一供应的材料、半成品、设备进场后，由项目经理部材料部门负责保管，项目经理部现场经理和项目经理部安全保卫部门进行协助管理，由项目经理发送到各专业单位的材料、半成品、设备，由各专业施工单位负责保管、使用。

2. 结构施工阶段的成品保护责任

结构工程中模板专业队为主要成品责任人，水电配合施工等专业队伍要有保护土建项目的保护措施后，方可作业。对于一些关键工序(钢筋、模板、混凝土浇筑)，土建、水电安装均要设专人看护及维修。

3. 装修、安装施工阶段的成品管理措施

(1) 装修、安装阶段特别是收尾、竣工阶段的成品保护工作尤为重要，这一阶段主要的成品保护的责任单位是装修施工单位，设备的成品保护的责任单位是水电安装的专业单位。土建和水电施工必须按照成品保护方案要求进行作业。在工程收尾阶段，装饰单位分层、分区设置专职成品保护员，其他专业队伍要根据项目经理部制订的“入户作业申请单”并在填报手续齐全经项目经理部批准后，方准进入作业，否则成品保护员有权拒绝进入作业。施工完成后要经成品保护员检查确认没有损坏成品，签字后方准离开作业区域，若由于成品保护员的工作失误，没有找出成品损坏的人员或单位，这部分损失将由成品保护责任单位及责任人负责赔偿。

(2) 上道工序与下道工序(不同专业单位间的工序交接)要办理交接手续。交接工作在各专业之间进行，项目经理部起协调监督作用，项目经理部各责任工程师要把交接情况记录在施工日记中。

(3) 接受作业的人员，必须严格遵守现场各项管理制度：如作业用火，必须取得用火证后方可进行施工。所有入户作业的人员必须接受成品保护人员的监督。

(4) 各专业在进行本道工序施工时，如需要碰动其他专业的成品时，必须以书面形式上报项目经理部，项目经理部与其他专业协调后，其他专业派人协助施工，待施工完成后恢复其成品。

(5) 项目经理部制订季度、月度计划时，要根据总控计划进行科学合理的编制，防止工序倒置和不合理赶工期的交叉施工以及采取不当的防护措施而造成的互相损坏、反复污染等现象的发生。

(6) 项目经理部技术部门对责任工程师进行方案交底，各责任工程师对各专业施工队进行技术交底、各专业施工单位对班组及成员的操作交底的同时，必须对成品保护工作进行交底。

(7) 项目经理部对所有入场施工人员都要进行定期的成品保护意识的教育工作，依据合同、规章制度、各项保护措施，使全体施工人员认识到做好成品保护工作能保证自己的产品质量，从而保证自身的荣誉和切身的利益。

9.12.3 成品保护主要措施

1. 测量定位

定位桩采取桩周围浇筑混凝土固定，搭设保护架，悬挂明显标志以提示，水准引测点尽量引测到周围老建筑物上或围墙上，标识明显，不准堆放材料遮挡。

2. 砌筑工程

在砌筑围护工程中，安装专业及时配合预埋管线，以避免后期剔凿对结构质量造成隐患，墙面要随砌随清理，防止砂浆污染，雨季施工时要用塑料布及时覆盖已施工完的墙体。在构造柱、圈、梁、模板支设时，严禁在砌体上硬撑、硬拉。

3. 地面与楼地面工程

(1) 安装专业的综合布线管槽、种类管道，都应全部完成，并经过监理检查认可后，与土建专业进行交接。

(2) 安装完毕的木门框，用 9 层胶合板将 1.2m 以下框周围包钉好，防止碰撞，在地面施工时，要安排木工随时检查门框的位置、垂直度有无变动和错误，若有变动和错误，在施工过程中及时校正和修改。

(3) 运输砂浆或细石混凝土过程中，凡经过各类门口处时，推车要缓慢，防止撞坏门框。

(4) 安装专业进入装修阶段施工时，对使用的人字梯、高凳的下脚要用麻布或胶皮包好，以防止滑到和碰坏已施工完成的地砖等。

(5) 地面砖、石材施工完成后，需在地面铺设保护后，方可进行吊顶、油漆、木墙裙的施工。

4. 门窗工程

(1) 木门框完成后，在 1.2m 以下用 9 层板将框周围钉好，防止碰撞，木门窗油漆应将五金件用纸胶带或塑料布包裹地，门窗套与墙面交接处贴纸胶带，以防止油漆对五金件及墙面的污染，油漆涂刷后漆膜未干前要安排人看护，防止触摸。

(2) 塑钢窗在安装前必须粘贴塑料保护胶带，以防止水泥砂浆的腐蚀和污染，在进行塑钢窗与墙体的接缝处打密封胶时要及时清理多余的胶液。

(3) 在风天施工时要及时将门窗关闭好，以防止门窗玻璃打碎和门窗框松动、变形。门窗玻璃要做好标识保护。

5. 墙、顶棚涂料

墙面、顶棚涂料施工时要与水电、灯具、面板的安装穿插进行，其顺序为：顶棚龙骨、面板安装完成后，进行灯具、烟感、喷撒头等的安装，墙面在涂刷最后一遍涂料前，进行灯具、面板、空调等的安装。灯具、面板安装时要戴清洁的白手套，以保持墙面、顶棚的清洁，并用塑料薄膜和胶带包裹好，由水电向土建进行交接，再进行最后一遍涂料施工。

墙面、顶棚涂料施工前应将地面清理干净，并用塑料布或报纸将地面覆盖，并对门窗进行包裹和保护，以便墙面涂料施工，防止对地面、门窗的污染。

在涂刷分界线时，采用纸胶带粘贴的方法，避免污染其他界面。

6. 屋面工程

屋面找平层应按设计的流水方向，向雨水口进行找坡找平。喷固化施工前要清扫干净，防止杂物将雨水口、雨水管堵塞；防水施工完成后，要及时将防水保护层做好。在施工防水时，要注意防止对外墙和其屋面的设备的污染。

7. 卫生洁具

卫生洁具安装时要与土建装修施工相交叉，因此，卫生洁具应在墙地面镶贴工程、吊顶工作、户门完成后进行安装。卫生洁具安装完成后，用塑料布和硬纸壳覆盖并用胶带封好，以防止施工人员的大小便及建筑垃圾的浸入，防止其他工序施工时的污染和损坏，成品完成后移交给成品保护专职人员看护。移交后，再进入施工。

第10章 建筑工程概预算设计实例

10.1 工程概算

总概算书是单项工程建设费用的综合性文件，它是由各专业的单位工程概算书组成的。

10.1.1 主要内容

(1) 建安工程费，包括土建工程概算书，给排水消防工程概算书，电气工程概算书，弱电工程概算书，采暖通风空调工程概算书，室外、构筑物工程概算书。

(2) 其他工程费用，包括工程设计费、工程地质勘察费、图纸审查费、工程监督费、招投标管理费、招投标交易费、建设单位管理费、基础设施配套费、工程监理费等。

(3) 预备费，包括基本预备费、涨价预备费。

10.1.2 概算编制步骤

(1) 根据初步设计图纸、建筑概算定额工程量计算规则计算工程量。在计算工程量时一定要先熟悉图纸，掌握工程量计算规则。计算工程量时要紧扣图纸，尽可能利用图纸所给定的建筑指标。

(2) 编制各专业单位工程概算表。一般根据工程概算基价的顺序和施工顺序编制概算表，以土建专业为例，见表 10-1(只列出部分)。

(3) 编制单位工程概算取费表。编制此表时应该掌握零星项目增加费费率、综合费用费率、概算调整费费率，见表 10-2。

(4) 编制概算汇总表。该表是整个项目概算的集合，这里需要说明的主要是在计算其他工程费用时要了解取费标准和依据，见表 10-3。

(5) 最后写出“编制说明”。编制说明主要反映工程概况、概算的编制依据、三材(水泥、钢材、木材)用量及有关情况说明。

10.1.3 设计实例

以某高校教学楼建筑为例。

(1) 工程概况：该工程建筑面积为 15439.8m^2，建筑高度为 24.6m，层数为 5 层，框架结构，井桩基础，屋面为卷材防水屋面，外立面局部为隐框玻璃幕墙。设计图纸如图 10-1 所示。

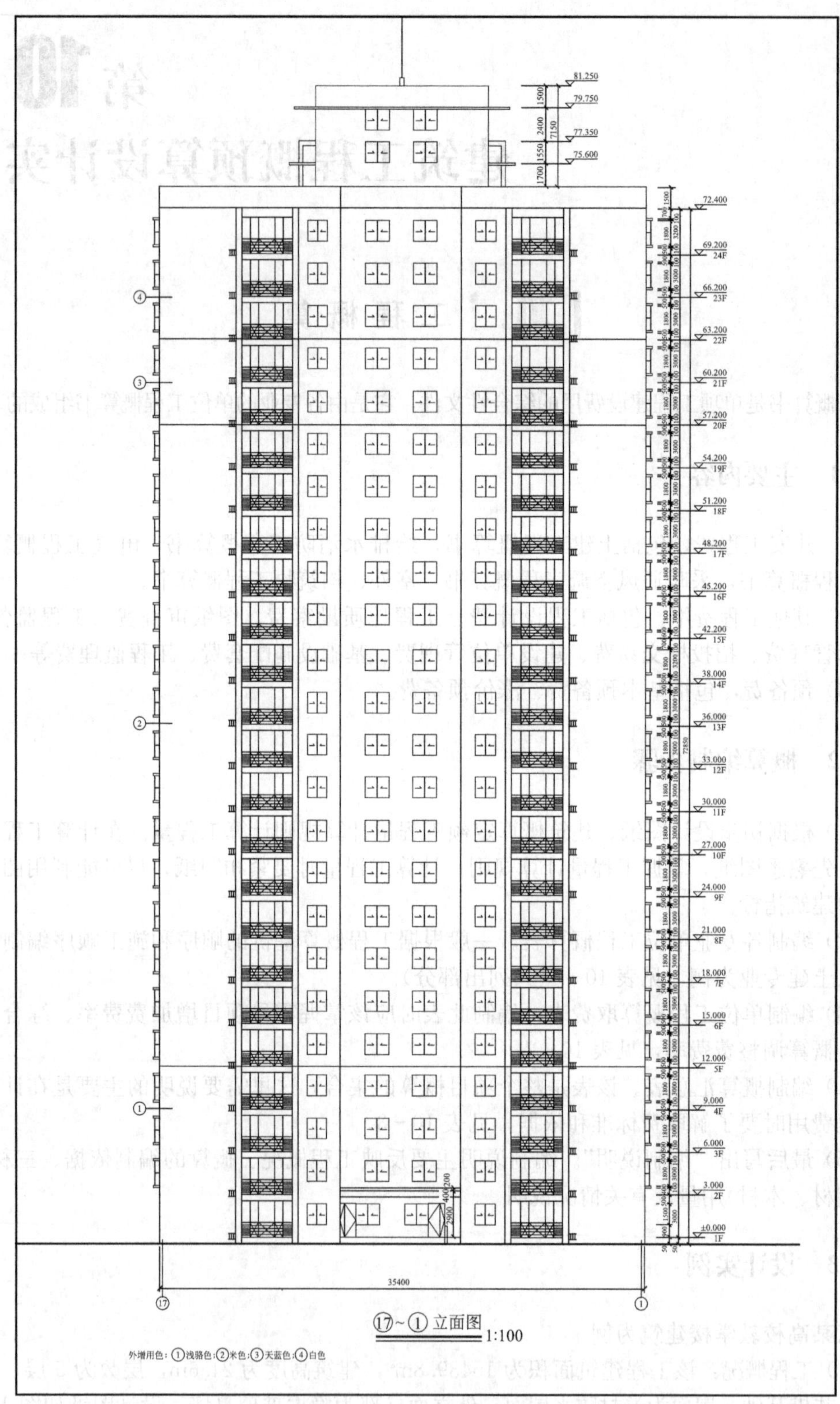

图 10－1 住宅楼设计图纸

表 10-1 建筑结构工程概算表

工程名称：××高校 B 型教学楼土建工程　　　　第 1 页共 4 页

序号	定额	项目名称	计量单位	工程量	单价(元)	合价(元)	人工费		材料费		机械费	
							单价	合价	单价	合价	单价	合价
		基础及土方工程				1726253.49		384904.16		1208548.37		132800.96
1	1-1	平整场地	m^2	2153.5	0.81	1744.38	0.81	1744.38				
2	1-4	井桩基础土方 桩长 15m 以内	m^3	4343.50	78.97	343006.20	57.18	248361.33	5.36	23281.16	16.43	71363.71
3	2-69-2	人工成孔灌注钢筋混凝土桩 短筋桩部分 配筋长 15m 以内桩径 1000mm C20 [ϕ40 C30 525# 中砂]	m^3	4343 50	306.59	1331673.67	30.03	130435.31	262.94	1142079.89	13.62	59158.47
4	2-6-1	基础垫层混凝土 C15	m^3	17.90	203.12	3635.85	26.08	466.83	168.09	3008.81	8.95	160.21
5	2-14-2	混凝土带形基础 C20 [ϕ40 C30 525# 中砂]	m^3	210.38	219.57	46193.39	18.52	3896.31	190.98	40178.51	10.07	2118.57
		砌体工程				418578.30		124158.36		284636.34		9783.60
6	3-55	300mm 多孔砖外墙：内墙面水泥石灰砂浆抹灰，外墙面喷涂	m^2	2870.04	56.94	163420.08	12.51	35904.20	42.40	121689.70	2.03	5826.18
7	3-41	200mm 多孔砖内墙：内墙面水泥石灰砂浆抹灰	m^2	3746.26	34.00	127372.84	10.51	39373.19	22.88	85714.43	0.61	2285.22
8	3-40	200mm 多孔砖内墙：内墙面水泥砂浆抹灰	m^2	1178.59	34.73	40932.43	10.93	12881.99	23.19	27331.50	0.61	718.94
9	3-102	墙面块料装饰瓷板水泥石灰砂浆结合层	m^2	1178.59	32.30	38068.46	12.64	14897.38	19.66	23171.08		
10	3-108	栏板内外侧抹水泥砂浆	m^2	47.880	79.10	3787.31	57.52	2754.06	21.02	1006.44	0.56	26.81
11	5-226	喷(刷)涂料 106 涂料 二遍墙，柱、天棚砂浆抹灰面	m^2	6616.30	1.80	11909.34	0.94	6219.32	0.86	5690.02		
12	8-2	沥青粘贴聚苯乙烯泡沫板附墙铺贴	m^3	86.10	384.29	33087.84	140.86	12128.22	232.67	20033.17	10.76	926.45
		门窗工程				1593900.51		177220.57		1415266.70		1413.24
13	4-124	铝合金平开窗	m^2 洞	2634.20	310.20	817128.84	15.58	41040.84	294.61	776061.66	0.01	26.34
14	4-125	铝合金推拉窗	m^2 洞	248.40	264.03	65585.05	15.57	3912.30	248.27	61670.27	0.01	2.46

(2) 工程量计算及建筑工程概算表，在计算工程量时应注意墙体工程量的单位，见表10－1。

(3) 概算取费见表10－2。

(4) 汇总表及其说明见表10－3。

(5) 编制说明。

① 该工程建筑面积为15439.8m^2，工程总造价为2283.26万元。

② 根据下列资料进行编制。

(a) 初步设计图纸工程号2008－07－01及说明。

表10－2 工程取费表

工程名称：××高校B型教学楼土建工程　　　　第1页　共1页

序号	编号	费用名称	计算公式	系数	金额
1	一、	直接费	[2]+[6]+[7]		11104624.72
2		地区基价定额直接费	直接费＋未计价资源费＋设备费		10833780.21
3	1	人工费	人工费		1604650.39
4	2	材料费	材料费		8434803.38
5	3	机械费	机械费		794326.44
6		零星项目增加费	[2]×费率	2.5	270844.51
7		二次搬运费			
8	二、	综合费用	[2]×系数	22	2383431.65
9	三、	定额测定编制管理费	([1]/[8])×系数	0.15	20232.08
10	四、	税金	([1]+[6]+[9])×系数	3.41	460632.64
11	五、	概算调整费	([1]+[8]+[9]+[10])×系数	14.12	1972411.66
12	六、	概算工程造价	[1]+[8]+[9]+[10]+[11]		15941332.75
13	七、	建筑面积	建筑面积		
14	八、	平方米造价	[12]/[13]		

(b) 现行省定额：××省建筑，安装概算定额(2001)，××省建筑工程消耗量定额(2004)，××省建筑装饰装修工程消耗量定额(2004)，所有计价均采用××地区基价。

(c) 本工程取费按××建价(2001)385号文执行，按二类计取。

(d) 概算调整指标为14.12。

(e) 工程建设其他费用文件执行××建价(2001)277号文。

③ 三材用量：钢材802.8696t，水泥4289.186t，木材314.774m^3。

④ 其他说明：

(a) 未含土地费。

(b) 未考虑施工期间人、材、机上涨费用及因费率调整所发生的费用因素。

(6) 装订顺序：编制说明—工程概算汇总表—概算取费表(土建)—工程概算表(土建)—概算取费表—工程概算表(水)……

表 10-3 概算汇总表

序号	工程费名称	概算价值				总价（万元）	技术经济指标			在总投资比例（%）
		建筑工程费	设备购置费	安装工程费	其他费用		单位	数量	单价（元）	
Ⅰ	教学楼									
一	建筑工程									
1	给排水及消防									
2	采暖及通风									
3	电气照明									
4	弱电及其他配电									
5	综合布线									
6	井桩安全施工措施费									
7	室外工程									
二	道路									
1	教学楼									
2	给排水及消防									
3	热网工程									
4	电网工程									
5	公共绿化									
Ⅱ	其他费用									
1	工程设计费									
2	工程地质勘察费									
3	施工图审查费									
4	工程质量监督费									
5	工程招投标管理费									
6	工程监理									
7	工程预算编制费									
8	建设单位管理费									
三	预备费									
1	基本预备费									
四	概算总投资									

10.2 工程预算

施工图预算是确定工程预算造价、签订建筑安装工程合同，实行建设单位和施工单位投资包干和办理工程结算的依据。

10.2.1 定额单价法

(1) 利用定额单价法编织单位工程施工图预算的内容：土建工程预算、给排水及消防工程预算、采暖通风工程预算、电气照明工程预算、弱电工程预算等各专业工程预算。

(2) 利用定额单价法编制工程预算的依据。

① 法律、法规及有关规定。

② 施工图及说明书和有关标准图等资料。

③ 施工方案及施工组织设计。

④ 工程量计算规则。

⑤ 当地现行预算定额和有关调价规定。

⑥ 招标文件。

(3) 利用定额单价法编制单位工程施工图预算的步骤。

① 收集资料，熟悉图纸，计算工程量。

② 利用当地地区基价确定单位工程直接费计算表。

③ 利用计价程序以直接费为计算基础，计算出规费和企业管理费、利润和税金，最终计算出该专业预算造价。

④ 预算汇总表即各专业含税造价之和。

(4) 施工图预算编制实例。

以××高校住宅楼为例。

工程概况；该工程建筑面积 21000m^2，建筑总高度 73m，结构形式为剪力墙结构，地下一层，地上 24 层，井筏基础，屋面为上人屋面，设计图纸如图 10－2 所示。

① 编制依据。

(a) ××高校住宅楼施工图。

(b) 现行××省定额：××省建筑、安装预算定额(2001)，××省建筑工程消耗量定额(2004)，××省建筑装饰装修工程消耗定额(2004)，所有计价均采用××地区基价。

(c) ××省建设工程费用定额。

(d) 当地市场指导价。

② 工程预算表见表 10－4。

③ 工程费用表见表 10－5。

④ 材料价差表见表 10－6。

⑤ 商品混凝土见表 10－7。

⑥ 商品混凝土取费按外购件计取，见表 10－8。

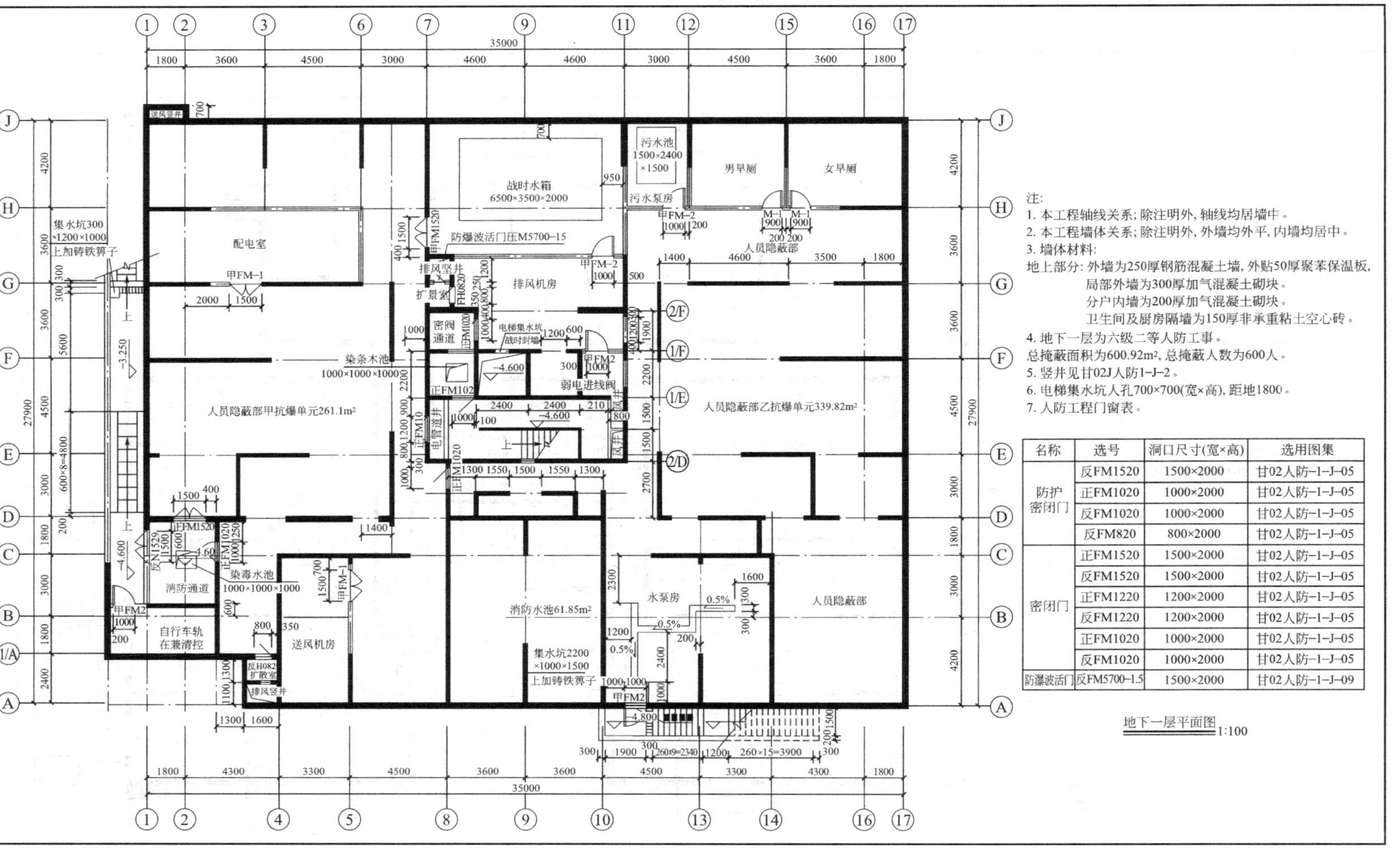

名称	选号	洞口尺寸(宽×高)	选用图集
防护密闭门	反FM1520	1500×2000	甘02人防-1-J-05
	正FM1020	1000×2000	甘02人防-1-J-05
	反FM1020	1000×2000	甘02人防-1-J-05
	反FM820	800×2000	甘02人防-1-J-05
密闭门	正FM1520	1500×2000	甘02人防-1-J-05
	反FM1520	1500×2000	甘02人防-1-J-05
	正FM1220	1200×2000	甘02人防-1-J-05
	反FM1220	1200×2000	甘02人防-1-J-05
	正FM1020	1000×2000	甘02人防-1-J-05
	反FM1020	1000×2000	甘02人防-1-J-05
防爆波活门	反FM5700-1.5	1500×2000	甘02人防-1-J-09

(a)

图 10-2 住宅楼设计图纸

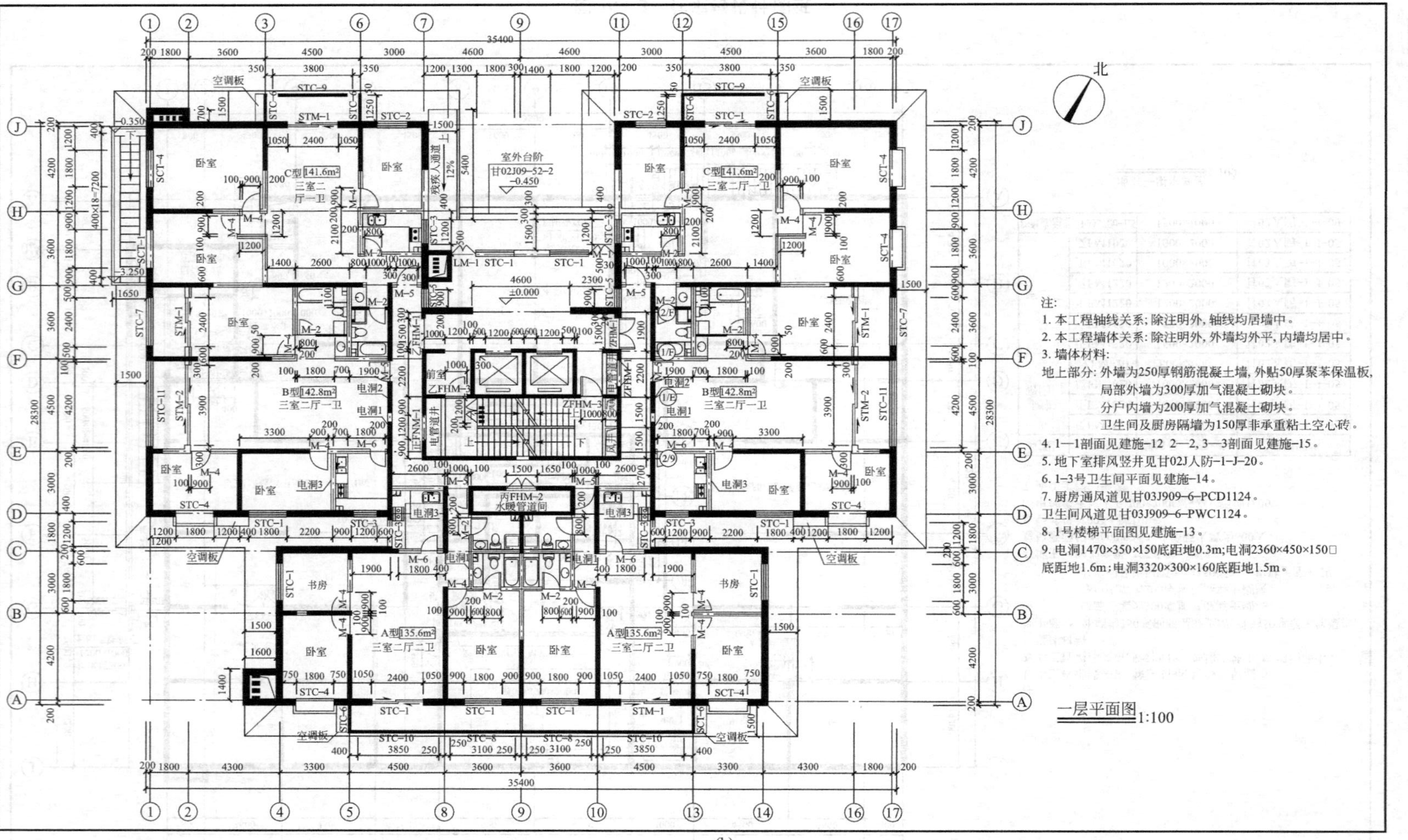

图 10-2　住宅楼设计图纸(续)

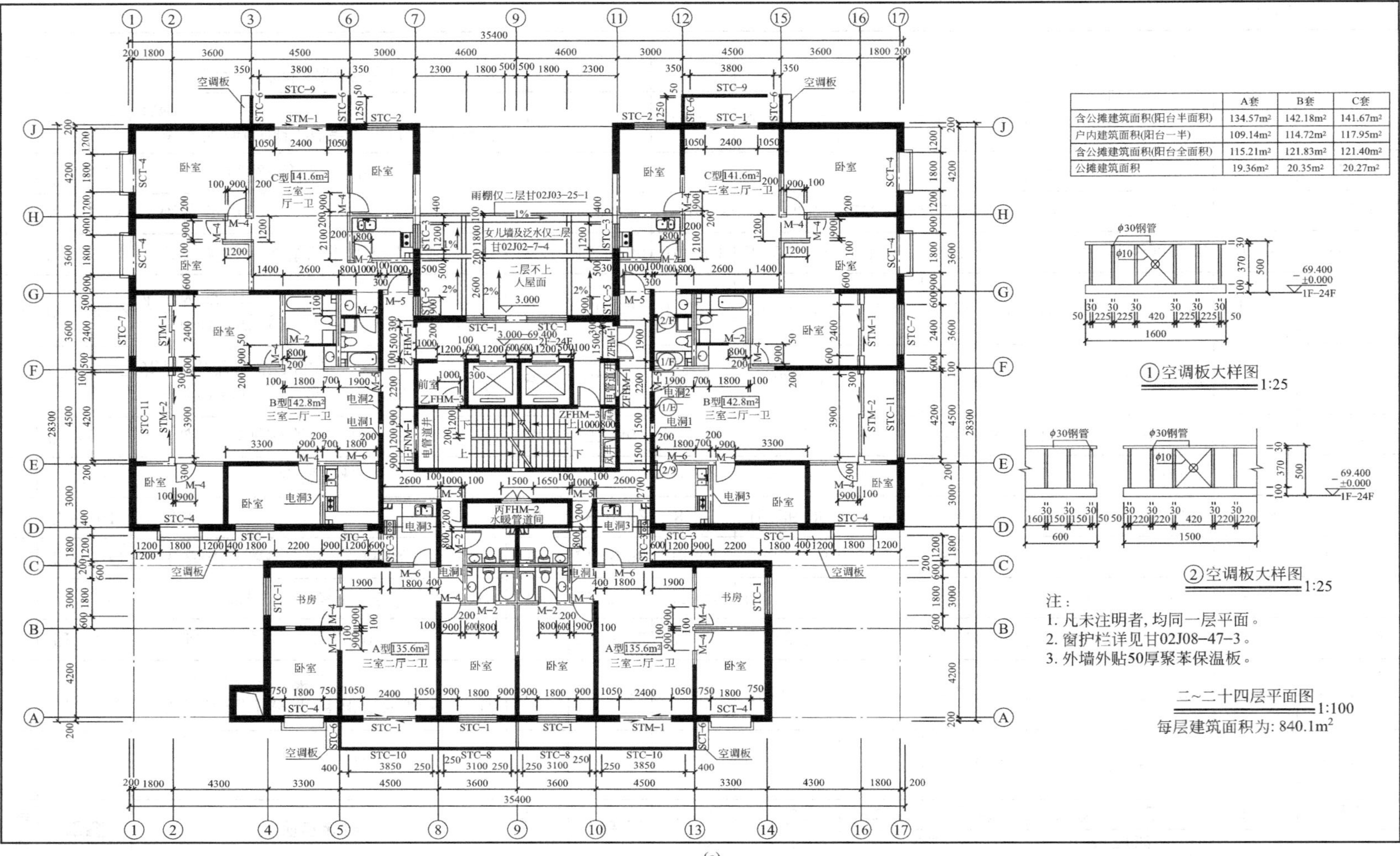

	A套	B套	C套
含公摊建筑面积(阳台半面积)	134.57m²	142.18m²	141.67m²
户内建筑面积(阳台一半)	109.14m²	114.72m²	117.95m²
含公摊建筑面积(阳台全面积)	115.21m²	121.83m²	121.40m²
公摊建筑面积	19.36m²	20.35m²	20.27m²

(c)

图 10-2 住宅楼设计图纸(续)

表 10-4　建筑结构工程预算表

工程名称：××高校住宅楼·建筑工程

序号	定额	项目名称	计量单位	工程量	单价（元）	合价（元）	人工费		材料费		机械费	
							单价	合价	单价	合价	单价	合价
	a.1.1	土石方工程						154740.66		82.50		84525.38
1	Tl-127	反铲挖掘机挖土自卸汽车运土 运距1000m以内 一二类土	m^3	6359.32	8.29	52718.76	1.02	6486.51	0.01	63.59	7.26	46168.66
2	T1-130	自卸汽车运土每增加500m	m^3	6359.32	0.83	5278.24	0.00	0.00	0.00	0.00	0.83	5278.24
3	T1-59	人工挖桩孔 一二类土 深度15m以内	m^3	2775.95	45.51	126333.48	45.51	126333.48	0.00	0.00	0.00	0.00
4	T1-102	土方运输 运输距离2000m以上 2000m	m^3	2775.95	14.01	38891.06	3.17	8799.76	0.00	0.00	10.84	30091.30
5	T1-91	夯填土	m^3	1890.62	8.53	16126.99	6.94	13120.90	0.01	18.91	1.58	2987.18
	a.1.2	砌筑工程			0.00	0.00	0.00	0.00	0.00	0.00	0.00	0.00
6	T3-4-2	1砖墙 水泥砂浆M5.0	m^3	57.66	162.56	9373.21	39.53	2279.30	121.13	6984.36	1.90	109.55
7	T3-11-2	190厚空心砖砖墙190×290×190(大九孔)水泥砂浆M5.0	m^3	132.30	168.73	22322.98	35.89	4748.25	132.14	17482.12	0.70	92.61
8	T3-18-2	190厚多孔砖砖墙190×190×90 DM2水泥砂浆M5.0	m^3	36.18	195.57	7075.72	34.68	1254.72	159.66	5776.50	1.23	44.50
9	T3-48-2	加气混凝土砌块墙水泥砂浆M5.0	m^3	1687.59	166.04	280207.44	31.79	53648.49	133.90	225968.30	0.35	590.66
	T4-115	砌体加筋	t	10.14	3850.48	39043.87	278.52	2824.19	3504.12	35531.78	67.84	687.90
10	a.1.3	现场搅拌混凝土工程	m^3		0.00	0.00	0.00	0.00	0.00	0.00	0.00	0.00
11	T4-108	集中搅拌(预拌)混凝土 前台震捣养护基础	m^3	3400.49	15.55	52877.62	14.01	47640.86	1.54	5236.75	0.00	0.00
12	T4-109	集中搅拌(预拌)混凝土 前台震捣养护柱	m^3	0.00	41.22	0.00	40.53	0.00	0.69	0.00	0.00	0.00

预算员：　　　　　　　　日期：

续表

工程名称：××高校住宅楼·建筑工程

序号	定额	项目名称	计量单位	工程量	单价（元）	合价（元）	人工费		材料费		机械费	
							单价	合价	单价	合价	单价	合价
13	T4－110	集中搅拌(预拌)混凝土 前台震捣养护 墙	m^3	5240.09	34.90	182879.14	33.79	177062.64	1.11	5816.50	0.00	0.00
14	T4－111	集中搅拌(预拌)混凝土 前台震捣养护梁，板	m^3	2460.54	25.88	63678.78	21.65	53270.69	4.23	10408.08	0.00	0.00
15	T4－112	集中搅拌(预拌)混凝土 前台震捣养护其他小型构件	m^3	50.28	16.46	827.61	14.27	717.50	2.19	110.11	0.00	0.00
16	T4－113	集中搅拌(预拌)混凝土 前台震捣养护楼梯	m^2	462.53	4.27	1975.00	3.70	1711.36	0.57	263.64	0.00	0.00
	a.1.4	钢筋工程			0.00	0.00	0.00	0.00	0.00	0.00	0.00	0.00
17	T4－115	普通钢筋 ϕ5mm 以上	t	638.61	3850.48	2458955.03	278.52	177865.66	3504.12	2237766.07	67.84	43323.30
18	T4－117	低合金钢筋	t	702.62	3909.17	2746661.03	278.52	195693.72	3562.81	2503301.56	67.84	47665.74
19	T4－138	电渣压力焊接钢筋直径 20mm 以内	个接头	28362.00	4.94	140108.28	0.73	20704.26	1.74	49349.88	2.47	70054.14
20	T4－139	电渣压力焊接钢筋直径 22mm 以内	个接头	96.00	5.19	498.24	0.75	72.00	1.80	172.80	2.64	253.44
21	T4－143	锥螺纹套筒连接钢筋直径 20mm 以内	个接头	8076.00	21.55	174037.80	0.84	6783.84	20.02	161681.52	0.69	5572.44
22	T4－144	锥螺纹套筒连接钢筋直径 22mm 以内	个接头	1508.00	21.60	32572.80	0.87	1311.96	20.02	30190.16	0.71	1070.68
23	T4－145	锥螺纹套筒连接钢筋直径 25mm 以内	个接头	228.00	21.66	4938.48	0.91	207.48	20.02	4564.56	0.73	166.44
	a.1.5	屋面工程			0.00	0.00	0.00	0.00	0.00	0.00	0.00	0.00
24	8－63	冷底子油第一遍	m^2	865.25	1.59	1375.75	0.37	320.14	1.20	1038.30	0.02	17.31
25	8－4	干铺珍珠岩	m^3	865.25	142.53	123324.08	10.33	8938.03	132.20	114386.05	0.00	0.00
26	8－6－1	水泥炉渣 1∶6	m^3	54.67	150.99	8254.62	19.42	1061.69	131.57	7192.93	0.00	0.00

预算员：　　　　　　　　　　　　　　　　　日期：

续表

工程名称：××高校住宅楼·建筑工程

序号	定额	项目名称	计量单位	工程量	单价（元）	合价（元）	人工费		材料费		机械费	
							单价	合价	单价	合价	单价	合价
27	9-31-3	水泥砂浆 1：3 在填充材料上 厚度 20mm	m^2	0.00	6.58	0.00	1.93	0.00	4.44	0.00	0.21	0.00
28	7-37	改性沥青卷材(SBS-1)满铺 厚度 4mm	m^2	865.25	32.44	28068.71	1.32	1142.13	31.12	26926.58	0.00	0.00
	a.1.6	防腐保温及防水工程			0.00	0.00	0.00	0.00	0.00	0.00		0.00
29	T8-27	沥青粘贴聚苯乙烯泡沫板 附墙铺贴	m^3	556.74	384.29	213949.61	140.86	78422.40	232.67	129536.70	10.76	5990.52
30	T8-83	涂膜防水平面	m^2	3760.22	16.22	60990.77	2.50	9400.55	13.72	51590.22	0.00	0.00
31	T8-84	涂膜防水立面	m^2	9133.54	17.90	163490.37	4.18	38178.20	13.72	125312.17	0.00	0.00
	a.1.7	楼地面			0.00	0.00	0.00	0.00	0.00	0.00	0.00	0.00
32	T9-1-2	灰土 2：8 打夯机夯实	m^3	658.45	60.01	39513.58	19.00	12510.55	40.14	26430.18	0.87	572.85
33	T9-1-3	灰土 3：7 打夯机夯实	m^3	145.25	67.58	9816.00	19.00	2759.75	47.71	6929.88	0.87	126.37
34	T9-27-1 换	混凝土垫层 C10 素混凝土 C10 32.5 L40 中砂	m^3	33.26	176.61	5874.05	28.70	954.56	137.98	4589.21	9.93	330.27
35	T9-27-2 换	混凝土垫层 C10 素混凝土 C10 32.5 L40 中砂	m^3	220.53	182.07	40151.90	28.70	6329.21	143.44	31632.82	9.93	2189.86
36	T9-30-1	水泥砂浆 1：2 在混凝土或硬基层 厚度 20mm	m^2	1069.73	6.78	7252.77	1.88	2011.09	4.73	5059.82	0.17	181.85
37	T9-30-3	水泥砂浆 1：3 在混凝土或硬基层 厚度 20mm	m^2	2427.09	6.02	14611.08	1.88	4562.93	3.97	9635.55	0.17	412.61
38	T9-35-1	楼地面水泥砂浆 1：2	m^2	3092.15	8.14	25170.10	2.48	7668.53	5.49	16975.90	0.17	525.67
39	T9-35-2	楼地面水泥砂浆 1：2.5	m^2	12095.01	7.84	94824.88	2.48	29995.62	5.19	62773.10	0.17	2056.15

预算员：　　　　日期：

续表

工程名称：××高校住宅楼·建筑工程

序号	定额	项目名称	计量单位	工程量	单价(元)	合价(元)	人工费		材料费		机械费	
							单价	合价	单价	合价	单价	合价
40	T9-39-2	踢脚板水泥砂浆 1：2.5	m	16311.10	2.11	34416.42	1.21	19736.43	0.60	9786.66	0.30	4893.33
41	T9-40-2	楼梯水泥砂浆 1：2.5	m^2	372.45	16.69	6216.19	9.56	3560.62	6.90	2569.91	0.23	85.66
42	T9-41-2	台阶水泥砂浆 1：2.5	m^2	30.70	14.73	452.21	6.78	208.15	7.70	236.39	0.25	7.68
	a.1.8	墙面及天棚			0.00	0.00	0.00	0.00	0.00	0.00	0.00	0.00
43	T10-72	现浇混凝土天棚水泥砂浆底面	m^2	16276.37	7.80	126955.69	4.00	65105.48	3.65	59408.75	0.15	2441.46
44	T10-1	砖墙面，墙裙水泥砂浆	m^2	255.60	7.80	1993.68	3.67	938.05	3.95	1009.62	0.18	46.01
45	T10-2	混凝土墙面墙裙水泥砂浆	m^2	18295.45	8.50	155511.33	3.96	72449.98	4.36	79768.16	0.18	3293.18
46	T10-8	矩形混凝土柱面水泥砂浆	m^2	44.51	10.19	453.56	5.45	242.58	4.55	202.52	0.19	8.46
47	T10-11	砖墙面、墙裙水泥石灰膏砂浆	m^2	40988.61	6.88	282001.64	3.40	139361.27	3.28	134442.64	0.20	8197.72
48	T10-71	混凝土墙面、墙裙抹灰水泥珍珠岩砂浆	m^2	2985.44	11.00	32839.84	5.63	16808.03	5.10	15225.74	0.27	806.07
	a.1.9	大型垂直运输机械使用费			0.00	0.00	0.00	0.00	0.00	0.00	0.00	0.00
49	T1001	固定式基础(带配重)	座	1.00	4154.74	4154.74	0.00	0.00	0.00	0.00	4154.74	4154.74
50	T2005	自升式塔式起重机	台次	1.00	14994.80	14994.80	0.00	0.00	0.00	0.00	14994.80	14994.80
51	T3018	自升式塔式起重机	台次	1.00	17460.60	17460.60	0.00	0.00	0.00	0.00	17460.60	17460.60
52	T2011	施工电梯 100m	台次	1.00	5661.43	5661.43	0.00	0.00	0.00	0.00	5661.43	5661.43
53	T3020	施工电梯 100m	台次	1.00	6789.07	6789.07	0.00	0.00	0.00	0.00	6789.07	6789.07

预算： 日期：

表 10－5　工程取费表

工程名称：××高校住宅楼·建筑工程　　第 1 页共 1 页

编号	项目名称	计算基数及计算公式	系数(%)	金额(元)
1	直接费	〈2〉＋〈3〉＋〈4〉＋〈11〉＋实体其他费＋技术措施其他费	0.00	10980414.36
2	其中 A1－人工费	〈5.1〉＋〈3〉	0.00	2050363.24
3	A2－材料费	〈5.2〉＋〈9〉＋材料费×0.0024	0.00	7320211.09
4	A3－机械费	〈5.3〉＋〈10〉	0.00	1141440.35
5	直接工程费	〈5.1〉＋〈5.2〉＋〈5.3〉	0.00	7979551.60
5.1	其中 B1－人工费	实体人工费	0.00	1425203.87
5.2	B2－材料费	实体材料费＋未计价资源费＋设备费	0.00	6223351.20
5.3	B3－机械费	实体机械费	0.00	330991.53
6	措施费	〈7〉＋〈11〉	0.00	29833336.32
7	技术措施费	〈8〉＋〈9〉＋〈10〉＋技术措施其他费	0.00	2514936.64
8	其中 C1－人工费	技术措施人工费	0.00	625139.37
9	C2－材料费	技术措施材料费	0.00	1079333.45
10	C3－机械费	技术措施机械费	0.00	810443.82
11	组织措施费	组织措施定额直接费	0.00	488399.68
12	间接费	〈1〉×系数	8.30	911374.38
13	利润	〈1〉×系数	6.39	701648.46
14	价差调整	〈14.1〉＋〈14.2〉＋〈14.3〉	0.00	164029.06
14.1	人工费调整	人工价差	8.00	164029.06
14.2	材料价差	〈14.2.1〉＋〈14.2.2〉	0.00	0.00
14.2.1	一类材差	材料价差	0.00	0.00
14.2.2	二类材差	〈5.2〉×系数	0.00	0.00
14.3	机械费调整	机械价差	0.00	0.00
15	规费	〈15.1〉＋〈15.2〉＋〈15.3〉＋〈15.4〉＋〈15.5〉	0.00	428220.33
15.1	劳动保险基金	〈1〉×系数	3.72	408471.41
15.2	住房公积金	按规定计算	0.00	0.00
15.3	工程排污费	按规定计算	0.00	0.00
15.4	工程定额测定费	(〈1〉＋〈12〉＋〈13〉＋〈14〉＋〈15.1〉＋〈15.2〉＋〈15.3〉)×系数	0.15	19748.92
15.5	危险作业意外伤害保险	按规定计算	0.00	0.00
16	税金	(〈1〉＋〈12〉＋〈13〉＋〈14〉＋〈15〉)×系数	3.41	449631.92
17	单方造价	〈18〉/建筑面积	0.00	649.31
18	工程造价	〈1〉＋〈12〉＋〈13〉＋〈14〉＋〈15〉＋〈16〉	0.00	13635318.51

预算员：　　编制时间：

表 10-6 材料价差表

工程名称：××高校住宅楼·建筑工程

序号	材料编码	材料名称及规格	单位	用量	定额价	市场价	价差(单)	价差(合)
1	A266	低合金钢筋	t	727.21	3376.70	6200.22	2823.52	2053296.78
2	A269-1	型钢	t	1.68	3179.85	6059.00	2879.15	4836.97
3	A270	圆钢	t	0.42	3320.00	6111.99	2791.99	1172.64
4	ATB0160	普通钢筋 ϕ5mm 以上	t	671.46	3320.00	6111.99	2791.99	1874702.63
5	AYG	圆钢	kg	244.80	3.32	6.12	2.80	685.44
6	Apbfx5	水泥 32.5	kg	874432.32	0.28	0.44	0.16	143406.90
7	ATB0091	水泥 32.5	kg	1775.47	0.29	0.44	0.15	273.42
8	Bpbfx5	水泥 32.5	kg	109731.84	0.28	0.44	0.16	17996.02
9	A258	板方材	m^3	267.49	1102.86	2000.00	897.14	239975.80
10	A261	圆木	m^3	0.63	875.55	1780.00	904.45	569.80
11	A1	普通粘土砖 240×115×53	千块	30.64	177.00	388.20	211.20	6471.27
12	A5	加气混凝土块	m^3	1628.52	131.82	172.50	40.68	66248.37
13	Apbfx20	中砂	m^3	141.32	55.00	58.07	3.07	433.84
14	Apbfx28	卵石 40mm	m^3	207.63	44.52	55.52	11.00	2283.88
15	Apbfx385	生石灰	kg	159315.89	0.11	0.12	0.01	796.58
16	Apbfx71	砂(水泥砂浆用)	m^3	1165.46	50.24	53.04	2.80	3263.29
17	Apbfx72	砂(水泥石灰砂浆用)	m^3	729.5973	46.34	53.04	6.70	4888.30
18	ATB0173	空心砖 190×290×190(大九孔)	千块	11.8409	1361.00	1641.21	277.21	3282.41
19	ATB0180	空心砖 190×190×90DM2	千块	9.6166	534.01	490.39	−43.62	−419.48
	合 计							4424164.86

预算员： 编制时间：

表 10－7　建筑结构工程预算表

工程名称：××高校住宅楼·商品混凝土

序号	定额	项目名称	计量单位	工程量	单价(元)	合价(元)	人工费		材料费		机械费	
							单价	合价	单价	合价	单价	合价
1	B1	C25	m^3	240.85	123510.29	0.00	0.00	0.00	0.00	0.00	0.00	0.00
2	B2	C30	m^3	244.75	1836256.46	0.00	0.00	0.00	0.00	0.00	0.00	0.00
3	B3	C35	m^3	253.85	507446.15	0.00	0.00	0.00	0.00	0.00	0.00	0.00
4	B4	C40	m^3	269.25	526674.54	0.00	0.00	0.00	0.00	0.00	0.00	0.00
		累计				2993887.44				0.00		0.00

预算员：　　　　日期：

表 10-8 工程取费表

工程名称：××高校住宅楼·商品混凝土　　　　第 1 页共 1 页

编号	项目名称	计算基数及计算公式	系数(%)	金额(元)
1	直接费	〈2〉+〈3〉+〈4〉+〈11〉+实体其他费+技术措施其他费	0.00	2993887.44
2	其中 A1-人工费	〈5.1〉+〈3〉	0.00	0.00
3	A2-材料费	〈5.2〉+〈9〉+材料费×0.0024	0.00	0.00
4	A3-机械费	〈5.3〉+〈10〉	0.00	0.00
5	直接工程费	〈5.1〉+〈5.2〉+〈5.3〉	0.00	0.00
5.1	其中 B1-人工费	实体人工费	0.00	0.00
5.2	B2-材料费	实体材料费+未计价资源费+设备费	0.00	0.00
5.3	B3-机械费	实体机械费	0.00	0.00
6	措施费	〈7〉+〈11〉	0.00	0.00
7	技术措施费	〈8〉+〈9〉+〈10〉+技术措施其他费	0.00	0.00
8	其中 C1-人工费	技术措施人工费	0.00	0.00
9	C2-材料费	技术措施材料费	0.00	0.00
10	C3-机械费	技术措施机械费	0.00	0.00
11	组织措施费	组织措施定额直接费	0.00	0.00
12	间接费	〈1〉×系数	4.00	119755.50
13	利润	〈1〉×系数	6.39	0.00
14	价差调整	〈14.1〉+〈14.2〉+〈14.3〉	0.00	0.00
14.1	人工费调整	人工价差	8.00	0.00
14.2	材料价差	〈14.2.1〉+〈14.2.2〉	0.00	0.00
14.2.1	一类材差	材料价差	0.00	0.00
14.2.2	二类材差	〈5.2〉×系数	0.00	0.00
14.3	机械费调整	机械价差	0.00	0.00
15	规费	〈15.1〉+〈15.2〉+〈15.3〉+〈15.4〉+〈15.5〉	0.00	57441.92
15.1	劳动保险基金	〈1〉×系数	1.76	52692.42
15.2	住房公积金	按规定计算	0.00	0.00
15.3	工程排污费	按规定计算	0.00	0.00
15.4	工程定额测定费	(〈1〉+〈12〉+〈13〉+〈14〉+〈15.1〉+〈15.2〉+〈15.3〉)×系数	0.15	4749.50
15.5	危险作业意外伤害保险	按规定计算	0.00	0.00
16	税金	(〈1〉+〈12〉+〈13〉+〈14〉+〈15〉)×系数	3.41	108133.99
17	单方造价	〈18〉/建筑面积	0.00	156.15
18	工程造价	〈1〉+〈12〉+〈13〉+〈14〉+〈15〉+〈16〉	0.00	3279218.85

预算员：　　　　编制时间：

10.2.2 工程量清单法(招标清单)

(1) 按劳取酬招标清单包括的内容：分部分项工程量清单，措施项目清单，其他项目清单，零星工作项目清单，规费和税金。

(2) 工程量招标清单编制依据。

① 计价规范。

② 招标文件。

③ 施工图。

④ 拟采用的施工组织设计和施工技术方案。

(3) 分部分项工程量清单编制步骤。

① 熟悉工程量招标清单编制依据。

② 对照《计价规范》项目名称，以及用于描述项目名称的项目特征，确定具体的分部分项名称。

③ 按《计价规范》设置与项目名称相对应的项目编码。

④ 按《计价规范》中的计量单位确定分部分项工程计量单位。

⑤ 按《计价规范》规定的工程量计算规则计算工程量。

⑥ 最后参照《计价规范》中列出的工程内容，建立分部分项工程量清单的综合工程内容。

(4) 措施项目清单编制依据。

① 拟采用的施工组织设计和施工技术方案。

② 招标文件。

③ 施工图。

(5) 措施项目清单编制步骤。

① 首先参照拟采用的工程的施工组织设计，以确定环境保护、文明安全施工、材料的二次搬运等项目。

② 参阅拟采用的施工技术方案，确定夜间施工、大型机械设备进出场及安拆、脚手架、施工排水降水等项目。

(6) 其他项目清单：其他项目清单由招标人(预留金、材料购置费)部分，投标人(总承包服务费、零星工作项目费)部分等组成。

① 预留金是招标人为可能发生的工程量变更而预留的金额；材料购置费是招标人购置材料预留的费用。预留金、材料购置费这两项费用由清单编制人根据业主意图和拟建工程实际情况确定。

② 总承包服务费是配合协调招标人工程分包(指国家允许分包的工程)和材料采购所需的费用。零星工作项目费是完成招标人提出的工程量暂估的零星工作费用。

(7) 编制实例：这里仍以某高校住宅楼为例。

① 编制依据：

(a) ××高校住宅楼施工图。

(b)《建设工程工程量清单计价规范》和《××省工程工程量清单计价规则》。

(c) ××省现行费用定额等。

② 分部分项工程量清单见表 10-9。

③ 措施项目清单见表 10－10。

④ 其他项目清单见表 10－11。

⑤ 零星工作项目清单见表 10－12。

表 10－9 分部分项工程量清单

工程名称：××高校住宅楼　　　　第1页　共5页

序号	项目编码	项目名称	计量单位	工程数量
	a.1	建筑工程		
	a.1.1	土方工程		
1	10101002001	挖土方 1. 土壤类别：一、二类土；2. 挖土平均厚度：5m以内；3. 弃土运距：1km以内	m^3	6359.31
	a.1.2	混凝土桩		
2	10201003001	混凝土灌注桩 1. 土壤级别：二级土；2. 单桩长度、根数：30m内，99根；3. 桩截面：ϕ1000；4. 成孔方法：人工成孔；5. 混凝土强度等级：C30	m	2970.00
	a.1.3	砌筑工程	m^3	
3	10302004001	填充墙 1. 砖的品种、规格、强度等级：标准砖；2. 墙体厚度：200mm；3. 填充材料种类：加气块；4. 勾缝要求：平缝；5. 砂浆强度等级：M5	m^3	1277.85
4	10302004002	填充墙 1. 砖的品种、规格、强度等级：标准砖；2. 墙体厚度：290；3. 填充材料种类：加气块；4. 勾缝要求：平缝；5. 砂浆强度等级：M5	m^3	1599.70
	a.1.4	混凝土及钢筋混凝土工程	m^3	
5	10401005001	桩承台基础 1. 垫层材料种类、厚度：C10，混凝土，厚度100mm；2. 混凝土强度等级：C40；3. 混凝土拌和料要求：中砂	m^3	246.40
6	010403001001	基础梁 1. 梁底标高：－5.1m；2. 梁截面：300mm×700mm；3. 混凝土强度等级：C40；4. 混凝土拌和料要求：中砂，砾石	m^3	68.77
7	10401005002	筏板 1. 垫层材料种类、厚度：混凝土，C10，厚度100mm；2. 混凝土强度等级：C40；3. 混凝土拌和料要求：中砂，砾石	m^3	290.91
8	10402001001	矩形柱 1. 柱高度：3.0m内；2. 柱的截面尺寸：周长1.8m以上；3. 混凝土强度等级：C40；4. 混凝土拌和料要求：中砂，砾石	m^3	10.25

续表

工程名称：××高校住宅楼　　第2页　共5页

序号	项目编码	项目名称	计量单位	工程数量
9	10402001002	矩形柱 1. 柱高度：3.0m内；2. 柱的截面尺寸：周长1.8m以上；3. 混凝土强度等级：C35；4. 混凝土拌和料要求：中砂，砾石	m^3	250.70
10	10403002001	矩形梁 1. 梁底标高：－1.5m，2.5m，5.5m；2. 梁截面：200mm×500mm；3. 混凝土强度等级：C40；4. 混凝土拌和料要求：中砂，砾石	m^3	40.92
11	10403002002	矩形梁 1. 梁底标高：5.5～24.9m；2. 梁截面：200mm×350mm；3. 混凝土强度等级：C35；4. 混凝土拌和料要求：中砂，砾石	m^3	77.87
12	10403002003	矩形梁 1. 梁底标高：58.9～70m；2. 梁截面：200mm×350mm；3. 混凝土强度等级：C30；4. 混凝土拌和料要求：中砂，砾石	m^3	112.77
13	10404001001	直形墙 1. 墙类型：地下室外墙；2. 墙厚度：400mm内；3. 混凝土强度等级：C40；4. 混凝土拌和料要求：中砂，砾石	m^3	658.60
14	10404001002	直形墙 1. 墙类型：直形墙；2. 墙厚度：300mm内；3. 混凝土强度等级：C35；4. 混凝土拌和料要求：中砂，砾石	m^3	3842.08
15	10404001003	直形墙 1. 墙类型：直形墙；2. 墙厚度：200mm外；3. 混凝土强度等级：C30；4. 混凝土拌和料要求：中砂，砾石	m^3	776.09
16	10405001001	有梁板 1. 板底标高：－1.00m；2. 板厚度：250mm；3. 混凝土强度等级：C40；4. 混凝土拌和料要求：中砂，砾石	m^3	234.37
17	10405001002	有梁板 1. 板底标高：3～45m；2. 板厚度：120mm；3. 混凝土强度等级：C35；4. 混凝土拌和料要求：中砂，砾石	m^3	959.61
18	10405001003	有梁板 1. 板底标高：48～72m；2. 板厚度：120mm；3. 混凝土强度等级：C30；4. 混凝土拌和料要求：中砂，砾石	m^3	426.96
19	10405006001	栏板 1. 板厚度：100mm内；2. 混凝土强度等级：C25；3. 混凝土拌和料要求：中砂，砾石	m^3	91.92
20	10406001001	直形楼梯 1. 混凝土强度等级：C40；2. 混凝土拌和料要求：中砂，砾石	m^2	110.65

续表

工程名称：××高校住宅楼　　　　第3页　共5页

序号	项目编码	项目名称	计量单位	工程数量
21	10406001002	直形楼梯 1. 混凝土强度等级：C35；2. 混凝土拌和料要求：中砂，砾石	m^2	136.00
22	10406001003	直形楼梯 1. 混凝土强度等级：C30；2. 混凝土拌和料要求：中砂，砾石	m^2	125.80
23	10407001002	其他构件 1. 构件的类型：构造柱；2. 构件规格：200mm×200mm；3. 混凝土强度等级：C25；4. 混凝土拌和料要求：中砂，砾石	m^3	144.64
24	10416001001	现浇混凝土钢筋 钢筋种类、规格：6.5mm以上普通钢筋	t	625.76
25	10416001002	现浇混凝土钢筋 钢筋种类、规格：低合金钢，钢筋连接	t	751.21
	a.1.5	屋面防水		
26	010702001001	屋面卷材防水 1. 卷材品种、规格：SBS改性沥青防水卷材；2. 防水层做法：一层4mm	m^2	865.25
27	10703002001	卫生间聚氨酯涂膜防水	m^2	3760.22
28	10703003001	砂浆防水(潮) 1. 防水(潮)部位：地下；2. 防水(潮)厚度、层数：5层；3. 砂浆配合比：水泥砂浆1∶2	m^2	950.00
	a.1.6	保温隔热工程		
29	10803001001	保温隔热屋面 1. 保温隔热部位：屋面；2. 保温隔热方式(内保温、外保温、夹心保温)：外保温；3. 保温隔热材料品种、规格：水泥珍珠岩板，厚度200mm，1∶6水泥炉渣找坡，最薄处30mm	m^3	173.05
30	10803003001	保温隔热墙 1. 保温隔热部位：墙体；2. 保温隔热方式(内保温、外保温、夹心保温)：外保温；3. 保温隔热材料品种、规格：聚苯乙烯泡沫板，厚度50mm；4. 粘贴材料种类：专用胶粘剂	m^3	502.82
31	10803002001	保温隔热天棚 1. 保温隔热部位：天棚；2. 保温隔热方式(内保温、外保温、夹心保温)：内保温；3. 保温隔热材料品种、规格：岩棉板50mm	m^3	53.92
	a.1.7	地面工程		

续表

工程名称：××高校住宅楼　　　　第 4 页　共 5 页

序号	项目编码	项目名称	计量单位	工程数量
32	20101001001	水泥砂浆楼地面 1. 垫层材料种类、厚度：3∶7 灰土 150mm，C10 混凝土 100mm；2. 面层厚度、砂浆配合比：1∶2.5 水泥砂浆，20mm	m^2	1592.15
33	20101001002	水泥砂浆楼地面 面层厚度、砂浆配合比：1∶2.5 水泥砂浆，20mm	m^2	12095.04
34	20102002001	块料楼地面 1. 结合层厚度、砂浆配合比：水泥砂浆 1∶2.5；2. 面层材料品种、规格、品牌、颜色：彩釉砖	m^2	1728.00
35	20105001001	水泥砂浆踢脚线 1. 踢脚线高度：120mm；2. 底层厚度、砂浆配合比：13mm 1∶3 水泥砂浆；3. 面层厚度、砂浆配合比：7mm 1∶2.5 水泥砂浆	m^2	16311.10
36	20106003001	水泥砂浆楼梯面 1. 找平层厚度、砂浆配合比：水泥砂浆 1∶3；2. 面层厚度、砂浆配合比：水泥砂浆 1∶2；3. 防滑条材料种类、规格：金刚砂	m^2	372.45
37	020108003001	水泥砂浆台阶面 1. 垫层材料种类、厚度：3∶7 灰土，厚度 150mm，C10 混凝土 100mm；2. 面层厚度、砂浆配合比：水泥砂浆 1∶2.5	m^2	30.70
38	020107001001	金属扶手带栏杆、栏板 1. 扶手材料种类、规格、品牌、颜色：不锈钢管 ϕ89×2.5；2. 栏杆材料种类、规格、品牌、颜色：不锈钢	m	288.00
39	020107005001	硬木靠墙扶手 1. 扶手材料种类、规格、品牌、颜色：硬木 65mm×105mm；2. 油漆品种、刷漆遍数：调合漆	m	195.60
	a.1.8	墙柱面工程		
40	020201001001	墙面一般抹灰 1. 墙体类型：内墙；2. 面层厚度、砂浆配合比：水泥砂浆 1∶2.5	m^2	36590.90
41	020204003001	块料墙面 1. 墙体类型：内墙；2. 底层厚度、砂浆配合比：13mm 1∶3	m^2	6622.90
42	020301001001	天棚抹灰 1. 抹灰厚度、材料种类：石灰砂浆；2. 砂浆配合比：石灰砂浆 1∶2.5	m^2	19276.37
43	020302001001	天棚吊顶 1. 吊顶形式：单层龙骨；2. 龙骨类型、材料种类、规格、中距：U 形轻钢龙骨；3. 基层材料种类、规格：PVC 板	m^2	578.00

续表

工程名称：××高校住宅楼　　　　　　　　　　　　　　　　　　　　　　　第5页　共5页

序号	项目编码	项目名称	计量单位	工程数量
	a.1.9	门窗工程		
44	020401001001	镶木板门 1. 门类型：带门框；2. 玻璃品种、厚度、五金材料、品种、规格：折	樘	576.00
45	020406007001	塑钢窗	樘	720.00
46	020402006001	防盗门	樘	144.00
47	010501004001	防护密闭门	樘	3.00
48	010501004002	密闭门	樘	2.00
49	010501004003	防爆活门	樘	2.00
50	020401006001	木质防火门　甲级	樘	48.00
51	020401006002	木质防火门　乙级	樘	50.00
52	020501001001	门油漆	樘	576.00
53	020507001001	刷喷涂料	m^2	34571.00

表 10－10　措施项目清单

工程名称：××高校住宅楼　　　　　　　　　　　　　　　　　　　　　　　第1页　共1页

序号	项 目 名 称
1	环境保护费
2	文明施工费
3	临时设施费
4	夜间施工费
5	冬雨期施工费
6	生产工具用具使用费
7	工程定位复测、工程点交、场地清理
8	安全施工费
9	大型机械进出场及安拆费
10	挖桩孔孔内照明及安全费
11	超高增加费
12	垂直运输
13	脚手架
14	混凝土、钢筋混凝土模板及支架

表 10-11　其他项目清单

工程名称：××高校住宅楼．其他措施　　第 1 页　共 1 页

序号	项 目 名 称
1	招标人部分
1.1	预留金
1.2	材料购置费
	小　计
2	投标人部分
2.1	总承包服务费
2.2	零星工作项目费
	小　计

表 10-12　零星工作项目

工程名称：××高校住宅楼．其他措施　　第 1 页　共 1 页

序号	名　称	计量单位	数量
1	【人工】		
1.1	综合工日	工日	20
	小　计		
2	【材料】		
2.1	铁　件		0.993
	小　计		
3	【机械】		
			0.00
	小　计		

10.2.3　工程量清单法(投标报价)

(1) 工程量清单报价组成：分部分项工程清单计价、措施项目清单计价、其他项目清单计价、规费、税金。

(2) 工程量清单计价步骤如下。

① 熟悉工程量清单。

② 研究招标文件。

③ 全面系统阅读施工图纸。

④ 熟悉工程量计算规则。

⑤ 核算工程量清单所提供清单子目工程量是否正确。

⑥ 计算每个清单子目所组合的工程子项的工程量，以便进行单价分析。

⑦ 分部分项工程量清单计价。

⑧ 措施项目清单计价。

⑨ 其他项目清单计价、规费、税金。

10.2.4 编制实例

这里仍以某高校住宅楼为例。

(1) 编制依据。

① ××高校住宅楼施工图。

②《建设工程工程量清单计价规范》和《××省工程工程量清单计价规则》。

③《××省建设工程消耗量定额》。

④ ××省现行费用定额等。

⑤ 招标单位提供的工程量清单。

(2) 工程项目总表见表 10－13。

表 10－13 工程项目总价表

工程名称：××高校住宅楼　　第1页　共1页

序号	单项工程名称	金额(元)
1	××高校住宅楼	17762884.15
合计		17762884.15

(3) 单项工程费用汇总表见表 10－14。

表 10－14 单项工程费用汇总表

工程名称：××高校住宅楼　　第1页　共1页

序号	单项工程名称	金额(元)
1	建筑工程	17762884.15
1.1	土方工程	67928.36
1.2	混凝土桩	816106.57
1.3	砌筑工程	587360.38
1.4	混凝土及钢筋混凝土工程	9175917.30
1.5	屋面防水	156021.01
1.6	保温隔热工程	290331.50
1.7	地面工程	427939.71
1.8	墙柱面工程	1173167.94
1.9	门窗工程	1163388.41
1.10	措施项目	3753886.28
1.11	其他措施	150836.69
合计	17762884.15	17762884.15

(4) 单位工程费用汇总表见表 10－15。

表 10－15　单位工程费用汇总表

工程名称：××高校住宅楼．建筑工程　　　　第 1 页　共 1 页

序号	单项工程名称	金额(元)
1	分部分项工程费	12961428.45
2	措施项目费	3510868.12
3	其他项目费	141068.70
4	规费	563778.26
5	税金	585740.60
合计		17762884.15

(5) 分部分项工程清单计价分两步。第一步是按招标文件给定的工程量清单子目逐个进行综合单价分析，分析计算一般依据企业定额进行，本案例采用××省建设工程消耗量定额；按图纸和招标文件描述的项目特征、工程内容和拟建工程的具体情况，求出每个清单项目的综合单价。第二步，按分部分项工程量清单计价格式，将每个清单项目的工程量分别乘以对应的综合单价，计算出各项合计，再将各项合价汇总。具体见表 10－16。

表 10－16　分部分项工程量清单计价表

工程名称：××高校住宅楼　　　　第 1 页　共 7 页

序号	项目编码	项目名称	计量单位	工程数量	金额(元)	
	a.1	建筑工程			综合单价	合价
	a.1.1	土石方工程				
1	010101002001	挖土方 土壤类别：1. 一、二类土；2. 挖土平均厚度：5m 以内；3. 弃土运距：1km 以内	m^3	6359.31	9.99	63529.51
	a.1.2	混凝土桩				0.00
2	010201003001	混凝土灌注桩 1. 土壤级别：二级土；2. 单桩长度、根数：30m 内，99 根；3. 桩截面积：ϕ1000；4. 成孔方法：人工成孔；5. 混凝土强度等级：C30		2970.00	257.00	763290.00
	a.1.3	砌筑工程				0.00
3	010302004001	填充墙 1. 砖的品种、规格、强度等级：标准砖；2. 墙体厚度：200mm；3. 填充材料种类：加气块；4. 勾缝要求：平缝；5. 砂浆强度等级：M5	m^3	1277.85	191.11	244209.91

续表

工程名称：××高校住宅楼 第2页 共7页

序号	项目编码	项目名称	计量单位	工程数量	金额(元)	
4	010302004002	填充墙 1. 砖的品种、规格、强度等级：标准砖；2. 墙体厚度：290mm；3. 填充材料种类：加气块；4. 勾缝要求：平缝；5. 砂浆强度等级：M5		1599.70	190.75	305142.78
	a.1.4	混凝土及钢筋混凝土工程				0.00
5	010401005001	桩承台基础 1. 垫层材料种类、厚度：C10，混凝土，厚度100mm；2. 混凝土强度等级：C40；3. 混凝土拌和料要求：中砂	m^3	246.40	313.95	77357.28
6	010403001001	基础梁 1. 梁底标高：－5.1m；2. 截面积：300mm×700mm；3. 混凝土强度等级：C40；4. 混凝土拌和料要求：中砂，砾石	m^3	68.77	269.41	18528.40
7	010401005002	筏板 1. 垫层材料种类、厚度：C10，混凝土，厚度100mm；2. 混凝土强度等级：C40；3. 混凝土拌和料要求：中砂，砾石	m^3	290.91	475.38	138292.80
8	010402001001	矩形柱 1. 柱高度：3.0m内；2. 柱的截面尺寸：周长1.8m以上；3. 混凝土等级强度C40；4. 混凝土拌和料要求：10.25	m^3	10.25	291.02	2982.96
9	010402001002	矩形柱 1. 柱高度：3.0m内；2. 柱的截面尺寸：周长1.8m外；3. 混凝土等级强度：C35；4. 混凝土拌和料要求：中砂，砾石	m^3	250.70	274.57	68834.70
10	010403002001	矩形梁 1. 梁底标高：－1.5m，2.5m，5.5m；2：截面积：200mm×500mm；3. 混凝土强度等级：C40；4. 混凝土拌和料要求：中砂，砾石	m^3	40.92	275.22	11262.00
11	010403002002	矩形梁 1. 梁底标高：5.5～24.9m；2：截面积：200mm×350mm；3. 混凝土强度等级：C35；4. 混凝土拌和料要求：中砂，砾石	m^3	77.87	258.30	20114.08

续表

工程名称：××高校住宅楼　　第3页　共7页

序号	项目编码	项目名称	计量单位	工程数量	金额（元）	
12	010403002003	矩形梁 1. 梁底标高：58.9～70m；2：截面积：200mm×350mm；3. 混凝土强度等级：C30；4. 混凝土拌和料要求：中砂，砾石	m^3	112.77	246.78	27830.12
	本页小计					1741374.53
	合　计					1741374.53
13	010404001001	直形墙 1. 墙类型：地下室外墙；2. 墙厚度：400mm内；3. 混凝土强度等级：C40；4. 混凝土拌和料要求：中砂，砾石	m^3	658.60	279.07	183795.50
14	010404001002	直形墙 1. 墙类型：直形墙；2. 墙厚度：300mm内；3. 混凝土强度等级：C35；4. 混凝土拌和料要奉：中砂，砾石	m^3	3842.08	269.43	1035171.61
15	010404001003	直形墙 1. 墙类型：直形墙；2. 墙厚度：200mm外；3. 混凝土强度等级：C30；4. 混凝土拌和料要求：中砂，砾石	m^3	776.09	258.20	200386.44
16	010405001001	有梁板 1. 板底标高：−1.00m；2. 板厚度：250mm；3. 混凝土强度等级：C40；4. 混凝土拌和料要求：中砂，砾石	m^3	234.37	270.77	63460.36
17	010405001002	有梁板 1. 板底标高：3～45m；2. 板厚度：120mm；3. 混凝土强度等级：C35；4. 混凝土拌和料要求：中砂，砾石	m^3	959.61	253.85	243597.00
18	010405001003	有梁板 1. 板底标高：48～72m；2. 板厚度：120mm；3. 混凝土强度等级：C30；4. 混凝土拌和料要求：中砂，砾石	m^3	426.96	242.34	103469.49
19	010405006001	栏板 1. 板厚度：100mm内；2. 混凝土强度等级：C25；3. 混凝土拌和料要求：中砂，砾石	m^3	91.92	291.19	26766.18
20	010406001001	直形楼梯 1. 混凝土强度等级：C40；2. 混凝土拌和料要求；中砂，砾石	m^2	110.65	62.91	6960.99

续表

工程名称：××高校住宅楼　　　　第 4 页　共 7 页

序号	项目编码	项目名称	计量单位	工程数量	金额（元）	
21	010406001002	直形楼梯 1. 混凝土强度等级：C35；2. 混凝土拌和料要求：中砂，砾石	m^2	136.00	59.35	8071.60
22	010406001003	直形楼梯 1. 混凝土强度等级：C30；2. 混凝土拌和料要求：中砂，砾石	m^2	125.80	56.94	7163.05
23	010407001001	其他构件 1. 构件的类型：构造柱；2. 构件规格：200mm×200mm；3. 混凝土强度等级：C25；4. 混凝土拌和料要求：中砂，砾石	m^3	144.64	329.80	47702.27
24	010416001001	现浇混凝土钢筋 钢筋种类、规格：6.5mm 以上普通钢筋	t	625.76	4296.57	2688621.64
25	010416001002	现浇混凝土钢筋 钢筋种类、规格：低合金钢，钢筋连接	t	751.21	4794.69	3601819.07
	a.1.5	屋面防水			0.00	0.00
26	010702001001	屋面卷材防水 1. 卷材品种、规格：SBS 改性沥青防水卷材；2. 防水层做法：一层 4mm	m^2	865.25	37.27	32247.87
27	010703002001	卫生间聚氨酯涂膜防水	m^2	3760.22	27.94	105060.55
28	010703003001	砂浆防水(潮) 1. 防水(潮)部位：地下；2. 防水(潮)厚度、层数：5 层；3. 砂浆配合比：水泥砂浆 1∶2	m^2	950.00	9.07	8616.50
	a.1.6	保温隔热工程				
	本页小计					8362910.14
	合　计					10104284.67
29	010803001001	保温隔热屋面 1. 保温隔热部位：屋面，2. 保温隔热方式(内保温、外保温、夹心保温)：外保温；3. 保温隔热材料品种、规格：水泥珍珠岩板，厚度 200mm，1∶6 水泥炉渣找坡，最薄处 30mm	m^3	173.05	224.24	38804.73

续表

工程名称：××高校住宅楼　　　　第5页　共7页

序号	项目编码	项目名称	计量单位	工程数量	金额（元）	
30	010803003001	保温隔热墙 1. 保温隔热部位：墙体；2. 保温隔热方式(内保温、外保温、夹心保温)：外保温；3. 保温隔热材料品种、规格：聚苯乙烯泡沫板，厚度50mm；4. 粘贴材料种类：专用胶粘剂	m³	502.82	441.31	221899.49
31	010803002001	保温隔热天棚 1. 保温隔热部位：天棚；2. 保温隔热方式(内保温、外保温、夹心保温)：内保温；3. 保温隔热材料品种、规格：岩棉板50mm	m³	53.92	201.00	10837.92
	a.1.7	地面工程			0.00	
32	020101001001	水泥砂浆楼地面 1. 垫层材料种类、厚度：3∶7灰土150mm，C10混凝土100mm；2. 面层厚度、砂浆配合比：20mm，1∶2.5水泥砂浆	m²	1592.15	40.93	65166.70
33	020101001002	水泥砂浆楼地面 面层厚度、砂浆配合比：20mm，1∶2.5水泥砂浆	m²	12095.04	9.00	108855.36
34	020102002001	块料楼地面 1. 结合层厚度、砂浆配合比：水泥砂浆1∶2.5；2. 面层材料品种、规格、品牌、颜色：彩釉砖	m²	1728.00	55.27	95506.56
35	020105001001	水泥砂浆踢脚线 1. 踢脚线高度：120mm；2. 底层厚度、砂浆配合比：13mm 1∶3水泥砂浆；3. 面层厚度、砂浆配合比：7mm，1∶2.5水泥砂浆	m²	16311.10	2.11	34416.42
36	020106003001	水泥砂浆楼梯面 1. 找平层厚度、砂浆配合比：水泥砂浆1∶3；2. 面层厚度、砂浆配合比：水泥砂浆1∶2；3. 防滑条材料种类、规格：金刚砂	m²	372.45	26.43	9843.85
37	020108003001	水泥砂浆台阶面 1. 垫层材料种类、厚度：3∶7灰土，厚度150mm，C10混凝土100mm；2. 面层厚度、砂浆配合比：水泥砂浆1∶2.5	m²	30.70	51.10	1568.77

续表

工程名称：××高校住宅楼　　　　第6页　共7页

序号	项目编码	项目名称	计量单位	工程数量	金额（元）	
38	020107001001	金属扶手带栏杆、栏板 1. 扶手材料种类、规格、品牌、颜色：不锈钢管 ϕ89×2.5；2. 栏杆材料种类、规格、品牌、颜色：不锈钢	m	288.00	269.45	77601.60
39	020107005001	硬木靠墙扶手 1. 扶手材料种类、规格、品牌、颜色：硬木 65×105；2. 油漆品种、刷漆遍数：调合漆	m	195.60	37.24	7284.14
	a.1.8	墙柱面工程			0.00	
40	020201001001	墙面一般抹灰 1. 墙体类型：内墙；2. 面层厚度、砂浆配合比：水泥砂浆 1∶2.5	m^2	36590.90	8.96	327854.46
41	020204003001	块料墙面 1. 墙体类型：内墙；2. 底层厚度、砂浆配合比：13mm 1∶3	m^2	6622.90	85.48	566125.49
	本页小计					1565765.51
	合　计					11670050.18
42	020301001001	天棚抹灰 1. 抹灰厚度、材料种类：石灰砂浆；2. 砂浆配合比：石灰砂浆 1∶2.5	m^2	19276.37	8.49	163656.38
43	020302001001	天棚吊顶 1. 吊顶形式：单层龙骨；2. 龙骨类型、材料种类、规格、中距：U 形轻钢龙骨；3. 基层材料种类、规格：PVC 板	m^2	578.00	68.53	39610.34
	a.1.9	门窗工程			0.00	
44	020401001001	镶木板门 1. 门类型：带门框；2. 玻璃品种、厚度、五金材料、品种、规格：折	樘	576.00	180.40	103910.40
45	020406007001	塑钢窗	樘	720.00	866.81	624103.20
46	020402006001	防盗门	樘	144.00	545.80	78595.20
47	010501004001	防护密闭门	樘	3.00	1573.81	4721.43
48	010501004002	密闭门	樘	2.00	1617.80	3235.60
49	010501004003	防爆活门	樘	2.00	811.17	1622.34
50	020401006001	木质防火门　甲级	樘	48.00	1425.32	68415.36
51	020401006002	木质防火门　乙级	樘	50.00	1425.32	71266.00

续表

工程名称：××高校住宅楼　　　　第 7 页　共 7 页

序号	项目编码	项目名称	计量单位	工程数量	综合单价	金额（元）
52	020501001001	门油漆	樘	576.00	19.52	11243.52
53	020507001001	刷喷涂料	m^2	34571.00	3.50	120998.50
	本页小计					1291378.27
	合　计					12961428.45

(6) 措施项目清单计价表见表 10－17。

表 10－17　措施项目清单计价表

工程名称：××高校住宅楼　　　　第 1 页　共 1 页

序号	项目名称	金额(元)
	建筑工程	3510868.12
1	环境保护费	33197.03
2	文明施工费	53115.24
3	临时设施费	179263.91
4	夜间施工费	79672.85
5	冬雨期施工费	105123.90
6	生产工具用具使用费	71926.89
7	工程定位复测、工程点交、场地清理	22131.35
8	安全施工费	66583.65
9	大型机械进出场及安拆费	54017.53
10	挖桩孔孔内照明及安全费	12146.85
11	超高增加费	127416.82
12	垂直运输	816690.00
13	脚手架	216111.00
14	混凝土、钢筋混凝土模板及支架	1673471.10
合计	3510868.12	3510868.12

(7) 其他项目清单计价表见表 10－18。

表 10－18　其他项目清单

工程名称：××高校住宅楼．其他措施　　　　第 1 页　共 2 页

序号	项目名称	金额(元)
1	招标人部分	
1.1	预留金	11469

续表

工程名称：××高校住宅楼·其他措施　　第 2 页　共 2 页

序号	项 目 名 称	金额(元)
1.2	材料购置费	114690
	小　　计	126159
2	投标人部分	
2.1	总承包服务费	9175.2
2.2	零星工作项目费	5734.5
	小　　计	14209.7
	合　　计	141068.7

(8) 零星工作项目计价表见表 10－19。

(9) 分部分项工程量清单综合单价分析表见表 10－20。

(10) 措施项目费分析表见表 10－21。

(11) 工程资源汇总表见表 10－22(仅列出部分)。

注意：本书编制预算所用软件均为 PKPM 工程软件，清单部分按 2003 年规范编制。

表 10－19　零星工作项目

工程名称：××高校住宅楼·其他措施　　第 1 页　共 2 页

序号	名　　称	计量单位	数量	金额(元)	
				综合单价	合价
1	【人工】				
1.1	综合工日	工日	20	23.43	468.60
	小　　计				468.60
2	【材料】				
2.1	铁　　件		0.993	5300	5262.9

续表

工程名称：××高校住宅楼．其他措施　　　　第 2 页　共 2 页

序号	名　称	计量单位	数量	金额(元)	
				综合单价	合价
	小　　计				5262.9
3	【机械】				
				0.00	0.00
	小　　计				5734.5

表 10-20　分部分项综合分析表

工程名称：××高校住宅楼　　　　　　第 1 页共 15 页

序号	项目编码	项目名称	计量单位	工程数量	综合单价组成(元)								综合单价
					人工费	材料费	机械费	其他费	管理费	利润	风险费	合价	
	a.1	建筑工程				0.00	0.00	0.00	0.00	0.00	0.00		
	a.1.1	土石方工程				0.00	0.00	0.00	0.00	0.00	0.00		
1	010101002001	挖土方 土壤类别：1. 一、二类土；2. 挖土平均厚度：5m 以内；3. 弃土运距：1km 以内	m^3	6359.31	8.71	0.00	0.00	0.00	0.72	0.56	0.00	63529.51	9.99
	1-5	人工挖土方一、二类土 深度 5m 以内	m^3	6359.31	8.71	0.00	0.00	0.00	0.72	0.56	0.00	63529.51	9.99
	a.1.2	混凝土桩	m^3			0.00	0.00	0.00	0.00	0.00	0.00	0.00	0.00
2	010201003001	混凝土灌注桩 1. 土壤级别：二级土；2. 单桩长度、根数：30m 内，99 根；3. 桩截面积：ϕ1000；4. 成孔方法：人工成孔；5. 混凝土强度等级：C30	m^3	2970.00	60.48	147.37	16.28	0.00	18.57	14.29	0.00	763260.30	256.99
	1-59	人工挖桩孔 一、二类土 深度 15m 以内	m^3	2331.45	35.73	0.00	0.00	0.00	2.97	2.28	0.00	95542.82	40.98
	1-100	土方运输 运输距离 2000m 以内 1000m	m^3	2331.45	2.49	0.00	7.28	0.00	0.81	0.62	0.00	26112.24	11.20
	4-2-2 换	现浇井桩混凝土 C20 素混凝土 C30-42.5 L40 中砂	m^3	2331.45	22.27	147.37	9.00	0.00	14.80	11.39	0.00	477550.90	204.83
	a.1.3	砌筑工程				0.00	0.00	0.00	0.00	0.00	0.00	0.00	0.00

续表

工程名称：××高校住宅楼　　　　第2页共15页

序号	项目编码	项目名称	计量单位	工程数量	综合单价组成(元)								综合单价
					人工费	材料费	机械费	其他费	管理费	利润	风险费	合价	
3	010302004001	填充墙 1. 砖的品种、规格、强度等级：标准砖；2. 墙体厚度：200mm；3. 填充材料种类：加气块；4. 勾缝要求：平缝；5. 砂浆强度等级：M5	m^3	1277.85	31.79	134.53	0.35	0.00	13.81	10.63	0.00	244209.91	191.11
	3-48-3	加气混凝土砌块墙 水泥砂浆M7.5	m^4	1277.85	31.79	134.53	0.35	0.00	13.81	10.63	0.00	244209.91	191.11
4	010302004002	填充墙 1. 砖的品种、规格、强度等级：标准砖；2. 墙体厚度：290mm；3. 填充材料种类：加气块；4. 勾缝要求：平缝；5. 砂浆强度等级：M5		1599.70	31.79	134.22	0.35	0.00	13.78	10.61	0.00	305142.78	190.75
	3-48-2	加气混凝土砌块墙水泥砂浆M5.0		1599.70	31.79	134.22	0.35	0.00	13.78	10.61	0.00		190.75
	a.1.4	混凝土及钢筋混凝土工程			0.00	0.00	0.00	0.00	0.00	0.00	0.00		0.00
5	010401005001	桩承台基础 1. 垫层材料种类、厚度：C10，混凝土，厚度100mm；2. 混凝土强度等级：C40；3. 混凝土拌和料要求：中砂	m^3	246.40	36.51	224.91	12.38	0.00	22.69	17.47	0.00	77359.74	313.96
	9-27-1换	混凝土垫层C10素混凝土C10～42.5 L40中砂		49.20	5.73	28.83	1.98	0.00	3.03	2.33	0.00	2061.48	41.90

续表

工程名称：××高校住宅楼　　　　第 3 页共 15 页

序号	项目编码	项目名称	计量单位	工程数量	综合单价组成(元)								综合单价
					人工费	材料费	机械费	其他费	管理费	利润	风险费	合价	
	4-8-3 换	现浇承台桩基础混凝土 C30 素混凝土 C40～42.5 L40 中砂		246.00	30.78	196.08	10.39	0.00	19.66	15.14	0.00	66924.30	272.05
6	010403001001	基础梁 1. 梁底标高：−5.1m；2. 截面积：300mm×700mm；3. 混凝土强度等级：C40；4. 混凝土拌和料要求：中砂，砾石	m^3	68.77	31.26	197.51	6.20	0.00	19.46	14.98	0.00	18528.40	269.41
	4-14-3 换	现浇基础梁混凝土 C30 素混凝土 C40～42.5 L40 中砂		68.77	31.26	197.51	6.20	0.00	19.46	14.98	0.00	18528.40	269.41
7	010401005002	筏板 1. 垫层材料种类、厚度：C10，混凝土，厚度 100mm；2. 混凝土强度等级：C40；3. 混凝土拌和料要求：中砂，砾石	m^3	290.91	59.53	334.71	20.34	0.00	34.35	26.45	0.00	138292.80	475.38
	9-27-1 换	混凝土垫层 C10 素混凝土C10～32.5 L40 中砂		290.91	28.70	138.31	9.93	0.00	14.66	11.29	0.00	59022.73	202.89
	4-8-3 换	现浇承台桩基础混凝土 C30 素混凝土 C40～42.5 L40 中砂		290.91	30.83	196.40	10.41	0.00	19.69	15.16	0.00	79270.07	272.49
8	010402001001	矩形柱 1. 柱高度：3.0m 内；2. 柱的截面尺寸：周长 1.8m 以上；3. 混凝土等级强度：C40；4. 混凝土拌和料要求：中砂，砾石	m^3	10.25	50.70	196.80	6.30	0.00	21.03	16.19	0.00	2982.96	291.02

续表

工程名称：××高校住宅楼　　　　第4页共15页

序号	项目编码	项目名称	计量单位	工程数量	综合单价组成(元)								综合单价
					人工费	材料费	机械费	其他费	管理费	利润	风险费	合价	
	4-12-4换	现浇矩形柱混凝土C35素混凝土C40～42.5 L40中砂		10.25	50.70	196.80	6.30	0.00	21.03	16.19	0.00	2982.96	291.02
9	010402001002	矩形柱 1. 柱高度：3.0m内；2. 柱的截面尺寸：周长1.8m以上；3. 混凝土等级强度：C35；4. 混凝土拌和料要求：中砂，砾石	m^3	250.70	50.70	182.46	6.30	0.00	19.84	15.27	0.00	68834.70	274.57
	4-12-4	现浇矩形柱混凝土C35	m^3	250.70	50.70	182.46	6.30	0.00	19.84	15.27	0.00	68834.70	274.57
10	010403002001	矩形梁 1. 梁底标高：－1.5m，2.5m，5.5m；2. 截面积：200mm×500mm；3. 混凝土强度等级：C40；4. 混凝土拌和料要求：中砂，砾石	m^3	40.92	36.34	197.49	6.20	0.00	19.88	15.31	0.00	11262.00	275.22
	4-15-3换	混凝土C30素混凝土C40～42.5 L40中砂		40.92	36.34	197.49	6.20	0.00	19.88	15.31	0.00	11262.00	275.22
11	010403002002	矩形梁 1. 梁底标高：5.5～24.9m；2. 截面积：200mm×350mm；3. 混凝土强度等级：C35；4. 混凝土拌和料要求：中砂，砾石	m^3	77.87	36.34	182.73	6.20	0.00	18.66	14.37	0.00	20114.08	258.30
	4-15-3换	混凝土C30素混凝土C35～42.5 L40中砂	m^3	77.87	36.34	182.73	6.20	0.00	18.66	14.37	0.00	20114.08	258.30

续表

工程名称：××高校住宅楼　　　　第 5 页共 15 页

序号	项目编码	项目名称	计量单位	工程数量	综合单价组成(元)								综合单价
					人工费	材料费	机械费	其他费	管理费	利润	风险费	合价	
12	010403002003	矩形梁 1. 梁底标高：58.9～70m；2. 截面积：200mm×350mm；3. 混凝土强度等级：C30；4. 混凝土拌和料要求：中砂，砾石	m^3	112.77	36.34	172.68	6.20	0.00	17.83	13.73	0.00	27830.12	246.78
	4-15-3	现浇单梁、连续梁、叠合梁混凝土 C30	m^3	112.77	36.34	172.68	6.20	0.00	17.83	13.73	0.00	27830.12	246.78
13	010404001001	直形墙 1. 墙类型：地下室外墙；2. 墙厚度：400mm 内；3. 混凝土强度等级：C40；4. 混凝土拌和料要求；中砂，砾石	m^3	658.60	40.30	196.94	6.15	0.00	20.16	15.52	0.00	183795.50	279.07
	4-22-3 换	现浇直、圆形墙墙厚 30cm 以外混凝土 C30 素混凝土 C40～42.5 L40 中砂	m^3	658.60	40.30	196.94	6.15	0.00	20.16	15.52	0.00	183795.50	279.07
14	010404001002	直形墙 1. 墙类型：直形墙；2. 墙厚度：300mm 内；3. 混凝土强度等级：C35；4. 混凝土拌和料要求：中砂，砾石	m^3	3842.08	46.23	182.59	6.15	0.00	19.47	14.99	0.00	1035171.61	269.43
	4-21-3 换	现浇直、圆形墙墙厚 30cm 以内混凝土 C30 素混凝土 C35～42.5 L40 中砂		3842.08	46.23	182.59	6.15	0.00	19.47	14.99	0.00	1035171.61	269.43

续表

工程名称：××高校住宅楼　　　　第 6 页共 15 页

序号	项目编码	项目名称	计量单位	工程数量	综合单价组成(元)								综合单价
					人工费	材料费	机械费	其他费	管理费	利润	风险费	合价	
15	010404001003	直形墙 1. 墙类型：直形墙；2. 墙厚度：200mm 外；3. 混凝土强度等级：C30；4. 混凝土拌和料要求：中砂，砾石	m^3	776.09	46.23	172.80	6.15	0.00	18.66	14.36	0.00	200386.44	258.20
	4-21-3	现浇直、圆形墙墙厚 30cm 以内混凝土 C30	m^3	776.09	46.23	172.80	6.15	0.00	18.66	14.36	0.00	200386.44	258.20
16	010405001001	有梁板 1. 板底标高：－1.00m；2. 板厚度：250mm；3. 混凝土强度等级：C40；4. 混凝土拌和料要求：中砂，砾石	m^3	234.37	30.62	199.33	6.20	0.00	19.56	15.06	0.00	63460.36	270.77
	4-27-3 换	现浇有梁板混凝土 C30 素混凝土 C40～42.5 L40 中砂	m^3	234.37	30.62	199.33	6.20	0.00	19.56	15.06	0.00	63460.36	270.77
17	010405001002	有梁板 1. 板底标高：3～45m；2. 板厚度：120mm；3. 混凝土强度等级：C35；4. 混凝土拌和料要求：中砂，砾石	m^3	959.61	30.62	184.57	6.20	0.00	18.34	14.12	0.00	243597.00	253.85
	4-27-3 换	现浇有梁板混凝土 C30 素混凝土 C35～42.5 L40 中砂	m^3	959.61	30.62	184.57	6.20	0.00	18.34	14.12	0.00	243597.00	253.85
18	010405001003	有梁板 1. 板底标高：48～72m；2. 板厚度：120mm；3. 混凝土强度等级；C30；4. 混凝土拌和料要求：中砂，砾石	m^3	426.96	30.62	174.53	6.20	0.00	17.51	13.48	0.00	103469.49	242.34

续表

工程名称：××高校住宅楼　　　　第 7 页共 15 页

序号	项目编码	项目名称	计量单位	工程数量	综合单价组成(元)								综合单价
					人工费	材料费	机械费	其他费	管理费	利润	风险费	合价	
	4-27-3	现浇有梁板混凝土 C30	m^3	426.96	30.62	174.53	6.20	0.00	17.51	13.48	0.00	103469.49	242.34
19	010405006001	栏板 1. 板厚度：100mm 内；2. 混凝土强度等级：C25；3. 混凝土拌和料要求：中砂，砾石	m^3	91.92	71.91	172.20	9.84	0.00	21.04	16.20	0.00	26766.18	291.19
	4-36-3	现浇栏板混凝土 C25	m^3	91.92	71.91	172.20	9.84	0.00	21.04	16.20	0.00	26766.18	291.19
20	010406001001	直形楼梯 1. 混凝土强度等级：C40；2. 混凝土拌和料要求：中砂，砾石	m^2	110.65	11.29	41.90	1.67	0.00	4.55	3.50	0.00	6960.99	62.91
	4-31-3 换	素混凝土 C40～42.5 L40 中砂	m^2	110.65	11.29	41.90	1.67	0.00	4.55	3.50	0.00	6960.99	62.91
21	010406001002	直形楼梯 1. 混凝土强度等级：C35；2. 混凝土拌和料要求：中砂，砾石	m^2	136.00	11.29	38.80	1.67	0.00	4.29	3.30	0.00	8071.60	59.35
	4-31-3 换	素混凝土 C35～42.5 L40 中砂	m^2	136.00	11.29	38.80	1.67	0.00	4.29	3.30	0.00	8071.60	59.35
22	010406001003	直形楼梯 1. 混凝土强度等级：C30；2. 混凝土拌和料要求：中砂，砾石	m^2	125.80	11.29	36.70	1.67	0.00	4.11	3.17	0.00	7163.05	56.94
	4-31-3	现浇整体楼梯板式直形混凝土 C30	m^2	125.80	11.29	36.70	1.67	0.00	4.11	3.17	0.00	7163.05	56.94
23	010407001001	其他构件 1. 构件的类型：构造柱；2. 构件规格：200mm×200m；3. 混凝土强度等级：C25；4. 混凝土拌和料要求：中砂，砾石	m^3	144.64	70.62	207.16	9.84	0.00	23.83	18.35	0.00	47702.27	329.80

续表

工程名称：××高校住宅楼　　　　第 8 页共 15 页

序号	项目编码	项目名称	计量单位	工程数量	综合单价组成(元)							合价	综合单价
					人工费	材料费	机械费	其他费	管理费	利润	风险费		
	4-40-3	现浇小型构件混凝土 C25	m^3	144.64	70.62	207.16	9.84	0.00	23.83	18.35	0.00	47702.27	329.80
24	010416001001	现浇混凝土钢筋 钢筋种类、规格：6.5mm 以上普通钢筋	t	625.76	230.86	3427.66	88.78	0.00	310.34	238.93	0.00	2688621.64	4296.57
	4-120	普通钢筋+5mm 以上	t	625.76	230.86	3427.66	88.78	0.00	310.34	238.93	0.00	2688621.64	4296.57
25	010416001002	现浇混凝土钢筋 钢筋种类、规格：低合金钢，钢筋连接	t	751.21	272.21	3711.35	198.01	0.00	346.47	266.65	0.00	3601819.07	4794.69
	4-121	低合金钢筋	t	751.21	230.86	3483.23	81.09	0.00	314.31	241.98	0.00	3268867.78	4351.47
	4-140	电渣压力焊接钢筋直径 20mm 以内	个接头	28362.00	30.20	70.60	106.47	0.00	17.37	13.21	0.00	6745901.70	237.85
	4-139	电渣压力焊接钢筋直径 22mm 以内	个接头	96.00	7.58	0.23	0.34	0.00	3.50	2.22	0.00	1331.52	13.87
	4-153	直螺纹套筒连接钢筋直径 20mm 以内	个接头	8076.00	9.03	127.29	8.28	0.00	11.93	9.25	0.00	1338839.28	165.78
	4-154	直螺纹套筒连接钢筋直径 22mm 以内	个接头	1508.00	1.75	25.80	1.59	0.00	2.41	1.87	0.00	50397.36	33.42
	4-155	直螺纹套筒连接钢筋直径 25mm 以内	个接头	228.00	0.28	4.21	0.25	0.00	0.39	0.30	0.00	1238.04	5.43
	a.1.5	屋面防水										0.00	0.00
26	010702001001	屋面卷材防水 1. 卷材品种、规格：SBS 改性沥青防水卷材；2. 防水层做法：一层 4mm	m^2	865.25	1.32	31.19	0.00	0.00	2.69	2.07	0.00	32247.87	37.27

续表

工程名称：××高校住宅楼　　　　第 9 页共 15 页

序号	项目编码	项目名称	计量单位	工程数量	综合单价组成(元)								综合单价
					人工费	材料费	机械费	其他费	管理费	利润	风险费	合价	
	7-37	改性沥青卷材(SBS-Ⅰ)满铺厚度 4mm	m^2	865.25	1.32	31.19	0.00	0.00	2.69	2.07	0.00	32247.87	37.27
27	010703002001	卫生间聚氨酯涂膜防水	m^2	3760.22	4.38	19.82	0.17	0.00	2.02	1.55	0.00	105060.55	27.94
	8-79	水乳型普通乳化沥青涂料　二布三涂平面	m^2	3760.22	2.50	15.84	0.00	0.00	1.52	1.17	0.00	79077.43	21.03
	9-30-3	水泥砂浆 1∶3　在混凝土或硬基层上　厚度 20mm	m^2	3760.22	1.88	3.98	0.17	0.00	0.50	0.38	0.00	25983.12	6.91
28	010703003001	砂浆防水(潮) 1. 防水(潮)部位：地下；2. 防水(潮)厚度、层数：5 层；3. 砂浆配合比：水泥砂浆 1∶2	m^2	950.00	2.21	5.53	0.17	0.00	0.66	0.50	0.00	8616.50	9.07
	8-99	防水砂浆平面	m^2	950.00	2.21	5.53	0.17	0.00	0.66	0.50	0.00	8616.50	9.07
	a.1.6	保温隔热工程										0.00	0.00
29	010803001001	保温隔热屋面 1. 保温隔热部位：屋面；2. 保温隔热方式(内保温、外保温、夹心保温)：外保温；3. 保温隔热材料品种、规格：水泥珍珠岩板，厚度 200mm，1∶6 水泥炉渣找坡，最薄处 30mm	m^3	173.05	17.10	178.48	0.00	0.00	16.20	12.47	0.00	38806.46	224.25
	8-6-1	水泥炉渣 1∶6	m^3	60.30	6.77	45.96	0.00	0.00	4.37	3.36	0.00	3645.74	60.46
	8-4	干铺珍珠岩	m^3	173.05	10.33	132.52	0.00	0.00	11.83	9.11	0.00	28343.86	163.79

续表

工程名称：××高校住宅楼 第10页共15页

序号	项目编码	项目名称	计量单位	工程数量	综合单价组成(元)								综合单价
					人工费	材料费	机械费	其他费	管理费	利润	风险费	合价	
30	010803003001	保温隔热墙 1. 保温隔热部位：墙体；2. 保温隔热方式(内保温、外保温、夹心保温)：外保温；3. 保温隔热材料品种、规格：聚苯乙烯泡沫板，厚度为50mm；4. 粘贴材料种类：专用胶粘剂	m^3	502.82	140.86	233.23	10.76	0.00	31.90	24.56	0.00	221899.49	441.31
	8-27	沥青粘贴聚苯乙烯泡沫板附墙铺贴	m^3	502.82	140.86	233.23	10.76	0.00	31.90	24.56	0.00	221899.49	441.31
31	010803002001	保温隔热天棚 1. 保温隔热部位：天棚；2. 保温隔热方式(内保温、外保温、夹心保温)：内保温；3. 保温隔热材料品种、规格：岩棉板50mm	m^3	53.92	13.20	162.00	0.00	0.00	14.60	11.20	0.00	10837.92	201.00
	8-13	干铺岩棉板厚度50mm	m^2	1078.40	13.20	162.00	0.00	0.00	14.60	11.20	0.00	216758.40	201.00
	a.1.7	地面工程										0.00	0.00
32	020101001001	水泥砂浆楼地面 1. 垫层材料种类、厚度：3∶7灰土150mm，C10混凝土100mm；2. 面层厚度、砂浆配合比：1∶2.5水泥砂浆，20mm	m^2	1592.15	8.20	26.20	1.29	0.00	2.96	2.28	0.00	65166.70	40.93
	T9-1-3	灰土3∶7打夯机夯实	m^3	238.82	2.85	7.17	0.13	0.00	0.84	0.65	0.00	2779.89	11.64
	T9-27-1换	混凝土垫层C10 素混凝土C10～32.5 L40中砂	m^3	159.22	2.87	13.83	0.99	0.00	1.47	1.13	0.00	3230.47	20.29

续表

工程名称：××高校住宅楼　　　　第 11 页共 15 页

序号	项目编码	项目名称	计量单位	工程数量	综合单价组成(元)								综合单价
					人工费	材料费	机械费	其他费	管理费	利润	风险费	合价	
	T9－35－2	楼地面水泥砂浆 1∶2.5	m^3	1592.15	2.48	5.20	0.17	0.00	0.65	0.50	0.00	14329.35	9.00
33	020101001002	水泥砂浆楼地面 面层厚度、砂浆配合比：1∶2.5 水泥砂浆，20mm	m^2	12095.04	2.48	5.20	0.17	0.00	0.65	0.50	0.00	108855.36	9.00
	T9－35－2	楼地面水泥砂浆 1∶2.5	m^2	12095.04	2.48	5.20	0.17	0.00	0.65	0.50	0.00	108855.36	9.00
34	020102002001	块料楼地面 1. 结合层厚度、砂浆配合比：水泥砂浆 1∶2.5；2. 面层材料品种、规格、品牌、颜色：彩釉砖	m^2	1728.00	6.69	41.37	0.15	0.00	3.99	3.07	0.00	95506.56	55.27
	1－18	陶瓷地砖楼地面 300mm×300mm	m^2	1728.00	6.69	41.37	0.15	0.00	3.99	3.07	0.00	95506.56	55.27
35	020105001001	水泥砂浆踢脚线 1. 踢脚线高度：120mm；2. 底层厚度、砂浆配合比：13mm 1∶3 水泥砂浆；3. 面层厚度、砂浆配合比：7mm 1∶2.5 水泥砂浆	m^2	16311.10	1.21	0.60	0.03	0.00	0.15	0.12	0.00	34416.42	2.11
	T9－39－2	踢脚板水泥砂浆 1∶2.5	m	16311.10	1.21	0.60	0.03	0.00	0.15	0.12	0.00	34416.42	2.11
36	020106003001	水泥砂浆楼梯面 1. 找平层厚度、砂浆配合比：水泥砂浆 1∶3；2. 面层厚度、砂浆配合比：水泥砂浆 1∶2；3. 防滑条材料种类、规格：金刚砂	m^2	372.45	11.73	11.11	0.23	0.00	1.90	1.45	0.00	9840.13	26.42
	T9－40－1	楼梯水泥砂浆 1∶2	m^2	372.45	9.56	7.32	0.23	0.00	1.42	1.09	0.00	7307.47	19.62

续表

工程名称：××高校住宅楼　　　　第12页共15页

序号	项目编码	项目名称	计量单位	工程数量	综合单价组成(元)								综合单价
					人工费	材料费	机械费	其他费	管理费	利润	风险费	合价	
	1-78	防滑条楼梯、台阶、坡道金刚砂	m	1500.00	2.17	3.79	0.00	0.00	0.48	0.36	0.00	10200.00	6.80
37	020108003001	水泥砂浆台阶面 1. 垫层材料种类、厚度：3∶7灰土，厚度150mm，C10混凝土100mm；2. 面层厚度、砂浆配合比：水泥砂浆1∶2.5	m^2	30.70	15.28	27.92	1.35	0.00	3.70	2.85	0.00	1568.77	51.10
	T9-1-3	灰土3∶7打夯机夯实	m^3	4.61	2.85	7.17	0.13	0.00	0.84	0.65	0.00	53.60	11.64
	T9-27-1换	混凝土垫层C10素混凝土C10～32.5 L40中砂	m^3	3.07	2.87	13.83	0.99	0.00	1.47	1.13	0.00	62.29	20.29
	T9-40-2	楼梯水泥砂浆1∶2.5	m^2	30.70	9.56	6.92	0.23	0.00	1.39	1.07	0.00	588.52	19.17
38	020107001001	金属扶手带栏杆、栏板 1. 扶手材料种类、规格、品牌、颜色：不锈钢管 $\phi 89\times 2.5$；2. 栏杆材料种类、规格、品牌、颜色：不锈钢	m	288.00	11.41	219.97	3.63	0.00	19.46	14.98	0.00	77601.60	269.45
	6-76	不锈钢管栏杆直线型竖条式	m	288.00	11.41	219.97	3.63	0.00	19.46	14.98	0.00	77601.60	269.45
39	020107005001	硬木靠墙扶手 1. 扶手材料种类、规格、品牌、颜色：硬木65×105；2. 油漆品种、刷漆遍数：调合漆	m	195.60	4.22	28.26	0.00	0.00	2.69	2.07	0.00	7284.14	37.24
	6-113	硬木扶手直形断面100mm×60mm	m	195.60	4.22	28.26	0.00	0.00	2.69	2.07	0.00	7284.14	37.24

续表

工程名称：××高校住宅楼　　　　第13页共15页

序号	项目编码	项目名称	计量单位	工程数量	综合单价组成(元)								综合单价
					人工费	材料费	机械费	其他费	管理费	利润	风险费	合价	
	a.1.8	墙柱面工程										0.00	0.00
40	020201001001	墙面一般抹灰 1. 墙体类型：内墙；2. 面层厚度、砂浆配合比：水泥砂浆 1∶2.5	m^2	36590.90	3.67	3.96	0.18	0.00	0.65	0.50	0.00	327854.46	8.96
	T10-1	砖墙面、墙裙水泥砂浆	m^2	36590.90	3.67	3.96	0.18	0.00	0.65	0.50	0.00	327854.46	8.96
41	020204003001	块料墙面 1. 墙体类型：内墙；2. 底层厚度、砂浆配合比：13mm 1∶3		6622.90	9.93	64.43	0.19	0.00	6.18	4.75	0.00	566125.49	85.48
	2-102	瓷板 200mm×300mm 水泥砂浆结合层墙面	m^2	6622.90	9.93	64.43	0.19	0.00	6.18	4.75	0.00	566125.49	85.48
42	020301001001	天棚抹灰 1. 抹灰厚度、材料种类：石灰砂浆；2. 砂浆配合比：石灰砂浆 1∶2.5	m^2	19276.37	4.06	3.17	0.18	0.00	0.61	0.47	0.00	163656.38	8.49
	T10-74	现浇混凝土天棚水泥石灰膏砂浆底面	m^2	19276.37	4.06	3.17	0.18	0.00	0.61	0.47	0.00	163656.38	8.49
43	020302001001	天棚吊顶 1. 吊顶形式：单层龙骨；2. 龙骨类型、材料种类、规格、中距：U形轻钢龙骨；3. 基层材料种类、规格：PVC板	m^2	578.00	7.26	52.39	0.12	0.00	4.95	3.81	0.00	39610.34	68.53
	3-25	平面天棚龙骨装配式U形轻钢天棚龙骨(不上人型)面层 600×600 一级	m^2	578.00	4.45	30.66	0.12	0.00	2.92	2.25	0.00	23351.20	40.40

续表

工程名称：××高校住宅楼　　　　第 14 页共 15 页

序号	项目编码	项目名称	计量单位	工程数量	综合单价组成(元)								综合单价
					人工费	材料费	机械费	其他费	管理费	利润	风险费	合价	
	3-87	平面天棚面层塑料板	m^2	578.00	2.81	21.73	0.00	0.00	2.03	1.56	0.00	16259.14	28.13
	a.1.9	门窗工程										0.00	0.00
44	020401001001	镶木板门 1. 门类型：带门框；2. 玻璃品种、厚度、五金材料、品种、规格：折	樘	576.00	8.11	149.23	0.00	0.00	13.03	10.03	0.00	103910.40	180.40
	4-12	安装镶板门不带纱门不带亮子	$100m^2$	10.8864	8.11	149.23	0.00	0.00	13.03	10.03	0.00	1963.91	180.40
45	020406007001	塑钢窗	樘	720.00	29.35	726.66	0.00	0.00	62.60	48.20	0.00	624103.20	866.81
	4-108	安装双玻塑钢推拉窗	$100m^2$	23.3280	29.35	726.66	0.00	0.00	62.60	48.20	0.00	20220.94	866.81
46	020402006001	防盗门	樘	144.00	12.25	463.79	0.00	0.00	39.42	30.35	0.00	78596.64	545.81
	4-73	安装保温防盗钢门	$100m^2$	2.6676	12.25	463.79	0.00	0.00	39.42	30.35	0.00	1456.00	545.81
47	010501004001	防护密闭门	樘	3.00	169.57	1203.03	0.00	0.00	113.69	87.53	0.00	4721.46	1573.82
	X4-136	安装人防混凝土防密门	$100m^2$	0.0567	169.57	1203.03	0.00	0.00	113.69	87.53	0.00	89.24	1573.82
48	010501004002	密闭门	樘	2.00	169.86	1241.11	0.00	0.00	116.87	89.97	0.00	3235.62	1617.81
	X4-135	安装人防混凝土密闭门	$100m^2$	0.0378	169.85	41.11	0.00	0.00	116.86	89.97	0.00	61.15	1617.79
49	010501004003	防爆活门	樘	2.00	76.28	631.19	0.00	0.00	58.60	45.11	0.00	1622.36	811.18
	X4-137	安装人防混凝土门式悬板活门	$100m^2$	0.0072	76.28	631.18	0.00	0.00	58.59	45.11	0.00	5.84	811.16
50	020401006001	木质防火门　甲级	樘	48.00	27.34	1215.79	0.00	0.00	102.94	79.25	0.00	68415.36	1425.32
	4-126	安装木质防火门	$100m^2$	1.5120	27.34	1215.79	0.00	0.00	102.94	79.25	0.00	2155.08	1425.32

续表

工程名称：××高校住宅楼　　　　第15页共15页

序号	项目编码	项目名称	计量单位	工程数量	综合单价组成(元)								综合单价
					人工费	材料费	机械费	其他费	管理费	利润	风险费	合价	
51	020401006002	木质防火门　乙级	樘	50.00	27.34	1215.79	0.00	0.00	102.94	79.25	0.00	71266.00	1425.32
	4-126	安装木质防火门	100m^2	1.5750	27.34	1215.79	0.00	0.00	102.94	79.25	0.00	2244.88	1425.32
52	020501001001	门油漆	樘	576.00	7.58	9.45	0.00	0.00	1.41	1.09	0.00	11249.28	19.53
	5-1	木材面单层木门调和漆二遍	100m^2	10.9431	7.58	9.45	0.00	0.00	1.41	1.09	0.00	213.72	19.53
53	020507001001	刷喷涂料	m^2	34571.00	1.70	1.35	0.00	0.00	0.25	0.19	0.00	120652.79	3.49
	5-226	喷(刷)涂料 106 涂料二遍墙，柱、天棚砂浆抹灰面	100m^2	345.7100	0.94	0.86	0.00	0.00	0.15	0.12	0.00	715.62	2.07
	5-179	抹灰面油漆　乳胶漆　砂浆抹灰面二遍	100m^2	100.46	0.76	0.49	0.00	0.00	0.10	0.08	0.00	143.65	1.43

表 10 - 21　措施项目费分析表

工程名称：××高校住宅楼　　　　第 1 页共 1 页

序号	措施项目名称	单位	数量	金额(元)							小计
				人工费	材料费	机械费	现场经费	企管费	利润	风险费	
1	环境保护费	项	1.00	0.00	0.00	0.00	0.00	2402.44	1849.59	0.00	33197.03
2	文明施工费	项	1.00	0.00	0.00	0.00	0.00	3843.90	2959.34	0.00	53115.24
3	临时设施费	项	1.00	0.00	0.00	0.00	0.00	12973.15	9987.76	0.00	179263.91
4	夜间施工费	项	1.00	0.00	0.00	0.00	0.00	5765.84	4439.01	0.00	79672.85
5	冬雨期施工费	项	1.00	0.00	0.00	0.00	0.00	7607.71	5857.02	0.00	105123.90
6	生产工具用具使用费	项	1.00	0.00	0.00	0.00	0.00	5205.28	4007.44	0.00	71926.89
7	工程定位复测、工程点交、场地清理费	项	1.00	0.00	0.00	0.00	0.00	1601.62	1233.06	0.00	22131.35
8	安全施工费	项	1.00	18617.31	34151.92	0.00	0.00	4824.63	3707.72	0.00	66583.65
9	大型机械设备进出场及安拆费	项	1.00	0.00	0.00	0.00	0.00	3909.19	3009.61	0.00	54017.53
10	挖桩孔孔内照明及安全费	项	1.00	0.00	10584.78	0.00	0.00	885.95	676.12	0.00	12146.85
11	超高增加费	项	1.00	46716.24	48430.14	0.00	0.00	9206.13	7100.48	0.00	127416.82
12	垂直运输	项	1.00	20790.00	0.00	0.00	0.00	59010.00	45570.00	0.00	816690.00
13	脚手架	项	1.00	54180.00	119154.00	0.00	0.00	15624.00	12033.00	0.00	216111.00
14	混凝土、钢筋混凝土模板及支架	项	1.00	532350.00	826648.20	0.00	0.00	120964.20	93128.70	0.00	1673471.10
合计				3510868.12							3510868.12

表 10-22 工程资源汇总表

工程名称：××高校住宅楼　　　　　　　　　　　　第1页共1页

序号	材料编码	材料名称	规格、型号等特殊要求	单位	数量	单价(元)	合价(元)
		人工				0	2263102.36
1	AR8000	综合工日		工日	86878.9272	23.43	2035573.26
2	BR10	综合工日		工日	7717.1516	23.43	180812.86
3	RGF	人工费		元	46716.2352	1	46716.24
		主要材料				0	8265998.57
4	A266	低合金钢筋		t	766.2342	3376.7	2587343.02
5	A269-1	型钢		t	1.68	3179.85	5342.15
6	A270	圆钢		t	0.42	3320.00	1394.4
7	ATB0160	普通钢筋	+5mm 以上	t	638.2752	3320	2119073.66
8	AYG	圆钢		kg	244.8	3.32	812.74
9	B2750	镀锌铁丝	22#	kg	165	4.19	691.35
10	Apbfx10	水泥 42.5		kg	4221648.16	0.29	1224277.97
11	Apbfx5	水泥 32.5		kg	768369.4691	0.28	215143.45
12	ATB0090	水泥	32.5	kg	517.7823	0.29	150.16
13	B510	白水泥	32.5	kg	1232.464	0.58	714.83
14	B8270	水泥	32.5	kg	225	0.28	63
15	Bpbfx5	水泥 32.5		kg	100233.4396	0.28	28065.36
16	A258	板方材		m^3	270.172	1102.86	297961.89
17	A259	木脚手板		m^3	27.3	1111.66	30348.32
18	A261	圆木		m^3	0.63	875.55	551.6
19	B3920	灰板条	1000×38×7.6	百根	26.0185	68.74	1788.51
20	B4450	锯屑		m^3	10.368	19.57	202.9
21	B570	板方材		m^3	2.8849	1026.25	2960.63
22	A5	加气混凝土块		m^3	2776.8358	131.82	366042.5
23	Apbfx180	普通土		m^3	282.741	15	4241.12
24	Apbfx20	中砂		m^3	5751.7013	55.00	316343.57
25	Apbfx26	卵石 10mm		m^3	108.6391	53	5757.87
26	Apbfx28	卵石 40mm		m^3	8873.983	44.52	395069.72
27	Apbfx30	卵石 20mm		m^3	71.8447	48	3448.55
28	Apbfx380	炉渣		m^3	77.3468	46.12	3567.23
29	Apbfx385	生石灰		kg	66382.6793	0.11	7302.09
30	Apbfx70	石灰膏		kg	58499.9277	0.1	5849.99

预算员：　　　　　　　　　　　　　　　　编制时间：

参考文献

[1] 章克凌. 机械化施工组织与管理 [M]. 北京：机械工业出版社，2002.

[2] 邓学才. 施工组织设计的编制与实施 [M]. 北京：中国建材工业出版社，2002.

[3] 黄展东. 建筑施工组织与管理 [M]. 北京：中国环境科学出版社，2003.

[4] 吴根宝. 建筑施工组织 [M]. 北京：中国建筑工业出版社，2001.

[5] 陈乃佑. 建筑施工组织 [M]. 北京：机械工业出版社，2001.

[6] 林锷. 预算与施工组织 [M]. 北京：中国建筑工业出版社，2003.

[7] 天津大学. 土木工程施工 [M]. 北京：中国建筑工业出版社，2006.

[8] 江见鲸. 建筑工程管理与实务 [M]. 北京：中国建筑工业出版社，2007.

[9] 孟新田. 土木工程概预算与清单计价 [M]. 北京：高等教育出版社，2008.

[10] 丛培经. 工程项目管理 [M]. 北京：中国建筑工业出版社，2008.

[11] 胡运权. 运筹教程 [M]. 北京：清华大学出版社，2008.

[12] 建设部. 全国统一建筑工程基础定额 [M]. 北京：中国计划出版社，1995.

[13] 建设部标准定额司. 全国统一建筑工程预算工程量计算规则/全国统一建筑工程基础定额 [M]. 哈尔滨：黑龙江科学出版社，1998.

[14] 建设部标准定额研究所. 建设工程工程量清单计价规范(GB 50500—2003) [S]. 北京：中国计划出版社，2003.

[15] 湖南省建设厅. 湖南省建筑工程概算定额 [M]. 北京：中国计划出版社，2001.

[16] 湖南省建设厅. 湖南省建设装饰装修工程消耗量标准 [M]. 北京：中国计划出版社，2006.

[17] 湖南省建设厅. 湖南省建设装饰装修工程消耗量标准交底资料 [M]. 长沙：湖南科学技术出版社，2006.

[18] 湖南省建设厅. 湖南省建设工程计价办法 [M]. 长沙：湖南科学技术出版社，2006.

[19] 湖南省建设厅. 湖南省建设工程计价办法交底资料 [M]. 长沙：湖南科学技术出版社，2006.

[20] 王明芳. 建筑工程预算技术讲座 [M]. 北京：中国计划出版社，2000.

[21] 杨劲. 建筑工程定额原理与概(预)算 [M]. 北京：中国建筑工业出版社，1986

[22] 钱昆润，等. 建筑工程定额与预算 [M]. 南京：东南大学出版社，1992.

[23] 郑瑞棠. 建筑工程概(预)算 [M]. 武汉：武汉理工大学出版社，2000.

[24] 张建平. 吴贤国. 工程估价 [M]. 武汉：武汉理工大学出版社，2006.

[25] 龙敬庭. 建筑工程概预算 [M]. 武汉：武汉理工大学出版社，2008.

[26] 住建部标准定额研究所. 建设工程工程量清单计价规范(GB 50500—2008) [S]. 北京：中国计划出版社，2008.

附图 1

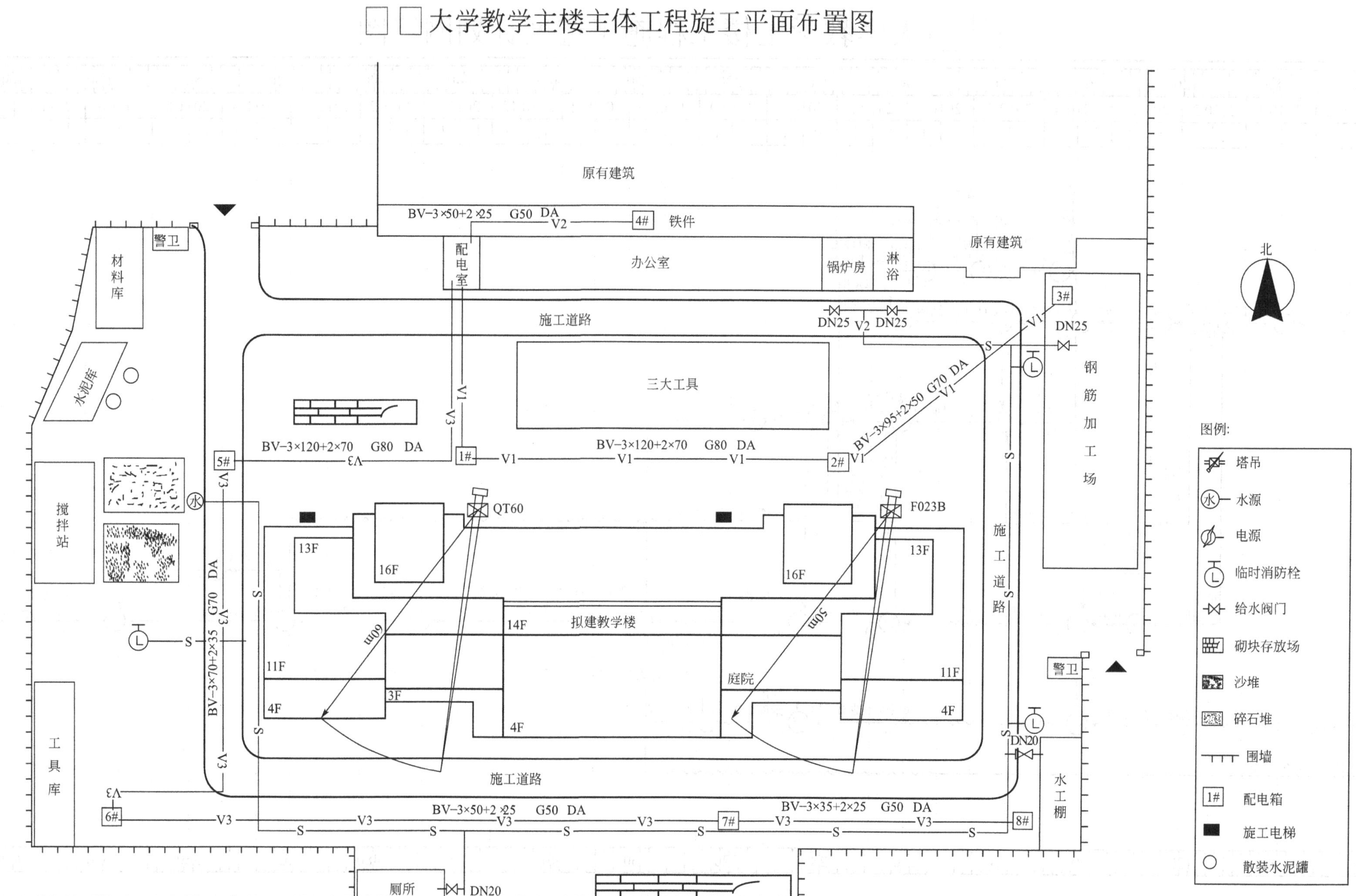
□□大学教学主楼主体工程旋工平面布置图
原有建筑
BV−3×50+2×25 G50 DA
V2
4#
铁件
配电室
办公室
锅炉房
淋浴
原有建筑
警卫
材料库
水泥库
施工道路
DN25
DN25
3#
三大工具
钢筋加工场
BV−3×95+2×50 G70 DA
BV−3×120+2×70 G80 DA
5#
1#
2#
搅拌站
QT60
F023B
13F
16F
16F
13F
施工道路
14F
拟建教学楼
BV−3×70+2×35 G70 DA
60m
50m
11F
11F
庭院
4F
3F
4F
4F
警卫
DN20
工具库
施工道路
水工棚
6#
BV−3×50+2×25 G50 DA
7#
BV−3×35+2×25 G50 DA
8#
厕所
DN20
北
图例:
塔吊
水源
电源
临时消防栓
给水阀门
砌块存放场
沙堆
碎石堆
围墙
配电箱
旋工电梯
散装水泥罐

附图 2

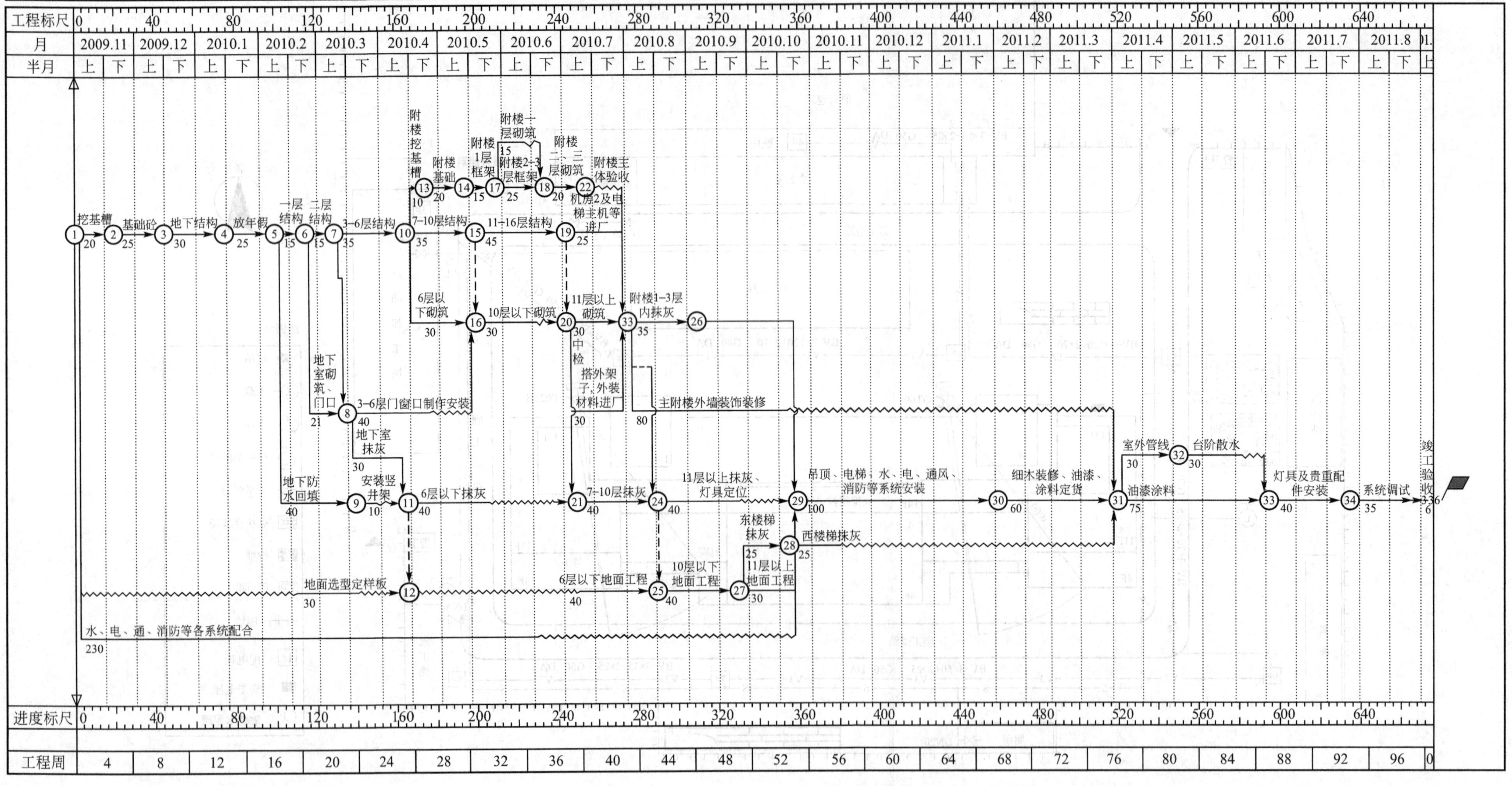
□□大学教学主楼工程施工进度计划网络图
工程标尺
月
半月
进度标尺
工程周
挖基槽
基础砼
地下结构
放年假
一层结构
二层结构
3~6层结构
7~10层结构
11~16层结构
附楼挖基槽
附楼基础
附楼1层框架
附楼一层砌筑
附楼2+3层框架
附楼二、三层砌筑
附楼主体验收
机房2及电梯主机等进厂
6层以下砌筑
10层以下砌筑
11层以上砌筑
附楼1~3层内抹灰
中检
搭外架子、外装材料进厂
主附楼外墙装饰装修
地下室砌筑、门口
3~6层门窗口制作安装
地下室抹灰
地下防水回填
安装竖井架
6层以下抹灰
7~10层抹灰
11层以上抹灰、灯具定位
吊顶、电梯、水、电、通风、消防等系统安装
细木装修、油漆、涂料定货
室外管线
台阶散水
油漆涂料
灯具及贵重配件安装
系统调试
竣工验收
东楼梯抹灰
西楼梯抹灰
10层以下地面工程
11层以上地面工程
6层以下地面工程
地面选型定样板
水、电、通、消防等各系统配合